纳米毒理学

Nanotoxicology

主　审　张天宝

主　编　孙志伟

副主编　段军超　李艳博

编　者　（以姓氏笔画为序）

王　婧　吉林省地方病第二防治研究所
王　斌　中国中医科学院
刘晓梅　吉林大学
安丽萍　北华大学
孙　磊　长春市卫生健康委员会
孙志伟　首都医科大学
孙维琪　北华大学
杜忠君　山东第一医科大学
李　阳　首都医科大学
李艳博　首都医科大学
张　龙　杭州师范大学
张海霞　北京市朝阳区疾病预防控制中心
段军超　首都医科大学
徐艳玲　吉林大学
郭彩霞　首都医科大学
黄沛力　首都医科大学
蔺新丽　吉林大学

人民卫生出版社

·北　京·

图书在版编目（CIP）数据

纳米毒理学 / 孙志伟主编. —北京：人民卫生出版社，2022.1

ISBN 978-7-117-32315-4

Ⅰ. ①纳…　Ⅱ. ①孙…　Ⅲ. ①纳米材料－毒理学－研究　Ⅳ. ①TB383

中国版本图书馆 CIP 数据核字（2021）第 219350 号

人卫智网	www.ipmph.com	医学教育、学术、考试、健康，购书智慧智能综合服务平台
人卫官网	www.pmph.com	人卫官方资讯发布平台

纳米毒理学
Nami Dulixue

主　　编：孙志伟
出版发行：人民卫生出版社（中继线 010-59780011）
地　　址：北京市朝阳区潘家园南里 19 号
邮　　编：100021
E - mail：pmph @ pmph.com
购书热线：010-59787592　010-59787584　010-65264830
印　　刷：人卫印务（北京）有限公司
经　　销：新华书店
开　　本：889 × 1194　1/16　　印张：17　　插页：2
字　　数：539 千字
版　　次：2022 年 1 月第 1 版
印　　次：2022 年 2 月第 1 次印刷
标准书号：ISBN 978-7-117-32315-4
定　　价：92.00 元
打击盗版举报电话：010-59787491　E-mail：WQ @ pmph.com
质量问题联系电话：010-59787234　E-mail：zhiliang @ pmph.com

主编简介

孙志伟，医学博士，教授，博士研究生导师。1984年毕业于白求恩医科大学（现为吉林大学白求恩医学部），1990年于该校获硕士学位，1992年赴德国攻读博士学位，1995年获博士学位后回国。同年进入白求恩医科大学基础医学博士后流动站，1997年博士后出站并晋升为教授。2009年被首都医科大学作为一级学科带头人引进。长期从事大气毒理、纳米毒理、大气污染健康效应颗粒物和机制相关的环境毒理学及流行病学研究，作为项目负责人先后承担国家重点研发计划、中英重大国际合作项目、国家自然科学基金重点项目等国家级和省部级以及国际合作项目共20余项，发表学术论文370余篇，其中，在*Redox Biol*、*J Pineal Res*、*Autophagy*、*J Hazard Mater*、*Part Fibre Toxicol*、*Environ Int*、*Nanotoxicology*、*Biomaterials*、*Biosens Bioelectron*、*ACS Appl Mater Interfaces*、*Nanoscale*等学术期刊发表SCI论文200余篇，主编和副主编教材、专著10余部。荣获国务院政府特殊津贴、卫生部突出贡献中青年专家、教育部骨干教师、宝钢优秀教师、北京市优秀教师等多项荣誉称号。兼任中国毒理学会呼吸毒理专业委员会主任委员、中华预防医学会卫生毒理专业委员会名誉主任委员、中国毒理学会常务理事、中国毒理学会遗传毒理专业委员会和纳米毒理学专业委员会副主任委员、中国医疗保健国际交流促进会公共卫生与预防医学分会副主任委员、教育部高等学校公共卫生与预防医学类专业教学指导委员会委员。

副主编简介

段军超，医学博士，教授，博士研究生导师。2009 年毕业于首都医科大学获学士学位，2014 年毕业于首都医科大学获博士学位，同年留校任教。长期从事颗粒物毒理学及环境毒理学相关研究工作。主持国家及省部级课题 10 余项，入选中国科协青年人才托举工程、北京市青年拔尖人才、北京市科技新星。在 *Redox Biol*、*J Pineal Res*、*Biomaterials*、*J Hazard Mater*、*Part Fibre Toxicol*、*Environ Int*、*Nanoscale*、*Nanotoxicology* 等期刊发表 SCI 论文 60 余篇。荣获北京市优秀青年人才、中国毒理学会优秀青年科技奖、英国皇家化学会优秀论文奖、中国毒理学会联合利华毒理学替代法创新奖。兼任中华预防医学会卫生毒理分会青年委员会副主任委员、中国环境诱变剂学会致突变专业委员会青年委员会副主任委员等。

李艳博，医学博士，教授，博士研究生导师。2004 年毕业于吉林大学白求恩医学部获学士学位，2009 年毕业于吉林大学白求恩医学部获博士学位。毕业后同年加入首都医科大学公共卫生学院。多年来一直从事环境毒理学和纳米毒理学研究，近 5 年承担国家重点研究计划子任务、国家自然科学基金面上项目和青年项目、北京市自然科学基金面上项目等国家级和省部级项目近 10 项，在 *J Hazard Mater*、*Part Fibre Toxicol*、*Nanoscale*、*Environ Pollut*、*Chemosphere*、*Nanotoxicology* 等国内外学术期刊发表论文近 20 余篇，副主编和参编教材专著 10 余部。荣获北京市科协青年托举人才和北京市青年英才。兼任中华预防医学会卫生毒理分会青年委员会副主任委员、中国毒理学会纳米毒理学专业委员会青年委员会委员、中国环境诱变剂学会致癌专业委员会委员等。

纳米科技涉及新材料、环境、能源、农业、工业、精密制造业、军事、航空航天以及国家安全等各个领域，已成为提升国家未来核心竞争力的重要手段和支撑经济发展的新技术之一。中华人民共和国国务院发布的《国家中长期科学和技术发展规划纲要（2006—2020年）》中就已将纳米研究列为重大研究计划。人造纳米结构和工程化纳米材料是纳米科技的重要基础，随着纳米技术的产业化进程加速，大量纳米材料已经大规模产业化生产，并应用于新型材料、纺织材料、涂料、化妆品、催化剂、生物医学等领域的近千种产品中。2016年全球纳米技术市场规模已达到392亿美元，预计到2024年纳米科技的经济贡献将达到1 250亿美元。

随着纳米材料的大量应用，人们在不知不觉中暴露于纳米物质存在的环境中。然而，人们对这些纳米尺度物质本身的生物学效应和毒理学效应的认识还比较有限。*Science*杂志早在2003年4月首次发表了关于纳米材料与生物环境相互作用可能产生生物安全性问题的文章，并且在1年内*Science*和*Nature*杂志先后发表了3篇与纳米材料生物安全性问题相关的文章。2004年12月5日欧盟公布了《欧洲纳米科技发展战略》，将纳米生物环境健康效应问题列为欧洲纳米发展战略的第3位，并启动了纳米安全综合研究计划。2005年国际上第一本《纳米毒理学》杂志问世，也标志着纳米毒理学研究领域的形成。芬兰职业卫生研究所于2013年与欧洲纳米安全性研究中心联合制定了《2015—2025年纳米材料安全性研究计划》，主要致力于研发安全可持续性纳米材料。

我国早在2001年11月就由中国科学院高能物理研究所提出了《关于纳米尺度物质生物毒性的研究报告》，并且开展了碳纳米管的生物毒性研究。2003年在中国科学院成立了第一个研究方向为纳米材料生物安全性的专业实验室——中国科学院纳米生物效应与安全性重点实验室，该实验室主要针对我国大规模生产的纳米材料开展系统化、规模化的毒理学生物学效应及安全性评价研究。2004年11月召开了主题为纳米安全性的第243次香山会议，与会专家一致呼吁在大力发展纳米技术的同时，应该同步开展纳米材料的健康生物学效应及安全性研究。2005年4月，正式实施了《纳米材料术语》等7项国家标准，这些标准成为推动纳米材料安全合理发展的关键。2006 年 9 月由国家纳米科学中心牵头的“人造纳米材料的生物安全性研究及解决方案探索”正式启动。2012 年 4 月成立中国毒理学会纳米毒理学专业委员会。2015 年 9 月第 6 届纳米科学与技术国际会议在北京召开，也代表中国在纳米安全性发展上做出了卓越的贡献。

纳米毒理学发展的时间较短，需要人们进行深入研究。本次出版的《纳米毒理学》，汇集了当前纳米毒理学研究的生物转运与转化、一般毒性作用、特殊毒性作用、毒性影响因素、作用机制、系统毒性、安全性评价、职业毒理、临床毒理等多方面内容。该书的出版是对当前纳米毒理学研究的一个系统总结，可以为纳米毒理学和纳米材料安全性评价提供详细指导，并且可以促进纳米材料毒理学及安全性评价系统的深入的研究，推动纳米毒理学研究过程中监测、分析及毒理学安全性评价技术的快速发展，保证纳米科技的健康合理使用；此外，也能提高对纳米技术可能产生的负面效应的认识，从而引起广泛重视，最终使纳米技术成为能安全造福人类的新技术。

中国科学院院士、国家纳米科学中心主任

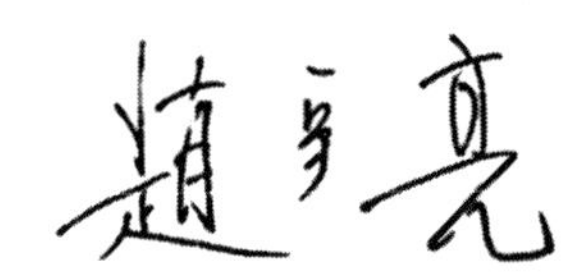

前言

纳米科学、信息科学和生命科学并列为21世纪的三大支柱科学领域。随着纳米材料的迅速发展和广泛运用，其安全性问题正引起世界范围的关注。纳米毒理学是毒理学领域的一门新兴学科，近几十年来，关于纳米材料的毒理学研究取得了一定的进展，大量研究证明纳米颗粒能够穿过细胞膜诱导显著的生物毒性效应，如生长抑制、结构损伤、氧化应激、遗传毒性、蛋白质修饰和代谢紊乱等，但仍缺乏对纳米材料的毒性表型和分子机制的全局认识。

在纳米医学的新时代，纳米毒理学不仅仅是一个环境问题，更是关乎人类健康与安全的社会问题，研究者及管理部门充分认识到对纳米材料毒性及安全性的研究和管理亟待提高。同时应与国际纳米毒理学界接轨，使我国的纳米毒理学研究进入新阶段。

本书编者均为多年来一直致力于纳米材料毒理学研究的一线工作者，在本书的编写过程中，全体编写人员围绕目前有关纳米材料毒理学相关问题进行系统阐述。本书共分14章，系统综述了纳米材料的特性、生物转运与生物转化、毒性作用影响因素、器官毒性效应、安全性评价及毒性效应机制等方面的内容，并重点介绍了纳米材料靶器官毒理学及研究方法在纳米材料安全性评价中的应用，展望了该领域今后的发展方向和亟待研究的重要问题。

本书注重理论联系实际，以培养创新型、应用型毒理学领域人才为目标，注重论著的系统性、逻辑性、科学性和可读性。本书可供本领域科研机构工作者、高等院校相关专业的本科生和研究生参考使用。由于我们的水平和能力有限，本书难免存在不足之处，恳请各位同道和广大师生批评指正。

编　者

2021年10月

目
录

第一章

绪　论

第一节　纳米材料概述

一、纳米科技的发展与纳米材料

纳米（nanometer，nm）是长度单位，即 10^{-9}m。1～100nm 范围内的几何尺度均称为纳米尺度。在这一尺度范围内研究电子、原子和分子内的运动规律和特性，并利用这些特性制造具有特定功能设备的技术，称为纳米科技，又称纳米技术。最早提出纳米尺度上科学和技术问题的是著名物理学家、诺贝尔奖获得者 Richard Feynman。1959 年他在一次讲演中提出：如果人类能够在原子 / 分子的尺度上来加工材料、制备装置，将会有许多激动人心的新发现。20 世纪 80 年代初，作为纳米科技的重要测量工具和加工工具，扫描隧道显微镜（STM）的发明，使实时观察和操纵原子成为可能，对纳米科技的发展起到了促进作用。1990 年 7 月，第一届国际纳米科学技术会议在美国巴尔的摩举办，《纳米技术》与《纳米生物学》这两种国际性专业期刊的相继问世，使纳米科技这门崭新的科学技术从此得到广泛关注。

纳米科技是一门综合性很强的交叉学科，研究的内容涉及现代科技的各个领域。纳米科技主要包括：纳米物理学、纳米化学、纳米材料学、纳米生物学、纳米电子学、纳米加工学、纳米力学等七个相对独立又相互渗透的学科。其中，纳米物理学和纳米化学是纳米技术的理论基础。纳米技术使人们认识、改造微观世界的水平提高到前所未有的高度，它为未来的信息科学、生命科学、分子生物学、新材料科学等领域的研发提供了一个新的技术基础。

纳米科技是 21 世纪科技发展前沿的热点研究领域，纳米材料不同于常规材料的优良理化特性、广阔的应用前景，使得世界各国纷纷实施优先发展纳米科技的国家战略。目前，世界上已经有 50 多个国家制订了国家级的纳米技术计划，美国自 2000 年国会批准国家纳米计划（NNI）以来，研发经费历年递增，2001 年投入 4.64 亿美元，2008 年达 14.45 亿美元，2012 年达 20 多亿美元，2013—2018 年维持在 12 亿—17 亿美元；欧盟第七框架计划（2007—2013 年）将纳米科技列为 9 大研究主题之一，投入增至 34.75 亿欧元。2015 年，欧洲纳米科技产值超过 10 000 亿欧元；日本第三期科学技术基本计划（2007—2012 年）中，将纳米科技列为十大战略性推进领域之一，研发投入达 333.16 亿日元；中国政府在 2001 年 7 月就发布了《国家纳米科技发展纲要》，并先后建立了一批国家纳米研究与开发机构，如国家纳米科学中心、纳米技术专门委员会和清华大学微米纳米中心等机构，进行纳米科技的研究。随着纳米技术产业发展步伐的加快，纳米材料已广泛应用到材料、军事、电子、机械、环保等产业，特别是在生物医药领域的应用已经成为纳米技术的新热点。美国政府问责局（GAO）在 2010 年就已经做出预测，到 2015 年，含纳米材料产品的全球市场规模将达到 2.6 万亿美元。2016 年全球纳米科技产业产值约为 3 813 亿美元，涉及的纳米科技相关产业包括：纳米新材料、纳米化学品、纳米线、纳米光电、纳米纤维、量子点、纳米印刷、纳米生物医药、纳米设备和器件、纳米检测与传感、纳米能源与清洁技术、微纳制造、纳米涂层与陶瓷，其中有九个产业领域年产值超过 100 亿美元。

运用纳米技术制造出来的至少有一维尺度在纳米尺度内且具有特殊物理、化学性质的物质被称为纳米材料。纳米材料尺度一般在1～100nm，这个尺度处在原子簇和宏观物体交界的过渡区域，从通常的关于微观和宏观的观点看，既非典型的微观系统也非典型的宏观系统，而是一种典型的介观系统。纳米材料的制备和研究是纳米科技的基础，也是目前材料学研究的热点。纳米材料从根本上改变了材料的结构，为克服材料科学研究领域中长期未能解决的问题开辟了新途径。

二、纳米材料分类

纳米材料根据形态可分为纳米粉末、纳米纤维、纳米膜、纳米块体四类。

（一）纳米粉末

纳米粉末又称为超微粉或超细粉，一般指粒径在100nm以下的粉末或颗粒，介于原子、分子与宏观物体之间，是一种处于中间物态的固体颗粒材料。可用于高密度磁记录材料、吸波隐身材料、磁流体材料、光电子材料、高效催化剂、敏感元件、高韧性陶瓷材料、人体修复材料、抗癌制剂等。

（二）纳米纤维

纳米纤维指直径为纳米尺度而长度较大的线状材料。可用于微导线、微光纤（未来量子计算机与光子计算机的重要元件）材料、新型激光或发光二极管材料等。

（三）纳米膜

纳米膜分为颗粒膜与致密膜。颗粒膜是纳米颗粒黏在一起，中间有极细小间隙的薄膜。致密膜指膜层致密但晶粒尺寸为纳米级的薄膜。可用于气体催化（如汽车尾气处理）材料、过滤器材料、高密度磁记录材料、光敏材料、超导材料等。

（四）纳米块体

纳米块体是将纳米粉末高压成形或控制金属液体结晶而得到的纳米晶粒材料。主要用于超高强度材料、智能金属材料等。

三、纳米材料基本特性

纳米材料具有表面效应、量子尺寸效应、小尺寸效应和宏观量子隧道效应等基本特性，这使其表现出许多常规尺寸材料不具备的独特的物理、化学性质。

（一）表面效应

纳米材料的表面效应是指纳米粒子的表面原子数与总原子数之比随粒径的变小而急剧增大所引起的纳米材料物理、化学性质的改变。

材料的活性一般用比表面积表示，即单位体积的表面积，比表面积越大，其活性越高。对于纳米材料，随着其粒径的减小，比表面积将会显著增大。例如，球形纳米颗粒粒径为10nm时，比表面积为90m^2/g；粒径为5nm时，比表面积为180m^2/g；粒径下降到2nm时，比表面积可增大到450m^2/g。粒子直径减小到纳米级，不仅引起表面原子数的迅速增加，而且纳米粒子的表面积、表面能都会迅速增加。这主要是因为处于表面的原子数较多，表面原子的晶场环境和结合能与内部原子不同而引起的。表面原子周围缺少相邻的原子，有许多悬空键，具有不饱和性质，易与其他原子相结合而稳定下来，故具有很大的化学活性，晶体微粒化伴有这种活性表面原子的增多，其表面能大大增加。表面效应的主要影响：①表面化学反应活性；②催化活性；③纳米材料的稳定性；④铁磁质的居里温度降低；⑤熔点降低；⑥烧结温度降低；⑦晶化温度降低；⑧纳米材料的超塑性和超延展性；⑨介电材料的高介电常数；⑩吸收光谱的红移现象。

（二）量子尺寸效应

常规尺度材料的能带可以看成是连续的，而介于原子和常规尺度材料之间的纳米材料的能带将形成分立的能级。能级间的间距随颗粒尺寸减小而增大。当热能、电场能或者磁场能比平均的能级间距还小时就会呈现出一系列与宏观物体截然不同的反常特性，称为量子尺寸效应。这一效应可使纳米粒子具有较高的光学非线性、特异催化性和光催化性质等。量子尺寸效应的主要影响：①导体向绝缘体的转变；②吸收光谱的蓝移现象；③纳米材料的磁化率；④纳米颗粒的发光现象。

（三）小尺寸效应

颗粒尺寸的改变，在一定条件下会引起颗粒性质的改变。由于颗粒尺寸变小所引起的宏观物理性质的变化称为小尺寸效应。对纳米颗粒而言，尺寸变小，其比表面积亦显著增加，从而磁性、内压、光吸收、热阻、化学活性、催化性及熔点等都较普通粒子发生很大的变化，产生一系列独特的性质。例如，金属纳米颗粒对光吸收显著增加，并产生吸收峰的等离子共振频移；小尺寸的纳米颗粒磁性与常规尺度材料有明显的区别，由磁有序态向磁无序态、超导相向正常相转变。与大尺寸固态物质相比纳米颗粒的熔点会显著下降，如2nm的金颗粒熔点为326.85℃，随着粒径增加，熔点迅速上升，块状金为1 063.85℃。小尺寸效应的主要影响：①金属纳米材料的电阻与临界尺寸；②宽频带强吸收性质；③激子增强吸收现象；④磁有序态向磁无序态的转变；⑤超导相向正常相的转变；⑥磁性纳米颗粒的高矫顽力。

（四）宏观量子隧道效应

微观粒子具有势垒贯穿的能力，称为隧道效应。近年来，人们发现一些宏观量，如微颗粒的磁化强度、量子相干器件中的磁通量以及电荷等亦具有隧道效应，它们可以穿越宏观系统的势垒而产生变化，故称为宏观量子隧道效应（macroscopic quantum tunneling，MQT）。

以上四种效应是纳米材料的基本特性，它们使纳米材料在磁、光、电、敏感等方面呈现许多独特的物理性质和化学性质，如金属是导体，但纳米金属微粒在低温由于量子尺寸效应会呈现电绝缘性；纳米磁性金属的磁化率是普通金属的20倍；化学惰性的金属铂制成纳米颗粒（箔黑）后，却成为活性极好的催化剂等。

四、纳米材料的应用

纳米材料被广泛应用于材料、机械、化工、计算机、半导体、光学、纺织、石油、汽车、家电、化妆品、环境保护、医药卫生等领域。

（一）力学性能的应用

纳米颗粒具有大的比表面积，活性大并具有高的扩散速率，因而用纳米粉体进行烧结，致密化速度快、可降低烧结温度并提高力学性能。例如，纳米材料用于超硬、高强、高韧性纳米陶瓷的制备。

（二）磁学性能的应用

纳米颗粒尺寸进入一定临界值时就转入超顺磁性状态，可用于制备磁致冷材料、水磁材料、磁性液体、磁记录器件等磁元件。

（三）电学性能的应用

纳米颗粒在电学性能方面独特性可用来制作导电浆料、绝缘浆料、电极、超导体、量子器件、静电屏蔽材料、压敏和非线性电阻等。

（四）光学性能的应用

纳米颗粒具有独特的光学特性，如宽频带强吸收、蓝移现象及新的发光现象，从而可用于光反射材料、光通信、光存储、光导体发光材料、光折变材料、吸波隐身材料和红外传感器等领域。

（五）敏感性能的应用

纳米颗粒表面积大，表面活性高，对周围环境敏感，因此可用来制作敏感度高的超小型、低能耗、多功能传感器。以氧化锡为基体材料，并掺入适当的催化剂或添加剂，可制备对氢气、硫化氢、一氧化碳和甲烷等气体具有选择性敏感性能的气敏元件。TiO_2陶瓷材料不仅对O_2、CO、H_2等气体有较强的敏感性，而且还可作为环境湿度传感器。

（六）催化性能的应用

纳米颗粒表面原子所占比例大，表面键态和电子态与颗粒内部不同，原子配位不全等导致表面的活性点增加，这些因素使它具备了作为催化剂的基本条件。纳米颗粒作为催化剂具有无其他成分、能自由选择组分、使用条件温和方便等优点。

（七）工业中的应用

纳米颗粒填料不仅能起到增量效果，而且能够提高基体材料的性能，尤其是经过表面改性的纳米颗粒对基体的一些性能有着良好的促进作用，应用前景很好。纳米粒子（特别是纳米二氧化硅）的微小尺度和高比表面积使得纳米技术在石油工业中应用前景广泛。

（八）生物医学上的应用

纳米颗粒尺寸一般比细胞要小得多，利用纳米颗粒可进行细胞分离、细胞标记、临床诊断、肿瘤治疗及制成新型药物载体实现药物治疗的靶向性和缓释性，如载药纳米颗粒、控释载药纳米颗粒、靶向定位载药纳米颗粒和载药磁性纳米颗粒等。

第二节 纳米材料在生物医药领域的应用

随着纳米科技的发展及纳米材料研究进程的不断深入，纳米科技正逐步向生物医学领域渗透，纳米生物医学已经成为一个新的具有广阔前景的研究领域。该领域的形成及发展为现代生物医学的研究提供了新的思路和方法，会极大地促进生物学、医学及药学的发展。目前，国内外纳米生物医学的研究范围已经涉及医学研究的众多方面，包括药物（基因）靶向智能载药系统、细胞和组织的再生与修复、单分子操纵技术和活体单细胞显微观测、生物医学传感器、高分辨率医学影像等诸多方面。

一、纳米材料在生物领域的应用

纳米生物学是纳米医药研究的基础，其主要研究对象是纳米尺度的生物大分子、细胞器等结构、功能及生物反应机制。

蛋白质与核酸等生物大分子的结构与功能一直是生物领域研究的热点，但由于其长度在几个至几十个纳米之间，传统的实验技术和方法无能为力。随着纳米科技的发展，使用扫描隧道显微镜可以在单分子水平上对生物大分子进行研究，获得生物大分子的有关图像。利用原子力显微镜可以观察细胞膜及细胞器的表面结构变化，这为研究活细胞在外界因素作用下的细胞结构变化打下了基础。利用纳米传感器可获取活细胞内多种生理、生化信息，这对疾病的诊断及病理、药理的研究有很大帮助。同时，国内外在生物分子自组装领域的研究也取得了一定进展，纳米材料自组装形成的纤维支架可用于骨、软骨、皮肤、血管、神经和角膜等生物医学领域生物组织工程，可提高细胞的修复和再生能力。

纳米材料的尺寸远远小于细胞，这使其可用于细胞分离、细胞标记等。研究表明，利用纳米 SiO_2 微粒可以实现细胞分离，将 15～20nm 的 SiO_2 包被粒子均匀分散到含有多种细胞的聚乙烯吡咯烷酮溶液中，通过离心技术，利用梯度原理，快速分离所需要的细胞。Lu 等报道 50nm 异硫氰酸荧光素（FITC）标记的纳米 SiO_2 包被的磁性纳米颗粒，可实现骨髓间充质干细胞的有效标记。另外，磁性纳米颗粒在生物领域应用广泛，可用于蛋白质、核酸及免疫细胞的分离和纯化、监测癌细胞、监测生物样品中的细菌等。

二、纳米材料在疾病诊断及治疗方面的应用

近年来的研究表明，具有独特光、电、磁等性质的纳米颗粒在各种疾病，特别是肿瘤的检测、诊断及治疗方面有广阔的应用前景。量子点（quantum dots，QDs）作为新型的荧光材料在肿瘤标记方面的研究已成为热点。Matea 等总结了近年来有关量子点在医学应用中的最新研究进展，指出量子点在同步感应、成像和治疗的纳米治疗平台开发中有着巨大的潜力，在传感器、药物传递和生物医学成像等领域有着广阔的应用前景。Schroeder 等研究表明靶向标记 QDs 纳米粒注入体内可显示各类肿瘤，包含 QDs 的纳米粒装载叶酸 - 脂质后靶向高表达叶酸受体的鼠 J6456 淋巴瘤和人头颈部肿瘤，并利用 QDs 的特性进行荧光成像，这种标记可用以发现肿瘤及其转移。纳米粒子可以将化疗药物准确地送入肿瘤细胞内部，提高化疗药物的靶向性，有效地杀死癌细胞。Tang 等证明了包载多柔比星的聚乙二醇衍生化磷脂纳米胶束可以选择性地在肿瘤组织中蓄积，并渗透到深层肿瘤组织，有效地提高肿瘤细胞内药物的浓度，从而抑制肿瘤的生长、延长小鼠的生存时间和降低药物的毒性。纳米粒还可作为良好的基因治疗载体。Deng 等用纳米粒介导的基因转染表型 FUS1（FUS1 是位于人类 3p21.3 区域的新的肿瘤抑制基因），可激活肿瘤细胞对化疗药物顺铂的化疗敏感性，使药物对肿瘤的抑制作用提高 4～5 倍。

另外，纳米材料在感染性疾病的治疗、疫苗佐剂及组织工程等领域也有着广阔的应用前景。

三、纳米技术在药学领域的应用

纳米技术在药学领域的应用受到广泛关注，药物本身尺度可以制成纳米级，而且纳米材料可以作为药物载体用于疾病的治疗。纳米技术的出现彻底改变了口服、局部和非肠道药物的给药方式。纳米药物与传统药物相比有其独特的优势，可以实现给药的靶向、可控、低毒及智能性，同时提高病人在治疗过程中的依从性。纳米药物及纳米载药体系具有如下优点：

（一）纳米药物制剂的靶向性

纳米药物制剂与以往药物剂型比较，最突出的优点是具有明显的靶向性。也就是说它能将药物按照设计途径输送到药物的靶位。这样不仅可提高疗效，而且可降低药物的不良反应。当前大多数纳米药物制剂的靶向性研究都选择肿瘤细胞为靶位，使得纳米颗粒可以用于癌症疾病的检测、预防和治疗。纳米药物制剂的靶向性与制备的材料、药物微粒径、表面活性以及表面修饰的配体等因素有关。

（二）纳米药物的缓释性

纳米材料作为药物载体，可减慢一些在体内被快速代谢失效速溶药物的溶出度，延长体内的药效时间。目前应用类脂、糖脂、可生物降解材料、亲水性凝胶等材料制备成纳米药物载体，即可达到此目的。

（三）提高药物的生物利用度

1. 增强药物溶解速率　纳米技术可将药物颗粒转变成稳定的纳米级粒子，同时提高难溶性药物的溶解度，改变药代动力学，通过降低免疫原性增加药物半衰期，减少药物代谢，以提高其治疗效率。将药物颗粒缩小到纳米水平，随着单位药物总表面积的增加，而使药物与胃肠道液体的有效接触面积明显增加，药物的溶出速率也就随之提高。

2. 能透过人体内的生理屏障　纳米药物制剂可透过人体内各种屏障。Grabrucker 等指出，纳米药物或作为药物载体的纳米颗粒可透过血 - 脑屏障将药物有效输送到脑部，实现脑部靶向，这一机制在中枢神经系统疾病中起到重要作用。目前，纳米药物载体主要有以下几种：

（1）微乳：由油、水、表面活性剂和助表面活性剂按适当比例混合而自发形成的各向同性、透明、热力学稳定的胶体分散体系，结构上分为水 / 油（W/O）、油 / 水（O/W）和双连续型。微乳液滴粒径通常在 10～100nm，既具亲脂性又具亲水性。由于微乳液滴的特殊构造，其具有高扩散性和皮肤渗透性，适合作为经皮给药载体，经皮给药后的药物释放时间更长、血药浓度更加平稳。

（2）脂质体：脂质体载药体是指将药物包封于类脂质双分子层内而形成的微型泡囊体，其粒径一般在几十纳米至几微米之间。脂质体载药体系用途广泛，目前有脂质体、固体脂质纳米粒、胶束及脂肪乳等几种空间结构不同的体系可供载药使用，现已被用作基因药物、抗肿瘤药、蛋白质及多肽等的载体。

（3）生物可降解高分子纳米材料：因其来源的多样性和结构的可修饰性，一直被广泛应用于纳米载药体系的研究。目前用于制备纳米给药系统的载体主要有合成的可生物降解的高分子聚合物和天然的高分子材料。作为优良的药物载体，它适合用作多肽和蛋白质等基因工程药物的口服制剂。

（4）磁性纳米颗粒：在纳米载药体系中加入磁性纳米颗粒，如三氧化二铁（Fe_2O_3）或四氧化三铁（Fe_3O_4）纳米颗粒，可通过外加磁场实现药物的靶向作用。适用于浅表部位病灶或外加磁场易触及部位的病灶。

（5）基因转导的纳米载体：纳米材料可以作为基因载体，将 DNA、RNA 等基因治疗分子包裹在纳米颗粒内或吸附在其表面，同时在纳米材料表面修饰特异性的靶向分子，通过靶向分子的介导进入细胞，达到安全、有效靶向给药的目的，实现基因治疗。

第三节　纳米材料毒性及安全性

随着纳米科技的高速发展，纳米材料工程化进程日益加快，各种纳米材料正广泛应用于工业、农业、军事、生物、医学等多个领域，特别是纳米材料在生物医药领域的应用，使人们在生产生活中接触纳米材料的机会越来越多。纳米材料可能通过呼吸道、静脉、消化道及皮肤等多种途径进入生物体，并在体内蓄积。在这种情况下，纳米材料对人体及环境的潜在危害受到广泛关注。纳米材料的独特理化性质决定了其具有与常规尺寸材料不同的生物学效应及毒性，纳米材料的小尺寸及较大的表面活性可能放大其毒性效应。纳米材料在环境中具有与生物大分子的强烈结合性、生态系统的潜在蓄积毒性、多种污染物的组合复合性以及扩散和迁移的传播广阔性等特点。由此可见，纳米材料自身的特性决定了其可能会产生独特的生物学效应及毒性，对环境造成污染，从而危及人类健康。同时，纳米材料的生物学效应及毒性研究还涉及环保、社会安全、伦理道德等许多方面。所以，揭示纳米材料的生物学效应及毒性，对纳米材料生物及环境的安全性做出评价，对于纳米技术及纳米产业的健康发展具有重要意义。

2003 年 4 月 *Science* 杂志首先发表文章讨论纳米材料与生物环境相互作用可能产生的生物学效应问题，随后 *Nature*、*Science*、美国化学会期刊以及欧洲许多学术期刊先后发表文章，美国、英国、法国、德国、中国相继召开学术会议，探讨纳米材料生物学效应，尤其是纳米材料对健康和环境存在的潜在危害，即纳米材料的生物及环境安全性问题。*Nature Nanotechnology* 发表文章称，迫切需要重新评价一些已应用多年的传统纳米材料如纳米二氧化硅的生物安全性。

随着纳米材料生物学效应及安全性问题的提出，各国政府纷纷制定政策、拟定研究计划，相继投入资金开展相关研究。2003 年 10 月，美国政府增拨专款 600 万美元启动纳米生物学效应的研究工作。2004 年 6 月 *Science* 报道：美国将把纳米计划 NNI 总预算的 11% 投入纳米健康与环境的研究。纳米安全性问题在 *Science* 提出后，英国政府委托英国皇家学会与英国皇家工程院对纳米生物环境效应问题进行调研，并于 2004 年 7 月发表了研究报告，该报告建议英国政府成立专门研究纳米生物环境效应与安全性的研究中心。2004 年 12 月，欧盟公布了“纳米安全性综合研究计划Ⅰ”，研究纳米生物环境健康效应问题。据中国《科技日报》2004 年 12 月报道：美国国家环境保护局宣布，美国国家环境保护局、国立卫生研究院开始实施“国家毒物学计划”，美国职业安全与健康管理局、美国食品药物监督管理局也开始支持研究纳米材料对环境和健康可能造成的影响，如对肺和皮肤影响的研究等。2005 年 1 月 *Nanotoxicology* 杂志在英国出版，标志着一个新的前沿研究领域的形成。2006 年 12 月 18 日，欧盟通过了 REACH 化学品法规，其中包括了对纳米材料的监督管理；欧盟新兴及新鉴定健康风险科学委员会（SCENIHR）已分别于 2006 年 3 月和 2007 年 3 月提出了关于纳米材料风险评估的两个意见。日本劳动职业安全与卫生研究所于 2007 年 4 月启动了一项为期 3 年的研究计划，以研究与暴露人造纳米材料相关的潜在安全问题。国际纳米技术理事会（the International Council on Nanotechnology，ICON）在其网站上建立了与纳米材料与环境健康和安全相关的出版物的数据库，其中工程化纳米材料和哺乳类相关的技术性研究性刊物的数量由 1960—1980 年的 15 本，增加至 2001—2010 年的 2 500 本。我国于 2003 年正式成立的“中国科学院纳米生物效应与安全性重点实验室”是第一个以纳米材料的生物安全性为研究方向的专业实验室，并于 2004 年 11 月召开了以“纳米尺度物质的生物学效应与安全性”为主题的香山科学会议，对纳米材料生物学效应与安全性的问题进行了深入讨论。实验室成立至今，已有多项相关领域研究成果发表。

纳米毒理学主要研究纳米材料对生物及环境的负面效应，其涵盖并发展了颗粒物毒理学，其研究对象包括工程化纳米材料及环境中自然生成的纳米尺度的颗粒，前者如碳纳米管、量子点等，后者如超细颗粒物、柴油燃烧后会产生的碳系颗粒等。

随着颗粒粒径的减小，其表面的原子所占比例急剧增加，使其具有不同于常规尺寸材料的高表面活性，同时，纳米材料的微小尺寸还可影响其在生物体内的代谢过程，这些纳米材料的特殊理化性质决定其可产生不同于常规尺寸材料的生物学效应及毒性。英国皇家学会和皇家工程院于 2004 年报道了人群在职业、环境及消费方面可能形成纳米材料暴露的情况。在研发、制造纳米材料过程中的各个环节均可造成纳米材料的暴露，如研发初期的实验室工作、生产纳米材料的过程、纳米产品的运输及储存等环节，均可以造成纳米材料的污染；同时，纳米材料的应用会使接触纳米材料的人群大大增加。Bowman 在 2004 年报道的基础上综合现状对于政策、相关问题进展进行了评估，证实许多政府部门已经通过了相关纳米技术开发利用的监管政策，其进展是值得肯定的，但监管措施仍有待进一步细化。纳米技术对于人类健康与安全方面的挑战是不容忽视的，在此之后的 10 年乃至更久，纳米技术应用相关领域都会处于扩张的状态，呼吁管理者采取更加切实可行的主动措施。

目前，Woodrow Wilson 国际学者中心和新兴纳米技术项目发起的纳米技术消费品清单列出了全球715家公司的1 944种产品，相比于2010年409家公司的1 012种产品有所增加。其中包括大量日常生活用品：防晒霜、食品添加剂、涂料等，含有多种纳米材料，如防晒霜中的二氧化钛及氧化锌、食品补充剂中的纳米银等。Zion Market Research 在2017年的研究报告预计：到2022年，全球纳米材料市场收入将从2016年的73亿美元增至168亿美元，2017—2022年预计复合年增长率为15.5%。

呼吸道的暴露、意外食入及纳米药物和食品的食用、皮肤接触及纳米材料在医学领域的应用使得纳米材料可以通过呼吸道、消化道、皮肤及静脉途径进入生物体内。呼吸道是纳米材料进入生物体的主要途径，纳米材料经呼吸道进入可沉积于呼吸道的各部位，且这种效应与纳米颗粒的粒径相关，90%的粒径为1nm的超细颗粒沉积于鼻咽部，只有10%左右沉积于支气管，而肺泡中则未见沉积；粒径为5nm的颗粒在呼吸道三个部位沉积的比例大致相同；粒径为20nm的颗粒50%以上沉积于肺泡区，远远高于其他区域。由于不同于常规尺寸颗粒的理化性质，呼吸道沉积的颗粒可以形成二次分布，一方面，颗粒可以穿过呼吸道上皮组织，进入间隙及血液循环，这可能是超细颗粒导致心血管毒性的机制之一，进而分布于全身，含有丰富网状内皮系统的肝脾等脏器是纳米材料沉积的主要器官，同时，心脏、肾、骨髓等器官的分布也有报道；另一方面，颗粒可通过呼吸道的感觉神经末梢，分布于神经节及中枢神经系统。纳米材料包含在食物或药物中可经消化道进入生物体内，而且经此途径进入的纳米材料会很快被清除出体外。有研究表明，小鼠经口给予放射标记富勒烯（一种完全由碳元素组成的中空分子，存在多种结构，属于纳米材料），98%的颗粒在48h内经粪便排出，其他部分可经尿液及其他机制排出，而少量不被排出的纳米材料可进入血液循环形成二次分布。纳米材料在药物及化妆品中的应用增加了纳米材料皮肤暴露的机会。体外实验证实，量子点可以穿透猪的皮肤进而进入真皮层，这一过程在小鼠模型中也被证实。Haddeman等报道，纳米颗粒可以透过皮肤角质层而进入真皮层，到达上皮层，并可在淋巴结中分布，而微米颗粒则无此效应。生物标记和纳米药物的应用使得纳米材料直接经静脉途径进入生物体内，进而分布于各组织和器官，主要沉积于网状内皮系统丰富的肝脾等器官。另外，由于纳米材料的小尺寸及高表面活性的特性，使得纳米材料能够穿透体内生理屏障，这对纳米毒理学的研究及纳米材料在生物医药领域的应用有重要意义。Lombardo等报道，金纳米颗粒可经胃肠道吸收后穿透血-脑屏障，分布于小鼠脑组织中。此外，已有研究证实各种类型的纳米颗粒对男性生殖细胞、胎儿发育和女性生殖系统都有负面影响。

纳米材料进入生物体内可以分布于各组织、器官，纳米材料对各组织、器官毒性已有许多报道。碳纳米管主要经由呼吸道摄入，可导致实验动物呼吸系统肉芽肿及炎症反应，并存在遗传毒性和致癌性。吸入的纳米材料可进入循环系统，造成心血管系统功能异常，包括心脏炎症反应和心肌收缩功能障碍。SiO_2纳米颗粒经静脉进入生物体后，主要分布于肝脾中，其他器官分布较少，并且SiO_2纳米颗粒可导致引起肝脏的病理改变，包括肉芽肿形成、肝细胞坏死甚至肝脏纤维化，一度被看作肝毒物，而纳米二氧化硅亦可通过其他途径引起肝脏纤维化。碳纳米颗粒可以加速血小板的凝集，从而增加血栓形成的概率；而研究发现静脉注射SiO_2纳米颗粒可引起血液高凝状态、血小板减少和消耗性凝血病，使机体处于血栓前状态，甚至诱发弥散性血管内凝血导致肺血栓形成引起动物死亡。研究表明，纳米银可影响造血系统功能，造成红细胞溶解、凝集、膜损伤等病理改变。而已有研究表明纳米二氧化硅可引起消耗性凝血功能障碍。

体外细胞实验是研究纳米材料生物学效应及毒性的重要手段，可用于对毒性机制的探讨。目前，对于纳米材料细胞毒性的资料较多。纳米颗粒可以通过内吞途径（网格蛋白介导的内吞作用、小窝蛋白介导的内吞作用、吞噬作用、巨吞饮作用等）及非内吞途径进入细胞，进入细胞的纳米颗粒可以分布于胞质及细胞器内，甚至进入细胞核。纳米材料可以导致细胞存活率的下降，细胞形态改变及细胞膜损伤。纳米材料还可以导致细胞器的损伤，进而影响细胞正常生理功能。如线粒体可能是纳米材料作用于细胞的靶细胞器，超细颗粒物和金纳米颗粒均可以进入线粒体，破坏线粒体结构；介孔二氧化硅颗粒可影响线粒体的能量代谢过程。超细颗粒物可影响巨噬细胞钙离子的转运，进而导致细胞骨架功能紊乱。SiO_2纳米颗粒可通过促进细胞融合和有丝分裂障碍，或者细胞骨架和染色体损伤，从而引起细胞多核的发生。氧化应激被认为是纳米材料毒性效应的关键机制，由于纳米材料的特殊理化性质，其在体外和体内产生活性氧簇的能力显著增强，过量的活性氧产物可导致氧化应激的发生，进而产生一系列毒性效应，如膜结构、蛋白质及 DNA 的损伤，炎症反应等，对于纳米材料毒性机制有许多报道，研究表明，纳米材料可以通过多种途径引起细胞凋亡，并且凋亡效应与氧化应激有关，纳米材料可导致细胞周期阻滞，影响细胞周期进程，研究表明，纳米材料可以引起受试细胞 DNA 损伤、染色体断裂及 DNA 点突变等改变，说明纳米材料具有体外遗传毒性。纳米材料还可以影响细胞色素 450 酶系的功能，导致细胞代谢失调而产生细胞毒效应。目前的研究表明，纳米材料可引起不同细胞系发生自噬。另外，由于纳米材料的高表面活性，含重金属的量子点及金属氧化物纳米材料在作用于细胞时，存在特洛伊木马机制，即释放出金属离子，与纳米材料共同对细胞产生毒性效应。

近年来，纳米材料对环境的负面效应及生态毒性日益受到关注。生产生活中的纳米材料以裸颗粒、功能化纳米材料及纳米聚合物等形式进入环境中，分布于水质、土壤及空气中，造成纳米材料的污染，甚至进入食物链，对生物体产生长期的影响。Goswami 等总结了工程纳米颗粒转化的周期、对自然系统的影响以及与生物体之间的作用，得出了经过环境转化后纳米粒子可降低细胞活力，干扰细胞生长，改变细胞形态，增强氧化应激，并损伤生物体内 DNA 的作用。目前，纳米材料对水生物、植物的毒性及对环境的负面效应有一定报道，但其机制及慢性毒性效应仍需要进一步研究。

许多因素可以影响纳米材料的生物学效应及毒性，对于纳米毒性的影响因素的研究也是纳米毒理学研究的热点之一。目前已经证实纳米材料的粒径、表面积、表面修饰及形状等表征对纳米材料生物学效应及毒性有很大的影响，可以说，纳米材料的表征决定了纳米材料的分布、代谢、毒性大小及毒性机制等效应。另外，纳米材料在储存、运输过程中的污染和遗失、储存状态及在介质中的分散状态都会对其生物学效应及毒性产生影响。研究纳米材料生物学效应及毒性选择合适的实验方法至关重要。一方面，由于高的表面活性，纳米材料可以与实验中的某些试剂反应，特别是与荧光染料的反应；另一方面，纳米材料自身容易形成聚合物，进而对研究结果产生影响。另外，体外实验受试细胞的培养体系[illegible]生物体内环境中含有大量的蛋白质，纳米材料能够与其反应，形成蛋白质 - 纳米颗粒聚合物，进而影响其生物学效应及毒性。蛋白质组学研究表明，纳米二氧化钛颗粒通过与 A549 人肺泡上皮细胞磷蛋白的相互作用，影响细胞凋亡等与细胞周期和 DNA 损伤反应相关的过程。

一、世界各国研究进展

（一）欧盟纳米生物安全领域发展概况

2003 年 4 月 *Science* 发表文章讨论纳米生物学效应以后，欧盟在 2004 年 12 月迅速启动了纳米安全综合研究计划（Nanosafety Integrating Research Projects），这个研究计划分别由德国、法国、英国、意大利、瑞典、奥地利、比利时、荷兰、瑞士等国家的研究机构负责实施，研究内容包括纳米颗粒与生物体系相互作用过程中的基础科学研究，如大气纳米颗粒在城市空气中的形成过程、粒径分布、团聚速率、表面化学性质，与生物体的相互作用过程等；对健康的影响研究主要包括纳米颗粒对心血管系统、呼吸系统、脑神经系统、免疫系统的影响等，还包括纳米颗粒的防护设施、纳米颗粒个人防护用具、生产车间中纳米颗粒环境排放量控制设备的开发（纳米颗粒转化设备）等。

近些年来，欧盟围绕纳米生物安全从监管、风险评估、制定实践规范、制定研究计划和战略、信息公开等领域开展了工作。

1. 监管 欧盟委员会已经着手制定一个详细的监管目录系统，包括适用于纳米材料的欧盟监管框架（包括化学品、工人保护、环境立法和产品专项立法等）。该管理框架采用了不同类型的文件以促进框架的实施，如那些为了涵盖与纳米材料相关的健康、安全和环境（HSE）风险而必须执行的执行法规、欧洲标准、监管和技术指导文件等。

在化学品监管领域，欧盟主管当局（CAs）已经决定：

（1）评估一种纳米材料是否是新的物质，还是已存在的物质，其决定标准与其他所有物质的标准是一样的，如物质是否位列化合物目录数据库（EINECS），当一种纳米材料是来自一种已有物质时，将符合理事会条例第 793/93 号（现行化学物质法规，ESR）关于更新报告信息的条款。

(2) 相比散装材料或由此衍生的纳米材料，特殊属性的纳米材料可能会要求不同的分类和标识。

(3) 邀请工业界提供一系列不同的典型纳米材料文件，从而了解哪些数据是可用的，风险评估是如何进行的，以及风险是如何被控制的。

(4) 从长远看来，应该审查测试方法的可实施性以及风险评估方法，这需要在工业界积极地投入以及欧盟的支持下，在国际层面上完成。

2006 年 12 月 18 日，欧盟通过了 REACH（欧委会第 1907/2006 号法规），也包括了纳米材料，并发布在 2006 年 12 月 30 日的欧盟办公日志上，REACH 在 2007 年 6 月 1 日起生效，逐步取代欧盟现行的化学品法规。欧洲化学品管理局（ECHA）于 2007 年 6 月 1 日在芬兰赫尔辛基成立，它负责在 REACH 框架下的注册、评估和许可工作。

2. 风险评估　欧盟新兴及新鉴定健康风险科学委员会（SCENIHR）已分别于 2006 年 3 月 10 日和 2007 年 3 月 22 日提出了关于纳米材料风险评估的 2 个意见。

在第一个意见中，SCENIHR 总结到，现有毒理学以及生态毒理学的方法，在对纳米颗粒相关生产和加工过程中的危害进行评估时是适用的，但它们可能不足以评价所有的危害，因而风险评估必须在逐案审查的基础上来完成。我们无法认定现有的科学知识已经阐明了纳米颗粒所有潜在的危害。

对于暴露风险，SCENIHR 表示仅仅单独使用大量集中数据来反映粒子数是不充分的，还需要粒子数浓度和 / 或表面积数据。目前还没有可对自由纳米颗粒暴露进行常规检测的设备，特别是现有用于检测环境暴露风险的方法可能并不适用于对纳米材料环境暴露风险的评估。因此，现有风险评估方案必须针对纳米材料加以改进，包括危害识别和暴露风险评估两方面相关的检测方法。

SCENIHR 表示，有关纳米颗粒的特性、检测、测量、纳米颗粒对人体和环境的影响，以及纳米颗粒相关的所有毒理学和环境毒理学方面的知识、数据都不充分，从而针对纳米颗粒对人与环境产生的影响无法进行令人满意的风险评估。

在第二项意见中，SCENIHR 特别提到与“现有物质技术指导文件”（TGD）相应的风险评估方法学的适用性，认为 TGD 中描述的方法可用于鉴定特定的危害，但用于评估对人及环境的危害时，仍需加以改进；此外，意见特别指明，需要对现行各种纳米颗粒对人体健康的危害预测方案及纳米颗粒风险评估方案进行适用性鉴定。需特别指出的是，SCENIHR 也非常关注监管的纳米材料与散装材料相似时纳米颗粒到达人体器官的可能性，该观察结果将对检测方法提出额外要求，用于阐明潜在的新危害。

2007 年 6 月 19 日，欧盟消费产品科学委员会（SCCP）采纳了一项关于化妆品中纳米材料安全性公共咨询的建议，认为需要对现已使用了纳米材料的化妆品的安全性进行审核。对易分解的颗粒来说，基于质量度量的传统风险评估方法可能是适用的，然而对于不溶的或溶解缓慢的颗粒来说，必须考虑其他的参数如颗粒数目、表面积以及分布情况；而且非常关键的一点就是要考虑到其吸收性。SCCP 还表明了在该领域存在某些知识空缺。由于禁用动物进行化妆品试验，SCCP 指出目前没有用于纳米技术的有效方法，并且表明必须审查正在使用的纳米材料的安全。

3. 实践规范　国际标准化组织（ISO）和欧洲标准化委员会（CEN）的工作紧密衔接，与纳米技术相关的国际标准化组织纳米技术委员会（ISO/TC229）和欧洲标准化委员会技术委员会生物刺激素技术委员会（CEN/TC352）目前都在致力于纳米材料的命名和相关定义。在 ISO/TC229 中，健康、安全和环境工作组正在提出一份《纳米技术相关职业安全规范》的技术报告。另外，关于空气质量的 ISO/TC146 委员会下属 SC2 职业环境委员会发表了题为“超细纳米颗粒和纳米结构气溶胶 - 吸入暴露特征与评估”的技术报告，即 ISO/TR27628：2007。在 ISO/TC24/SC4（全国筛网筛分和颗粒分检方法标准化技术委员会）中，纳米颗粒大小的测定以及参考材料的需求这两个问题得到了更多的关注。

4. 研究项目或战略　正如在纳米科学和纳米技术行动纲领（N&N）表明的一样，欧盟委员会致力于在第 7 个科研、技术发展和示范活动框架规划（FP7）中强化纳米科学和纳米技术的研究和发展，并提议在 FP6 的基础上大幅增加预算。同时，欧盟还致力于推动合作研发，通过毒理学和生态毒理学研究及开发用于检测和尽可能减少工作环境下纳米材料暴露的合适方法与设施，来了解纳米材料对人体健康和环境的潜在影响。

在 FP7 第一次提案收集中，特别是针对纳米材料安全性的主题已经展开（表 1-1），申请这些主题的提案都已经得到了评估，相关研究计划在 2008 年初已经启动。

表 1-1　纳米材料安全性项目统计

内容	项目
● NMP-2007-1.3-1 （大规模集成项目）	供测量和分析用的特定的、方便使用的移动设备
● NMP-2007-1.3-2 （中小型重点研究项目）	工程纳米粒子对健康和环境的影响
● NMP-2007-1.3-3 （协调和支持行动）	有关纳米粒子对环境和健康可能影响的数据和研究的重点审查
● NMP-2007-1.3-4 （协调和支持行动——只资助一个数据库和支持行动）	建立关于纳米粒子影响的重要并具评论价值的资料库
● NMP-2007-1.3-5 （协调和支持行动）	协调纳米粒子、基于纳米技术的材料和产品对环境与健康影响的研究
● HEALTH-2007-1.3.4 （中小型重点研究项目）与 NMP-2007-4.13-2/4.4-4 协调	评估医学诊断中纳米粒子毒理性的替代实验方案

2007 年 11 月 30 日发布的第二次提案有两个主要议题：NMP-2008-1.3-1 对工程纳米颗粒风险评估方法的验证、修订和发展；NMP-2008-1.3-2 工程纳米颗粒对健康和环境的影响。另外，欧盟委员会对“应对全球挑战的跨大西洋解决方案”下的纳米相关实验项目予以了支持，旨在促进欧洲和美国的决策者与政策研究者相互学习。

在这种背景下，欧盟发布了新的提案，用于一系列领域的项目特别是纳米科技的安全性领域。基于欧盟 FP6 的项目经验，需要推动经济发达国家在纳米科学和纳米技术领域的国际合作，从而分享知识并从中受益；欧盟委员会联合研究中心（JRC）正在与欧盟伙伴开展合作，评估工程纳米材料的风险。FP7 活动的重点是纳米材料的毒性测定方法、对关键细胞系的有代表性人工纳米技术的体外检测、对纳米计量和参照材料的研究、对数据库的开发，以及采用传统定量构效关系（QSAR）范例的“电脑模拟”法适用性研究。

欧盟委员会正在考虑支持开发纳米材料信息数据库，将国际统一化学品信息数据库 IUCLID 作为一个基础，并根据纳米材料数据集的未来需求进一步对其进行完善发展。

5. 公共咨询　2007 年 7 月 18 日，欧盟委员会开始了一项公共咨询，就纳米科学和纳米技术研究行动规范听取建议，对新兴科学领域的管理提供建议。该咨询收到了来自欧盟各界，包括科学团体、工业界、民间团体、决策者、媒体以及普通公众提出的多项建议。

欧盟委员会还公布了一项关于纳米技术交流延伸的公开咨询会，邀请公众和其他利益攸关方对欧盟委员会 2007 年 2 月 6 日的布鲁塞尔讨论会议结果和报告提出建议。

来自欧盟科学委员会、SCENIHR 和 SCCP 的建议在最终采纳前都经过了公众评议，欧盟的不同组织和欧盟主席国组织了多次关于纳米技术的会议，2006 年 9 月，芬兰主办了题为“纳米技术：确保成功的安全性”的会议；在 2007 年 10 月，欧盟委员会组织了另一个与消费品有关的利益相关者对话。

（二）美国和加拿大进展

美国和加拿大都是发达国家，也非常重视纳米生物安全性问题。2005 年 12 月 7—9 日，美国政府以“经济合作发展组织”（OECD）的名义，召集世界各国政府，在美国首都华盛顿召开了“人造纳米材料的安全性问题”圆桌会议。除了 OECD 所有成员国政府以外，会议受到美国政府前所未有的重视，包括国务院在内有 26 个部委出席了会议。会议讨论如何采取措施，保障“人造纳米材料的安全性”问题。

近年来，美国政府主要采取了以下措施来强化纳米安全工作。

美国国家环境保护局（EPA）发布了用于确定纳米材料在《有毒物质控制法案》（TSCA）下是“新的”或是“已有的”化学制品的相关的草拟清单文件；EPA 发布纳米材料管理项目意向书草稿；食品药品监督管

理局(FDA)发布纳米技术专门小组报告;纳米环境和健康潜在影响工作组(NEHI)发布了需要优先开展的工程纳米材料环境、健康、安全(EHS)研究中期报告;美国国立卫生研究院国家环境卫生科学研究所(NIEHS)和美国国家生物医学影像和生物工程研究所(NIBIB)/美国国立卫生研究院(NIH)联合提出纳米健康事业计划;EPA开发了纳米材料研究战略;美国国家毒理学计划(NTP)启动纳米材料测试项目;EPA开始纳米材料风险评估专题研究;EPA召开了通过纳米材料特征描述、污染预防、管理项目的公众会议。NIEHS开设各种培训课程并设立各种专项基金,从而促进纳米材料毒性评估相关研究的开展。

1. 建议和讨论 EPA公布了基于TSCA的公众指导意见,使得纳米材料制造厂商可以明确TSCA目录上"新的"和"已有的"化学制品之间的区别。EPA已经收到并审查了在TSCA下有潜力成为纳米材料的许多新化学物质的申报,并准许了在限制条件内生产纳米材料。

2. 公众意见 对于使用纳米科技的新产品,USG机构已经鼓励制造厂商在提交申请或申报之前,在产品开发的早期与合适的审查委员会进行讨论。

EPA在《联邦公报》发布了相关文件,供公众审查和评论。这些文件包括一份纳米材料管理项目的意向书、一份基于TSCA而规定的有关常规途径的纳米材料库存报告以及一份关于该项目的信息采集要求。

EPA基于公众投入开发最终的项目,并在2008年初公布了该项目。该项目的主要目标是组织并鼓励开发关于纳米材料危害、暴露、风险和降低风险的科学信息,向行业和EPA提供健康科学的基础。该项目完善了EPA的管理权威,并确保纳米材料被负责任地开发和商业利用。

3. 研究项目或策略 2007年8月16日,NEHI发布了题为"优先考虑工程纳米材料的环境、健康和安全性研究需求"的中期评论报告。

NIEHS和NIBIB提出一个跨学科的行动,该行动将采用最新的技术来检测工程纳米材料与生物系统在分子、细胞和组织水平的物理和化学相互作用。该行动被称为纳米健康事业,提出私营企业、其他联邦机构、国际合作者、公共卫生拥护者以及学术界一起合作进行纳米材料和设备的安全性研究。

FDA在2007年7月25日发布了纳米技术专门小组的报告。

该报告提供了专门小组的初步发现和向FDA局长的建议,包括:纳米材料的生物相互作用研究现状的概要;科学问题的分析和建议;管理政策问题的分析和建议。

EPA正在开发纳米材料研究策略(NRS),该策略将鉴定出一个与美国其他机构的研究协调的研究项目。

NRS在2007年11月接受外部同行的审查,并在《联邦公报》上发表,接受评论。NRS涵盖了2007—2012年财政,并集中解决EPA在四个研究领域里的项目需求:来源、前景、运输和暴露;人类健康和生态学研究,以通报风险评估和测试方法;风险评估方法和专题研究;预防和降低风险。

EPA正在对选择的纳米材料进行一系列的专题研究开发,以此作为手段鉴定什么是已知的和什么是需知的,用于评估纳米材料的潜在的环境和健康影响。

4. 公众咨询 EPA污染预防和有毒物质办公室(OPPT)于2007年9月召开了关于纳米材料特征的科学同行咨询会,以支持他们正在考虑的管理项目的开发。在2007年9月末,EPA资助了通过纳米技术预防污染的会议。会议的目的是交流在创新性纳米技术和纳米材料中潜在的环境污染的防治。

加拿大政府也非常重视纳米生物安全问题,2008年7月10日,应加拿大卫生部等相关政府部门的要求,一个专家委员会研究评估了纳米材料目前的应用情况,同时还研究了政府部门应该采取哪些措施,制定什么新的规章来监督纳米材料的应用。委员会的结论是,目前所掌握的数据还难以对无处不在的纳米材料所带来的风险进行定量的风险评估,而且报告认为,纳米材料特殊的理化性质可能会增强其毒性效应。

加拿大环境部和加拿大卫生部召开了一个多方研讨会,与工业界、非政府组织、学术界和其他感兴趣团体进行磋商,旨在以《加拿大环保法案》(1999)为基础建立一个纳米材料管理框架。同时,环境部对纳米材料按照《新物质申报条例》(化学制品和聚合物)申报发布了参考指南。

加拿大工业部与加拿大环境部、加拿大卫生部联合完成了鉴别向加拿大出口纳米技术相关产品的美国公司的合同研究。

在科学研究领域，两个纳米材料环境影响的研究计划获得了资助，而且还有机会获得纳米技术相关的环境和健康研究方面的资助。几个加拿大国家研究委员会的研究所正在联合多个学科的力量，将重点放在支撑EHS研究的基础研发课题上。

在政策研究领域，加拿大研究理事会已经开始对纳米科技潜在的人类健康和环境风险的当前知识水平进行评估。

加拿大卫生研究院正与多个联邦政府部门合作计划成立一个调查纳米材料的道德、经济、环境、法律和社会问题的工作组。

（1）监管

1）2007年9月，加拿大环境部和加拿大卫生部主持了一个多方会议，以《加拿大环保法案》(1999)为基础，提出一个制定纳米材料管理框架的方法。来自工业界、非政府部门、学术界和其他感兴趣团体的成员参加了为期一天的会议，并带来了他们在整个方法上的反馈意见和信息收集行动上的可行性意见。

开发纳米材料管理框架的提议包含了两个阶段，包括近期和长期的目标。

阶段1(2006—2008年)：继续与国际合作者一起开发科研能力(OECD，ISO)；通告潜在申报人在当前框架下的管理责任；开展行动，收集来自工业部门对纳米材料使用、特点和影响的信息；考虑是否需要对《加拿大环保法案》(1999)或《新物质申报条例》进行修正以促进纳米材料的风险评估和管理。

阶段2(2008—2010年)：通过国际标准化组织解决命名原则和术语的标准问题；考虑在《新物质申报条例》下建立特别的纳米材料数据要求；对在《加拿大国内物质清单》(DSL)上已经存在的物质考虑使用新的活性申报。

2）2007年7月16日，加拿大环境部发布了一个参考指南，通告制造商和出口商在《新物质申报条例》(化学制品和聚合物)下的纳米材料管理责任。该参考指南提供了纳米材料的信息和哪些纳米材料是适用于当前的条例的。

3）2007年3月，加拿大成立了纳米科技的健康综合管理工作组。来自加拿大卫生部、加拿大公共卫生署和加拿大卫生研究院的成员与应邀出席的专家进行会晤，讨论了纳米科技的健康综合管理策略的基础。

4）加拿大成立了一个跨部门的高级管理委员会，这个委员会已经参与到联邦科学与技术部门的工作中。该委员会已经为在加拿大的纳米技术管理提供协调一致的方法草拟了一份联邦行动计划。这份计划包括向高级管理提供建议以达到：拥护和支持纳米技术安全的管理架构，加强与工业部门、学术界和实验室之间的合作关系及联系，以及继续积极参与到国际事务中的目的。

（2）计划：纳米安全信息收集计划旨在获得纳米材料的信息，有助于指导管理、研究和风险评估的开发。考虑用以下几个选择进行信息收集行动：一个自愿计划，一个强制性计划和一个混合计划。信息收集行动的计划以多方工作组的反馈信息为基础，于2008年1月份公布。

信息收集计划将主要集中于获取工业纳米材料的信息，建立通告风险评估和管理办法的知识基础。该计划的目标包括：鉴定加拿大商业领域中的纳米材料；加速获取工业领域的信息；在对纳米材料潜在的健康和环境影响做出合适的检测后给出指导意见。

加拿大信息收集计划的任务：考虑在行动时间表内鼓励通告的奖励政策；开发咨询文件使得工业部门、公众和其他利益相关者参与；在2008年的前6个月实施目标计划。

加拿大工业部已经检查了战略数据库，并对参与到纳米技术的加拿大公司进行了网络搜索鉴定。加拿大工业部还与加拿大环境保护部、加拿大卫生部及加拿大食品检验局签订了研究协议，一起调查出口纳米技术相关产品到加拿大的美国公司。

通过对各种计划收集的数据进行分析，共鉴定出79家加拿大国内的公司拥有107种不同系列的产品。还有63家美国公司在加拿大有业务，涉及127种不同的产品类型。在这234种产品中，151种有在线可获得的纳米材料鉴定信息，代表了88种不同的纳米材料和85种不同的用途。这些产品包括一些主要的纳米材料，包括自然的、合金的、碳质的和矿物质纳米材料。

另外，这些纳米材料来自众多工业部门，包括消费品、生命科学、塑料、半导体、建筑、运输、安全、能源、地球科学和环境等。

（3）风险评估：一些监管项目已经接受了某些含有纳米材料的产品的申报：包括工业和商用化学制品、医药品、化学用品等，对其中一些进行了调查，但还没有提交申报。加拿大卫生部正在审查几个在自然健康产品领域的食品相关的申请。目前还没有收到关于食品添加剂和食品包装相关的申报，以及肥料、兽用生物制剂和动物饲料相关的申报。

（4）研究进展：加拿大环境部和加拿大卫生部正在支持解释纳米材料环境命运的研究提议。2007年10月，两个环境影响的计划得到了加拿大自然科学及工程研究理事会战略基金项目的资助。这些计划涉及多个大学，并得到了来自加拿大环境部、加拿大卫生部以及加拿大农业和农业食品部的投入和资金支持。

加拿大自然科学及工程研究理事会和加拿大卫生研究院正鼓励在纳米技术的研究计划中加入健康和环境影响部分。加拿大国家研究委员会和加拿大商业发展银行已经将纳米技术研究和环境影响部分联系在一起。

加拿大国家研究委员会已经启动了新的研发行动，支持各研究所间的合作计划。这些纳米技术的跨研究所项目集合了多种学科的力量来支撑EHS研究的基础研发课题。

（三）日本

日本劳动职业安全与卫生研究所（National Institute of Occupational Safety and Health Japan，JNIOSH）于2007年4月启动了一项为期3年的研究计划，用以研究暴露于人工纳米材料的潜在安全问题。

1. 监管 在日本政府现有的管理体系中，按照《化学物质控制法》（*Chemical Substance Control Law*）要求，如果产品属于新的化学物质，生产厂商必须向政府通报。除了少量的新化学物质通报得到豁免外，一些富勒烯衍生物相关的通报已经提交。

2. 研究计划或策略 纳米技术的推广和社会接受是一个重要问题，在日本第三届“科学与技术基本计划”（Science and Technology Basic Plan）中，关于纳米技术社会接受的研发被列为科学与技术优先计划。

另外，内阁办公室已经决定成立协调纳米技术研究开发政策的委员会，Junko Nakanishi博士作为协调人员加入该委员会。目标之一是通过突出重点、采取战略措施，促进纳米技术的研发和公众接受度的研究。

2005年，日本产业技术综合研究所（National Institute of Advanced Industrial Science and Technology，AIST）、日本国立医药品食品卫生研究所（National Institute of Health Science，NIHS）、日本国立环境研究所（National Institute for Environmental Studies，NIES）、日本国立材料科学研究所（National Institute of Materials Science，NIMS）等4个国立研究所和一些大学已经联合开展了用于促进纳米技术公共接受的研究和调查。

（四）其他国家

另外，俄罗斯、韩国、巴西等政府相继组织力量，投入经费，在国家层面上启动了系统的纳米安全性研究计划，研究纳米材料与生物体和环境的相互作用及对人类健康的影响。纳米材料的安全性研究已得到越来越多的重视，诸多发达国家已制定出长远的战略性规划并付诸行动。

二、关于纳米生物学效应及毒性研究的国外较高水平的科研团队及其研究方向

（1）Rochester大学Günter Oberdörster和Alison Elder科研组主要研究超细颗粒物和工程化纳米材料对心肺的影响以及利用动物与细胞模型研究纳米材料的毒物动力学。

（2）Napier大学Ken Donaldson和Vicki Stone科研组主要致力于吸入性纳米超微颗粒对肺功能的影响及不同的纳米材料对肝和免疫系统的生物学效应的研究。

（3）California大学Andre Nel和Tian Xia课题组主要进行纳米材料表征对其生物学效应的影响、纳米的细胞摄取机制及活性氧在纳米生物学效应中的作用研究。

（4）Rice大学Vicki Colvin团队主要进行纳米材料对环境及生物体的影响的研究。

（5）Duke大学Mark Wiesner团队主要研究纳米材料对生物膜的作用及纳米材料在环境中的转归。

（6）瑞士联邦实验室Harald Krug科研组主要致力于不同纳米材料对于体内、体外不同受试模型的生物学效应，并对碳纳米管的生物学效应做了大量研究。

(7) 德国 Helmholtz 研究所 Wolfgang Kreyling 团队主要进行气溶胶对健康的影响的研究。

(8) Dublin 大学 Kenneth Dawson 团队主要研究纳米材料对组织及细胞的生物学效应。

以上只是该领域研究水平比较高的团队，对于纳米材料的生物学效应，许多大学的科研团队都进行了大量的研究和报道。

三、我国在纳米生物学效应及毒性研究领域的进展情况

随着纳米材料广泛应用和纳米技术的日益发展，我国也面临着纳米安全性的问题，国家科学技术部和相关的科技主管部门对纳米材料的生物学效应及毒性的研究给予高度重视。2001 年 11 月，中国科学院高能物理研究所就提出了"开展纳米生物学效应、毒性与安全性研究"的建议。该建议引起了中国科学院和高能物理研究所两级领导的高度重视和支持。2002 年开始筹建，并于 2004 年对原有的纳米生物组、稀土金属毒理组、重金属毒理组和有机卤素的生物学效应与毒理学研究组进行整合，正式成立了我国第一个"纳米生物学效应实验室"。由纳米科学、生物学、毒理学、医学和化学等领域的研究人员组成的研究团队，利用高通量、高灵敏度分析技术、生物技术、毒理学与医学研究手段等多学科技术手段相结合建立新的方法学，广泛开展与国内外有关研究组织合作，开展纳米物质生物学效应及毒性的研究，已获得了一批研究成果。2004 年 11 月 31 日至 12 月 2 日，以"纳米尺度物质的生物学效应与安全性"为主题的第 243 次香山科学会议召开，来自全国 20 多个研究单位的专家，对纳米生物学效应与安全性的问题进行了深入讨论。2008 年 9 月，第十届中国科协年会"纳米毒理学与生物安全性评价暨纳米毒理学国际学术会议"在河南郑州举办。

目前，国内纳米生物学效应的研究工作主要从生物整体水平、细胞水平、分子水平和环境等几个层面开展。其重点是研究纳米物质整体生物学效应以及对生理功能的影响、纳米物质的细胞生物学效应及其机制以及大气纳米颗粒对人体的作用和影响等领域。

第四节 纳米毒理学及其任务

纳米毒理学是研究纳米材料对生物体及环境的负面效应及其毒性的一门学科。研究任务主要包括：①研究纳米材料对生物体的毒性效应及作用机制；②建立纳米材料安全性评价体系，对纳米材料的危险度做出评价；③为制定相关规章、标准，采取防护措施提供科学依据。其研究范围包括纳米材料的理化性质、暴露途径、生物分布、分子组成、遗传毒性以及监管，并为纳米材料对人群健康和环境危害的风险评估提供可信、可靠及有数据支持的检测方案。

纳米材料毒性效应及其机制的研究与传统毒理学不同。首先，由于表征对纳米效应及毒性的影响很大，所以要从表征入手，准确而详尽的表征资料对于说明纳米材料的毒性，推测其机制有重要作用；其次，纳米材料的特殊理化性质，它能同实验中的某些试剂反应，从而干扰毒性效应，因此针对具体的纳米材料选择正确的实验方法手段，才能有效地检测纳米材料的生物学效应及毒性；再次，由于纳米材料生物学效应的特殊性，其毒性效应的界定应不同于传统的大尺寸材料，传统的毒理学中所采用的指标不足以说明纳米材料的毒性效应，所以选择合适的效应终点来说明其毒性效应对于防控纳米材料毒性有很大意义；最后，纳米材料存在特殊的毒性作用机制，如特洛伊木马作用、金属离子的释放等，因此，在推测纳米材料的毒性作用机制时，要充分考虑纳米材料特殊理化性质所导致的特殊机制。

随着纳米材料生物学效应及毒性研究的深入，发现纳米材料可引起动物、细胞及分子水平的特殊生物学效应及毒性，对其机制也有一定的探讨，但由于纳米材料的特殊性，使研究在检测方法、研究手段等方面还存在着一些争议，研究中还存在许多可影响生物学效应及毒性检测结果的因素，使目前发现的纳米材料的生物学效应及毒性存在不确定性，以至于传统毒理学的安全性评价体系不足以评价纳米材料的毒性和危害。SCENIHR 表示，有关纳米颗粒的特性、检测、测量、纳米颗粒对人体和环境的影响，以及纳米颗粒相关的所有毒理学和环境毒理学方面的知识、数据都不充分，从而针对纳米颗粒对人与环境产生

的影响无法进行令人满意的风险评估。那么探索适合纳米材料毒性的检测方法和手段，建立纳米材料安全性评价体系就成为当前亟待解决的问题。

纳米安全性评价体系应包含以下几方面内容，即确定纳米材料对生物体及环境负面效应，推测纳米材料毒性效应的剂量 - 效应及结构 - 效应关系，对纳米材料的环境及人群暴露水平做出评估，对纳米材料做出安全性评价及对纳米材料进行危险度管理。

纳米毒理学是一个新兴的交叉学科，只有各学科间的相互合作才能够正确地评价纳米材料的安全性。纳米毒理学研究要揭示纳米材料的理化性质与其生物学效应及毒性之间的关系，其中纳米材料的制备、表征、生物学效应及毒性的检测、毒性机制的认识、评价体系的建立等工作需要物理、化学、生物学、毒理学等领域的研究者共同合作完成。

由于纳米材料的特殊理化性质，其对环境的负面影响不同于其他污染，目前还没有统一的、有效的标准检测方法来预测纳米材料的负面效应。纳米材料的接触者，尤其是纳米材料生产加工场所的职业暴露的监控及防护十分必要。目前，纳米材料的生物学效应及毒性不明确，纳米材料的安全性评价体系还未建立，在这种情况下，政府组织多通过制定规章、采取防护措施等方式，防止纳米材料通过呼吸道、皮肤及消化道进入人体内而产生急性或慢性毒性效应。

第五节 纳米毒理学面临的问题和展望

纳米毒理学研究已经证实纳米材料在体外和体内具有毒性效应，对环境及人群有一定的负面效应，但纳米材料的安全性评价体系还未建立，纳米生物学效应及毒性的研究仍存在一定问题。

一、纳米毒理学目前面临的问题

（一）剂量问题

与传统毒理学的剂量不同，纳米材料由于自身理化性质，其剂量可以界定为质量浓度、颗粒数浓度及表面积浓度，同一种颗粒，采用不同的浓度界定方式，能够得到不同的实验结果，所以，对于具体的纳米颗粒，哪种浓度界定方法能够更好地探讨其毒性效应及机制，还存在争议。

纳米材料在液体的存在形态是一个动态过程，具有聚集的倾向，并易与蛋白等大分子反应，这就导致尤其在纳米毒理学的体外研究中，受试细胞接触的纳米颗粒物化性质发生改变，原表征纳米颗粒的浓度不清。另外，由于纳米颗粒在液体中通常处于悬浮状态，那么悬浮细胞与贴壁细胞所接受的受试剂量则不同。

（二）表征问题

纳米材料的毒性与表征密切相关。目前的研究中也对表征有所检测，但如何检测纳米颗粒作用于生物体的动态表征是一个亟待解决的问题。

（三）检测方法问题

在纳米毒理学研究中，由于纳米材料的特殊理化性质，某些检测方法可能会得出错误结论，如何选用合适的检测方法至关重要。

（四）效应终点问题

传统毒理学的效应终点已不足以评价纳米材料的危险性。

（五）慢性毒性问题

目前报道多为短期效应，缺少长期效应的数据。

二、纳米毒理学目前的展望

（一）替代实验

使用体外替代实验取代整体动物实验。

（二）数据库、计算机模拟

建立表征、毒性效应、毒性机制数据库，并建立数据模型探索剂量 - 表征 - 效应关系，推测新兴纳米材料的生物学效应及毒性。

（三）由危险度评价向危险度管理转变

明确暴露水平，建立规章、标准，实行危险度管理。

参考文献

[1] WU M，WANG X，WANG K，et al. An ultrasensitive fluorescent nanosensor for trypsin based on upconversion nanoparticles[J]. Talanta，2017，174：797-802.

[2] KAJI N，OKAMOTO Y，TOKESHI M，et al. Nanopillar，nanoball，and nanofibers for highly efficient analysis of biomolecules[J]. Chem Soc Rev，2010，39（3）：948-956.

[3] CONTE M P，SAHOO J K，ABUL-HAIJA Y M，et al. Biocatalytic self-assembly on magnetic nanoparticles[J]. ACS Appl Mater Interfaces，2018，10（3）：3069-3075.

[4] LU C W，HUNG Y，HSIAO J K，et al. Bifunctional magnetic silica nanoparticles for highly efficient human stem cell labeling[J]. Nano Lett，2007，7（1）：149-154.

[5] JO S D，KU S H，WON Y Y，et al. Targeted nanotheranostics for future personalized medicine：recent progress in cancer therapy[J]. Theranostics，2016，6（9）：1362-1377.

[6] YONG K T，QIAN J，ROY I，et al. Quantum rod bioconjugates as targeted probes for confocal and two-photon fluorescence imaging of cancer cells[J]. Nano Lett，2007，7（3）：761-765.

[7] SCHROEDER J E，SHEWEKY I，SHMEEDA H，et al. Folate-mediated tumor cell uptake of quantum dots entrapped in lipid nanoparticles[J]. J Control Release，2007，124（1-2）：28-34.

[8] RAPOPORT N，GAO Z，KENNEDY A. Multifunctional nanoparticles for combining ultrasonic tumor imaging and targeted chemotherapy[J]. J Natl Cancer Inst，2007，99（14）：1095-1106.

[9] TANG N，DU G，WANG N，et al. Improving penetration in tumors with nanoassemblies of phospholipids and doxorubicin[J]. J Natl Cancer Inst，2007，99（13）：1004-1015.

[10] DENG W G，WU G，UEDA K，et al. Enhancement of antitumor activity of cisplatin in human Lung cancer cells by tumor suppressor FUS1[J]. Cancer Gene Ther，2008，15（1）：29-39.

[11] ZHAO Z，UKIDVE A，KRISHNAN V，et al. Effect of physicochemical and surface properties on in vivo fate of drug nanocarriers[J]. Adv Drug Deliv Rev，2019，143：3-21.

[12] CHEN M L，QUAN G，SUN Y，et al. Nanoparticles-encapsulated polymeric microneedles for transdermal drug delivery[J]. J Control Release，2020，325：163-175.

[13] XU Q B，HASHIMOTO M，DANG T T，et al. Preparation of monodisperse biodegradable polymer microparticles using a microfluidicflow-focusing device for controlled drug delivery[J]. Small，2009，5（13）：1575-1581.

[14] MALYSHEVA A，LOMBI E，VOELCKER N H. Bridging the divide between human and environmental nanotoxicology[J]. Nat Nanotechnol，2015，10（10）：835-844.

[15] BITOUNIS D，POURCHEZ J，FOREST V，et al. Detection and analysis of nanoparticles in patients：A critical review of the status quo of clinical nanotoxicology[J]. Biomaterials，2016，76：302-312.

[16] MAYNARD A D. Old materials，new challenges[J]. Nat Nanotechnol，2014，9（9）：658-659.

[17] OBERDÖRSTER G，OBERDÖRSTER E，OBERDÖRSTER J. Nanotoxicology：an emerging discipline evolving from studies of ultrafine particles[J]. Environ Health Perspect，2005，113（7）：823-839.

[18] GANGWAR R S，BEVAN G H，PALANIVEL R，et al. Oxidative stress pathways of air pollution mediated toxicity：Recent insights[J]. Redox Biol，2020，34：101545.

[19] COSTA L G，COLE T B，DAO K，et al. Effects of air pollution on the nervous system and its possible role in neurodevelopmental and neurodegenerative disorders[J]. Pharmacol Ther，2020，210：107523.

[20] BAEZA-SQUIBAN ARMELLE. Physio-pathological impacts of inhaled nanoparticles[J]. Biol Aujourdhui, 2014, 208(2): 151-158.

[21] SCHRAUFNAGEL D E. The health effects of ultrafine particles[J]. Exp Mol Med, 2020, 52(3): 311-317.

[22] LIU X B, ZHANG B, SOHAL I S, et al. Is "nano safe to eat or not"? A review of the state-of-the art in soft engineered nanoparticle(sENP) formulation and delivery in foods[J]. Adv Food Nutr Res, 2019, 88: 299-335.

[23] MORTENSEN L J, OBERDÖRSTER G, PENTLAND A P, et al. In vivo skin penetration of quantum dot nanoparticles in the murine model: the effect of UVR[J]. Nano Lett, 2008, 8(9): 2779-2787.

[24] BAROLI B, ENNAS M G, LOFFREDO F, et al. Penetration of metallic nanoparticles in human full-thickness skin[J]. J Invest Dermatol, 2007, 127(7): 1701-1712.

[25] KIM S, LIM Y S, SOLTESZ E G, et al. Near infrared fluorescent type Ⅱ quantum dots for sentinel lymph node mapping[J]. Nat Biotechnol, 2004, 22(1): 93-97.

[26] BROHI R D, WANG L, TALPUR H S, et al. Toxicity of nanoparticles on the reproductive system in animal models: a review[J]. Front Pharmacol, 2017, 8: 606.

[27] ŚWIDWIŃSKA-GAJEWSKA A M, CZERCZAK S. Carbon nanotubes-characteristic of the substance, biological effects and occupational exposure levels[J]. Med Pr, 2017, 68(2): 259-276.

[28] YUAN X, ZHANG X X, SUN L, et al. Cellular toxicity and immunological effects of carbon-based nanomaterials[J]. Part Fibre Toxicol, 2019, 16(1): 18.

[29] NURKIEWICZ T R, PORTER D W, HUBBS A F, et al. Nanoparticle inhalation augments particle-dependent systemic microvascular dysfunction[J]. Part Fibre Toxicol, 2008, 5: 1.

[30] MOSTOVENKO E, YOUNG T, MULDOON P P, et al. Nanoparticle exposure driven circulating bioactive peptidome causes systemic inflammation and vascular dysfunction[J]. Part Fibre Toxicol, 2019, 16(1): 20.

[31] DUAN J, YU Y, LI Y B, et al. Low-dose exposure of silica nanoparticles induces cardiac dysfunction via neutrophil-mediated inflammation and cardiac contraction in zebrafish embryos[J]. Nanotoxicology, 2016, 10(5): 575-585.

[32] LIU T, LI L, FU C, et al. Pathological mechanisms of liver injury caused by continuous intraperitoneal injection of silica nanoparticles[J]. Biomaterials, 2012, 33: 2399-2407.

[33] MAHMOUD A M, DESOUKY E M, HOZAYEN W G, et al. Mesoporous silica nanoparticles trigger liver and kidney injury and fibrosis via altering TLR4/NF-κB, JAK2/STAT3 and Nrf2/HO-1 signaling in rats[J]. Biomolecules, 2019, 9(10): 528.

[34] RADOMSKI A, JURASZ P, ALONSO-ESCOLANO D. Nanoparticle-induced platelet aggregation and vascular thrombosis[J]. Br J Pharmacol, 2005, 146(6): 882-893.

[35] DUAN J C, YU Y, LI Y, et al. Inflammatory response and blood hypercoagulable state induced by low level co-exposure with silica nanoparticles and benzo[a]pyrene in zebrafish(Danio rerio) embryos[J]. Chemosphere, 2016, 151: 152-162.

[36] JIANG L, LI Y, LI Y, et al. Silica nanoparticles induced the pre-thrombotic state in rats via activation of coagulation factor Ⅻ and JNK- NF-κB/AP-1 pathway[J]. Toxicology Research, 2015, 4: 1453-1464.

[37] ASHARANI P V, SETHU SWAMINATHAN, VADUKUMPULLYSAJINI, et al. Investigations on the structural damage in human erythrocytes exposed to silver, gold, and platinum nanoparticles[J]. Advanced Functional Materials, 2010, 20(8): 1233-1242.

[38] LÜHMANN T, RIMANN M, BITTERMANN A G. Cellular uptake and intracellular pathways of PLL-g-PEG-DNA nanoparticles[J]. Bioconjug Chem, 2008, 19(9): 1907-1916.

[39] WANG T, ZHANG D, SUN D, et al. Current status of in vivo bioanalysis of nano drug delivery systems[J]. J Pharm Anal, 2020, 10(3): 221-232.

[40] BHARGAVA A, SHUKLA A, BUNKAR N, et al. Exposure to ultrafine particulate matter induces NF-κβ mediated epigenetic modifications[J]. Environ Pollut, 2019, 252(Pt A): 39-50.

[41] NATIVO P, PRIOR IA, BRUST M. Uptake and intracellular fate of surface-modified gold nanoparticles[J]. ACS Nano, 2008, 2(8): 1639-1644.

[42] ASHARANI P V，LOW K M G，HANDE M P，et al. Cytotoxicity and genotoxicity of silver nanoparticles in human cells[J]. ACS Nano，2009，3（2）：279-290.

[43] KLAUS UNFRIED，CATRIN ALBRECHT，LARS-OLIVER KLOTZ，et al. Cellular responses to nanoparticles：Target structures and mechanisms[J]. Nanotoxicology，2007，1（1）：52-71.

[44] MÖLLER W，BROWN D M，KREYLING W G，et al. Ultrafine particles cause cytoskeletal dysfunctions in macrophages：role of intracellular calcium[J]. Part Fibre Toxicol，2005，4，2：7.

[45] LIMBACH LK，WICK P，MANSER P，et al. Exposure of engineered nanoparticles to human lung epithelial cells：influence of chemical composition and catalytic activity on oxidative stress[J]. Environ Sci Technol，2007，41（11）：4158-4163.

[46] PEARCE K，OKON I，WATSON-WRIGHT C. Induction of oxidative DNA damage and epithelial mesenchymal transitions in small airway epithelial cells exposed to cosmetic aerosols[J]. Toxicol Sci，2020，177（1）：248-262.

[47] WU Z，SHI P，LIM H K，et al. Inflammation increases susceptibility of human small airway epithelial cells to pneumonic nanotoxicity[J]. Small，2020，16（21）：e2000963.

[48] CHEN F，JIN J，HU J，et al. Endoplasmic reticulum stress cooperates in silica nanoparticles-induced macrophage apoptosis via activation of CHOP-mediated apoptotic signaling pathway[J]. Int J Mol Sci，2019，20（23）：5846.

[49] WANG R，CHEN R，WANG Y，et al. Complex to simple：In vitro exposure of particulate matter simulated at the air-liquid interface discloses the health impacts of major air pollutants[J]. Chemosphere，2019，223：263-274.

[50] LEE K，LEE J，KWAK M，et al. Two distinct cellular pathways leading to endothelial cell cytotoxicity by silica nanoparticle size[J]. J Nanobiotechnology，2019，17（1）：24.

[51] SIMA M，VRBOVA K，ZAVODNA T，et al. The differential effect of carbon dots on gene expression and DNA methylation of human embryonic lung fibroblasts as a function of surface charge and dose[J]. Int J Mol Sci，2020，21（13）：E4763.

[52] WYPIJ M，JĘDRZEJEWSKI T，OSTROWSKI M，et al. Biogenic silver nanoparticles：assessment of their cytotoxicity，genotoxicity and study of capping proteins[J]. Molecules，25（13）：3022.

[53] DUAN J，YU Y，YU Y，et al. Silica nanoparticles induce autophagic activity，disturb endothelial cell homeostasis and impair angiogenesis[J]. Particle and Fibre Toxicology，2014，11：50.

[54] YU Y，DUAN J，YU Y，et al. Silica Nanoparticles induce autophagy and autophagic cell death in HepG2 cells triggered by reactive oxygen species[J]. Journal of Hazardous Materials，2014，270：176-186.

[55] DUAN J，YU Y，YU Y，et al. Silica nanoparticles induce autophagy and endothelial dysfunction via the PI3K/Akt/mTOR signaling pathway[J]. International Journal of Nanomedicine，2014，9：5131-5141.

[56] SHEN Z，WU H，YANG S，et al. A novel Trojan-horse targeting strategy to reduce the non-specific uptake of nanocarriers by non-cancerous cells[J]. Biomaterials，2015，70：1-11.

[57] LIMBACH L K，WICK P，MANSER P，et al. Exposure of engineered nanoparticles to human lung epithelial cells：influence of chemical composition and catalytic activity on oxidative stress[J]. Environ Sci Technol，2007，41（11）：4158-4163.

[58] ABBAS Q，YOUSAF B，AMINA，et al. Transformation pathways and fate of engineered nanoparticles（ENPs）in distinct interactive environmental compartments：A review[J]. Environ Int，2020，138：105646.

[59] STONE V，NOWACK B，BAUN A，et al. Nanomaterials for environmental studies：classification，reference material issues，and strategies for physico-chemical characterisation[J]. Sci Total Environ，2010，408（7）：1745-1754.

[60] MOHAMMADPOUR R，DOBROVOLSKAIA M A，CHENEY D L，et al. Subchronic and chronic toxicity evaluation of inorganic nanoparticles for delivery applications[J]. Adv Drug Deliv Rev，2019，144：112-132.

[61] SAGER T M，KOMMINENI C，CASTRANOVA V. Pulmonary response to intratracheal instillation of ultrafine versus fine titanium dioxide：role of particle surface area[J]. Part Fibre Toxicol，2008，5：17.

[62] CHUNG T H，WU S H，YAO M，et al. The effect of surface charge on the uptake and biological function of mesoporous silica nanoparticles in 3T3-L1 cells and human mesenchymal stem cells[J]. Biomaterials，2007，28（19）：2959-2966.

[63] CAI X，LIU X，JIANG J，et al. Molecular mechanisms，characterization methods，and utilities of nanoparticle biotransformation in nanosafety assessments[J]. Small，2020，e1907663.

[64] LAUX P，TENTSCHERT J，RIEBELING C，et al. Nanomaterials：certain aspects of application，risk assessment and risk communication[J]. Arch Toxicol，2018，92（1）：121-141.HOBSON D W，ROBERTS S M，SHVEDOVA A A，et al. Applied Nanotoxicology[J]. Int J Toxicol，35（1）：5-16.

[65] LEWINSKI N，COLVIN V，DREZEK R. Cytotoxicity of nanoparticles[J]. Small，2008. 4（1）：26-49.

[66] BALBUS J M，MAYNARD A D，COLVIN V L，et al. Meeting report：hazard assessment for nanoparticles-report from an interdisciplinary workshop[J]. Environ Health Perspect，2007，115（11）：1654-1659.

[67] POURZAHEDI L，VANCE M E，ECKELMAN M J. Life cycle assessment and release studies for 15 nanosilver-enabled consumer products：Investigating hotspots and patterns of contribution[J]. Environ Sci Technol，2017，51（12）：7148-7158.

[68] OBERDÖRSTER G，OBERDÖRSTER E，OBERDÖRSTER J. Concepts of nanoparticle dose metric and response metric[J]. Environ Health Perspect，2007，115（6）：A290.

[69] TEEGUARDEN J G，HINDERLITER P M，ORR G，et al. Particokinetics in vitro：dosimetry considerations for in vitro nanoparticle toxicity assessments[J]. Toxicol Sci，2007，95（2）：300-312.

第二章

纳米材料的生物转运和生物转化

第一节 纳米材料与生物膜

一、纳米材料通过生物膜的方式转运

纳米材料在机体内的吸收、分布与生物膜的结构和生理功能息息相关。生物膜不仅是细胞、细胞器与外界环境之间的屏障，而且是与外界环境进行物质交换的门户。生物膜主要有三种功能：①隔离功能，包绕和分隔内环境；②为生化反应提供场所；③屏障功能，是内外环境物质交换的屏障。

纳米材料进入机体首先要通过生物膜，研究显示纳米颗粒可以经过扩散作用、胞吞作用、胞饮作用、受体介导的内吞作用、膜穴样凹陷介导的内吞作用和非受体、非膜穴凹陷介导的内吞作用等方式通过生物膜。膜结构中存在的一种蛋白质叫受体，它能和细胞外环境中不同的生物大分子或基团特异性结合。细胞周围环境中的各种激素、递质及某些进入体内的药物很多是首先作用于细胞膜上的受体，再由受体将各种信号传入细胞内，发挥其生物学效应。细胞膜上有不同种类的受体，因此纳米材料可以借助不同受体的内吞作用来进入细胞。细胞的表面还有许多的陷窝或凹陷，如有一种类型陷窝或凹陷称为“外衣陷窝”，其内表面被一层致密的网格蛋白（clathrin）覆盖，这在受体介导的细胞内吞过程中有重要作用，细胞靠内吞方式将蛋白质或一些其他的大分子或纳米颗粒转运入细胞内。另外一种类型的凹陷为约 50nm 的小洞，由一层被称为“小洞素”的独特的膜标志蛋白所覆盖，参与纳米颗粒膜穴样凹陷介导的内吞作用。

二、纳米材料

不同种类的纳米材料来源、化学性质、用途、给药途径、可降解性不同，影响其在机体内的跨膜转运方式，其在体内的生物转运及生物转化也不尽相同。

（一）纳米材料的来源

根据来源可将纳米材料分为天然纳米材料、人造纳米材料和半人造纳米材料。

天然纳米材料是指天然存在的一些有机或无机的纳米材料。例如，C_{60} 是存在于自然界中的一种碳的形式，在医药领域可用作表皮毒物吸附剂；还有蛋白质、DNA 等也可归属于天然纳米材料。某些与人类活动有关的如汽车尾气排放、工厂废气排放、矿山及矿石粉碎、研磨等也可生成悬浮于空气中的纳米颗粒，这些纳米颗粒主要经过呼吸道进入人体，暴露对象是整个人群，因此这类纳米颗粒是纳米毒理学研究的主要对象之一。

人造纳米材料是指人们用化学合成手段有目的制备的一些纳米材料。例如，抗体 -Fe 磁性纳米颗粒、胰岛素聚酯纳米颗粒、聚氰基丙烯酸异丁酯 - 降钙素纳米颗粒、聚氰基丙烯酸异己酯 - 生长激素释放因子纳米颗粒等。这些纳米材料大多是作为药物的载体而设计和制备的，在用于人体之前需要经过严格的毒理学安全性评价，因此与药物的毒理学密切相关。

半人造纳米材料是指那些原先存在于自然界中但不适用于人体，在经过结构改造后成为适用于一定用途的纳米材料。例如，脂质纳米粒、纳米淀粉等经过羟基化而获得水溶性，成为可用于注射的纳米材

料；纳米活性炭、纳米中药、二氧化钛（TiO_2）纳米颗粒等是将天然存在的一些材料经过机械粉碎或非化学手段而制得的半人造纳米材料。这类纳米材料在生产过程中有可能对环境造成污染，因此也是纳米毒理学研究的内容之一。

（二）纳米材料的化学性质

根据化学性质可将纳米材料分为无机纳米材料、有机纳米材料和蛋白质类纳米材料。

（1）无机纳米材料：是指以无机物为主体的纳米材料，如 Fe_3O_4 纳米颗粒、二氧化钛（TiO_2）纳米颗粒、二氧化硅（SiO_2）纳米颗粒、氮化硅（Si_3N_4）纳米颗粒、胶体金等。无机纳米材料一般不溶于有机溶剂，在水中呈悬浮液或胶体溶液，不容易被代谢，多作为外用或环境灭菌消毒剂研究，其中 SiO_2 纳米颗粒在粉尘粒子的致病过程中起重要作用。

（2）有机纳米材料：是指用有机物制备的纳米材料，如明胶颗粒、聚丙交酯（PLA）、聚丙内酯（PCL）、聚羟丁酸（PHB）、聚羟戊酸（PVAC）及聚乙醇酸（PGA）纳米颗粒等。有机纳米材料又可分为可生物降解纳米材料和不可生物降解纳米材料两大类。其中可生物降解纳米材料因其具有较好的生物相容性，而更为研究者重视，将其作为各种药物的载体如胶束剂、喜树碱微乳剂、胰岛素聚酯纳米颗粒及脂质体纳米颗粒等而广泛研究。

（3）蛋白质类纳米材料：蛋白质、DNA 和 RNA 的分子尺度都在纳米水平上，因此这些生物大分子也属于纳米材料，如载更昔洛韦（ganciclovir）的白蛋白等。这些纳米材料是机体或生物组织的组成成分，但这些生物大分子往往具有明显的抗原性，容易引起机体变态反应或异常的免疫反应等，因此其生物相容性不及无机纳米材料。

（三）纳米材料的用途

根据医学用途可将纳米材料分为缓释类、吸附类、靶向类、杀灭类及结构代用品类等。缓释类纳米颗粒能够利用其缓释性能制备长效制剂，如抗癌药活性炭氟尿嘧啶纳米颗粒等；吸附类一般可作为外用药来吸附毒物，如用纳米材料制备的皮肤洗消剂等；靶向类是用其粒径不同或经特殊制备使其能够到达并定位于与治疗目的相关的部位的一类纳米颗粒，利用粒径定向的纳米颗粒如用于脾靶向的纳米颗粒粒径需大于 250nm、以体循环为靶向的纳米颗粒粒径需介于 150～250nm，而用于骨髓靶向的纳米颗粒粒径需小于 150nm 等；利用物理性质进行定向，如用磁性 Fe_3O_4 制备的纳米颗粒，注入血液后通过外加磁场将其导向体内特定部位；利用生物特异性进行定向的纳米颗粒，如用特异性抗体制备的纳米颗粒；杀灭类是用来杀死细菌、病毒等病原体及肿瘤细胞的纳米颗粒，如喜树碱纳米颗粒、抗生素的纳米制剂等；结构代用品是指作为机体组织的代用品被用于疾病治疗或人体保健的纳米材料，如人工心脏、人工肾脏及用于代替骨骼和牙齿等机体结构的纳米材料。

（四）纳米材料的给药途径

纳米材料根据给药途径的不同可分为注射类、口服类、外用类及手术放置类等。注射类是直接注入人体的纳米材料，如注射用药物制剂脂质体纳米颗粒、环孢菌素的纳米胶体、纳米中药粉针剂等，近年来，纳米增敏剂、新型铽纳米闪烁体等在肿瘤治疗领域发挥广阔前景。口服类是用于制备口服制剂的纳米材料，这类纳米材料经口给药后可避免胃肠道破坏因素的作用，经淋巴管吸收，从而克服了大分子通过胃肠道上皮细胞膜的障碍，这相对于易被肠道内酸、碱、消化酶破坏的多肽类药物具有优越性。例如，胰岛素口服微乳胶囊、纳米微乳给药系统等。外用类主要有皮肤表面用药或环境消毒剂，如用纳米材料制备的美容保健品、有机磷农药的皮肤洗消剂及医院环境消毒剂等，经皮给药需要制备可透皮吸收的纳米制剂如纳米粒、纳米乳、脂质体、固体脂质纳米粒等，其对皮肤损伤小并对大分子药物具有促透作用等优点，也是近年来医药研究的一个热点。手术放置类是指通过手术置于体内与治疗相关部位的纳米材料。通过局部手术放置纳米药物可以提高药物的局部浓度，提高疗效，避免药物的全身作用，减少副作用。例如，正在研究的活性碳氟尿嘧啶纳米颗粒，在行胃癌切除术时注射在癌病变区，该纳米颗粒具有良好的淋巴系统指向性，在淋巴管道移行被淋巴结捕获，且在淋巴管道和淋巴结释放氟尿嘧啶，杀灭癌细胞并避免癌转移灶形成；纳米材料吸附或包被地塞米松及其他抗增生的药物，在放置动脉导管时注入狭窄部位来治疗血管狭窄。

（五）纳米材料的可降解性

根据纳米材料能否被人体代谢可以分为可代谢类纳米材料和不可代谢类纳米材料。

1. 可代谢类纳米材料 包括一些用于物质制备的纳米材料、悬浮于空气中的纳米颗粒以及再生产环境中的纳米颗粒。如以聚乳酸、PGA、乳酸 - 乙醇酸共聚物和聚羟基丁酸等为原料制备的 α 醇 - 羟基酸纳米颗粒；以固态的天然或合成的卵磷脂、三酰甘油为载体，将药物包裹于类脂核中制成 50～1 000nm 的固体脂质纳米给药体系；以 PLA、聚 ε- 己内酯及聚丙烯酸烷基酯等为原料制备的交链聚酯纳米颗粒。这类可代谢类纳米材料是用于治疗的医用纳米材料选择的热点。

2. 不可代谢类纳米材料 是指在体内难以被降解的纳米材料，如用聚甲基丙酸甲酯、聚苯乙烯及聚酰胺等不能被机体代谢的物质为原料制成的纳米材料。该类纳米材料多存在于生产环境或大气中，且不可代谢类纳米材料作为药物载体在生物安全性和相容性上存在不确定因素，是纳米毒理学的主要研究对象。有研究显示，不可代谢类纳米颗粒物不能通过吞噬过程降解，将会滞留在细胞内并长期积聚在脾脏和肝脏等，并诱导肝脏毒性。但用来制备人工器官的纳米材料，其不被生物降解的特性又恰好能被人们所利用。

不可代谢类纳米材料还可分为不可代谢可排泄类纳米材料和不可代谢不可排泄类纳米材料。不可代谢可排泄类纳米材料是指在体内不能被代谢，但能被排出体外的纳米材料或以这类材料为原料制备而成的纳米材料。例如，具有抗癌作用的金属元素硒纳米颗粒、以 Fe_3O_4 为原料制备的抗癌药多柔比星磁性纳米颗粒、用聚苯乙烯等非生物降解型原料制备的纳米粒等，它们很难被机体代谢，却能经肾脏排泄。不可代谢不可排泄类纳米材料是制备人工器官的良好材料，如纳米牙釉质、纳米碳纤维骨骼等。

三、纳米材料的生物转运

纳米颗粒经不同途径进入机体后，吸收到达血液、淋巴液，随循环到达全身各个组织器官，但它们在体内的分布具有特异性。纳米材料在体内的分布以网状内皮系统丰富的肝脏、脾脏等组织器官为主，同时纳米颗粒也可经过粪便或尿液等途径排出体外。

（一）纳米材料的吸收

纳米材料主要通过呼吸道、消化道和皮肤吸收，在科学研究和临床应用中有时还采取静脉注射、腹腔注射等方式导入体内。

1. 经呼吸道吸收 呼吸道是纳米粒子最常见的吸收途径。生产或制备过程中产生的纳米颗粒悬浮在空气中，可随呼吸进入支气管、肺泡。进入肺泡的纳米颗粒，由于其尺度适宜于巨噬细胞吞噬，可被巨噬细胞当作异物吞噬。但是有些纳米颗粒小到足以穿过肺上皮屏障进入肺循环，通过气 - 血屏障直接进入血液循环，但其机制有待阐明。呼吸道吸入的环境污染物中的纳米颗粒物影响呼吸系统、心血管系统、神经系统、消化系统等多个系统，对各个生命过程产生影响。有研究显示经呼吸道吸入的环境污染物中的粒子性物质可以进入血液，引起血栓形成、心律失常、心血管系统炎症及慢性动脉硬化等心血管疾病。吸入的纳米颗粒可以沉积在肺、肝和肾组织，还可以透过鼻黏膜，经嗅神经轴突进入脑组织。还有学者发现生活在城市中的犬体内发现来自空气污染物的金属粒子。另外还有研究表明，吸入纳米颗粒的毒性随纳米颗粒的粒径减小和比表面积增大而增加。

2. 经胃肠道吸收 胃肠道是纳米材料进入机体的另外一种重要的途径。一些被吸入呼吸道的纳米颗粒，经呼吸道纤毛上皮的作用排到咽部而吞下进入胃肠道；有些纳米颗粒则可随食物直接进入胃肠道。

纳米颗粒进入胃肠道后大多数不能被胃肠道中的水、胃酸和消化酶破坏或溶解，但可透过肠壁被吸收。与纳米颗粒吸收有关的肠壁结构包括绒毛顶端、小肠细胞、小肠巨噬细胞等。有研究表明口服的纳米颗粒可被胃肠道内的细胞间转运、细胞转运和 M 细胞吸收，而巨噬细胞和淋巴主要吸收皮下、肌肉内或吸入的纳米颗粒。研究证实，纳米颗粒经口给药后可穿越肠壁而被机体吸收，纳米级聚苯乙烯颗粒可通过绒毛上皮被大鼠吸收，可被小肠细胞吸收的微粒的上限可达 100nm 以上。且经胃肠道吸收的纳米颗粒，也可进入血液循环。研究显示胃肠道与纳米颗粒吸收有关的生物结构为 Peyer 结，Peyer 结是一种特殊的淋巴样组织，其中特化的 M 细胞是与纳米颗粒吸收有关的功能细胞。有研究将 5.7μm 和 15.8μm 的聚乙烯微球给小鼠口服，结果发现 15.8μm 聚乙烯微球并不在肠道的 Peyer 结、肠系膜淋巴结、其他单核巨噬细胞系统和血液中积聚，且将剂量增大至8粒子/d，连续60d口服后仍未发现积聚。但是5.7μm聚乙烯微球在最大剂量（8粒子/d，60d）口服后可发现于Peyer结、肠系膜淋巴结和肺。灌胃结束后77d，5.7μm聚乙烯微球仍然存在于这些组织，但在脾和肝中却并没有发现。这些可穿过肠壁的较小颗粒的摄取部位是Peyer结。吸收的颗粒被滞留于Peyer结的巨噬细胞中。躲过这种滞留的颗粒经淋巴道运输而不是经门静脉运输。用碳和氧化铁粒子进行的相关实验提示粒子的大小及其表面性质决定其在Peyer结的积聚。后期研究显示，给大鼠喂饲平均50nm～3μm的聚乙烯微球10d，粒子在Peyer结的跨胃肠道摄取后经肠系膜淋巴引流通路和淋巴结到达肝和脾。心脏、肾脏和肺对这些粒子没有摄取。最小的50nm的颗粒有34%被吸收；100nm的颗粒26%被吸收，分布于肝、脾、血液和骨髓中，其中50nm的颗粒占7%，100nm的颗粒占4%，大于100nm的颗粒没有到达骨髓，在血液中未发现大于300nm的颗粒。将1～5μm和5～10μm的微球注入成年大鼠的回肠，结果发现肠系膜静脉中的微球数量迅速增加，4h后两种粒径大小的微球数量均达到最大，然后开始下降，其中粒径较大的微球下降的较快。小粒子总量的12%和大粒子的11%最终被吸收，主要是通过Peyer结部位的肠黏膜。少量的微球偶然发现于上皮细胞，最小的微球只有在肝、淋巴结、脾和基底膜中可以找到。另外，炎性肠病小鼠经口服途径暴露不同粒径大小的氧化锌纳米颗粒后，肝脏锌含量升高，其中氧化锌纳米颗粒粒径越大，肝脏锌含量越高，对小鼠肝脏、肾脏有轻微毒性。

近年来胃肠道对小分子物质或化学性物质的摄取已经被研究得较为透彻，但对于颗粒性物质，尤其是纳米颗粒经胃肠道吸收的本质、机制、能力还了解得不够，给出的结论性资料很少，多数学者认为吸收途径可能是：①被肠道上皮细胞摄取至细胞内；②通过细胞间转运吸收；③经Peyer结摄取。

3. 经皮肤吸收 纳米颗粒经常被添加到化妆品和药物中，另外在日常生活中皮肤很容易接触到纳米颗粒，因此皮肤是纳米颗粒进入机体的另一主要途径。纳米颗粒的透皮吸收与粒子的粒径及性质有关。研究显示，纳米颗粒粒径为600nm时，仅增加小鼠和猪皮肤表面角质层的药物含量而不增加深角质层和皮肤深层的药物含量；粒径为300nm时，既增加深角质层和皮肤深层的药物含量，也能增加接收室的药物含量；对于亲水性药物脂质体，粒径大于200nm的纳米颗粒对渗透性无明显影响，而粒径小于200nm纳米颗粒的渗透性随纳米粒径不同而明显不同。有研究表明化妆品用于皮肤时，纳米颗粒穿透皮肤的深度不会超过正常皮肤的真皮以下，如纳米二氧化钛在皮肤层面。大多数研究表明，无论是在健康的皮肤还是受损的皮肤中，纳米二氧化钛均不会穿透角质层外层进入有活力的细胞，也没有到达循环，但是纳米二氧化钛用于防晒喷雾可能通过吸入暴露诱导肺部炎症。防晒霜中含有的二氧化钛和氧化锌纳米颗粒，粒径小于100nm，在防晒霜中可以吸收紫外线。纳米级二氧化钛穿透皮肤作用的实验结果显示，含有8%的10～15nm的二氧化钛防晒霜涂于皮肤2～6周后，纳米二氧化钛穿过表皮的深度与去除二氧化钛的角质层数目有关；还有实验显示微细二氧化钛混悬于蓖麻油然后涂在家兔的背部皮肤，可见明显的皮肤穿透作用。有关量子点的研究表明，不同大小、形状和不同物质包裹的量子点涂于猪的皮肤后24h内可扩散进入真皮层。目前，关于纳米颗粒能否穿透皮肤的研究还比较少，纳米粒子透过皮肤对组织是否有毒性作用还不清楚。

4. 其他途径吸收 纳米材料通常经上述三种途径吸收。但在临床和毒理学实验中有时也采用静脉注射、腹腔注射等方式导入体内，如临床上常用磁性Fe_3O_4纳米颗粒静脉注射入体内作为磁共振对比剂。静脉注射可使纳米材料直接进入血液，分布到全身，经腹腔注射的纳米材料主要通过门静脉循环吸收经肝脏进入其他器官。

（二）纳米材料的转运分布

纳米颗粒在体内的分布具有明显的特异性，当它进入机体后，可到达血液、淋巴液，并易被吞噬细胞识别摄入并集中在网状内皮系统丰富的组织和器官中，如肝脏、脾、肾等。

1. 血液系统的吞噬、转运 血液中的巨噬细胞、中性粒细胞和单核细胞是血液系统中吞噬废物、异物和颗粒的主要细胞。进入血液中的纳米材料首先经过血液系统的吞噬、转运进入各个组织和器官。实验发现给啮齿类动物静脉注射血清白蛋白包裹的金纳米颗粒，由血清白蛋白结合蛋白受体介导，通过细胞膜穴样内陷进行跨膜转运。还有研究证明受体培养的鼠类巨噬细胞可吞噬直径达20μm的惰性碳纤维加强碳粒子，较大的粒子虽不能被吞噬，但可被巨噬细胞的聚合体所包绕，其中一些可移行到粒子的表面。当与这些较大粒子共存时，几个巨噬细胞可融合形成一个巨噬细胞，继之经淋巴系统运至肺部被咳出或被转运到腹腔周围组织。给大鼠经气管滴入直径 30nm 的金颗粒，30min 内肺毛细血管的血小板中就有大量的金纳米颗粒。健康志愿者吸入暴露金纳米颗粒（原粒径大小为 5nm）2h 后，15min 内即可检测到金纳米颗粒入血，24h 后所有志愿者的血液和尿液中均可测得，3 个月后金纳米颗粒在志愿者的血液和尿液中依然存在。有研究表明进入血液的纳米颗粒可引起血小板激活、聚集，进而形成弥散性血管内凝血、肺血栓甚至导致动物死亡。人血液单核细胞可吞噬 0.39μm 的惰性颗粒，很少能吞噬 1.52μm 的颗粒，不能吞噬 5.1μm 的颗粒，单个巨噬细胞很少能吞噬粒径大于 5μm 的颗粒。

纳米材料进入血液首先通过血浆蛋白与粒子表面相互作用，迅速对其进行有效的修饰。粒子摄取的速率和程度以及对材料修饰的性质决定了粒子尺度和粒子本身的性质。疏水性粒子如未经修饰的纯金刚石可以被各种血液成分所组成的外衣所被覆。这个过程就是调理作用。这种作用使颗粒更易被血液、肝脏和脾脏中的吞噬细胞或巨噬细胞所识别。小鼠静脉注射 0.1～1.0μm 氨基修饰的聚乙烯颗粒进行实验，发现这些颗粒的血液清除半衰期为 80～300s。对于不可消化的颗粒如硅晶体不能进行吞噬消化作用时，会引起溶酶体和氧化产物释放到细胞外，即伤害性颗粒常以其不变的形式被排出吞噬细胞之外，再被另一个巨噬细胞摄取，后者也将被杀死。这种现象会引起持续的炎症，导致大量中性粒细胞和巨噬细胞死亡。这些死亡细胞和细胞碎片的积聚形成脓液，与大量细菌感染相似。

2. 淋巴系统的吞噬、转运 淋巴系统是一个辅助循环系统，它从身体和各个部位收集异物颗粒，包括组织间隙如腹膜、真皮、足掌和器官如肝、脾、心脏和肺。给鼠科动物足掌皮下注射 150～167nm 的碳颗粒，在 1～8min 之内就可将局部淋巴结黑染。颗粒粒径很小的如直径 50nm 的脂质体一般不在淋巴结中潴留，而粒径较大的如直径 500～700nm 的脂质体则可以潴留于淋巴结。淋巴结组织由疏松结构材料构成，包括海绵状的间质和游离细胞。淋巴窦中有固定的吞噬细胞（淋巴结组织细胞）具有滤器作用，从淋巴液中清除并破坏颗粒性物质如老化的红细胞、细菌、病毒、从呼吸道进入的和支气管淋巴结巨噬细胞所吞噬的大尘埃颗粒。

纳米颗粒经静脉注射可迅速分布于全身淋巴结。在一项实验中，给小鼠静脉注射胶体碳，发现其极易被毛细血管后小静脉（PCV）摄取并通过 PCV 的内皮细胞间隙或被细胞吞噬，注射 1h 后即可从其中游离出来。在此后的 24h，胶体碳颗粒被 PCV 周围的周细胞和巨噬细胞所摄取，并被输送到局部淋巴结，分布到整个淋巴结的皮质和髓质，最后被血液带到髓质淋巴窦，被内皮细胞所吞噬。有些颗粒可经淋巴窦从局部淋巴液进行重新分布，根据淋巴结的不同可在 10～14d 观察到。另一项实验中，明胶化的碳颗粒注入肝门静脉，注射后 6h，重载碳颗粒的巨噬细胞从肝静脉窦移行进入小叶间结缔组织，然后进入肝门淋巴管。9～12h 移行进入表面皮质的小叶间区域，12～24h 后积聚于皮质旁区域，最后分布于皮质和髓质的接合部。还有一项实验显示，来自鼠肝淋巴液中的钽颗粒于静脉注射后 7～8h 进入肝门淋巴结，然后从边缘区、小梁和髓窦重新分布到皮质旁区域，最后分布到髓索；大鼠经腹腔注射微球，直径小于 24μm 的微球可以经过膈肌到达淋巴系统。

血管外注射的颗粒主要分布到注射部位局部引流淋巴结的淋巴窦、滤泡和皮质旁。只有少量的颗粒分布到远隔淋巴结、肝脏、脾脏和骨髓。有研究表明，Peliean 墨水注入小鼠足掌，外周组织中吞噬了碳颗粒的巨噬细胞通过不同的淋巴管到达局部淋巴结。然后这些粒子主要通过淋巴滤泡的髓柱进入生发中心。给豚鼠皮下注射 250nm 的印度墨水粒子，15～20min 内，散在于腘窝淋巴结生发中心的固定巨噬细胞摄入少量的颗粒，这些颗粒便停留于此。大量的载有墨水颗粒游走的巨噬细胞自周组织移行，在生发中心的髓质部，与许多成淋巴细胞样细胞同时存在。吞噬墨水颗粒后的吞噬细胞在淋巴结作短暂停留后离开淋巴结，将那些粒子带向各个组织。

来自髋关节和膝关节替换病人成形材料的金属和聚乙烯颗粒，粒径大多小于 1μm，可移行到肝、脾、腹主动脉旁淋巴结。唇膏中的结晶硅颗粒通过复发性嘴角炎症进入身体，移行到咬肌下淋巴结并在此处形成肉芽肿。吸入的硅颗粒可被从肺转运到肺门淋巴结，使含有许多硅和巨噬细胞的肉芽肿的淋巴结发生肿大。

3. 肝脏的分布 肝血窦由带有许多微孔而不连续的内皮细胞排列而成，其内皮细胞间的微孔处于 100～175nm，因此纳米尺度的颗粒较易透过肝血窦内皮之间的微孔进入内皮层和肝细胞之间的间隙（亦称 Dissse 间隙)。此外,纳米颗粒在肝脏的分布主要取决于肝脏中巨噬细胞对血液来源的外源性物质的吞噬和清除作用。肝脏中的巨噬细胞可吞噬灰尘颗粒,老化的血液细胞包括红细胞和血小板,还能够迅速地捕获颗粒性物质。在纳米医学中可能还吞噬纳米机器人或纳米颗粒。小鼠静脉注射颗粒粒径分别为 20nm 和 80nm 的 SiO_2 纳米颗粒,1d 后分别约有 43% 和 14% 的 SiO_2 纳米颗粒分布于肝脏,而到第 30d,仍有约 17% 和 6% 的颗粒潴留于肝脏。不同研究表明,进入肝脏的纳米颗粒可被肝脏巨噬细胞、静脉窦内皮细胞以及肝脏实质细胞吞噬。有研究发现,大鼠静脉注射粒径分别为 50nm 和 500nm 的聚乙烯微球,两种粒径的聚乙烯微球绝大部分均分布于肝脏,少量的 50nm 聚乙烯微球分布于肺脏以及少量的 500nm 聚乙烯微球分布于脾脏,量虽少但也很明显。大鼠静脉注射小于 20nm 的氧化铈纳米颗粒 24h 后,肝、脾是其主要靶器官。300mg/kg 氧化铈纳米颗粒处理组,肝组织中铈含量达(3 741.7 ± 932.7)μg/g。在肝脏中,50nm 的颗粒肝脏巨噬细胞摄取 59%,肝实质细胞(肝细胞)摄取 28%,内皮细胞摄取 23%。500nm 的颗粒肝脏巨噬细胞摄取 71%,内皮细胞摄取 24%,肝实质细胞摄取只有 5%;结果表明颗粒粒径大小影响其在组织内的摄取量。窦内皮细胞在体内生理条件下可被吞噬的颗粒物粒径大小达 230nm,而较大的颗粒通常是被肝脏巨噬细胞所摄取。窦内皮细胞和肝脏巨噬细胞有不同的吞噬机制,如在一项实验中发现给予两种细胞 330nm、460nm 和 800nm 胶乳颗粒 10min 后被窦内皮细胞摄入的颗粒被一大片毛刺样外衣所包绕,在肝脏巨噬细胞中颗粒则是被皱褶的细胞膜所吞没或沉入细胞质而没有毛刺样外衣的包绕。

4. 脾脏的分布 脾脏巨噬细胞在形态学和功能性质上与肝脏巨噬细胞相似。这些巨噬细胞以细胞吞噬的方式,清除血液中的某些寄生虫、细菌、老化的血细胞(红细胞、白细胞和血小板等)及其他颗粒。有研究发现 100nm 的聚乙烯裸颗粒微球静脉注射后 24h 内只有 1% 在鼠脾循环中被摄取,而 220nm 的粒子有 5% 被脾脏摄取,500nm 的微球则有 30% 被脾脏摄取。脾巨噬细胞对胶体碳的摄取发生于静脉注射后 20～30s 内,大多数是由脾索(Billroth's cord)的巨噬细胞而不是由窦内皮细胞吞噬。24h 后,绝大部分颗粒仍在红髓,只有一小部分存在于白髓的外周区域,但不在该区域弥散分布。20～30nm 的 Percoll(低密度梯度分离液)微球也能够自鼠科动物的肠腔到达胸腺皮质,然后被血管周围巨噬细胞吞噬。实验显示小鼠静脉注射 150nm 的氧化锆纳米颗粒,主要存在于肝和脾巨噬细胞的溶酶体中。小鼠经尾静脉注射和腹腔注射 50nm 的 SiO_2 纳米颗粒,在肝库普弗细胞(Kupffer cell)、Billroth 淋巴细胞和脾脏巨噬细胞内观察到大量纳米颗粒。而小鼠经尾静脉注射 60nm 的 SiO_2 纳米颗粒,14d 后检测不同脏器的硅含量,发现脾脏硅含量最高,是肝脏硅含量的近 3 倍。大鼠静脉注射小于 20nm 的氧化铈纳米颗粒 24h 后,脾、肝是主要靶器官。300mg/kg 氧化铈纳米颗粒处理组,脾组织中铈含量达(3 474.1 ± 1 230.7)μg/g,几乎达到在肝脏中的水平。大鼠单次静脉注射聚乙烯亚胺修饰的超顺性氧化铁纳米颗粒,肝脏和脾脏也是纳米粒沉积的主要部位,且注射 24h 后铁纳米颗粒含量达到高峰。

5. 肺脏的分布 对于吸入的纳米颗粒,主要是肺泡巨噬细胞吞噬。有研究表明,颗粒灌流后 24h,粒径大小分别为 0.5μm、3μm 和 10μm 的颗粒有 80% 存在于肺巨噬细胞,而 15～20nm 及 80nm 的颗粒则只有 20% 左右存在于肺巨噬细胞。事实上,在对肺进行充分灌洗之后,吸入的超细颗粒约有 80% 仍存留于肺部,而粒径大于 0.5nm 的颗粒则只有约 20% 仍被存留于肺部。这些结果表明颗粒粒径较大的颗粒存在于呼吸道腔内,易于被灌洗液带出肺部,而超细颗粒则已被转运到上皮细胞内或间质细胞内。纳米颗粒一旦沉下来,即很容易被转运到肺外部位,主要通过呼吸道上皮细胞转运到肺的间质组织及跨过气 - 血屏障直接进入血液循环或经淋巴道分布于全身。有报道显示植入小鼠皮下和动脉的 500nm～5μm 的铝颗粒出现在肺间质组织;注入人肠道被吸收的 5.7μm 聚乙烯粒子和聚四氟乙烯(特氟龙)颗粒也被转运到肺。而在人类静脉注射的放射性核素标记的胶体颗粒通常是被肝和脾脏巨噬细胞摄取,通常是在肝脏受到严重损害时可在肺脏检测到的少量的摄取。或者是当器官损伤引起单核细胞移行到肺部毛细血管,这些单核细胞在肺部分化成成熟巨噬细胞。小鼠静脉注射不同粒径的金纳米颗粒(分别 20nm、50nm 和 100nm),尤其 20nm 的金颗粒在暴露 2～3h 后即可累积在肺脏和脑组织中。

6. 肾脏的分布 肾小球膜巨噬细胞摄入蛋白质和颗粒物质,包括酵母聚糖粒子、凋亡细胞和胶体碳颗粒。关于肾脏的巨噬细胞摄入纳米颗粒的详细研究比较少。在用大鼠进行的实验中,摄入有惰性胶乳微球的单核细胞移行 24h 后进入已被除去肾小球膜细胞的肾脏,占据细胞空缺的位置,4～6d 后首先转化成巨噬细胞样细胞，2～4 周后成为与正常肾小球膜细胞不可区分的细胞。小鼠经口灌胃粒径分别为 20nm 和 120nm 的氧化锌纳米颗粒，剂量为 5g/kg，结果发现暴露组的肾脏、胰腺和骨骼中的锌含量明显增高，而且氧化锌纳米颗粒（ZnO）在生物体内分布有一定尺寸效应，120nm 的 ZnO 纳米颗粒在骨骼中的分布要高于 20nm 的 ZnO 纳米颗粒，120nm 的 ZnO 纳米颗粒在肾脏和胰腺里的分布要比 20nm 的 ZnO 纳米颗粒低，但没有显著性差异。小鼠腹腔注射氧化铁纳米颗粒 24h 后，肾、肝、肺组织中铁含量较高。

7. 心脏的分布 进入机体的纳米材料吸收后进入血液系统，随着血液循环可分布在心脏，SiO_2 纳米颗粒、磁性 Fe_3O_4 纳米颗粒、TiO_2 纳米颗粒等多种纳米颗粒进入机体后随血液循环在心脏中分布。有研究表明将 75～150μm 的含药微球，在心脏手术时直接植入心脏，会引起广泛的心肌坏死。一项研究发现在猫和兔心脏给予 7.9μm、8.6μm 和 14.6μm 的微球，只有最大的微球被捕获，而有少量的（7%～8%）较小微球可发现于流出心脏的灌流液。14.4μm 的微球分布的部位周围没有漏出或动静脉分流。有一些纳米粒子可能被分布于 4 个心脏瓣膜的直接下游涡流处，尤其是在三尖瓣和二尖瓣心室面的壁瓣上，以及在主动脉瓣和肺动脉瓣心房面的 Valsava 窦。经支气管滴注进入大鼠肺部的 SiO_2 纳米颗粒，可透过气 - 血屏障进入血液循环，其可引起剂量和粒径相关的血管内皮细胞早期损伤和心肌损伤。小鼠尾静脉注射不同粒径的聚乙二醇（PEG）修饰的金颗粒（42.5nm、61.2nm、24.3nm、6.2nm），发现大粒径（42.5nm 和 61.2nm）的金纳米颗粒主要积聚在肝脏和脾脏，而心脏、肾脏、肺组织中几乎没有。而较小粒径（24.3nm 和 6.2nm）不仅分布在肝脏和脾脏中，也分布在心脏、肾脏、肺组织中。

8. 中枢神经系统的分布 有研究表明，鼠星形细胞具有摄取 50～200nm 荧光聚乙烯微球的能力。胶体碳颗粒注入新生小鼠的脑皮质，可以膜包小泡的形式摄取并被捕获于幼稚星形胶质细胞的溶酶体内。4d 后，装载有碳粒子的星形胶质细胞可见于直接邻近注射部位的区域（10～21d 后即变得非常丰富），神经元周围区域和血管周围区域。这表明幼稚星形胶质细胞能够吞噬注入发育状态的脑组织中的异物粒子。在成年脑组织，小胶质细胞是第一线的防御系统，而星形胶质细胞只作为第二线防御系统来吞噬细胞碎片和异物颗粒。实验显示，聚乙烯微球注入大鼠脑小胶质细胞和非特异性的具有增生能力的星形细胞，最初几天即可见到脑组织反应。反应的表现与中枢神经系统（central nervous system，CNS）系统损伤后的反应相似。与此同时也观察到一些异物巨细胞。9 个月之后，微球被组织细胞吞噬，微球团簇被非坏死性的胶原和星形胶质细胞鞘所包裹。

有些纳米粒子能够通过血 - 脑屏障、血 - 眼屏障、血 - 睾屏障而分布于脑、眼球和性腺中，如 Fe_2O_3-Glu 纳米颗粒。Kreuter 等将亮氨酸 - 脑啡肽类药物 Dalargin 装载到表面用聚山梨醇酯 80 修饰的聚氰基丙烯酸丁酯纳米颗粒（polybutylcyanoacrylate，PBCA）上，给小鼠静脉注射，通过测定发现血浆、肺、心脏及脑等组织放射性比单纯注射 Dalargin 时均有增强，脑组织增强明显。小鼠经腹腔注射 50nm 罗丹明 B（RhB）异硫氰酸盐标记的 SiO_2 纳米颗粒，在脑、肝、脾、肺、肾、心脏、睾丸和子宫组织内都可观察到 SiO_2 纳米颗粒的蓄积。雄性小鼠经尾静脉注射 21nm 二氧化硅包裹的 CdSeS 量子点，纳米颗粒主要分布在肝、脾、肾和肺组织，在心脏、大脑、骨髓、睾丸和肌肉组织仅有少量分布。而小鼠静脉注射 20～30nm 或 50nm 的裸金纳米颗粒或 PEG 修饰后金纳米颗粒 48h 后，20～30nm 和 50nm 的 PEG 修饰后金纳米颗粒在脑内的纳米金含量分别是金纳米颗粒的 3.6 倍和 2.7 倍。大鼠尾静脉注射 30～35nm 的氧化铁纳米颗粒，脾中铁纳米颗粒含量最高，脑中铁含量最低，在各器官中的积累水平：脾 > 血 > 肝 > 肾 > 肺 > 心 > 睾丸 > 脑。且氧化铁纳米颗粒的积聚诱导脾、肾、肺、心、睾丸、脑和肝中细胞损伤。另外，小鼠经口暴露 3.33nm 的荧光纳米颗粒，主要在胃、肠、肝、肺、肾等，而在脑、心脏和脾中则没有。粒径 20nm Cy-3 标记的 SiO_2 纳米颗粒给予麻醉后的 C57BL/6 小鼠耳圆窗龛注射，结果发现注射 SiO_2 纳米颗粒后没有影响小鼠听力，病理解剖发现在螺旋神经节细胞、前庭神经细胞、窝神经核及内耳毛细胞上有 Cy-3 标记的二氧化硅，提示 SiO_2 纳米颗粒耳圆窗龛注射后可以沿神经轴突转运至内耳螺旋神经节细胞及内耳毛细胞等。喜树碱固体脂质纳米粒注射给小鼠后，发现喜树碱在小鼠的脑、肝、心及脾富集，其中脑部零阶矩曲线下面积（AUC）和平均驻留时间（MRT）分别提高 10.4 倍和 4 倍，提示这种纳米颗粒能通过血 - 脑屏障，对治疗脑肿瘤有特别意义。小鼠尾静脉注射尼莫地平微乳及其乙醇溶液和胶束溶液后，脑组织中药物浓度微乳明显高于后二者，脑组织相对摄取率分别为 2.54 和 2.51，血浆和肝组织中的药物则没有显著性差异，说明尼莫地平微乳具有一定的脑靶向性。用气管滴注超纯水组中每只小鼠注入 0.1ml 的 Millipore 超纯水，给低、中、高剂量组每只小鼠经气管滴注 TiO_2 纳米颗粒的剂量分别为 0.4mg/kg、4.0mg/kg、40.0mg/kg，3d 后 3 个染毒组小鼠大脑匀浆中 TiO_2 纳米颗粒的浓度随纳米颗粒注入剂量的增加而增加。目前纳米颗粒通过屏障的机制还不清楚，因此将纳米材料应用于人体时，不仅要考虑直接毒性效应，还应注意其对人体的慢性危害。

在其他组织分布，有研究于 SD 大鼠眼周后结膜下分别注射粒径 20nm 和 200nm 羧化物修饰的聚苯乙烯纳米颗粒，6h 后在眼周组织滞留的纳米颗粒占 45%，激光共聚焦显微镜观察，20nm 纳米颗粒在脾脏分布，在眼角膜、视网膜、玻璃体等眼组织没有发现纳米颗粒，而在颈部、腋下肠系膜淋巴结等均有纳米颗粒分布，这也提示血液、淋巴系统是眼部纳米颗粒清除及纳米颗粒转运到其他组织脏器的主要途径；而粒径 200nm 的颗粒比 20nm 的颗粒在眼周清除的速率要慢。

四、纳米材料在生物体内的排泄

纳米材料进入机体后，进入血液系统或组织，可以肺部纤维上皮运动这一物理方式将其排出体外，还可经吞噬细胞吞噬，然后将其转运至肝、肾、肺等组织，在肾脏随尿液排出，或经肝、胆通过消化道随粪便排出。小鼠经尾静脉注射 20～50nm 的 Fe_3O_4 纳米颗粒后，检测给药后 1min、10min、30min、60min、180min 和 360min 各时间点纳米颗粒在小鼠体内的分布与排泄，结果显示 Fe_3O_4 纳米颗粒主要分布在肝脏和脾脏等网状内皮细胞丰富的脏器，主要从粪便和尿液排出体外，而且排泄较为缓慢。另有研究显示抗人肝癌 ^{188}Re- 免疫抗体 Hepama-1 修饰的磁性纳米粒给予小鼠尾静脉注射 24h 后，在血液中的放射性明显降低，而在注射 4h 和 24h 后在肾脏内聚集较多，因此可以初步判断该颗粒主要经过肾脏排泄。小鼠经尾静脉注射 45nm 的 OH—SiNPs、COOH—SiNPs 和 PEG-SiNPs 三种不同表面修饰的 SiO_2 纳米颗粒，纳米颗粒主要在肝脏和肾脏内皮组织系统分布，并经肾脏随尿液排出体外。140nm PEG 修饰的氧化铁纳米颗粒全身注射后 60min 内从管周毛细血管向肾小管细胞基底室转移，并随后排泄到管腔，且 2h 尿中完整的氧化铁纳米颗粒持续存在。研究表明，粒径越小的纳米颗粒越容易较快速地经肾小球有效滤过而随尿液排出体外，而粒径越大的纳米颗粒越容易经肝胆代谢而排出体外，其代谢周期相对较长。此外，哺乳期大鼠在产后 19d 内重复灌胃 5mg/kg、25mg/kg 和 50mg/kg 体重的氧化锌纳米颗粒，氧化锌纳米颗粒在母鼠小肠内被吸收，分布于肝脏，且纳米颗粒会转移到母乳中，通过哺乳分布到幼鼠的肠道和肝脏。因此，乳汁分泌可能也是纳米颗粒的排出途径之一。纳米颗粒也可能经皮肤汗液而排出体外，但还未被证实。

五、影响纳米材料生物转运的因素

（一）纳米材料的粒径、密度及化学性质

颗粒表面的生物学或生物化学性质影响着肠道对颗粒的摄取，如成分、核心性能、表面电荷、粒径大小、剂量、表面修饰等。这些因素可能通过影响颗粒与血浆蛋白的相互作用、血液循环半衰期、巨噬细胞与组织的摄取能力，从而影响其在生物体内的分布。

颗粒经过适当的修饰，可使颗粒的在肠道的摄取率比原颗粒更高，细菌附着于颗粒，可以诱发胃肠道 Peyer 结中的 M 细胞形成，从而提高颗粒的摄取率。有研究对超顺磁性氧化铁（superparamagnetic iron oxide，SPIO）纳米颗粒进行免疫球蛋白 G（IgG）修饰，对小鼠经尾静脉注射后发现 IgG-SPIO 纳米颗粒快速进入淋巴组织，24h 内在淋巴组织分布持续增强，而体外实验显示，IgG-SPIO 在单核细胞和巨噬细胞中的摄取量是无修饰的 SPIO 的 10 倍。而小鼠静脉注射 20～30nm 或 50nm 的裸金纳米颗粒或 PEG 修饰后金纳米颗粒 48h 后，20～30nm 和 50nm 的 PEG 修饰后金纳米颗粒在脑内的金纳米颗粒含量分别是金纳米颗粒的 3.6 倍和 2.7 倍。硫胺素修饰的纳米颗粒与裸金纳米颗粒相比，从胃到小肠的移动速度更快，给药 2h 后，硫胺素修饰的纳米颗粒与肠黏膜的接触超过 30%，而裸金纳米颗粒为 13.5%，给药 4h 后约 35% 的硫胺素修饰的纳米颗粒定位于回肠。HIV-1 反式激活蛋白和转铁蛋白修饰的脂质体具有更好的穿过屏障层和转染神经细胞的能力。正表面电荷促进纳米颗粒经体外人结直肠腺癌细胞（Caco-2）和体内小肠上皮细胞的吸收和转运，显著提高其口服生物利用度。

颗粒粒径的大小和密度也是影响其在胃肠道吸收的主要因素。如果纳米颗粒或纳米设备被识别为适

宜吞噬的外源性物体，那么其摄取和分布就在一定程度上取决于其大小。有一些具有明显的颗粒尺度依赖性，表现为对某种尺度的颗粒具有特别有效的转运效率，但对另一些尺度颗粒的转运效率则极低，这种转运能力的差异，自然导致不同尺度的纳米颗粒在体内的分布差异。颗粒的大小和密度决定颗粒以弥散作用通过胃肠道黏膜表面黏液层的能力。有实验表明，直径为560nm的球形颗粒完全被阻于囊性纤维化黏液层之外，而124nm的球形粒子则可以穿越这层屏障。小鼠静脉注射不同粒径如5nm、20nm和50nm的金纳米颗粒，5nm金纳米颗粒在暴露第二天肝脏即出现明显的病理变化，而20nm和50nm金纳米颗粒则优先靶向脾脏，第二天即可对脾脏结构造成显著病理改变。另外，无论纳米颗粒粒径大小，肾脏均未发生明显的病理改变。

纳米颗粒经呼吸道摄入后主要沉积于鼻腔、气管支气管和肺泡。在这三个区域中，都有一定量的纳米颗粒沉积。这些沉积与粒子的大小有关，如颗粒粒径1nm的颗粒有90%沉积于鼻咽部，只有10%沉积于气管支气管部位，在肺泡区域几乎没有颗粒的沉积，而粒径5nm的颗粒在三个部位的沉积则各有1/3，20nm的颗粒则约有50%沉积在肺泡，但在鼻咽部和气管支气管的沉积大约只有15%。这种沉积的差异不仅影响到纳米颗粒在肺内的分布，而且也影响其在肺外部位的分布。

纳米颗粒的吸收分布除了与粒径大小、组成成分、表面亲水性、电荷等微粒本身的特性有关外，还易受其他因素的影响。例如，外加磁场对磁性氧化铁纳米颗粒在体内分布有影响，有研究显示，肝癌模型大鼠，经肝动脉给予5-氟尿嘧啶磁性纳米脂质体（MNLF），在外加磁场作用下，给药30min后，外加磁场MNLF组在肝脏肿瘤部位的药物浓度比未加磁场的MNLF组明显增高，而心脏、肾、肺、脾和肠等肝外组织及正常肝脏组织的药物浓度比未加磁场的MNLF组低，也提示外加磁场能明显增强肿瘤的靶向性，减少在非靶器官的分布。另外，带正电的纳米颗粒易被肝脏吞噬，带负电的纳米颗粒则易被肺脏吞噬。近年来有学者发现，用维生素B_{12}修饰后，可以促进纳米颗粒在胃肠道的吸收。血管内皮生长因子可以促进纳米颗粒在胃肠道的跨细胞转运。

（二）机体本身的生理结构和功能

人毛细血管直径平均为8μm，最大可达15～20μm。机体组织中许多毛细血管允许具有平滑表面4μm以下的纳米颗粒通过。在一般情况下，所有注入静脉的大于7～8μm的粒子都会被肺毛细血管摄取而不至于造成明显的栓塞症状。有研究发现，15μm和80μm的微球经门静脉注入大鼠的肝脏，可引起栓塞性门静脉高压。经门静脉和肝动脉注入的直径为15μm的微球全部被大鼠肝脏摄取，无论是在正常肝脏还是在有硬化的肝脏。这排除了在大鼠肝脏有直径大于15μm的肝脏内血液分流，但直径约为20μm的自门静脉到肝静脉的肝内分流明显存在于肝硬化病人中。这些分流使血液不流经肝脏的血窦。另外一项研究发现直径至少为40μm的微球才能将大鼠肝脏的血管完全栓塞。

通过各种动物模型进行微球实验，研究了能够通过肾脏的毛细血管床而不被阻塞的惰性球体粒子的最大尺度。直径为0.3～1.8μm的微球可顺利通过猫的肾脏。给犬肾脏注射的直径小于7μm的微球，3%～30%的微球到达肾静脉，而直径大于10μm的微球则完全被捕获于肾小球前和肾小球微血管。另有研究发现，9μm的微球并不完全被犬肾皮质阻碍，被捕获的9μm的微球可由于微球本身存在所引起的血管扩张而再次被释放。大鼠实验中8～12μm的微球全部被肾脏从血流中分离出来。在高血压情况下，由于血管的扩张，可使透过的粒子进行性的增大，但大于15μm的微球仍被阻于犬和大鼠的肾脏小动脉。有研究表明粒径40～150μm和100～300μm的糊精微球注射引起了犬肾血管的栓塞，产生严重的血管堵塞，即使使用少量的微球也出现同样的现象。一项对家兔的实验中发现15μm的微球堆积于肾小球毛细血管，25μm的微球被阻于球间小动脉，引起肾脏内出血。

影响纳米材料在胃肠道吸收与其在胃肠道中运动的速度、胃肠道吸收结构（Peyer结）的面积、肠的微绒毛等因素有关。影响微球在肠道吸收的其他因素还包括颗粒剂量、持续暴露时间、动物的年龄及饮食等。有实验将1.8μm的胶乳微球给年轻和老年小鼠口服25d，发现老年小鼠的Peyer结比年轻小鼠积聚更多颗粒，肺部较年轻小鼠少，所有小鼠肠系膜淋巴结和无Peyer结的肠段都含有可检测量的颗粒。另有研究用1μm的聚乙烯微球十二指肠注射后计数存在于胸导管淋巴液中的颗粒数（因为颗粒最有可能经淋巴道转运），发现较大龄动物比年幼动物摄取较多的颗粒。摄取也是剂量依赖性的：十二指肠内注射

3.7×10^5 个颗粒后，胸导管淋巴液含有 5 个颗粒 /cm^3；当粒子量为 3.7×10^9 个颗粒时，胸导管淋巴液的粒子含量为 221 个粒子 /cm^3。一项关于胶乳微粒子跨大鼠小肠上皮移位和内脏器官对颗粒摄取情况的定量研究发现，在脾、肾、肺、肝和脑组织中沉积都随时间的增加而增加，但在肠系膜淋巴结和心肌组织则随时间增加而减少。饮食也影响肠道对颗粒的摄取，喂饲液体大鼠肠腔中，在聚乙烯微球的保留比喂饲固体饲料大鼠保留的颗粒数量为多。

（三）纳米材料的吸收途径的影响

纳米材料在体内的分布与其吸收途径密不可分。经吸入进入体内的纳米颗粒的分布与经皮肤和胃肠道进入体内的纳米颗粒的分布有很大差别，这种分布的差别，决定纳米颗粒毒性的靶部位及医疗处理手段，是纳米毒理学必须研究的内容之一。

近年来研究发现，吸入呼吸道的纳米颗粒可以通过神经元的突起末梢摄取，并被转运到神经元，这是对于纳米粒子的一种特异性转运和分布通路。对大鼠进行的一项研究表明，大鼠吸入直径 35nm 的同位素标记的 ^{13}C 颗粒后第一天，嗅球中 ^{13}C 的含量明显升高，并在此后的 7d 内持续升高。纳米颗粒向神经元分布的转运途径有三叉神经和气管支气管感觉神经。另外，鼻腔内滴入诺丹明标记的 20～200nm 的微球可被视神经和下颌神经摄取，并转运到颅内的三叉神经节。视神经和下颌神经都是三叉神经的分支，其感觉性末梢分布于整个鼻腔黏膜。在另一项实验中，将同样的微球滴入豚鼠气管，发现这些固体纳米颗粒分布于颈部的结状神经节。这一神经节的突起汇入迷走神经系统，形成颈部的神经网络。

纳米颗粒经胃肠道进入机体后被胃肠道吸收或被迅速排出。目前关于胃肠道对纳米颗粒的吸收情况研究的较少，但吸收后的颗粒主要分布在肝脏内。给大鼠口服放射性同位素标记的功能基化的 C_{60} 富勒烯（用 PWG 和白蛋白溶解，18kBq/100μl），98% 在 48h 内随粪便排出，其余的可见于尿液，表明大约有 2% 经胃肠吸收进入血液循环，而经大鼠静脉注射的 C_{60} 富勒烯在注射后一周内，有 73%～80% 的放射性同位素分布于肝脏。小鼠经口暴露 10mg/kg 体重的有机硅烷化、聚苯乙烯和聚丙烯酰胺三种不同材料包裹的氧化铁纳米颗粒后 1h 和 4h 取血及脏器测其含量，结果显示口服的氧化铁纳米颗粒主要分布在胃和肠，在血液中含量较少。SD 大鼠经口灌胃 TiO_2 纳米颗粒 3 个月后，经胃肠道吸收分布在体内，纳米颗粒主要分布在肠和肝脏内。用超细 ^{192}Ir 进行的实验则未能发现胃肠道对其有明显的吸收，而用银纳米颗粒进行实验则发现银纳米颗粒能够被胃肠道吸收入血并主要分布于肝脏。SD 大鼠孕期口服 TiO_2 纳米颗粒后母体肝脏、母体大脑和胎盘中的钛含量增加。

空气中的纳米颗粒可聚集沉淀到皮肤表面，因此纳米颗粒经皮肤侵入也是一个重要的接触途径。有几项实验用紫外吸收的方法通过考察防晒霜中的 TiO_2 纳米颗粒含量来检测其穿透人类志愿者、动物或体外模型表皮的能力。这些研究中应用的初级纳米颗粒直径为 10～60nm，其中也可能有这些颗粒的聚集体的存在。所有这些研究都未能发现纳米颗粒能够穿过表皮的角质层，只是在一些病例可见到纳米颗粒在毛囊积聚。另有研究发现 20nm 的带有表面负电荷的聚乙烯粒子似乎与二氧化钛具有同样的毛囊分布特性，也不穿透角质层。另有对量子点的大小、形态及表面电荷对其穿透皮肤作用的影响的研究显示，一些种类量子点的一小部分可以穿透表皮的角质层，有更小的一部分可以穿透表皮到达真皮并在其中积聚。这种穿透作用依赖于量子点的大小、形状及表面电荷。粒径较小的圆形的量子点比较大的椭圆形的量子点具有较大的穿透能力，但没有任何一种量子点能够穿透皮肤的整个厚度。

第二节 纳米材料生物转化

一、纳米材料在组织脏器中的生物转化

（一）纳米材料在肝脏中的生物转化

在肝脏静脉窦周围存在着肝脏巨噬细胞，这种细胞直径为 15～20μm，厚 70mm，具有微绒毛外衣包括 15mm 厚的糖萼的巨噬细胞，机械性地附着于肝脏的窦内皮细胞。肝脏巨噬细胞使窦腔部分闭合，对

内皮细胞及其下层的肝细胞没有功能性附着，具有一些运动功能，它们可以对血液进行监视，随时发现颗粒并将其从血液中清除。例如，经调理作用的胶体粒子可被肝巨噬细胞迅速有效地清除。然后，粒子被运至溶酶体。在溶酶体中受酶的作用，其不稳定的结构被降解。对经过调理作用的小颗粒（粒径小于100nm）的摄取过程的半衰期不超过1min，大于90%的注射的胶体粒子被捕获于细胞内。有研究发现直径30nm的氧化锌纳米颗粒能迅速吸附血浆白蛋白、补体C3及Ig等多种蛋白，IgG和IgM与调理作用相关，易使氧化锌纳米颗粒被肝巨噬细胞吞噬。

肝细胞内的谷胱甘肽外流导致肝窦内谷胱甘肽和半胱氨酸的局部浓度升高，改变纳米颗粒的表面化学性质，降低其与血清蛋白的亲和力，显著改变其血液潴留、靶向性和清除率。肝内巨噬细胞表型对纳米颗粒的摄取存在明显的先后关系，研究发现M2型巨噬细胞优先摄取纳米颗粒（M2c＞M2＞M2a＞M2b＞M1）。肝脏的炎症微环境如脂多糖（lipopolysaccharide，LPS）或IFN-γ刺激，可以使巨噬细胞对纳米颗粒的摄取平均减少40%。如果纳米颗粒长期大量进入肝脏，超过肝脏巨噬细胞吞噬分解能力，则细胞间相互接触和部分融合形成明显的异物巨细胞和肉芽肿，甚至发生肝脏纤维化。

（二）纳米材料在脾脏中的生物转化

纳米颗粒被脾巨噬细胞摄入后，这些颗粒的代谢转化情况目前的实验研究比较少。惰性的碳颗粒注入鼠的脾动脉后，发现充满颗粒的巨噬细胞从红髓外周区域缓慢移行到白髓的外周区域，进入白髓深部，进而进入生发中心。有限数量的巨噬细胞在12～24h内完成这一旅程，但大多数在10d之后完成，进入淋巴组织。胶乳微球在体外鼠类脾细胞不引起肉芽肿形成，但糊精微粒子可以。致肉芽肿作用可用地塞米松、PGE_2或某些T细胞来源的淋巴因子如IL-4和IFN-γ等进行抑制。如果进入脾脏的纳米粒子的量超过脾脏的代偿能力，可形成肉芽肿和发生肿大，如金属锡颗粒静脉注射引起大鼠脾大增加6倍。有研究发现，腹腔注射SiO_2纳米颗粒对脾细胞增殖具有双向调控作用，低剂量刺激脾细胞增殖，高剂量却引起脾细胞存活率下降，表现出细胞毒性，并引起脾脏淋巴细胞亚群相对比例改变。

（三）纳米材料在肺脏中的生物转化

纳米颗粒可以被肺泡空气间隙中的肺泡巨噬细胞吞噬。同时成纤维细胞和白细胞参与其吞噬作用。有实验表明，大鼠肺脏滴入微球引起中性粒细胞（PMN）自组织浸润到肺泡的空气间隙。1d之后，77%的重新出现于支气管肺泡灌流液中的微球被肺泡巨噬细胞吞噬，只有19%被PMN吞噬，4%仍处于游离状态。2d后，95%位于巨噬细胞内，4～7d之后几乎100%的颗粒仍然如此。颗粒进入细胞之后，巨噬细胞一般以下列两种方式离开肺脏：①移行到最近的小支气管，以利于通过黏膜纤毛运动而排出；②进入肺间质组织（在间质巨噬细胞中形成粒子并在间质组织中积累），经血管或淋巴系统离开肺部，经常积累于局部淋巴结。一项用6.05μm和4.47μm的特氟龙和聚乙烯粒子所进行的相关研究中也发现在24h内清除50%。有研究将2.85μm碳化可溶性聚乙烯粒子滴入羊肺，发现气管支气管的沉积粒子在44h内经纤毛波浪性运动迅速清除。这包括沉积于1mm气管的颗粒在3～4h内清除，其后30d主要是肺泡沉积颗粒的缓慢清除。肺泡沉积的颗粒被巨噬细胞吞噬，没有明显地进入间质。

巨噬细胞也可将部分颗粒自肺运送至淋巴结并呈递给T淋巴细胞，钨酸钙微粒子给犬喷雾吸入然后被肺巨噬细胞运载到局部淋巴结，24h后粒子开始到达，7d后达到高峰。暴露于纳米颗粒2h以后，2%的滞留于肺泡的小粒子可穿透气道内层，进入肺间质和淋巴系统内皮细胞的吞噬泡。在第24h，这些粒子可在支气管周围淋巴管和淋巴结中检测到，但总的淋巴清除率很低。例如，1.7～37.0μm的聚乙烯微球滴入比格犬的肺脏，在为期128d的研究中，被转运到气管支气管淋巴结，而只有2%的7μm的粒子在气管支气管淋巴结积聚。13μm的粒子则没有在气管支气管淋巴结积聚。

（四）纳米材料在肾脏中的生物转化

微纳米尺度的颗粒正常情况下应当从肾脏以机械性运动的方式清除。具有牛血清白蛋白（BSA）外膜的胶体金颗粒给鸭静脉注射，大多数被捕获于肾小球膜通道系统，被肾小球膜细胞吞噬，并被再反向排出到肾小球膜通道，在细胞外向着肾门血管转运，被致密斑细胞再吞噬，然后被排出至肾小管腔，随尿液排出体外。另外，一项研究发现，在发生肾小球肾炎时，巨噬细胞在炎症部位积聚，继之移行到肾引流淋巴结。

（五）在其他组织的生物转化

血管外没有运动功能的纳米颗粒可被驻留组织的巨噬细胞吞噬，也可被其他吞噬细胞如成纤维细胞或被新来的吞噬细胞如中性粒细胞和单核细胞吞噬。中性粒细胞和单核细胞是经渗出作用通过血管壁从血液移行进入邻近组织的。纳米颗粒注入结缔组织，被局部吞噬细胞摄取；如果注入脑组织，则被胶质细胞摄取，如呼吸或胃肠道暴露的 TiO_2 纳米颗粒进入循环系统后可分布在脑组织。在大脑中，小胶质细胞吞噬纳米颗粒可产生活性氧（ROS）诱导氧化应激，可能破坏血 - 脑屏障的通透性。另外，TiO_2 纳米颗粒导致啮齿类动物的神经元退化，空间识别记忆和学习能力受损。1～5μm 的微球可被巨噬细胞有效地摄取，无论是在培养的巨噬细胞或是小鼠腹腔内注射。3h 后吞噬作用达到饱和；空间稳定化的（有外衣的）具有较厚包膜的聚乙烯微球可被大鼠腹腔巨噬细胞吞噬减少；小鼠腹腔注射的微球，1.4μm 腔注和 6.4μm 腔注的聚甲基丙烯酸甲酯（PMMA）粒子和 1.2μm 和 5.2μm 的聚乙烯粒子可被巨噬细胞吞噬，但 12.5μm 的聚乙烯粒子不被吞噬；混合的铝 - 硅微粒子比格犬腹腔注射后被转运到肠系膜，左胸骨旁和右胸骨旁淋巴结，一小部分被转运到气管支气管旁淋巴结；惰性钨粒子滴入犬胸膜腔，1～7d 被转运到胸淋巴结。

另外，用于纳米粒载体研究的生物可降解聚合物，聚乳酸（PLA）是目前使用最多的纳米材料之一，它在体内外的降解受其共聚物单体的比例、分子质量、粒径大小及降解环境 pH、离子强度、表面电荷等的影响。PLA 在体内有较好的生物相容性，在体内降解是非酶反应与酶解的共同作用，分解成乳酸，再经三羧酸循环代谢生成二氧化碳（CO_2）和水（H_2O）。有实验对大鼠连续给予聚氰基丙烯酸烷基酯（PACA）纳米颗粒 2 周，总剂量达 200mg/kg，结果发现 PACA 纳米颗粒可诱导肝脏的炎症反应和结构破坏，可降解 PACA 纳米颗粒导致的肝脏亚急性毒性是可逆的。PACA 纳米颗粒降解产物在体外不介导纳米颗粒对肝细胞的毒性，其毒性并不介导纳米粒与肝细胞直接作用。PACA 纳米颗粒的体内降解部位在溶酶体，与酯酶的作用有关，主要是烷基侧支链的水解，其产物为聚氯基丙烯酸和乙醇，另外少部分降解为甲醛和氰乙酸。

二、纳米材料代谢组学研究

代谢物组学（metabonomics）作为继基因组学后新发展起来的一门系统学科，主要研究生物体受外界刺激后，所有低分子量的代谢产物随时空变化的情况，从而探明生物体系代谢途径的一种研究方法。代谢物组学近年来发展十分迅速，在植物学、毒理学、临床诊断、药物开发、营养科学等研究领域都已取得了出色的成果。

代谢组学作为一个强有力的研究工具，也深入到纳米毒理学的应用研究中，研究发现众多纳米材料都可以影响机体的代谢组学，如纳米银、TiO_2 纳米颗粒、SiO_2 纳米颗粒。纳米材料具有小尺寸、巨大比表面积和界面效应等特殊理化性质，其进入机体后，产生多种生物学效应。近年来，国内外开始使用代谢组学方法评价纳米材料的生物安全性。代谢组学的研究方法主要有磁共振技术（NMR）、高效液相色谱 / 质谱技术（HPLC-MS）等。NMR 在代谢组学中的应用越来越广泛，具有如下优点：①无损伤性，不破坏样品的结构和性质；②可在一定的温度和缓冲范围内进行生理条件或接近生理条件的实验；③与外界特定干预相结合，研究动态系统中机体化学交换、运动等代谢产物的变化规律；④实验方法灵活多样。但是 NMR 的分辨能力有限，灵敏度亦不高，对于浓度相差很大的成分无法同时分析，在复杂系统分析中尚有难度。而色谱、质谱及它们的联用技术灵敏度高，适合分析痕量组分，在代谢物组学研究中有着很好的发展前景。

TiO_2 纳米颗粒对大鼠代谢组学影响的研究中，分为对照组、非 TiO_2 纳米颗粒组（15mg/kg）、低剂量 TiO_2 纳米颗粒组（1mg/kg）、中剂量 TiO_2 纳米颗粒组（5mg/kg）和高剂量 TiO_2 纳米颗粒组（15mg/kg），对大鼠尾静脉注射给药染毒，1 次 /d，连续染毒 21d，收集每天 24h 的尿液，血清及尿液采用 ^{1}H-NMR 法分析各剂量组血清及尿液低分子量及大分子量代谢物的改变。结果发现血清非纳米 TiO_2 组与对照组低分子量代谢物及高分子量代谢物没有大的区别，纳米各个剂量组与对照组及非纳米组有区别，高剂量 TiO_2 纳米颗粒所致的血浆小分子量成分包括：支链氨基酸（亮氨酸 / 异亮氨酸、缬氨酸）、醋酸盐、乳酸、3- 羟基丁酸、肌酐水平显著升高，并伴有血糖降低；高剂量 TiO_2 纳米颗粒处理可导致大鼠血浆大分子量成分发生改变，对相应的负载图和原始核磁谱加以分析后，发现 TiO_2 纳米颗粒染毒后大鼠的血浆脂类信号出现明显的剂量依赖性变化，包括三酰甘油成分、不饱和脂肪酸、磷酸胆碱，其升高幅度在高剂量 TiO_2 纳米颗粒染毒组最为明显。尿液非 TiO_2 纳米颗粒组与对照组代谢物没有较大的区别，纳米各个剂量组与对照组及非纳米组有区别，TiO_2 纳米颗粒高剂量组尿液中肌酸、肌酐、牛磺酸、氧化三甲胺、甜菜碱、2- 酮戊二酸、柠檬酸、乙酸、乳酸、琥珀酸、甲胺、二甲胺、二甲甘氨酸、偶氮二甲酰胺、马尿酸、丙氨酸水平都发生了明显的改变；其中乙酸的谱峰明显增加，具有相同改变的还有丙氨酸和乳酸；而偶氮二甲酰胺（TMAD）和肌酐（Cre）的谱峰，则随染毒时间的改变而迅速减弱，马尿酸和牛磺酸也明显减弱，柠檬酸和 2- 酮戊二酸次之。TiO_2 纳米颗粒给予大鼠气管滴注染毒一次（0.4mg/kg、4mg/kg、40mg/kg），1 周后采用 ^{1}H-NMR 法分析各剂量组血清代谢物的改变，结果发现 40mg/kg 剂量组的乳酸盐、柠檬酸盐、胆碱、肌酸含量较对照组水平减少而葡萄糖水平升高；4mg/kg 剂量组血清中乳酸、丙氨酸和肌酸含量较对照组低；0.4mg/kg 剂量组血清中丙酮酸和胆碱含量较对照组低。

雄性 Wistar 大鼠分别经口给予溶剂羟丙甲基纤维素（1% HPMC）、微米铜（200mg/kg）、纳米铜（50mg/kg、100mg/kg 和 200mg/kg），连续染毒 5d，NMR 分析血清及不同时点收集的 24h 尿液，并作血液生化分析，结果发现纳米铜 200mg/kg 连续染毒 5d，大鼠血清谷丙转氨酶、谷草转氨酶、三酰甘油、总胆红素、总胆汁酸、肌酐和尿素氮水平均明显升高，尿液代谢组学分析表明纳米铜 200mg/kg 染毒早期可诱导大鼠尿液中肌酐、牛磺酸和 N- 乙酰葡糖苷酶水平升高，染毒 5d，尿液中柠檬酸、乳酸和醋酸盐、糖、氨基酸和 N- 氧三甲胺水平明显升高，肌酐水平降低，纳米铜 200mg/kg 组大鼠停止染毒 1 周，尿液代谢轨迹不能回到处理前状态；血清代谢组学分析表明 200mg/kg 纳米铜所致的血清小分子量成分变化包括：支链氨基酸（亮氨酸 / 异亮氨酸、缬氨酸）、醋酸盐、乳酸、3- 羟基丁酸、肌酐水平明显升高，伴随血糖降低；50～200mg/kg 纳米铜短期暴露可引起能量代谢紊乱和剂量依赖性的血清三酰甘油、不饱和脂肪酸和磷脂水平升高。

多壁碳纳米管分别为对照组、多壁碳纳米管酸化组 10mg/kg、多壁碳纳米管酸化组 60mg/kg、PEG 修饰组 10mg/kg、PEG 修饰组 60mg/kg 及多壁碳纳米管原药组 10mg/kg、60mg/kg，于小鼠尾静脉进行静脉注射，14d 及 59d 对小鼠 24h 尿液用气相色谱 - 质谱联用（GC-MS）方法研究多壁碳纳米管对小鼠尿液代谢组学的影响，结果显示多壁碳纳米管酸化组及其修饰组对小鼠小分子代谢产物无明显影响。

第三节 纳米材料毒物代谢动力学

一、概述

纳米材料独特的性质使其在生物医药领域有着越来越广泛的应用，如磁共振成像造影技术、纳米载药体系的建立与应用等。研究纳米材料在生物体内的吸收、分布和代谢情况，可为纳米材料在生物医学领域的应用及其潜在生物学影响提供基础资料。

纳米材料毒物动力学涉及建立数学模型并用速率论的理论来揭示纳米材料数量在生物转运和转化过程中的动态变化规律。时 - 量关系是纳米材料毒物动力学研究的核心问题。毒物动力学研究的目的：①求出动力学参数，曲线下面积（area under curve，AUC）、消除速率常数（elimination rate constant，K_e）、表观分布容积（apparent volume of distribution，V_d）、半衰期（half life，$T_{1/2}$）、清除率（clearance，CL）和生物利用度（bioavailability，F）等，用于阐明不同染毒频度、剂量、途径下毒物的吸收、分布和消除特征，为完善毒理学试验设计提供依据；②根据纳米材料时 - 量变化规律与毒理学效应之间的关系，解释毒性作用机制，评价用于人的危险度。

目前对纳米材料在生物体内的毒物代谢动力学研究的一般方法主要有血药浓度法、药理效应法、药物积累法、微生物指标法等。毒物代谢动力学研究的分析方法主要有放射性同位素示踪法、磁共振成像法、高效液相色谱法、质谱法、薄层层析法、原子吸收光谱法和电感耦合等离子体原子发射光谱法等。

二、纳米材料的毒物代谢动力学研究

有实验显示大鼠经尾静脉给予不同粒径 CdSe 及粒径 2～3nm，表面用巯基乙醇包裹的 CdSe（可溶），染毒后 1min 各组的镉浓度均迅速降低，纳米硒化镉粒径越小在血液中的代谢越慢，可溶性比不可溶性纳米硒化镉在血液中的代谢速度快。所获得的毒物动力学参数显示，巯基乙醇包裹的 CdSe 在体内代谢的时间快、停留时间短。7～8nm 粒径的 CdSe 在体内清除能力（半减期、曲线下面积和清除率）略强于 2～3nm 和 4～5nm 的 CdSe，这三种不溶性的 CdSe 的粒径均小于 10nm，毒物动力学参数较为接近，其消除速率常数 K_{10} 和表观分布容积差别并不明显。

犬经口一次分别给予 Se 明胶纳米颗粒组（1.67mg/kg）、Se 对照组（水 + 同剂量的硒酵母组）、Sr 明胶纳米颗粒组（1.67mg/kg）、Sr 对照组（水 + 同剂量锶盐组），在给药后不同时间抽取股静脉血，结果发现制成明胶纳米颗粒口服后，其清除率明显低于对照组（$P<0.01$），生物利用度较对照组有很大的提高（1.8～2.0 倍），而消除半衰期变化不大，说明微量元素明胶纳米颗粒可以避免胃肠道的破坏，提高微量元素的生物利用度。

另一小鼠尾静脉注射粒径 15nm 的 $^{59}Fe\text{-}Fe_2O_3$-Glu 纳米颗粒研究中，纳米颗粒经尾静脉入血后，浓度迅速下降，很快分布到全身各脏器，其分布相半衰期为 0.16h。随后浓度下降缓慢，消除相半衰期出现在 71.65h。12h 后，血中 $^{59}Fe\text{-}Fe_2O_3$-Glu 纳米颗粒浓度又逐渐上升，到 16d 左右达到一个小高峰，之后浓度再次下降。$^{59}Fe\text{-}Fe_2O_3$-Glu 纳米颗粒在各脏器的分布达到高峰的时间也各不相同，心脏为 7h 和 2d，肝脏为 1h，脾脏为 20min 和 12h，肺脏为给药后瞬间，在肾脏中的分布平稳，一直处于略高于本底水平，因此推测纳米粒子随时间延长逐步通过尿液排出体外。20～50nm 的 Fe_3O_4 纳米颗粒经尾静脉注入小鼠体内后，心脏和肝脏的分布在注射后 10min 达高峰，肾脏的分布在注射后 1min 达高峰。Ma 等对藻酸盐包裹的 SPIO 纳米颗粒的代谢动力学和组织分布进行了研究，结果显示大鼠经尾静脉注射藻酸盐包裹的 SPIO 纳米颗粒后，血浆中的纳米颗粒快速消除，其 $T_{1/2}$ 为 0.27h，分布主要集中在肝脏和脾脏，占总注射量的 90% 以上。在小鼠进行胶乳微球试验中发现这些颗粒是安全的脾和肝对比剂和载药系统，虽然这些颗粒易通过肺脏而被脾脏所阻。这些颗粒在血液中的 $T_{1/2}$ 为 1.62min（静脉）和 1.2min（动脉）。由于血管堵塞而造成的血流动力学毒性是投用微球总体积的函数。微球直径与血流动力学毒性之间呈反比例的关系。

关于氧化铁纳米颗粒的尺寸和修饰材料对肝清除率影响的研究，所用材料包括：羧基右旋糖酐包裹的粒径分别为 69nm 和 12nm 的两种 SHU555A 磁性纳米材料；葡聚糖包裹的粒径分别为 97nm 和 21nm 的两种超顺磁性氧化铁；氧化淀粉包裹的未成形的 NC100150 和成形的 NC100150 纳米材料，粒径分别为 15nm 和 12nm。结果显示，高剂量组半衰期随着包裹物不同而不同，葡聚糖包裹的纳米材料 $T_{1/2}$ 为 8d，羧基右旋糖酐包裹的纳米材料 $T_{1/2}$ 为 10d，氧化淀粉包裹的未成形的 NC100150 $T_{1/2}$ 为 14d，氧化淀粉包裹的成形的 NC100150 $T_{1/2}$ 为 29d。由此可见，不同材料包裹的氧化铁纳米颗粒对肝脏清除率可产生明显的影响，但粒径的不同对肝脏清除率没有影响。另一项研究也得出了相同结论，对 100nm、200～470nm、750～1 000nm 三种不同粒径的聚苯乙烯纳米颗粒在大鼠体内分布进行分析，发现粒径大小与消除半衰期无关。

家兔耳缘静脉分别给予注射用纳米羟喜树碱与注射用羟喜树碱，药物代谢动力学研究结果显示血浆中药物浓度的参数 AUC 与 C_{max} 结果一致，注射用羟喜树碱组的 AUC 是同剂量纳米组的 2～3 倍，注射用羟喜树碱组 C_{max} 是同剂量纳米组的 3 倍以上；反映分布特征的参数是中央室的表观分布容积（V_c），结果显示同剂量下，V_c 与其血浆药物浓度参数（AUC，C_{max}）成反比；两剂型比较，纳米组 V_c 均大于同剂量注射用羟喜树碱组，此外，纳米组消除 $T_{1/2}$ 较注射用羟喜树碱组延长，说明注射用纳米羟喜树碱在体内存留时间更长。

在富勒烯 C_{60} 纳米颗粒大鼠肺脏毒物动力学实验研究中，大鼠分为对照组、富勒烯 C_{60} 纳米颗粒组（2.22mg/m^3）、富勒烯 C_{60} 微米粒组（2.35mg/m^3），给予气管吸入 3h/d，连续吸入 10d，停止染毒，分别在第 10d、11d、15d、17d 取血及测肺负荷，结果发现富勒烯 C_{60} 纳米颗粒组的肺清除系数（K_{el}）、$T_{1/2}$、第 0d 的肺负荷（C_0，mg）、沉积率（α，mg/d）、稳态肺负荷（A_e，mg）与微米粒组相比均有不同，其中，纳米颗粒在肺脏的沉积率比微米粒组高50%，肺脏负荷比微米粒组高47%。

粒径为50nm量子点包裹的SiO_2纳米颗粒（Q-Sis）和经PEG修饰的二硬脂酰磷脂酰乙醇胺（PEG-DSPE）、轧-喷嚏酸葡甲胺（Gd-DTPA）脂质表面修饰的量子点包裹的SiO_2纳米颗粒（Q-SiPaLC）给予小鼠尾静脉注射，结果显示两种SiO_2纳米颗粒主要分布在肝、脾组织内，经脂质表面修饰的Q-SiPaLC比Q-Sis在血液中的半衰期长，在肝组织内的含量随暴露时间延长而逐渐增加。而用粒径为60nm的SiO_2纳米颗粒经小鼠尾静脉染毒的半数致死剂量（LD_{50}）为（262.45±33.78）mg/kg，可引起ICR小鼠弥散性血管内凝血（disseminate intravascular coagulation，DIC）和肺动脉微血栓广泛形成，并造成动物在注射后8h内急性死亡。雄性SD大鼠吸入15mg/m^3的20nm TiO_2纳米颗粒6h，用电感耦合等离子体质谱法测定，肺组织中钛含量最高，仅在48h达到峰值，随后14d内逐渐下降。血液、淋巴结和其他脏器（包括肝、肾、脾）达到的水平比肺低约一个数量级。与尿液相比，粪便中回收了大量的纳米颗粒，表明吸入的纳米颗粒主要通过黏液纤毛清除系统和摄入来清除。雌性大鼠口服氧化镁纳米颗粒后，毒代动力学分析显示，除尿液和粪便外，肝脏和肾脏组织中的镁含量显著增加。

三、纳米材料的毒物代谢动力学问题与展望

毒物动力学研究主要关注两个问题，即如何确定适当的暴露和毒物动力学研究的参数。目前纳米颗粒的毒性研究多以动物为模型，纳米颗粒进入体内的途径主要考虑呼吸系统、皮肤和胃肠道。但动物实验多以一次大剂量染毒为主，并没有考虑到实际暴露与毒性表现的关系，因此用动物实验所获得的毒性资料外推至人体的安全性会产生一定的偏差。另外，不同粒径的纳米材料、不同制备方法和修饰的纳米材料在体内的分布与代谢差别很大，因此对不同制备方法和修饰的纳米材料进入机体后在组织器官的吸收、分布和代谢均需要大量深入的研究工作，为其生物医药领域应用和安全性评价提供科学依据。

参 考 文 献

[1] 周宗灿. 毒理学基础[M]. 2版. 北京：北京医科大学出版社，2000.

[2] 付素明. 纳米颗粒物对心血管系统的作用及其机制研究[J]. 现代医学，2014，42（10）：1218-1223.

[3] LI N，YU L，WANG J，et al. A mitochondria-targeted nanoradiosensitizer activating reactive oxygen species burst for enhanced radiation therapy[J]. Chem Sci，2018，9（12）：3159-3164.

[4] YU X，LIU X，WU W，et al. CT/MRI-guided synergistic radiotherapy and X-ray inducible photodynamic therapy using Tb-doped Gd-W-nanoscintillators[J]. Angew Chem Int Ed Engl，2019，58（7）：2017-2022.

[5] 邢桂英，邵林军. 纳米载体在中药制剂经皮给药应用中的研究进展[J]. 华西药学杂志，2020，35（1）：101-105.

[6] CORNU R，BEDUNEAU A，MARTIN H. Influence of nanoparticles on liver tissue and hepatic functions：A review[J]. Toxicology，2020，430：152344.

[7] MILLER M R，NEWBY D E. Air pollution and cardiovascular disease：car sick[J]. Cardiovascular research，116（2）：279-294.

[8] RAFTIS J B，MILLER M R. Nanoparticle translocation and multi-organ toxicity：a particularly small problem[J]. Nano today，2019，26：8-12.

[9] XU H，WANG T，LIU S，et al. Extreme levels of air pollution associated with changes in biomarkers of atherosclerotic plaque vulnerability and thrombogenicity in healthy adults[J]. Circulation research，2019，124（5）：e30-e43.

[10] FENG B，QI R，GAO J，et al. Exercise training prevented endothelium dysfunction from particulate matter instillation in Wistar rats[J]. The Science of the total environment，2019，694：133674.

[11] GARCIA G J，SCHROETER J D，Kimbell J S. Olfactory deposition of inhaled nanoparticles in humans[J]. Inhal Toxicol，2015，27（8）：394-403.

[12] OBERDÖRSTER G，OBERDÖRSTER E，OBERDÖRSTER J. 2005. Nanotoxicology：an emerging discipline evolving from studies of ultrafine particles[J]. Environ Health Perspect，113（7）：823-839.

[13] LIN Z，MONTEIRO-RIVIERE N A，RIVIERE J E. Pharmacokinetics of metallic nanoparticles[J]. Wiley interdisciplinary reviews Nanomedicine and nanobiotechnology，7（2）：189-217.

[14] LI M，ZOU P，TYNER K，et al. Physiologically based pharmacokinetic（PBPK）modeling of pharmaceutical nanoparticles[J]. The AAPS journal，2017，19（1）：26-42.

[15] KERNEIS S，PRINGAULT E. Plasticity of the gastrointestinal epitheliam：The M-cell paradigm and opportunism of pathogenic microorganisms[J]. Semin Immunol，1999，11（13）：205-215.

[16] SENTJURE M，VRHOVNIK K，KRISTL J. Liposomes as a topical delivery systerm：the role of size on transport studied by the ERP imaging method[J]. J Controlled Release，1999，59（1）：87-97.

[17] SHI H，MAGAYE R，CASTRANOVA V，et al. Titanium dioxide nanoparticles：a review of current toxicological data[J]. Part Fibre Toxicol，2013，10：15.

[18] RYMAN-RASMUSSEN J P，RIVIERE J E，MONTEIRO-RIVIERE N A. Penetration of intact skin by quantum dots with adverse physiochemical properties[J]. Toxicol Sci，2006，91（1）：159-165.

[19] SCHLACHTER E K，WIDMER H R，BREGY A，et al. Metabolic pathway and distribution of superparamagnetic iron oxide nanoparticles：in vivo study[J]. International Journal of Nanomedicine，2011，6：1793-1800.

[20] BRANDWOOD A，NOBE K R，SCHINDHELM K. Phagocytosis of carbon particles by macrophages in vitro[J]. Biomaterials，1992，13（9）：646-648.

[21] MILLER M R，RAFTIS J B，LANGRISH J P，et al. Inhaled nanoparticles accumulate at sites of vascular disease[J]. ACS Nano，2017，11（5）：4542-4552.

[22] MOVAT H Z，WEISER W J，GLYNN M F，et al. Platelet phagocytosis and aggregation[J]. J Cell Biol，1965，27（3）：531-543.

[23] GREISH K，THIAGARAJAN G，HERD H，et al. Size and surface charge significantly influence the toxicity of silica and dendritic nanoparticles[J]. Nanotoxicology，2012，6（7）：713-723.

[24] SOLOMON L Z，BICH B R，COOPER A J，et al. Nonhomologgous bioinjectable materials in urology：'size matters'[J]. BJU International，2000，85（6）：641-645.

[25] NEMMAR A，YUVARAJU P，BEEGAM S，et al. Oxidative stress，inflammation，and DNA damage in multiple organs of mice acutely exposed to amorphous silica nanoparticles[J]. Int J Nanomedicine，2016，11：919-928.

[26] LIGGINS R T，AMOURS SD，DEMERRICK J S，et al. Pacliraxet loaded poly（L-lactic acid）microspheres for the prevention of intraperitoneal carcinomatosis after a surgical repair and tumor cell spill[J]. Biomaterials，2000，21（19）：1959-1969.

[27] VAN T I L N P，MARKUSIC D M，VAN DER RIJT R，et al. Kupffer cells and not liver sinusoidal endothelial cells prevent lentiviral transduction of hepatocytes[J]. Mol Ther，11（1）：26-34.

[28] XIE G，SUN J，ZHONG G，et al. Biodistribution and toxicity of intravenously administered silica nanoparticles in mice[J]. Arch Toxicol，2010，84（3）：183-190.

[29] PARK K，PARK J，LEE H，et al. Toxicity and tissue distribution of cerium oxide nanoparticles in rats by two different routes：single intravenous injection and single oral administration[J]. Archives of pharmacal research，2018，41（11）：1108-1116.

[30] OGAWARA K，YOSHIDA M，HIGAKI K，et al. Hepatic uptake of polystyrene microspheres in rats：effect of particle size on intrahepatic distribution[J]. J Control Release，1999，59（1）：15-22.

[31] YANG Y，BAO H，CHAI Q，et al. Toxicity，biodistribution and oxidative damage caused by zirconia nanoparticles after intravenous injection[J]. International journal of nanomedicine，2019，14：5175-5186.

[32] CHEN Y，XUE Z，ZHENG D，et al. Sodium chloride modified silica nanoparticles as a non-viral vector with a high efficiency of DNA transfer into cells[J]. Curr Gene Ther，2003，3（3）：273-279.ZHANG Y，DODD S J，HENDRICH K S，et al. Magnetic resonance imaging detection of rat renal transplant rejection by monitoring macrophage infiltration[J]. Kidney Int，2000，58（3）：1300-1310.

[33] SALIMI M，SARKAR S，FATHI S，et al. Biodistribution，pharmacokinetics，and toxicity of dendrimer-coated iron oxide nanoparticles in BALB/c mice[J]. International journal of nanomedicine，2018，13：1483-1493.

[34] HOF R P，HOT A，SAIZMANN R，et al. Trapping and intramyocardial distribution of microspheres with different diameters in cat and rabbit hearts in vitro. Basic Res Cardiol，1981，76（6）：630-638.

[35] KIM W Y，BISGARD T，NIELSEN S L，et al. Tow-dimensional mitral flow velocity profiles in pie models using epicardial

Doppler echocardiograph[J]. J Am Coll Cardiol，1994，24(2)：532-545.

[36] DU Z，ZHAO D，JING L，et al. Cardiovascular toxicity of different sizes amorphous silica nanoparticles in rats after intratracheal instillation[J]. Cardiovasc Toxicol，2013，13(3)：194-207.

[37] LI X，HU Z，MA J，et al. The systematic evaluation of size-dependent toxicity and multi-time biodistribution of gold nanoparticles[J]. Colloids and surfaces B，Biointerfaces，2018，167：260-266.

[38] AL-ALI S Y，AL-HUSSAIN A M. An ultrastructural study of the phagocytic activity of asrrocytes in adult rat brain[J]. J Anat，1996，188(Pt 2)：257-262.

[39] KREUTER J. Nanoparticulatc systems for brain delivery of drugs[J]. Adv Drug Dediv Rev，2001，47(1)：65-81.

[40] SUNG K J，YOON T L，GUL K B，et al. Toxicity and tissue distribution of magnetic nanoparticles in mice[J]. Toxicol Sci，2006，89(1)：338-347.

[41] TAKEUCHI I，ONAKA H，MAKINO K. Biodistribution of colloidal gold nanoparticles after intravenous injection：Effects of PEGylation at the same particlesize[J]. Bio-medical materials and engineering，2018，29(2)：205-215.

[42] GAHARWAR U S，MEENA R，RAJAMANI P. Biodistribution，clearance and morphological alterations of intravenously administered iron oxide nanoparticles in male wistar rats[J]. International journal of nanomedicin，2019，14：9677-9692.

[43] CONG S，WANG N，WANG K，et al. Fluorescent nanoparticles in the popular pizza：properties，biodistribution and cytotoxicity[J]. Food&function，2019，10(5)：2408-2416.

[44] 杨时成，朱家壁，梁秉文，等. 喜树碱固体脂质纳米粒的研究 [J]. 药学学报，1999，34(2)：146-150.

[45] 仝新勇，黄春玉，姚静，等. 尼莫地平微乳在小鼠体内的分布及靶向性评价 [J]. 中国药科大学学报，2002，33(4)：293-296.

[46] 李俊纲，韩博，李静，等. TiO_2 纳米颗粒对小鼠脑毒性的实验研究 [J]. 工业卫生与职业病，2008，34(4)：210-212.

[47] ANIRUDDHA C AMRITE，HENRY F EDELHAUSER，SWITA R SINGH，et al. Effect of circulation on the disposition and ocular tissue distribution of 20 nm nanoparticles after periocular administration[J]. Molecular Vision，2008，14：150-160.

[48] 王国斌，肖勇，陶凯雄，等. 纳米级四氧化三铁的药物动力学和组织分布研究 [J]. 中南药学，3(1)：5-7.

[49] 冯彦林，谭家驹，梁生，等. 抗人肝癌 ^{188}Re- 免疫磁性纳米微粒的生物学分布和肿瘤抑制实验 [J]. 国际放射医学核医学杂志，2007，31(6)：321-324，328.

[50] HE X，NIE H，WANG K，et al. In vivo study of biodistribution and urinary excretion of surface-modified silica nanoparticles[J]. Anal Chem，2008，80(24)：9597-9603.

[51] NAUMENKO V，NIKITIN A，KAPITANOVA K，et al. Intravital microscopy reveals a novel mechanism of nanoparticles excretion in kidney[J]. Journal of controlled release：official journal of the Controlled Release Society，2019，307：368-378.

[52] KUMAR R，RPY I，OHULCHANSKKY T Y，et al. In vivo biodistribution and clearance studies using multimodal organically modified silica nanoparticles[J]. ACS Nano，2010，4(2)：699-708.

[53] KENZAOUI B H，VILÀMR，MIQUEL J M，et al. Evaluation of uptake and transport of cationic and anionic ultrasmall iron oxide nanoparticles by human colon cells[J]. International Journal of Nanomedicine，2012，7：1275-1286.

[54] YAO M，HE L，MCCLEMENTS D J，et al. Uptake of gold nanoparticles by intestinal epithelial cells：impact of particle size on their absorption，accumulation，and toxicity[J]. J Agric Food Chem，2015，63(36)：8044-8049.

[55] SHI K，FANG Y，KAN Q，et al. Surface functional modification of self-assembled insulin nanospheres for improving intestinal absorption[J]. Int J Biol Macromol，2015，74：49-60.

[56] SANDERS N N，SMEDT S C D，ROMPAEY E VAN，et al. Cystic fibrosis sputum：a barrier to the transport of nanospheres[J]. Am J Respir Crit Care Med，2000，162(5)：1905-1911.

[57] DOS S R B，LAKKADWALA S，KANEKIYO T，et al. Development and screening of brain-targeted lipid-based nanoparticles with enhanced cell penetration and gene delivery properties[J]. International journal of nanomedicine，2019，14：6497-6517.

[58] Du X J，Wang J L，Iqbal S，et al. The effect of surface charge on oral absorption of polymeric nanoparticles[J]. Biomaterials science，2018，6(3)：642-650.

[59] SANDERS N N，SMEDT S C D E，ROMPAEY E V，et al. Cystic fibrosis sputum：a barrier to the transport of nanospheres[J]. Am J Respir Crit Care Med，2000，162(5)：1905-1911.

[60] IBRAHIM K E，AL-MUTARY M G. Histopathology of the liver，kidney，and spleen of mice exposed to gold nanoparticles[J]. Molecules，2018，23（8）：1848.

[61] JUNG T，KAMM W，BREITENBACH A，et al. Biodegradable nanoparticles for oral delivery of peptides：is there a role for polymers to affect mucosal uptake[J]. Eur J Pharm Biopharmacol，2000，50（1）：147-160.

[62] MONDKY W L，FUKUMURA D，GOHONGI T，et al. Augmentaion of transvascular transport of micromolecules and nanoparticles in tumors using vascular endothelial growth factor[J]. Cancer Res，1999，59（16）：4129-4135.

[63] LI X，BENJAMIN I S，ALEXANDER B. The relationship between intrahepatic portal systemic shunts and microsphere induced portal hypertension in the rat liver[J]. Gut，1998，42（2）：276-282.

[64] KASSISSIA I，BRAULT A，HUET P M. Hepatic artery and portal vein vascularizanon of normal and cirrhoric rat liver[J]. Hepatology，1994，19（5）：1189-1197.

[65] BASRIAN P，BARTKOWSKI R，KOHLER H，et al. Chemo-embolizarion of experimental liver metastases. Part T. distribution of biodegradable microspheres of different sizes in an animal model for the locoregional therapy[J]. Eur J Pharm Biopharm，1998，46（3）：243-254.

[66] NAHMAN N S，SFERRA T J，KRONRNBERGER J，et al. Microsphere-adenoviral complexes target and transduce the glomerulus in vivo[J]. Kidney Int，2000，58（4）：1500-1510.

[67] SIMON L，SHINE G，DAVAN A D. Translocation of particulates across the gut wall-a quantitative approach[J]. J Drug Target，1995，3（3）：217-219.

[68] HUNTER D D，UNDEM B J. Identification and substance P content of vagal afferent neurons innervating the epithelium of the guinea pig trachea[J]. Am J Respir Crit Care Med，1999，159（6）：1943-1948.

[69] SEMMLER M，SEITZ J，ERBE F，et al. Long-term clearance kinetics of inhaled ultrafine insoluble iridium particles from the rat lung，including transient translocation into secondary organs[J]. Inhal Tox，2004，16（6-7）：453-459.

[70] AUSTIN C A，HINKLEY G K，MISHRA A R，et al. Distribution and accumulation of 10 nm silver nanoparticles in maternal tissues and visceral yolk sac of pregnant mice，and a potential effect on embryo growth[J]. Nanotoxicology，2016，10（6）：654-661.

[71] LEE J，JEONG J S，KIM S Y，et al. Titanium dioxide nanoparticles oral exposure to pregnant rats and its distribution[J]. Particle and fibre toxicology，2019，16（1）：31.

[72] SCHULZ J，HOBENBERG H，PFLUKER F，et al. Distribution of sunscreens on skin. Adv. Drug[J]. Deliv. Rev，2002，54：S157-S163.

[73] ALVAREZ-ROMAN R，NAIK A，KALIA Y N，et al. 2004. Skin penetration and distribution of polymeric nanoparticles[J]. J Control Release，2004，99（1）：53-62.

[74] Ryman-Rasmussen J P，Rivere J E，Monteiro-Riviere N A. Penetration of intact skin by quantum dots with diverse physicochemical properties[J]. Toxicol Sci，2006，91（1）：159-165.

[75] BAROLI B，ENNAS M G，LOFFREDO F，et al. Penetration of metallic nanaoparticles in human full-thickness skin[J]. J Invest Dermatol，2007，127（7）：1701-1712.

[76] JIANG X，DU B，ZHENG J. Glutathione-mediated biotransformation in the liver modulates nanoparticle transport[J]. Nat Nanotechnol，2019，14（9）：874-882.

[77] MACPARLAND S A，TSOI K M，OUYANG B，et al. Phenotype determines nanoparticle uptake by human macrophages from liver and blood[J]. ACS Nano，2017，11（3）：2428-2443.

[78] LIU T，LI L，FU C，et al. Pathological mechanisms of liver injury caused by continuous intraperitoneal injection of silica nanoparticles[J]. Biomaterials，2012，33（7）：2399-2407.

[79] SIBITLE Y，MARCHANDISE F X. Pulmonary immune cells in health and disease：polymorphonuclear neutrophils[J]. Eur Respir，1993，6（10）：1529-1543.

[80] 徐厚君，王桂芳，钟亚莉，等. 纳米硒化镉在大鼠体内的毒物动力学及组织分布研究 [J]. 毒理学杂志，2010，24（1）：67-69.

[81] ILLUM L, JACOBEN L O, MULLER R H, et al. Surface characteristics and the interaction of colloidal particles with mouse peritoneal macrophages[J]. Biomaierials, 1987, 8(2): 113-117.

[82] KOBEISSY F H, GULBAKAN B, ALAWIEH A, et al. Post-genomics nanotechnology is gaining momentum: nanoproteomics and applications in life sciences[J]. OMICS, 2014, 18(2): 111-131.

[83] CARROLA J, BASTOS V, JARAK I, et al. Metabolomics of silver nanoparticles toxicity in HaCaT cells: structure-activity relationships and role of ionic silver and oxidative stress[J]. Nanotoxicology, 2016, 10(8): 1105-1117.

[84] BO Y, JIN C, LIU Y, et al. Metabolomic analysis on the toxicological effects of TiO_2 nanoparticles in mouse fibroblast cells: from the perspective of perturbations in amino acid metabolism[J]. Toxicol Mech Methods, 2014, 24(7): 461-469.

[85] 赵剑宇，丁文军，张芳. 基于代谢组学方法研究纳米二氧化钛对大鼠肾功能的影响 [J]. 毒理学杂志，2009，23(3): 201-204.

[86] WANG S, TING Z, HUANG M, et al. A study on TiO_2 intratracheally instilled using H NMR based metabonomics in rats plasma[J]. 中国毒理学通讯，2008，12(3): 19-23.

[87] 雷荣辉，杨保华，吴纯启，等. 纳米铜经口染毒大鼠尿液的代谢组学研究 [J]. 毒理学杂志，2008，22(4): 258-262.

[88] 雷荣辉，吴纯启，杨保华，等. 纳米铜经口染毒大鼠血清的代谢组学研究 [J]. 癌变畸变突变，2008，20(1): 22-26.

[89] 顾涛颖. 多壁碳纳米管对小鼠肝脏及尿液代谢的影响 [D]. 上海：复旦大学，2009.

[90] 刘岚，唐萌，刘璐，等. Fe_2O_3-Glu 纳米颗粒在小鼠体内的代谢动力学研究 [J]. 环境与职业医学，2006，23(1): 1-3.

[91] 赵国臣. 注射用纳米羟基喜树碱与注射用羟基喜树碱临床前药物代谢动力学和组织分布比较 [D]. 天津：天津医科大学，2008.

[92] GREGORY L B, AMIT GUPTA, MARK L C, et al. Inhalation toxicity and lung toxicokinetics of C_{60} fullerene nanoparticles and microparticles[J]. Toxicol Sci, 2008, 101(1): 122-131.

[93] VAN SCHOONEVELD M M, VUCIC E, KOOLE R, et al. Improved biocompatibility and pharmacokinetics of silica nanoparticles by means of a lipid coating: a multimodality investigation[J]. Nano Lett, 2008, 8(8): 2517-2525.

第三章

纳米材料毒性作用的影响因素

随着纳米科学技术的迅速发展，纳米材料在生产、生活的各个领域中都得到了广泛应用，这大大增加了人群的暴露机会，因此，纳米材料对人群及环境的潜在危害受到了科学界的广泛关注。

近年来，研究者对纳米材料毒性作用的认识不断深入，并且逐渐明确了纳米材料作用于生物体系后，其毒性作用不仅与自身的物理、化学性质密切相关，同时也与各种不同的实验因素有关。因而，充分了解纳米材料毒性作用的影响因素，对纳米材料的安全性评价、毒理学研究的设计及资料的评估都是十分重要的。本章主要从以下两个方面进行介绍：①纳米材料自身理化性质的影响；②实验因素的影响。

第一节 纳米材料自身理化性质的影响

纳米材料与传统的气体、液体以及固体材料不同，其物理、化学性质主要取决于纳米尺度内的粒径、形貌、结构及化学组成等特点，而材料所产生的生物学效应则与其理化性质密切相关。

一、粒径

在纳米材料安全性评价的过程中，纳米颗粒的粒径作为重要参数之一，受到了研究者的广泛关注。目前认为，粒径主要可以通过以下两个方面影响纳米颗粒的毒性作用：一方面，颗粒进入生物体后，粒径可影响其在机体内的生物转运过程；另一方面，纳米颗粒的粒径与其化学反应活性存在一定关系。

纳米材料进入生物体后，粒径较大的颗粒会产生较强的免疫原性，从而容易被机体的免疫系统识别、俘获并进一步降解；而粒径较小的颗粒，则容易进入组织间隙，而躲避免疫系统的识别。研究者发现，随呼吸进入肺部的纳米颗粒与常规颗粒相比可更深入地渗透到肺间隙，并有效躲避肺部的各种清除机制，这种躲避清除的能力使纳米颗粒可在肺间隙滞留更长时间，从而增加了其转运至血液循环以及肺外器官的可能性。同样有研究表明，到达肺泡处的纳米颗粒，可穿过肺泡上皮细胞而进入肺间质到达血液循环，或者通过淋巴循环转移至血液中。在这一过程中，颗粒的粒径是主要的决定因素，粒径越小的颗粒越容易发生转移，故纳米颗粒与同种物质的微米颗粒相比更容易进入血液循环。同时，颗粒的大小与其在血液循环中存留的时间亦有很大的相关性，小粒径的颗粒能够更好地在血液中循环，从而随血液分布到全身各处，并可能对机体产生更强的损伤作用。有研究表明，小鼠尾静脉注射纳米颗粒后，颗粒可分布于几乎全身的组织器官中，并且可透过体内的各种屏障，如血 - 脑屏障、血 - 睾屏障及血 - 胎盘屏障等，从而对中枢神经系统、生殖系统或早期胚胎产生不良影响。而且，当颗粒粒径减小到纳米范围内时，虽然化学组成并未发生改变，但颗粒的表面结合力和化学活性会显著增高，对机体产生的生物学效应的性质和强度都可能发生改变。另外，纳米颗粒由于其极小的粒径，可通过生物膜上的孔隙或细胞的内吞作用进入细胞及细胞器内，与细胞内生物大分子发生相互作用，破坏生物膜和生物大分子的正常空间结构等。然而，进入生物体后，体内环境与给药前纳米颗粒所处的分散体系有所不同，如 pH、离子强度等都会发生明显改变，同时纳米颗粒还可与体内的生物大分子，如蛋白质等，发生相互作用，从而改变纳米颗粒的分散状态或表面性质，并影响颗粒在体内所产生的生物学效应。因此，由于体内环境的复杂性，纳米颗粒所表现出毒性作用可能不完全与粒径有关。

纳米颗粒自身的反应活性与颗粒粒径之间的关系则是相对的，同种颗粒粒径越小，其毒性作用越强；而不同种颗粒间，粒子的毒性作用则与粒径无绝对的关系。一般来说，纳米颗粒的生物活性要比同种物质的微米颗粒强，对机体产生损伤的可能性更大。例如，有研究表明，与相同成分的细颗粒物相比，超细颗粒物（ultra fine particles，UFPs）即纳米颗粒可能会诱导产生更强的氧化应激反应。Oberdörster 等研究者将一组大鼠暴露于含有粒径为 20nm 特氟龙颗粒的空气中 15min，观察到大多数实验大鼠在随后 4h 内死亡；而另一组生活在含 120nm 特氟龙颗粒空气中的大鼠，则没有表现出任何不适症状。Rahman 等在比较 TiO_2 的 20nm 超细颗粒和 200nm 细颗粒对原代大鼠胚胎成纤维细胞的影响时发现，20nm 的超细颗粒可使细胞微核数目显著升高，并进一步引起细胞凋亡，而 200nm 细颗粒却并未引起细胞内微核数目的明显变化。Lee 等的研究表明，粒径为 20nm 的 SiO_2 纳米颗粒（而不是粒径为 30nm、40nm 和 50nm SiO_2 纳米颗粒）以剂量依赖的方式引起细胞活性显著降低。以上研究均表明，对于同种物质不同大小的颗粒来说，相同质量下颗粒的粒径与其毒性作用直接相关，即粒径越小，颗粒所表现出的毒性作用越强。

产生这种现象的原因：从颗粒粒径与其表面原子或分子数目之间的关系可以看到，当颗粒粒径减小到 100nm 以下，也就是我们通常所说的纳米尺度范围时，随着颗粒粒径的减小，其表面积急剧增大，表面原子或分子数目成指数幂的形式递增。而这种表面原子或分子数目的迅速增加，就使得纳米颗粒表面不饱和键的数目明显增多，从而大大提高了颗粒的化学反应性，使其更容易与其他原子或分子相结合。因此，在纳米尺度内，颗粒随其粒径的减小，表面积急剧增加，键态严重失配，产生许多活性中心，使表面出现非化学平衡、非整数配位的化学键，这就是导致纳米体系的化学性质与化学平衡体系出现很多差别的原因。

二、表面积

从毒理学的角度来看，除纳米颗粒的粒径外，表面积（surface area）同样是评价其生物学作用的一个重要参数。Brown 等在研究中将不同粒径的聚苯乙烯微球（64nm、202nm、535nm）换算成表面积，并发现颗粒的表面积与大鼠肺部炎症指标多形核白细胞的数目几乎成一过零点的直线，因此判断纳米颗粒的表面积可能是引起炎症反应的一个变量。Oberdörster 等在进行 TiO_2 纳米颗粒的毒性研究时，同样发现了颗粒表面积与炎症反应之间的相关性。

上述研究均表明，纳米颗粒所表现出的毒性作用与其表面积密切相关。在纳米尺度内颗粒随其粒径的减小，比表面迅速增加，此时分布于颗粒内部晶格中的原子数目减少，而聚集在颗粒表面的原子数目急剧增多，这就导致了大量结构缺陷的不连续晶面的产生，进而大大增加了纳米颗粒表面活性位点的数目，因此提高了颗粒表面的总体反应性。研究者认为，多数纳米材料表现出毒性作用是由于材料表面的电子活性位点（给电子或受电子基团）可与氧分子发生反应，形成超氧阴离子（$O_2^-\bullet$），并进一步通过歧化反应产生活性氧自由基（reactive oxygen species，ROS）。而过量的 ROS 以及氧化应激反应则是导致细胞损伤的重要原因之一。另外，纳米颗粒进入机体后，由于其很高的表面活性，容易与体内的生物大分子结合并发生相互作用，引起 DNA 损伤、蛋白质变性等一系列的不良结果。不仅如此，纳米材料与蛋白质结合后形成的络合物可能具有更大的流动性，随着蛋白质的代谢过程，纳米颗粒将能在体内迁移到大颗粒物质无法到达的生物组织，如可通过血 - 脑屏障进入脑部，从而对机体产生更严重的损伤。

另外，纳米材料巨大的比表面积所产生的高反应活性也给传统的毒理学安全性评价方法带来了一定程度的挑战。一方面，体内、体外实验中纳米材料剂量单位的选择成为一个值得关注的问题。越来越多的研究证明，比起质量浓度，纳米颗粒毒性作用的趋势与其表面积更加相关。单位质量下相同化学组成的纳米颗粒的毒性作用明显强于其微米颗粒，然而如将剂量单位换算成表面积，则会发现纳米颗粒的表面积远远大于其微米颗粒。因而，评价纳米材料毒性时剂量单位的选择还需要进一步明确。另一方面，在纳米颗粒毒性评价的过程中，由于颗粒本身具有较高的化学反应性，很可能会直接与实验中的某种测定物质发生相互作用，从而导致一些毒性评价的经典方法，如 MTT 法、中性红染色法等，出现假阳性或假阴性的测定结果。因此，在纳米材料毒性作用的测定过程中，应注意多种实验方法的结合应用，以避免出现不准确的结果。

三、颗粒数目

实际上，纳米颗粒的表面积和颗粒数目都与颗粒的粒径密切相关。纳米颗粒的粒径越小，单位质量下颗粒的比表面积越大，同时所包含的颗粒数目也越多。表 3-1 中列举了四种不同尺度的大气颗粒物，虽然颗粒密度均为 $10\mu g/m^3$，但彼此间颗粒的总表面积和所包含颗粒的数目却存在着巨大的差异。如表 3-1 所示，随着颗粒粒径的逐渐减小，颗粒的表面积和颗粒数目迅速增加，其中粒径为 20nm 的颗粒，单位体积中所包含的颗粒数目就已经超过了 1×10^6 个。与纳米颗粒极微小的粒径和巨大的比表面积相同，单位质量下庞大的颗粒数目也对纳米颗粒的生物学作用产生了重要的影响。

在诸多纳米颗粒和微米颗粒毒性作用的相互比较中，研究者通常是给予等质量的颗粒，这就意味着所给予的颗粒数目将大不相同，受试物所接触到的纳米颗粒的数目可高于微米颗粒数目 3～4 个数量级。以颗粒肺部毒理性的研究为例，肺部的颗粒负荷是一个重要概念，肺部颗粒是否超负荷也直接影响到肺病理学的终点。颗粒超负荷是指进入肺部的颗粒负荷足以损伤巨噬细胞并降低其对颗粒的清除能力，从而引起非特异性炎症反应的发生，出现肺间质或肺泡腔颗粒的沉积。当肺部颗粒超负荷时，颗粒可持续存在、不被清除，而引发肺部进展性病变；反之，则可被机体内的各种清除机制所清除。Ferin 等在研究中发现，当 TiO_2 纳米颗粒与相应微米颗粒的数目小于 1×10^{13} 时，存留于大鼠肺部的颗粒数保持不变，说明此时肺泡巨噬细胞能够有效清除肺部颗粒；而当纳米颗粒数目达到 1×10^{13} 时，肺部存留的颗粒数则呈指数上升，提示开始出现肺部颗粒超负荷；当 TiO_2 微米颗粒的数目达到 1×10^{14} 时，发现其在肺部同样有极高的潴留率，这说明颗粒数目与其粒径相比对颗粒在肺部的滞留率影响更大。Morrow 指出，当颗粒物在肺泡巨噬细胞中所占据的体积超过约 $60mm^3$ 时，肺部超负荷效应开始出现，而超过约 $600mm^3$ 时，肺泡巨噬细胞的清除功能则完全停止。近几年来，陆续有研究者比较了纳米颗粒与相同化学组成的微米颗粒的肺部毒性，并指出纳米颗粒所产生的毒性作用明显强于相应的微米颗粒。这可能是由于纳米颗粒的数目过多，在短期内超过了巨噬细胞的清除能力，此时颗粒则会大量潴留于肺部，使纳米颗粒的沉积质量半减期更长于大粒径的颗粒，引起肺部持续的炎症反应，同时这也大大增加了颗粒与肺部组织细胞的接触机会，纳米颗粒可转移至肺间质或可被内皮细胞摄取而引起直接的损伤作用。

表 3-1 每 $10\mu g/m^3$ 大气颗粒物的数目和表面积

颗粒粒径 /nm	颗粒数目 /cm^3	颗粒表面积 /($\mu g^2/cm^3$)
5 000	0.15	12
250	1 200	240
20	2 400 000	3 016
5	153 000 000	12 000

四、形貌

工程化纳米材料具有各种各样的形状及结构，如球状、管状、盘状、线状等，不同形貌的纳米材料所产生的生物学效应也各不相同。研究者认为，可能是由于纳米颗粒的形状及结构影响了其在生物介质中以及在机体内的代谢动力学，如不同形貌的纳米颗粒，其细胞摄取方式或在机体内的吸收、沉积及排泄过程都会有所不同，从而影响了不同形状的纳米颗粒所表现出的毒性作用。

有研究者报道，在体外实验中碳纳米管（carbon nanotubes，CNTs）可刺激血小板产生凝集反应，然而在使用与其化学组成相同但形状不同的富勒烯进行实验时，却没有观察到这一现象的发生。也有研究表明，与相同长度的多壁碳纳米管（multi-walled carbon nanotubes，MWCNTs）相比，单壁碳纳米管（single-walled carbon nanotubes，SWCNTs）可表现出更强的细胞毒性作用。Jia 等比较了不同碳纳米材料对巨噬细胞的毒性作用，结果表明 SWCNTs 在剂量为 $0.38\mu g/cm^2$ 时即可抑制巨噬细胞的吞噬作用，并对其产生明显的毒性作用，而 MWCNTs 和 C_{60} 只有在较高浓度 $3.06\mu g/cm^2$ 时，才可对巨噬细胞产生毒性。Arias 等在抑菌实验中也观察到，SWCNTs 的毒性明显强于 MWCNTs，羧基及羟基化的 SWCNTs 在 50mg/L 时即能表现出显著的抑菌作用，而相同表面修饰的 MWCNTs 在浓度为 500～875mg/L 都不会抑制细菌的生长。另外，非水溶性的碳纳米管由于其极细长的几何结构，进入机体后可引起与石棉纤维相类似的生物学反应，尽管二者在化学组成上存在着巨大的差异。Wu 等的研究显示，在相同的暴露时间和暴露量下，根据 IC_{50}，中孔 SiO_2 纳米颗粒的细胞毒性低于 SiO_2 纳米颗粒。以上研究中可以看出，形状对纳米材料的毒性作用存在着较大的影响，化学组成相同但形状及结构不同的纳米材料可表现出不同的毒性作用，而形状相似但化学组成不同的材料，却可表现出相似的生物学作用。

近几年来，纳米管、纳米纤维的长径比（aspect-ratio）作为影响其毒性作用的因素之一，受到了较多研究者的关注。Magrez 等研究了 MWCNT、碳纳米纤维（carbon nanofibers，CNFs）、碳纳米颗粒（carbon nanoparticles）对体外培养人肺癌细胞的毒性作用，实验中选择的三种碳基纳米材料（carbon-based nanomaterials，CBNs）的长径比依次为 80～90、30～40、1，结果显示随着 CBNs 长径比的不断减小，材料所表现出的细胞毒性逐渐增强。作者认为长径比对 CBNs 毒性作用的影响可能主要体现在材料表面高反应活性的不饱和键上。炭黑（carbon black）颗粒表面不饱和键的数目较多，而碳纳米管表面的不饱和键则相对较少，主要存在于材料末端和晶格缺陷的部位。Nan 等报道了两种不同长径比的 SiO_2 纳米管对人乳腺癌细胞（MDA-MB-231）、脐静脉内皮细胞（human umbilical vein endothelial cells，HUVECs）的毒性作用，两种硅纳米管的直径均为 50nm，而长度分别为 200nm 和 500nm；研究发现这两种纳米管在浓度为 0.5mg/L 时就能显著抑制细胞生长，且纳米管长度越短，其细胞毒性越大；研究者分析，这可能是由于较小的长径比有利于细胞对纳米管的摄取，进而增加了其后续的细胞毒性作用，并且相同的质量浓度下 200nm 的颗粒数目约为 500nm 的 2.5 倍，因此较小长径比所导致的颗粒数目的增加也可能是其较强毒性作用的原因之一。体内实验中，Poland 等向小鼠腹腔内注射含有不同长度碳纳米管的生理盐水，研究发现暴露于较长碳纳米管的小鼠体内能够明显地观察到肉芽瘤的形成，同时可检测到诱导吞噬细胞融合的细胞因子，这也间接说明了肉芽瘤的形成可能是巨噬细胞无法清除较长的碳纳米管所引起的。

五、化学组成

纳米材料的化学组成（chemical composition）包括其自身的元素组成及化学结构。按照元素组成的不同可将纳米材料分为以下三类：无机纳米材料，包括金属（Fe、Ni、Zn、Ti、Au、Ag、Pb）、氧化物（TiO_2、ZnO、Fe_2O_3、Fe_3O_4、SiO_2）等；有机纳米材料，如富勒烯（fullerenes）及其衍生物、碳纳米管及纳米聚合物等；还有一些功能性纳米材料，可由无机元素以及有机元素共同构成，形成“壳 - 核”结构或其他更为复杂的结构，如用于载药体系或生物显像等方面的纳米材料。

纳米材料的化学组成可对其生物学作用产生影响，并且相同粒径的不同物质其毒性也不尽相同。纳米颗粒的化学组成在颗粒的体内毒性中得到了最基本的体现，其对毒性的影响甚至高于粒径所带来的差异。人群吸入高剂量 MgO 纳米颗粒及微米颗粒，未观测到肺部炎症反应；而吸入 ZnO 纳米颗粒及微米颗粒 20h 后，即可检测到炎症细胞因子、肺部微环境改变等反应。Heinlaan 等在实验中比较了 ZnO（50～70nm）、TiO_2（25～70nm）、CuO（30nm）三种纳米材料对细菌（*V. fischeri*）的生长抑制作用，研究结果显示，TiO_2 纳米颗粒在实验所使用的最高浓度（20g/L）时没有表现出明显的抑菌作用，三种材料的毒性由强到弱依次为 ZnO > CuO > TiO_2，30nm 时 EC_{50} 分别 3.2mg/L、79mg/L、> 20g/L。Aruoja 等同样采用了上述三种纳米材料，研究了其对羊角月牙藻的毒性作用，并且得到了相似的趋势，72h 时三种纳米材料的 EC_{50} 分别为 0.04mg（Zn）/L、11.55mg（Cu）/L 及 35.9mg（Ti）/L。说明除了颗粒大小、表面积等物理性质外，化学组成对颗粒毒性也有重要影响。

另外，与不溶性纳米颗粒相比，可溶性颗粒的化学组成显得更为重要，一方面可溶性颗粒的生物学作用受到其表面特征，如电荷、表面积、形状等因素的影响，另一方面则由其本身的化学组成来决定。Franklin 等使用平衡透析技术测定了 ZnO 纳米颗粒在淡水（pH 7.6）中的溶解特征，并比较了 ZnO 纳米颗粒与 Zn^{2+} 对淡水藻类的毒性效应，研究者认为纳米 ZnO 的毒性作用在一定程度上来自表面溶解产生的 Zn^{2+}。Xia 等研究了 ZnO 纳米颗粒对破骨前体细胞（RAW264.7）及人肺上皮细胞（BEAS-2B）的毒性作用，结果显示纳米 ZnO 可对细胞产生氧化损伤、引起炎症反应并最终导致细胞死亡。作者同样认为培养液中溶解产生的 Zn^{2+} 是 ZnO 纳米颗粒细胞毒性的主要原因，同时 ZnO 纳米颗粒还会通过各种途径进入细胞，其中部分颗粒会在细胞溶酶体内继续溶解并增加毒性，而未溶解的 ZnO 颗粒也可通过 ROS 的产生增强其对细胞的毒性作用。Lin 等比较了 ZnO 纳米颗粒及 Zn^{2+} 的植物毒性，并指出纳米 ZnO 的毒性作用不完全来自溶解产生的 Zn^{2+}。有研究者表明，量子点与生物体系相互作用时，由于壳层降解使其内部的裸核暴露，释放出 Cd^{2+} 而产生毒性作用，同时颗粒自身的表面活性以及氧化后产生的 ROS 也是量子点产生损伤作用的重要原因。另外，对于许多金属纳米颗粒，由于制备过程中的残留，或通过体内代谢能够释放出许多金属离子，如 Fe^{2+}、Cr^{5+}、Ni^{2+} 等，这些离子即可通过 Fenton 反应产生自由基，从而给机体带来更严重的伤害。

六、晶格结构

化学组成相同但晶格结构（lattice structure）不同的化学物质所表现出的生物学效应也不同。自然界中或人工合成的某些物质虽然具有相同的化学组成，但其晶格结构却彼此不同，并且会各自表现出不同的物理、化学性质。因此，在纳米材料的安全性评价中，晶体结构作为一个重要的影响因素同样受到了研究者的关注。

例如，我们所熟知的 SiO_2，根据晶格结构的不同可分为晶体和无定形两种，虽然同样是由硅原子与氧原子以 1∶2 的比例结合而成，但二者的理化性质却存在着很大的差异，在生物学研究中所引起生物学效应也有所不同。晶体 SiO_2 的暴露是一种公认的职业危害因素，长期吸入含有晶体硅尘的空气可导致尘肺的发生。有研究表明，晶体 SiO_2 对肺上皮细胞的损伤作用明显强于相应尺度的无定形 SiO_2。而 Lin 等在比较晶体 SiO_2（629nm）与两种无定形纳米 SiO_2（15nm、46nm）的细胞毒性时，却发现无定形纳米 SiO_2 所表现出的细胞毒性作用强于晶体 SiO_2 细颗粒。Sayes 等比较了不同晶格结构的 TiO_2 纳米颗粒的细胞毒性作用，实验中使用的三种颗粒分别为：锐钛矿纳米 TiO_2（10.1nm）、锐钛矿 / 金红石纳米 TiO_2（3.2nm）及金红石纳米 TiO_2（5.2nm）。结果表明，锐钛矿 TiO_2 纳米颗粒诱导产生 ROS 的能力最强，并且其细胞毒性作用较金红石 TiO_2 纳米颗粒强 100 倍以上。Jiang 等测定了尺度相似但晶格结构不同的几种 TiO_2 纳米颗粒在无细胞体系中产生 ROS 的能力，结果表明无定形 TiO_2 颗粒产生 ROS 的活性最强，接下来依次为锐钛矿 TiO_2、锐钛矿 / 金红石 TiO_2 混合物，而活性最弱的则为金红石 TiO_2。研究者认为 TiO_2 纳米颗粒产生 ROS 的能力与其表面性质密切相关，同锐钛矿、金红石 TiO_2 相比，无定形 TiO_2 颗粒表面存在着更密集的缺陷位点，使其具有更高的表明活性诱导 ROS 的生成，因此，尺度相似时无定形 TiO_2 颗粒与晶体 TiO_2 相比产生 ROS 的能力更强；而锐钛矿 TiO_2 与金红石 TiO_2 相比产生 ROS 活性较强的原因可能也是由于表面化学的不同，锐钛矿 TiO_2 的表面排斥非游离的水分子，却容易吸附 O^{2-}、O^- 等离子，因而易于其表面 ROS 的产生。

一些有关无机纳米材料内部结构的研究表明，晶格结构对纳米材料的整体结构以及化学反应性都有着重要的影响。在纳米尺度内，随粒径的减小，颗粒表面会产生出许多不连续的晶面，进而增加了结构缺陷的位点并导致纳米材料表面电子排布的紊乱。例如，金红石和锐钛矿分别为 TiO_2 的稳定及亚稳定存在形式，具有良好的分散性、耐久性，对紫外线的屏蔽作用强；但当颗粒的粒径减小至 20nm 以下时，二者的稳定性降低，催化活性迅速增加，可形成光触媒并在日光 / 紫外线的作用下催化各种氧化反应。

七、表面化学

纳米材料的表面修饰或表面包被是影响其生物学作用的重要因素之一。工程化纳米材料，特别是应用于生物医药领域的纳米颗粒通常需要进行特定的表面修饰或表面包被，以增加颗粒的生物相容性及稳定性，使纳米颗粒在发挥特定功能的同时降低其对生物体的毒性作用，避免团聚 / 聚集的发生。但经过表面修饰或包被的纳米颗粒，其表面特性如不饱和键的数目、亲水性 / 疏水性或颗粒自身的稳定程度等都可能发生改变，从而显著影响到纳米颗粒的体内分布以及颗粒所产生的生物学效应。并且有些纳米颗粒的包被物或表面修饰物本身在体内的代谢、溶出，也会对机体产生影响，使得纳米颗粒的毒性表现发生改变。

Arias 等比较了不同表面修饰的 SWCNTs 对革兰氏阳性及革兰氏阴性细菌的生长抑制作用，研究表明氨基化 SWCNTs 的毒性明显低于羟基和羧基化的 SWCNTs；在给药浓度为 50μg/ml 时，羟基和羧基化的 SWCNTs 开始出现抑菌作用，而氨基化的 SWCNTs 只有在较高浓度时才会表现出抑菌活性。Magrez 等使用酸处理的方法在碳纳米管及碳纳米纤维的表面连接了羰基、羟基及羧基，并发现表面修饰后的碳纳米材料毒性有所增强。Tian 等研究了粒径均为 14nm 的三种 SiO_2 颗粒对大鼠肺泡巨噬细胞的毒性作用，其中一种为未修饰型纳米颗粒（M-5），另外两种为表面修饰型 SiO_2 颗粒（TS-610、TS-720）。结果表明，未经修饰的 SiO_2 纳米颗粒对大鼠肺泡巨噬细胞的损伤作用较强，而经过表面修饰后颗粒的毒性作用显著降低，作者分析表面修饰可改变 SiO_2 纳米颗粒与细胞间的相互作用，进而影响其生物学作用。Brown 等报道，经 PEG 修饰的 SiO_2 纳米颗粒与细胞间的相互吸附作用减弱，可降低纳米材料的细胞毒性。然而，Nan 等指出氨基硅烷化的纳米管与裸露 SiO_2 纳米管相比，具有更强的细胞毒性作用。Rosenbrand 等的研究发现，与未经修饰和被聚乙二醇表面修饰的中孔 SiO_2 纳米颗粒相比，脂质修饰的中孔 SiO_2 纳米颗粒在对间充质干细胞暴露 2h 后具有最高的标记效率和最大吸收量，并且内化度是未修饰的中孔 SiO_2 纳米颗粒的 17 倍。Gupta 等使用支链淀粉（Pn）对超顺磁性 Fe_3O_4 纳米颗粒（superparamagnetic iron oxide nanoparticles，SPION）进行包被，并研究了包被后颗粒的细胞毒性作用，结果表明在 24h 内 Pn-SPION 对人成纤维细胞未产生毒性作用，而未包被的 SPION 却对细胞产生了明显的生长抑制作用。研究者认为 Pn 包被是降低纳米颗粒毒性作用的主要原因，并推测可能是 Pn 包裹了 Fe_3O_4 纳米颗粒的表面活性位点，并且有效地阻止了颗粒与细胞间的直接作用。Sayes 等比较了不同表面修饰的水溶性 C_{60} 对人皮肤成纤维细胞（HDF）及人肝癌细胞（HepG2）的毒性作用，研究中选择的四种 C_{60} 纳米颗粒所产生的细胞毒性作用为：

$$C_{60} > C_3 > Na^{+}_{2\sim3}[C_{60}O_{7\text{-}9}(OH)_{12\sim15}]^{(2\sim3)-} > C_{60}(OH)_{24}$$

大量研究表明，纳米颗粒的表面化学可影响其生物学作用，经过表面修饰或表面包被的纳米颗粒，其细胞毒性作用与原本的颗粒存在着明显的不同，并且不同的表面修饰或包被对同种纳米材料的毒性也存在着很大的影响。因此，在进行纳米材料的安全性评价前，需要详细了解其表面化学，进而正确判断待测样品的毒性作用。

八、表面电荷

当纳米颗粒分散于液体介质中时，其表面会携带正电荷或者负电荷。表面电荷（surface charge）的电性及大小不仅与颗粒自身有关，同样也与周围的分散介质有一定的关系。相同的纳米颗粒分散于不同介质中时，其表面所带电荷的情况也会有所不同。

表面电荷可通过以下几个方面影响纳米颗粒的生物学效应：①影响纳米颗粒在液体介质中的分散状态。除粒径以外，表面电荷是影响纳米颗粒在液体介质中分散情况的主要因素，足够的表面电荷可维持粒子间的相互排斥，从而避免团聚 / 聚集的发生。相反，纳米颗粒则可因表面电荷不足而发生团聚 / 聚集，使部分颗粒不能完全产生其原有的生物学作用，从而影响到纳米材料安全性评价的结果。Lin 等将肺癌细胞（A549）暴露于粒径为 15nm 及 46nm 的 SiO_2 颗粒 48h，并观察到两种纳米颗粒均可使受试细胞的存活率显著降低，但二者所产生毒性作用没有明显差异；研究者进一步通过动态光散射粒径分析法对两种 SiO_2 颗粒在培养液中的分散状态进行监测，结果表明两种颗粒均发生了聚集，团聚物的水合粒径分别为 590nm、617nm，因此，作者推测相似的团聚物粒径可能是两种纳米颗粒产生相似毒性作用的主要原因。②影响纳米颗粒与分散介质中带电物质的相互作用。体内实验表明，表面带正电荷的纳米颗粒通过静脉注射进入实验动物的血液后，可吸附大量表面带负电荷的血清蛋白，进而形成团聚物，这些团聚物容易随血液循环阻塞于肺部的毛细血管中。体外实验中，纳米颗粒的表面电荷可与培养液中的正负离子以及带电的生物小分子、生物大分子相互吸引，从而将培养体系中丰富的营养成分吸附于纳米颗粒的表面，这会使细胞不能够与外界进行良好的物质交换而处于营养相对缺乏的状态，最终可形成间接的细胞毒性作用。③影响纳米颗粒的体内分布。有研究表明，进入机体后表面带正电荷的纳米颗粒较易被肺脏摄取，而带负电荷的颗粒则容易被肝脏摄取。Levchenko 等研究了粒径相似（约 180nm）但表面电荷不同的几种纳米脂质体在小鼠体内的分布情况，结果表明，表面带负电荷的纳米脂质体在血液中的清除速率高于表面接近中性的脂质体，并且可较多地聚集于肝脏；研究者分析这可能是由于肝脏中的巨噬细胞容易吞噬表面负电位的脂质体，从而使其在肝脏中积累，同时也加快了负电位纳米脂质体在血液中的清除速率。因此，表面电荷可在一定程度上影响纳米颗粒的生物转运过程，进而影响颗粒的毒性作用。④影响纳米颗粒与生物体及细胞间的相互作用。体内实验中，纳米颗粒所引起的生物学反应，如巨噬细胞的吞噬作用、炎症反应及遗传毒性等，都可因表面电荷的不同而有所不同。体外实验中，细胞与颗粒间的相互作用，如细胞摄取方式、代谢途径以及颗粒的毒性作用机制等，同样与纳米颗粒的表面电荷密切相关。

九、团聚/聚集状态

纳米颗粒随其粒径的减小，粒子间的相互吸引力逐渐增强，从而容易引起团聚（范德瓦尔斯力）或聚集（化学键）的发生。特别是当纳米颗粒处于较高浓度时，由于粒子间相互作用的机会增多，则很可能形成枝状、链状或块状的团聚物，这就会使纳米颗粒的尺寸以及结构发生很大的变化，进而影响到其生物学作用的表达。

进入机体后，分散性较好的纳米颗粒仍能保持纳米尺度，容易被体内的细胞摄取，从而直接对组织、细胞产生损伤作用。如果纳米颗粒发生团聚，使得进入血液循环的颗粒团尺寸增加，则不容易被细胞摄取，颗粒团则可随血液循环到达肝、脾等网织内皮细胞和吞噬细胞较丰富的器官，在这些部位产生作用；如果进入循环的团聚物尺寸过大，还可能直接在血管中形成血栓堵塞血管，造成实验动物的急性死亡。而且，团聚了的颗粒其粒径可能远超过纳米范围，结构也与单个的纳米颗粒有所差异，团聚物的毒性作用是否和原来一致，或者说聚集了的粒子是否能够解聚是影响纳米颗粒生物学作用的一个重要问题。因此，这种粒子间团聚/聚集的倾向会给纳米材料的安全性评价带来一定的困难。

目前，研究者报道了许多与纳米颗粒团聚/聚集有关的因素，如颗粒的分散介质、表面电荷以及疏水性等。体内、体外实验中，纳米颗粒既可以气溶胶的形式分散于空气中，也可以液溶胶的形式分散于悬液中。虽然颗粒都存在发生团聚/聚集的可能，但其团聚/聚集的倾向可因分散介质的不同而有所不同。例如，碳纳米管可良好地分散于空气中，然而在水相介质中却容易发生簇集。表面电荷是评价胶体溶液稳定性的常用指标，如果悬液的 Zeta 电位绝对值 $>30mV$，也就是说颗粒表面存在足够的正电荷（$>30mV$）或足够的负电荷（$<-30mV$）来维持粒子间的相互排斥，以保证悬液的稳定。相反，如果 Zeta 电位的绝对值小于 30mV，粒子间就没有足够的排斥力，所以随着时间的延长悬浮的纳米颗粒可能会逐渐发生团聚/聚集。疏水性则是影响纳米颗粒分散的又一因素，在水相介质中，疏水性大的颗粒容易稳定地存在于悬液中，而疏水性小的粒子则倾向于发生团聚/聚集。

在进行实验时，为使待测纳米颗粒良好地分散于生物介质中，避免团聚/聚集的发生，研究者采用了以下两种方式：①对纳米颗粒进行表面修饰或表面包被，改变颗粒的表面电荷或疏水性。例如，为增加 CdSe 量子点的悬浮稳定性，可使用 ZnS 进行表面包被；在氧化铝纳米颗粒表面包被 PEG 可平衡范德瓦尔斯力，避免颗粒聚集。然而，这种处理方式会改变纳米材料的表面结构或表面化学，从而影响其原有的毒性作用。②在悬液中添加表面分散物质，如合成洗涤剂吐温等。但需注意的是，表面分散剂本身可能具有毒性或可降低纳米材料的毒性，同样会在一定程度上影响安全性评价的结果。

十、不纯物

在评价纳米材料毒性作用时，应尽可能采用其纯品。但实际工作中，受检样品中可能含有不纯物质，如可残留有生产加工过程中所使用的原材料或形成的副产品等，这些不纯物（impurity/contamination）就会对待测纳米材料的生物学作用产生一定程度的影响。有研究表明，残留于纳米材料中的少量金属或有机物可使其毒性作用明显提高。例如，Shvedov 等在研究中发现，体外培养的人表皮角质细胞（HaCaT）暴露于 SWCNTs 后出现细胞内氧自由基的生成增加，而抗氧化物质的水平不断降低；暴露 18h 后细胞活力下降明显，同时还可观察到细胞形态及其内部超微结构的改变等。研究者分析这种细胞毒性作用可能与 SWCNTs 上吸附的亚铁离子有关，Fe^{2+} 可以催化分解过氧化氢而产生羟基自由基和脂质过氧化物，并进一步对细胞产生损伤。而在细胞培养液中同时加入 SWCNTs 及金属螯合剂 Deferoxamine 则会显著降低自由基的生成，这表明 Fe^{2+} 在羟基自由基产生中起到了重要的作用。因此，未经纯化的 SWCNTs 中所含有的 Fe 等金属催化剂可能会对正常的细胞组织产生损伤，从而表现出相应的毒性作用。Koyama 等研究了碳纳米管（CNTs）对小鼠的免疫学毒性，在实验中分别将未经纯化和纯化后的 CNTs 皮下注射入小鼠体内，通过检测淋巴器官组织学改变、外周 T 细胞亚群及细胞因子水平等指标，指出 CNTs 的毒性作用主要来自其所含的杂质，包括不定形碳、金属催化剂等，而纯化后的 CNTs 则可表现出较好的生物相容性。

另外，自然环境中本身就存在着与工程化纳米颗粒尺度相似的超细颗粒物。由于颗粒巨大的表面积和表面疏水性，对环境中共存的污染物有很强的吸附能力，如通过静电作用、疏水效应、氢键、π-π 键、电子供体受体作用等，其表面可携带大量的环境有害物质，包括多环芳烃、二氧（杂）芑、酚类、激素类药物、内毒素、金属及其他有毒的化学物质等。进入机体后，这些化学物质与纳米颗粒形成的复合物可诱导体内的免疫应答反应，对生物内环境产生不利影响，而其毒性作用远超过了作为载体的纳米颗粒。Gutierrez-Castillo 等的研究表明，表面携带了外源化学物质的大气颗粒物可直接对肺腺癌细胞核内的 DNA 产生损伤，而这种毒性作用主要来源于颗粒表面的可溶性金属及有机物。

因此，在纳米材料安全性评价前需要对其纯度进行测定，避免不纯物质的干扰，以便正确判断检测结果是否真实反映了待测纳米材料的毒性作用。

第二节 实验因素的影响

一、纳米材料的分散介质

在进行纳米材料安全性评价的过程中，无论是体内实验还是体外实验，都需将待测纳米材料分散于一定的生物介质中，才能进行后续的毒性检测。而不同的生物分散介质对纳米颗粒理化性质的影响也不同。实际上，当纳米颗粒分散于生物介质后，都多少会表现出随时间变化而逐渐团聚 / 聚集的倾向。而这种团聚 / 聚集状态的动态变化取决于多种因素的影响，除颗粒自身的理化性质以外，分散介质的温度、pH、盐浓度、离子强度、蛋白质浓度以及表面活性剂的存在等都可对颗粒的分散状态产生影响，进而影响到纳米材料毒性评价的结果。

Arias 等指出，悬浮于不同分散介质中 SWCNTs 所表现出的抑菌作用有所不同，研究表明，当分散介质为去离子水时，SWCNTs—OH 及 SWCNTs—COOH 即可对细菌产生明显的毒性作用；而悬浮于 0.9% 的 NaCl 溶液中时，抑菌作用更强；但当悬浮液为磷酸盐缓冲液（0.1mol/L PBS）和脑心浸出液肉汤（BHI）时，两种 SWCNTs 却没有对细菌产生明显的生长抑制作用。作者指出，四种分散介质的 pH 均在 7.0 左右，但离子强度差异较大，因此推测可能是悬浮液中的离子强度影响了 SWCNTs 的悬浮状态及其与细菌间的相互作用，进而对其抑菌作用产生影响。pH、离子强度对水相介质中纳米材料悬浮性能的影响已有较多研究报道，如某种纳米颗粒在水相介质中容易发生团聚 / 聚集，而一些避免颗粒团聚的处理方法，如调整悬液的 pH 或添加表面活性剂等，都可能会改变给药过程中待测纳米颗粒的表面化学，进而对其最终的生物学作用产生影响。因而，在实验过程中应详细记录纳米材料分散介质的种类、pH、离子强度等信息，以便实验后对结果做出正确分析和判断。

二、纳米材料的分散方式

给药前纳米颗粒的分散方法及悬液的制备过程也可能对其生物学效应产生影响。实验中，为了避免待测纳米颗粒的团聚 / 聚集，给药前通常会采用超声处理或机械搅拌的方式使粒子能够更好地分散于液体介质中。然而，在超声处理或搅拌的过程中可能会使纳米颗粒的自身理化性质发生改变，因此在实验前应详细考虑声处理的频率、能量、超声类型或者搅拌的时间、方式和速度等条件，并正确选择出最佳处理方式对纳米材料进行分散。并且，还需注意在整个实验过程中对纳米材料的处理条件应保持一致，以保证实验结果的可重复性。另外，某些纳米材料在给药前需经过预处理才能分散于生物介质中，如富勒烯（C_{60}）、碳纳米管等。以富勒烯为例，水溶性富勒烯的其中一种制备方法是：先将 C_{60} 溶解于甲苯、四氢呋喃（THF）或其他的有机溶剂中，再借助该有机溶剂与水的互溶性进一步将 C_{60} 溶解于水相介质中。但有研究表明，使用这种方法制备出的水溶性富勒烯会对体外培养的细胞产生毒性作用，而使用其他方式制备得到的水溶性富勒烯却并未观察到明显的细胞毒性。研究者分析，生物学效应出现差异的原因可能在于：在不同的水溶性悬液制备过程中，富勒烯所经历的修饰作用也不同，进而使其理化性质发生了变化，表现出不同的细胞毒性作用；同时，毒性作用也可能是来自 C_{60}-THF 悬浮体系中的溶解副产物，如γ-丁丙酯、蚁酸等。因此，在纳米材料安全性评价的过程中，研究者需对材料的分散条件以及制备方法给予更多的关注。

三、给药方式

在毒理学体内、体外实验中，为了明确纳米颗粒引起生物学效应的阈剂量，除识别其自身的理化性质外，更加重要的是给药方式的正确选择。

目前，纳米材料安全性评价过程中常用的给药途径包括：气管滴注、气溶胶吸入、注射、灌胃及皮肤渗透等。大量研究者表明，通过不同途径进入生物体内的纳米颗粒经过一段时间后几乎可到达全身的组织器官中。然而，给药途径的不同会影响到纳米材料在生物体内的分布速率、在组织器官中的蓄积量以及材料自身的半减期等，进而可对纳米材料表现出的生物学作用产生影响。Osier 等比较了气管吸入法及气管滴注法对 TiO_2 纳米颗粒毒性作用的影响，研究者采用以上两种给药方式将大鼠暴露于相同剂量的 TiO_2 纳米颗粒（21nm）中，结果表明，两种暴露途径均可导致大鼠肺部出现持续的炎症反应，但与气管滴注相比，气管吸入法所引起的肺部反应相对较轻，这可能是两种不同的暴露途径使 TiO_2 纳米颗粒在肺部的沉积、分布及清除过程有所差异而引起的。作者认为，气管吸入法是更为接近生物体实际的暴露途径，故能够更真实地反映出环境中纳米颗粒的毒性作用。

因此，在选择给药条件时应进行各方面的综合考虑，需根据待测纳米材料自身的理化性质选择适宜的给药方式，并且实验中所选择的给药方式还应尽量与纳米颗粒的实际暴露途径相符合，这样才能够准确地反映出实际接触中纳米材料的潜在毒性作用。

四、给药剂量

虽然，纳米材料自身存在着许多独特的物理、化学性质，可对其毒性作用产生一定程度的影响，但与传统的外源化学物质相同，纳米材料与生物体系相互作用时所产生的生物学效应也存在着一定的剂量-效应关系。低剂量时，纳米材料可不引起毒性作用；在适宜的浓度范围内，大多数纳米材料所引起的生物学效应会随着给药剂量的增加而不断增大；然而，如果给药剂量过大，可能会导致纳米材料在分散介质中发生团聚/聚集，从而使剂量与生物学效应间无一定的关系。

Lam 等采用气管滴注的方式，分别给予小鼠含 0mg、0.1mg、0.5mg SWCNTs 的悬液，并于观察 7d 或 90d 后处死，研究者发现小鼠肺部出现间质炎症反应，且肺部肉芽肿的严重程度呈剂量依赖性。Yang 等研究了不同浓度的铜纳米颗粒作用于雄性 Wistar 大鼠 5d 后所产生肝脏毒性作用，结果表明，低浓度的铜纳米颗粒引起的毒性效应并不明显，但在高浓度时则可引起大鼠体重减轻，血清中谷丙转氨酶、谷草转氨酶、三酰甘油等生化指标水平升高，肝脏的组织学检测中观察到散在的点状坏死。Nishimori 等观察了粒径为 70nm 的 SiO_2 颗粒对小鼠的慢性毒性作用，研究者采用尾静脉注射的方式分别给予小鼠 10mg/kg 体重、30mg/kg 体重的纳米 SiO_2，28d 后观察肝、脾、肺、肾等的组织病理改变，并对血清中谷丙转氨酶及肝脏中的羟脯氨酸水平进行了检测，研究表明两种浓度的 SiO_2 纳米颗粒均可对小鼠产生慢性毒性作用，且高剂量组的毒性作用更加明显。Mahmoud 等的研究观察了粒径为 50nm 的介孔纳米二氧化硅对大鼠的肝肾毒性，采用覆膜内注射的方式分别给予大鼠 25mg/kg 体重、50mg/kg 体重、100mg/kg 体重、200mg/kg 体重的介孔纳米 SiO_2，可能诱发大鼠剂量依赖性肝肾损伤。Zhang 等采用浓度为 1mg/kg 体重或 10mg/kg 体重的 TiO_2 纳米颗粒对小鼠进行气管滴注，并对肺泡灌洗液中乳酸脱氢酶（lactic dehydrogenase，LDH）、丙二醛（maleic dialdehyde，MDA）及总蛋白的水平检测，研究者发现低浓度的纳米 TiO_2 对小鼠肺部的损伤较小，而相对来说 10mg/kg 体重的 TiO_2 颗粒则会产生较强的毒性作用。

Gupta 等将浓度为 0.05～2.0mg/ml 的超顺磁性 Fe_3O_4 纳米颗粒（SPION）作用于人成纤维细胞 24h 后，发现 SPION 在最低浓度 0.05mg/ml 时，即可使抑制成纤维细胞的生长，并且随着作用剂量的增加，细胞的存活率逐渐降低，当达到最高浓度 2mg/ml 时，细胞存活率已降低到对照组的 40% 左右。Hussain 等研究了银纳米颗粒对大鼠肝源细胞株（BRL-3A）的细胞毒性作用，研究发现在 2.5μg/ml 时颗粒没有对细胞产生明显的毒性作用，而浓度升高达到 5～50μg/ml 时，随银纳米颗粒作用剂量的增加，其所表现出的细胞毒性逐渐明显。Sayes 等指出水溶性 C_{60} 在较低浓度时相对无毒，而随着浓度的继续升高则可表现出较强的细胞毒性作用。Cui 等报道了不同浓度（0～200μg/ml）的 SWCNTs 对人胚胎肾细胞（HEK293）的毒性作用，研究者分别对细胞存活率、细胞周期、细胞凋亡及相关基因的表达等进行了检测，结果表明随 SWCNTs 作用剂量的增加，细胞黏附能力及存活率逐渐下降，细胞周期改变明显，并且凋亡速度逐渐加快。Li 等分别将 10μg/ml、20μg/ml 及 50μg/ml 的 SiO_2 纳米颗粒作用于人正常肝细胞（L02）24h，细胞存活率结果表明，随颗粒作用剂量的增加，细胞存活率逐渐降低，并且研究中还观察到 SiO_2 纳米颗粒可影响微丝、微管等细胞骨架结构，从而阻碍细胞有丝分裂过程，导致多核细胞的形成，而颗粒的致多核作用同样呈剂量依赖趋势。

五、给药时间

给药时间同样是影响纳米材料毒性作用的重要因素。一般来讲，体外实验中，纳米材料的毒性作用会随着给药时间的延长而逐渐增强；但体内实验中，由于生物体对纳米材料的蓄积、代谢、排泄以及机体自身的损伤修复过程，会使纳米材料的体内毒性表现得较为复杂。

Lam 等研究了 SWCNTs 经支气管滴注后对小鼠肺部产生的毒性作用，研究者于给药后 7d 及 90d 处死小鼠，并观察了肺组织切片的病理学变化，指出给药后 7d 部分小鼠的肺部出现间质性炎症反应，而 90d 后肺部损伤表现得更为明显，甚至出现了支气管周围炎症及坏死。Sayes 等采用不同浓度的 C_{60} 纳米颗粒对小鼠进行气管内滴注，于 1d、7d、30d、90d 时对肺泡灌洗液中 LDH、总蛋白等的水平及肺部炎症反应进行监测，并观察小鼠肺部的组织病理学改变。结果表明，气管滴注后 1d，C_{60} 颗粒可引起小鼠肺部的细胞损伤及短暂的炎症反应，但 90d 后则观察不到小鼠肺部的任何病理学改变。Zhu 等将粒径为 22nm 的 Fe_3O_4 纳米颗粒制成生理盐水悬液对大鼠进行支气管滴注，并于给药后 1d、7d、30d 分别观察了 Fe_3O_4 纳米颗粒的肺部毒性作用，研究者观察到给药后 1d Fe_3O_4 纳米颗粒即可引起肺部炎症反应，进入肺部的部分纳米颗粒可被巨噬细胞所吞噬，而未被吞噬的颗粒则可进入肺泡上皮细胞；给药后 7d，肺部出现了滤泡增生、蛋白渗出及肺部毛细血管充血等现象；而 30d 后，肺部仍可观察到明显的炎症反应，凝血功能的典型指标，如凝血参数、凝血酶原时间及活化部分凝血活酶时间与对照组相比有所延长。

Wang 等使用了不同浓度的 TiO_2 纳米颗粒作用于人淋巴细胞，并指出纳米 TiO_2 对细胞增殖有明显的抑制作用，在 6h、24h 及 48h 时浓度为 130mg/L 的 TiO_2 纳米颗粒可使细胞存活率分别降低至 61%、7% 及 2%。Ye 等比较了 21nm 及 48nm 的 SiO_2 颗粒对心肌细胞（H9c2）的毒性作用，并观察了 6h、12h、24h 及 48h 时细胞的生长情况，结果表明两种 SiO_2 纳米颗粒对心肌细胞存在时间依赖的生长抑制作用。Manna 等对 SWCNTs 的损伤作用进行了研究，结果表明随着作用剂量的增加及作用时间的延长，细胞的氧化应激水平逐渐升高而存活率不断下降。Cui 等在研究 SWCNTs 对 HEK293 细胞的毒性作用时，同样观察到随纳米材料作用时间的延长，细胞存活率呈逐渐下降的趋势。Witzmann 等指出，MWCNTs 作用于 T 淋巴细胞及 Jurkat 白血病细胞后，可表现出与时间相关的细胞毒性作用。

六、实验动物

除纳米材料自身的理化特性及各种实验因素外，实验动物的物种、品系等因素也可对纳米材料的毒性作用产生影响。

超微颗粒在不同品系的啮齿类动物中引起的肺部反应有所差异。同等处理条件下，吸入纳米颗粒后大鼠比小鼠的肺部反应更加严重，并可发生进展性的上皮改变和纤维增生。有研究表明，大鼠慢性吸入溶解性差、毒性低的粉尘，最终可通过粉尘的超负荷机制产生肺部肿瘤，然而这种效应还没有在其他品系的啮齿类动物如小鼠和仓鼠中发现。Bermudez 等也比较了 10mg/m^3 的 TiO_2 纳米颗粒对大鼠、小鼠及豚鼠的肺部毒性作用，结果表明颗粒在三种实验动物肺部的沉积率分别为 57%、45% 及 3%，并且与大鼠和小鼠相比，豚鼠对肺部颗粒的清除速度较快；对肺泡灌洗液中巨噬细胞和中性粒细胞数量的检测表明，大鼠及小鼠肺部均出现了明显的炎症反应，但大鼠的表现更为严重；肺组织病理学的观察结果显示，大鼠肺部甚至出现了上皮细胞增生及肺组织纤维化等现象。因此，在已报道的大多数超微颗粒与细颗粒毒性比较的研究中，大鼠模型被认为是颗粒引起肺部炎症发生最敏感且运用最多的动物模型。

纳米颗粒在不同种属动物间毒性作用的表现也有所不同。一些肺部毒性的研究结果表明，大鼠肺部对吸入性颗粒的处理与犬、灵长类及人类等哺乳动物存在较大差异。例如，吸入纳米颗粒后，大鼠肺部对颗粒的清除速度较快，被肺泡巨噬细胞所吞噬的粉尘比例相对较大，并可在肺部引起一系列的炎症反应。相反，灵长类动物暴露于粉尘后，肺脏形态学检查以及回顾性观察的证据表明，哺乳动物对肺泡中颗粒的清除速度较慢，而滞留于肺部的纳米颗粒则更倾向于由肺泡处迁移至肺间质处并进入血液循环。综上，大鼠与其他哺乳动物的肺部无论是对吸入性颗粒的清除速度还是反应程度都存在着很大的差别。尽管目前纳米颗粒在哺乳动物肺部的沉积方式和清除机制尚未阐明，但将煤矿工人职业暴露的肺解剖样本及少数灵长类动物的研究证据与大鼠毒理学实验的结果相比较，即可得出：吸入纳米颗后，其他哺乳动物与大鼠相比肺部产生的反应相对较低。

七、细胞类型

体外实验中，同种纳米颗粒表现出的毒性作用可能因受试细胞株的类型不同而有所差异，而导致这种差异的原因可能是纳米颗粒作用于细胞时，不同细胞类型对颗粒的摄取、转运、代谢及排泄等过程可能不同。Su 等在研究富勒烯衍生物 $C_{60}(OH)_x$ 的细胞毒性时引入了三种细胞，分别为中国仓鼠肺细胞、卵巢细胞及小鼠成纤维细胞，结果表明，$C_{60}(OH)_x$ 对中国仓鼠肺细胞和卵巢细胞产生了明显的毒性作用，但作用于小鼠成纤维细胞后毒性作用并不明显。Nan 等比较了 SiO_2 纳米管对脐静脉内皮细胞和人乳腺癌细胞的毒性作用，并观察到硅纳米管对脐静脉内皮细胞的损伤作用更强。研究者认为与正常细胞相比，肿瘤细胞对纳米材料的毒性作用较不敏感，这可能是由于纳米颗粒作用于正常细胞时，较容易对其细胞膜产生损伤，进而会更快地引起细胞凋亡或坏死的发生；另外，两种细胞株代谢活力、增殖速率的不同也可能是 SiO_2 纳米管产生不同细胞毒性作用的原因所在，正常人类内皮细胞的生长倍增时间约为 30h，而 MDA-MB-231 乳腺癌细胞只需要 20h 即可增殖 1 倍。然而，Manna 等研究了 SWCNTs 对皮肤角质形成细胞（HaCaT）、宫颈癌细胞（HeLa）及两种肺癌细胞（A549、H1299）的毒性作用，MTT 结果表明 SWCNTs 对四种细胞表现出了相似的细胞毒性作用。因此，细胞类型对纳米材料毒性作用的影响并不绝对，还与实验中使用纳米材料的理化性质及具体实验条件等有关。

参考文献

[1] OBERDÖRSTER G，FERIN J，GELEIN R，et al. Role of the alveolar macrophage in lung injury：studies with ultrafine particles[J]. Environ Health Perspect，1992，97：193-199.

[2] AKHTAR A，WANG S X，GHALI L，et al. Effective delivery of arsenic trioxide to HPV-positive cervical cancer cells using optimised liposomes：a size and charge study[J]. Int. J. Mol. Sci，2018，19（4）：1081.

[3] GEISER M，ROTHEN-RUTISHAUSER B，KAPP N，et al. Ultrafine particles cross cellular membranes by nonphagocytic mechanisms in lungs and in cultured cells[J]. Environ Health Perspect，2005，113（11）：1555-1560.

[4] MILLER M，RAFTIS J B，LANGRISH J P，et al. Inhaled nanoparticles accumulate at sites of vascular disease[J]. Acs Nano，2017，11（5）：4542-4552.

[5] OBERDÖRSTER G，OBERDÖRSTER E，OBERDÖRSTER J. Nanotoxicology：an emerging discipline evolving from studies of ultrafine particles[J]. Environ Health Perspect，2005，113（7）：823-839.

[6] RIVERA G I L P, OBERDÖRSTER G, ELDER A, et al. Correlating physico-chemical with toxicological properties of nanoparticles: the present and the future[J]. ACS Nano, 2010, 4(10): 5527-5531.

[7] RAHMAN Q, LOHANI M DOPP E, et al. Evidence that ultrafine titanium dioxide induces micronuclei and apoptosis in Syrian hamster embryo fibroblasts[J]. Environ Health Perspect, 2002, 110(8): 797-800.

[8] GUO C, WANG J, YANG M, et al. Amorphous silica nanoparticles induce malignant transformation and tumorigenesis of human lung epithelial cells via P53 signaling[J]. Nanotoxicology, 2017, 11(9-10): 1176-1194.

[9] ZHAO X, WEI S, LI Z, et al. Autophagic flux blockage in alveolar epithelial cells is essential in silica nanoparticle-induced pulmonary fibrosis[J]. Cell Death Dis, 2019, 10(2): 127.

[10] FENG L, NING R, LIU J, et al. Silica nanoparticles induce JNK-mediated inflammation and myocardial contractile dysfunction[J]. J Hazard Mater, 2020, 391: 122206.

[11] FENG L, YANG X, LIANG S, et al. Silica nanoparticles trigger the vascular endothelial dysfunction and prethrombotic state via miR-451 directly regulating the IL6R signaling pathway[J]. Part Fibre Toxicol, 2019, 16(1): 16.

[12] ZHANG L, WEI J, DUAN J, et al. Silica nanoparticles exacerbates reproductive toxicity development in high-fat diet-treated Wistar rats[J]. J Hazard Mater, 2020, 384: 121361.

[13] WARHEIT D B, WEBB T R, SAYES C M, et al. Pulmonary instillation studies with nanoscale TiO_2 rods and dots in rats: toxicity is not dependent upon particle size and surface area[J]. Toxicol Sci, 2006, 91(1): 227-236.

[14] LI N, SIOUTAS C, CHO A, et al. Ultrafine particulate pollutants induce oxidative stress and mitochondrial damage[J]. Environ Health Perspect, 2003, 111(4): 455-460.

[15] NABESHI H, YOSHIKAWA T, MATSUYAMA K, et al. Amorphous nanosilica induce endocytosisdependent ROS generation and DNA damage in human keratinocytes[J]. Particle and Fibre Toxicology, 2011, 8: 1.

[16] CHEN P, WANG H, HE M, et al. Size-dependent cytotoxicity study of ZnO nanoparticles in HepG2 cells[J]. Ecotoxicol Environ Saf, 2019, 171: 337-346.

[17] OBERDÖRSTER G, SHARP Z, ATUDOREI A, et al. Translocation of inhaled ultrafine particles to the brain[J]. Inhal Toxicol, 2004, 16(6-7): 437-445.

[18] LEE K, LEE J, KWAK M, et al. Two distinct cellular pathways leading to endothelial cell cytotoxicity by silica nanoparticle size[J]. J Nanobiotechnology, 2019, 17(1): 24.

[19] BARNARD A S, XU H. An environmentally sensitive phase map of titania nanocrystals[J]. ACS Nano, 2008, 2(11): 2237-2242.

[20] NEL A, XIA T, MADLER L, et al. Toxic potential of materials at the nanolevel[J]. Science, 2006, 311(5761): 622-627.

[21] NYMARK P, JENSEN K A, SUHONEN S, et al. Free radical scavenging and formation by multi-walled carbon nanotubes in cell free conditions and in human bronchial epithelial cells[J]. Particle and Fibre Toxicology, 2014, 11: 4.

[22] RABOLLI V, THOMASSEN L C J, PRINCEN C, et al. Influence of size, surface area and microporosity on the in vitro cytotoxic activity of amorphous silica nanoparticles in different cell types[J]. Nanotoxicology, 2010, 4: 307-318.

[23] MOSS O R, WONG V A. When nanoparticles get in the way: impact of projected area on in vivo and in vitro macrophage function[J]. Inhal Toxicol, 2006, 18(10): 711-716.

[24] WITTMAACK K. In search of the most relevant parameter for quantifying lung inflammatory response to nanoparticle exposure: particle number, surface area, or what[J]. Environmental Health Perspectives, 2007, 115(2): 187-194.

[25] SAYES C M, REED K L, GLOVER K P, et al. Changing the dose metric for inhalation toxicity studies: short-term study in rats with engineered aerosolized amorphous silica nanoparticles[J]. Inhal Toxicol, 2010, 22(4): 348-354.

[26] DUFFIN R, TRAN L, BROWN D, et al. Proinflammogenic effects of low-toxicity and metal nanoparticles in vivo and in vitro: highlighting the role of particle surface area and surface reactivity[J]. Inhal Toxicol, 2007, 19(10): 849-856.

[27] ZHANG Y, ALI S F, DERVISHI, et al. Cytotoxicity effects of graphene and single-wall carbon nanotubes in neural phaeochromocytoma-derived PC12 cells[J]. ACS Nano, 2010, 4(6): 3181-3186.

[28] GRATTON S E, ROPP P A, POHLHUS P D, et al. The effect of particle design on cellular internalization pathways[J]. Proc

Natl Acad Sci，2008，105（33）：11613-11618.

[29] JIA G，WANG H，YAN L，et al. Cytotoxicity of carbon nanomaterials：single-wall nanotube，multi-wall nanotube，and fullerene[J]. Environ Sci Technol，2005，39（5）：1378-1383.

[30] SEATON A，DONALDSON K. Nanoscience，nanotoxicology，and the need to think small[J]. Lancet，2005.365（9463）：923-924.

[31] LADOU J. The asbestos cancer epidemic[J]. Environ Health Perspect，2004，112（3）：285-290.

[32] HAMILTON R，WU N，DALE P，et al. Particle length-dependent titanium dioxide nanomaterials toxicity and bioactivity[J]. Part Fibre Toxicol，2009，6：35.

[33] MAGREZ A，KASAS S，SALICIO V，et al. Cellular toxicity of carbon-based nanomaterials[J]. Nano Lett，2006，6（6）：1121-1125.

[34] NAN A，BAI X，SON S J，et al. Cellular uptake and cytotoxicity of silica nanotubes[J]. Nano Lett，2008，8（8）：2150-2154.

[35] POLAND CA，DUFFIN R，KINLOCH I，et al. Carbon nanotubes introduced into the abdominal cavity of mice show asbestos-like pathogenicity in a pilot study[J]. Nat Nanotechnol，2008，3（7）：423-428.

[36] LANDSIEDEL R，MA-HOCK L，HOFMANN T，et al. Application of short-term inhalation studies to assess the inhalation toxicity of nanomaterials[J]. Particle and Fibre Toxicology，2014，11：16.

[37] KUSCHNER W G，WONG H，D'ALESSANDRO A，et al. Human pulmonary responses to experimental inhalation of high concentration fine and ultrafine magnesium oxide particles[J]. Environ Health Perspect，1997，105（11）：1234-1237.

[38] ARUOJA V，DUBOURGUIER H C，KASEMETS K，et al. Toxicity of nanoparticles of CuO，ZnO and TiO_2 to microalgae Pseudokirchneriella subcapitata[J]. Sci Total Environ，2009，407（4）：1461-1468.

[39] PONS T，PIC E，LEQUEUX N，et al. Cadmium-free CuInS2/ZnS quantum dots for sentinel lymph node imaging with reduced toxicity[J]. ACS Nano，2010，4（5）：2531-2538.

[40] GEORGE S，POKHREL S，XIA T，et al. Use of a rapid cytotoxicity screening approach to engineer a safer zinc oxide nanoparticle through iron doping[J]. ACS Nano，2010，4（1）：15-29.

[41] SEMISCH A，OHLE J，WITT B，et al. Cytotoxicity and genotoxicity of nano-and microparticulate copper oxide：role of solubility and intracellular bioavailability[J]. Particle and Fibre Toxicology，2014，11：10.

[42] FRANKLIN N M，ROGERS N J，APTE S C，et al. Comparative toxicity of nanoparticulate ZnO，bulk ZnO，and $ZnCl_2$ to a freshwater microalga（Pseudokirchneriella subcapitata）：the importance of particle solubility[J]. Environ Sci Technol，2007，41（24）：8484-8490.

[43] XIA T，KOVOCHICH M，LIONG M，et al. Comparison of the mechanism of toxicity of zinc oxide and cerium oxide nanoparticles based on dissolution and oxidative stress properties[J]. ACS Nano，2008，2（10）：2121-2134.

[44] LIN D，XING B. Phytotoxicity of nanoparticles：inhibition of seed germination and root growth[J]. Environ Pollut，2007，150（2）：243-250.

[45] LIN D，XING B. Root uptake and phytotoxicity of ZnO nanoparticles[J]. Environ Sci Technol，2008，42（15）：5580-5585.

[46] KIRCHNER C，LIEDL T，KUDERA S，et al. Cytotoxicity of colloidal CdSe and CdSe/ZnS nanoparticles[J]. Nano Lett，2005，5（2）：331-338.

[47] STOCKWELL B R，FRIEDMANN ANGELI J P，BAYIR H，et al. Ferroptosis：a regulated cell death nexus linking metabolism，redox biology，and disease[J]. Cell，2017，171（2）：273-285.

[48] JIANG J，OBERDÖRSTER G，ELDER A，et al. Does nanoparticle activity depend upon size and crystal phase[J]. Nanotoxicology，2008，2（1）：33-42.

[49] HONGBO S，RUTH M，VINCENT C，et al. Titanium dioxide nanoparticles：a review of current toxicological data[J]. Particle and Fibre Toxicology，2013，10：15.

[50] BARNARD A S. Nanohazards：knowledge is our first defence[J]. Nat Mater，2006，5（4）：245-248.

[51] LUNDQVIST M，STIGLER J，ELIA G，et al. Nanoparticle size and surface properties determine the protein corona with possible implications for biological impacts[J]. Proc Natl Acad Sci，2008，105（38）：14265-14270.

[52] JENNY R R, JAMES M A, DALE W P, et al. Lung toxicity and biodistribution of Cd/Se-ZnS quantum dots with different surface functional groups after pulmonary exposure in rats[J]. Particle and Fibre Toxicology, 2013, 10: 5.

[53] SURESH A K, PELLETIER D A, DOKTYCZ M J, et al. Relating nanomaterial properties and microbial toxicity[J]. Nanoscale, 2013, 5 (2): 463-473.

[54] ROSENBRAND R, BARATA D, SUTTHAVAS P, et al. Lipid surface modifications increase mesoporous silica nanoparticle labeling properties in mesenchymal stem cells[J]. Int J Nanomedicine, 2018, 13: 7711-7725.

[55] GUPTA A K, GUPTA M. Cytotoxicity suppression and cellular uptake enhancement of surface modified magnetic nanoparticles[J]. Biomaterials, 2005, 26 (13): 1565-1573.

[56] SAYES C M, FORTNER J D, GUO W, et al. The differential cytotoxicity of water-soluble fullerenes[J]. Nano Letters, 2004, 4 (10): 1881-1887.

[57] BIHARI P, VIPPOLA M, SCHULTES S, et al. Optimized dispersion of nanoparticles for biological in vitro and in vivo studies[J]. Part Fibre Toxicol, 2008, 5: 14.

[58] LACERDA S H, PARK J J, MEUSE C, et al. Interaction of gold nanoparticles with common human blood proteins[J]. ACS Nano, 2010, 4 (1): 365-379.

[59] ZHANG J S, LIU F, HUANG L. Implications of pharmacokinetic behavior of lipoplex for its inflammatory toxicity[J]. Adv Drug Deliv Rev, 2005, 57 (5): 689-698.

[60] TARANTOLA M, SCHNEIDER D, SUNNICK E, et al. Cytotoxicity of metal and semiconductor nanoparticles indicated by cellular micromotility[J]. ACS Nano, 2009, 3 (1): 213-222.

[61] VEGA-VILLA K R, TAKEMOTO J K, YANEZ J A, et al. Clinical toxicities of nanocarrier systems[J]. Adv Drug Deliv Rev, 2008, 60 (8): 929-938.

[62] HOET P H, BRUSKE-HOHLFELD I, Salata OV. Nanoparticles-known and unknown health risks[J]. J Nanobiotechnology, 2004, 2 (1): 12.

[63] GEYS J, NEMMAR A, VERBEKEN E, et al. Acute toxicity and prothrombotic effects of quantum dots: Impact of surface charge[J]. Environ. Health Perspect, 2008, 116 (12): 1607-1613.

[64] LAM C W, JAMES J T, MCCLUSKEY R, et al. A review of carbon nanotube toxicity and assessment of potential occupational and environmental health risks[J]. Crit Rev Toxicol, 2006, 36 (3): 189-217.

[65] GUO L, MORRIS D G, LIU X, et al. Iron bioavailability and redox activity in diverse carbon nanotube samples[J]. Chemistry of Materials, 2007, 19 (14): 3472-3478.

[66] KOYAMA S, KIM Y A, HAYASHI T, et al. In vivo immunological toxicity in mice of carbon nanotubes with impurities[J]. Carbon, 2009, 47 (5): 1365-1372.

[67] CHIN C J M, SHIN L, TSAI H, et al. Adsorption of o-xylene and p-xylene from water by SWCNTs[J]. Carbon, 2007, 45 (6): 1254-1260.

[68] YANG K, ZHU L, XING B. Adsorption of polycyclic aromatic hydrocarbons by carbon nanomaterials[J]. Environ Sci Technol, 2006, 40 (6): 1855-1861.

[69] PAN B, XING B. Adsorption mechanisms of organic chemicals on carbon nanotubes[J]. Environ Sci Technol, 2008, 42 (24): 9005-9013.

[70] PENN A, MURPHY G, BARKER S, et al. Combustion-derived ultrafine particles transport organic toxicants to target respiratory cells[J]. Environ Health Perspect, 2005, 113 (8): 956-963.

[71] SPALLA O, GUIOT C. Stabilization of TiO_2 nanoparticles in complex medium through a pH adjustment protocol[J]. Environ Sci Technol, 2013, 47 (2): 1057-1064.

[72] SCHARFF P, RISCH K, CARTA-ABELMANN L, et al. Structure of C_{60} fullerene in water: spectroscopic data[J]. Carbon, 42 (5-6): 1203-1206.

[73] MARKOVIC Z, TODOROVIC B, KLEUT D, et al. The mechanism of cell-damaging reactive oxygen generation by colloidal fullerenes[J]. Biomaterials, 2007, 28 (36): 5437-5448.

[74] GHARBI N，PRESSAC M，HADCHOUEL M，et al. fullerene is a powerful antioxidant in vivo with no acute or subacute toxicity[J]. Nano Lett，2005，5（12）：2578-2585.

[75] LEVI N，HANTGAN R R，LIVELY M O，et al. C_{60}-fullerenes：detection of intracellular photoluminescence and lack of cytotoxic effects[J]. Nanobiotechnology，2006，4：14.

[76] OBERDÖRSTER E，ZHU S，BLICKLEY TM，et al. Ecotoxicology of carbon-based engineered nanoparticles：Effects of fullerene（C_{60}）on aquatic organisms[J]. Carbon，2006，44（6）：1112-1120.

[77] KUMAR R，ROY I，OHULCHANSKKY T Y，et al. In vivo biodistribution and clearance studies using multimodal organically modified silica nanoparticles[J]. ACS Nano，2010，4（2）：699-708.

[78] TAKENAKA S，KARG E，ROTH C，et al. Pulmonary and systemic distribution of inhaled ultrafine silver particles in rats[J]. Environ Health Perspect，2001，109 Suppl 4：547-551.

[79] MOHAMED B M，VERMA N K，PRINA-MELLO A，et al. Activation of stress-related signalling pathway in human cells upon SiO_2 nanoparticles exposure as an early indicator of cytotoxicity[J]. Journal of Nanobiotechnology，2011，9：29.

[80] MAHMOUD A M，DESOUKY E M，HOZAYEN W G，et al. Mesoporous silica nanoparticles trigger liver and kidney injury and fibrosis via altering TLR4/NF-κB，JAK2/STAT3 and Nrf2/HO-1 signaling in rats[J]. Biomolecules，2019，9（10）：528.

[81] SAYES C M，MARCHIONE A A，REED K L，et al. Comparative pulmonary toxicity assessments of C_{60} water suspensions in rats：few differences in fullerene toxicity in vivo in contrast to in vitro profiles[J]. Nano Letters，2007，7（8）：2399-2406.

[82] XIA T，LI N，NEL A E. Potential health impact of nanoparticles[J]. Annual Review of Public Health，2009，30：137-150.

[83] LEWINSKI N，COLVIN V，DREZEK R. Cytotoxicity of nanoparticles[J]. Small，2008，4（1）：26-49.

[84] SOHAEBUDDIN S K，THEVENOT P T，BAKER D，et al. Nanomaterial cytotoxicity is composition，size，and cell type dependent[J]. Part Fibre Toxicol，2010，7：22.

[85] LU X，JIANG C，ZHOU H J，et al. In vitro cytotoxicity and induction of apoptosis by silica nanoparticles in human HepG2 hepatoma cells[J]. International Journal of Nanomedicine，2011，6：1889-1901.

[86] ZHANG T，STILWELL J L，GERION D，et al. Cellular effect of high doses of silica-coated quantum dot profiled with high throughput gene expression analysis and high content cellomics measurements[J]. Nano Letters，2006，6（4）：800-808.

[87] HARDMAN R. A toxicologic review of quantum dots：toxicity depends on physicochemical and environmental factors[J]. Environ Health Perspect，2006，114（2）：165-172.

[88] CHANG J S，CHANG K L，HWANG D F，et al. In vitro cytotoxicitiy of silica nanoparticles at high concentrations strongly depends on the metabolic activity type of the cell line[J]. Environ Sci Technol，2007，41（6）：2064-2068.

[89] MANNA S K，SARKAR S，BARR J，et al. Single-walled carbon nanotube induces oxidative stress and activates nuclear transcription factor-kappa B in human keratinocytes[J]. Nano Lett，2005，5（9）：1676-1684.

第四章

纳米材料细胞毒性

纳米材料(nanomaterials)可通过多种途径释放到环境中，对人类、生态系统等造成潜在的影响。随着纳米材料生产和应用的增多，其暴露风险开始不断增加，有关纳米材料的毒性作用引起了人们的广泛关注。目前的研究发现，纳米材料的毒性作用与其种类、是否含有杂质、粒径大小、形状、是否具有水溶性以及有无包被等多种因素有关。

美国国家环境保护局(EPA)2004 年拨款 400 万美元委托 12 所大学开展纳米材料对环境和人体可能产生危害的研究。美国国立科学基金会(National Science Foundation，NSF)和 EPA 的研究组对纳米材料安全性评价提出了如下方向：①工业纳米材料的安全暴露评价；②人造纳米颗粒的毒理学；③利用已知的颗粒物和纤维的毒理学数据外推纳米材料的毒性；④人造纳米颗粒或纳米材料的环境和生物学迁移、持续和转化；⑤纳米材料在生态环境系统中的回收再利用。为了更加细致地研究纳米材料的毒性作用，研究者们成立了纳米材料安全性评估小组(Research Team for Nano-Associated Safety Assessment，RT-NASA)。RT-NASA 对纳米材料的研究细化为六个步骤，分别为需求评估、理化性质研究、毒性评价、毒物动力学、同行评审和风险交流。同时，有研究者建议联合毒理学家、化学家、材料学家和医疗卫生专家对纳米材料的毒性进行综合性研究，以便更全面地了解纳米材料的毒性作用，更加安全地发展纳米技术。

细胞学检测是目前用于毒性评价、生物材料检测和环境材料接触检测的主要方法。体外模型与体内观察之间常在相关性和预见性上欠佳，但细胞模型仍是一种评价材料质量和体内关系的有效方法。纳米材料进入机体后可于组织、细胞中产生很多复杂的生理或病理反应，纳米材料与蛋白质和细胞的相互作用、产生的影响和可能的毒性都是评价和了解纳米材料相容性 / 毒性的关键，细胞实验可以避免这些因素的影响。因此，纳米材料的体外毒性实验得到广泛开展和研究。

第一节 细胞毒性及其意义

狭义的细胞毒性(cytotoxicity)指以体外的培养细胞为研究对象，给予一定量的外源化学物质，借以观察细胞形态学改变及检测其对细胞增殖的影响。广义的细胞毒性是指外源化学物质对培养细胞产生的效应及相关的机制。欧洲标准化委员会(European Committee for Standardization，CEN)1992 年 30 号文件的定义，细胞毒性是指由产品、材料及其浸渍物所造成的细胞生长抑制、细胞溶解和细胞死亡。

体外细胞培养(cell culture)是细胞毒性的研究基础。细胞培养可为纳米材料毒性的研究提供有利的条件。①细胞培养可保持细胞的活力，并可长时期监控其形态、结构和生命活动等情况。这有利于观察纳米材料对细胞的影响。②体外细胞培养可以根据需要，控制 pH、温度、O_2 张力、CO_2 张力等物理和化学条件；还可以施加化学、生物等因素作为条件而进行实验。这为纳米材料毒性观察提供了良好的平台。实验证明：不同的理化条件对纳米的性质具有很大的影响。③体外细胞培养，因其研究的样本比较均一，使得其研究结果有良好的可比性。这为更好、更直接地研究纳米材料的毒性提供了方便条件。④便于观察、检测和记录所研究的内容。体外培养的细胞可充分满足实验的要求，采用各种技术和方法来观察、检测和记录实验的过程。⑤不同种属的多种组织和器官都可用于实验研究，且细胞学、免疫学、肿瘤学、生化学、遗传学、分子生物学等多种学科均可利用细胞培养进行研究。⑥所需费用相对较低。细胞培养可以大量提供同一时期、条件相同、性状相似的实验样本，因此有时可比体内实验经济得多。

细胞毒性是评价细胞与生物材料间作用的最重要的指标，利用体外培养的细胞观察纳米细胞的毒性是一个简单便利的手段。利用体外培养的细胞，可以更好、更直观地观测到纳米材料的细胞毒性。利用显微镜、电子显微镜，原子力显微镜等来定性观察纳米材料对细胞形态学的影响；利用台盼蓝染色、MTT法、CCK-8法及LDH等方法观察纳米材料对细胞增殖的影响，定量描述纳米材料的细胞毒性。本章主要对纳米材料细胞毒性的研究给予简要的说明。纳米材料对细胞活性氧（ROS）的产生、细胞凋亡、细胞周期、细胞摄取等细胞毒性及其相关机制请参阅本书相关章节内容。

第二节 纳米材料细胞毒性

一、纳米材料的细胞毒性定性研究

（一）显微镜观察

1. 光学显微镜（microscope） 是观察细胞形态常用的一种仪器。通过倒置相差显微镜或者通过连接到倒置显微镜上的配套成像系统观察活的细胞，可直接观察纳米材料是否会导致细胞受损。细胞受损后出现皱缩、变圆、空泡形成、脱落、溶解、折光度改变等现象，可通过细胞形态的改变来定性评价纳米材料的细胞毒性。

多壁碳纳米管（MWCNTs）是一种被广泛应用和研究的纳米材料。有研究采用MWCNTs作用于人胸膜间皮细胞（MeT-5A），利用倒置相差显微镜观察，结果发现对照组细胞生长状态良好，呈长梭形。MWCNTs处理组细胞较为稀疏，间隙变大、细胞变圆变小，失去原有的长梭形，部分细胞发生溶解破碎、坏死。

不同浓度的单壁碳纳米管（SWCNTs）处理人肝癌细胞（HepG2）24h之后，倒置相差显微镜下观察其形态学改变。结果发现对照组细胞贴壁生长良好，呈扁平梭形或者不规则的多边形，0.25mg/ml组的细胞形态与对照组相比培养基中有少量漂浮的死亡细胞，且细胞间距开始变大；0.5mg/ml组的细胞间隙进一步变大，形态发生轻微的改变，脱落细胞数有所增加；1.0mg/ml组的细胞形态不规则，数量减少，增殖能力下降，贴壁能力下降，脱落细胞数进一步增加。

2. 荧光显微镜（fluorescence microscopy） 是以紫外线为光源，使被照射物体发出荧光的一种显微镜，可观察物体的形状及其所在位置。荧光显微镜用于研究细胞内物质的吸收、运输、化学物质的分布及定位等。细胞中有些物质，如叶绿素等，受紫外线照射后可发荧光；有一些物质本身虽不能发荧光，利用荧光染料或荧光抗体染色后，经紫外线照射可发荧光，荧光显微镜就是对这类物质进行定性和定量研究的工具之一。此外，有些纳米材料本身可携带荧光物质，可以利用纳米材料的这种特点更好地观察纳米物质对细胞的影响。

Zhu等使用香豆素-6对纳米银标记后与人肝癌细胞（HepG2）共同孵育120min，使用荧光显微镜记录不同时间点的纳米银在细胞中的位置。结果显示：纳米银进入细胞后主要在溶酶体中聚集。在60min之后，纳米银从溶酶体中溢出，转运到细胞质内，并在120min之后分配到整个细胞内。结果表明，细胞溶酶体是纳米银作用的主要靶细胞器。

Hoechst33342是一种可以穿透细胞膜与DNA特异结合的活性染料，可以与DNA的A-T碱基区结合，被激发时发射蓝色荧光。通过Hoechst33342荧光染色法观察MWCNTs、MWCNTs—COOH和MWCNTs—OH处理后的细胞核情况以及细胞凋亡水平。结果显示：阳性对照组有非常明显的细胞核固缩，并且透亮，细胞发生凋亡，而空白组则为着色均匀的蓝色核染色，细胞核形态正常。三种MWCNTs实验组在浓度为100μg/ml以上时均出现细胞核固缩、变亮，发生凋亡。而MWCNTs组的细胞核改变以及凋亡情况较 MWCNTs—COOH 组和 MWCNTs—OH 组严重，说明 MWCNTs—COOH 和 MWCNTs—OH 不容易导致细胞凋亡。

3. 电子显微镜（electron microscope） 是利用电子显微镜分析细胞的超微结构，电子显微镜的分辨率约为 0.1nm，远远高于光学显微镜的分辨率（约 200nm），是研究机体微细结构的重要手段。常用的电子显微镜有透射电镜（transmission electron microscope，TEM）和扫描电子显微镜（scanning electron microscope，SEM）。与光镜相比电镜用电子束代替了可见光，用电磁透镜代替了光学透镜并使用荧光屏将肉眼不可见的电子束成像。

给予常规培养的 A549 细胞一定浓度的纳米银，共同培养 24h。结果表明纳米银聚集于细胞膜周围及溶酶体内，并且在靠近细胞膜的位置发现有黑色颗粒物的细胞囊泡，这提示纳米银可能通过胞吞途径进入细胞。同时，在细胞质中也发现了包裹黑色颗粒团聚物的细胞囊泡存在。

MWCNTs 作用于人支气管上皮细胞（BEAS-2B）72h 后，发现 MWCNTs 可进入 BEAS-2B 细胞内，并在细胞质中以细胞囊泡形式存在。在细胞核与线粒体中未发现 MWCNTs。

（二）原子力显微镜

原子力显微镜（atomic force microscope，AFM）是通过检测待测样品表面和一个微型力敏感元件之间的极微弱的原子间相互作用力来研究物质的表面结构及性质。扫描样品时，利用传感器检测这些变化，就可获得作用力分布信息，从而以纳米级分辨率获得表面结构信息。

AFM 不仅具有很高的分辨率（横向分辨率达到 1nm，纵向分辨率达到 0.01nm）是电子显微镜的 1 000 倍。AFM 对工作环境要求较低，可在真空中进行实验，也可以在大气环境下观察样品，同时对温度没有特殊要求，高温、低温皆可进行。AFM 的制样过程简单易行，只需对样品稍加固定便可观察。与扫描电子显微镜（SEM）相比，AFM 的缺点在于成像范围太小，速度慢，受探头的影响太大。

利用原子力显微镜可以清晰地显示直径为 25nm 的聚合物纳米粒子。

结果显示，AFM 可以更清晰地显示纳米氧化锌（50～70nm）及纳米二氧化钛（5～10nm）的形态，也可观察到纳米粒子聚集、分散、吸附、规模、结构和状态属性。

分别给予大肠埃希菌（*E. coli*）25μg/ml 的纳米氧化镉及氯化镉，AFM 镜下观察，可见大肠埃希菌细胞表面出现严重的拓扑损坏；这种损害在纳米氧化镉组更明显。

二、纳米材料的细胞毒性定量检测

纳米材料细胞毒性定量检测主要是针对纳米材料对细胞活性的影响。

（一）台盼蓝染色法

台盼蓝（trypan blue）是一种给死细胞染色的色素，是检测细胞膜完整性最常用的生物染色试剂。当细胞膜丧失完整性，细胞即可被认为已经死亡。健康的细胞能够排斥台盼蓝，而死细胞的细胞膜完整性丧失，通透性增加，台盼蓝可穿透变性的细胞膜，与解体的 DNA 结合，将死细胞染成蓝色。依据此原理，细胞经台盼蓝染色后，可通过显微镜下直接计数或显微镜下拍照后计数，实现对细胞存活率比较精确的定量分析。

由于纳米颗粒可以轻易地通过细胞膜进入细胞，利用台盼蓝对细胞进行染色，可以简单直观地判定纳米材料对细胞的影响。纳米二氧化硅是一种惰性的纳米材料，由于其制作简单、成本低廉，不易聚集，常被用于包被材料。利用人血中提取的淋巴细胞进行细胞毒性试验，给予终浓度为 0μg/ml、1μg/ml、10μg/ml、20μg/ml、50μg/ml、100μg/ml 浓度的纳米二氧化硅作用 48h，采用台盼蓝染色，对活细胞（未染色）进行计数，计算细胞存活率。细胞存活率 =（每毫升存活的细胞数 / 每毫升总细胞数）× 100%。结果可见随着剂量增加，细胞存活率下降，存在剂量依赖性。

（二）MTT 法

MTT［四氮唑蓝，化学名：3-（4,5- 二甲基噻唑 -2）-2,5- 二苯基四氮唑溴盐］法是一种常用来检测细胞存活和生长的方法，检测原理为活细胞线粒体中的琥珀酸脱氢酶能使外源性 MTT（可接受氢离子的黄色染料）还原为水不溶性的蓝紫色结晶甲臜（formazan）并沉积在细胞中，而死细胞无此功能。MTT 法被广泛用于一些生物活性因子的活性检测、大规模的抗肿瘤药物筛选、细胞毒性试验以及肿瘤放射敏感性测定等。它的特点是灵敏度高、经济。

Zeinabad 等用 MTT 法检测了不同浓度的 SWCNTs 和 MWCNTs 处理 PC12 细胞 48h 后的细胞毒性，结果发现 SWCNTs 对 PC12 细胞的毒性比 MWCNTs 大，剂量为 22.7μg/ml 的 SWCNTs 抑制了 50% 的 PC12 细胞群，而剂量为 65.5μg/ml 的 MWCNTs 抑制了 50% 的细胞群。

人透明细胞肾癌细胞（Caki-1）用不同浓度（1μg/ml、5μg/ml、10μg/ml、15μg/ml、20μg/ml、25μg/ml）的纳米氧化锌处理 24h 后，结果发现细胞活力随着纳米氧化锌浓度的增加而下降。可见纳米氧化锌对 Caki-1 具有杀伤作用。

给予体外培养的人克隆结肠腺癌细胞（Caco-2）不同浓度、不同聚合物包被的纳米硅，利用 MTT 法观察纳米硅的细胞毒性，结果显示：所有聚合物包被的纳米硅均可影响细胞的存活率，且存在剂量依赖关系。

羧基化碳纳米管（CNTs—COOH）是一种常用的水溶性 CNTs，Aminzadeh 等采用 MTT 法检测羧基化的单壁和多壁碳纳米管（SWCNTs—COOH 和 MWCNTs—COOH）对人类精子的细胞毒性，结果发现随着羧化碳纳米管浓度的增加以及暴露时间延长，精子活力出现了下降，并且细胞的运动能力也出现了下降，这提示 SWCNTs—COOH 和 MWCNTs—COOH 可能对人类的精子有损害，影响生殖功能。

（三）CCK-8 法

CCK-8 是一种类似于 MTT 的化合物，也可用来检测纳米材料对细胞活性、细胞增殖、细胞毒性的影响。且 CCK-8 溶液自身因为高浓度 1-Methoxy PMS 的存在而具有一点毒性。但是，加到培养基中的 CCK-8 由于被稀释了 10 倍几乎不产生毒性作用。同一个细胞培养基在 CCK-8 检测后去除溶液，换上新鲜培养基继续培养可以进行其他细胞实验。

用 CCK-8 检测人肝细胞（HL-7702）和大鼠肝细胞（BRL-3A）在 31.25μg/ml、62.5μg/ml、125μg/ml、250μg/ml、500μg/ml 的纳米二氧化硅（20nm）中孵育 72h 后的细胞存活率的改变。结果显示：与对照组相比，HL-7702 和 BRL-3A 细胞在纳米二氧化硅的作用下细胞存活率呈剂量依赖性下降；HL-7702 细胞在 62.5μg/ml、125μg/ml、250μg/ml 和 500μg/ml 浓度下有显著性差异，BRL-3A 细胞在 250μg/ml 和 500μg/ml 浓度下有显著性差异。HL-7702 细胞的 LD_{50} 值为 254.8μg/ml，在相同条件下，BRL-3A 细胞的 LD_{50} 值无法计算。

Yan 等采用不同浓度的石墨烯 / 单壁碳纳米管（G/SWCNTs），石墨烯（G）和 SWCNTs 处理大鼠间充质干细胞（rMSCs）24h 后，采用 CCK-8 检测细胞存活率。结果显示与对照组相比，rMSCs 细胞在三种纳米材料的作用下细胞存活率呈剂量依赖性下降，且 SWCNTs 的细胞毒性大于 G 和 G/SWCNTs，以 G/SWCNTs 的细胞毒性最小。

（四）LDH 法

乳酸脱氢酶（lactate dehydrogenase，LDH）是一种稳定的蛋白质，存在于活细胞的胞质中，一旦细胞膜受损，LDH 可通过受损的胞膜快速释放到细胞外，通过检测细胞培养上清液中 LDH 的水平，可定量检测细胞毒性。通过检测 LDH 的含量可以快速检测出纳米材料对细胞的影响。

分别给予 A549 细胞不同浓度（20μg/ml、50μg/ml、200μg/ml）的三种 MWCNTs（MWCNTs、MWCNTs—OH 和 MWCNTs—COOH）处理 24h。结果显示与对照组相比，三种 MWCNTs 处理的 A549 细胞上清液中 LDH 的释放水平在 20μg/ml 和 50μg/ml 时差异不显著。而在 200μg/ml 时，MWCNTs—COOH 表现出明显的细胞膜损伤，而 MWCNTs 和 MWCNTs—OH 未表现出明显的细胞膜损伤。

对数生长期的 A549 细胞使用终浓度为 5mg/L、10mg/L、25mg/L、50mg/L、100mg/L 的纳米二氧化硅处理 24h 后，检测细胞上清液中 LDH 的水平。结果显示与对照组相比，各组细胞上清液中 LDH 的水平均升高，差异有统计学意义。并且随着纳米二氧化硅浓度的增高，LDH 水平增高明显，在 25mg/L 时达到峰值，在 50mg/L 出现一定程度的下降，而在 100mg/L 组又出现增高。

细胞培养基中的 LDH 水平升高，提示存在细胞膜损伤，且上升越明显其细胞膜损伤越严重。从云南某地区污染空中提取 SiO_2 纳米颗粒，分别给予体外培养的正常人支气管上皮细胞（BEAS-2B）100μg/ml

的结晶型二氧化硅、50nm 二氧化硅及提取的纳米二氧化硅作用 24h、48h 和 72h 后，检测 LDH 含量，结果可见各组 BEAS-2B 细胞上清液中的 LDH 水平逐渐升高，差异有统计学意义。

（五）其他

纳米颗粒的毒性受多种因素的影响，如粒径、形状、表面特征（电荷或化学物修饰等）、化学组成等。一般认为，颗粒物粒径越小，毒性效应越大。Guo 等采用 Ames 试验、小鼠淋巴瘤试验（MLA）和体外微核试验，研究了 6 种不同粒径和 2 种不同涂层的纳米银的细胞毒性和遗传毒性的影响，结果发现纳米银粒径越小，细胞毒性和遗传毒性越大，而涂层对纳米银的细胞毒性和遗传毒性小于粒径诱导的毒性。

还有研究发现纳米颗粒的表面特征是其毒性大小的重要影响因素。马景景采用 21 种碳纳米管（7 种 CNTs、7 种 CNTs—OH 和 7 种 CNTs—COOH）作用于人外周血单核细胞，探究不同类型、不同粒径和不同长度的碳纳米管的细胞毒性。结果表明，所有类型的碳纳米管均有细胞毒性，而经过修饰的碳纳米管的细胞毒性却有所降低；剂量水平上表现出低剂量水平（小于 100μg/ml）时，对碳纳米管进行修饰可以显著降低其细胞毒性；当剂量达到 200μg/ml 时，所有类型的碳纳米管对人外周血单核细胞的毒性急剧增大。可以推测，低剂量水平上纳米材料的表面是否修饰可能是其毒性大小的重要因素。

另外，由于在碳纳米管的生产过程中需要使用过渡金属作为催化剂，其中铁、钴、镍的使用最多，而这些金属元素能够通过 Fenton 反应引发 ROS 自由基的产生。

Lee 等研究了纳米银对小鼠胚胎成纤维细胞（NIH3T3）的影响，发现银纳米颗粒能被细胞摄取，存在于内吞小体内，引起细胞内产生 ROS，引起细胞凋亡和自噬发生。Kim 等研究了纳米氧化锌对肝癌细胞的毒性，发现纳米氧化锌能在肝癌细胞内诱导活性氧产生，引起细胞发生凋亡。Coulter 等研究纳米金粒子对细胞的影响，发现纳米金粒子更易进入肿瘤细胞，引起细胞内氧自由基升高。

ZnO 纳米颗粒可诱导人脐静脉内皮细胞（HUVECs）产生大量的 ROS 以及炎症因子的释放，诱发氧化应激的和炎性反应。

利用大鼠肺巨噬细胞（NR8383）研究 MWCNTs 和 SWCNTs 的细胞毒效应，共培养 24h 之后，发现仅 SWCNTs 诱导了大鼠肺巨噬细胞发生线粒体损伤、炎症反应以及细胞凋亡。而 MWCNTs 仅引起了炎症反应。

第三节 纳米材料细胞毒性研究的特点及局限性

纳米材料的细胞毒性研究主要是应用体外细胞培养的方法和技术对纳米材料潜在的毒性进行评价。细胞学是细胞毒性评价的基础，细胞学涉及细胞结构与功能、细胞形态、细胞化学、细胞遗传学、细胞免疫学以及血细胞和肿瘤细胞等各学科内容。细胞毒理学的发展有赖于细胞相关学科的发展。同时，细胞毒理学的发展也促进了细胞相关学科的发展。

体外细胞培养技术日益成熟，人工合成培养基的应用、无血清细胞培养技术、显微细胞注射技术、细胞融合技术、体外细胞转化实验模型等，促进了细胞生物学的发展。现代生物学实验室离不开体外细胞培养的基本技术，而现代生物学、免疫学和遗传学的发展和应用，又极大地丰富了细胞毒理学的研究内容。

体外细胞毒性试验能在短期内检测出材料对细胞新陈代谢功能的影响，对毒性物质具有快速筛选作用。目前应用细胞培养技术对细胞进行细胞毒性试验已被公认为是鉴别、筛选具有良好生物相容性材料的一种方法。细胞培养可以短期内快速进行实验，且不会引起动物保护组织反对，同时细胞毒性试验也是医用材料生物安全性评价中第一阶段的筛选实验。

体外细胞毒性试验可对纳米材料进行直接快速的毒性检测，推动着纳米毒理学研究飞速发展。

1. 纳米材料细胞毒性研究特点

（1）操作简便，实验花费少，不需复杂的大型仪器设备及大量人力。

（2）通过细胞毒理学方法，可以简化细胞环境、纯化细胞系，可以在细胞存活的状态下，观察靶细胞对有害因子在结构与功能上的细微变化，分析评价其作用机制和剂量 - 效应关系。

(3) 实验条件易于控制，实验重复性好，结果稳定且易于观察。

(4) 可同时提供大量细胞类型单一、细胞周期同步均一、生物学性状基本相同的细胞系或细胞株作为研究对象，避免了实验动物个体差异。

2. 纳米材料细胞毒性的局限性

(1) 细胞培养是在离体的环境下、人工合成的培养基中生长，其生物学性状或多或少地出现一些变化，所获得的结果可能与人体或动物体的整体实验结果存在一定差异。因此，把结果外推到体内实验可能有一些问题。

(2) 细胞毒性可在短期内较经济、简便地检测出纳米材料的毒性，为体内实验的进行提供良好的理论依据，但细胞毒性的研究不能很好地代替体内实验。

(3) 由于纳米材料有自己独特的性质，导致其和宏观物质的性质差别较大，安全性和有效性的评价很难。此外，体外实验的研究也产生了一定的局限性，不能简单地由体外实验推到体内实验。例如，纳米材料自身的毛细管作用力、旋光效应、颜色、磁性、表面能、反应性等性质导致其的粒径依赖性。

纳米技术的多学科交叉性，使得包括细胞和组织毒性的阐述、评估和相关性都面临着挑战。每一种对纳米材料细胞毒性的检测方法都存在一定的弊端，因此不能单纯用一种方法很好地诠释纳米材料的细胞毒性。未来对纳米材料细胞毒性的评价应该从纳米材料及细胞模型构建两个角度进行深入的探讨，从纳米材料本身的性质和外在修饰进行研究。因为相同的纳米材料可能会出现不同的毒性，因此纳米材料在不同的外部条件下可能会发生不同的毒性改变。另一个角度就是构建预测纳米材料潜在影响的理论模型，并通过此模型系统评价成分复杂、多功能纳米材料的安全，预测纳米材料的潜在影响。此模型不但能正确揭示纳米材料的行为特性，还要充分与标准纳米材料物理、化学特性的粒径、表面区域、表面化学性质、可溶性和可能形状等因素密切相关。

参考文献

[1] KUHLBUSCH T A J, WIJNHOVEN S W P, HAASE A. Nanomaterial exposures for worker, consumer and the general public[J]. NanoImpact, 2018, 10: 11-25.

[2] SALIERI B, TURNER D A, NOWACK B, et al. Life cycle assessment of manufactured nanomaterials: Where are we[J]. NanoImpact, 2018, 10: 108-120.

[3] 汪保林，邱慧. 纳米材料体外细胞毒性研究现状与展望 [J]. 世界中医药，2017，12(02)：446-451.

[4] SHARIFI S, BEHZADI S, LAURENT S, et al. Toxicity of nanomaterials[J]. Chemical Society Reviews, 2012, 41(6): 2323-2343.

[5] KIM Y R, PARK S H, LEE J K, et al. Organization of research team for nano-associated safety assessment in effort to study nanotoxicology of zinc oxide and silica nanoparticles[J]. Int J Nanomedicine, 2014, 9 Suppl 2: 3-10.

[6] LI J, WEI W, MIN Y, et al. Different cellular response of human mesothelial cell MeT-5A to short-term and long-term multiwalled carbon nanotubes exposure[J]. Biomed Res Int, 2017, 2017(2b): 1-10.

[7] 刘岩磊，孙岚，张英鸽. 单壁碳纳米管对人肝癌 HepG2 细胞的体外毒性 [J]. 国际药学研究杂志，2013，40:(2)：193-197.

[8] Zhu B, Li Y H, Lin Z F, et al. Silver nanoparticles induce HePG-2 cells apoptosis through ROS-mediated signaling pathways[J]. Nanoscale Research Letters, 2016, 11(1): 198.

[9] CHEN P, TIAN K, TU W, et al. Sirtuin 6 inhibits MWCNTs-induced epithelial-mesenchymal transition in human bronchial epithelial cells via inactivating TGF-beta1/Smad2 signaling pathway[J]. Toxicol Appl Pharmacol, 2019, 374: 1-10.

[10] NEL A E, MADLER L, VELEGOL D, et al. Understanding biophysicochemical interactions at the nano-bio interface[J]. Nature Materials, 2009, 8(7): 543-557.

[11] AZIMIPOUR S, GHAEDI S, MEHRABI Z, et al. Heme degradation and iron release of hemoglobin and oxidative stress of lymphocyte cells in the presence of silica nanoparticles[J]. Int J Biol Macromol, 2018, 118(Pt A): 800-807.

[12] ZEINABAD H A, ZARRABIAN A, SABOURY A A, et al. Interaction of single and multi wall carbon nanotubes with the biological systems: tau protein and PC12 cells as targets[J]. Sci Rep, 2016, 6: 26508.

[13] 张鹏飞，张力，王辉，等. 氧化锌纳米颗粒诱导促死亡自噬杀伤肾癌细胞的实验研究 [J]. 安徽医科大学学报，2020，55（03）：321-326.

[14] LIN I C，LIANG M T，LIU T Y，et al. Effect of polymer grafting density on silica nanoparticle toxicity[J]. Bioorganic & Medicinal Chemistry，2012，20（23）：6862-6869.

[15] ZUO D，DUAN Z，JIA Y，et al. Amphipathic silica nanoparticles induce cytotoxicity through oxidative stress mediated and p53 dependent apoptosis pathway in human liver cell line HL-7702 and rat liver cell line BRL-3A[J]. Colloids Surf B Biointerfaces，2016，145：232-240.

[16] YAN X X，YANG W，SHAO Z W，et al. Graphene/single-walled carbon nanotube hybrids promoting osteogenic differentiation of mesenchymal stem cells by activating p38 signaling pathway[J]. International Journal of Nanomedicine，2016，11：5473-5484.

[17] 孙悦，刘嘉祺，王路，等. 纳米二氧化硅对 A549 细胞的毒性作用 [J]. 环境与职业医学，2017，034（6）：536-541.

[18] 李光剑，黄云超，刘拥军，等. C1 烟煤中自然产出的纳米二氧化硅对 BEAS-2B 细胞的体外毒性 [J]. 中国肺癌杂志，2012，15（10）：561-568.

[19] ELSAESSER A，HOWARD C V. Toxicology of nanoparticles[J]. Advanced drug delivery reviews，2011，64（2）：129-137.

[20] LU X Y，JIN T T，JIN Y C，et al. Toxicogenomic analysis of the particle dose- and size-response relationship of silica particles-induced toxicity in mice[J]. Nanotechnology，2013，24（1）：015106.

[21] SHI J P，XU B，SUN X，et al. Light induced toxicity reduction of silver nanoparticles to Tetrahymena Pyriformis：Effect of particle size[J]. Aquatic Toxicology，2013，132-133：53-60.

[22] GUO X Q，LI Y，YAN J，et al. Size- and coating-dependent cytotoxicity and genotoxicity of silver nanoparticles evaluated using in vitro standard assays[J]. Nanotoxicology，2016，10（9）：1373-1384.

[23] MAO B H，TSAI J C，CHEN C W，et al. Mechanisms of silver nanoparticle-induced toxicity and important role of autophagy[J]. Nanotoxicology，2016，10（8）：1021-1040.

[24] ANDERSON C R，GNOPO Y D M，GAMBINOSSI F，et al. Modulation of cell responses to Ag-（MeO2 MA-co-OEGMA）：Effects of nanoparticle surface hydrophobicity and serum proteins on cellular uptake and toxicity[J]. J Biomed Mater Res A，2018，106（4）：1061-1071.

[25] 杨辉，杨丹凤，张华山，等. 4 种典型纳米材料对小鼠胚胎成纤维细胞毒性的初步研究 [J]. 生态毒理学报，2007，2（4）：427-434.

[26] LEE Y H，CHENG F Y，CHIU H W，et al. Cytotoxicity，oxidative stress，apoptosis and the autophagic effects of silver nanoparticles in mouse embryonic fibroblasts[J]. Biomaterials，2014，35（16）：4706-4715.

[27] KIM A R A，AHMED F R，JUNG G Y，et al. Hepatocyte cytotoxicity evaluation with zinc oxide nanoparticles[J]. Journal of Biomedical Nanotechnology，2013，9（5）：926-929.

[28] COULTER J A，JAIN S，BUTTERWORTH K T，et al. Cell type-dependent uptake，localization，and cytotoxicity of 1.9 nm gold nanoparticles[J]. International Journal of Nanomedicine，2012，7：2673-2685.

[29] GONG Y，JI YJ，LIU F，et al. Cytotoxicity，oxidative stress and inflammation induced by ZnO nanoparticles in endothelial cells：interaction with palmitate or lipopolysaccharide[J]. Journal of Applied Toxicology，2017，37（8）：895-901.

[30] NAHLE S，SAFAR R，GRANDEMANGE S T P，et al. Single wall and multiwall carbon nanotubes induce different toxicological responses in rat alveolar macrophages[J]. J Appl Toxicol，2019，39（5）：764-772.

[31] JONES C F，GRAINGER D W. In vitro assessments of nanomaterial toxicity[J]. Adv Drug Deliv Rev，2009，61（6）：438-456.

[32] 李淼，金义光. 纳米材料毒性的体外评价 [J]. 国际药学研究杂志，2010，37（01）：67-69，72，76.

第五章

纳米材料的一般毒性

毒理学（toxicology）的一般毒性作用分为急性毒性、亚慢性毒性和慢性毒性。探讨纳米材料的一般毒性作用，可以为防治纳米材料急、慢性中毒，安全性评价和危险度评价提供依据，制定纳米材料的卫生标准，为纳米材料的安全使用和管理提供理论依据。

第一节 纳米材料急性毒性

一、急性毒性及观察指标

急性毒性（acute toxicity）是指机体因一次或24h内多次（<3次）接触（染毒）外源化学物质之后，在短期内所发生的毒性效应，包括引起的死亡效应。急性毒性的研究可以更好、更直接地获得纳米材料的毒性剂量及剂量-效应关系。

急性毒性常用的参数：半数致死剂量（LD_{50}）、绝对致死剂量（LD_{100}）、最小致死剂量（LD_{01}）、最大耐受剂量或浓度（LD_0）。LD_{50}是判定急性毒性的一个重要指标，除采用传统的Bliss法、改进寇氏法、简化概率单位法等方法，还可利用固定剂量法（fixed dose procedure）、急性毒性分级法（acute toxic class method）等替代试验进行观察。

二、纳米材料的急性毒性

纳米材料毒性取决于颗粒表面的包膜、表面积、聚集性以及动物的种属差异等。

（一）金属纳米材料的急性毒性

Fe_3O_4纳米颗粒具有良好的顺磁性和高的比表面积，是制备磁流体首选的磁性颗粒，并已在化工、机械、电子、印刷等行业得到广泛应用。因磁性纳米颗粒具有良好的生物相容性，所以Fe_3O_4纳米颗粒在医学领域也得到应用。研究表明，尾静脉注射染毒未包被的Fe_3O_4纳米颗粒，其LD_{50}为163.60mg/kg，LD_{50}的95%可信区间（confidence interval，CI）为147.58～181.37mg/kg。通过经口给予小鼠包埋的Fe_3O_4纳米颗粒进行最大耐受量试验，结果表明各实验组小鼠在经口染毒后出现了行动迟缓、厌食现象，体重增加缓慢；解剖发现肝细胞有不同程度的水肿。纳米铁粉的毒性可能通过细胞或细胞间隙进入血液，引起器官的损伤。纳米级Fe_3O_4磁流体（magnetic ferrofluid）是在液体载体中含有Fe_3O_4纳米超微颗粒的稳定的胶态悬浮液，在生命科学领域里有广阔的应用前景。通过口服法、静脉注射法及腹腔注射法给予昆明种小鼠医用纳米级Fe_3O_4磁流体，观察其急性毒性，结果显示小鼠口服LD_{50}>2 104.8mg/kg，静脉注射LD_{50}>438.50mg/kg，腹腔注射LD_{50}>1 578.6mg/kg。小鼠经口染毒Fe_3O_4纳米颗粒及谷氨酸包被的Fe_3O_4纳米颗粒（nano-Fe_3O_4-Glu），最大耐受量均大于600mg/kg。小鼠出现行动迟缓、厌食现象，14d内体重增加缓慢，无死亡。解剖可见肝脏损害最为明显，出现肝细胞水肿、嗜酸性变及肉芽肿、轻度点状坏死；有肺脓肿改变。大鼠尾静脉染毒Fe_2O_3-Glu纳米颗粒，其LD_{50}为250.54mg/kg。实验组大鼠出现烦躁、呼吸急促、步态不稳、厌食等异常表现。2min内部分大鼠死亡，解剖可见其肺部呈不均匀暗红色，肝脏较正常颜色偏深；病理学检测发现肝脏、肺脏出现水肿、淤血、坏死等病变。BALB/c 裸鼠腹腔注射甲氨蝶呤包裹的 Fe_3O_4 磁性纳米颗粒（Fe_3O_4@MTX MNPs），小鼠的 LD_{50} 为 8 579mg/kg，其 95% CI 为 6 300～12 333mg/kg，Fe_3O_4@MTX MNPs 可抑制细胞增殖，增加凋亡相关蛋白水平，降低脑组织中肿瘤细胞数量。

TiO_2 纳米颗粒具有生物惰性，然而利用 TiO_2 纳米颗粒研究的结果却不尽相同。利用昆明种小鼠通过灌胃方式观察 TiO_2 纳米颗粒的急性毒性试验，结果显示：血清生化指标中谷丙转氨酶（ALT）、谷丙转氨酶 / 谷草转氨酶（ALT/AST）、尿素氮（BUN）显著上升，表明 TiO_2 纳米颗粒进入小鼠体内后能够对肝脏和肾脏造成一定损伤。TiO_2 纳米颗粒的 LD_{50} 为 80～90mg/L，ZnO 纳米颗粒的 LD_{50} 为 100～110mg/L，随着纳米颗粒物浓度的增加，白细胞、中性粒细胞和单核细胞增加，淋巴细胞水平降低，纳米氧化锌与纳米氧化钛相比具有更大毒性，而且即使在低浓度下，纳米颗粒的存在也会对鱼类的结缔组织造成损害。Menzel 等用猪皮做纳米粒子渗透性试验，通过粒子诱发 X 射线荧光分析（PIXE）观察 TiO_2 纳米颗粒在皮肤结构中的分布情况，结果表明：粒径长为 45～150nm、宽为 17～35nm 的 TiO_2 纳米颗粒作用 8h 可以通过角质层进入到表皮下的颗粒层，尤其是表皮生发层。

铜纳米颗粒的 LD_{50} 为 413mg/kg，其毒性等级为三级。相同剂量的铜纳米颗粒对雄性小鼠的毒性比对雌性小鼠的毒性大；中毒的小鼠出现颤抖，这可能同铜纳米颗粒与胃酸中的 H^+ 反应导致电解质失衡有关。

纳米硒化镉（CdSe）是目前使用较为广泛的半导体材料，利用昆明种小鼠观察纳米 CdSe 急性毒性时发现：由于纳米材料的特性，一些原本无毒或者有毒的材料在粒径达到纳米级时毒性明显增强。粒径相同的 CdSe Ⅰ和 CdSeⅡ，由于生物相容性（biocompatibility）不同，不可溶性 CdSe Ⅰ比可溶性 CdSeⅡ毒性大。纳米硒化镉的急性毒性研究表明：纳米 CdSe Ⅰ为 215mg/kg，纳米 CdSeⅡ为 464mg/kg；不可溶性纳米 CdSe 急性毒性大于可溶性材料。单独的纳米硒化镉、硒化镉、巯基乙酸，三者的急性毒性均大于可溶性纳米硒化镉，但二者结合后毒性降低。其相关机制为：纳米 CdSe 和常规尺寸 CdSe 的毒性主要表现为镉离子（Cd^{2+}）的毒性，巯基乙酸毒性主要表现为巯基毒性，但二者结合后，Cd^{2+} 可以与巯基结合，降低其毒性。妊娠期 BALB/c 小鼠和食蟹猴静脉注射磷脂胶束包裹的 CdSe/CdS/ZnS 半导体纳米晶体，在 BALB/c 小鼠和食蟹猴中均发现了从母体到胎儿的纳米晶体。在 BALB/c 小鼠中，未观察到妊娠或胎儿异常和并发症，而食蟹猴的流产率显著高于 60%，在纳米颗粒给药 1 周内出现急性肝细胞损伤，流产胎儿主要器官未见异常。

通过经口染毒方式观察纳米锌粉的急性毒性作用，按照 5g/kg 体重分别给予小鼠纳米级锌和微米级锌。观察给予锌粉后动物的状态，染毒 2 周后处死动物。通过测定血液成分，观察纳米粒子对血液生化水平和凝血因子的影响。结果表明：相对微米锌组，纳米锌处理的小鼠出现更严重的嗜睡、呕吐和腹泻等症状。实验 1 周纳米锌组有 2 只小鼠死亡，解剖显示：纳米锌聚集导致肠梗阻，进而导致小鼠死亡。

张姗姗等以 ICR 小鼠为研究对象，通过检测小鼠行为学特征、脏器指数及血生化指标来研究纳米银（AgNPs）（20nm）的急性毒性作用。结果显示小鼠尾静脉注射 AgNPs 后出现的各种指标的变化中，血清总蛋白（TP）和白蛋白（ALB）的改变提示小鼠肝脏合成蛋白的能力受损，染毒 7d 后尿素氮（BUN）和肌酐（Cre）水平随剂量的增大而增加，14d 后 3mg/ml 组 BUN 水平明显升高（$P<0.05$），表明 AgNPs 可能会对小鼠肾脏造成损伤。ICR 小鼠静脉注射不同粒径大小的柠檬酸盐或聚乙烯吡咯烷酮包被的 AgNPs（10nm、40nm、100nm）24h 后，银浓度最高的是脾和肝，其次是肺、肾和脑，且粒径越小越增强银在组织的分布和明显的肝脏毒性。

（二）非金属纳米材料的急性毒性

碳纳米管（carbon nanotubes）具有强度高、吸收能力强、电磁学性能好等优点，有着广泛的应用和商业价值。碳纳米管质量较轻，可在空气中飘浮，尤其可以在肺部沉积，由此引起人们对其安全性研究的关注。研究证明：碳纳米管易进入肺部并严重损害细胞，导致肺巨噬细胞的吞噬能力急速下降，引起肉芽肿形成，但未见明显的肺部炎症细胞增生。Warheit 等利用气管注入法研究碳纳米管粉对大鼠的毒性，染毒 24h 后发现，5mg/kg 碳纳米管造成 15% 的大鼠死亡。注入 1mg/kg 的碳纳米管可在肺部引起多处肉芽肿，这些肉芽肿由类似巨噬细胞的多核巨细胞组成，围绕在碳纳米管团聚体周围将其阻隔；但也有研究显示，

C57BL/6 小鼠经口暴露多壁碳纳米管（MWCNTs）或结晶型二氧化硅（$cSiO_2$）24h 后，可引起肺部急性炎症反应，且雌性小鼠肺泡炎症反应较雄性小鼠更敏感。此外，碳纳米管的气管滴注液还可阻塞气道。

利用 ^{125}I 对酪氨酸 -MWCNTs 进行标记，以尾静脉、腹腔注射和灌胃三种途径注入小鼠体内，急性毒性试验结果显示雌性与雄性小鼠的 LD_{50} 均为 550mg/kg。通过大鼠腹腔注射研究水溶性的 C_{60} 的急性毒性，其半数致死浓度（LC_{50}）是 60mg/ml。

Oberdörster 等利用吸入法观察 ^{13}C 颗粒（30nm）对大鼠的影响，24h 可见肝脏中有大量 ^{13}C，表明 ^{13}C 纳米颗粒较易进入循环系统。同时发现：直径 0.71nm C_{60} 具有选择性切割 DNA、抗病毒、光动力学治疗、清除自由基、抗氧化和抑制生物酶活性等性质，可用于构建药物靶向输运系统的载体。

Yamago 等研究不同给药方式对 C_{60} 分布、代谢、排除的影响。口服给予小鼠 ^{14}C 标记的富勒烯羧酸衍生物，发现该衍生物大部分随粪便排出；采用静脉注射方式给药，1h 后大部分被迅速分布到各组织，48h 后 90% 聚集在肝中，排出较少，注射 1 周后仅有 2.4% 随粪便排出体外，滞留在组织器官里的不足 2%，其余分布在肌肉和鼠毛里。表明其可在体内长期滞留，可通过血 - 脑屏障，但无急性毒性。

利用放射核素 ^{99m}Tc、^{125}I 和 ^{67}Ga 标记了富勒烯（fullerene）多羟基衍生物——富勒醇［$C_{60}(OH)_x$，$x=22$～24］和富勒醇环氧化物［$C_{60}(OH)_xO_y$，$x+y=22$～24］，通过静脉注射给药方式，研究 pH、浓度、温度和时间等对标记率的影响以及标记物的稳定性。1h 后，标记物被迅速输送到除脑外的各器官组织中，易富集在肝、脾、骨等网状内皮系统，富勒醇在小鼠皮毛有明显的摄取。富勒烯多羟基衍生物易发生团聚，主要通过肾脏排出。

Nemmar 等利用健康人作为志愿者，研究 $^{99m}Tc\ O^{4-}$ 标记的碳颗粒的吸入后反应，发现放射性物质可很快透过肺泡 - 毛细血管屏障进入血液，1min 就能在血液中检测到放射性，10～20min 血液的放射性强度达到最高值，并在最高水平保持 1h 左右。利用静脉注射给予小鼠标记后的碳纳米管，检测 2min、10min、1h 后碳纳米管在体内分布，结果证明碳纳米管可像小分子一样在体内各组织和器官间自由穿梭，迅速迁移；可分布除脑以外大部分器官，网状内皮系统如肝和脾的摄取量最大，并通过肾脏排泄，体内清除速率慢。

Singh 等将 ^{111}In 通过二乙烯三胺五乙酸（DTPA）连接到碳纳米管上，利用体内单光子发射型计算机断层成像仪（single photon emission computed tomography，SPECT）观察表明，碳纳米管进入血液循环 5min 后通过肾小球滤过系统进入膀胱。标记物在网状内皮系统的肝、脾等没有明显的摄取和滞留。肌肉、毛和肺却有异常的摄取，所有脏器和组织的放射性活度很快降低，主要通过肾脏排出，血液清除很快，半衰期约 3h，尿液中可以检出完整的单壁碳纳米管（SWCNTs）原型。

Cagle 研究用 ^{166}Ho 标记 C_{82} 多羟基富勒醇在大鼠体内的分布。结果表明：标记的富勒醇在全身分布，肝脏中高度浓集，其次为骨；清除速率慢。染毒 4h 后，除肾、脾、骨、肝组织外，其余组织和器官摄取都显著下降，脑中无摄取。标记物主要通过肾排泄，5d 内排出速率达 20%。

Oberdörster 等报道，暴露于含 20nm 聚四氟乙烯微粒的空气中的大鼠在 4h 内死亡，而另一组暴露于含 120nm 聚四氟乙烯微粒的空气中的大鼠却安然无恙。可见，纳米的毒性和粒径大小有关。

硒的毒性依赖它的化学形式，纳米红色元素硒是以蛋白质为分散剂的元素硒的纳米粒子，粒径在 60nm 以内。小鼠经口灌胃给药，纳米红色元素硒的 LD_{50} 为 112.98mg/kg（89.95～141.90mg/kg），亚硒酸钠的 LD_{50} 为 15.72mg/kg（13.38～18.47mg/kg），表明纳米红色元素硒的毒性较低。硒纳米壳聚糖微球（SeNPs-M）的 LD_{50} 为亚硒酸盐的 18 倍，且 SeNPs-M 具有很强的抗氧化活性，表现为酶的保留率和谷胱甘肽过氧化物酶、超氧化物歧化酶和过氧化氢酶的水平显著提高。

1,3,5- 三氨基 -2,4,6- 三硝基苯（1,3,5-triamino-2,4,6-trinitrobenzene，TATB）是一种人工合成的能量高、钝感度好、耐热性强的含能材料，纳米 TATB 的性能比普通 TATB 更优越，因此在军工和民用方面应用广泛。对大、小鼠进行纳米 TATB 急性毒性试验，2 周内未见动物死亡，大、小鼠的经口急性毒性 LD_{50} 均大于 10g/kg，估计纳米 TATB 经口染毒的最大无作用剂量大于 610g/kg，属实际无毒级。

半佛纳米微丸是在半夏厚朴汤方加减后，以纳米技术为依托所研制的一种中药新剂型。利用小鼠进行半佛纳米微丸急性毒性试验，受半佛纳米微丸浓度和小鼠灌胃体积限制，LD_{50} 无法测出。小鼠灌胃最大耐受量为 40g/kg。

三、纳米材料对其他生物的急性毒性

利用水生毒性筛选研究的结果显示：在不充气的静态急性（48h）大型水蚤（daphnia magna）毒性试验和急性（96h）虹鳟（Oncorhynchus mykiss）毒性试验中，TiO_2 纳米颗粒显示低毒性；在不充气的静态急性（72h）绿藻毒性试验中，显示中等毒性。

在光照的条件下，TiO_2 纳米颗粒能使细菌（*E. coli*）的脂质过氧化变得很明显，表明较小的颗粒具有较大的毒性。浓度范围增大为 100～1 000mg/L 时，模糊网纹蚤（*C. dubia*）存活率明显降低。当尺寸范围从 30nm 下降到 5nm 时，LC_{50} 也相应从 810mg/L 下降到 683mg/L。这表明较小的颗粒在较小的浓度就能影响其存活率。

Lovern 等的研究发现，当大型水蚤处于一定浓度的 TiO_2 纳米颗粒水溶液中时，随着浓度的增加大型水蚤的死亡增加。而 Heinlaan 等的研究则认为低于 20g/L 的 TiO_2 纳米颗粒悬浮液对大型水蚤和仙女虾（*Thamnocephalus platyurus*）是无毒的。地中海贻贝受到含有 TiO_2 成分的防晒霜急性暴露，随着防晒霜浓度的增加，鳃中钛和金属硫蛋白浓度呈剂量依赖性递增。

氧化锌（ZnO）纳米颗粒是一种新型高功能精细无机产品，在磁、光、电、敏感性等方面具有良好的特殊性能。研究显示：在自然光照条件下，不同粒径 ZnO 纳米颗粒对大型水蚤的毒性大小表现为 10nm、25nm 和 90nm 的 EC_{50} 分别为 9.96mg/L、12.21mg/L 和 167.36mg/L，黑暗条件下，(10 ± 1)nm、(25 ± 5)nm 和 (90 ± 10)nm 的 ZnO 纳米颗粒对大型水蚤抑制的 EC_{50} 分别为 19.64mg/L、206.70mg/L 和 409.84mg/L。水螅虫暴露于 20nm ZnO 纳米颗粒 48h、72h 和 96h 后 LD_{50} 分别为 55.3μg/ml、8.7μg/ml 和 7.0μg/ml；暴露于 100nm ZnO 纳米颗粒的 LD_{50} 分别为 262.0μg/ml、14.9μg/ml 和 9.9μg/ml，结果表明 ZnO 纳米颗粒的急性毒性呈现进行性增强，且颗粒粒径越小毒性越大。

AgNPs 是应用最广泛的金属纳米材料，体外细胞实验证实 AgNPs 是毒性最强的金属纳米颗粒之一。最近一些研究还报道了 AgNPs 及其他金属纳米颗粒对土壤线虫的毒性作用。

以青鳉鱼（medaka）为研究对象，观察 AgNPs 的急性毒性。结果发现：青鳉鱼死亡率呈现明显的剂量 - 效应关系和时间 - 效应关系。对照组青鳉鱼无死亡，最高暴露组（4.8mg/L）在 6h 后即发生大量死亡（死亡率达 70%），12h 后死亡率达 100%。随着暴露时间的延长，AgNPs 的 LC_{50} 值呈下降趋势，48h、72h 和 96h 的 LC_{50} 分别为 1.38mg/L、1.12mg/L 和 0.87mg/L，表明 AgNPs 急性毒性呈现进行性增强。

利用三种碳纳米材料包括 SWCNTs、MWCNTs 和 C_{60} 分析不同浓度的纳米材料悬浮液对斜生栅藻 96h 生长抑制的情况，表明 SWCNTs、MWCNTs 和 C_{60} 的最低效应浓度（LOEC）分别为 10.00mg/L、0.50mg/L、5.00mg/L。

利用大型藻类来研究六种纳米材料——ZnO、TiO_2、Al_2O_3、C_{60}、SWCNTs、MWCNTs 对环境的潜在影响。结果显示，所有纳米材料的剂型毒性试验都具有剂量依赖性，EC_{50} 的范围为 0.622mg/L（ZnO）～114.357mg/L（Al_2O_3），LC_{50} 的范围为 1.511mg/L（ZnO）～162.392mg/L（Al_2O_3），在这些试验中，TiO_2、Al_2O_3、碳纳米材料毒性更强。证明：纳米材料有潜在的生态及环境毒性。

利用线虫（*C. elegans*）为模型观察的量子点毒性作用，用改良寇氏法定量确定量子点的 LC_{50}。量子点作用于线虫 24h、48h 后的 LC_{50} 数值分别为 2.00mg/ml、0.85mg/ml。

利用淡水贻贝（elliption complanata mussel）检测锑化镉（CdTe）量子点的急性毒性效应，荧光分析表明染毒 24h 后鳃内没有量子点，而大多数水溶性量子点存在于消化腔内。

将水蚤线虫暴露于无包被、水溶性的胶体富勒烯 48h，其 LC_{50} 为 800μg/L；黑鲈鱼暴露于 0.5mg/L 富勒烯 48h 后，尽管没有观察到死亡，但在其大脑中观察到脂质过氧化物，鳃中观察到谷胱甘肽降解物。

CuO 纳米颗粒毒性非常强，其对水生生物的半数致死浓度 / 抑制浓度[$L(E)C_{50}$]为 0.1～1.0mg/L，且其毒性约是其微米颗粒的 50 倍。现有资料表明：CuO 纳米颗粒对水生生物食物链上的代表生物如夹克类动物、藻类、细菌、酵母菌和纤毛虫等均有一定的毒性作用。

Griffitt 等以斑马鱼为模型，发现：可溶解铜和 80nm 铜纳米颗粒可引起斑马鱼鳃部损伤，其 48h 的 LC_{50} 为 1.5mg/L。单趾轮虫在铜存在下暴露于 MWCNTs 会降低铜的生物利用度，缓解铜诱导的急性毒性；1.3～4.0mg/L 的 MWCNTs 暴露显著抑制单趾轮虫的繁殖能力、种群增长率和体生长率，降低抗氧化酶活性。

第二节 纳米材料蓄积毒性

一、蓄积毒性及观察指标

外源化学物质进入机体之后，可以经过代谢或以原型排出体外，但当化合物与机体发生亚慢性接触时，化合物将反复进入机体，而且当进入的速度或总量超过代谢转化与排出的速度或总量时，外源化学物质可能在机体内逐渐增加并潴留，这种现象称为化合物的蓄积作用（accumulation）。化学物质蓄积的组织部位称储存库（depot）。机体常见的储存库有血浆蛋白、脂肪组织、肝脏、肾脏、骨骼等。

蓄积作用的大小取决于染毒量（接触量）、染毒（接触染毒）频数及机体的排除能力等因素。外源化学物质蓄积包括物质蓄积（material accumulation）和功能蓄积（functional accumulation）。所谓的物质蓄积是当实验动物反复多次接触化学毒物一定时间后，用化学分析方法能够测得机体内存在该化学物质的原型或其代谢产物浓度的升高。功能蓄积（functional accumulation），也称损伤蓄积（damage accumulation），当机体多次反复接触化学毒物一定时间后，用最先进和最灵敏的分析方法也不能检测出这种化学物的体内存在形式，但能够出现慢性中毒现象。即长期接触某些化学毒物后，机体内虽不能测出其原型或代谢产物，却出现了慢性毒性作用。

研究表明：某些纳米材料具有蓄积作用。研究纳米材料的蓄积毒性是为了探明纳米材料的慢性毒性需要，以初步判断有无慢性中毒的可能，并为筛选慢性毒性试验所需观察的毒性效应指标提供依据。蓄积的指标包括一般性指标、一般生化指标以及病理学检查。一般性指标主要指非特性外观指标、中毒症状的观察及体重的检测；一般生化指标指肝、肾功能的检测，血液学指标；病理学检查包括系统尸检、脏器系数及组织学检查。

评价蓄积毒性的方法有蓄积系数法和生物半减期法。蓄积系数（cumulative coefficient，K_{cum}）是以生物学效应为指标，K_{cum} 越小，蓄积毒性作用越大。

生物半衰期（biological half time，$T_{1/2}$）指进入机体的外源化学物质通过机体的生物转运和转化作用过程而被消除一半所需要的时间。如外源化学物质吸收速度超过消除速度时，就引起化学物质的蓄积。

生物半减期法是用毒物动力学原理来描述外源化学物质的体内蓄积作用。外源化学物质在体内生物半减期越长，表示越不易由体内消除，因而它在体内的蓄积作用就越大。不同的纳米材料其蓄积毒性不同。

二、纳米材料的蓄积毒性

在一定的生理环境下，纳米材料的大小、形状、高反应活性，包被方式及其他特性可能与其毒性作用有关。最近发表的几项研究表明有些纳米材料并非本质上无害。有些纳米颗粒能轻易进入人体，蓄积于器官系统中，并穿透单个细胞，引起类似环境纳米颗粒（环境科学中称为超细颗粒）所致的炎症反应。这些颗粒常比同化学结构的较大颗粒的毒性大得多。

Rochester 大学环境毒理学家 Günter Oberdörster 在 2004 年 6 月《吸入毒理学》（*Inhalation Toxicology*）杂志上发表的啮齿类动物研究表明，吸入的纳米颗粒蓄积在大鼠的鼻腔、肺部和脑部。

纳米颗粒物与大粒径颗粒物在呼吸道沉积的方式存在明显不同。吸入机体的纳米颗粒物沉积在呼吸道的主要方式是与空气分子碰撞发生移位，分散沉积；对于携带电荷的纳米颗粒物，也可发生静电沉淀作用。在呼吸道的这三个沉积位点一鼻咽部、气管支气管及肺泡，粒径的不同往往决定了其特定的沉积点：小到 1nm 的颗粒物，90% 沉积在鼻咽部，10% 沉积在气管支气管，肺泡区没有沉积；粒径为 5nm 的颗粒物在这三个位点都有沉积；20nm 的颗粒物在肺泡的有效沉积率约为 50%，而在其他两个部位的沉积率只有 15%。

很多人认为由于纳米颗粒的粒径小，比表面积大，表面原子数增大使一些原本无毒或者有毒的颗粒材料粒径达到纳米级时毒性明显增强。通过静脉注射、肺部扩散等途径进入血液的纳米颗粒容易被广泛分布于肝、脾、淋巴结等处的网状内皮系统。

以大鼠为模型，静脉注射染毒后90d依然能够在肝和脾中检测到大量的纳米管。静脉注射、腹腔注射、灌胃、皮下注射等不同给药途径，其生物分布无明显差异。非共价修饰的碳纳米管能显著降低网状内皮系统对其摄取能力。

（一）金属纳米材料的蓄积毒性

王国斌等利用Fe_3O_4纳米颗粒（平均直径为35nm）经静脉给药，研究其在家兔体内的药物动力学和在小鼠体内的分布与排泄，结果表明：Fe_3O_4纳米颗粒在小鼠体内主要分布在肝脏和脾脏等网状内皮系统，在体内的分布次序：肝脏 > 脾脏 > 心脏 > 肾脏，在小鼠体内排泄缓慢。

范我等将用核素标记大分子葡聚糖包埋的磁性氧化铁注入小鼠体内，结果表明：放射性标记的磁性氧化铁主要集中在肝和脾，其聚集量分别于注入后30min和24h达到最高；血液中标记物的放射性初始下降很快，然后逐渐回升，于给药后15d达到最大，而后随时间延长再次逐步降低，至60d恢复正常。

施建华等给小鼠尾静脉注射超微Fe_3O_4颗粒（平均直径为0.681nm），测得LD_{50}为2 022mg/kg，表明其毒性很低，90d犬静脉长期染毒观察，血象、肝、肾功能等指标都未见明显改变，病理解剖可见肝、脾组织中性粒细胞浸润及纤维细胞增生等病理改变，但未见坏死。在超顺磁性氧化铁的动物实验中也观察到了类似的病理改变现象。

Moroz等研究发现油悬剂的Fe_2O_3纳米颗粒（150nm，300mg）和水悬剂Fe_2O_3颗粒（32μm，300mg）可在肝脏蓄积，并引起肝脏的免疫反应，相较微米颗粒，纳米颗粒可引起更严重的肝脏坏死，且导致肺部出现小部分栓塞。

王天成等用纯铁粉和纳米铁粉以5g/kg的固定剂量一次经口灌胃研究纳米铁材料对小鼠血清生化指标的影响。结果表明，纳米铁（Fe）粉的肝脏脏器系数高，可明显降低血清葡萄糖、血清总胆红素、乳酸脱氢酶和总胆汁酸，而血清尿素氮明显高于纯Fe粉，肌酐水平、总铁结合力和未饱和铁结合力明显低于纯铁粉。

纳米颗粒（nanoparticles）可在空气中存在，易经呼吸道和皮肤接触进入人体内部，从而引发一些呼吸道疾病和肺部疾病等。纳米颗粒的表面活性及可以穿透细胞膜的特性可能增加其潜在的毒性。

Zhou等研究发现随着暴露剂量的升高，纳米Fe粉会导致轻微的毒副作用。给予大鼠吸入浓度为57μg/m^{3}和90μg/m^{3}的纳米Fe粉颗粒物，发现57μg/m^{3}的纳米Fe粉颗粒未引起大鼠明显的生物学效应，而90μg/m^{3}的Fe粉颗粒引起了肺泡灌洗液内蛋白质总量明显升高等轻微的呼吸道反应。

通过大鼠尾静脉连续等体积注射Fe_2O_3-Glu纳米颗粒，每日1次。发现给药后第64d约50%的Fe_2O_3-Glu纳米颗粒仍留在体内，组织病理学检查未见明显改变。

TiO_2纳米颗粒广泛应用于各类防晒产品。Schulz和Pflucker等应用光电子显微镜观察后，认为TiO_2纳米颗粒（20～200nm）仅沉积在角质层（corneum）的最外部，在角质层的深面和真皮层（dermis）并没有检测到。Lademann等在毛囊角质层和毛乳头处发现了防晒霜中的超细TiO_2颗粒的沉积。Bennat等的研究指出油状的TiO_2纳米颗粒较水状的TiO_2纳米颗粒的皮肤渗透现象明显。

研究显示雄性Wistar大鼠吸入暴露TiO_2纳米颗粒诱导肺部炎症，肺沉积分数为10.2%，$T_{1/2}$为72.4d。Bermudez等利用大鼠、小鼠和地鼠进行TiO_2纳米颗粒（平均粒径为21nm）毒性试验。染毒13d后进行恢复试验。在恢复期结束时，高剂量组（10mg/m^3）大鼠、小鼠和地鼠滞留在肺部颗粒量分别占染毒量的57%、45%和3%，中、低剂量组染毒的小鼠和地鼠体内未见滞留现象，只有在大鼠体内仍滞留25%（中剂量组）和10%（低剂量组）。低、中、高不同剂量组肺滞留半减期在大鼠中分别为63d、132d、395d；在小鼠中分别为48d、40d、319d；在地鼠中分别为33d、37d、39d。组织病理显示：TiO_2纳米颗粒可在肺部积聚，导致肺上皮细胞进行性增生，包括腺泡中心区（肺泡上皮细支气管化）与吞噬TiO_2纳米颗粒的巨噬细胞积聚相关的化生（metaplastic）。24个月长期暴露平均剂量10mg/m^{3}的TiO_2纳米颗粒，最终可以导致Wistar大鼠肺部恶性肿瘤发生。

Kreyling 等利用 WKY 雄性大鼠为研究对象，通过吸入方式给予 15nm 和 80nm 用 ^{192}Ir 标记的纳米颗粒，1h 后发现纳米颗粒可通过血液循环并转运到脑组织。利用 ICR 小鼠，通过吸入方式给予 50nm 荧光磁性纳米材料（FMNPs），4 周后荧光检测也可在脑中观察到粒子存在，表明纳米颗粒可以通过血 - 脑屏障进入脑组织。通过支气管灌注 22nm 的 $^{59}Fe_2O_3$ 纳米颗粒染毒 SD 雄性大鼠，发现 $^{59}Fe_2O_3$ 纳米颗粒可穿越肺 - 血屏障进入循环系统，并转运至脑组织；同时采用灌胃法研究 25nm、80nm 和 155nm TiO_2 纳米颗粒在 ICR 小鼠体内的分布和毒性，单次给药剂量为 5g/kg，2 周后观察到 TiO_2 纳米颗粒暴露组小鼠脑内的 Ti 含量明显升高。

通过经口染毒方式给予小鼠 ZnO 纳米颗粒，观察其对小鼠的影响。结果显示：血清中 ALT、AST、碱性磷酸酶（ALP）及乳酸脱氢酶（LDH）明显高于对照组，表明：给予 ZnO 纳米颗粒后小鼠肝功能出现明显改变。血清中 BUN 和尿肌酐（Cre）没有明显改变，但病理组织学观察发现有严重的肾脏病理改变。血象检查发现：血小板（PLT）和红细胞分布宽度变异系数（RDW-CV）显著增加，而血红蛋白（Hb）和血细胞比容（HCT）则明显降低。病理组织学观察除肾脏、肝脏、心脏有损害外，胃和肠道有炎性反应，其他脏器则无明显改变。健康雌性 Wistar 大鼠单次暴露 2 000mg/kg ZnO 纳米颗粒 24h、48h 和 14d 后，锌分布在肝、肾、脾、血浆和排泄物（粪便和尿液）中，导致 ALT、ALP、LDH 和 Cre 水平升高，但很少有肝、肾组织的病理学损伤。此外，小鼠口服 50nm ZnO 纳米颗粒，肝、肾、肺和胰腺是主要靶器官，蓄积系数（K_{cum}）为 1.9，表明口服 ZnO 纳米颗粒蓄积毒性明显。

张姗姗等以尾静脉注射的方式探讨 AgNPs 的毒性作用，采用电感耦合等离子质谱（ICP-MS）法检测 AgNPs 在小鼠体内的组织分布及蓄积情况。结果表明：AgNPs 具有较高的组织亲和力，且脾脏和肝脏可能是 AgNPs 的主要蓄积部位和靶器官。

金纳米颗粒（AuNPs）被用作光催化剂、光电材料、生物传感器以及药物载体等。研究显示：PEG 修饰的 13nm AuNPs，注射后 7d 可以在肝脏、脾脏蓄积，引起肝脏的炎性反应，导致肝细胞凋亡，并可长期在存在于血液循环中。

（二）非金属纳米材料的蓄积毒性

碳纳米管的毒性作用不仅与引发电子转移、氧化反应，导致细胞结构损伤、功能紊乱，甚至与细胞坏死的物理和化学性质有关，以及与纳米材料的纯度、染毒剂量、暴露方式和动物种属或细胞类型等有关。碳纳米管被吸入后其团聚物可能阻塞动物气道造成呼吸困难而死亡，而碾磨后的碳纳米管可分散于整个肺部组织，到达肺区深部的碳纳米管能够引发肺组织炎症反应、肉芽肿等毒性损伤。

将研究和使用最广泛的工程纳米颗粒之一的纳米碳管悬浮液直接置于小鼠肺部，可引起肉芽肿。Lam 等用支气管注入的方式研究 SWCNTs 的毒性，结果表明：SWCNTs 可引起肺中心小叶上皮样肉芽肿，且呈剂量 - 效应关系，染毒 90d 后加重。有些小鼠还出现了肺支气管周围炎症和坏死，并向肺泡间隔延伸。Warheit 等用支气管注入法，给予大鼠 1mg/kg SWCNTs，得到类似的结果。同时发现碳纳米管引起肺部肉芽肿的毒性机制与由常规的毒性粉尘（如石英、石棉、硅碳化合物）引起肺部肉芽肿的毒性机制不同。

利用核素 ^{125}I 标记方式观察 MWCNTs 在 ICR 小鼠体内分布情况。结果表明给药方式不同，MWCNTs 的分布和蓄积部位不同。静脉注射途径显示 MWCNTs 在 10min 内可迅速分布到全身，主要在肺部聚集，肝脏和脾脏组织中 MWCNTs 分布无明显聚集，脑组织中 MWCNTs 分布最少。通过灌胃方式给予 MWCNTs，则显示纳米管主要聚集在胃和小肠组织中，24h 后基本上排出。腹腔注射途径显示 MWCNTs 可在脾脏中持续聚集，24h 后每克脾组织百分注射剂量率从 3.18% ID 上升到 6.2% ID。

付长惠等通过尾静脉注射的方式研究中空介孔的 SiO_2 纳米颗粒的对 ICR 小鼠的毒性作用。染毒剂量在 80mg/kg 下不会引起小鼠明显的损伤，小鼠的血常规、血生化和组织形态学等指标无异常变化；颗粒具有良好的生物相容性；当给药剂量达到 240mg/kg 时，纳米颗粒可引起动物肝脏损伤，血清 ALT 和 AST 显著升高，肝脏组织形态学观察有明显的炎性改变。

仇玉兰等利用 Wistar 大鼠为研究对象，探讨纳米碳酸钙（粒径 15～40nm）亚慢性肺毒性作用。研究结果显示：大鼠肺泡灌洗液中 LDH 活性、酸性磷酸酶（ACP）活性随染毒剂量升高而增加，提示纳米碳酸钙亚慢性染毒会造成肺泡细胞膜损伤或细胞死亡和溶解。病理组织学检查也发现纳米碳酸钙染毒大鼠支气管和肺泡受到不同程度损伤。

利用昆明种小鼠观察纳米 CdSe 蓄积作用，纳米不可溶性 CdSeⅠ为明显蓄积，可溶性纳米 CdSeⅡ为中等蓄积。不可溶性纳米材料比可溶性纳米材料更容易蓄积。CdSeⅠ的蓄积系数为 2.6、CdSeⅡ的蓄积系数为 4.8，根据蓄积系数分级标准，即 CdSeⅠ为明显蓄积，CdSeⅡ为中等蓄积。这可能是物质达到纳米级后，由于其穿透力比普通级的同种物质强很多，因而表现出一定的蓄积毒性；由于可溶性纳米 CdSe 在体内主要起作用的为羧基（—COOH），能与生物大分子结合，进而产生相应的毒性效应，代谢快，蓄积弱，但是长期接触后，则表现出镉的慢性毒性，因而不可溶性纳米 CdSe 较可溶性纳米 CdSe 蓄积作用大。

斑马鱼受精后 6h 暴露于荧光聚苯乙烯纳米颗粒（PS-NPs）至 120hpf（hour post fertilization），结果表明 PS-NPs 早于 24hpf 在卵黄囊中积累，并在整个发育过程中（48～120hpf）迁移至胃肠道、胆囊、肝脏、胰腺、心脏和大脑。在净化阶段（120～168hpf），PS-NPs 在各个器官的积累均减少。PS-NPs 暴露并没有导致明显的死亡率、畸形率或线粒体生物能力学的改变，但会降低斑马鱼的心率，改变幼虫的行为。

三、纳米材料对其他生物的蓄积毒性

Kashiwada 等利用青鳉鱼的胚胎研究发现 39.4nm 的 TiO_2 纳米颗粒能转运并蓄积在卵黄和胆囊中，随时间和剂量增加，在鳃、肝、心、脑中均可检测到钛含量的存在。

TiO_2 纳米颗粒可以在鱼体内富集。张学治等发现 TiO_2 纳米颗粒在鲤鱼（cyprinus）体内有较高的富集。鲤鱼对 TiO_2 纳米颗粒的生物富集主要集中在鱼鳃、内脏，肌肉部分富集最少。Gillian 等在研究也发现 TiO_2 纳米颗粒能引起虹鳟鳃的水肿、变厚及呼吸毒性，并引起肝细胞微量的脂肪过量和脂肪沉积。某些器官特别是脑的铜和锌水平发生了改变。

水蚤经 TiO_2 纳米颗粒暴露 48h 后可见体表及触须上黏附大量纳米颗粒，消化腔内充满 TiO_2 纳米颗粒。疏水性 TiO_2 纳米颗粒共暴露增加铜和钛在水蚤的生物蓄积，导致氧化应激损伤；而亲水性 TiO_2 和铜共暴露导致水蚤肠黏膜损伤，引起铜中毒。卤虫暴露铜纳米颗粒诱导过氧化氢酶、还原型谷胱甘肽、谷胱甘肽 -S- 转移酶等生化指标的毒性变化明显，主要是由于铜纳米颗粒在卤虫肠道中的蓄积。

第三节 纳米材料亚慢性毒性

一、亚慢性毒性及观察指标

亚慢性毒性（subchronic toxicity），也称亚急性毒性（subacute toxicity），指实验动物连续多日接触较大剂量的外来化合物所出现的中毒效应。较大剂量，通常指小于急性 LD_{50} 的剂量。亚慢性毒性试验（subchronic toxicity test）或亚急性毒性试验（subacute toxicity test），亦称短期毒性试验（short term toxicity test），指机体在相当于 1/20 左右生命期间，少量反复接触某种有害化学和生物因素所引起的损害作用。

慢性毒性（chronic toxicity）指以低剂量外来化合物长期给予实验动物接触，观察其对实验动物所产生的毒性效应。常涉及毒性作用剂量，作用性质、靶器官、病损程度（可逆性或不逆性病变）及无害作用剂量等。

慢性毒性试验是确定外来化合物的毒性下限，即长期接触该化合物可以引起机体危害的阈剂量和无作用剂量，为进行该化合物的危险性评价与制定人接触该化合物的安全限量标准提供毒理学依据，如最高允许浓度和每日允许摄入量等。慢性毒效应谱，毒性作用特点和毒性作用靶器官；观察慢性毒性作用的可逆性；研究重复接触受试物毒性作用的剂量 - 效应关系，从初步了解到确定未观察到有害作用的剂量（NOAEL）和其观察到有害作用的最低剂量（LOAEL），为制定人类接触的安全限量提供参考值。确定不同动物物种对受试物的毒效应的差异，为将研究结果外推到人提供依据。

二、纳米材料的慢性毒性

（一）金属纳米材料的慢性毒性

TiO_2 纳米颗粒是一种半导体氧化物，常规尺寸下毒性很小，可作为食品添加剂（着色剂）。TiO_2 纳米颗粒有抗菌、光催化、抗紫外线等特性，在涂料、化妆品和医药等方面有广泛应用，物质达到纳米级后生物学效应发生根本性的改变。研究发现，雄性小鼠连续鼻腔给药 TiO_2 纳米颗粒 6 个月，结果表明，慢性吸入 TiO_2 纳米颗粒可引起肺部炎症和纤维化，炎症因子和纤维化因子表达增加。连续 9 个月灌胃 TiO_2 纳米颗粒，导致小鼠胃中钛的显著积累，减少了每日食物和水的摄入量、胃重量以及胃指数。并且小鼠出现了严重的胃黏膜萎缩、糜烂、炎症细胞浸润和细胞凋亡等，并伴有血清胃蛋白酶活性、胃总酸度和氢离子浓度的降低，血清胃泌素浓度和胃 pH 升高。

研究表明：TiO_2 纳米颗粒越小，进入机体概率越大，150～500nm TiO_2 纳米颗粒可通过完整表皮和消化道，进入血液和肝脏等器官。大鼠气管内滴注 500μg 不同粒径 TiO_2 纳米颗粒 24h 后，超过 50% 12nm TiO_2 纳米颗粒可转运到上皮和间质部位，而 220nm 和 250nm TiO_2 纳米颗粒仅 4% 被转运。

Bermudez 等利用大鼠、小鼠和地鼠进行 TiO_2 纳米颗粒（平均粒径为 21nm）90d 吸入毒性试验。结果表明：肺内 TiO_2 纳米颗粒含量最多，并随着给药剂量增加而增多；按照每克肺含 TiO_2 纳米颗粒计算，大鼠：$0.5mg/m^3$ 剂量组为 0.45mg，$2mg/m^3$ 剂量组为 1.70mg，$10mg/m^3$ 剂量组为 11mg；小鼠：$0.5mg/m^3$ 剂量为 0.39mg，$2mg/m^3$ 剂量组为 1.45mg，$10mg/m^3$ 剂量组为 10.5mg；地鼠：$0.5mg/m^3$ 剂量组为 0.19mg；$2mg/m^3$ 剂量组为 0.59mg；$10mg/m^3$ 剂量组为 2mg。不同种属间存在一定的差异。随着时间延长，大鼠、小鼠肺中 TiO_2 纳米颗粒含量升高，地鼠肺中 TiO_2 纳米颗粒含量则降低。

Oberdörster 等用粒径为 20nm 和 200nm 的 TiO_2 纳米颗粒进行了为期 12 周的亚慢性吸入毒性试验，结果显示：与 200nm 组相比，20nm 组有明显的肺部炎症反应，且 20nm 的 TiO_2 纳米颗粒在肺部滞留时间显著延长，更多的粒子迁移到空隙区域和组织淋巴结，并引起明显的上皮细胞损害。

在相同浓度情况下，与相似化学成分的大颗粒相比，纳米颗粒肺毒性更强。与 TiO_2 细颗粒（250nm）相比，TiO_2 超细颗粒（20nm）可引起明显的肺部炎症反应，且更容易迁移到肺间质组织。肺泡巨噬细胞对 250nm 的 TiO_2 纳米颗粒的清除半减期为 174d，对 20nm 的 TiO_2 纳米颗粒的清除半减期为 501d，这表明：TiO_2 纳米颗粒的生物学效应与尺寸大小有关。

Renwick 等经大鼠支气管注入超细微 TiO_2 纳米颗粒（29nm）与细微 TiO_2 纳米颗粒（250nm）的生物学效应，发现超细微 TiO_2 纳米颗粒（29nm）24h 后可引起肺灌洗液中 γ- 谷氨酰基转移酶、LDH 和蛋白质含量明显升高，并降低巨噬细胞的吞噬能力。纳米颗粒会加剧其肺毒性。这与 Fe 纳米颗粒及其氧化物的毒性研究是一致的，纳米颗粒的粒径在肺毒性方面起着重要作用。

Wang 等研究发现，在灌胃染毒后，80nm 和 155nm 的 TiO_2 纳米颗粒可以引发小鼠海马神经元出现空泡现象，证实了 TiO_2 纳米颗粒可以穿越血 - 脑屏障。说明 TiO_2 纳米颗粒具有神经毒性。

Oberdörster 等研究发现颗粒尺寸越小，越难以被巨噬细胞清除。肺泡巨噬细胞对 250nm 的 TiO_2 纳米颗粒的清除半减期为 177d，对 20nm 的 TiO_2 纳米颗粒的清除半减期为 541d。Wang 等以 5g/kg 剂量 TiO_2 纳米颗粒对小鼠经口服染毒，2 周后发现 25nm 和 80nm 组引发的心脏损伤比 155nm 组更严重。25nm 和 80nm 组小鼠的肝脏系数明显增加，表明 TiO_2 纳米颗粒可以引起小鼠的肝脏炎症反应，病理学检验还发现有水肿和肝小叶坏死的现象，80nm 的 TiO_2 纳米颗粒主要蓄积在肝脏中，证实了 TiO_2 纳米颗粒具有肝脏毒性。同时还发现，80nm 组小鼠的肾小管液内有大量蛋白，155nm 组还出现肾小球严重肿胀，说明 TiO_2 纳米颗粒具有肾毒性。

王燕等证明 TiO_2 纳米颗粒通过灌胃进入小鼠体内后能够对肝脏和肾脏造成一定的损伤，组织学检验中出现肝细胞肿大也进一步说明细胞膜的通透性发生了改变。

采用 SPF 级 SD 大鼠为受试动物，经腹腔注射 10mg/kg 不同尺度的 ZnO 纳米颗粒（30nm、50nm、100nm，1 次 /d，连续 42d，观察粒子的亚慢性毒性作用。结果显示：30nm ZnO 纳米颗粒可导致肝、脾、肾、骨髓和睾丸的功能或组织改变，其他尺度 ZnO 纳米颗粒无肾功能改变；ZnO 纳米颗粒可引起骨髓红细胞增生活跃的增生性贫血现象，中性粒细胞数增加，淋巴细胞和嗜碱性粒细胞的相对比例下降。ZnO 纳米颗粒的作用靶器官按敏感性排列分别为睾丸、肝、骨髓和肾；相同条件下观察 ZnO 纳米颗粒的亚慢性毒性，结果显示：ZnO 纳米颗粒可引起骨髓红细胞增生活跃，其主要作用靶器官可能为肝和骨髓。

Fe_3O_4 纳米颗粒作为恶性肿瘤的药物靶向治疗剂，由于其特异性高、疗效好，可能成为今后肿瘤靶向治疗的主流。研究发现 Fe_3O_4 纳米颗粒经口摄入诱发小鼠雄性生殖细胞突变。昆明小鼠经口摄入 600mg/kg Fe_3O_4 纳米颗粒，部分动物的肝脏和肺脏产生严重损伤。化学物质粒径小到纳米级后，通过细胞或细胞间隙进入血液，到达组织、器官，引起肝、肺损伤。通过对纳米材料的表面进行化学修饰可以降低颗粒的聚集倾向和毒性。

利用昆明种小鼠，通过口服、静脉注射及腹腔注射给予小鼠医用纳米级 Fe_3O_4 磁流体，观察其慢性毒性作用及对机体的影响，结果：小鼠口服最大无毒性剂量（ED_0）为 320.10mg/kg，静脉注射 ED_0 为 160.05mg/kg，腹腔注射 ED_0 为 320.10mg/kg。主要脏器未见明显病理改变。

Moroz 等比较油悬剂的 Fe_2O_3 纳米颗粒（150nm）和水悬剂 Fe_2O_3 颗粒（32μm）栓塞猪动脉血管后的肝脏清除情况。结果表明：28d 后两种 Fe_2O_3 纳米颗粒在肝脏的铁浓度无明显降低，且引起肝脏的免疫反应；较水悬剂 Fe_2O_3 颗粒，油悬剂的 Fe_2O_3 纳米颗粒可引起更严重的肝脏坏死，且肺部出现小部分栓塞。

Zhou 等研究了以大鼠为模型，吸入浓度为 $57mg/m^3$ 和 $90mg/m^3$ 的超细铁粉颗粒物（Fe_2O_3，72nm）对健康的影响，结果表明：$57mg/m^3$ 的铁粉颗粒未引起大鼠明显的生物学效应，而 $90mg/m^3$ 的铁粉颗粒引起轻度的呼吸道反应。呼吸道上皮细胞暴露于含铁的大气颗粒物后，细胞中铁蛋白的表达量升高。

利用 SD 大鼠观察 Fe_2O_3-Glu 纳米颗粒的慢性毒性，结果可见：Fe_2O_3-Glu 纳米颗粒对 SD 大鼠体重增长无明显影响。解剖可见：各染毒组脏器系数随染毒剂量增加，其肝 / 体比下降，提示 Fe_2O_3-Glu 纳米颗粒对肝脏可能存在一定毒性；42mg/kg 组雌性鼠肺 / 体比升高，说明对肺脏的影响可能具有性别差异。血液学检测表明：染毒组的白细胞总数显著升高，且中性粒细胞明显增多，42mg/kg 组雌性鼠的血小板增多。生化学检测表明：42mg/kg 组、21mg/kg 组雌鼠 ALT 下降。42mg/kg 组雌性鼠的 Cre 升高。组织病理学检查未见明显改变。

铜纳米颗粒作为添加剂加入润滑油，对发动机润滑性能有改善作用，并可降低发动机的摩擦损失。根据 Hodge 和 Sterner Scale 的毒性分类法，铜纳米颗粒为中等毒性，病理学检查发现铜纳米颗粒能够对小鼠的肾、脾、肝产生明显的损伤，同时引起与肝、肾功能相关的血生化指标异常。

成年雌性 ICR 小鼠在暴露仓连续暴露于氧化铅纳米颗粒 6 周（24h/d，7d/ 周），铅含量以肾脏、肺脏最高，肝脏、脾脏次之，脑组织最低。在肺中表现为充血、小面积肺不张、肺泡气肿等；在肝脏中表现为肝脏重塑，肝细胞增大和水样变性，肝坏死区，偶见门静脉周围炎症和大量脂滴积聚。部分肾中可见肾皮质内肾小体、小管或血管周围有炎症细胞浸润。脾脏未见明显形态学改变。

（二）非金属纳米材料的慢性毒性

SiO_2 纳米颗粒是一种新型的纳米粉体材料。利用妊娠母鼠呼吸道染尘试验比较纳米级 SiO_2 和微米级 SiO_2 对胎鼠以及胎鼠基因点突变的毒性影响。设置 5 个实验组（对照组、μm-SiO_2 $50mg/m^3$ 组、μm-SiO_2 $200mg/m^3$ 组、nm-SiO_2 $50mg/m^3$ 组、nm-SiO_2 $200mg/m^3$ 组），妊娠 0d（E_0）至 E_{17} 连续呼吸道染尘，结果可见：各染尘组的母鼠体重均显著低于对照组；各染尘组的胚胎数、活胎数、胚胎体重显著低于对照组，nm-SiO_2 $200mg/m^3$ 组活胎数显著低于 nm-SiO_2 $50mg/m^3$ 组和 μm-SiO_2 $200mg/m^3$ 组，nm-SiO_2 $200mg/m^3$ 组胚胎体重显著低于 μm-SiO_2 $200mg/m^3$ 组；nm-SiO_2 $200mg/m^3$ 组死胎率和吸收胎率均显著高于对照组。

纳米材料的比表面积巨大，具有高表面活性的特性可能导致其对生物体毒效应的放大。通过对纳米材料的表面进行化学修饰可以降低颗粒的聚集倾向和毒性。例如，将乳酸铝或聚 2- 乙烯基吡啶 -N- 氧化物聚合物［Polymer poly-（2-vinyl-pyridine-N-oxide）］对 SiO_2 纳米颗粒进行包被后，可降低其毒性作用，大鼠肺部滴注试验显示巨噬细胞的吞噬作用减弱、炎症反应减弱、DNA 的氧化损伤降低。90d 犬静脉长期染毒观察，血象、肝功能、肾功能等指标都未见明显改变，病理解剖可见肝、脾组织中性粒细胞浸润及纤维细胞增生等病理改变，但未见坏死。

碳纳米管在疾病治疗、药物转运等多方面的应用，使得经消化道、静脉等途径暴露的可能性增加。采用滴注法给予大鼠 1mg/kg、5mg/kg 和 10mg/kg SWCNTs 染毒 30d。发现大鼠出现精神倦怠、活动减少、摄食水减少，随着染毒剂量增加，大鼠体重增加缓慢。肝脏均有不同程度的病理变化，血清中 AST、ALT 的含量明显增高。

Shvedova 等在研究碳纳米管对人表皮角质细胞（HEK）的影响时，发现 HEK 暴露于碳纳米管 18h 后出现自由基形成、过氧化物积聚、抗氧化物质减少及细胞活力下降等，同时还发现细胞形态和细胞的超微结构发生改变。

研究发现：10nm MWCNTs—COOH 彼此相互吸附会形成较大的团聚物，但随着暴露时间的延长，积累在肺部的 10nm MWCNTs—COOH 团聚物有少量被清除，暴露 28d 后，肺部仍有大量 10nm MWCNTs—COOH 团聚物的积累。肝脏中 10nm MWCNTs—COOH 团聚物的积累可能同肺部清除时经过再循环被肝脏所吸收，不易被清除掉；40nm MWCNTs—COOH 由于没有形成大体积的团聚物，未见肺部积累。但在暴露 1d 后可在肝脏中发现较多的团聚物，呈现随时间延长而逐渐减少的趋势；至暴露 28d 后，团聚物基本被清除。脾脏中巨噬细胞的增多说明脾脏参与颗粒吞噬，但未能发现 MWCNTs—COOH 团聚物的存在。经静脉注射的 MWCNTs—COOH 在小鼠体内较易被富含单核巨噬细胞的肺脏、肝脏和脾脏等吸收。

在 5mg/kg 剂量下暴露 28d，两种 MWCNTs—COOH 没有对小鼠产生急性毒性。小鼠的各主要脏器（肺脏、肝脏、脾脏、心脏、肾脏和脑组织）没有明显的病理学改变。血清生化指标也表明小鼠的肝脏和肾脏的功能未受影响。

MWCNTs 的亚慢性毒性试验结果显示：高剂量染毒组小鼠活动减少并有嗜睡现象，其余剂量组小鼠无明显异常表现。高剂量组雄性小鼠体重明显低于对照组，脏器系数和组织病理结果显示 MWCNTs 主要聚集在肝脏、脾脏和肺脏中。中、高剂量组小鼠的肝脏、脾脏和肺脏间质有炎症和轻度纤维化改变。低染毒组小鼠的 AST 水平轻度升高，其他各生化指标无显著性改变。

Lam 和 Warheit 两个研究组报告指出：纳米管会损害小鼠的肺组织。Lam 研究组将小鼠分别与下述 4 种物质接触：SWCNTs 与用于制造纳米管的金属催化剂微小粒子的混合物，除去了金属后的 SWCNTs，炭黑和所有形状像非晶态微小粒子的碳物质，以及纳米石英粒子，发现 4 种物质都显示出毒性。他们用含有中浓度或高浓度的这种纳米物质的溶液喷到小鼠的腿部，维持 7～90d，组织学（physiological histology）检测表明：所有的粒子都进到小鼠的肺泡（alveolus）中，肺中的细小空气液囊和存留在那里的绝大多数粒子甚至在 90d 之后也相互作用。炭黑粒子可诱发轻微炎症。但是在低浓度下，含有或不含金属的碳纳米管均会诱发肉芽肿（granuloma）。Lam 认为这是一种围绕纳米颗粒的坏死细胞和活细胞组织联合体，表示有明显的毒性。小鼠经鼻暴露 30mg/m^3 炭黑 90d（6h/d），暴露后累积的炭黑有 14% 从肺中清除，肺功能明显下降且短时间不可恢复。肺内可见成纤维细胞和肉芽肿的形成。炭黑暴露后肺细胞凋亡和 DNA 损伤明显增加，白细胞、单核细胞和中性粒细胞计数分别增加 1.72、3.13 和 2.73 倍，外周血淋巴细胞刺激指数明显降低。另外，胸腺和脾脏组织形态学破坏，早期凋亡胸腺细胞增加 2.36 倍。

对大鼠进行纳米 TATB 30d 喂养试验，试验中动物体重增加量、食物利用率、脏器系数及各项血液和生化指标与对照组无显著性差异，脏器组织病理学检查未见异常。

三、纳米材料对其他生物的慢性毒性

水藻（*P. subcapatitata*）随着其浓度的增加，细胞的密度减少，尺寸越大，脂质过氧化水平越高；叶绿素变化则不受尺寸的影响；颗粒能吸附在水藻细胞表面上，所能吸附的颗粒重量为自身重量的 213 倍。

利用斑马鱼进行 TiO_2 纳米颗粒慢性毒性试验，给予斑马鱼 TiO_2 纳米颗粒，观察斑马鱼的生长状况，测量体重、比鳃重和比肝脏重，同时测定心脏、肝脏、鳃、脑器官的钛含量。结果表明：随着纳米颗粒浓度的增加以及暴露时间的延长，斑马鱼的生长受到一定抑制，实验组肝脏重量均要高于对照组。

利用青鳉鱼观察 AgNPs 的亚慢性毒性，结果显示：AgNPs 对青鳉鱼最大无致死剂量为 0.1mg/L，最小有作用剂量为 0.25mg/L，LC_{50} > 0.5mg/L。

参考文献

[1] 王国斌，夏泽锋，陶凯雄，等. 医用纳米级 Fe_3O_4 磁流体的急性毒理学实验研究 [J]. 华中科技大学学报（医学版），2004，33（4）：452-454，458.

[2] 刘岚，唐萌，何整，等. Fe_3O_4 及 Fe_3O_4-Glu 纳米颗粒的毒性和致突变性研究 [J]. 环境与职业医学，2004，21（1）：14-17.

[3] 刘岚，唐萌，顾宁，等. Nano-Fe_2O_3-Glu 的急性和长期毒性研究 [J]. 环境与职业医学，2004，21（6）：430-433.

[4] DAI X，YAO J，ZHONG Y，et al. Preparation and characterization of Fe_3O_4@MTX magnetic nanoparticles for thermo-chemotherapy of primary central nervous system lymphoma in vitro and in vivo[J]. International journal of nanomedicine，2019，14：9647-9663.

[5] CHEN Z，MENG H，XING G，et al. Acute toxicological effects of copper nanoparticles in vivo[J]. Toxicol Lett，2006，163（2）：109-120.

[6] 徐厚君，李清钊，李玮，等. 纳米硒化镉急性毒性和蓄积作用的研究 [J]. 中国煤炭工业医学杂志，2010，13（7）：1051-1052.

[7] YE L，HU R，LIU L，et al. Comparing semiconductor nanocrystal toxicity in pregnant mice and non-human primates[J]. Nanotheranostics，2019，3（1）：54-65.

[8] 张姗姗，杨扬，陆敏玉，等. 纳米银溶液尾静脉注射致小鼠急性毒性作用 [J]. 中国公共卫生，2011，27（3）：326-327.

[9] RECORDATI C，DE MAGLIE M，BIANCHESSI S，et al. Tissue distribution and acute toxicity of silver after single intravenous administration in mice：nano-specific and size-dependent effects[J]. Particle and fibre toxicology，2016，13：12.

[10] RAY J L，HOLIAN A. Sex differences in the inflammatory immune response to multi-walled carbon nanotubes and crystalline silica[J]. Inhal Toxicol，2019，31（7）：285-297.

[11] OBERDÖRSTER E，ZHU S，BLICKLEY T M. Ecotoxicology of carbon-based engineered nanoparticles：effects of fullerene（C_{60}）：on aquatic organisms[J]. Carbon，2006，44（6）：1112-1120.

[12] ASTEFANEI A，NÚÑEZ O，GALCERAN M T. Characterisation and determination of fullerenes：A critical review[J]. Anal Chim Acta，2015，882：1-21.

[13] NEMMAR A，HOET P H，VANQUICKENBORNE B，et al. Passage of inhaled particles into the blood circulation in humans[J]. Circulation，2002，105（4）：411-414.

[14] SINGH R，PANTAROTTO D，LACERDA L，et al. Tissue biodistribution and blood clearance rates of intravenously administered carbon nanotube radiotracers[J]. Proc Natl Acad Sci U S A，2006，103（9）：3357-3362.

[15] CAGLE D W，KENNEL S J，MIRZADEH S，et al. In vivo studies of fullerene-based materials using endohedral metallofullerene radiotracers[J]. Proc Natl Acad Sci USA，1999，96（9）：5182-5187.

[16] OBERDÖRSTER G，FERIN J，LEHNERT B E，et al. Correlation between particle size，in vivo particle persistence and lung injury[J]. Environ. Health Perspect，1994，102（Suppl 5）：173-179.

[17] BAI K，HONG B，HE J，et al. Preparation and antioxidant properties of selenium nanoparticles-loaded chitosan microspheres[J]. International journal of nanomedicine，2017，12：4527-4539.

[18] 曹有军，卜平，孔桂美，等. 半佛纳米微丸抗炎药效学及急性毒性实验研究 [J]. 中国实验方剂学杂志，2009，15（1）：64-66.

[19] 刘红云，白伟，张智勇，等. 纳米氧化物对斑马鱼胚胎孵化率的影响 [J]. 中国环境科学，2009，29（1）：53-57.

[20] HEINLAAN M，IVASK A，BLINOVA I，et al. Toxicity of nanosized and bulk ZnO，CuO and TiO_2 to bacteria Vibrio fischeri and crustaceans Daphnia magna and Thamnocephalus platyurus[J]. Chemosphere，2008，71（7）：1308-1316.

[21] SUREDA A，CAPÓ X，BUSQUETS-CORTÉS C，et al. Acute exposure to sunscreen containing titanium induces an adaptive response and oxidative stress in Mytillus galloprovincialis[J]. Ecotoxicology and environmental safety，2018，149：58-63.

[22] 宋文华，刘艳，高敏，等. 纳米 ZnO 对大型溞的急性毒性效应研究 [J]. 天津师范大学学报，2009，29（3）：51-54.

[23] YAMINDAGO A，LEE N，WOO S，et al. Acute toxic effects of zinc oxide nanoparticles on Hydra magnipapillata[J]. Aquatic toxicology（Amsterdam，Netherlands），2018，205：130-139.

[24] DURÁN N, SILVEIRA C P, DURÁN M, et al. Silver nanoparticle protein corona and toxicity: a mini-review[J]. Nanobiotechnology, 2015, 13: 55.

[25] RAJALA J E, MÄENPÄÄ K, VEHNIÄINEN E R, et al. Toxicity testing of silver nanoparticles in artificial and natural sediments using the benthic organism lumbriculus variegatus[J]. Arch Environ Contam Toxicol, 2016, 71(3): 405-414.

[26] 朱小山，朱琳，田胜艳，等. 三种碳纳米材料对水生生物的毒性效应 [J]. 中国环境科学，2008，28(3): 269-273.

[27] ZHU X S, ZHU L, CHEN Y S, et al. Acute toxicities of six manufactured nanomaterial suspensions to Daphnia magna[J]. Nanopart Res, 2009, 11(1): 67-75.

[28] 林道辉，冀静，田小利，等. 纳米材料的环境行为与生物毒性 [J]. 科学通报，54(23): 3590-3604.

[29] OBERDÖRSTER E. Manufactured nanomaterials (fullerenes, C_{60}) induce oxidative stress in the brain of juvenile largemouth bass[J]. Environmental Health Perspective, 2004, 112(10): 1058-1062.

[30] 张凯，王东岳，康苏媛. CuO 纳米颗粒对鲤鱼的急性毒性作用研究 [J]. 科学观察，2012，5: 107-109.

[31] GRIFFITT R J, WEIL R, HYNDMAN K A, et al. Exposure to copper nanoparticles causes gill injury and acute lethality in zebrafish (Danio rerio) [J]. Environ Sci Technol, 2007, 41(23): 8178-8186.

[32] LEE J W, KANG H M, WON E J, et al. Multi-walled carbon nanotubes (MWCNTs) lead to growth retardation, antioxidant depletion, and activation of the ERK signaling pathway but decrease copper bioavailability in the monogonont rotifer (Brachionus koreanu) [J]. Aquatic toxicology (Amsterdam, Netherlands), 2016, 172: 67-79.

[33] OBERDÖRSTER G, OBERDÖRSTER E, OBERDÖRSTER J. Nanotoxicology: an emerging discipline evolving from studies[J]. Environmental Health Perspective, 2005, 1131(71): 823-839.

[34] 王国斌，肖勇，陶凯雄，等. 纳米级四氧化三铁的药物动力学和组织分布研究 [J]. 中南药，2005，3(1): 5-7.

[35] 王天成，贾光，沈惠麟，等. 纳米铁材料对小鼠血清生化指标的影响 [J]. 环境与职业医学，2004，21(6): 434-436.

[36] ZHOU Y M, ZHONG C Y, KENNEDY I M, et al. Pulmonary responses of acute exposure to ultrafine iron particles in healthy adult rats[J]. Environ Toxicol, 2003, 18(4): 227- 235.

[37] SCHULZ J, HOHENBERG H, PFLUCKER F, et al. Distribution of sunscreens on skin[J]. Adv Drug Deliv Rev, 2002, 54 Suppl: S157-163.

[38] KONG T, ZHANG S H, ZHANG J L, et al. Acute and cumulative effects of unmodified 50nm Nano-ZnO on mice[J]. Biological trace element research, 2018, 185(1): 124-134.

[39] 张姗姗，薛玉英，唐萌，等. 纳米银在小鼠体内的组织分布 [J]. 东南大学学报（自然科学版），2012，42(2): 388-392.

[40] WAN-SEOB C, MINJUNG C, JINYOUNG J, et al. Acute toxicity and pharmacokinetics of 13nm-sized PEG-coated gold nanoparticles[J]. Toxicology and Applied Pharmacology, 2009, 236(1): 16-24.

[41] 李淼，金义光，Clinton F，等. 纳米材料毒性的体外评价 [J]. 国际药学研究杂志，2010，37(1): 67-69，72.

[42] LAM C W, JAMES J T, MCCLUSKEY R, et al. A review of carbon nanotube toxicity and assessment of potential occupational and environmental health risks[J]. Crit Rev Toxicol, 2006, 36(3): 189-217.

[43] LAM C W, JAMES J T, MCCLUSKEY R, et al. Pulmonary toxicity of single-wall carbon nanotubes in mice 7 and 90 days after intratracheal instillation[J]. Toxicol Sci, 2004, 77(1): 126-134.

[44] 付长慧，刘天龙，唐芳琼，等. 夹心二氧化硅纳米颗粒的急性毒性和氧化损伤机制 [J]. 科学通报，2012，57(13): 1091-1099.

[45] 仇玉兰，宋秋坤，王慧，等. 纳米碳酸钙对大鼠亚慢性肺毒性作用 [J]. 中国公共卫生，2011，27(4): 451-453.

[46] 陈莉华，卜晓英，文世才. CdSe 量子点的合成及标记胃蛋白酶的研究 [J]. 分析化学研究简报，2007，35(8): 1211-1214.

[47] PITT J A, KOZAL J S, JAYASUNDARA N, et al. Uptake, tissue distribution, and toxicity of polystyrene nanoparticles in developing zebrafish (Danio rerio) [J]. Aquatic toxicology, 2018, 194: 185-194.

[48] KASHIWADA S. Distribution of nanoparticles in the see-through medaka (Oryzias latipes) [J]. Environ Health Perspect, 2006, 114(11): 1697-1702.

[49] LIU S, CUI M, LI X, et al. Effects of hydrophobicity of titanium dioxide nanoparticles and exposure scenarios on copper uptake and toxicity in Daphnia magna[J]. Water research, 2019, 154: 162-170.

[50] MADHAV M R，DAVID S E M，KUMAR R S S，et al. Toxicity and accumulation of Copper oxide（CuO）nanoparticles in different life stages of Artemia salina[J]. Environmental toxicology and pharmacology，2017，52：227-238.

[51] HONG F，JI L，ZHOU Y，et al. Retracted：Pulmonary fibrosis of mice and its molecular mechanism following chronic inhaled exposure to TiO_2 nanoparticles[J]. Environmental toxicology，2017，73（7）：511-519.

[52] HONG F，WU N，ZHOU Y，et al. Gastric toxicity involving alterations of gastritis-related protein expression in mice following long-term exposure to nano TiO_2[J]. Food research international，2017，95：38-45.

[53] 王燕，康现江，丁士文，等. 纳米二氧化钛对小鼠肝肾的影响 [J]. 环境与健康杂志，2008，25（2）：112-114，封 3.

[54] 洪丽玲. 两种纳米与常规材料 DNA 损伤和亚慢性毒性的比较研究 [D]. 上海：第二军医大学，2011.

[55] MANNA P，GHOSH M，GHOSH J，et al. Contribution of nano-copper particles to in vivo liver dysfunction and cellular damage：role of IκBα/NF-κB，MAPKs and mitochondrial signal[J]. Nanotoxicology，2012，6（1）：1-21.

[56] DUMKOVÁ J，SMUTNÁ T，VRLÍKOVÁ L，et al. Sub-chronic inhalation of lead oxide nanoparticles revealed their broad distribution and tissue-specific subcellular localization in target organs[J]. Particle and fibre toxicology，2017，14（1）：55.

[57] 任秋景，宋洁云，周晓蓉. 单壁碳纳米管对大鼠肝脏的毒性研究 [J]. 毒理学杂志，23（4）：293-295.

[58] 曲广波. 羧基化多壁碳纳米管在小鼠体内的急性毒性研究 [D]. 济南：山东大学，2008.

[59] CHU C，ZHOU L，XIE H，et al. Pulmonary toxicities from a 90-day chronic inhalation study with carbon black nanoparticles in rats related to the systemical immune effects[J]. International journal of nanomedicine，2019，14：2995-3013.

[60] 车望军，张遵真，吴媚，等. 纳米 1,3,5- 三氨基 -2,4,6- 三硝基苯的急性毒性和致突变性 [J]. 中国工业医学杂志，2005，18（3）：143-146，149.

第六章

纳米材料的生殖和发育毒性

第一节 纳米材料的生殖毒性

进入 21 世纪以来，纳米技术在世界范围内迅速发展，纳米材料广泛应用于医学、电子、能源、材料等领域。因此，人群对纳米的职业接触机会日益增大。在环境中，人类早已暴露于空气中纳米尺度的颗粒物中，特别是随着交通来源的细粒子释放、建筑扬尘、沙尘暴颗粒物的跨界输送，不仅造成了城市上空"棕色云"的笼罩、灰霾天气的超量增加，也使得人群的污染暴露大幅度增加，对健康造成危害。近些年来，人们开始关注此类细小粒子对环境大气质量的影响和对人体健康的危害。与此同时，随着对纳米材料性能及其应用方面的研究，人们也越来越关注其对环境和生物体以及人类健康潜在的影响。关于纳米材料生物安全性的问题已引起世界范围的广泛关注。

目前对人类许多不良生殖结局的病因还知之甚少。由于生殖过程的复杂性、实验结果的不可靠性以及人群数据的质量问题等，很难评估纳米材料对生殖的潜在危害以及人群接触纳米材料的危险性。有资料显示，在人类有大约 1/5 夫妇非有意不育、1/3 以上早期胚胎死亡以及约 15% 已知妊娠的自然流产。在活产儿中，约 3% 有发育缺陷。显然，即使在正常的生理条件下，生殖系统都不可能在最佳状态下发挥其功能。纳米材料或药物对该系统的作用将会进一步干扰某些生化过程并引起不良后果的发生。

一、性腺的功能

不管性别如何，性腺都具有产生生殖细胞和分泌性激素的内分泌功能。

（一）卵巢功能

卵巢（ovary）的主要功能是产生卵细胞（ovotid）和分泌雌性激素（estrogen）。从出生到青春期，卵泡（ovarian follicle）都保持在原始的卵泡阶段；从青春期开始，每个卵巢周期有许多卵泡开始生长，但是大部分都不能成熟。排卵大多发生在两次月经中间，在每一个月经周期里，可以同时有 8～10 个卵泡发育，但一般只有一个卵泡达到成熟阶段，其余卵泡先后退化，形成闭锁卵泡。成熟卵泡突出在卵巢表面，卵泡破裂使卵子从卵巢内排除。卵巢分泌的激素主要包括雌激素和孕激素，这些激素维持女性的性功能和第二性征（即乳房发育和脂肪分布等）。

卵子排出后，卵巢内残存的卵泡壁塌陷形成许多皱襞，卵泡壁的破口很快被纤维蛋白封口，卵泡壁的卵泡颗粒细胞和内膜细胞黄素化形成许多黄色颗粒，从而形成黄体。黄体分泌雌激素和孕激素。这时如果卵细胞和精子结合形成受精卵，黄体在绒毛膜促性腺激素的支持下发育成妊娠黄体，以提供妊娠所需要的孕激素和雌激素，并一直维持到妊娠 4～6 个月后才逐渐退化。如果排出的卵子没有受精，黄体则在排卵后的第 9～10d 开始退化，黄体细胞逐渐萎缩、变小、纤维化，外观呈白色称为白体，卵巢分泌雌性激素的功能也随之减退，从而使月经来潮，而卵巢中又有新的卵泡发育。于是又开始了下一个新周期。

人出生时每个卵巢大约有 40 万个卵泡，出生后许多卵泡发生闭锁，其余卵泡数量上继续减少。任何能损害卵母细胞的有害物质都能加速该储备的衰竭而导致女性生育力下降。出生时卵母细胞大约有一半能保留到青春期，到30岁时大约能减少到2.5万个，育龄妇女大约有400个原始卵泡可以发育成熟。在具有生育力的大约30年中，可见到处于不同发育阶段的卵泡，绝经后卵巢中不再存在卵泡。

（二）睾丸功能

睾丸（testis）的主要功能是产生精子（sperm）和分泌雄性激素（androgen）。精子发生（spermatogenesis）开始于青春期并几乎持续一生，男性最初的生殖细胞是精原细胞，它紧靠精曲小管的基底膜。出生后到青春期前，精原细胞处于休眠状态；青春期精原细胞增殖分化开始活跃。精子发生与睾丸功能成熟相一致。精子发生需经过精原细胞（spermatogonium）、精母细胞（spermatocyte）、精子细胞（spermatid）和成熟精子（spermatozoon）一系列复杂变化。在生精过程中，生殖上皮发挥了双重作用：它每日产生数百万的精子，也不断地替换引发该过程的细胞群（精原细胞）。支持细胞为生殖细胞提供结构支持、营养素以及调控旁分泌因子，在精子发生过程中起重要作用。

睾丸分泌的激素主要是雄性激素，主要包括睾酮、双氢睾酮和雄烯二酮，其中主要是睾酮。睾酮由睾丸的间质细胞分泌。雄激素对于睾丸精子发生、附睾精子成熟、附属性器官的生长和分泌活性、躯体男性化、男性行为以及不同的代谢过程都十分重要。

（三）中枢调节

生殖活动是在一系列神经内分泌机制的调节和控制下完成的，其中发挥主要作用的是下丘脑 - 垂体 - 性腺轴（hypothalamus-pituitary-gonadal axis，HPG）（女性为卵巢，男性为睾丸）。此三者在功能上相互联系、相互促进和相互制约，共同完成生殖功能。

下丘脑的神经细胞合成和分泌促性腺激素释放激素（gonadotrophin releasing hormone，GnRH）作用于垂体，促使其合成和分泌促性腺激素，包括卵泡刺激素（follicle stimulating hormone，FSH）和黄体生成素（luteinizing hormone，LH）的分泌。在雄性，LH也被称为间质细胞刺激素（interstitial cell-stimulating hormone，ICSH）。卵巢或睾丸的生殖细胞的发生和分泌功能依赖于腺垂体促性腺激素。雌性FSH刺激卵巢卵泡的发育和成熟，FSH和LH共同作用于卵泡膜细胞和颗粒细胞来合成雌激素；雄性FSH刺激精子的发生过程，支持细胞是哺乳动物睾丸中FSH作用的靶细胞，FSH受体基因存在于支持细胞上并主要在这些细胞中表达；雌性LH作用于颗粒细胞以开始黄体化并排卵，还可以通过增强某些酶的表达而提高孕酮的生成；ICSH（LH）促进睾丸内间质细胞分泌雄性激素。同时，由睾丸或卵巢分泌的性类固醇激素，又可反馈调节下丘脑和垂体激素的分泌。在中枢神经系统的影响和这些器官之间的相互协调作用下，机体发挥正常的生殖功能。

二、纳米的生殖毒性

生殖毒性（reproductive toxicity）是指外来物质对雌性和雄性生殖系统产生的损害作用，包括生殖器官、相关的内分泌系统和妊娠结局的改变，表现为对性成熟、配子发生及其运转、性周期、性行为、受精、着床、胚胎形成与发育、妊娠、分娩和哺乳等的不良影响或依赖于生殖系统完整性的其他功能的改变。

生殖和发育是紧密相连的过程，难以截然分开。广义的生殖毒性包括发育毒性，以及对生殖器官和/或男女内分泌系统的损害。发育毒性不仅包括妊娠接触，还包括父母任何一方在受孕前和胎儿出生后到性成熟前接触有害因子对发育的影响。因此，生殖毒性和发育毒性有相互包含的地方，但习惯上仍倾向于将两者分开叙述。发育毒性将在下一节介绍，本节主要介绍纳米材料的生殖毒性。

（一）对雌性生殖系统和功能的影响

雌性生殖过程（female reproductive process）的每一阶段或环节都可能被某些纳米颗粒影响。不同的纳米颗粒作用于生殖过程的不同阶段，会产生不同的结局。

纳米颗粒进入机体后，随血液循环到达卵巢，可沉积在卵巢组织中，引发雌性生殖系统的毒性，造成卵泡发育异常以及类固醇合成与分泌失调。研究发现，TiO_2 纳米颗粒、纳米银和 Fe_3O_4 纳米颗粒均可以进入中国仓鼠卵母细胞的胞质中，而且进入的量与纳米颗粒的浓度、大小和作用时间相关，但这些纳米颗粒却不能进入卵母细胞的细胞核中。长期暴露于 TiO_2 纳米颗粒可调控小鼠卵巢关键基因的表达，造成卵巢功能损伤，从而损伤生育能力。纳米银能引起兔阴道黏膜、子宫内膜和卵巢组织不同程度的超微病理变化，如线粒体肿胀、内质网扩张及空泡形成等。体外实验表明，在 0～50μg/ml 的剂量范围内，随着纳米 TiO_2 剂量的增加，大鼠腔前卵泡存活率、有腔形成率及卵丘卵母细胞复合体排出率逐渐下降，但对卵泡发育与卵母细胞成熟无明显影响；25μg/ml 以上剂量纳米 TiO_2 能导致大鼠腔前卵泡形态学明显异常，卵泡存活率及有腔形成率明显下降；50μg/ml 纳米 TiO_2 可使处于成熟阶段的卵母细胞数减少。中国仓鼠卵母细胞的死亡数量随着纳米富勒烯 C_{60} 浓度的提高而增加，纳米毒性作用呈现明显的浓度依赖性。纳米氧化锌对中国仓鼠卵母细胞有生长抑制的作用，并且纳米氧化锌对卵母细胞的损伤具有传代效应。此外，纳米颗粒对生殖细胞的影响，还受其他外界条件的影响，如纳米氧化锌在光照的条件下，可以增加中国仓鼠卵母细胞染色体的突变概率，但在黑暗条件下，其染色体突变概率降低。典型的卵泡由以下几层组成（从外到内）：卵泡膜细胞，颗粒细胞层，透明带和卵母细胞。纳米颗粒可以被卵泡膜细胞和颗粒细胞内吞，暴露于银纳米颗粒后，斑马鱼卵泡膜细胞和颗粒细胞均显示出不规则的形态，并出现细胞质紊乱、核凝结和碎片化等状态

纳米颗粒物能影响母鼠的正常妊娠，但不同的纳米颗粒影响程度不同。将受孕大鼠分别用纳米碳、纳米氧化锌和纳米碳锌复合颗粒染毒，发现纳米氧化锌和碳锌复合颗粒染毒的孕鼠妊娠率明显降低，分别为 57.2% 和 66.7%，而纳米碳染毒的孕鼠妊娠率为 100%；但三种纳米颗粒对大鼠所生的仔鼠数没有明显影响。这说明，纳米氧化锌对大鼠妊娠的毒性作用最强，其次为纳米碳锌复合颗粒物，而纳米碳对大鼠妊娠没有影响。有文献报道，纳米氧化锌比纳米 SiO_2 和 TiO_2 的细胞毒性强。纳米氧化锌的细胞毒性较大，可能与以下因素有关：一方面，纳米氧化锌由于小尺寸效应，具有巨大的比表面积，与细胞膜作用形成微孔，并侵入细胞内部。电镜结果显示，纳米氧化锌可直接进入肝细胞，并在溶酶体和线粒体等细胞器聚集。另一方面，可能与 Zn^{2+} 细胞毒性有关。当材料的热力学性质（包括表面自由能）使得纳米颗粒溶解在悬浮介质或生物学环境时，纳米颗粒可释放出毒性离子。纳米氧化锌能够溶解在水中，形成含水 Zn^{2+}。Zn^{2+} 阻碍细胞膜的动态运输、损伤 DNA 和干扰细胞内催化反应，导致线粒体损伤和细胞凋亡。纳米氧化锌同时具有纳米颗粒和金属元素的性质，进入细胞后能够迅速反应、溶解，而且随着其剂量的增加，其对小鼠生殖的损害作用增强。体外实验表明，小鼠卵母细胞暴露于含有极低浓度（0.01mg/L）纳米二氧化铈后，小鼠的体外受精率也明显降低。

纳米颗粒的毒性效应与其粒径大小有关。研究发现，TiO_2 纳米颗粒的大小是其产生毒性的一个重要因素。随着 TiO_2 粒径的减小，其理化性质发生了很大的变化，如单位质量表面积急剧增加，在其表面产生自由基的可能性大大加强。与此同时，TiO_2 纳米颗粒粒径减小时，其在组织内的转运能力也增强。因此，在相同浓度的条件下，相同组分的纳米材料粒径越小，诱发的炎症反应或毒性作用越严重。Kumazawa 等发现，70nm 的 TiO_2 可以进入到肺泡表面；50nm 的可以进入细胞；30nm 的可以进入中枢神经系统。这说明，不同大小的 TiO_2 纳米颗粒，其毒性作用性质和毒性大小可能不同。

目前，多数研究表明，纳米颗粒对机体的雌性生殖系统有毒性作用，纳米颗粒可以通过血 - 脑屏障进入下丘脑和垂体，影响 GnRH、FSH、LH 的分泌，破坏下丘脑 - 垂体 - 性腺轴的正反馈和负反馈；纳米颗粒也可以通过血液循环进入卵巢，在卵泡膜细胞和颗粒细胞中沉积，最后引起雌激素和孕激素的正常分泌；但也有研究发现，纳米颗粒对雌性生殖系统没有毒性影响。虽然纳米氧化锌可导致小鼠死亡，使其卵巢的重量系数显著升高，但其子宫的重量系数、血清雌二醇和孕酮水平均无明显变化；卵巢组织的病理观察表明，各级卵泡的形态和数量亦未发现明显异常。纳米颗粒的毒性与所用的剂量有关，近期研究表示，小鼠暴露于纳米氧化锌 4 周后，卵巢组织病理学改变呈现剂量依赖性增加，低浓度暴露组小鼠雌激素和孕酮水平升高，而高浓度暴露组的雌激素和孕酮水平呈剂量依赖性降低。纳米颗粒对机体的毒性作用不仅与所用剂量和作用时间有关，而且还与所用实验动物的敏感性有关。纳米氧化锌可降低罗非鱼体内 FSH、LH 和血清雌二醇水平。不同动物或同一动物的不同发育阶段，对纳米颗粒毒性的敏感性不同，这些因素均可能影响实验结果。

（二）对雄性生殖系统和功能的影响

精子数量和运动能力反映了雄性生殖能力。在毒理学上已将精子计数（sperm count）、精子形态学（sperm morphology）以及精子活力（sperm motility）作为雄性生殖健康的重要判断指标。精子发生与成熟

的过程和动力学特性，比体细胞更易受到所处环境中化学毒物和氧化剂等应激因素的损害，而且精子对损伤的修复能力有限。精子畸形是检测外来因素对雄性大鼠遗传毒性敏感的突变终点之一。精子畸形率的增高，可间接反映睾丸生精功能的障碍，也必然影响到精子的活力和受精能力。精子形成过程中任何一个环节受到影响，都可能引起精子的发生、成熟以及形态和功能的异常。

纳米颗粒进入机体后可以随血液循环到达睾丸，穿过血 - 睾屏障（blood-testis barrier）等生物屏障，进入睾丸的生精细胞、间质细胞和支持细胞等，甚至可以穿过精母细胞的核膜，在睾丸中聚集，从而引发雄性生殖系统（male reproductive system）的毒性。研究表明，纳米 SiO_2 能降低雄性大鼠精子数量和精子活率，引发精子畸形率升高，诱导睾丸生精细胞的凋亡。进一步研究发现，纳米颗粒不仅可以影响小鼠精原细胞的形态、细胞增殖和凋亡以及线粒体功能等，而且还能造成原细胞膜不完整以及线粒体的琥珀酸脱氢酶减少，从而间接影响精子的顶体反应。此外，纳米颗粒还能影响雄性的交配行为。Wistar 雄性大鼠于交配前 5 周，用粒径为 20～40nm 的 SiO_2 染毒，可导致雄鼠交配率下降（仅为 66.7%）及每窝活胎数（11.8）降低。

不同的纳米颗粒对雄性生殖系统的毒性效应不同，而且其发挥毒性效应可能有一个阈值，低于这一阈值对机体的生殖功能没有毒性作用。雄性 SD 大鼠暴露于浓度 0.8mg/ml 和 4mg/ml 纳米氧化镍 60d 后，精子浓度和活精子浓度明显下降，异形精子数目增加，并且导致雌性胎儿异常，但浓度 0.16mg/ml 的纳米氧化镍对生殖功能无明显毒性作用。不同的暴露方式与纳米颗粒的毒性作用有关，纳米 TiO_2 口服吸收率及清除率均较慢，长期暴露可在大鼠体内蓄积；近期研究表明，长期暴露（90d）于纳米 TiO_2 可以引起小鼠精子数量和质量下降，降低精子浓度及活力，精子畸形率增加。最近的研究发现，纳米 TiO_2 能抑制水蚤的繁殖，导致小鼠血清睾酮含量下降，生精细胞层变窄，睾丸间质细胞凋亡增加，并可能通过降低精子的活力而影响其生育力。纳米颗粒对雄性生殖系统的影响与暴露方式也有关，气道暴露纳米 TiO_2 可以引起小鼠肺部炎症，但不影响小鼠的睾丸和附睾的重量以及精子计数和血清睾酮水平。

现有的一些研究表明，纳米颗粒对机体雄性生殖系统还有促进作用。日粮中补充纳米硒可促进断奶公羔睾丸精曲小管和间质组织及间质细胞发育，维持精曲小管中生殖细胞的发生、分化及分裂；增加精子活力（提高 10%），降低畸形率（下降 27%）；而对血清中生殖激素的影响具有阶段性，在其 30～60d 阶段时，纳米硒对其血清生殖激素水平没有明显影响，90d 阶段时，其血清促卵泡激素（FSH）、促黄体生成素（LH）和睾酮（T）显著升高，但对其射精量和精子数量没有影响，这可能是由于纳米硒独特的表面效应及界面效应更适合于幼畜吸收利用。硒是雄性动物产生精子所必需的微量元素，精子本身就含硒蛋白。硒位于精细胞尾部中段的线粒体鞘膜中，线粒体是精子的供能中心，为精子运动提供动力。缺硒可造成小鼠精子线粒体肿胀和结构功能异常，导致线粒体数目减少，硒缺乏的妇女，月经初潮时血清 FSH、LH 水平降低，而且硒与谷胱甘肽过氧化物酶（GSH-Px）、FSH、LH 有很强的相关性。补硒能够增加雄性日本鹌鹑的精子活率，降低畸形精子数目。已有研究证实，硒作为睾丸 GSH-Px 及磷脂氢谷胱甘肽过氧化物酶（PHGPx）的活性基团，可有效清除代谢产生的自由基，保障生殖细胞正常功能和维持环境稳定。日粮补充纳米硒能明显增加断奶公羔睾丸硒沉积，提高睾丸 GSH-Px 活性。纳米硒还可改善纳米氧化镍对睾丸的损伤和细胞凋亡。同时，硒在形成支持细胞以及睾丸发育中必不可少，而支持细胞是精曲小管中精原细胞发育和精子前体细胞成熟的滋养细胞，这可能是补硒促进睾丸生精细胞发育的原因之一。

第二节 纳米材料的发育毒性

一、概述

发育毒理学（developmental toxicology）主要研究出生前后暴露于环境有害因子导致的异常发育结局及有关的作用机制、发病原理、影响因素和毒物动力学等。它是从生殖毒理学（reproduction toxicology）中逐渐分化出来，并在畸胎学（teratology）基础上发展起来的现代毒理学分支学科。发育毒理学主要是研究发育中个体的不良效应，它们可以来源于孕前父方或母方、出生前在子宫内或出生后到性成熟时暴露于外源化合物。发育毒性(developmental toxicity)的表现可以在一生中任何时间被查出，它可发生在全身任何器官，并不局限于一个系统或器官，具体表现为死亡、结构异常(包括畸形和变异)、生长迟缓以及功能不全。

现代实验畸胎学(experimental teratology)始于19世纪初期，当时的胚胎学家用各种物理因素(震动、针刺等)和化学毒物处理鸡蛋孵出了畸形小鸡，并发现致畸物(teratogen)的作用时间比致畸物的性质更重要。20世纪早期发现多种环境因素(温度、微生物毒素、药物)可以干扰鸟、爬虫类、两栖类和鱼类的发育。1935年Hale首次报道，猪的畸形(无眼、腭裂)由饲料中缺乏维生素A引起。此后，Warkany等对许多物理和化学因子致畸性做了研究。1960—1962年沙利度胺(thalidomide)作为抗妊娠反应药物被服用后，出现8 000例海豹畸形儿，表现为四肢短缺陷、无眼、腭裂、骨骼发育不全、十二指肠和肛门闭锁等。该事件的发生，大大推动了外源化学物质致畸作用和发育毒性等的研究。在经历了一系列重大事件后，人们对先天性出生缺陷与环境因子之间的关系才有了深刻认识，与此同时，发育毒理学也得到迅速发展。

现代研究发现，人类成功妊娠结局的比率出人意料得低，只有不到半数的受孕能产生完全正常的健康婴儿。根据《中国出生缺陷防治报告(2012)》统计的数字，我国出生缺陷总发生率约为5.6%，每年有严重先天畸形患儿约25万例。但人类出生缺陷的原因尚未完全明了。估计15%～25%为遗传，4%归因于母体状况，3%为母体感染，1%～2%由于脐带阻断等宫内机械性问题，有明确化学物质或其他环境因素的不到1%，65%为未知原因。有人推测，这些病因不明的出生缺陷很可能与某些环境因子的暴露有关，或者是环境因子与遗传因子相互作用的结果。随着纳米材料应用的日益广泛和环境暴露机会的增多，其发育毒性也越来越引起人们的重视和关注。

二、纳米材料的发育毒性

虽然所有的发育毒性归根到底起因于孕体在细胞水平上的损伤，但是损伤的发生可通过纳米材料或药物对胚胎/胎儿的直接效应、对母体和/或胎盘的间接作用或直接和间接效应的共同作用。

(一) 母体毒性与发育毒性

疾病的易感性和后代的健康状况会受到围产期因素的影响，对正在发育的机体存在不利影响的母体因素包括受孕时年龄偏大、母体贫血、营养状态改变、糖尿病、妊娠期体重大幅增加和肥胖、妊娠期体重大幅减轻、泌乳量和乳汁质量下降以及孕产妇心理压力及心理健康等。纳米颗粒对发育毒性的影响与母体子宫状态有关，当子宫处于病理状态如合并宫内炎症时，胎盘层结构发生改变，纳米颗粒穿过胎盘屏障的能力也显著增强。

在动物发育的毒性试验中，母体毒性(maternal toxicity)与发育毒性事件的关系，常见的有以下几种：

(1) 具有发育毒性，但无母体毒性，表示发育毒性有特定的机制，与母体毒性无关。

在哺乳动物的研究中发现，口服1 000mg/kg和2 000mg/kg的纳米TiO_2能导致怀孕6～17d昆明小鼠胎鼠死亡率升高，但对孕鼠本身的体重及脏器无明显影响。

(2) 具有发育毒性也具有母体毒性，尤其是当发育毒性只在母体毒性存在才能被观察到的时候，发育效应应该是间接的，往往不具有特定的致畸机制。

区别直接和间接的发育毒性对于解释妊娠动物安全性评价实验具有重要意义，因为这些试验中最高的剂量水平是根据其产生某些母体毒性(如食物或水摄入减少、体重减少、临床表现)来选取的。但是，这样按照表现来定义的母体毒性难以揭示毒物的毒性作用。如果只有在母体毒性出现的情况下才观察到发育毒性，发育效应可能是间接的；但是，在提出与人类安全性评价的相关性以前，需要搞清楚观察到的母体毒性背后的生理变化并阐述其与发育效应的联系。

(3) 具有母体毒性，但不具有致畸作用。

(4) 在一定剂量下，既无母体毒性，也不表现发育毒性。

对小鼠进行长期毒性试验的结果表明，小鼠在注射硅纳米颗粒1年半的时间内，虽然在电镜下部分脏器中可看到硅纳米颗粒的存在，但仍能像正常小鼠一样生活和繁殖后代，在小鼠连续传代的过程中，亲代鼠和子代鼠中没有发现明显的幼仔产出畸形，并且其产仔率没有明显的变化。用纳米 SiO_2 染毒交配 5 周前的雄性大鼠，对其胎鼠及仔鼠生长发育没有明显影响，其体重、身长等指标均没有明显变化。这说明，纳米 SiO_2 对于成功受孕后的胎鼠及仔鼠影响不明显。

由于目前纳米材料发育毒性报道较少，加上母体毒性与发育毒性尚缺乏统一的衡量标准，因此，现在很难确定母体毒性与发育毒性之间的确切关系。

（二）纳米材料对发育的影响

越来越多的研究表明，纳米材料不仅能抑制或延迟机体的生长发育，造成胎儿结构异常，而且能导致胎儿和成体的死亡。在鱼类的研究中发现，纳米 SiO_2、纳米银和功能化后的碳纳米管能引起斑马鱼胚胎发育异常，出现脊柱弯曲、心包囊水肿、心肌肿大、卵黄囊吸收延迟、无胸鳍、短体长、尾巴弯曲、提前孵化但发育不全等畸形，引起鱼卵凝结和胚胎细胞自溶；导致斑马鱼存活率和胚胎孵化率下降以及幼鱼发育延迟，而且随着纳米材料染毒浓度的增加，斑马鱼胚胎死亡率明显上升，呈现一定的剂量依赖性。纳米富勒烯（C_{60}）水溶性衍生物［$C_{60}(OH)_{16\sim18}$］和不同水悬浮液（nC_{60}）对斑马鱼胚胎发育毒性不同，38mg/L nC_{60}/ 甲苯、5mg/L nC_{60}/aq 和 50mg/L［$C_{60}(OH)_{16\sim18}$］均对斑马鱼胚胎发育没有毒性作用，而 1.5mg/L nC_{60}/TTA 不仅能导致其胚胎或幼鱼发育延迟、存活率和孵化率下降，甚至能造成部分斑马鱼心包囊水肿和畸形。在观察气管滴注纳米氧化锌对小鼠的急性毒性作用时发现，纳米氧化锌诱导的小鼠毒性具有剂量依赖性，并且 500mg/kg 纳米氧化锌能导致雄性小鼠死亡；怀孕前或怀孕期间暴露纳米 TiO_2，能导致大鼠子代体重、出生率和存活率下降，造成大鼠胎儿吸收，引起斑马鱼胚胎的死亡，但它对果蝇的发育和存活率没有明显影响，而纳米银却能抑制果蝇的发育，降低其存活率。

在发育毒理学研究中，出生时观察到的产前暴露的主要效应是胚胎致死、畸形和生长障碍。这些效应之间的关系是复杂的，随着纳米材料的种类、暴露时间和剂量不同而变化。对于一些纳米材料来说，这些终点代表了一个毒性升高的连续系统。低剂量导致生长障碍，高剂量致畸直至死亡。畸形和 / 或死亡可在对宫内生长没有任何作用的情况下发生。同样，生长障碍和胚胎致死可以不伴随畸形而发生。产生后一种效应谱的纳米颗粒可以认为具有胚胎毒性或胚胎致死性而不是致畸性（除非后来确认死亡是由某种结构畸形引起的）。

由于胚胎生长的高可塑性、细胞内稳定机制和母体代谢防御，哺乳动物发育毒性通常被认为是一种阈值现象，即纳米材料的一般毒性（器官毒性）和致畸作用是有阈值的（非零阈值）。阈值的假设意味着存在一个母体剂量，低于该剂量不会引发不利的效应，达到阈值时效应将发生。一种纳米颗粒对每种效应（有害作用和非有害作用）都可分别有一个阈值，对易感性不同的个体可有不同的阈值。同一个体对某种效应的阈值也可随时间而改变。当对机制所知甚少时，细胞、胚胎修复机制和剂量依赖的动力学都可支持机械阈值的合理性。缺乏阈值暗示一个纳米颗粒任何水平的暴露，甚至仅一个分子都有导致发育毒性的潜在可能。导致这类异常发育的一个机制是基因突变。关键基因的点突变在理论上可由一次攻击或一个分子所诱发，导致基因产物的有害变化或异常。当然，这必须假设这个分子能透过母体系统和胎盘并进入胚胎的关键祖细胞。在合子期或器官发生期，对一个细胞的效应就可能导致异常发育。

在人类健康危险估计的背景下，考虑个体和群体阈值的差异也很重要。在人群中存在着广泛的变异，一个群体的阈值是由该群体中最敏感个体的阈值决定的。实际上，尽管一个纳米颗粒的发育毒性生物靶标存在阈值，但是背景因子如健康状态、伴随暴露等可能使得一个处于甚至低于阈值的个体不能进行某个生物学过程。任何靶向该过程的进一步的毒理作用甚至一个分子理论上都可能使危险增加。

然而，一些研究发现，纳米材料不但对机体的发育没有毒性，而且还有促进作用。纳米氧化锌染毒怀孕大鼠，能促进孕鼠及其仔鼠生长、体重增加。怀孕 6～17d 的昆明小鼠，连续口服 2 000mg/kg 的纳米 TiO_2，能促进胎鼠的生长发育，增加其体重和体长；纳米碳酸钙能促进大鼠的生长；纳米硒能促进波尔山羊公羔羊睾丸间质组织及精曲小管的发育，增强精母细胞的分化；饲料中添加低剂量的纳米氧化锌和纳米硒能促进雏鸡淋巴器官脾脏、胸腺和法氏囊的生长；但高剂量的纳米氧化锌对其生长有抑制作用。体外实验表明，纳米钛能促进内皮细胞的功能和形态变化，增强内皮细胞的黏附作用；金纳米颗粒加载的介孔 SiO_2 纳米颗粒可以通过刺激抗炎反应和促进巨噬细胞分泌成骨细胞因子而产生良好的免疫微环境，使碱性磷酸酶产生的表达增加，增强成骨分化能力和钙沉积。纳米颗粒大小不同，所发挥的促进效应不同。直径为20～70nm锐钛矿纳米管能促进MC3T3-E1前成骨细胞黏附作用及其碱性磷酸酶的活性，但100～120nm锐钛矿纳米管对其有损伤作用。在20～120nm范围内，MC3T3-E1前成骨细胞的增殖率随钛纳米管直径的增大而增长。此外，纳米颗粒表面的物理特性，也影响着纳米颗粒生物学效应的发挥。增加纳米颗粒表面的粗糙性，能促进造骨细胞和膀胱平滑肌细胞的增殖及其细胞的生长，增加细胞内钙的沉积，并由此可能促进组织的生长。不同的纳米材料，对机体生长发育的促进作用不同。用纳米碳、纳米氧化锌、纳米碳锌复合颗粒分别对大鼠进行染毒，发现纳米氧化锌对大鼠生长发育的促进作用最强，在哺乳期，纳米氧化锌组仔鼠体重明显高于其他组。此外，在植物的研究中也发现了纳米颗粒对生长发育的促进作用。铜壳聚糖纳米颗粒增强了玉米对弯孢菌叶斑病（CLS）的防御反应和植物生长促进活性的功效。纳米碳可以激活种子的酶活性，促进种子快速吸水和提前发芽，增强对磷肥的吸收。随着纳米碳溶胶浓度的增加，种子失水率逐渐减少。将纳米碳添加到肥料中生产出的纳米增效肥料，可促进大豆种子提早出苗，且根系发达，植株增高、叶色深绿、生长势强。一般认为，纳米颗粒在低剂量时能促进机体的生长发育，而超过一定剂量时则起抑制作用。

机体不同的发育阶段对外源纳米颗粒的敏感性不同。通常认为植入前毒性不影响或很少影响生长（因为可调生长），或者导致死亡（通过压倒性损伤或植入失败）。但由于植入前时期进行着迅速的有丝分裂，影响DNA合成或完整性或影响微管组装的纳米颗粒，如果到达胚胎可能具有特别的毒性。原肠胚形成期是一个对致畸原非常敏感的时期。很多毒物在原肠胚形成期染毒可产生眼、脑和面部畸形，因为原肠胚形成期是器官发生的前奏。在器官发生期，每一个形成的结构都有易感高峰期。研究表明，每种出生缺陷的发病率高峰与受损结构的发育关键期相吻合。器官发生的结束标志着胎儿期（在人类为妊娠56～58d到出生）的开始，此期以组织分化、生长和生理功能成熟为标志。胎儿期暴露，很可能导致对生长和功能成熟的影响。中枢神经系统和生殖器官的功能畸形，包括行为、心理和运动缺陷以及生育力低下等，都是可能的不利结局。妊娠期和哺乳期暴露于纳米TiO_2可引起后代小鼠大脑发育迟缓和认知障碍，产前暴露于纳米TiO_2可以诱发神经发育障碍相关的行为缺陷，但不会引起明显的胎儿畸形和妊娠期合并症。大部分结构改变在胎儿期都可发生。四肢可能受到羊膜带、脐带缠绕或血管瓦解的影响，导致远段结构的丧失。

第三节 纳米材料生殖和发育毒性的相关机制

纳米材料生殖和发育毒理学的最终目的是使人类避免或尽量减少对各种生殖和发育纳米毒物的接触。要实现这一目标，就应该对各种生殖和发育纳米毒物及其毒性作用机制有充分了解。目前，人们虽然发现了一些生殖和发育纳米毒物，但对其毒性作用机制却知之甚少。到目前为止，还没有一种生殖和发育纳米毒物毒性作用的分子机制是完全明了的。其主要原因是哺乳动物正常发育的分子机制尚不清楚。生殖和发育是极其复杂的生理过程，受到严密的遗传控制。配子的产生（gametogenesis）、受精卵的迁移（migration of zygote）、着床（nidation）、细胞分裂（cytodieresis）、分化（differentiation）、胚胎发育（embryonic development）、器官形成等一系列连续相关的事件都是在各种遗传基因的协同表达下实现的。而目前对这些基因的调控机制还没有充分了解，因此，限制了人们对生殖和发育纳米毒物毒性作用机制的认识，目前对生殖和发育纳米毒物作用机制的了解十分有限。不同的化学物质可以有不同的毒性机制。近年来，随着现代细胞和分子生物学以及分子胚胎学的发展，对纳米生殖和发育毒性作用机制的认识也不断得到深化。由于生殖和发育有相互包含的地方，因此，本节将生殖和发育毒性的相关机制放在一起介绍。

一、氧化应激与DNA损伤

纳米颗粒造成细胞损伤的重要机制之一是氧化应激（oxidative stress）。对于人工制备的纳米物质，如富勒烯、单壁碳纳米管、量子点等，不论是体内实验还是体外实验，都表明可以产生活性氧自由基，进一步诱导细胞自噬、凋亡和坏死。能产生氧化应激的化学物质既可损伤精子染色质的生理过程，又可阻断受精卵减数分裂的完成。研究表明，纳米颗粒在生精细胞内聚集，可产生活性氧簇，诱导生精细胞氧化应激，使其膜性结构通透性增加，并降低线粒体膜电位，降低线粒体活性，同时可使睾丸组织内抗氧化物酶活性下降，破坏体内活性氧与抗氧化物质的动态平衡，进而破坏睾丸和附睾的结构，对精子造成损伤并导致生精功能的障碍。脂质过氧化物是由于自由基等活性氧攻击不饱和脂肪酸的双键产生的，其水平可间接指示组织中活性氧自由基的含量，它可改变细胞膜的流动性、结构及功能，而且还能增加其脆性，最终导致细胞破坏而使机体遭到伤害。杨辉等发现，ZnO 纳米颗粒能够引起小鼠胚胎成纤维细胞活性下降，破坏细胞膜的完整性，抑制细胞增殖。纳米 SiO_2、TiO_2、氧化锌和纳米银都可致大鼠睾丸组织脂质过氧化物生成量增加和 SOD、GSH-Px 活性下降。这些纳米颗粒打破了机体内氧化和抗氧化的平衡，导致了氧化应激，进而引发 DNA 断裂。通过单细胞凝胶电泳发现，5μg/ml 的 ZnO 纳米颗粒，能造成小鼠胚胎成纤维细胞的 DNA 单 / 双链的断裂。纳米氧化锌还可通过引起氧化应激进而诱导细胞凋亡和自噬。研究表明，纳米 SiO_2 主要定位于小鼠精母细胞的细胞质和溶酶体中，破坏线粒体结构，诱导 DNA 断裂和异常有丝分裂。线粒体是自由基活化细胞器，纳米物质作用于线粒体，改变了自由基的生成，干扰机体抗氧化防御机制，其细胞间的相互作用假说包括：①纳米颗粒物诱导氧化应激导致细胞内钙浓度升高和基因活化；②纳米颗粒物携带的过渡金属的释放诱导氧化应激，导致细胞内钙升高和基因活化；③过渡金属活化细胞表面受体，导致随后的基因活化；④纳米颗粒物在细胞内的分布诱导线粒体产生氧化应激。

8- 羟基脱氧鸟苷（8-hydroxy-2-deoxyguanosine，8-OHdG）是一种 DNA 损伤的特异性标志物，是具有氧化活性的物质对 DNA 鸟嘌呤进行修饰形成的 DNA 加合物。虽然 DNA 的这种结构变化不会导致细胞死亡，但可能引起一系列不良反应，如基因突变和激活致癌基因等。因此，8-OHdG 可作为颗粒污染物致突变和致癌的效应生物标志物。Ken 等认为纳米粒子进入生物体后，作用于组织或细胞，使之产生氧化应激，通过信号转导或谷胱甘肽还原，与 DNA 发生反应，导致 DNA 链断裂或加合物的形成。血清中的 8-OHdG 水平往往与机体某组织器官的损伤程度相平行，所以常用作检测组织器官氧化损伤的指标。研究发现，纳米 TiO_2 和 SiO_2 均可致血清 8-OHdG 含量升高，但血清脂质过氧化物没有明显变化。由此推断，血清 8-OHdG 含量升高是动物体内粉尘物质靶器官受损伤的结果。其机制可能是动物经呼吸道吸入纳米 TiO_2 粉尘物质后，在体内能产生羟自由基，如•OH、HO_2•，与细胞内 DNA 碱基发生反应，可以诱导 8-OHdG 产生，从而引起 8-OHdG 含量升高。体外实验发现，200nm 的纳米银能导致人睾丸胚胎癌细胞出现浓度依赖性的 DNA 断裂。纳米 SiO_2 还可影响小鼠精母细胞中 microRNA 和 mRNA 表达，并激活自噬从而引起生殖毒性，为纳米材料的生殖毒性提供新证据。

二、细胞损伤与死亡

在胚胎发育过程中，细胞增殖、分化和死亡都是必要的，它们之间存在精确的平衡，每种过程的抑制或过度都可能影响正常的发育。研究发现，细胞死亡在正常的胚胎发育尤其在形态发生中扮演重要的角色，包括系统匹配（system matching）、躯体雕刻（body sculpting）、短暂结构去除（outlived structure removing）等。不同动物的不同组织在发育过程中都存在细胞死亡。

生理上，凋亡限制了生精上皮中生殖细胞的数量。在精子发生过程中，生殖细胞的增殖常发生在许多有丝分裂期，导致生殖细胞群的明显扩增，若不加以抑制，生殖细胞的数量将快速增长而超过支持细胞的承受能力。因此，睾丸中生殖细胞的增殖与凋亡之间存在着精确的平衡。睾丸中约 3/4 潜在的成熟生殖细胞群通过主动清除而丢失。

越来越多的证据揭示，在许多中毒性细胞致死损伤中，细胞凋亡（而非坏死）占主导地位。细胞凋亡是细胞受外来或内源性刺激后的一种主动死亡形式。组织对毒物的选择性起始于凋亡阈或坏死阈，此时不同细胞发生死亡。

睾丸支持细胞被认为是生殖细胞凋亡的控制因子。支持细胞似乎直接通过旁分泌机制调节生殖细胞凋亡，它可能通过其细胞膜表面 *fasL* 基因的表达介导携带 *fas* 基因的生殖细胞的死亡。此外，生殖细胞的活力除了依赖支持细胞因子外，还依赖于这两型睾丸细胞间的紧密接触。

研究发现，纳米氧化锌处理后睾丸生精细胞凋亡增多。电镜结果表明，纳米氧化锌通过血-睾屏障，除了在生精细胞沉积外，也在支持细胞、间质细胞和生精细胞溶酶体、线粒体内聚集，破坏细胞的内环境稳定，使得线粒体膜电子传递功能紊乱，最终损害生精细胞，引起凋亡。纳米 TiO_2 可以通过血-睾屏障在生精细胞中沉积，进而引起生精细胞凋亡。体外实验证实，银纳米颗粒能导致人睾丸胚胎癌细胞的凋亡和坏死，而且其细胞毒性比纳米 TiO_2 大。镉-硒量子点能导致斑马鱼胚胎头部和尾部的细胞凋亡。支持细胞的主要作用是支持、营养和保护生精细胞，使之能够顺利分化为精子。正常精子发生需要支持细胞，许多影响精子发生的化学物质是通过对支持细胞的影响间接发挥作用，而不是直接作用于生殖细胞。银纳米颗粒染毒雄性小鼠后可观察到睾丸中精曲小管萎缩，生殖细胞数目减少，睾丸支持细胞凋亡增加。同样，在雌性小鼠中，银纳米颗粒染毒后卵泡数目减少，卵巢颗粒细胞凋亡增加。颗粒细胞是分泌雌激素和孕激素的细胞，在卵泡发育中有重要作用。暴露于镍纳米颗粒后，大鼠卵巢组织中淋巴细胞增多，黄体细胞增加以及空化作用增加，引起嗜酸性粒细胞和炎症细胞浸润，进而损伤卵巢功能，损伤生育能力。

哺乳动物睾丸中有许多亚细胞群，精子的发生受到多种因素的调节。细胞-细胞间存在多种复杂的连接通讯，任何一种都可能是纳米颗粒干扰的位点。睾丸结构的本质以及不同细胞水平的多重交互作用表明，无论是从生理学角度还是从毒理学观察终点来研究睾丸生物学系统都显得复杂而又困难。除FSH、雄激素和雌激素等性激素外，其他非性激素如甲状腺激素、激活素和抑制素等在睾丸支持细胞的增殖和凋亡方面也发挥作用。在生理和病理条件下的睾丸不同细胞类型产生的细胞因子可以通过自分泌或旁分泌的方式调节睾丸内的免疫环境和细胞增殖。

由于多检查点和多因子调节细胞周期和凋亡，很显然不同的细胞群对同样的刺激可能有不同的反应，部分原因是其对凋亡的细胞易感性可能不同。虽然细胞水平的损害不是影响发育的唯一原因，但是它们可能相当迅速地引发胚胎独特的致病反应，如细胞增殖降低、细胞死亡、细胞间作用改变、生物合成减少、形态发生受抑制或者发育中的结构受到机械性扰乱。

除了影响增殖和细胞活力外，分子和细胞水平的损伤也影响诸如细胞迁移、细胞间相互作用、分化、形态发生和能量代谢等重要的生物学过程。虽然胚胎具有消除这些作用的补偿机制，正常和异常子代的产生依赖于致病机制每一步中损伤和修复的平衡。一些纳米致畸物可以通过氧化损伤DNA断裂，引起细胞周期阻断。镍纳米颗粒可以引起小鼠精原细胞G1期细胞周期阻滞。DNA损伤可在G1-S转换、S期通过和G2-M转换抑制细胞周期进程。如果DNA损伤被修复，细胞周期可恢复到正常状态。但是如果损伤过于强烈或者细胞周期停滞过长，凋亡可能被启动。越来越多的基因被证实在凋亡中起作用。

三、干扰细胞内能量代谢和稳态

某些纳米颗粒能影响睾丸细胞内线粒体有氧呼吸相关的酶，干扰各级生精细胞能量代谢，从而影响生殖细胞的生长和发育，或者影响睾丸输出小管和附睾头的重吸收功能，导致附睾中精液的稀释。纳米氧化锌和 SiO_2 纳米颗粒均可随血液循环达到睾丸，穿过血-睾屏障在生精细胞、支持细胞、间质细胞溶酶体和线粒体内聚集，并使线粒体膜通透性增加，影响生精细胞的能量代谢，使生精细胞功能受损。纳米颗粒可以影响线粒体膜电位，扰乱呼吸链，引起ATP生成紊乱。乳酸脱氢酶（LDH）-C4和琥珀酸脱氢酶（SDH）均是线粒体有氧呼吸反应的关键酶，能为精子的生存和活动提供能量，二者活力下降与精子活动能力下降和密度减少密切相关。LDH-C4在正常情况下不能通过细胞膜，当生殖毒物进入机体使生物膜通透性增加时，导致睾丸内该酶活性下降。纳米 SiO_2 能使大鼠睾丸组织中LDH-C4和SDH的活性明显降低，导致睾丸生精细胞的能量代谢发生障碍。纳米氧化锌进入附睾内，直接作用于成熟的精子细胞，引起精子形态异常，从而影响精子的正常功能。此外，间质细胞的功能受损将影响睾酮的合成和分泌，干扰下丘脑-垂体-性腺轴的负反馈功能，从而间接影响生精上皮的功能。因此，纳米颗粒也可通过干扰性激素水平、抑制睾丸组织酶活性而间接阻碍精子发生和成熟过程。

某些纳米材料的发育毒性及致畸作用是通过干扰母体稳态（homeostasis）而实现的。昆明小鼠在怀孕6～17d内连续口服不同剂量的纳米 TiO_2，其死胎率在高、中剂量组中明显上升，而在低剂量组却没有明显变化。体外实验发现，纳米氧化锌能引起RAW264.7和BEAS-2B两种细胞胞内Ca^{2+}明显和持久增加，使得线粒体膜通透性转移孔打开，线粒体膜电位消失，引起炎症反应和细胞死亡。细胞内Ca^{2+}浓度的增加是诱发细胞凋亡所必需的，Ca^{2+}增加可以激活促使细胞凋亡的各信号转导途径。而Ca^{2+}浓度的升高可能是由于脂质过氧化物开启了Ca^{2+}的通道或直接作为Ca^{2+}载体，有利于细胞外Ca^{2+}进入细胞内。

四、通过胎盘毒性引起发育毒性

胎盘是母体与孕体的交界面，它不仅使孕体与母体相连，而且是孕体进行气体交换、营养吸收与废物排泄的场所。胎盘能分泌一些对于维持妊娠至关重要的激素，同时还能对异生型物质进行代谢和/或储存。胎盘毒性物质能直接造成胎盘功能的损害，并进一步对胎体产生间接的影响。虽然不同物种间胎盘类型、血管定位、交换层数量有显著性差异，但是这些在化学物质的胎盘转运中不太可能起决定作用。实际上母体血浆中任何化学物质在一定程度上都能被胎盘转运。被动扩散是多数药物通过胎盘的方式，主要是指分子质量小于600Da的疏水性分子，药物在胎盘中扩散的速率受胎盘血流量的影响。随着妊娠进展，胎盘血流量增加，表面积增大并且厚度变薄，药物扩散的速率就增快。纳米颗粒可以随血液循环到达胎盘，透过胎盘屏障从母体传递给胎儿，从而影响胎儿的生长和发育。通常，胎盘屏障在小鼠中于妊娠（GD）10～12d时形成，在人类中大约在妊娠4个月时形成。纳米颗粒是否可以通过胎盘屏障对胎儿产生影响与纳米颗粒的大小和表面修饰有关，直径较小的颗粒和表面正性或中性电荷的颗粒更易穿过胎盘屏障。研究发现，直径13nm的锌颗粒可以通过胎盘屏障对胎儿产生影响，但直径57nm的氧化锌颗粒不能通过胎盘屏障对胎儿产生毒性。纳米颗粒通过胎盘对胎儿的影响可能与暴露时间有关，妊娠小鼠于GD 6～19d暴露纳米TiO_2虽然增加胎盘中钛含量，但没有对胎儿发育产生影响，而于GD 0～17d暴露纳米TiO_2的小鼠出现胎鼠发育迟缓并且诱发骨骼畸形。

在小鼠中，母体接触纳米颗粒后，纳米颗粒可通过胎盘转移而定位在胚胎中，并导致胎儿毒性，如后代的物理缺陷、神经毒性和生殖毒性。银纳米颗粒经胎盘壁转移至胎鼠体内，胎鼠组织中可见细胞核压痕、染色质团块、核固缩和局灶性坏死区。妊娠期暴露氧化锌可以诱导小鼠胎盘氧化应激和胎盘功能改变，纳米二氧化铈暴露可引起胎盘蜕膜化，引起胎盘功能障碍，导致妊娠丢失或胎儿生长受限，纳米TiO_2可以引起孕鼠胎盘血管化、抑制细胞增殖和引起细胞凋亡，并且诱导人滋养层细胞内质网应激和线粒体自噬。

化学药物在妊娠期的吸收行为及其抵达孕体的程度和形式是该化合物是否能影响发育的重要决定因素。母体、胎盘和胚胎区室构成了一个既相互独立又相互作用，在妊娠过程中发生复杂变化的系统。

参考文献

[1] DE M V，RINALDI R. Toxicity assessment in the nanoparticle Era[J]. Adv Exp Med Biol，2018，1048：1-19.

[2] SILBER S. Unifying theory of adult resting follicle recruitment and fetal oocyte arrest[J]. Reprod Biomed Online，2015，31（4）：472-475.

[3] RUDOLPH L M，BENTLEY G E，CALANDRA R S，et al. Peripheral and central mechanisms involved in the hormonal control of male and female reproduction[J]. J Neuroendocrinol，2016，28（7）：jne.12405.

[4] 王心如，周宗灿. 毒理学基础[M]. 北京：人民卫生出版社，2007.

[5] SUZUKI H，TOYOOKA T，IBUKI Y. Simple and easy method to evaluate uptake potential of nanoparticles in mam-malian cells using a flow cytometric light scatter analysis [J]. Environ Sci Technol，2007，41（8）：3018-3024.

[6] GAO G，ZE Y，LI B，et al. Ovarian dysfunction and gene-expressed characteristics of female mice caused by long-term exposure to titanium dioxide nanoparticles[J]. J Hazard Mater，2012，243：19-27.

[7] 徐丽明，陈亮，董喆，等. 纳米银凝胶在家兔体内的生殖器官毒性及体外细胞毒性研究 [J]. 药物分析杂志，2012，32（2）：194-201.

[8] DUFOUR E K，KUMARAVEL T，GERHARD J，et al. Clastogenici-ty，photo-clastogenicity or pseudo-photo-clastogenicity：Genotoxic effects of zinc oxide in the dark，in pre-irradi-ated or simultaneously irradiated Chinese hamster ovary cells[J].

Mutation Research，2006，607(2)：215-224.
[9] CHEN S X，YANG X Z，DENG Y，et al. Silver nanoparticles induce oocyte maturation in zebrafish(Danio rerio)[J]. Chemosphere，2017，170：51-60.
[10] FRANKLIN N M，ROGERS N J，APTE S C，et al. Comparative toxicity of nanoparticulate ZnO，bulk ZnO，and $ZnCl_2$ to a freshwater microalga(pseudokirchneriellasubcapitata)：the importance of particle solubility [J]. Environ Sci Technol，2007，41(24)：8484-8490.
[11] KWON D，NHO H W，YOON T H. Transmission electron microscopy and scanning transmission X-ray microscopy studies on the bioaccumulation and tissue level absorption of TiO_2 nanoparticles in Daphnia magna[J]. Journal of nanoscience and nanotechnology，2015，15(6)：4229-4238.
[12] SINGH S. Zinc oxide nanoparticles impacts：cytotoxicity，genotoxicity，developmental toxicity，and neurotoxicity[J]. Toxicol Mech Methods，2019，29(4)：300-311.
[13] PREAUBERT L，COURBIERE B，ACHARD V，et al. Cerium dioxide nanoparticles affect in vitro fertilization in mice. Nanotoxicology[J]，2016，10(1)：111-117.
[14] KUMAZAWA R，WATARI F，TAKASHI N，et al. Effects of Tiions and particle on neutrophil function and morphology[J]. Biomater，2002，23(17)：3757-3764.
[15] 刘晓慧，郭利利，秦定霞，等. ZnO 纳米对雌性 ICR 小鼠急性毒性作用的研究 [J]. 南京医科大学学报(自然科学版)，2009，29(2)：141-146.
[16] MOHAMMAD HOSSEINI S，HOSSEIN MOSHREFI A，AMANI R，et al. Subchronic effects of different doses of Zinc oxide nanoparticle on reproductive organs of female rats：an experimental study[J]. Int J Reprod Biomed(Yazd)，2019，17(2)：107-118.
[17] ALKALADI A，AFIFI M，ALI H，et al. Hormonal and molecular alterations induced by sub-lethal toxicity of zinc oxide nanoparticles on Oreochromis niloticus[J]. Saudi J Biol Sci，2020，27(5)：1296-1301.
[18] SALIMI M，MOZDARANI H，NAZARI E. Cytogenetic alterations in preimplantation mice embryos following male mouse gonadal gamma-irradiation：comparison of two methods for reproductive toxicity screening[J]. Avicenna J Med Biotechnol，2014，6(3)：130-139.
[19] REN L，ZHANG J，ZOU Y，et al. Silica nanoparticles induce reversible damage of spermatogenic cells via RIPK1 signal pathways in C_{57} mice[J]. International Journal of Nanomedicine，2016，11：2251-2264.
[20] BRAYDICH-STOLLE L，HUSSAIN S，SCHLAGER J J，et al. In vitro cytotoxicity of nanoparticles in mammalian germline stem cells [J]. Toxicol Sci，2005，88(2)：412-419.
[21] 林本成，袭著革，张英鸽，等. 微纳尺度 SiO_2 对雄性大鼠生殖功能及子代的影响 [J]. 解放军预防医学杂志，2008，26(3)：172-175.
[22] GERAETS L，OOMEN AG，KRYSTEK P，et al. Tissue distribution and elimination after oral and intravenous administration of different titanium dioxide nanoparticles in rats[J]. Part Fibre Toxicol，2014，11：30.
[23] ZHOU Y，JI J，ZHUANG J，et al. Nanoparticulate TiO_2 induced suppression of spermatogenesis is involved in regulatory dysfunction of the cAMP-CREB/CREM signaling pathway in mice[J]. J Biomed Nanotechnol，2019，15(3)：571-580.
[24] KIM K T，KLAINE S J，KIM S D. Acute and chronic response of daphnia magna exposed to TiO_2 nanoparticles in agitation system[J]. Bulletin of environmental contamination and toxicology，2014，93(4)：456-460.
[25] LAUVÅS A J，SKOVMAND A，POULSEN M S，et al. Airway exposure to TiO_2 nanoparticles and quartz and effects on sperm counts and testosterone levels in male mice[J]. Reprod Toxicol，2019，90：134-140.
[26] KHALID A，KHUDHAIR N，HE H，et al. Effects of dietary selenium supplementation on seminiferous tubules and SelW，GPx4，LHCGR，and ACE expression in chicken testis[J]. Biological trace element research，2016，173(1)：202-209.
[27] KEHR S，MALINOUSKI M，FINNEY L，et al. X-ray fluorescence microscopy reveals the role of selenium in spermatogenesis[J]. J Mol Biol，2009，389(5)：808-818.
[28] BISWAS A，MOHAN J，MANDAL A B，et al. Semen characteristics and biochemical composition of cloacal foam of male

Japanese quails（Coturnix coturnix Japonica）fed diet incorporated with selenium [J]. J Anim Physiol Anim Nutr（Berl），2016，101（2）：229-235.

[29] ZHANG X，GAN X，QIAN E，et al. Ameliorative effects of nano-selenium against NiSO（4）-induced apoptosis in rat testes[J]. Toxicol Mech Methods，2019，29（7）：467-77.

[30] KRAUSS R S，HONG M. Gene-environment interactions and the etiology of birth defects[J]. Curr Top Dev Biol，2016，116：569-580.

[31] PRESTON J D，REYNOLDS L J，PEARSON K J. Developmental origins of health span and life span：a mini-review. Gerontology[J]. 2018，64（3）：237-245.

[32] 薛猛，朱融融，孙晓宇，等. 纳米二氧化钛的发育毒性研究 [J]. 材料导报，2009，23（4）：103-105.

[33] 薛志刚，朱晒红，潘乾，等. 硅纳米颗粒的生物毒理学研究 [J]. 中南大学学报（医学版），2006，31（1）：6-8.

[34] XIA G，LIU T，WANG Z，et al. The effect of silver nanoparticles on zebrafish embryonic development and toxicology[J]. Artif Cells Nanomed Biotechnol，2016，44（4）：1116-1121.

[35] 朱小山，朱琳，郎宇鹏，等. 富勒烯及其衍生物对斑马鱼胚胎发育毒性的比较 [J]. 中国环境科学，2008，28（2）：173-177.

[36] JO E，SEO G，KWON J T，et al. Exposure to zinc oxide nanoparticles affects reproductive development and biodistribution in offspring rats[J]. J Toxicol Sci，2013，38（4）：525-530.

[37] RAMSDEN C S，HENRY T B，HANDY R D Sub-lethal effects of titanium dioxide nanoparticles on the physiology and reproduction of zebrafish[J]. Aquatic Toxicology，2012，126：404-413.

[38] POSGAI R，CIPOLLA-MCCULLOCH C B，MURPHY K R，et al. Differential toxicity of silver and titanium dioxide nanoparticles on Drosophila melanogaster development，reproductive effort，and viability：Size，coatings and antioxidants matter[J]. Chemosphere，2011，85（1）：34-42.

[39] 谭翔文，许金华，王宗保，等. 纳米碳酸钙补钙效果的大鼠实验研究 [J]. 临床和实验医学杂志，2008，7（3）：7-8.

[40] LU J，RAO M P，MACDONALD N C，et al. Improved endothelial cell adhesion and proliferation on patterned titanium surfaces with rationally designed，micrometer to nanometer features [J]. Acta Biomater，2008，4（1）：192-201.

[41] LIANG H，JIN C，MA L，et al. Accelerated bone regeneration by gold-nanoparticle-loaded mesoporous silica through stimulating immunomodulation[J]. ACS Appl Mater Interfaces，2019，11（44）：41758-41769.

[42] YU W Q，JIANG X Q，ZHANG F Q，et al. The effect of anatase TiO_2 nanotube layers on MC3T3-E1 preosteoblast adhesion，proliferation，and differentiation[J]. J Biomed Mater Res A，2010，94（4）：1012-1022.

[43] PADIAL-MOLINA M，GALINDO-MORENO P，FERNÁNDEZ-BARBERO J E.，et al. Role of wettability and nanoroughness on interactions between osteoblast and modified silicon surfaces[J]. Acta Biomater，2011，7（2）：771-778.

[44] THAPA A.，MILLER D C，WEBSTER T J，et al. Nano-structured polymers enhance bladder smooth muscle cell function[J]. Biomater，2003，24（17）：2915-2926.

[45] HONG F，ZHOU Y，J I J，et al. Nano-TiO_2 inhibits development of the central nervous system and its mechanism in offspring mice[J]. J Agric Food Chem，2018，66（44）：11767-11774.

[46] NOTTER T，AENGENHEISTER L，WEBER-STADLBAUER U，et al. Prenatal exposure to TiO_2 nanoparticles in mice causes behavioral deficits with relevance to autism spectrum disorder and beyond[J]. Transl Psychiatry，2018，8（1）：193.

[47] MOHAMMADINEJAD R，MOOSAVI M A，TAVAKOL S，et al. Necrotic，apoptotic and autophagic cell fates triggered by nanoparticles[J]. Autophagy，2019，15（1）：4-33.

[48] OLUGBODI J O，DAVID O，OKETA E N，et al. Silver nanoparticles stimulates spermatogenesis impairments and hematological alterations in testis and epididymis of male rats[J]. Molecules，2020，25（5）：1063.

[49] SHEN J，YANG D，ZHOU X，et al. Role of autophagy in zinc oxide nanoparticles-induced apoptosis of mouse LEYDIG cells[J]. Int J Mol Sci，2019，20（16）：4042.

[50] ZHANG J，LIU J，REN L，et al. Silica nanoparticles induce abnormal mitosis and apoptosis via PKC-δ mediated negative signaling pathway in GC-2 cells of mice[J]. Chemosphere，2018，208：942-950.

[51] REN L，LIU J，ZHANG J，et al. Silica nanoparticles induce spermatocyte cell autophagy through microRNA-494 targeting

AKT in GC-2spd cells[J]. Environ Pollut，2019，255（Pt 1）：113172.

[52] NETO F T，BACH P V，NAJARI B B，et al. Spermatogenesis in humans and its affecting factors[J]. Semin Cell Dev Biol，2016，59：10-26.

[53] HONG F，ZHOU Y. Spermatogenic apoptosis and the involvement of the Nrf2 pathway in male mice following exposure to nano titanium dioxide[J]. J Biomed Nanotechnol，2020，16（3）：373-381.

[54] ZHANG W，LIN K，SUN X，et al. Toxicological effect of MPA-CdSe QDs exposure on zebrafish embryo and larvae[J]. Chemosphere，2012，89（1）：52-59.

[55] HAN J W，JEONG J K，GURUNATHAN S，et al. Male- and female-derived somatic and germ cell-specific toxicity of silver nanoparticles in mouse[J]. Nanotoxicology，2016，10（3）：361-373.

[56] MERONI S B，GALARDO M N，RINDONE G，et al. Molecular mechanisms and signaling pathways involved in sertoli cell proliferation[J]. Front Endocrinol（Lausanne），2019，10：224.

[57] WU Y，MA J，SUN Y，et al. Effect and mechanism of PI3K/AKT/mTOR signaling pathway in the apoptosis of GC-1 cells induced by nickel nanoparticles[J]. Chemosphere，2020，255：126913.

[58] CASTRO M A，DALMOLIN R J，MOREIRA J C，et al. Evolutionary origins of human apoptosis and genome-stability gene networks[J]. Nucleic Acids Res，2008，36（19）：6269-6283.

[59] GOMES A，SENGUPTA J，DATTA P，et al. Physiological interactions of nanoparticles in energy metabolism，immune function and their biosafety：a review[J]. J Nanosci Nanotechnol，2016，16（1）：92-116.

[60] KOREN G，ORNOY A. The role of the placenta in drug transport and fetal drug exposure. Expert Rev Clin Pharmacol[J]. Expert Rev Clin Pharmacol，2018，11（4）：373-385.

[61] TENG C，JIA J，WANG Z，et al. Size-dependent maternal-fetal transfer and fetal developmental toxicity of ZnO nanoparticles after oral exposures in pregnant mice[J]. Ecotoxicol Environ Saf，2019，182：109439.

[62] HONG F，ZHOU Y，ZHAO X，et al. Maternal exposure to nanosized titanium dioxide suppresses embryonic development in mice[J]. Int J Nanomedicine，2017，12：6197-6204.

[63] LEE J，JEONG JS，KIM S Y，et al. Titanium dioxide nanoparticles oral exposure to pregnant rats and its distribution[J]. Part Fibre Toxicol，2019，16（1）：31.

[64] ZHONG H，GENG Y，CHEN J，et al. Maternal exposure to CeO_2NPs during early pregnancy impairs pregnancy by inducing placental abnormalities[J]. J Hazard Mater，2020，389：121830.

[65] ZHANG L，XIE X，ZHOU Y，et al. Gestational exposure to titanium dioxide nanoparticles impairs the placentation through dysregulation of vascularization，proliferation and apoptosis in mice[J]. Int J Nanomedicine，2018，13：777-789.

[66] ZHANG Y，XU B，YAO M，et al. Titanium dioxide nanoparticles induce proteostasis disruption and autophagy in human trophoblast cells[J]. Chem Biol Interact. 2018，296：124-133.

第七章

纳米材料与氧化应激

目前有多种机制用来解释纳米材料(nanomaterials)的毒性作用和对健康的影响，ROS 及氧化应激的产生最受人们关注。研究表明：人工制备的纳米材料，如富勒烯(C_{60})、单壁碳纳米管(single-walled carbon nanotubes，SWCNTs)、量子点(quantum dots，QDs)等，在复合光、紫外线、过渡金属暴露的条件下，均可以产生 ROS。纳米材料可以改变线粒体代谢过程中 ROS 的产生，干扰机体抗氧化防御系统，引起细胞间的相互作用。具体内容包括：①纳米材料诱导氧化应激，导致细胞内钙浓度升高和基因活化；②纳米材料携带的过渡金属的释放，诱导氧化应激，导致细胞内钙浓度升高和基因活化；③过渡金属活化细胞表面受体，导致随后的基因活化；④纳米材料在细胞内的分布诱导线粒体产生氧化应激。

第一节 氧化应激概述

一、氧自由基、活性氧与氧化应激

(一) 氧自由基

自由基(free radical)是指一类可以独立存在的含有未配对电子(单电子)的物质，包括分子和离子，不包括金属离子 / 元素。这些不成对的电子使自由基具有不稳定性和高反应性，若未配对的电子位于氧原子，则称为氧自由基(oxygen free radical，OFR)。氧自由基对人体有特殊的意义，据估计人体内总自由基中约 95% 属于氧自由基，氧自由基往往是其他自由基生成的起因。自由基反应一般都进行得很快，是典型的链式反应，分为三个阶段。①引发：通过热辐射、光照、单电子氧化还原法等手段使分子的共价键发生均裂产生自由基的过程称为引发；②链(式)反应：引发阶段产生的自由基与反应体系中的分子作用，产生一个新的分子和一个新的自由基，新产生的自由基再与体系中的分子作用，又产生一个新的分子和一个新的自由基，如此周而复始、反复进行的反应过程称为链(式)反应；③终止：两个自由基互相结合形成分子的过程称为终止。除上述外，自由基还有可发生裂解、重排、氧化还原、歧化等反应。

(二) 活性氧

活性氧(reactive oxygen species，ROS)是直接或间接由氧转化而成的，含有氧，而且化学性质较氧活泼的分子或离子的总称。主要包括：超氧阴离子自由基(superoxide radical，$\cdot O_2^-$)、羟自由基(hydroxyl radical，$\cdot OH$)、过氧化氢(hydrogen peroxide，H_2O_2)、单线态氧(singlet oxygen，$^1O_2$)，烷烃过氧化物(alkpe-roxide，ROOH)以及脂质过氧化物的中间产物烷氧自由基(alkoxyl，RO•)、烷过氧自由基(peroxyl，ROO•)等。$\cdot O_2^-$、•OH、RO•、ROO•属于氧自由基，H_2O_2 和 $^1O_2$ 属于非氧自由基。细胞内 ROS 的来源多种多样，绝大多数 ROS 是在生物呼吸作用和正常代谢中产生的，少量的 ROS 由辐射和光化学反应产生。细胞只要产生一种 ROS，就可通过自由基链反应产生其他 ROS。Harber-Weiss 反应和 Fenton 反应是体内 ROS 产生与转化的主要反应

Harber-Weiss 反应：$H_2O_2 + O_2^- \longrightarrow OH\cdot + OH^- + O_2$

Fenton 反应：$Fe^{2+} + H_2O_2 \longrightarrow Fe^{3+} + OH\cdot + OH^-$

在正常生物体内，ROS 的产生与清除可维持低水平的、有益无害的平衡。一方面，ROS 在正常细胞新陈代谢中不断地产生，并且参与了正常机体内各种有益的作用，如机体防御作用、某些生理活性物质的合成等。另一方面，在机体生长发育阶段或正常运转阶段，即使某种 ROS 的产生多了一些，也会被机体内的各种 ROS 清除剂所清除。生物体内有效清除 ROS 的保护机制包括酶促和非酶促体系两类。酶促体系包括超氧化物歧化酶（superoxide dismutase，SOD）、过氧化氢酶（catalase，CAT）、谷胱甘肽过氧化物酶（glutathione peroxidase，GPx）和过氧化物酶（peroxidase，POD）。非酶促体系包括维生素 C、谷胱甘肽（glutathione，GSH）、维生素 E、类胡萝卜素等还原物质。

（三）氧化应激

当机体遭受各种有害因素刺激时，体内高活性分子，如 ROS 和活性氮（reactive nitrogen species，RNS）产生增多，称为氧化应激（oxidative stress，OS）。在低水平的氧化应激过程中，细胞中转录因子被激活，发生核内转位，与Ⅱ相抗氧化酶，如谷胱甘肽转硫酶（glutathione s-transferase，GST）、上游区域的抗氧化反应元件（antioxidant response element，ARE）结合，参与下游Ⅱ相抗氧化酶（SOD、CAT、GPx、HO-1、GST）基因的调控，以保持细胞氧化还原稳态；随着 ROS 的增多，重要的氧化 - 还原敏感（redox-sensitive）的核因子 -κB（nuclear factor kappa-B，NF-κB）和丝裂原活化蛋白激酶（mitogen-activated protein kinases，MAPKs）信号转导通路发生改变，引起促炎症反应，其中，ERK、JNK、P38 是 MAPKs 激酶的重要家族成员，对 ARE 的转录可能存在不同的作用机制；高水平的氧化应激，导致线粒体膜孔开放，释放细胞凋亡诱导因子（apoptosis inducing factor，AIF），Bax、Bcl-2 的降低及 P53 的增高，引起细胞凋亡以及机体组织的损伤和器官的病变，即氧化损伤（oxidative damage）。

二、活性氧对生物体的影响

（一）ROS 导致膜流动性的改变

所有的细胞膜，包括线粒体膜、溶酶体膜、过氧化体膜、核膜、质膜等细胞内外的各种膜，都含有各种脂类和蛋白质。ROS 可以导致膜流动性的改变、氧化链锁反应、过氧化物的产生以及膜本身的破坏；ROS 可以通过导致蛋白质变性、重合以及酶失活等方式对蛋白质造成损害。ROS 可以对核酸造成损害，ROS 对核酸的损伤包括：氨基、羟基的脱除；碱基与核糖连接键断裂；磷酸酯键的断裂；DNA 或其主键的断裂。ROS 还可使细胞膜中低聚糖中糖分子上的羟基，因氧化而生成聚合物，从而破坏细胞膜上的糖类结构。

（二）ROS 导致线粒体 DNA 突变

线粒体 DNA（mitochondrial DNA，mtDNA）与核基因组 DNA 相比，更易受到自由基的损伤，这是因为：① mtDNA 的位置靠近自由基产生部位——线粒体内膜，裸露于内膜上氧化呼吸链产生的大量自由基的环境中，易遭受氧化损伤；② mtDNA 缺乏组蛋白的保护，并且因为缺乏修复系统，mtDNA 损伤后不易被修复；③ mtDNA 不存在非编码区，氧化损伤造成的 mtDNA 突变都被转录，所以损伤可以累积下来。当 mtDNA 发生突变时，细胞就成为包含有突变型和野生型 mtDNA 的混合体，称为异质性细胞。突变型与野生型 mtDNA 的比例是决定是否出现生化和临床异常的关键因素。当突变比例不断增大，细胞通过线粒体中氧化磷酸化获得的生物能量下降到一定程度后，就会出现一系列的疾病症状。

（三）ROS 对呼吸链的损伤

在线粒体内膜上有 5 个不同的蛋白质复合体涉及氧化磷酸化反应，其中复合体Ⅰ、Ⅱ、Ⅲ、Ⅳ组成电子传递链。所有由 mtDNA 编码的多肽都是氧化磷酸化系统的组成部分，自由基对 mtDNA 的损伤可以通过 mtDNA 编码的多肽影响氧化磷酸化过程，此外呼吸链复合体也可能直接受到自由基的攻击。复合体Ⅰ对羧基自由基和 $\cdot O_2^-$ 特别敏感，复合体Ⅳ最易受到过氧化物的攻击，复合体Ⅰ、Ⅱ也会受其影响。电子传递链复合体易受攻击，可能是由于复合体蛋白质易受到氧化损伤。在氧化损伤和氧化磷酸化之间可能存在一个循环机制，由于氧化磷酸化产生自由基，这些自由基可能对 mtDNA、蛋白质和膜脂质造成损伤，这些损伤反过来又会影响氧化磷酸化，并产生更多的自由基，这些自由基可能产生更多的氧化损伤，并进一步导致 ATP 含量的减少。

（四）ROS 导致细胞核的损伤

纳米材料由于具有小尺寸效应、表面积大等特点，可以产生更多的 ROS，比微米颗粒产生更大的遗传毒性，这种毒性作用一个来自纳米材料与细胞组分（cellular components）的作用，另一个来自纳米材料干扰细胞代谢活动和细胞之间相互作用而产生的 ROS。ROS 可以在细胞周期的全阶段影响 DNA，纳米材料与细胞的相互作用可以影响微管和中心体，一旦纳米材料跨过细胞膜，便可以干扰核小体，导致基因表达改变。在有丝分裂过程中，被干扰的微管将导致错误的着丝点，使非整倍体或多倍体细胞增加，对核小体的影响则可能妨碍染色质的凝聚，导致染色质出现偏差而引起遗传毒性。ROS 损伤细胞核导致遗传毒性的终点评价指标主要有 DNA 加合物（DNA adducts）、基因突变（gene mutations）、DNA 链断裂（DNA strand breakage）、胞质分裂阻滞（cytokinesis block）等。主要通过中性（或碱性）彗星试验、微核试验和 Ames 试验实现。

第二节 纳米材料在无细胞体系中氧化还原能力

人工合成纳米材料根据其化学组成的不同可分为五类：碳纳米材料、氧化物纳米材料、金属纳米材料、量子点和有机聚合物纳米材料等，他们在无细胞体系中氧化还原能力分别如下。

一、碳纳米材料

碳纳米材料具有较强的表面活性，无论碳纳米管（carbon nanotubes，CNTs）还是 C_{60} 均可以在吸收能量或者接触生物体内电子供体时产生 ROS。如 C_{60}，无论分子大小，处在有机相和水相中，在光照射下可以产生单线态氧（singlet oxygen，$^1O_2$），$^1O_2$ 可以与 DNA、脂质、胆固醇、氨基酸等生物大分子作用，形成 DNA 加合物和脂质过氧化物。并且这种作用随着碳纳米材料中杂质铁的含量增加而加强。

二、氧化物纳米材料

以纳米金属氧化物 TiO_2（TiO_2 NPs）为例，TiO_2 NPs 具有半导体能带结构，由填满电子的低能价带（valence band，VB）和空的高能导带（conduction band，CB）构成，在小于 400nm 波长的光照射下，价带电子被激发到导带，形成空穴一电子对（e^--h^+），并吸附在其表面的 H_2O 和 O_2，形成活性很强的 $\cdot OH$ 和 $\cdot O_2^-$ 等 ROS，将光能转化为化学能，诱发光化学反应，其反应历程如下：

$$TiO_2 + hv \longrightarrow TiO_2 + e^- + h^+ \quad (7\text{-}1)$$

$$H_2O + h^+ \longrightarrow \cdot OH + H^+ \quad (7\text{-}2)$$

$$O_2 + e^- \longrightarrow \cdot O_2^- \quad (7\text{-}3)$$

$$H_2O + O_2^- \longrightarrow \cdot OOH + OH^- \quad (7\text{-}4)$$

$$2\cdot OOH \longrightarrow H_2O + O_2 \quad (7\text{-}5)$$

$$\cdot OOH + H_2O + e^- \longrightarrow H_2O_2 + OH^- \quad (7\text{-}6)$$

$$H_2O_2 + e^- \longrightarrow \cdot OH + OH^- \quad (7\text{-}7)$$

$$H_2O_2 + O_2^- \longrightarrow \cdot OH + OH^- \quad (7\text{-}8)$$

h 为普朗克常量，v 为电磁辐射频率，h^+ 代表空位。

研究发现 TiO_2 NPs 能通过光照及干扰细胞代谢及细胞间相互作用等过程促进 ROS 生成。另外，对于很多金属类纳米颗粒，由于其在制备过程残留（或在体内能够泄漏出）很多金属离子（Fe^{2+}、Cr^{5+}、Ni^{2+} 等），这些离子可以通过 Fenton 反应产生自由基，从而给机体带来更严重的伤害。

三、金属纳米材料

多数金属（Fe、Ag、Cu 等）纳米材料在水相中都具有一定的溶解性，能够释放金属离子。Vogelsberger 等研究了金属纳米材料在水相中的溶解动力学，结果表明：纳米材料在水相中的溶解性与颗粒大小、表面张力和颗粒浓度等有关。较大的表面积使得纳米材料在水体中释放金属离子的能力大大增强，1mg/L 的金属纳米材料能释放大约 1μg 的金属离子。由于金属元素可以提供电子，因此可以产生 ROS，同时释放金属离子。纳米 Fe 产生 ROS 反应如下：

$$Fe^0 + O_2 + 2H^+ \longrightarrow Fe^{2+} + H_2O_2 \quad (7\text{-}9)$$

$$Fe^0 + H_2O_2 \longrightarrow Fe^{2+} + 2\cdot OH \quad (7\text{-}10)$$

$$Fe^{2+} + H_2O_2 \longrightarrow Fe^{3+} + \cdot OH + OH^- \quad (7\text{-}11)$$

四、量子点

研究表明：CdSe 量子点（QDs）在甲苯或有感光剂存在的水溶液中能够产生 $^1O_2$，继而跃迁到三线态，最后能量从感光剂的三线态转移到分子氧，这种能量的转移能够对核酸、酶类、线粒体、细胞膜和细胞核等产生不可修复的损伤。光致激发后，CdSe QDs 的导带电势阻止了氧原子还原成 O_2^-，但能产生$\cdot OH$，而在核 / 壳结构的 CdSe/ZnS QDs 中，ZnS 壳在氧化的分子和 CdSe 核之间产生了更高的能障，阻止了$\cdot OH$ 和 O_2^- 的产生，即 QDs 特定的表面修饰可以在一定程度上抑制自由基的产生。Wang 等使用溴化乙锭（ethidium bromide）作为探针，分别研究了水溶性 CdTe QDs、CdTe/SiO_2 QDs 和含锰的（Mn-doped）ZnSe QDs（Mn：ZnSe d-dots）对 DNA 分子的损伤作用，结果显示：离子强度、pH 和紫外辐射均影响它们的荧光强度以及与 DNA 分子的作用。CdTe QDs 无论是在避光或紫外线照射下均极易损伤 DNA 分子，这种在黑暗避光的情况下 CdTe QDs 导致的 DNA 损伤，可能是其缓慢氧化产生的自由基和表面氧化物逐渐溶解造成的。与 CdTe QDs 相比，CdTe/SiO_2 QDs 由于有 SiO_2 外壳，可以阻断 CdTe QDs 与外界的接触，对 DNA 的损伤作用小得多，但是 Duong 等最新研究发现，CdSe/ZnS QDs 尽管具有 ZnS 外壳，与 5- 氨基乙酰丙酸混合仍然可以产生$\cdot OH$，而与谷氨酸混合则可以产生$\cdot O_2^-$。Mn：ZnSe d-dots 作为一种新的混杂 QDs 几乎不对 DNA 造成损伤，作为荧光探针在细胞和组织成像以及体内研究中具有巨大的潜力。

聚苯乙烯等纳米材料可以在生物体内通过干扰电子传输链而产生 ROS。

五、有机聚合物纳米材料

有机纳米颗粒由于粒径小，位于表面的原子占有的体积分数较大，产生相当大的表面能，并且随着粒径的减小，比表面积急剧增大，表面原子数及其占比迅速增大，比表面积增大，原子配位数不足，产生不饱和键，使有机聚合物纳米颗粒表面活性增加。当纳米颗粒尺寸下降至 1～10nm 时，电子能级由准连续变为离散能级，产生量子尺寸效应，能带蓝移，并出现禁带变宽现象，使得电子和空穴具有更强的氧化电位。这使得其导致细胞氧化应激成为可能。以氨化聚苯乙烯纳米颗粒为例，许多研究已证实氨化聚苯乙烯纳米颗粒通过细胞内吞作用进入细胞，产生 ROS，导致细胞氧化应激并进一步诱导 DNA 损伤。Akash 等人对氨化聚苯乙烯纳米颗粒进行细胞毒性研究中发现暴露 10μm 氨化聚苯乙烯纳米颗粒 6h 的 Hela 细胞中 ROS 含量是对照组的 5 倍。

第三节 纳米材料在体外条件下的氧化损伤作用

纳米颗粒大的比表面积和单位质量中较多的粒子数目，可使纳米颗粒的表面反应活性成倍提高，与相同成分的常规颗粒相比，纳米颗粒表面更容易生成具有高反应能力的自由基。自由基能够诱导细胞的氧化损伤和炎症反应，激活与免疫相关的一些分子的合成和释放，如细胞核转录因子、前炎症细胞因子（TNF- α，IL-1α 和 IL-1β）等。ROS 大量累积且不能被及时清除会对生物体产生氧化胁迫，造成生物毒性效应。ROS 能够对几乎所有的细胞造成损伤，这一过程可以分为三个阶段。①低水平的氧化胁迫：转录因子 Nrf2 调节抗氧化酶、解毒酶等组成的抗氧化防御系统，抵抗过氧化胁迫；②高水平的氧化胁迫：ROS 刺激细胞中敏感性的酶，发出保护性的促炎反应；③最高水平的氧化胁迫：导致膜脂质过氧化、线粒体损伤、DNA 损伤、细胞功能丧失，并引起 Fas 表达上调，直至引起细胞的凋亡。其他的毒性机制，如蛋白质变性、DNA 损伤等也可能是由 ROS 造成的氧化损伤引起的。

一、碳纳米材料

碳纳米管对小鼠的心血管、呼吸和消化系统均有一定的毒性；且对人体的巨噬细胞、肺上皮细胞、角质细胞和 T 细胞等均可产生细胞毒效应，激活 NF-κB、AP1 通路，激活 T 细胞，导致氧化损伤、炎症反应等。

（一）单壁碳纳米管

2003 年，Shvedova 等研究发现人角质细胞暴露单壁碳纳米管（SWCNTs）后出现自由基形成、过氧化物积聚以及抗氧化物质减少，暴露 18h 后细胞活力下降等现象，同时还发现了细胞形态和细胞超微结构的改变，说明 SWCNTs 具有较强的诱导细胞产生氧化应激的能力，可造成细胞损伤。2006 年，林治卿等研究表明，大鼠主动脉内皮细胞存活率与 SWCNTs 染毒剂量呈负相关变化趋势，随着染毒剂量的增加，谷胱甘肽（GSH）含量降低（$P<0.01$），乳酸脱氢酶（LDH）释放量上升，并在 12.5～100μg/ml 浓度变化区间存在显著性差异（$P<0.01$）。由于制备 SWCNTs 过程中，常混杂有 Fe^{2+}，而 Fe^{2+} 又是氧化 - 还原反应的催化剂，Kagan 等分别对纯度高的 SWCNTs（0.23wt% Fe）和混杂有 Fe 的 SWCNTs（26wt% Fe）对巨噬细胞（RAW264.7）的作用进行了研究，结果表明，SWCNTs（26wt% Fe）可以使酵母聚糖刺激的 RAW264.7 产生更多的•OH，并且可以有效地促进黄嘌呤 / 黄嘌呤氧化酶体系产生的$•O_2^-$ 转化为•OH，细胞内 GSH 降低，脂质过氧化（LPO）增加，因此，Fe 的存在对 SWCNTs 的氧化还原能力起着重要作用。2012 年，姚娟娟等研究发现：分别以剂量 5μg/ml、30μg/ml 和 60μg/ml 的 SWCNTs 染毒正常大鼠肝细胞株 BRL，可引起 BRL 细胞增殖，结构异常。染毒 48h 后，随着 SWCNTs 染毒剂量的增加，细胞中 SOD、GSH-Px 活力逐渐降低，MDA 含量逐渐增加，细胞凋亡率逐渐升高，且与对照组相比，差异均有统计学意义。Kim 等研究 SWCNTs 与人血细胞相互作用时发现，SWCNTs 可以抑制细胞生长，导致 DNA 断裂和微核形成，抗氧化剂 *N*- 乙酰半胱氨酸（NAC）可以阻止上述现象的出现，进一步证实了 ROS 的产生。Ahangarpour 等研究发现 SWCNTs 可以降低胰岛细胞活力，诱导 ROS 的形成，增加 MDA 的水平，并降低 SOD、GSH-Px 和 CAT 的活性以及 GSH 的含量，诱导胰腺的氧化应激，从而导致糖尿病的发生。

（二）多壁碳纳米管

Monteiro-Riviere 等研究人表皮角质（HEK）细胞对多壁碳纳米管（MWCNTs）的过敏反应时发现，纯化了的 MWCNTs（化学气相沉积法合成）（剂量为 0.1～0.4mg/ml）与 HEK 细胞温育，随着时间延长和剂量的增加，MWCNTs 引起致炎细胞因子（IL-8）的释放量增多、细胞生存能力下降，即 MWCNTs 能引起 HEK 细胞氧化应激。刘颖等将小鼠巨噬细胞株（RAW264.7）和人肺泡Ⅱ型上皮细胞（A549）暴露于 2.5～100μg/ml 的 MWCNTs 混悬液，采用化学测定法，检测细胞培养上清液中的总蛋白（TP）、乳酸脱氢酶（LDH）和一氧化氮（NO）水平，并测定细胞内 GSH、SOD 和 MDA 等细胞毒性及氧化损伤指标；使用鲁米诺诱导的化学发光法测定细胞内氧自由基水平，细胞的吞噬能力和细胞产生 ROS 的情况。发现：细胞上清液中 TP、LDH 和 NO 的释放水平随着染毒浓度的增加而逐渐增高，各染毒组细胞内的 GSH 和 SOD 含量呈降低趋势，MDA 含量呈升高趋势，具有明显的剂量 - 效应关系。相同染毒浓度下，A549 细胞表现出更严重的细胞毒性反应和氧化损伤情况。Sun 等发现，MWCNTs 可以增加人脐静脉内皮细胞（HUVECs）内的 ROS 和减少 GSH。Lin 等研究发现羟基化或羧基化的 MWCNTs 诱导 THP-1 巨噬细胞中脂质蓄积和 IL-6 释放，同时伴随着氧化应激和内质网应激蛋白的增加。Sabido 等研究发现，将 RAW264.7 巨噬细胞暴露于 Nanocyl™CNT、CNTf 或 CNTa 三种类型的 MWCNTs 中可以引起 ROS 水平增加，其中 CNTf 强烈刺激了$•O_2^-$ 的产生。

（三）富勒烯

Sayes 等发现使用富勒烯（C_{60}）处理 48h 可导致人真皮纤维原细胞（HDF）、人肝癌细胞（HepG2）及人神经胶质细胞（NHA）中 GSH 和 MDA 含量增加，细胞膜完整性受损。Laura 等研究了 C_{60}（0.7nm）对蚌类血细胞的作用，发现 C_{60} 对溶酶体膜的稳定性没有显著影响，但是随着剂量的增加可以诱导溶菌酶（lysozyme）的释放和细胞外氧自由基与 NO 的产生。Ershova 等则发现，C_{60} 衍生物可以引起二倍体人胚肺成纤维细胞（HELF）ROS 水平升高，进而导致 DNA 断裂，当浓度大于 25μmol/L 时，伴随着 TGF-β、

RHOA、RHOC、ROCK1 和 SMAD2 水平的升高，细胞出现坏死。提示可以作为药物载体的水溶性 C_{60} 衍生物在体内具有诱导肺纤维化的可能性。张静姝等研究发现，C_{60} 可引起中国仓鼠肺成纤维（CHL）细胞损伤，细胞内 LDH 释放率及 SOD、CAT 活性和 GSH、MDA、ROS 含量检测结果表明，C_{60} 对 CHL 细胞的损伤可能是通过氧化应激介导的。Prylutskyy 等研究发现，富勒烯胶体水溶液（C_{60} FAS）有强大的活性氧清除能力，可以降低大鼠的肱三头肌肌肉疲劳过程中 H_2O_2 和硫代巴比妥酸反应性物质（TBARS）的水平。与此同时，Schuhmann 等发现富勒烯醇（水溶性 C_{60} 富勒烯衍生物）可显著降低原代小鼠大脑微血管内皮细胞的 erk1/2 活化并导致炎性环境中 NF-κB 的活化。

二、金属纳米颗粒

金属纳米粒的毒性效应与金属离子的释放与 ROS 的产生有关，这些金属离子能够与细胞膜、细胞壁的组分或者核酸蛋白相结合，干扰细胞的正常生理功能，从而对细胞产生损伤。当分析一种纳米材料的毒性作用时要对可能影响的因素进行综合考虑，其中包括一些非生物因素（如 pH、盐度、水体硬度、温度、水体中可溶性有机物等）的影响。

（一）金纳米颗粒

Jasmine 等研究发现，金纳米颗粒（AuNPs，又称纳米金）可以被体外培养的人肺纤维细胞（MRC-5）吞噬，同时伴随着氧化应激发生，产生大量的脂质过氧化物，研究通过使用 Western blot 分析 MDA 蛋白加合物，确定了细胞氧化损伤的存在。研究中 AuNPs 可以诱导抗氧化剂、应激反应相关基因（stress response genes）和蛋白质高表达的实验结果提示：AuNPs 的自我吞噬作用（autophagy）可能是细胞抵御氧化应激的机制之一。Thakor 等研究发现，包被着可交换拉曼（Raman）光的有机分子，具有拉曼活性在 AuNPs（PEG-R-AuNPs），在较高浓度，并长期暴露（48h）在 HeLa 和 HepG2 细胞时，可以在细胞囊泡内发现纳米颗粒，导致细胞处于氧化应激状态，破坏其自身的氧化防御系统。

（二）银纳米颗粒

Song 等研究发现，银纳米颗粒（AgNPs，又称纳米银）引起人肺癌细胞（A549）GSH 水平降低，线粒体膜电位下降，细胞内 ROS 水平增加；AgNPs 能改变蛋白酶 C mRNA 水平，引起 PKCα 的异位过表达，导致细胞增殖增加，以降低 AgNPs 对细胞的敏感作用，结果显示：AgNPs 通过影响 PKCα 诱导氧化应激和细胞凋亡。Park 等将生物适合的 AgNPs（平均尺寸 68.9nm，浓度 0.2ppm、0.4ppm、0.8ppm 和 1.6ppm，曝光时间 24h、48h、72h 和 96h）与 RAW264.7 细胞作用，结果发现：AgNPs 能减少细胞内 GSH 水平，增加 NO 含量，增加 TNF-α 蛋白水平和基因表达，增加金属蛋白酶（MMP-3、MMP-11 和 MMP-19）的基因表达。Kim 等使用阳离子交换树脂，去除水溶性 AgNPs 中的 Ag^+，比较了 AgNPs 和 $AgNO_3$ 对 HepG2 细胞的作用，发现 AgNPs 不影响金属硫蛋白 1b（metallothionein 1b，MT1b），而 $AgNO_3$ 则影响 MT1b；AgNPs 在细胞质和细胞核中的团聚诱导细胞内的氧化应激，AgNPs 引起的细胞毒性和 DNA 损伤可以被抗氧化剂 NAC 抑制；使用 AgNPs 和 $AgNO_3$ 处理的 HepG2 细胞的相关氧化应激指标 GPx1、CAT 的 mRNA 表达不同，SOD1 的 mRNA 表达水平相近，提示 AgNPs 诱导的细胞毒性主要机制是氧化应激，它不依赖于 AgNPs 所释放的 Ag^+，与 Ag^+ 的氧化应激机制可能不同。AgNPs 对 BRL-3A 肝细胞系和大鼠肺巨噬细胞的影响研究发现，GSH 耗竭以及 ROS 的增加与线粒体功能紊乱有关，表明 AgNPs 的细胞毒性可能是氧化应激介导所致。Piao 等进一步研究发现，AgNPs 通过诱导人正常肝细胞中 ROS 产生和抑制 GSH 合成，导致 DNA 断裂、膜脂质过氧化和蛋白质羰基化，引起细胞凋亡。在细胞凋亡过程中，线粒体跨膜电位被耗散，细胞色素 c（Cyt c）从线粒体转移到胞质，与胞质中的其他成分相互作用，激活半胱氨酸蛋白酶（caspases），释放凋亡诱导因子（AIF），Bax、Bcl-2 降低，P53 增高。Hudecová 等的研究则发现：AgNPs（20nm）能被人肾细胞 HEK293 摄取，损伤 DNA 碱基，其氧化损伤作用随 AgNPs 暴露剂量增加而增加，獐牙菜苦苷、芒果苷和异荭草素等是具有明显抗氧化作用的植物提取物，能够减少 AgNPs 的氧化损伤作用。

Oukarroum 等研究发现，AgNPs 对植物细胞具有毒性作用，被植物细胞摄入的 AgNPs 可以显著增加细胞内的 ROS 水平，使细胞处于氧化应激状态。关于 AgNPs 的毒性机制可能是由 AgNPs 与细胞的含有巯基的蛋白质及酶发生相互作用所引起的。这些蛋白质和酶（如 GSH、SOD）都是细胞抵抗氧化损伤的重要成分，能够中和由线粒体能量代谢而大量产生的ROS所引起的氧化应激。AgNPs能够耗竭抗氧化剂，导致ROS累积，而ROS的过量累积又能启动炎症反应并引发线粒体功能紊乱和功能丧失，进而引起细胞色素c等促凋亡因子释放，导致细胞发生程序性死亡。Sin等研究了AgNPs诱导NIH3T3成纤维细胞凋亡的分子机制，发现AgNPs可诱导ROS产生，激活JNK，并通过线粒体途径诱导细胞凋亡。Rona等研究了不同尺寸（10nm、20nm、40nm、60nm和100nm）AgNPs对人结肠癌细胞（LoVo）的影响，结果发现：随着尺寸增加，AgNPs的细胞毒性增强，推断AgNPs的毒性作用与ROS产生和炎症反应有关。Lee等报道：AgNPs通过产生ROS，减低GSH水平，上调HO-1 mRNA表达而损伤NIH3T3细胞。AgNPs对细胞自噬活性的影响在细胞的成活方面起着重要作用。

除了线粒体破坏，细胞膜损伤可能是AgNPs细胞毒性的另一机制。理论上，纳米粒子必须穿越细胞膜进入细胞后才能到达细胞器。已知细胞膜上富含巯基蛋白质，很可能发生有害的蛋白质-AgNPs相互作用，引起脂质过氧化作用。这一机制是Ag^+共有的，而AgNPs也能释放Ag^+，因此细胞膜脂质过氧化作用也是可能的毒性机制。

考虑到AgNPs在生活用品中的广泛应用，Aueviriyavit等使用Caco-2细胞作为体外人类消化道模型，探讨了AgNPs与细胞氧化应激的相关性，发现AgNPs通过Nrf2/HO-1信号通路引起Caco-2细胞的氧化应激，并诱导其急性毒性和细胞反应，HO-1基因可以被用于AgNPs使用过程中人类胃肠道安全性评价的敏感指标。May等研究发现AuNPs可以导致人A549细胞中ROS产生的增加和细胞内谷胱甘肽水平的降低，并且可以导致短暂的DNA损伤。

三、氧化物纳米颗粒

（一）二氧化硅纳米颗粒

二氧化硅纳米颗粒（SiO_2 NPs）可以作为药物载体，用于基因治疗和分子成像，在生物医药和生物技术领域的应用非常广泛。由于静脉给予的SiO_2 NPs一旦进入血液，血管内皮细胞将直接接触纳米粒，因此有关SiO_2 NPs对体外培养的细胞的氧化损伤作用研究得较多。研究表明，氧化应激是SiO_2 NPs诱导多种细胞（巨噬细胞、初级肾细胞、血管内皮细胞）凋亡和产生炎症的毒性作用机制。

Liu等将HUVECs暴露于不同浓度（25mg/ml、50mg/ml、100mg/ml、200mg/ml）的SiO_2 NPs 24h，发现浓度在50～200mg/ml的SiO_2 NPs可以显著诱导HUVECs中ROS的产生，导致细胞膜的去极化，引起细胞凋亡；在高浓度，细胞的坏死速度，LDH泄漏，CD54和CD62E的表达，TF、IL-6、IL-8和MCP-1的释放显著增加；JNK、c-Jun、P53、caspase-3和NF-κB被激活，Bax过表达，Bcl-2蛋白受到抑制；抑制ROS可以减少细胞凋亡、炎症及JNK、c-Jun、P53和NF-κB被活化现象，提示：SiO_2 NPs能够通过氧化应激经由JNK、p53和NF-κB通路导致内皮细胞功能失调。此外，SiO_2 NPs还可以诱导小鼠艾氏腹水癌细胞（EAC）和白血病细胞（L1210）产生ROS，可以引起肺癌细胞株（A549）及人胚肺细胞株（L-132）的炎性反应。

Eom等研究了SiO_2 NPs对人支气管上皮细胞Beas-2B的影响，检测了ROS、SOD和HO-1，通过NF-κB、Nrf-2-ERK MAP信号转导通路研究了作用机制，结果表明：SiO_2 NPs对HO-1和Nrf-2-ERK MAP的影响比烟雾中的SiO_2对HO-1和Nrf-2-ERK MAP的影响更明显。Mohd等分别考察了两种高纯度的SiO_2 NPs（10nm和80nm）对A549细胞的毒性及氧化应激的影响，发现：SiO_2 NPs引起的ROS和细胞膜LPO的增加具有剂量-效应关系；两种尺寸的SiO_2 NPs对GSH（谷胱甘肽）、GSH代谢酶、GR（谷胱甘肽还原酶）和GPx（谷胱甘肽过氧化物酶）的影响较小，显示：SiO_2 NPs对A549细胞的毒性作用主要是通过氧化产生的ROS和LPO造成的，不是由于GSH的减少造成的。

洪文旭等研究表明：不同粒径的SiO_2 NPs（15nm、30nm、100nm），在一定剂量范围内（5μg/ml、10μg/ml、15μg/ml），均可以诱导人永生化表皮细胞内ROS明显增加，并明显改变SOD和CAT的酶活力水平。

Zhan等研究表明SiO_2 NPs可以导致秀丽线虫ROS和丙二醛的增加，以及还原型谷胱甘肽的减少，导致生殖细胞凋亡和氧化应激。Roshanfekrnahzomi等研究发现SiO_2 NPs通过影响ROS的积累和诱导细胞凋亡对人神经母细胞瘤细胞（SH-SY5Y）产生细胞毒性作用，从而对神经系统产生影响。Liu等研究发现，A549细胞暴露于SiO_2 NPs后的氧化应激与Nrf2/ARE途径有关。

（二）二氧化钛纳米颗粒

二氧化钛纳米颗粒（TiO_2 NPs）可以导致与氧化应激相关的许多事件发生，包括炎症、细胞毒性和基因突变，由于纳米 TiO_2 的暴露途径主要是皮肤和呼吸道，Park 等将 5μg/ml、10μg/ml、20μg/ml、40μg/ml 的商业 TiO_2 NPs（P-25，21nm）分别作用于人工培养的人支气管上皮细胞（BEAS-2B），发现 TiO_2 NPs 导致细胞中 ROS 增加、GSH 减少、诱导细胞凋亡；相关的炎性基因 IL-1、IL-6、IL-8、TNF-a 和 C-X-C 等升高。Shi 等研究发现：TiO_2 NPs 可以通过 caspase-8/t-Bid 途径诱导 BEAS-2B 细胞凋亡，ROS 的产生随着剂量的增加而增加，NAC 可以抑制自由基的产生。Ritesh 等通过 MTT 法和中性红摄取试验发现 TiO_2 NPs 暴露于人表皮细胞（A431）48h，对细胞的毒性作用较弱，但是，TiO_2 NPs 能显著诱导 DNA 损伤，形成微核，促进 ROS 产生，降低 GSH 水平，增加细胞中 LPO 含量。James 等评价了紫外线（UVA）照射下 TiO_2 NPs 对金鱼皮肤细胞（GFSk-S1）的影响，使用中性红滞留（neutral red retention，NRR）检验溶酶体膜的强度，评价细胞的活性，彗星试验评价 DNA 的氧化损伤，电子顺磁共振（ESR）技术对产生的自由基定性，发现无 UVA 照射时 TiO_2 NPs（0.1～1 000μg/ml）对细胞活性影响极小，在 UVA（0.5～2.0kJ/m^2）的照射下，细胞活性随着 TiO_2 NPs 剂量的增加显著降低；无 UVA 照射下，TiO_2 NPs（1μg/ml、10μg/ml 和 100μg/ml）导致 Fpg 敏感位点升高，提示 DNA 嘌呤碱基（如鸟嘌呤）被氧化，UVA 可以加强 TiO_2 NPs 引起的 DNA 损伤，纳米 TiO_2 的毒性作用主要是•OH 引起的。UVA 联合 TiO_2 NPs 对 GFSk-S1 的影响与 UVB 对 OGG1 细胞的影响基本一致。

将 TiO_2 NPs（P-25，21nm）按一定剂量（1μg/ml、10μg/ml、50μg/ml 和 100μg/ml）染毒 PC12 细胞 6h、12h、24h 和 48h，细胞成活率下降，并且具有剂量 - 效应关系和时间 - 效应关系；随着浓度的增加 TiO_2 NPs 诱导细胞内 ROS 聚集及细胞凋亡，ROS 清除剂 N- 甲基嘌呤 DNA 糖基化酶一定程度可以抑制细胞凋亡。

Jaeger 等探讨了 TiO_2 NPs（≤20nm）对人 HaCaT 角质细胞具有明显的细胞毒性和遗传毒性作用。研究发现，TiO_2 NPs 可以在细胞表面积聚并被细胞内吞。10μg/ml TiO_2 NPs 染毒 24h，5μg/ml TiO_2 NPs 染毒 48h 后，与对照组相比，HaCaT 细胞中微核（MN）含量分别增加了 1.8 倍和 2.2 倍。10μg/ml TiO_2 NPs 染毒 72h，线粒体 DNA 损伤程度增加了 14 倍。5μg/ml 和 50μg/ml TiO_2 NPs 染毒 4h 后，HaCaT 细胞 ROS 水平分别增加了 7.5 倍和 16.7 倍。此外，Meena 等研究发现，TiO_2 NPs 通过 ROS 导致 DNA 损伤，而引起人胚胎肾细胞凋亡。

有关 TiO_2 NPs 的晶体结构对神经细胞毒性影响的研究表明：锐钛矿型 TiO_2 NPs 可以降低 PC12 细胞存活率，提高 LDH 水平，触发氧化应激，诱导细胞凋亡，干扰细胞周期，调控 JNK 和 P53 介导的信号转导通路；200μg/ml TiO_2 NPs 可以诱导 ROS 显著升高，GSH 和 SOD 降低；MDA 水平即使在低剂量（50μg/ml）的情况下也有显著升高；与锐钛矿型 TiO_2 NPs 相比，金红石型 TiO_2 NPs 对神经细胞的毒性作用小的多；微米级的 TiO_2 没有任何毒性作用。Sayes 等比较了金红石型和锐钛矿型 TiO_2 NPs 对 A549 细胞的影响，发现锐钛矿型 TiO_2 NPs 对 A549 细胞具有明显的毒性作用，具有剂量 - 效应关系；金红石型 TiO_2 NPs 无明显的细胞毒性；与金红石型相比，锐钛矿型 TiO_2 NPs 在水、培养基、培养基 + 超声分散、培养基 + 紫外线照射等实验条件下均可产生更多的自由基。李晓林等进一步探讨了不同作用时间下，锐钛矿型 TiO_2 NPs（25nm）对 A549 细胞的毒性效应。实验结果表明，随着 TiO_2 NPs 作用时间的延长，细胞外液中 LDH 活性增强，细胞内 ATP 浓度降低，SOD 活性降低，细胞存活率呈现明显下降（$P<0.05$），且细胞线粒体和内质网出现不同程度的肿胀和扩张。提示 TiO_2 NPs 体外能够引起肺腺癌细胞氧化损伤，抑制细胞生长，且对细胞的毒性效应存在时间依赖性。

Ferraro 等研究发现，5nm TiO_2 NPs 引起人神经母细胞瘤（SH-SY5Y）细胞 ROS 的增加，并且诱导内质网应激和 Nrf2 由胞质向核内易位以及细胞凋亡，从而产生神经毒性。

（三）氧化锌纳米颗粒

氧化锌纳米颗粒（ZnO NPs）具有独特的光电效应，被广泛用于催化剂、涂料、紫外线检测器、气体传感器、化妆品等。将纳米级或微米级的 ZnO 暴露在 A549 细胞，其对细胞的毒性作用比其他金属氧化物呈明显的剂量 - 效应关系，机制研究表明：ZnO NPs 毒性是由于提升了氧化应激，使 DNA 氧化损伤。Xia 等在对剂量、时间 - 效应的研究中发现，ZnO NPs（13nm）可以引起人支气管上皮细胞（BEAS-2B）出现细胞毒性，导致细胞内 ROS 产生增加，刺激细胞炎症发生，最终导致细胞死亡。Huang 等研究发现：ZnO NPs（20nm）可以引起 BEAS-2B 细胞毒性、提高细胞内氧化应激水平、损伤细胞膜，影响细胞内 Ca^{2+} 的平衡和基因表达，其作用具有浓度和时间依赖关系，浓度在 5～10μg/ml 范围内与毒性之间的联系更为紧密；NAC 可以完全阻止 ZnO NPs 的细胞毒性；ZnO NPs 可以提升细胞内 Ca^{2+} 的水平，具有浓度和时间依赖关系，细胞内 Ca^{2+} 的变化可以被 NAC 部分减弱；封闭 Ca^{2+} 通道，可部分降低细胞内 Ca^{2+} 浓度，提示一些 Ca^{2+} 的增加是细胞外 Ca^{2+} 大量涌入的结果。结果显示：亚致死量 ZnO NPs 可以增加氧化应激基因 *BNIP*、*PRDX3*、*PRNP* 和 *TXRND1* 的表达（至少增加 2.5 倍），ZnO NPs 可以引起 BEAS-2B 细胞凋亡。

Berardis 等将 ZnO NPs（1μg/cm^2、3μg/cm^2、5μg/cm^2、10μg/cm^2、20μg/cm^2 和 40μg/cm^2）作用人结肠癌细胞（LoVo）24h，发现细胞成活率显著降低，H_2O_2/•OH 含量增加，•O_2^- 和 GSH 含量降低，线粒体内膜去极化、细胞凋亡、IL-8 释放；高剂量作用 24h 后诱导 98% 的细胞毒性，实验数据显示：氧化应激是 ZnO NPs 诱导细胞毒性的关键途径，在纳米粒的细胞毒性与其理化性质的关系中，表面积不是 ZnO NPs 细胞毒性的主要影响因素。Sharma 等研究表明，HepG2 细胞暴露于 14～20μg/ml 的 ZnO NPs 12h，细胞活性下降。ZnO NPs 通过氧化应激引起 DNA 损伤，所产生的 ROS 通过降低线粒体膜电位，增加 Bax/Bcl-2 比例，导致细胞凋亡。细胞凋亡不依赖于 JNK 和 P38 通路。最近，ZnO NPs 被证明可靶向多种癌细胞。Wang 等研究表明，ZnO NPs 以时间依赖性方式增加了人舌癌细胞（CALK）细胞内活性氧的水平，降低了线粒体膜电位，并激活了细胞中 PINK1/Parkin 介导的线粒体过程，具有潜在的抗癌活性。

（四）氧化铜纳米颗粒

氧化铜纳米颗粒（CuO NPs）具有杀菌作用，可以做成半导体和避孕装置，口服 CuO NPs 可以导致大鼠肺毒型和中毒性肾损伤，其毒性作用是否为产生氧化应激造成尚无报道。Gallo 等研究发现，海胆精子暴露于 CuO NPs 后，CuO NPs 自发产生 ROS 和线粒体呼吸链的破坏导致 ROS 的产生，进而引起脂质过氧化和 DNA 损伤，最终导致精子的细胞毒性和精子异常。

（五）氧化铁纳米颗粒

氧化铁纳米颗粒（Fe_2O_3 NPs）经常被用来做催化剂和天然颜料，数据表明 Fe_2O_3 NPs 的毒性作用存在争议，体外细胞实验表明，暴露于血管内皮细胞的 Fe_2O_3 NPs 不能引起炎症，但可以显著降低癌细胞的生存能力。Wang 等探讨了不同浓度的 Fe_2O_3 NPs（30nm）对小鼠腹腔巨噬细胞的氧化损伤作用，研究表明：高剂量的 Fe_2O_3 NPs 产生大量的 H_2O_2/•OH 和•O_2^-，增加细胞膜的通透性，抑制 LDH、Na^+/K^+-ATP 酶和 Ca^{2+}/Mg^{2+}-ATP 酶活性。李倩等从细胞半数抑制浓度（IC_{50}）和氧化作用的角度探讨了不同粒径 Fe_2O_3 NPs 的细胞毒性差异，将 8nm、13nm 和 37nm 三个不同尺寸的 Fe_2O_3 NPs 以不同剂量作用于中国仓鼠肺成纤维细胞（CHL）不同时间，使用活细胞计数法求得不同尺寸粒子的 IC_{50} 值并绘制细胞生长抑制曲线，分别使用硫代巴比妥酸法和黄嘌呤氧化酶法测定 MDA 含量、SOD 活性。研究发现：在剂量 - 效应相关的浓度范围内，三种尺寸纳米粒子的 IC_{50} 分别为 IC_{50}（8nm）= 279.585μg/ml、IC_{50}（13nm）= 254.739μg/ml、IC_{50}（37nm）= 561.237μg/ml；Fe_2O_3 NPs 可引起 CHL 细胞的氧化应激反应，且与作用时间有关；MDA 含量和 SOD 活性与纳米颗粒尺才大小、作用剂量之间无明显的剂量 - 效应关系；不同粒径的 Fe_2O_3 NPs 在细胞毒性上表现出一定的差异；Fe_2O_3 NPs 可引起 CHL 细胞的氧化应激反应，从时效性分析推论其细胞毒性与氧化性存在一定的关联。Monika 等研究发现 SO-Fe_3O_4 磁性纳米材料可以显著增加 HEL12469 细胞的 GPx 活性，而不能增加 A549 细胞的 GPx 活性；SO-PEG-PLGA-Fe_3O_4 纳米材料能增加 A549 细胞 SOD 活性，SO-Fe_3O_4 则降低 A549 细胞 SOD 活性，提示：氧化应激在 S 修饰的磁性纳米材料对人肺细胞的遗传毒性研究中可能未必起重要作用。

SiO_2 NPs、Fe_2O_3 NPs 和 CuO NPs 是工厂周围空气中存在的重要金属氧化物纳米粒。流行病研究表明，空气中纳米粒水平与肺病的发生率密切相关。为了了解这些金属氧化物纳米颗粒对呼吸系统的影响，将气管上皮细胞（HEp-2）暴露于 4μg/cm^2、8μg/cm^2、80μg/cm^2、400μg/cm^2 的 SiO_2 NPs、Fe_2O_3 NPs 和 CuO NPs，发现高剂量的 SiO_2 NPs 和 Fe_2O_3 NPs 对 HEp-2 细胞没有毒性；CuO NPs 可导致大量细胞中毒，并具有剂量 - 效应关系；CuO NPs 可以抵抗 CAT 和 GR 的作用。8- 异前列腺素（8-isoprostanes）显著增加、GSSG/GSH 明显上升，说明 CuO NPs 可以诱导 HEp-2 细胞中 ROS 的产生。使用抗氧化剂可以增加细胞活性，表明氧化应激可能是导致 CuO NPs 细胞毒性的原因。研究进一步表明：金属氧化物对细胞的毒性作用具有高度的易变性，这种易变性不是由过渡金属的溶解性造成的，可能涉及持续的氧化应激或者氧化还原作用，溶解在纳米氧化物中的有机物可以增加$\cdot O_2^-$的产生。

（六）氧化铈纳米颗粒

氧化铈纳米颗粒（CeO_2 NPs）具有清除自由基的作用，可以阻止体外实验中 H_2O_2 和紫外线照射引起的大鼠神经细胞损伤，阻止辐射导致的正常人胸腺细胞的凋亡，还可以通过减少心肌氧化应激保护心脏功能；CeO_2 NPs 具有极强的吸收氢的能力，可以迅速地与 H_2、O_2 或者 H_2O 反应，通过自身化合价的改变，改变其表面氧的化合价，具有 SOD 功效，甚至比 SOD 的催化活性还强。CeO_2 NPs 与细胞的作用，分两步进行，首先 CeO_2 NPs 键合到细胞膜上，然后通过吞噬、受体调控或者吞噬作用进入细胞。

在正常人结肠细胞（CRL1541）受到紫外线照射之前，使用不同剂量的 CeO_2 NPs 处理细胞 24h，发现 CeO_2 NPs 可以减少氧自由基的产生，增加 SOD2 的蛋白表达，这种作用具有剂量 - 效应关系。在放射线照射前向无胸腺裸鼠体内注射 CeO_2 NPs，免疫组化结果显示，TUNEL 和 caspase-3 阳性细胞减少，SOD2 蛋白表达增加。说明 CeO_2 NPs 抗辐射引起的氧化损伤作用是通过清除自由基、提高 SOD2 的蛋白表达实现的。

Li 等研究发现，CeO_2 NPs 通过调节 JNK 信号转导途径抑制氧化应激和 DNA 损伤，具有抗 UVA 照射的人皮肤成纤维细胞（HSF）光老化的巨大潜力。

四、量子点

量子点（QDs）经光照、氧化或者与生物体接触后能够降解，其中的 Cd、Zn 等重金属元素泄漏后进入细胞和生物体中造成生物毒性效应；核壳结构的 QDs，其壳层在与外界环境或生物体的接触过程中，能够被氧化而脱落，进而引起中心核的氧化以及 Cd^{2+} 的释放。此外，氧化过程中产生的 ROS 在生物体内能引起一系列自由基链反应，诱发脂质过氧化过程，最终导致细胞凋亡。Green 等研究了 QDs 产生的 ROS 对超螺旋 DNA 缺损的影响，发现：仅仅在紫外线的照射下，DNA 的损伤率小于 5%；有 QDs 存在的情况下，DNA 的损伤率为 29%；而在紫外线和 QDs 共存的条件下，DNA 的损伤率达到了 56%。他们认为这种 DNA 损伤是由 QDs 表面光催化氧化产生的 ROS 引起的。Cho 等将不同 QDs（$CdCl_2$ 作为阳性对照）在同一浓度下（10μg/ml）作用 MCF-7 细胞，比较了细胞内 Cd^{2+} 浓度和对应的细胞增殖毒性之间的关系。发现：暴露于 $CdCl_2$，细胞内 Cd^{2+} 浓度和细胞活性之间存在显著的负相关（$R^2=0.868$），而暴露于 QDs 时，两者并不存在明显的剂量 - 效应关系，进一步说明了 QDs 细胞毒性的产生是游离 Cd^{2+} 和氧化过程产生的 ROS 共同作用的结果。Kauffer 等则提出 QDs 的合成过程决定了它的荧光性能、稳定性和毒性。

（一）硒化镉量子点

Tsay 等发现，尽管 Se 具有一定的毒性作用，硒化镉量子点（CdSe QDs）对纤维原细胞（V79）的毒性，主要应归因于 Cd 的毒性作用。Kirchner 等进一步研究了 CdSe QDs 和 CdSe/ZnS QDs 的毒性与 Cd^{2+} 释放的关系，通过 QDs 染毒前后贴壁生长细胞数目来评价 QDs 产生的细胞增殖毒性，同时利用电感耦合等离子体发射光谱仪（ICP-OES）测定了体系中自由溶解态 Cd^{2+} 的浓度，结果发现：细胞毒性随着体系中 Cd^{2+} 浓度的增加而增大。Sanjeev 等将表面修饰 gum arabic（GA）/tri-n-octylphosphine oxide（TOPO）的 CdSe/ZnSe QDs（GA/TOPO-coated QDs）作用于 BALB/3T3 细胞，未在细胞内检测到 GA/TOPO-coated QDs，但 GA/TOPO-coated QDs 能使细胞的形态学发生改变，使细胞核变性、细胞活性降低、Ca^{2+} 浓度显著增加，并产生 ROS。

紫外线是改变众多环境污染物，如多环芳烃、重金属、磺胺类化合物的重要环境因素之一。Ipe 等进一步探讨了氧化应激与 QDs 本身结构的相关性，认为：CdS QDs 在紫外线照射下能产生$\cdot OH$和$\cdot O_2^-$，CdSe QDs 同样也能产生$\cdot OH$，而 CdSe/ZnS QDs 并没有 ROS 产生，表明经过特定的壳层修饰，QDs 能在一定程度上抑制有毒元素 Cd 的溢出，从而抑制 ROS 的产生。Derfus 等发现，以巯基乙酸（MAA）为分散剂，三辛基氧化膦（TOPO）包裹的 CdSe QDs 在空气中氧化 30min 后与细胞作用，细胞活性从 98% 降低为 21%，由此推测，这种细胞毒性可能是 CdSe 表面发生氧化反应所引起的。为验证这种假设，研究人员采用紫外线照射的方法加速 CdSe QDs 的氧化过程，结果表明：细胞活性随氧化时间的增加而显著降低，并存在明显的时间 - 效应关系。Jigyasu 等进一步研究发现，CdSe QDs 通过 ROS 的产生和 DNA 片段化而表现出的毒性作用与 QDs 的颗粒大小有关。

通过对体系中 Cd^{2+} 自由溶解态浓度的测定发现：相同条件下，未经氧化的 QDs 体系中 Cd^{2+} 浓度为 6μg/ml；经空气诱导氧化后 TOPO-coated QDs 体系中 Cd^{2+} 浓度为 126μg/ml；经过紫外线催化氧化后 QDs 体系中 Cd^{2+} 浓度为 82μg/ml。由此提出了 QDs 的细胞致毒机制：CdSe 核表面的氧化导致了 Cd^{2+} 的释放。

鉴于环境自身氧化物质 H_2O_2 的存在，研究人员测定了经 1mmol/L H_2O_2 的氧化处理后，CdSe QDs 体系中 Cd^{2+} 的自由溶解态浓度为 24μg/ml。据文献报道，浓度为 11～44μg/ml 的 Cd^{2+} 会造成肝细胞死亡，进一步说明了 QDs 在环境中存在潜在的毒性。Michelle 等研究小组每天给鱼喂食 1～10μg 卵磷脂包裹的 CdSe/ZnS QDs，发现喂食 10μg 组 QDs 及其代谢产物可以穿过肠壁上皮细胞蓄积在肝脏中，少于 0.01% QDs 中的 Cd 沉积在肝脏和肠壁组织中，并且在鱼卵中可以检测到 Cd。然而未观察到肝组织 GSH、LPO 及相关氧化酶的改变。

（二）碲化镉量子点

Lovric 研究小组发现：碲化镉量子点（CdTe QDs）能造成 MCF-7 细胞线粒体、质膜和细胞核的损伤以及线粒体中 Cyt c 的释放，最终导致细胞凋亡；CdTe QDs 产生的细胞毒性可以通过抗氧化剂的介入得以抑制，所以这种细胞损伤可能是由 ROS 介导产生的；经过 CdTe QDs 处理的细胞，由于 Cd^{2+} 和 ROS 浓度提高，导致溶酶体损伤严重。结果表明：CdTe QDs 诱导的细胞死亡是通过 Cd^{2+}、ROS 和溶酶体胀大，增加通透性及其在细胞内重新分布定位共同引起的。ROS 产生是 QDs 引起细胞毒性的重要原因，胞质中的 Cd^{2+} 对 ROS 引起的细胞损伤具有促进作用，因此，QDs 在作为生物荧光标记物时，关键在于如何调控壳层结构，防止生物体或外界环境的氧化所引起的降解过程。

Lovric 等采用形态学表征和生物化学分析相结合的方法，证明了巯基丙酸配体增溶的 CdTe QDs 可使活细胞中产生 ROS。随着细胞所在环境中 ROS 的不断增多，线粒体膜也会发生脂质过氧化，使得磷脂双分子层降解，线粒体膜电位发生变化，最终导致 Cyt c 释放，促进细胞凋亡。

QDs 可以全身分布，主要集中在肝脏，肝脏也是 Cu^{2+} 蓄积的主要器官。由于 QDs 和 Cu^{2+} 均为 ROS 诱导剂，Zhao 等使用人肝 L02 细胞，探讨了 QDs 和 Cu^{2+} 对细胞氧化应激的协同作用，发现向 Cu^{2+} 溶液中（2.5～20μg/ml）加入少量的 MPA-CdTe QDs（2μg/ml），细胞内 ROS 增加 300%、GST 活性增强 35%。细胞成活率大幅下降，并伴随着细胞形态学的改变；NAC 几乎可以完全阻断 QDs 和 Cu^{2+} 的毒性。提示，氧化损伤可能是 QDs-Cu^{2+}/Cu^{2+} 诱导细胞毒性的主要原因。Lovric 的研究结果与 Zhao 的不同，两种抗氧化剂（NAC，Trolox）的加入对细胞活性有着不同的影响：2mmol/L 的 NAC 可以很大程度地抑制 QDs 诱导的细胞增殖毒性；而在相同条件下，同样作为抗氧化剂的 Trolox 却不能抑制该毒性，说明 ROS 并不是造成 QDs 毒性的唯一机制。Nguyen 等系统探讨了 CdTe QDs 导致 HepG2 细胞凋亡的毒性作用机制，结果表明，CdTe QDs 对 HepG2 有明显细胞毒性作用，且这种作用有明显的剂量 - 效应关系和时间 - 效应关系。CdTe QDs 导致细胞 ROS 增加，GSH 和 GSH/GSSG 降低，Nrf2 增加，SOD 活性增强，CAT 和 GST 活性降低。CdTe QDs 引起细胞氧化应激，干扰抗氧化防御系统，激活蛋白激酶，通过内源性途径和外源性途径诱导细胞凋亡。

特洛伊木马效应是最近提出的一种机制假说，其核心思想是：含有毒金属的纳米颗粒可以通过吞饮作用进入细胞，同时释放出有毒金属离子，而该金属离子本身于胞外很难跨过细胞膜造成细胞毒性。这可能是 QDs 中的重金属离子毒性大于常规重金属离子的原因。MNs（磁性纳米粒子）对生物体的毒性效应往往不是由单一因素决定的，而是由多重原因所致。氧化应激诱导的细胞自噬是细胞抵御 QDs 毒性的一种防御机制。

五、有机聚合物

Xia 等指出，氨基聚苯乙烯纳米颗粒在与细胞接触后可能产生强烈的细胞毒性作用，这可能是因为后者能够激活促炎因子或者 NADPH 氧化酶，产生过多的 ROS，从而造成过氧化胁迫。聚乳酸 - 羟基乙酸共聚物（poly lactic-co-glycolic acid，PLGA）是一种生物相容性好、可生物降解的有机聚合物，常被用作多种抗癌药物的包裹剂。Amit 等将被 PLGA 包裹的特氟龙（Tmx-NPs）与小鼠胸癌细胞 C127I 作用，细胞活性低于使用单纯 Tmx 处理的细胞。

第四节 纳米材料在体内条件下的氧化损伤作用

一、碳纳米材料

纪宗斐等对 CNTs 毒性效应的相关研究进行了综述，认为 CNTs 的体内毒性主要表现为导致肺部炎症和纤维化，循环系统氧化损伤，动脉粥样硬化及全身免疫系统异常。

（一）单壁碳纳米管

Janne 等将 SWCNTs 悬浮在生理盐水或玉米油，按 0.064mg/kg 或 0.64mg/kg 剂量一次经口染毒大鼠，24h 后处死大鼠，检测 SWCNTs 对大鼠肝脏、肺脏、结肠 DNA 氧化损伤的影响。结果显示：两种剂量的 SWCNTs 均可以增加肝脏和肺脏中 8-OHdG 含量，对结肠无影响，悬浮在生理盐水或玉米油中的 SWCNTs 有轻微的遗传毒性。Moller 等使用动物模型观测发现：胃肠道接触 SWCNTs，可以导致肝脏、肺脏、骨骼等器官中 DNA 碱基氧化损伤，可能会增加癌症的风险。

（二）多壁碳纳米管

王江伟等用腹腔注射法，分别注入 0.1mg/ml、0.2mg/ml、0.4mg/ml 的 MWCNTs（粒径 20～40nm）颗粒悬浮液 1ml，进行 1 次性染毒，染毒 5d 后测定肝脏和肺组织中的羰基化蛋白含量，比较不同浓度的 MWCNTs 对肝和肺部蛋白质的氧化损伤作用，发现：与对照组相比，0.2mg/ml 和 0.4mg/ml 染毒组肝脏组织羰基化蛋白含量显著增加（$P<0.05$）；0.4mg/ml 染毒组肺组织羰基化蛋白含量显著增加（$P<0.01$）、GSH 含量显著降低、MDA 水平有显著增高。结果提示：MWCNTs 对小鼠肝脏和肺部组织有一定的氧化损伤毒性作用。

采用气管滴注法染毒 MWCNTs（Nanocyl 3150，粒径 10nm，纯度 95%，碳含量 5%，长度 1μm），每天染毒 1 次，连续染毒 3d。最后一次染毒结束后 1d、7d、28d 和 90d 分四批处死大鼠，收集肺灌洗液，测定灌洗液中 TP、LDH、AKP、GSH、SOD 和 MDA 等细胞毒性及氧化损伤指标，并观察肺组织病理改变。结果表明，灌洗液中 TP、LDH、AKP 和 MDA 含量随着染毒浓度的增加而升高；GSH 和 SOD 则随着染毒浓度的增加而降低，呈剂量依赖关系。随着时间的延长其升高和降低程逐渐减弱。Rama 等研究 MWCNTs 对大鼠血清中氧化应激及抗氧化状态的影响，通过气管滴注的方法按 0.2mg/kg、1mg/kg、5mg/kg 一次性给予两种尺寸，结构不同的 MWCNTs，发现 24d 后 GSH 显著降低，7d、30d、90d 后 GSH 逐渐升高，CAT 和 SOD 随着剂量的增加逐渐降低，MDA 含量随着剂量的增加逐渐增加；尺寸、结构不同的 MWCNTs 对大鼠血清中氧化应激及抗氧化状态的影响不同。崔萌萌等研究 MWCNTs 对小鼠心脏和肝脏组织 SOD 的影响作用，发现 MWCNT 或者标准炭黑颗粒对心脏和肝脏的抗氧化系统均有影响；MWCNTs 具有一定的心脏和肝脏毒性，且毒性大于相同浓度的标准炭黑。Lee 等研究 MWCNTs 对青鳉鱼的鳃、肝和肺抗氧化基因表达的影响，发现 MWCNTs 可以导致细胞内 CAT、GST、MT 和 ROS 同时增加。

（三）富勒烯

OberdÊrster 等研究了无涂层富勒烯（nC_{60}）对淡水鱼类大口黑鲈（largemouth bass）的毒性作用，发现 0.5ppm nC_{60} 可导致大口黑鲈脑组织的脂质过氧化物含量显著升高，鳃中 GSH 少量降低，表明无涂层的 nC_{60} 可以引起水生物的氧化损伤。Zhu 等比较了四氢呋喃处理过的 nC_{60}（THF-nC_{60}）和水搅拌处理的 nC_{60}（water-stirred-nC_{60}）对大型水蚤和黑头呆鱼的急性毒性差异，发现 THF-nC_{60} 对大型水蚤的 48h LC_{50}（0.8ppm）低于 water-stirred-nC_{60} 的 48h LC_{50}（>35ppm），THF-nC_{60} 在 6～18h 内可引起全部受试黑头呆鱼死亡，而 water-stirred-nC_{60} 暴露组 48h 后仍未发现死亡，但 water-stirred-nC_{60} 可引起黑头呆鱼脑和鳃组织 LPO 升高，肝 CYP2 家族同工酶（CYP2K1、CYP2M1）表达明显增强。此外，Oberdörster 等利用多种典型水生态模式生

物比较研究了 nC_{60} 的毒性，发现只经搅拌处理的 nC_{60} 在淡水和海水中的最高浓度为 35mg/kg 和 22.5mg/kg，难以制备到足够高的浓度而得到 LC_{50}，21d 暴露实验表明 2.5mg/kg 和 5mg/kg nC_{60} 能够延迟大型水蚤蜕皮时间和减少子代数量，nC_{60} 暴露不影响 CYP450 酶 mRNA 和蛋白表达水平，但可明显降低黑头呆鱼过氧化物酶体脂质转运蛋白 PMP70 的表达水平。

Henry 等发现 THF-nC_{60} 能够降低斑马鱼幼鱼成活率，引起控制氧化损伤的基因过表达，而 water-stirred-nC_{60} 对斑马鱼幼鱼成活率没有影响，因此认为 THF-nC_{60} 的毒性效应可能是由 THF 的氧化产物 γ- 丁内酯引起。朱小山等发现长期低剂量 nC_{60} 暴露（0.04～1.0mg/L，30d）能导致鲫鱼脑、肝、鳃组织中 GSH 含量显著降低，并能显著激活肝组织中 CAT 和 SOD 活性，以及鳃组织中 Na^+/K^+-ATP 酶活性。胡凯骞等研究发现，功能化 nC_{60} 衍生物具有在抗氧化应激的条件下延长线虫寿命的生物学效应，*Daf-16* 等应激相关的基因可能是功能化 nC_{60} 衍生物潜在的分子靶点。诸颖等发现高浓度碳纳米管能抑制贻贝棘尾虫细胞生长，并认为这是由于碳纳米管损伤了贻贝棘尾虫大核和膜的正常生理功能所致。Janne 等将 nC_{60} 悬浮在生理盐水或玉米油，按 0.064mg/kg 或 0.64mg/kg 剂量一次经口染毒大鼠，检测 nC_{60} 对大鼠肝脏、肺脏、结肠 DNA 氧化损伤的影响。结果显示：nC_{60} 可以增加肝脏中 8-OHdG 含量，高剂量 nC_{60} 可以增加肺脏中 8-OHdG 含量，nC_{60} 对结肠均无影响；悬浮在生理盐水或玉米油中的 nC_{60} 有轻微的遗传毒性，玉米油的遗传毒性强于 nC_{60} 的遗传毒性。朱小山等发现 SWCNTs、MWCNTs 和 nC_{60} 三种碳纳米材料的毒性大小与氯苯相似，其毒性效应可能是由于产生氧化胁迫或 ROS，造成脂质过氧化损伤并引起细胞膜破损，细胞正常功能丧失，进而引起细胞的死亡或凋亡。碳纳米材料的毒性效应，除与其结构和组成有关外，还在一定程度上依赖于其悬浮液的制备方法。另外，受试物种自身的生理结构和功能方面的差异，也造成它们对碳纳米材料毒性的敏感性不同。

二、金属纳米颗粒

（一）银纳米颗粒

Moradi-Sardareh 等研究发现 AgNPs 可以显著改变了小鼠血清和肝组织的氧化应激水平。Docea 等研究发现 AgNPs 可以改变对大鼠抗氧化 / 促氧化平衡。Olugbodi 等研究发现大鼠暴露于 AgNPs 后，出现精子活力、速度、运动学参数改变，促黄体生成激素、促卵泡激素和睾丸激素浓度呈剂量依赖性下降。在附睾和睾丸中出现丙二醛和过氧化物的浓度增加，而超氧化物歧化酶、过氧化氢酶、还原型谷胱甘肽和总硫醇基减少。这些发现表明，AgNPs 触发了内分泌失调并在睾丸和附睾中诱导了氧化应激。

（二）铜纳米颗粒

使用 CuNPs 染毒大鼠，发现肝脏和肾脏组织中非蛋白巯基（NPSH）的含量随染毒剂量增加先增后降，而 MDA 含量呈剂量依赖性增加，与对照组相比，Cu NPs 高剂量组（200mg/kg）的变化有统计学意义（$P<0.05$、$P<0.01$），提示 Cu NPs 导致大鼠肝脏和肾脏损伤的机制可能与肝、肾组织中 NPSH 的耗竭及脂质过氧化有关。Lee 等研究发现 Cu NPs 引起大鼠肝损伤并明显增加肝组织中的氧化应激。透射电镜研究表明，Cu NPs 可以被细胞吸附并快速摄取。由于 Cu 相对稳定并且无毒，因此，Cu NPs 的毒性应该与纳米材料有关。

三、氧化物纳米颗粒

（一）二氧化硅纳米颗粒

SiO_2 NPs 是最理想新颖的肿瘤治疗药物的介孔材料，Park 等向小鼠腹腔单剂量注射 SiO_2 NPs（50mg/kg），发现 SiO_2 NPs 可以激活小鼠腹腔的巨噬细胞，增加血中 IL-1β 和 TNF-α 以及巨噬细胞中 NO 的释放量；使 *IL-1*、*IL-6*、*TNF-α*、*iNOS* 和 *COX-2* 基因上调，增加 NK 细胞和 T 细胞，减少 B 细胞，提示 SiO_2 NPs 可以促进 ROS 产生，引发体内的炎性反应。

Huang 等使用裸鼠移植人类恶性黑素瘤细胞（A375）观察 SiO_2 NPs 对肿瘤细胞生长的影响，发现，SiO_2 NPs 没有毒性，并且可以促进肿瘤的生长，与其促进体外培养的 A375 细胞的增殖结果一致。进一步的研究发现，SiO_2 NPs 的这种促进作用是由于其进入细胞减少了细胞内的内源性 ROS，导致 Bcl-2 过表达，NF-κB 活性被抑制，使得氧化还原作用变成了促进细胞增殖的敏感信号通路。实验结果提示：肿瘤细胞的生长可以通过 SiO_2 NPs 对 ROS 的影响而受到调控。付长慧等选取夹心 SiO_2 NPs，系统地研究了其经尾静脉注射后对小鼠的急性毒性作用，实验结果表明，夹心 SiO_2 NPs 经静脉注射途径暴露后，肝脏为主要的靶器官，损伤表现为转氨酶升高和炎症反应。其中，SOD 活性的降低可能在 SiO_2 NPs 引起的肝脏急性损伤中发挥了重要作用。Yu 等研究发现，SiO_2 NPs 可以使肝脏中脂质过氧化物水平增加和抗氧化酶活性降低，引起肝氧化损伤。

（二）二氧化钛纳米颗粒

研究发现 TiO_2 NPs 能使动物脑部、肝脏、肺脏等组织器官受到过氧化损伤。以水生鱼类为受试动物，TiO_2 NPs 能够进入鲤鱼（*Cyprinus carpio*）体内，造成鳃和肝的病理学变化并产生氧化损伤；对虹鳟鱼多个组织器官及金鱼（*Carassius auratus*）表皮细胞也有脂质过氧化及 DNA 氧化损伤作用。熊道文等研究了 TiO_2 NPs 悬浮液对斑马鱼鳃、消化道及肝脏的氧化损伤及应激效应，同时对•OH 生成量进行了测定，结果发现，50mg/L TiO_2 NPs 悬浮液中•OH 产生量（96h 光照下）较高，在 50mg/L TiO_2 NPs 处理下，斑马鱼肝脏中 SOD、CAT、GSH、蛋白质羰基含量分别为对照组的 70.2%、65.4%、53%、178.1%；消化道中 SOD 活性及 GSH、MDA 含量分别为对照组的 149.6%、212.9%、217.2%；鳃中 MDA 含量为对照组的 160.9%。

以鼠为受试动物，鼻腔滴注的 TiO_2 NPs 经嗅神经通路进入小鼠脑中后可引起 GPx、SOD 活性的改变以及脂质过氧化产物升高和蛋白质氧化反应，说明 TiO_2 NPs 产生的生物毒性效应与 ROS 的产生具有一定关系。连续灌注 TiO_2 NPs，TiO_2 NPs 可以穿过血 - 脑屏障蓄积在海马区导致氧化应激和炎性反应。向 ICR 小鼠腹中注射（5mg/kg、10mg/kg、50mg/kg、100mg/kg、150mg/kg）5nm TiO_2 NPs，小鼠脑中 TiO_2 NPs 的含量随着染毒剂量的增加而增加。伴随着•O_2^-、H_2O_2、MDA、NO 增加，SOD、CAT、GPx、GSH/GSSG、谷氨酸的降低及乙酰胆碱酯酶的低表达出现氧化应激和脑损伤。张荣等分别研究了 50nm、120nm TiO_2 NPs 对小鼠活性氧水平影响的研究，结果发现，在血清中，只有 50nm 组 SOD 活性显著低于对照组（$P<0.05$），120nm 组未见明显差异，GPx 活性均显著低于对照组（$P<0.05$），MDA 含量均显著高于对照组（$P<0.05$）；肝组织匀浆中 MDA 含量显著高于对照组（$P<0.05$），而 SOD 活性和 GPx 活性显著低于对照组（$P<0.05$），且 50nm 组 GPx 活性明显低于 120nm 组（$P<0.05$）；肾组织匀浆中，MDA 含量显著高于对照组（$P<0.05$），而 SOD 活性和 GPx 活性显著低于对照组（$P<0.05$），且 50nm 组 GPx 活性明显低于 120nm 组（$P<0.05$）；小鼠脑皮层组织匀浆中，50nm 组 MDA 含量显著高于对照组（$P<0.05$），120nm 组未见明显差异，50nm 和 120nm TiO_2 NPs 组 SOD 活性和 GPx 活性均显著低于对照组（$P<0.05$），且 50nm 组 SOD 活性显著低于 120nm 组（$P<0.05$）；小鼠脑海马组织匀浆中 MDA 含量显著高于对照组（$P<0.05$），而 SOD 活性和 GPx 活性显著低于对照组（$P<0.05$）；且 50nm 组 SOD 活性和 GPx 活性显著低于 120nm 组（$P<0.05$）。ICR 小鼠腹中注射（5mg/kg、10mg/kg、50mg/kg、100mg/kg、150mg/kg）5nm TiO_2 NPs，小鼠脑中 TiO_2 NPs 的含量随着染毒剂量的增加而增加，伴随着•O_2^-、H_2O_2、MDA、NO 增加，SOD、CAT、GPx、GSH/GSSG、GSH 的降低及乙酰胆碱酯酶的低表达，出现氧化应激和脑损伤。

Abbasi-Oshaghi 等研究发现 TiO_2 NPs 可以以剂量依赖性方式显著降低雄性大鼠肝脏和肠道中抗氧化酶活性和基因表达（SOD、CAT 和 GPx）以及谷胱甘肽（GSH）水平和总抗氧化能力（TAC），诱导氧化应激。马力等，采用非暴露式气管内注入法对 Wistar 雄性大鼠进行 TiO_2 NPs 染毒，隔日染毒 1 次，染毒 5 周，结果发现：支气管肺泡灌洗液（BALF）中 GSH 含量显著下降，MDA、NO 浓度显著升高，与对照组相比差异均有统计学意义（$P<0.05$）。

（三）氧化锌纳米颗粒

刘焕亮等，采用非暴露式气管内注入法对 Wistar 雄性大鼠进行 ZnO NPs 染毒，隔日染毒 1 次，染毒 5 周。研究发现：BALF 中 SOD 活力明显下降，GSH 含量显著下降，MDA、NO 浓度显著升高，与对照组相比差异均有统计学意义（$P<0.05$）。熊道文等以斑马鱼为受试动物，研究了 ZnO NPs 及常规 ZnO 悬浮液对其鳃、消化道及肝脏的氧化损伤及应激效应，同时对纳米及常规 ZnO 悬浮液中的颗粒形貌特征及•OH 生成量进行了测定。结果发现，50mg/L ZnO NPs 悬浮液中•OH 产生量（96h 光照下，0.72mmol/L）远远高于 50mg/L 常规颗粒（未检测到），5mg/L ZnO NPs 及常规 ZnO 对斑马鱼肝脏的氧化伤害最强，其中 5mg/L ZnO

NPs处理组SOD、CAT活性及GSH、MDA含量分别为对照组的62.9%、53.1%、45.2%、204.2%，5mg/L常规ZnO处理组中SOD、CAT活性及GSH、MDA含量分别为对照组的48.3%、51.8%、34.6%、289.6%；虽然斑马鱼鳃及消化道也受到了明显的影响（$P<0.05$），但并没有表现出氧化损伤现象。ZnO NPs能够降低斑马鱼胚胎GSH含量，抑制CAT和SOD活性，引起胚胎脂质过氧化水平增大，提示氧化应激是ZnO NPs抑制斑马鱼胚胎孵化的作用机制之一。

（四）氧化铁纳米颗粒

Dhakshinamoorthy等研究发现，暴露于Fe_3O_4 NPs的小鼠脑组织出现ROS生成增加和抗氧化剂防御（超氧化物歧化酶和过氧化氢酶）水平失衡，导致脂质、蛋白质和DNA受损，从而导致神经行为受损。李维宏等将大小一致的鲤鱼随机分为5组，分别暴露在0.1mg/L、1mg/L、10mg/L、100mg/L的γ-Fe_2O_3 NPs悬浊液中，暴露30d后，测定各个组织匀浆中SOD和GPx的含量，结果表明，在实验浓度下（0～100mg/L），各组织对纳米颗粒的相对敏感性不同，与对照组相比，鳃、肝和脾组织中的SOD活力降低；而脑、肝和肾组织的GSH-Px含量降低。实验结果表明，γ-Fe_2O_3 NPs对鲤鱼内脏组织的抗氧化系统有一定程度的损害。同时，肝组织中SOD和GSH-Px含量变化与γ-Fe_2O_3 NPs染毒浓度存在一定的剂量-效应关系。肝脏为γ-Fe_2O_3 NPs对鲤鱼氧化损伤中的靶器官。

马力等对大鼠进行Fe_3O_4 NPs染毒，其肺泡灌洗液中总抗氧化力（T-AOC）活力、SOD活力降低，IL-6浓度升高（$P<0.05$），在高剂量水平上（10mg/ml），支气管肺泡灌洗液中LDH活力、MDA浓度升高（$P<0.05$）。马萍等以昆明小鼠为受试体，设置5mg/kg、10mg/kg、20mg/kg和40mg/kg四个染毒组，腹腔注射染毒Fe_3O_4 NPs 7d后，测定小鼠肺组织中ROS、GSH和MDA的含量。结果显示，随着纳米染毒剂量的升高，肺组织ROS和MDA含量逐渐上升，GSH含量逐渐降低，各指标均呈一定的剂量-效应关系。剂量≥10mg/kg，肺组织ROS含量与对照组相比有显著性差异（$P<0.05$）；剂量≥20mg/kg，肺组织MDA含量与对照组相比有显著性差异（$P<0.05$）；剂量≥40mg/kg，肺组织GSH含量与对照组相比有显著性差异（$P<0.05$）。

四、量子点

Kim等探讨了分别结合巯基丙酸（mercaptopropionic acid，MPA）和三正辛基氧化膦（tri-n-octylphosphine oxide/gum arabic，GA）的CdSe/ZnSe QDs（MPA QDs和GA QDs）在UVB照射下对水蚤的毒性作用机制，检测了ROS、mRNA表达水平生物标志物及急性毒性。结果表明：在UVB照射下Cd^{2+}和GA QDs的毒性更强，在UVB照射下GA QDs中的Cd分子少量增加，但其急性致死毒性不能从测得少量的Cd得以解释。此外，在UVB照射下Cd^{2+}和GA QDs均产生了大量的ROS，Cd^{2+}暴露时mRNA的表达特点在GA QDs中没有得到体现。因此QDs的光毒性不能只解释为Cd^{2+}的释放，还应由其壳的稳定性及其他原因（如ROS产生）引起。项晓玲等研究发现：随着纳米CdSeS QDs染毒浓度的升高，小鼠肾脏和脑组织中SOD活力呈逐渐降低趋势，而MDA含量呈逐渐升高趋势，均显示出一定的剂量-效应关系；提示CdSeS QDs能够对小鼠肾脏和脑组织造成氧化损伤，并且能穿过血-脑屏障作用于脑部。Wang等研究发现小鼠随着CdTe QDs暴露浓度的增加，肝脏和肾脏的自由基清除效率逐渐降低。在暴露组中，SOD、CAT、GPx和MDA的活性和水平增加，而GSH的活性和水平降低。时程研究表明，QDs诱导的抗氧化剂效率降低与GSH降低呈时间依赖性，并可能在一段时间后恢复。研究表明CdTe QDs可耗尽GSH，从而降低肝脏和肾脏对•OH和$•O_2^-$的清除能力，从而引起组织的氧化损伤。Tian等研究发现斑马鱼胚胎暴露于QDs后，诱导GSH水平和SOD活性的降低，以及Nrf2的显著升高，从而导致延迟孵化效应。Li等将BALB/c小鼠暴露于羧化的CdSe/ZnS QDs，在第1d接受高剂量QDs的小鼠心脏中发现了GPx和MDA的水平升高，而在第42d观察到T-AOC和MDA活性的水平升高。表明CdSe/ZnS QDs可能在心脏中蓄积，引起某些生化指标变化，引起氧化损伤并具有心脏毒性。

参考文献

[1] LI N，XIA T，NEL A E. The role of oxidative stress in ambient particulate matter-induced lung diseases and its implications in the toxicity of engineered nanoparticles[J]. Free Radic Biol Med，2008，44（9）：1689-1699.

[2] SAVIC R, LUO L, EISENBERG A, et al. Micellar nanocontainers distribute to defined cytoplasmic organelles[J]. Science, 2003, 300(5619): 615-618.

[3] LEE J, FORTNER J D, HUGHES J B, et al. Photochemical production of reactive oxygen species by C_{60} in the aqueous phase during UV irradiation[J]. Environ Sci Technol, 2007, 41(7): 2529-2535.

[4] YAMAKOSHI Y, AROUA S, NGUYEN T M, et al. Water-soluble fullerene materials for bioapplications: photoinduced reactive oxygen species generation[J]. Faraday Discuss, 2014, 173: 287-296.

[5] GORELIK O P, NIKOLAEV P, AREPALLI S. Purification procedures for single-wall carbon nanotubes[J]. NASA contractor report, 2000, 1-64.

[6] JIANG J K, OBERDÖRSTER G, ELEDR A, et al. Does nanoparticle activity depend upon size and crystal phase[J] Nanotoxicology, 2008, 2(1): 33-42.

[7] 任学昌，史载锋，孔令仁，等. TiO_2 薄膜光催化体系中羟基自由基的水杨酸分子探针法测定 [J]. 环境科学学报，2008，28(4): 705-709.

[8] LONG T C, SALEH N, TILTON R D, et al. Titanium dioxide(P25) produces reactive oxygen species in immortalized brain microglia(BV2): implications for nanoparticle neurotoxicity[J]. Environ Sci Technol, 2006, 40(14): 4346-4352.

[9] SAMIA A C, CHEN X, BURDA C. Semiconductor quantum dots for photodynamic therapy [J]. J Am Chem Soc, 2003, 125(51): 15736-15737.

[10] CHAO W, XUE G, XINGGUANG S. Study the damage of DNA molecules induced by three kinds of aqueous nanoparticles[J]. Talanta, 2010, 80(3): 1228-1233.

[11] LIANG J, HE Z, ZHANG S, et al. Study on DNA damage induced by CdSe quantum dots using nucleic acid molecular "light switches" as probe [J]. Talanta, 2007, 71(4): 1675-1678.

[12] ANAS A, HIDETAKA A, HARASHIMA H et al. Photosensitized breakage and damage of DNA by CdSe-ZnS quantum dots[J]. J Phys Chem B, 2008, 112(32): 10005-10011.

[13] DUONG H D, PARK H, RHEE J I. CdSe/ZnS Core/Shell quantum dots in cooperation with other materials for direct and indirect production of reactive oxygen species[J]. J Nanosci Nanotechnol, 2016, 16(3): 2593-602.

[14] The Royal Society & the Royal Academy of Engineering. Nanoscience and nanotechnologies: opportunities and uncertainties [M]. London: Royal Society, 2004.

[15] DONALDSON K, STONE V, CLOUTER A, et al. Ultrafine particles[J]. Occup Environ Med, 2001, 58(3): 211-216.

[16] OBERDÖRSTER G, OBERDÖRSTER E, OBERDÖRSTER J. Nanotoxicology: An emerging discipline evolving from studies of ultrafine particles[J]. Environ Health Persp, 2005, 113(7): 823-839.

[17] XIA T, KOVOCHICH M, LIONG M. Cationic polystyrene nanosphere toxicity depends on cell-specific endocytic and mitochondrial injury pathways[J]. ACS Nano, 2008, 2(1): 85-96.

[18] 张敬如，赵凯，黄复生，等. 碳纳米管在生物医药领域的应用及其安全性 [J]. 中国药业，2012，21(3): 1-3.

[19] 林治卿，袭著革，晁福寰，等. 单壁碳纳米管对大鼠主动脉细胞损伤作用的研究 [J]. 生态毒理学报，2006，1(4): 362-369.

[20] 姚娟娟，周晓蓉，牛廷勇. 单壁碳纳米管对大鼠肝细胞株 BRL 的毒性作用 [J]. 毒理学杂志，2012，26(1): 14-17.

[21] KIM J S, YU I J. Single-wall carbon nanotubes(SWCNT) induce cytotoxicity and genotoxicity produced by reactive oxygen species(ROS) generation in phytohemagglutinin(PHA)-stimulated male human peripheral blood lymphocytes[J]. Toxicol Environ Health A, 2014, 77(19): 1141-1153.

[22] AHANGARPOUR A, ALBOGHOBEISH S, OROOJAN A A, et al. Mice pancreatic islets protection from oxidative stress induced by single-walled carbon nanotubes through naringin[J]. Hum Exp Toxicol, 2018, 37(12): 1268-1281.

[23] 刘颖，宋伟民，李卫华，等. 多壁碳纳米管致 A549 细胞毒性与氧化损伤的研究 [J]. 毒理学杂志，2008，22(2): 92-95.

[24] SUN Y, GONG J, CAO Y. Multi-walled carbon nanotubes(MWCNTs) activate apoptotic pathway through ER stress: does surface chemistry matter[J]. Int J Nanomedicine, 2019, 14: 9285-9294.

[25] LIN J, JIANG Y, LUO Y, et al. Multi-walled carbon nanotubes(MWCNTs) transformed THP-1 macrophages into foam cells: Impact of pulmonary surfactant component dipalmitoylphosphatidylcholine[J]. Hazard Mater, 2020, 392: 122286.

[26] SAYES C M，GOBIN A M，AUSMAN K D，et al. Nano-C_{60} cytotoxicity is due to lipid peroxidation[J]. Biomaterials，2005，26（36）：7587-7595.

[27] LAURA C，CATERINA C，DAVIDE V，et al. In vitro effects of suspensions of selected nanoparticles（C_{60} fullerene，TiO_2，SiO_2）on Mytilus hemocytes[J]. Aquat Toxicol，2010，96（2）：151-158.

[28] ERSHOVA E S，SERGEEVA V A，CHAUSHEVA A I，et al. Toxic and DNA damaging effects of a functionalized fullerene in human embryonic lung fibroblasts[J]. Mutat Res Genet Toxicol Environ Mutagen，2016，805：46-57.

[29] PRYLUTSKYY Y I，VERESHCHAKA I V，MAZNYCHENKO A V，et al. C_{60} fullerene as promising therapeutic agent for correcting and preventing skeletal muscle fatigue[J]. Nanobiotechnology，2017，15（1）：8.

[30] SCHUHMANN M K，FLURI F. Effects of fullerenols on mouse brain microvascular endothelial cells[J]. Int J Mol Sci，2017，18（8）：1783.

[31] LI J J，HARTONO D，ONG C N，et al. Autophagy and oxidative stress associated with gold nanoparticles[J]. Biomaterials，2010，31（23）：5996-6003.

[32] THAKOR A S，PAULMURUGAN R，KEMPEN P，et al. Oxidative stress mediates the effects of Raman-active gold nanoparticles in human cells[J]. Small，2011，7（1）：126-136.

[33] SONG C W，LEE Y S，CHOI M S，et al. Silver nanoparticles induced oxidative stress and apoptosis by a mechanism involving PKCα down-regulation in human lung carcinoma cells[J]. Toxicol Lett，2010，03：1144.

[34] KIM S H，CHOI J E，CHOI J H，et al. Oxidative stress-dependent toxicity of silver nanoparticles in human hepatoma cells[J]. Toxicol in Vitro，2009，23（6）：1076-1084.

[35] PIAO M J，KANG K A，LEE I K，et al. Silver nanoparticles induce oxidative cell damage in human liver cells through inhibition of reduced glutathione and induction of mitochondria-involved apoptosis[J]. Toxicol Lett，2011，201（1）：92-100.

[36] HUDECOVÁ A，KUSZNIEREWICZ B，RUNDÉN-PRAN E，et al. Silver nanoparticles induce premutagenic DNA oxidation that can be prevented by phytochemicals from Gentiana asclepiadea[J]. Mutagenesis，2012，27（6）：759-769.

[37] OUKARROUM A，BARHOUMI L，PIRASTRU L，et al. Silver nanoparticle toxicity effect on growth and cellular viability of the aquatic plant Lemna gibba[J]. Environ Toxicol Chem，2013，32（4）：902-907.

[38] ALMOFTIM R，ICHIKAWA T，YAMASHITA K，et al. Silver ion induces a cyclosporine A2 insensitive permeability transition in rat liver mitochondria and release of apoptogenic cytochrome C[J]. J Biochem，2003，134（1）：43-49.

[39] RONA M G，RITA R，MADELEINE R，et al. Exposure to silver nanoparticles induces size- and dose-dependent oxidative stress and cytotoxicity in human colon carcinoma cells[J]. Toxicology in Vitro，2014，28（7）：1280-1289.

[40] LEE Y H，CHENG F Y，CHIU H W，et al. Cytotoxicity，oxidative stress，apoptosis and the autophagic effects of silver nanoparticles in mouse embryonic fibroblasts[J]. Biomaterials，2014，35（16）：4706-4715.

[41] AUEVIRIYAVIT S，PHUMMIRATCH D，MANIRATANACHOTE R. Mechanistic study on the biological effects of silver and gold nanoparticles in Caco-2 cells—induction of the Nrf2/HO-1 pathway by high concentrations of silver nanoparticles[J]. Toxicol Lett，2014，224（1）：73-83.

[42] MAY S，HIRSCH C，RIPPL A，et al. Transient DNA damage following exposure to gold nanoparticles[J]. Nanoscale，2018，10（33）：15723-15735.

[43] LIN W，HUANG Y W，ZHOU X D，et al. In vitro toxicity of silica nanoparticles in human lung cancer cells[J]. Toxicol Appl Pharmacol，2006，217（3）：252-259.

[44] CHOI S J，OH J M，CHOY J H. Toxicological effects of inorganic nanoparticles on human lung cancer A549 cells[J]. Inorg Biochem，2009，103（3）：463-471.

[45] LIU X，SUN J. Endothelial cells dysfunction induced by silica nanoparticles through oxidative stress via JNK/P53 and NF-κB pathways[J]. Biomaterials，2010，31（32）：8198-8209.

[46] LI L，TIAN J，WANG X，et al. Cardiotoxicity of intravenously administered CdSe/ZnS quantum dots in BALB/c Mice[J]. Front Pharmacol，2019，10：1179.

[47] 洪文旭，杨细飞，张兵，等. 不同粒径二氧化硅致氧化应激相关指标改变的比较 [J]. 环境与健康杂志，2011，28（12）：1048-1051.

[48] ZHANG F，YOU X，ZHU T，et al. Silica nanoparticles enhance germ cell apoptosis by inducing reactive oxygen species（ROS）formation in Caenorhabditis elegans[J]. J Toxicol Sci. 2020，45（3）：117-129.

[49] ROSHANFEKRNAHZOMI Z，BADPA P，ESFANDIARI B，et al. Silica nanoparticles induce conformational changes of tau protein and oxidative stress and apoptosis in neuroblastoma cell line[J]. Int J Biol Macromol. 2019，124：1312-1320.

[50] SHI Y L，WANG F，HE W，et al. Titanium dioxide nanoparticles cause apoptosis in BEAS-2B cells through the caspase 8/t-Bid-independent mitochondrial pathway[J]. Toxicol Lett，2010，196（1）：21-27.

[51] SHUKLA R K，SHARM V，PANDEY A K，et al. ROS-mediated genotoxicity induced by titanium dioxide nanoparticles in human epidermal cells[J]. Toxicol in Vitro，2011，25（1）：231-241.

[52] REEVES J F，DAVIES S J，NICHOLAS J F D，et al. Hydroxyl radicals（•OH）are associated with titanium dioxide（TiO_2）nanoparticle-induced cytotoxicity and oxidative DNA damage in fish cells[J]. Mutat Res，2008，640（1-2）：113-122.

[53] MEENA R，RANI M，PAL R，et al. Nano-TiO_2-induced apoptosis by oxidative stress-mediated DNA damage and activation of p53 in human embryonic kidney cells[J]. Appl Biochem Biotechnol，2012，167（4）：791-808.

[54] XIA T，KOVOCHICH M，LIONG M，et al. Comparison of the mechanism of toxicity of zinc oxide and cerium oxide nanoparticles based on dissolution and oxidative stress properties[J]. ACS Nano，2008，2（10），2121-2134.

[55] WANG J，GAO S，WANG S，et al. Zinc oxide nanoparticles induce toxicity in CAL 27 oral cancer cell lines by activating PINK1/Parkin-mediated mitophagy[J]. Int J Nanomedicine，2018，13：3441-3450.

[56] GALLO A，MANFRA L，BONI R，et al. Cytotoxicity and genotoxicity of CuO nanoparticles in sea urchin spermatozoa through oxidative stress[J]. Environ Int，2018，118：325-333.

[57] 李倩，唐萌，班婷婷，等. 不同粒径纳米 Fe_2O_3 的细胞毒性及氧化作用 [J]. 中国公共卫生，2005，21（5）：589-591.

[58] PENTTINEN P，TIMONEN K L，TIITTANEN P，et al. Ultrafine particles in urban air and respiratory health among adult asthmatics[J]. Eur Resp，2001，17（3）：428-435.

[59] TARNUZZER R W，COLON J，PATIL S，et al. Vacancy engineered ceria nanostructures for protection from radiation-induced cellular damage[J]. Nano Lett，2005，5（12）：2573-2577.

[60] KORSVIK C，PATIL S，SEAL S，et al. Superoxide dismutase mimetic properties exhibited by vacancy engineered ceria nanoparticles[J]. Chem Commun（Camb），2007，14（10）：1056-1058.

[61] HECKERT EG，KARAKOTI AS，SEAL S，et al. The role of cerium redox state in the SOD mimetic activity of nanoceria[J]. Biomaterials，2008，28（18）：2705-2709.

[62] VINCENT A，BABU S，HECKERT E，et al. Protonated nanoparticle surface governing ligand tethering and cellular targeting[J]. ACS Nano，2009，3（5）：1203 -1211.

[63] TSAY J M，MICHALET X. New light on quantum dot cytotoxicity[J]. Chem Biol，2005，12（11）：1159-1161.

[64] GREEN M，HOWMAN E. Semiconductor quantum dots and free radical induced DNA nicking[J]. Chem Commun，2005，（1）：121-123.

[65] KAUFFER FA，MERLIN C，BALAN L，et al. Incidence of the core composition on the stability，the ROS production and the toxicity of CdSe quantum dots[J]. Hazard Mater，2014，268：246-255.

[66] TSAY J M，MICHALET X. New light on quantum dot cytotoxicity[J]. Chem Biol，2005，12（11）：1159-1161.

[67] KIRCHNER C，LIEDL T，KUDERA S，et al. Cytotoxicity of colloidal CdSe and CdSe/ZnS nanoparticles[J]. Nano Lett，2005，5（2）：331-338.

[68] IPE B I，LEHNIG M，NIEMEYER C M. On the generation of free radical species from quantum dots[J]. Small，2005，1（7）：706-709.

[69] DERFUS A M，CHAN C W，BHATIA S N. Probing the cytotoxicity of semiconductor quantum dots[J]. Nano Lett，2004，4（1）：11-18.

[70] MICHELLE B T，COLE W M，WYATT N V，et al. Dietary CdSe/ZnS quantum dot exposure in estuarine fish：Bioavailability，oxidative stress responses，reproduction，and maternal transfer[J]. Aquat Toxicol，2014，148：27-39.

[71] HSIEH MF，LI J K，LIN C A，et al. Tracking of cellular uptake of hydrophilic CdSe/ ZnS quantum dots/ hydroxyapatite

composites nanoparticles in MC3T3-E1 osteoblast cells [J]. J Nanosci Nanotechnol，2009，9（4）：2758-2762.

[72] HOSHINO A，FUJIOKA K，OKU T，et al. Physicochemical properties and cellular toxicity of nanocrystal quantum dots depend on their surface modification[J]. Nano Letter，2004，4（11）：2163-2169.

[73] NEL A，XIA T，MADLER L，LI N. Toxic potential of materials at the nanolevel[J]. Science，2006，311（5761）：622-627.

[74] YANG R S H，CHANG L W，WU J P，et al. Persistent tissue kinetics and redistribution of nanoparticles，Quantum Dot 705，in mice：ICP-MS quantitative assessment[J]. Environ Health Persp，2007，115（9）：1339-1343.

[75] LIMBACH L K，WICK P，MANSER P，et al. Exposure of engineered nanoparticles to human lung epithelial cells：influence of chemical composition and catalytic activity on oxidative stress[J]. Environ Sci Technol，2007，41（11）：4158-4163.

[76] XIA T，KOVOCHICH M，BRANT J，et al. Comparison of the abilities of ambient and manufactured nanoparticles to induce cellular toxicity according to an oxidative stress paradigm[J]. Nano Lett，2006，6（8）：1794-1807.

[77] AMIT K J，NITIN K. S，CHANDRAIAH G，et al. The effect of the oral administration of polymeric nanoparticles on the efficacy and toxicity of tamoxifen[J]. Biomaterials，2011，32（2）：503-515.

[78] 纪宗斐，张丹瑛，沈锡中，等. 碳纳米管的毒性研究进展 [J]. 复旦学报（医学版），2011，38（6）：556-559.

[79] JANNE K F，LOTTE R，NICKLAS R. J，et al. Oxidatively damaged DNA in rats exposed by oral gavage to C_{60} fullerenes and single-walled carbon nanotubes[J]. Environ Health Persp，2009，117（5）：703-708.

[80] 胡凯骞，张龙泽，陈春英，等. 功能化富勒烯衍生物效应探索：延长线虫寿命和保护氧化应激损伤的分子机理研究 [J]. 生物物理学报，2009，25（S1）：55-56.

[81] REDDY A R N，RAO M V，KRISHNA D R，et al. Evaluation of oxidative stress and anti-oxidant status in rat serum following exposure of carbon nanotubes[J]. Regul Toxicol Pharmacol，2010，59（2）：251-257.

[82] LEE J W，CHOI Y C，KIM R，et al. Multiwall carbon nanotube-induced apoptosis and antioxidant Gene expression in the gills，liver，and intestine of Oryzias latipes[J]. Biomed Res Int，2015，485343：10.

[83] EVA O R. Manufactured nanomaterials（fullerenes，C_{60}）induce oxidative stress in brain of juvenile largemouth bass[J]. Environ Health Persp，2004，112（10）：1058-1062.

[84] EVA O R，ZHU S Q，BLICKLEY T M，et al. Ecotoxicology of carbon-based engineered nanoparticles：Effects of fullerene（C_{60}）on aquatic organisms[J]. Carbon，2006，44（6）：1112-1120.

[85] HENRY T B，MENN F M，FLEMING J T，et al. Attributing effects of aqueous C_{60} nano-aggregates to tetrahydrofuran decomposition products in larval zebrafish by assessment of gene expression[J]. Environ Health Persp，2007，115（7）：1059-1065.

[86] 朱小山，朱琳，田胜艳，等. 2008. 三种碳纳米材料对水生生物的毒性效应 [J]. 中国环境科学，28（3）：269-273.

[87] MORADI-SARDAREH H，BASIR H R G，HASSAN Z M，et al. Toxicity of silver nanoparticles on different tissues of Balb/C mice[J]. Life Sci. 2018，211：81-90.

[88] DOCEA A O，CALINA D，BUGA A M，et al. The effect of silver nanoparticles on antioxidant/pro-oxidant balance in a murine model[J]. Int J Mol Sci. 2020，21（4）：1233.

[89] OLUGBODI J O，DAVID O，OKETA E N，et al. Silver nanoparticles stimulates spermatogenesis impairments and hematological alterations in testis and epididymis of male rats[J]. Molecules. 2020，25（5）：1063.

[90] LEE IC，KO J W，PARK S H，et al. Copper nanoparticles induce early fibrotic changes in the liver via TGF-β/Smad signaling and cause immunosuppressive effects in rats[J]. Nanotoxicology. 2018，12（6）：637-651.

[91] HUANG X L，ZHUANG J，TENG X，et al. The promotion of human malignant melanoma growth by mesoporous silica nanoparticles through decreased reactive oxygen species[J]. Biomaterials，2010，31（24）：6142-6153.

[92] 付长慧，刘天龙，唐芳琼，等. 夹心二氧化硅纳米颗粒的急性毒性和氧化损伤机制 [J]. 科学通报，2012，57（13）：1091-1099.

[93] YU Y，DUAN J，LI Y，et al. Silica nanoparticles induce liver fibrosis via TGF-β1/Smad3 pathway in ICR mice[J]. Int J Nanomedicine. 2017，12：6045-6057.

[94] 熊道文，方涛，陈旭东，等. 纳米材料对斑马鱼的氧化损伤及应激效应研究 [J]. 环境科学，2010，31（5）：1320-1327.

[95] LINGLAN M，JIE L，NA L，et al. Oxidative stress in the brain of mice caused by translocated nanoparticulate TiO_2 delivered to the abdominal cavity[J]. Biomaterials，2010，31（1）：99-105.

[96] 张荣，李亚伟，王辉，等. 不同粒径纳米二氧化钛对小鼠活性氧水平的影响 [J]. 中华劳动卫生职业病杂志. 2010，28（9）：664-666.

[97] ABBASI-OSHAGHI E，MIRZAEI F，POURJAFAR M. NLRP3 inflammasome，oxidative stress，and apoptosis induced in the intestine and liver of rats treated with titanium dioxide nanoparticles：in vivo and in vitro study[J]. Int J Nanomedicine. 2019，14：1919-1936.

[98] CHEN Z，HAN S，ZHENG P，et al. Effect of oral exposure to titanium dioxide nanoparticles on lipid metabolism in Sprague-Dawley rats[J]. Nanoscale. 2020，12（10）：5973-5986.

[99] 马萍，杜娟，罗清，等. 纳米 Fe_3O_4 对小鼠肺细胞的氧化损伤 [J]. 生态毒理学报，2012，7（1）：44-48.

[100] JUNGKON K，YENA P，TAE H Y，et al. Phototoxicity of CdSe/ZnSe quantum dots with surface coatings of 3-mercaptopropionic acid or tri-n-octylphosphine oxide/gum arabic in Daphnia magna under environmentally relevant UV-B light[J]. Aquat Toxicol，2010，97（2）：116-124.

[101] 项晓玲，李岩，田熙科，等. 纳米硫硒化镉对小鼠肾脏和脑组织 SOD 活力和 MDA 含量的影响 [J]. 生态毒理学报，2008，3（2）：168-173.

[102] WANG J，SUN H，MENG P，et al. Dose and time effect of CdTe quantum dots on antioxidant capacities of the liver and kidneys in mice[J]. Int J Nanomedicine，2017，12：6425-6435.

[103] TIAN J，HU J，LIU G，et al. Altered gene expression of ABC transporters，nuclear receptors and oxidative stress signaling in zebrafish embryos exposed to CdTe quantum dots[J]. Environ Pollut，2019，244：588-599.

第八章

纳米材料与细胞周期

第一节 纳米材料对细胞增殖的影响

一、细胞增殖概述

纳米材料种类繁多，有着不同于常规化学物质的特殊理化性质。我国目前已有30多种纳米材料在进行工业化生产或在实验室大规模合成。随着纳米科技的飞速发展及纳米材料的广泛应用，纳米安全性研究引起了世界各国的广泛关注。开展纳米材料安全性研究是推动纳米材料合理利用和纳米技术可持续发展的必然要求。纳米材料毒性研究和安全性评价在保证纳米材料的安全生产和使用，保护环境和人类健康，促进纳米科技的健康发展等方面具有着重要、深远的意义。随着研究的不断深入，人们对于多种纳米材料如碳纳米材料（单壁碳纳米管、多壁碳纳米管等）、纳米氧化物（纳米二氧化钛、纳米二氧化硅和纳米氧化铁等）以及量子点等的毒性效应有了一定的认识。大量研究表明，纳米材料暴露可使细胞数量减少。细胞数量的减少可能是由于细胞增殖受到抑制，也可能是由于细胞通过凋亡、坏死或其他死亡方式发生了死亡，或者二者兼有。细胞增殖（cell proliferation）是生物体的重要生命特征，是一切有机体得以繁衍的基本方式，也是维持细胞数量平衡和机体正常功能所必需。细胞通过分裂的方式进行增殖，主要包括三种方式，即无丝分裂（amitosis）、有丝分裂（mitosis）和减数分裂。其中，有丝分裂，又称间接分裂（indirect division），普遍存在于高等动植物中，是人、动物、植物、真菌等真核生物产生体细胞的过程，是体细胞的一种正常的分裂方式，通常被划分为前期（prophase）、前中期（prometaphase）、中期（metaphase）、后期（anaphase）和末期（telephase）五个阶段，经该分裂方式产生的子细胞所含的染色体在数目和类型上与亲代细胞一样，从而保持各代细胞的染色体数恒定不变。细胞通过分裂还将遗传信息一代代传递下去，从而保证了物种的延续性。因而，细胞增殖是生物体生长、发育、繁殖和遗传的基础。目前，细胞增殖的研究方法有很多，主要包括：克隆（集落）形成试验法、MTT法、CCK-8法、^{3}H-TdR掺入试验、5-溴脱氧尿嘧啶核苷（BrdU）掺入法、^{3}H-亮氨酸掺入试验等。越来越多的研究表明，多种纳米材料，包括单壁碳纳米管、多壁碳纳米管、纳米二氧化钛、纳米二氧化硅、纳米氧化锌、纳米银、纳米金、量子点等，均可通过抑制细胞增殖，从而引发细胞毒性效应。下面就多种纳米材料与细胞增殖的关系进行简要的总结。

二、纳米材料对细胞增殖的影响

（一）碳纳米材料

1. 碳纳米管（CNTs） 作为一维纳米材料，最为常见，是1991年日本NEC公司的饭岛纯雄（Sumio Iijima）在高分辨透射电子显微镜（TEM）下检验石墨电弧设备中产生的球状碳分子时，意外发现的。它是一种具有石墨结晶的管状碳纳米材料，直径一般在几纳米到几十纳米之间，长度为数微米，甚或数毫米。根据石墨烯片的层数可将其分为SWCNTs和MWCNTs两种。Mooney等考察了一系列不同类型的碳纳米管，包括SWCNTs、MWCNTs以及功能化的碳纳米管对人间充质干细胞增殖、代谢活力、分化的影响。研究结果显示，低浓度情况下，羧基化SWCNTs对间充质干细胞的存活率以及增殖没有产生不利影响，羟基化 MWCNTs 毒性也很低。荧光标记显示，碳纳米管进入细胞内部、最终定位在核部位，对细胞超微结构也没有产生影响。还有研究显示，碳纳米管可促进培养在 MWCNTs 基板上的大鼠心室肌细胞增殖，增加活力，还能促进心肌细胞成熟。但是，越来越多的研究表明，无论是正常细胞还是肿瘤细胞，SWCNTs 和 MWCNTs 均显示了一定的细胞增殖抑制作用，如 SWCNTs 可抑制 HEK293 细胞增殖，MWCNTs 可抑制人外周血淋巴细胞、人骨髓间充质干细胞、大鼠肺上皮细胞和肺腺癌细胞 A549 的增殖。MWCNTs 暴露显著增加肺中细胞增殖标记 Ki-67 和增殖细胞核抗原（proliferating cell nuclear antigen，PCNA）的表达以及一组细胞周期控制基因，在成纤维细胞表面形成 TIMP1/CD63/integrin 1 复合物，从而触发了 Erk1/2 的磷酸化和激活，从而促进成纤维细胞的活化和增殖。

国内学者采用贻贝棘尾虫为模式生物对 MWCNTs 的分布、定位及毒性进行了研究，结果显示：MWCNTs 较容易被贻贝棘尾虫摄入，并可在细胞水平自由分布、再分布及排出。MWCNTs 暴露 5d 后，贻贝棘尾虫的数量随着 MWCNTs 的浓度增加而降低。当 MWCNTs 的浓度大于 10μg/ml 时，贻贝棘尾虫的存活率下降到低于 50%；浓度为 200μg/ml 时，存活率降至 38%，说明高浓度的 MWCNTs 对贻贝棘尾虫细胞的生长有抑制作用，可导致虫体繁殖力减弱或丧失。另外，MWCNTs 可导致贻贝棘尾虫出现滋养核及细胞外膜的损伤。电镜超微结构显示 MWCNTs 仅定位于细胞线粒体中，提示滋养核、微核和细胞膜的损伤及生长受抑制可能是线粒体损伤所致。不过从结果还可看出，当浓度降至足够小（<1μg/ml）时，尾虫的存活率 >100%，表示 MWCNTs 对细胞的生长又有促进作用。还有研究显示，5～500μg/ml MWCNTs 可提高烟草细胞的增长，而活性炭仅在低浓度（5μg/ml）可刺激细胞生长，而高浓度（100～500μg/ml）下抑制细胞增长。这可能与 MWCNTs 可活化上调参与细胞分裂、细胞壁形成和水转运的基因表达有关。

大多数纳米材料可通过呼吸道进入机体，从而产生有害生物学效应。因而，纳米材料的肺脏毒性备受关注。肺上皮细胞是纳米材料暴露的主要靶细胞之一，有着非常重要的功能，如免疫调节，肺表面活性物质的合成、储存和分泌，肺泡更新和损伤修复等。研究发现，当Ⅱ型肺泡上皮细胞来源的 A549 细胞暴露于 MWCNTs 24h 后，细胞发生皱缩、间隙变大，形态学发生改变。而且，随着染毒剂量的加大，A549 细胞存活率逐渐下降，呈现剂量依赖关系，提示 MWCNTs 能降低 A549 细胞活性，抑制细胞增殖。除此之外，MWCNTs 对多种细胞增殖均有影响，如 MWCNTs 能通过 HEK293 的细胞膜而进入细胞内，当剂量达到一定水平，可显著降低细胞的增殖能力，因此推测 MWCNTs 对人体正常细胞的生长具有一定的安全剂量范围；采用 MTT 检测发现，随着 MWCNTs 染毒浓度的增加，小鼠单核巨噬细胞 RAW264.7 的存活率逐渐下降，表明 MWCNTs 可抑制 RAW264.7 细胞增殖，且具有浓度依赖关系；采用 BrdU 掺入试验检测发现，MWCNTs 和多壁碳纳米圈暴露均导致人皮肤成纤维细胞数量降低，尤其是当 MWCNTs 浓度为 0.6mg/L 时；采用台盼蓝试验检测也发现，随着 MWCNTs 浓度的增高，HUVECs 生存率下降，且在 20μg/ml MWCNTs 作用下，随着作用时间延长，HUVECs 生存率逐渐下降，说明 MWCNTs 对 HUVECs 增殖具有抑制作用，且呈现剂量依赖和时间 - 效应关系。同样，Meng 等采用超声 / 浓缩酸氧化制备得到的水溶性 MWCNTs（water-soluble MWCNTs，wsMWCNTs），当 0.03mg/ml 的 wsMWCNTs 与小鼠成纤维细胞 3T3 L1 共同培育时，细胞增殖明显受到抑制；培育第 3d、第 4d，与对照组相比，活细胞数量分别降低了 58% 和 55%。而当浓度降至 0.01mg/ml 时，wsMWCNTs 对细胞增殖影响不大。从上述研究可看出，当浓度达到一定程度后，MWCNTs 对细胞增殖显示了很好的抑制作用，并可呈现出一定的剂量 - 效应和时间 - 效应关系。

SWCNTs 导致细胞内活性氧（reactive oxygen species，ROS）的生成，从而抑制细胞增殖，进而导致细胞死亡。对于 SWCNTs 抑制细胞增殖的机制，目前还不清楚。有研究指出，SWCNTs 通过诱导细胞凋亡和降低细胞黏附能力来抑制细胞生长，SWCNTs 可通过 P16-cyclin D-Rb 信号通路来抑制细胞增殖。但是，SWCNTs 对细胞增殖的影响报道不一。有研究发现，SWCNTs 在低剂量（12.5～50μg/ml）时对乳腺癌细胞增殖具有抑制作用，而在高剂量时（100～200μg/ml）刺激乳腺癌细胞的增殖。但 Cherukuri 等通过近红外荧光显微镜考查 SWCNTs 被小鼠巨噬细胞 J774.1A 的摄取情况时发现：巨噬细胞虽可吞噬 SWCNTs，但 SWCNTs 不影响细胞的增殖和生存活力，没有明显细胞毒性。

2. 富勒烯（fullerene） 是由 12 个五边形和 20 个六边形组成的球形 32 面体，每个碳原子以非标准 sp^2 杂化轨道与 3 个碳原子相连，剩余 p 轨道在 C_{60} 的球壳外围和内腔形成球面键，代表了一类特殊的芳香体系，还可被称为C_{60}、球烯、球壳烯或巴氏碳球。富勒烯作为一种新型纳米碳材料，在超导、磁性、光学、催化材料及生物等方面表现出优异的性能，有极为广阔的应用前景。但是，在国家、政府投入大量资金进行富勒烯的制备、应用的过程中，富勒烯的生物安全性也引人思考。一般认为，富勒烯的体内外毒性都很低，具有很好的生物相容性。有研究报道，将豚鼠心肌细胞短期暴露于聚乙烯吡咯烷酮（polyvinylpyrrolidone，PVP）溶解的C_{60}，即PVP+C_{60}后，心肌细胞电活性未发生明显变化；同样，将大鼠嗜铬细胞亚慢性暴露于PVP+C_{60}后，细胞分化和增殖均未受到明显影响。但是，Sayes等发现C_{60}可对人成纤维细胞、星形胶质细胞及肝癌细胞产生毒性作用。Inman等将C_{60}作用于人表皮细胞24h后，分析细胞存活率发现，随C_{60}浓度的升高，人表皮细胞存活率逐渐降低。Su等的研究也发现，粒径为20nm的富勒烯衍生物$C_{60}(OH)_x$可通过细胞摄取进入细胞内部，并且其产生的细胞毒性作用有一定的剂量依赖性。五种水溶性富勒烯衍生物$C_{60}(NH(CH_2)_2NH_2)_{8.8}$、$C_{60}(OH)_{20}$、$C_{60}$(beta-Ala)$_{10.1}$、$C_{60}(Lys)_{8.7}$和$C_{60}$-(Arg)$_{8.6}$作用于巨噬细胞RAW264.7，当浓度低于50μg/ml时未观察到细胞毒性，浓度增大至100μg/ml以上可降低细胞增殖。C_{60}纳米膜的机械信号被证明可促成一种影响细胞周期并减少细胞增殖的细胞外环境。

3. 活性炭纳米粒子（activated carbon nanoparticles，ACNP） 具有淋巴趋向性、肿瘤表面吸附性、毒副作用小等特点，可作为理想的淋巴示踪剂。ACNP还有较强的吸附作用，可以吸附抗癌药对恶性肿瘤进行化疗。研究发现，ACNP能明显抑制人胃癌BCG-823细胞增殖，呈剂量和时间依赖性，作用24h、48h和72h后的半数抑制浓度IC_{50}分别为1.57mg/ml、1.18mg/ml和0.87mg/ml。而且，ACNP能增强抗肿瘤药物5-氟尿嘧啶等对人胃癌BGC-823细胞的抑制和杀伤作用。

4. 纳米炭黑颗粒 碳纳米材料除可发挥增殖抑制作用外，还显示出一定的增殖诱导、促进作用。有研究发现，纳米炭黑颗粒对小鼠睾丸间质细胞Leydig TM3的增殖有抑制作用。但是，Sydlik等通过BrdU掺入试验和检测细胞中PCNA的表达发现，平均粒径为14nm的炭黑纳米颗粒可诱导大鼠肺上皮细胞增殖。他们还发现，炭黑纳米颗粒是通过活化受体依赖的蛋白激酶B（protein phosphatase B，PKB；又称Akt）而诱导肺上皮细胞增殖。Akt是一种丝氨酸/苏氨酸蛋白激酶，参与多种重要的细胞功能，如细胞存活、增殖、迁移和促炎因子的表达等。炭黑纳米颗粒作用下，大鼠肺泡Ⅱ型上皮细胞RLE-6TN和人支气管上皮细胞16HBE均显示有Akt被特异性激活；且Akt活化是依赖表皮生长因子受体（epidermal growth factor receptor，EGFR）和β_1-整合素（β_1-integrin）的。抑制剂试验揭示，纳米颗粒诱导的细胞增殖是通过磷酸肌醇3-激酶（phosphoinositide 3-kinase，PI3K）和Akt介导的。而且，Akt抑制剂预处理和突变型Akt过表达均可降低纳米颗粒特异性细胞外信号调节激酶（extracellular regulated kinase1/2，ERK1/2）磷酸化。因而，他们推测出：纳米颗粒可作为细胞外刺激，诱导EGFR和β_1-整合素的信号级联反应，包括活化PI3K和Akt，最终Akt磷酸化ERK1/2而激活MAPKs信号转导通路，从而诱导细胞增殖。另外，有研究发现，石墨碳纳米颗粒对细胞增殖也具有促进作用，但该作用仅发挥在正常细胞株中。国内学者刘东京等通过研究粒径约20nm的石墨碳纳米颗粒对于四种细胞增殖的影响，发现不同浓度（5μg/ml、7.5μg/ml、10μg/ml、12.5μg/ml、15μg/ml、20μg/ml、25μg/ml、50μg/ml、75μg/ml和100μg/ml）的石墨碳纳米颗粒对人肝细胞L02、HL-7702和小鼠3T3细胞的增殖均有促进作用，且暴露浓度为7.5μg/ml时促增殖作用最强。但是，石墨碳纳米颗粒对人肝癌细胞HepG2的增殖无促进作用。

（二）纳米氧化物

1. 纳米二氧化钛（nano-titanium dioxide，nano-TiO_2） 又称TiO_2纳米颗粒（TiO_2 nanoparticle）或超微细二氧化钛（ultrafine TiO_2，UF-TiO_2），是一种新型的无机化工材料，在涂料、颜料、陶瓷、防晒化妆品、空气净化、污水处理、食品包装等方面的应用非常广泛。各种数量级的TiO_2纳米颗粒随产品以各种不同的途径进入人体。目前，TiO_2纳米颗粒的毒性和生物安全性研究已取得了一定的进展。现有大量研究表明，TiO_2纳米颗粒可破坏细胞膜、进入细胞、影响细胞超微结构，甚至还可以进入细胞核影响细胞遗传物质的表达，通过这些作用可以影响细胞的功能、抑制细胞生长、诱导细胞凋亡和坏死。

Shanbhag等将P388DI巨噬细胞同TiO_2孵育8h，加入^{3}H-TdR作用16h，利用^{3}H-TdR检测细胞增殖。结果显示：TiO_2降低^{3}H-TdR水平并存在剂量和尺寸依赖关系，说明TiO_2具有细胞增殖抑制作用。同样，对于TiO_2纳米颗粒而言，大量研究发现，它对体外培养的细胞具有增殖抑制作用，可抑制人角质形成细胞 HaCaT、人支气管上皮细胞 BEAS-2B、人淋巴样干细胞、大鼠神经胶质细胞、小鼠睾丸间质细胞 Leydig TM3 和大鼠滑膜细胞 RSC-364 等增殖。TiO_2 纳米颗粒可抑制细胞生长，甚至杀伤某些细胞。Amézaga-Madrid 等采用假单胞菌属作为培养对象，通过 TEM 以及 X 射线衍射（XRD）观测发现：经过紫外线照射 40min 后，TiO_2 纳米颗粒对假单胞菌的生长抑制率可达到 60%～72%。采用 MTT 法分析其对细胞生长的影响，研究发现，细胞存活率与 TiO_2 纳米颗粒浓度具有很大依赖性，随着浓度的增加，细胞存活率下降。CCK-8 法检测发现，TiO_2 纳米颗粒作用 24h，气道支气管上皮细胞 Chago-K1 的活力明显下降；当浓度为 2mg/ml 时，细胞存活率降至 65%。即便是低浓度 0.1～0.3mg/ml 作用下，细胞生长就受到了显著影响。MTT 检测揭示：粒径 <5nm 的锐钛矿型 TiO_2 纳米颗粒能抑制小鼠成纤维细胞 L929 增殖和黏附。直径为 20nm 的锐钛矿型 TiO_2 纳米颗粒对体外培养的人皮肤基底细胞癌 A431 细胞的集落形成和细胞生长均有明显的抑制作用；对人胚胎皮肤成纤维细胞（human embryo skin fibroblast，ESF）的集落形成有明显的抑制作用，但对其生长活性的抑制作用不明显，无相关性。这表明相对于 ESF 而言，A431 细胞对 TiO_2 纳米颗粒更为敏感，浓度越高，TiO_2 纳米颗粒对细胞生长的抑制作用越明显；同时也说明，TiO_2 纳米颗粒对未分化或去分化的细胞具有明显的毒性作用，而对已经分化的细胞毒性作用不明显。Cao 等的研究还指出，TiO_2 纳米颗粒具有选择性细胞毒性，能通过改变溶酶体活性和破坏胞质结构来抑制肝癌细胞增殖，但对正常肝细胞的作用很轻微。另外，TiO_2 纳米颗粒对细胞活性的影响与其粒径有关，同一浓度下，不同尺寸颗粒对细胞存活率的影响不一。除颗粒浓度、粒径和细胞类型外，晶体结构也影响着 TiO_2 纳米颗粒对细胞增殖的作用。研究发现，TiO_2 纳米颗粒暴露 24h，晶体结构无论是锐钛矿型还是金红石型，随着染毒剂量的增加，细胞活力逐渐下降。其中，与对照组相比，前者在 50μg/ml、100μg/ml 和 200μg/ml，后者在 100μg/ml 和 200μg/ml 时，差异具有显著性（$P<0.05$）。由此可看出，金红石型 TiO_2 纳米颗粒对细胞增殖的抑制作用略弱于锐钛矿 TiO_2 纳米颗粒。

在紫外线照射下，TiO_2 纳米颗粒价带上的电子被激发跃迁至导带，产生的活性氧等能对细胞内外的有机物质产生强氧化反应，从而抑制细胞增殖，甚至杀伤细胞。Cai 等发现无光照条件下 TiO_2 纳米颗粒对人宫颈癌 HeLa 细胞增殖无明显影响，HeLa 细胞增长率都在 90% 以上，这基本上和紫外线照射 19min 差不多。两者同时存在时，随 TiO_2 纳米颗粒浓度增大，细胞增长率急剧下降。紫外线强度的增加和 TiO_2 纳米颗粒浓度增大都能引起细胞增长率下降。Zhang 等的研究也表明，单纯 TiO_2 纳米颗粒作用于人结肠癌 Ls-174-t 细胞 30min，细胞增长率大于 90%；紫外线照射下，随纳米颗粒摄入量增大，细胞增长率显著下降；随颗粒浓度增大，细胞形态发生改变，细胞皱缩、破碎。由此可见，TiO_2 纳米颗粒在紫外线催化条件下对细胞产生明显抑制作用，这种作用可能是由羟基、过氧化氢等活性物质引起的。紫外线催化 TiO_2 纳米颗粒通过活性氧杀灭细胞分两步：首先，紫外线催化 TiO_2 纳米颗粒表面与细胞膜发生接触，造成细胞膜氧化损伤，导致细胞膜通透性改变，但对细胞增长率无显著影响。进而，细胞内组分泄漏、更多的 TiO_2 纳米颗粒进入受损细胞并直接攻击细胞核和其他细胞器，导致细胞增长率下降，最终死亡。不过，TiO_2 纳米颗粒对细胞增殖的作用表现不一。Chellappa 等将 TiO_2 纳米颗粒与人成骨肉瘤细胞作用 24h 后，结果显示：TiO_2 纳米颗粒（<100μg）对人成骨肉瘤细胞增长率没有影响。另外，细胞增殖标志物 PCNA 检测结果表明，TiO_2 纳米颗粒可诱导Ⅱ型肺细胞增殖。还有研究指出，TiO_2 纳米纤维表面采用热氧化法处理后可以促进 HUVECs 细胞增殖。暴露于浓度增加的 TiO_2 纳米颗粒可以提高 HCT116 细胞的总体细胞存活率，并降低 Bcl-2 和 caspase-3 的表达，同时下调 Bax/Bcl-2 的比例。浓度为 400μg/ml 和 50μg/ml 的 TiO_2 纳米颗粒抑制细胞增殖并诱导 HT29 细胞凋亡，并在 mRNA 水平上调 P53 和 Bax，增强 Bax/Bcl-2 比率，并最终上调 caspase-3 mRNA。

2. 纳米二氧化硅（silica nanoparticles） 又称 SiO_2 纳米颗粒，在一定浓度范围内具有很好的生物相容性，其体内分布及毒性试验证明 SiO_2 纳米颗粒几乎没有毒性，是有应用前途的基因转染和基因治疗载体之一。但有研究表明，SiO_2 纳米颗粒可以被摄入细胞，一定条件下能进入细胞核，导致 Topo I 的异常。Topo I 的异常将导致核内重要蛋白泛素、蛋白酶、polyQ 及亨廷顿蛋白的异常，从而抑制复制、转录和细胞增殖，引起蛋白酶的活力及细胞活力的改变。SiO_2 纳米颗粒还可导致膜损伤，引起细胞培养液中乳酸脱氢酶（LDH）增加，可抑制细胞增殖，并且纳米颗粒的毒性大小依赖于作用细胞代谢活性的不同。研究发现，当浓度为20～100μg/ml的20nm或50nm的SiO_2纳米颗粒作用于HEK293细胞后，细胞活力下降，且呈现剂量依赖和时间依赖方式。CCK-8细胞毒性试验结果显示，随着SiO_2纳米颗粒作用剂量的增加，细胞存活率逐渐下降，其中150μg/ml浓度作用下，活细胞数量减少了60%左右，表明SiO_2纳米颗粒能够明显影响细胞的生长和增殖。SiO_2纳米颗粒可通过诱导细胞内ROS生成，引起细胞形态和超微结构改变，使细胞膜流动性下降及通透性升高，从而使得体外培养的RAW264.7细胞生长受到抑制。

纳米材料的尺寸大小是决定其毒性大小的一个重要因素。有研究发现，20nm的SiO_2对RAW267.4细胞的生长抑制作用较60nm的强。CCK-8法检测发现，HaCaT细胞暴露于15nm、30nm和微米级的SiO_2后，细胞活力均明显降低，且呈现剂量依赖关系，表明SiO_2纳米颗粒可抑制HaCaT细胞增殖。而且，在较高剂量（>40μg/ml）下，分别与30nm和微米级SiO_2颗粒相比，15nm SiO_2颗粒处理下HaCaT细胞显示出更低的活力。也反映出，颗粒粒径越小，对细胞活力的影响越大。李艾斯等在比较了两种不同粒径的SiO_2颗粒（21.6nm和48.6nm）对人正常肺细胞（MRC-5）的毒性作用时，发现：细胞存活能力随暴露剂量的增加而降低，两种粒子的IC_{50}分别为0.8mg/ml和1.9mg/ml，说明较小粒径的SiO_2纳米颗粒对MRC-5产生了更强的毒性作用。同样，Napierska等在研究多种粒径的SiO_2颗粒对人内皮细胞的毒性作用时发现：SiO_2纳米颗粒的对人内皮细胞生长抑制作用存在剂量依赖关系。LDH活力测定及MTT试验的结果表明，随着颗粒粒径的减小，SiO_2纳米颗粒对人内皮细胞的IC_{50}逐渐降低，并且暴露于较小颗粒环境中的细胞会更快出现死亡。粒径小于220nm的纳米颗粒可以促进人类脂肪组织来源的干细胞的增殖，增加细胞外信号相关激酶（ERK）1/2的磷酸化。从上述可看出，SiO_2纳米颗粒对细胞增殖的抑制作用与颗粒粒径密切相关。另外，纳米材料的表面修饰也是影响其毒性大小的因素之一。经过表面修饰后，纳米颗粒表面特性如不饱和键的数目、亲水性/疏水性或颗粒自身的稳定程度都会发生改变，从而会影响到纳米颗粒的体内分布及其所产生的生物学效应。何晓晓等制备了以荧光染料联吡啶钌配化合物Rubpy为核、SiO_2为外壳的纯硅壳荧光纳米颗粒（SiNPs），并对其进行修饰，分别制备了磷酸化和氨基化硅壳荧光纳米颗粒（PO_4NPs和NH_2NPs），MTT试验发现：硅壳荧光纳米颗粒对HaCaT细胞增殖的影响是浓度依赖的，随着颗粒浓度的增加，HaCaT细胞的存活率逐渐降低；并且，不同功能化基团修饰对HaCaT细胞增殖的影响不同，大小顺序为：$PO_4NPs < SiNPs < NH_2NPs$。

在一定条件下，SiO_2纳米颗粒对细胞增殖无影响，如在将介孔SiO_2纳米颗粒（mesoporous silica nanoparticles，MSNs）与异硫氰酸荧光素（fluorescein isothiocyanate，FITC）结合形成FITC-MSNs用于细胞标记的研究中发现，FITC-MSNs与人间质干细胞（mesenchymal stem cells，MSCs）或3T3-L1细胞短期孵育后即可进入细胞内，但不影响细胞的活力、增殖、免疫表型和分化潜能。体内实验研究发现，当小鼠腹腔注射给予100mg/kg或200mg/kg硅纳米颗粒后，小鼠脾细胞活力明显下降，但50mg/kg组小鼠脾细胞增殖不受影响。另外，游离SiO_2粉末进入肺脏后，可激活相应的肺泡巨噬细胞，释放多种细胞因子、生长因子和血管活性物质，进而刺激肺成纤维细胞增殖，使胶原等细胞外基质成分的生成增加，最终导致肺纤维化。体内实验研究发现，与羰基铁（carbonyl iron，CI，0.8～3.0μm）、细石英颗粒（300nm）和PBS对照相比，大鼠暴露于Min-U-Sil α-石英颗粒（534nm）和纳米石英（12nm），可诱导气道支气管上皮细胞和肺脏实质细胞增殖。体外实验研究也发现，125μg/ml、500μg/ml SiO_2纳米颗粒可诱导CHL细胞增殖，表明SiO_2纳米颗粒可诱导细胞增殖，在诱导肺成纤维细胞增生方面具有重要作用。还有研究将单分散的粒径分别为50nm、100nm和300nm的SiO_2颗粒作为生物材料的表面修饰剂，选用牛主动脉内皮细胞（bovine aortic endothelial cells，BAECs）和小鼠成骨细胞MC3T3-E1为细胞模型，探讨SiO_2纳米颗粒对细胞骨架、增殖和代谢活性的影响。结果显示：与对照组相比，两种类型细胞均表现为生长在50nm SiO_2修饰的生物材料上的细胞增殖率最高，而300nm SiO_2修饰则显示出增殖抑制效应。该研究一方面表明SiO_2纳米颗粒具有一定的增殖促进作用，还进一步证实颗粒粒径与其对细胞增殖的影响密切相关。

3. 纳米铁氧合物 铁是人体和动物必需的微量元素之一，铁及其制品广泛应用于化工、医疗、生化分析等生产生活领域。纳米铁氧合物，包括三氧化二铁（Fe_2O_3，又称氧化铁）和Fe_3O_4纳米颗粒，是医学上应用最为广泛的纳米材料，凭借其独特的超顺磁性在磁共振成像造影和肿瘤的磁靶向热疗方面得到了良好的应用，受到了医学研究者的青睐。铁在环境中广泛存在，同时也是大气颗粒物中主要成分，铁颗粒物也可经呼吸道进入人体而损害健康。因而，在纳米铁氧合物广泛应用的同时，其毒性和生物安全性引起了人们的广泛关注。

铁在细胞周期、增殖和凋亡过程中发挥着重要作用。研究发现，新生大鼠暴露于粒径在 10～50nm 的铁颗粒后，近肺泡区域的细胞增殖率明显下降，表明出生早期暴露于空气颗粒物可通过改变细胞分裂而对肺脏生长产生显著的直接影响。以人间皮瘤细胞为细胞模型，比较纳米氧化物的毒性大小，结果显示：$Fe_2O_3 \approx$ asbestos $>$ ZnO $>$ $CeO_2 \approx ZrO_2 \approx TiO_2 \approx Ca_3(PO_4)_2$。由此可推测，一旦 Fe_2O_3 进入人体，将会对机体产生有害效应。大量体外研究发现，磁性纳米颗粒可以明显影响细胞的行为和活性。Arbab 等用多聚赖氨酸和超顺磁性氧化铁（SPIO）纳米颗粒的偶联物标记哺乳动物细胞后显示，超顺磁性铁粒子可进入标记的细胞，但对细胞的长期生存能力、生长率及凋亡等方面无明显影响。同样，25μg/ml SPIO 标记骨源性 MSCs，对细胞活力、增殖和分化无影响。但也有研究表明，SPIO 虽对人 MSCs 无毒性，但可促进细胞生长、增殖，这可能与其具有过氧化物酶类似活性、可消除细胞内 H_2O_2 有关。亦有研究表明，Fe_3O_4 纳米颗粒可以 ROS 依赖方式促进肿瘤干细胞的生长和增殖。聚 -L- 赖氨酸改性的 Fe_3O_4 纳米颗粒可以加速癌症干细胞周期的进展，可能与干细胞内内源性活性氧的活性受损有关。

夏婷等的研究显示，Fe_2O_3 纳米颗粒可抑制 RAW264.7、HepG2 细胞增殖，且呈剂量依赖性。而且，Fe_2O_3 纳米颗粒联合磁流体热疗（magnetic fluid hyperthermia，MFH）可显著抑制体外培养的 SMMC-7721 细胞增殖，促进其凋亡，并对 SMMC-7721 裸鼠肝癌荷瘤体积和重量具有抑制效应。Fe_3O_4 纳米颗粒也具有抑制细胞生长作用。Hussain 等发现，裸 Fe_3O_4 纳米颗粒（30nm、47nm）作用大鼠肝细胞（BRL-3A）24h，其半数有效量（50% effective dose，ED_{50}）>250μg/ml。另有研究以 50μg/ml 裸 Fe_3O_4 纳米颗粒（40～45nm）作用于原代人成纤维细胞 24h，观察到 Fe_3O_4 纳米颗粒可明显降低细胞存活率，并且随着给药浓度升高，细胞存活率逐渐降低，浓度升高至 2 000μg/ml 时，细胞存活率已降至对照组的 40%。Lin 等采用 CCK-8 法检测显示：不同浓度的 Fe_3O_4 纳米颗粒作用于 HL-7702 细胞 24h 后，随着颗粒作用浓度的增加，细胞存活率降低。去除处理因素，继续培养 48h 后，150μg/ml、300μg/ml 和 600μg/ml 剂量组，细胞存活率分别由染毒 24h 后的 77.70%、65.85% 和 49.99% 恢复至 98.36%、82.20% 和 62.97%。由此可见恢复 48h 后，150μg/ml 剂量组细胞存活率接近于对照组水平，而 300μg/ml 和 600μg/ml 这两个剂量组细胞存活率仍明显低于对照组水平。以上说明，在一定剂量条件下，Fe_3O_4 纳米颗粒对原代人成纤维细胞、HL-7702 细胞的增殖均有抑制作用。另外，Fe_3O_4 纳米颗粒在肿瘤局部热疗方面也显示了良好的应用前景。有研究显示，将含葡聚糖包裹的 Fe_3O_4 纳米颗粒的悬浮液注射到舌肿瘤部位，并通过 500kHz 的交流磁场加热舌头至 43～45℃，结果明显抑制了舌部肿瘤的生长，同时，接受磁过热疗法的病人，其存活时间比对照组高得多，组织病理学检查发现，肿瘤边缘的间质中聚集着磁性纳米颗粒，在磁性纳米颗粒聚集的组织中肿瘤细胞消失。

有研究显示，不同粒径 Fe_2O_3 纳米颗粒对 CHL 细胞的 IC_{50} 分别为 279.585μg/ml（8nm）、254.739μg/ml（13nm）和 561.237μg/ml（37nm）。由此可见，不同粒径的 Fe_2O_3 纳米颗粒的细胞毒性不同。对纳米材料进行表面修饰可改变纳米材料本身的毒性表现，包括改变其对细胞增殖的影响。有研究合成了 Fe_2O_3 纳米颗粒（8～15nm）并将其进行葡聚糖或白蛋白衍生化，采用 BrdU 掺入法检测了未包被的和葡聚糖或白蛋白包被的 Fe_2O_3 纳米颗粒对人皮肤成纤维细胞 hTERT-BJ1 的影响，研究发现：未包被的和葡聚糖包被的 Fe_2O_3 纳米颗粒可抑制细胞增殖，而白蛋白包被的 Fe_2O_3 纳米颗粒可促进细胞增殖。另外，葡聚糖或白蛋白包被后，Fe_2O_3 纳米颗粒的细胞摄取方式有所改变，提示我们：纳米颗粒修饰可改变其细胞行为。

4. 纳米氧化锌（ZnO） 又称 ZnO 纳米颗粒，也是一种多功能的新型纳米材料，具有抗红外线、紫外线和杀菌的功能，已广泛应用于防晒化妆品、防红外与紫外的屏蔽材料、卫生清洁和污染水处理的产品中。研究发现，ZnO 纳米颗粒可作为良好的抗菌添加剂，对微生物（如 *E. coil*）的生长具有明显的抑制作用，尤其是在光照的情况下。同样，对于导致人类传染疾病的链球菌和葡萄球菌、白色枯草芽孢杆菌，也具有很好的生长抑制作用。一般认为，纳米材料的杀菌机制在于纳米材料被光照激活后可产生自由电子。电子（e^-）- 空穴（h^+）对，并与其表面吸附的 OH^- 和 O_2 作用生成羟自由基（•OH）和超氧化物阴离子自由基（$•O_2^-$）。这些自由基可直接攻击细菌细胞，使细菌蛋白质变异和脂类分解，从而杀死细菌并使之分解。ZnO纳米颗粒的杀菌能力与其产生的•OH有关，而•OH的产生又与ZnO表面的空穴数量有关。

体外研究发现，ZnO纳米颗粒具有较强的细胞毒性，对体外培养的细胞的生长、增殖也具有明显的抑制作用，既包括正常细胞，也包括肿瘤细胞。作用浓度为3.75μg/ml时，ZnO纳米颗粒就可使间皮瘤细胞和成纤维细胞的活性明显降低。ZnO纳米颗粒对人正常胚肺成纤维细胞HELF、人正常肝细胞HL-7702、人肺癌细胞A549和鼠视网膜神经节细胞均有增殖抑制作用。当浓度在20μg/ml以上时，40nm的ZnO可致使HELF细胞生存率低于10%。同样，长约75nm、直径约20nm的ZnO浓度为5mmol/L时仅仅作用12h，A549细胞活力就降至对照组的40%左右，当作用时间延长至48h，细胞活力降至15%以下。不过，也有研究发现ZnO纳米颗粒可促进淋巴细胞增殖。为了评价ZnO纳米颗粒对不同品系小鼠脾淋巴细胞混合培养的影响，将BALB/c和C57BL/6小鼠脾细胞进行混合淋巴细胞培养，结果发现：ZnO纳米颗粒的加入提高了淋巴细胞增殖率。而且，电镜下可见纳米材料吸附于淋巴细胞表面，其微结构紧密连接多个淋巴细胞，使淋巴细胞围绕纳米材料聚集，促进淋巴细胞间的接触。

5. 其他 除上述几种常见的纳米氧化物外，有研究发现，粒径<20nm的Al_2O_3纳米颗粒作用于小鼠上皮细胞JB16后，能促进细胞增殖，使PCNA的表达增加、细胞活力上升，并可诱导细胞转化，表现为可在软琼脂进行非锚定依赖性生长。进一步的细胞毒性机制探讨发现，Al_2O_3纳米颗粒处理可提高JB16细胞转录因子活化蛋白-1（activator protein-1，AP-1）和沉默调节蛋白1（sirtuin 1，SIRT1）的活性。AP-1是生物体内普遍存在的一种细胞转录因子，是由*Jun*和*fos*基因家族表达产物组成的蛋白二聚体，通过与靶基因启动子或增强子结合，参与调控细胞对外界多种刺激的反应，在细胞增殖、凋亡和恶性转化的调控中发挥着重要作用。SIRT1是哺乳动物中重要的NAD^+依赖性去乙酰化酶，通过去乙酰化作用调节基因转录、染色体稳定性和靶蛋白活性，进而参与许多重要的生理和病理过程，如代谢、衰老、细胞死亡和肿瘤发生。SIRT1作为细胞内重要的调控蛋白，可通过负向调控肿瘤抑制基因*p53*来促进细胞存活。免疫沉淀检测发现，SIRT1与AP-1的成分c-Jun和JunD之间存在相互作用。采用RNAi技术沉默*SIRT1*基因表达后发现，*SIRT1*基因沉默可降低DNA合成、细胞活力、PCNA表达、AP-1转录活性以及AP-1下游JunD、c-Jun和Bcl-xL蛋白水平，表明SIRT1在Al_2O_3纳米颗粒诱导JB16细胞增殖过程中发挥重要作用。

（三）量子点

量子点（QDs）又可称为纳米晶，是一种由Ⅱ-Ⅵ族或Ⅲ-Ⅴ族元素组成的稳定的、溶于水的纳米颗粒。目前研究较多的是CdSe、CdTe、CdS、ZnS等。有研究采用生长曲线测定法检测发现，CdSe/ZnS QDs不影响人骨肉瘤细胞MG-63和口腔鳞癌细胞BcaCD885生长。但是，越来越多的研究表明，QDs可通过细胞胞吞、受体介导或诱导细胞膜损伤等方式进入细胞，影响细胞活性，产生细胞毒性，包括抑制细胞增殖、降低细胞活力。

体外研究显示，QDs处理细胞30min后，QDs就可进入细胞，分布在胞质、溶酶体中或聚集在核周；粒径小的QDs甚至可进入细胞核内。Lovrić等研究表明，CdTe QDs在亚细胞器中的分布主要由粒径大小决定，两种不同粒径的CdTe QDs在10μg/ml时均表现出显著的细胞增殖毒性。而且，国内学者研究也发现，1.45～5.8μg/ml剂量范围的包被CdS的CdTe QDs能抑制小鼠腹腔巨噬细胞的生长；粒径约3.7nm、巯基丙酸（mercaptopropionic acid，MPA）包被的CdTe QDs可进入HUVECs中，进而产生具有剂量依赖的细胞生长抑制效应，抑制细胞生长，诱导细胞产生ROS，并引发细胞DNA损伤；TGA包被的CdTe QDs可抑制HL-7702细胞的增殖，并存在剂量-效应和时间-效应关系。同样，大量研究证实CdSe QDs也可抑制细胞增殖，如Hoshino等的研究显示，0.1mg/ml的CdSe QDs对鼠T淋巴瘤细胞EL-4没有明显的细胞毒效应，不影响EL-4细胞的激活和功能，但可导致细胞倍增速度变缓、时间延长；未经表面修饰的CdSe QDs能够引起小鼠胚泡凋亡，抑制细胞增殖，增加早期阶段胚泡死亡，还能抑制人成神经细胞瘤细胞IMR-32的生长。新近研究报道，CdSe QDs通过抑制Rho相关激酶（Rho-associated kinase，ROCK）活性，或ROCK介导的c-Myc信号通路而使细胞周期阻滞在G_1期，从而抑制细胞生长。还有研究发现，QDs具有选择性细胞毒性。他们采用CCK-8法检测不同粒径CdSe/ZnS QDs对人恶性黑素瘤细胞A375和A375.s2以及正常人表皮细胞HaCaT生长的影响，结果显示：CdSe/ZnS QDs对A375和A375.s2细胞有一定的抑制作用，而对HaCaT细胞抑制作用不明显。

另外，CdS QDs 抑制细胞增殖方面的研究也有报道。以人胚肝细胞 L02 和 CHL 细胞为细胞模型，探讨 CdS QDs 的细胞毒性研究中发现：浓度较低时（1.25～10.00μg/ml），CdS QDs 对 CHL 细胞线粒体活性影响不大，但呈现出一定的剂量 - 效应关系；当 QDs 浓度增大到一定程度（> 20μg/ml）时，线粒体活性显著降低。同样，对于 L02 细胞，当 CdS QDs 浓度为 10μg/ml 时，其线粒体活性即出现显著降低，且随着作用剂量增加，细胞活性进一步下降，当浓度达到 40μg/ml 时，L02 细胞存活率仅约为 35%。同时，在 CdS QDs 作用下，细胞形态发生了较大改变，细胞收缩且容易脱落，细胞密度明显减少。这表明 CdS QDs 能抑制 CHL 和 L02 细胞增殖。研究还发现，加入抗氧化剂 NAC 后，CdS QDs 对 CHL、L02 细胞的抑制程度均有所降低，说明 CdS QDs 对细胞的增殖抑制作用与氧化应激有关。

研究表明，QDs 进入细胞后，在细胞环境下释放出的 Cd^{2+} 和产生 ROS，可损伤线粒体，影响线粒体活性，引发线粒体氧化代谢功能下降，从而降低细胞的增殖程度，抑制细胞生长。另外，QDs 的粒径大小影响其细胞毒性，不同粒径的 QDs 对细胞可能产生不同的毒性。Shiohara 等通过对三种不同尺度（荧光发射波长分别为 520nm、570nm 和 640nm）的 CdSe/ZnS 与羊血清蛋白键合后，分别对 HeLa 细胞、非洲绿猴肾细胞 Vero 和人原代肝细胞的细胞活性的影响进行了观察。研究发现：在低剂量（0.1mg/ml）暴露浓度下，细胞活性就会显著性降低。同时，QD520 和 QD570 对细胞活性的影响比 QD640 的影响要大。Lovrić 等研究发现：2.2nm 和 5.2nm 两种粒径的 QDs，浓度为 100μg/ml 时作用于嗜铬细胞瘤细胞（PC12）24h 后，细胞的存活率分别为 31.2% 和 53.2%。同时，激光共聚焦显微镜下观察，2.2nm QDs 主要分布在细胞核中，而 5.2nm QDs 仅位于细胞质中。这表明，小尺度的量子点具有更显著的细胞毒性。

（四）金属纳米材料

1. 银纳米颗粒 银作为一种安全、广谱的杀菌材料，已广泛应用于临床治疗。近年来，银颗粒凭借其稳定的理化特性，在电学、光学和催化等众多领域具有比普通银更为优异的性能，已广泛应用于陶瓷材料、环保材料和涂料等。同银相似，银纳米颗粒也具有优异的杀菌作用。有研究指出，银纳米颗粒可破坏真菌细胞膜完整性，干扰其细胞膜结构，抑制正常的出芽过程，从而抑制真菌的生长、繁殖。而且，银纳米颗粒的抗病毒作用研究近年来已有报道，它对鸡新城疫、禽流感、乙肝、流感病毒 H3N2 等均有明显的抑制作用。另外，银纳米颗粒也可抑制细胞生长、增殖。有研究探讨了其对胚胎细胞增殖的影响，他们将囊胚期细胞分别给予 25μmol/L、50μmol/L 银纳米颗粒和 0.5μmol/L Ag^+ 处理 24h，研究发现：50μmol/L 银纳米颗粒处理后，囊胚期内细胞团和滋养外胚层细胞数量明显减少，表明银纳米颗粒可抑制胚胎细胞增殖，不过 50μmol/L 银纳米颗粒的增殖抑制作用不如 0.5μmol/L Ag^+ 强。另有研究发现，当浓度 > 15ppm 的银纳米颗粒作用 72h 后，外周血单核细胞（peripheral blood mononuclear cells，PBMCs）增殖明显受到抑制。而且，浓度 > 10ppm 的银纳米颗粒可抑制植物血凝素（phytohemagglutinin，PHA）刺激、诱导的 PBMCs 细胞增殖。与此同时，Gurunathan 和 Kalishwarala 等的研究也表明，银纳米颗粒具有抗血管生成作用，可抑制血管内皮生长因子（vascular endothelial growth factor，VEGF）诱导的牛视网膜内皮细胞（bovine retinal endothelial cells，BRECs）增殖，且通过 PI3K/Akt 依赖途径抑制细胞存活，还有研究将银纳米颗粒与其他纳米材料进行了细胞毒性比较，研究发现，15nm 银颗粒和 30nm MoO_3 颗粒均可显著诱导精原干细胞 C18-4 线粒体功能损害和细胞活力下降，但作用 48h 的 EC_{50} 前者为 8.75μg/ml，后者是 90μg/ml，表明银纳米颗粒毒性较 MoO_3 纳米颗粒大。

2. 金纳米颗粒（AuNPs） 又称纳米金或胶体金，是金属纳米粒子中最为稳定的纳米粒子之一，具有良好的生物相容性，应用广泛。但是，随着金纳米颗粒的广泛应用，人体暴露机会日益增多，金纳米颗粒的安全性问题引起人们的广泛关注。研究发现，在应用浓度过大时，金纳米颗粒会带来非常大的负面生物学效应。Catherine 等研究不同基团修饰的金纳米颗粒的毒性，结果发现，金纳米颗粒的毒性表现为浓度依赖关系，并与其表面修饰的基团有关，表面带负电荷的颗粒的毒性明显低于表面带正电荷的，这可能是因为金纳米颗粒表面所带的正电荷易与带负电荷的细胞膜相互作用而造成的。

对于金纳米颗粒对细胞增殖的影响，研究结果报道不一。体外实验研究发现，37～40nm 的金颗粒对人白血病细胞 K562 的生长没有影响。单独 5nm 的金颗粒对人肝癌细胞 Hep3B 和胰腺癌细胞 Panc-1 的增殖无影响，不显示细胞毒性。但是，当给予外部射频（external radiofrequency，RF）场后，RF 可诱导细胞内金颗粒产热，从而对细胞造成热破坏，产生细胞毒性。不过，Mukherjee 等研究发现金纳米颗粒能抑制内皮细胞、纤维细胞的增殖，主要是因为金纳米颗粒能选择性地影响肝磷脂绑定的糖类蛋白。金纳米颗粒还能抑制人正常肝细胞 HL-7702、多发性骨髓瘤细胞 U266 和 OPM-1 的增殖；可特异地结合肝素结合生长因子，如血管渗透性因子（vascular permeability factor，VPF）或血管内皮生长因子 -165（vascular endothelial growth factor-165，VEGF-165）、碱性成纤维生长因子（basic fibroblast growth factor，bFGF），从而抑制内皮或成纤维细胞增殖。进一步研究发现，金纳米颗粒是通过与具有肝素结合位点的 VEGF-165 结合，阻断 VEGF-165 与其受体的结合，抑制了 VEGF-165 的信号转导，从而抑制细胞增殖。但是，金纳米颗粒不能抑制无肝素结合位点的 VEGF-121 或表皮生长因子（epidermal growth factor，EGF）介导的细胞增殖。金纳米颗粒的细胞毒性具有选择性。有研究显示，金纳米颗粒易于被肿瘤细胞摄取，导致细胞中裂解的 caspase 表达增加，处于 G_1 期的细胞数量增多；与肿瘤细胞相比，金纳米颗粒对正常细胞的 LD_{50} 值增大约 14 倍；另外，金纳米颗粒具有放射增敏性。有研究发现，金纳米颗粒对 HepG2 细胞的毒性不大，但可增强紫杉醇对 HepG2 细胞的增殖抑制和促凋亡作用；葡萄糖包被的金纳米颗粒也可增强放射线诱导的细胞增殖抑制，提高细胞靶向和放疗敏感性，这可能与下调 $\alpha_v\beta_3$ 表达有关。

除了上述对细胞增殖无影响或抑制细胞增殖外，金纳米颗粒还可表现出增殖促进作用。有研究发现，采用柠檬酸钠还原法制备的粒径约 17nm 金颗粒，当浓度为 0.48μg/ml 时，金纳米颗粒可显著促进表皮细胞增殖，且随着颗粒含量的增加，细胞增殖率增加。当含量达 12μg/ml 时，细胞增殖率最高，随后逐步下降。另有研究结果显示：34nm 的金颗粒在低浓度时可增强角质细胞增殖，尤其在浓度为 5.0ppm 时对角质细胞生长具有最为良好的促进作用；但是，当浓度大于 10.0ppm 时对角质细胞则表现出毒性作用。

（五）其他

除了上面介绍的纳米材料外，还有多种纳米材料对细胞增殖存在着一定的影响。例如，纳米硒、纳米壳聚糖颗粒（chitosan nanoparticles）和纳米羟基磷灰石（hydroxyapatite nanoparticles，nano-HAP）对多种肿瘤细胞的生长、增殖具有抑制作用，尤其是纳米羟基磷灰石。体外研究显示，纳米羟基磷灰石能抑制 10 多种肿瘤细胞的生长，表明其对癌细胞的抑制具有普遍性，但对不同类型癌细胞的敏感性存在一定差异性。体内研究显示，服用不同剂量的纳米羟基磷灰石后，小鼠腹水瘤的生长受到明显抑制，腹水瘤小鼠的生命延长率明显提高；而且，纳米羟基磷灰石可抑制 H22 实体瘤生长，可使肝癌 H22 小鼠的瘤重明显减轻，且随着剂量的增加，抑瘤效果增强。目前，对于纳米羟基磷灰石抑制细胞增殖的机制尚不明确。现有研究揭示，它可能是通过抑制 PCNA 的表达来抑制细胞增殖。另外，纳米羟基磷灰石能促进体外培养的人成骨细胞 MG-63 增殖，且与微米羟基磷灰石和 80nm 羟基磷灰石相比，20nm 羟基磷灰石诱导的细胞效应最为明显，而对骨肉瘤细胞则诱导其凋亡。Cai 等研究三种不同粒径[分别为（20±5）nm、（40±10）nm 和（80±12）nm]的羟基磷灰石对 BM MSCs 和骨肉瘤细胞 U2OS 的影响，结果发现：与常规粒径相比，纳米羟基磷灰石可提高 BM MSCs 的细胞活力和促进其增殖，尤其是 20nm 的羟基磷灰石。但是，对于 U2OS 细胞而言，纳米羟基磷灰石可抑制其生长，特别是 20nm 者。由此可见，羟基磷灰石的细胞效应与其粒径大小、细胞类型密切相关。

第二节 纳米材料对细胞周期进程的影响

一、细胞周期概述

2007 年美国癌症研究协会年会上，美国马萨诸塞州大学学者 Pacheco 指出，大小只有十亿分之一米的纳米颗粒可以对 DNA 造成损伤，以至于可以干扰细胞的正常生长周期，从而诱发癌症。细胞周期是细胞生命活动的基本过程，是指细胞从前一次分裂结束起到下一次分裂结束止的活动过程，可分为间期（interphase）与分裂期（M 期）两个阶段。间期又分为 3 期、即 DNA 合成前期（G_1 期）、DNA 合成期（S 期）与 DNA 合成后期（G_2 期）。G_1 期主要用来启动细胞周期，为细胞 DNA 合成前期，是决定细胞增殖状态的关键阶段。S 期完成染色体 DNA 的复制。G_2 期为细胞分裂准备物质条件。M 期即有丝分裂期，细胞在此期进行分裂，一分为二，遗传物质均等分配到子细胞中。有的细胞在前一周期的结束后不进入下一周期，而是暂时退出了细胞周期。细胞这时所处的这种"休眠"状态就称为 G_0 期。在此期，细胞处于静止状态，停止了细胞分裂。不过，当细胞受到适当刺激后即可从 G_0 期回到 G_1 期，继续其细胞周期进程。

细胞周期的各个步骤是连续进行的，且各个步骤都受到严格而精细的调控，在某一环节出现错误将会妨碍后续过程的进行。例如，细胞在 G_1 期完成必要的生长和物质准备，从而为进入 S 期创造基本条件；只有完成了所有 DNA 复制后，细胞才进入 G_2 期；在 G_2 期，细胞进行必要的检查及修复以保证 DNA 复制的准确性，为细胞分裂做准备，若此期受阻，将影响细胞进行分裂。在某些理化因素的作用下，可使细胞的生长环境发生改变或导致 DNA 的损伤，从而使细胞在周期进程的某个时相中停滞下来，出现细胞周期进程的阻滞（arrest）。细胞周期发生阻滞，使得细胞有时间完成复制前和 / 或有丝分裂前的修复，从而保证细胞存活；若当损伤超过细胞的修复能力，则促使细胞凋亡。碘化丙锭（propidium iodide，PI）单染流式细胞术是目前最常见的细胞周期检测方法。通过该法检测细胞内 DNA 含量，可将细胞周期各时相分为 G_0/G_1、S 和 G_2/M 期，通过计算各时相的百分率，从而衡量处理因素对细胞周期的影响。越来越多的研究表明，纳米材料可导致细胞周期发生改变；而且，纳米材料对细胞产生的周期受阻滞的阶段、阻滞程度有较大不同，主要是因为所用的细胞系不同及纳米材料的种类不同。就目前研究报道而言，纳米材料可导致细胞周期发生 G_0/G_1 期阻滞、S 期阻滞和 G_2/M 期阻滞，有时还发生双期阻滞。

二、纳米材料对细胞周期进程的影响

（一）G_0/G_1 期阻滞

多数学者认为细胞周期阻滞是机体对外界刺激的一种保护性反应。因为在绝大数生物体的整个生命过程中，DNA 损伤是一个永远存在的刺激，无论是真核生物还是原核生物都能对基因毒性刺激做出保护性反应，从而保证了基因组的遗传稳定性。G_0/G_1 期阻滞可能是这种保护反应中一个环节，可给细胞提供充足的时间来促使受损伤的 DNA 进入 DNA 合成和复制的 S 期前得以修复，损伤严重者可通过凋亡等方式除掉 DNA 异常的细胞，从而降低了基因组不稳定性，减少了肿瘤的发生。

研究发现，碳纳米材料作用下，细胞周期发生改变。有研究报道，SWCNTs 可诱导 HEK293 细胞周期 G_1 期阻滞。经流式细胞术检测细胞周期发现，羧基化 MWCNTs 作用 HepG2 12h 后，与对照组相比，MWCNTs 处理组 HepG2 细胞 G_0/G_1 期比例有所升高，G_2/M 期细胞数目比例有所下降。当 MWCNTs 作用浓度为 200μg/ml 时，HepG2 G_0/G_1 期细胞已上升到 65.86%，而对照组则为 57.45%。200～400μg/ml MWCNTs 还可诱导大鼠 C6 胶质瘤细胞发生 G_1 期阻滞。同样，4μg/ml 富勒烯 nC_{60} 和 10～100μg/ml 羟基富勒烯 $C_{60}(OH)_{24}$ 分别作用 HUVECs 24h 后，G_1 期细胞明显增多，揭示细胞发生 G_1 期阻滞。0.1mg/ml 的 $C_{60}(OH)_x$ 作用于中国仓鼠卵细胞 CHO 及中国仓鼠肺细胞 CHL 48h 后，可导致这两种细胞的周期阻滞于 G_0/G_1 期，而相应进入 S 期和 G_2/M 期的细胞数量有所减少。

暴露于纳米氧化物如纳米 TiO_2、纳米 SiO_2 等，可使细胞处于氧化应激状态，诱导细胞周期阻滞的发生。熊先立等对 Bel-7402 细胞进行研究，结果显示：加入 47nm TiO_2 颗粒后，G_1 期细胞数目明显增加，S 期细胞数目减少。这提示 TiO_2 纳米颗粒可将 Bel-7402 细胞周期阻滞于 G_1 期，使细胞不能进入 S 期，导致细胞生长抑制。同样，SiO_2 纳米颗粒也可导致细胞周期阻滞于 G_1 期。有研究显示，粒径分别为 15nm 和 30nm 的 SiO_2 颗粒处理后，HaCaT 细胞中 G_0/G_1 期细胞百分数增加，而 S 期细胞百分数降低，表明 SiO_2 纳米颗粒可诱导 HaCaT 细胞周期阻滞于 G_0/G_1 期，但未见明显的剂量和尺寸依赖效应关系。SiO_2 纳米颗粒也可诱导心肌细胞、小鼠巨噬细胞周期阻滞的发生，使细胞阻滞于 G_0/G_1 期，从而防止细胞进入 S 期，抑制细胞增殖，促进细胞凋亡。另有研究显示，氧化铈纳米颗粒可引起 A549 细胞发生 G_1 期阻滞。粒径为 8nm 的不同浓度（0μg/ml、75μg/ml、150μg/ml、300μg/ml 和 600μg/ml）的 Fe_3O_4 纳米颗粒作用于 HL-7702 细胞 24h 后，随着纳米颗粒作用浓度的升高，G_0/G_1 期细胞百分率明显上升，S 期细胞百分率明显下降，与对照组相比，差异均具有显著性；G_2/M 期细胞百分率呈现上升的趋势，在 600μg/ml 高剂量组与对照组比较，差异具有显著性。这提示，Fe_3O_4 纳米颗粒可对 HL-7702 细胞产生毒性，使得细胞阻滞于 G_0/G_1 期，导致进入S期的细胞数减少从而影响DNA合成。不过，高剂量Fe_3O_4纳米颗粒（600μg/ml）暴露还可使细胞周期发生G_2/M期阻滞，具体机制有待进一步研究。

银纳米颗粒、量子点等暴露也影响着细胞周期。研究显示，仅暴露8h，银纳米颗粒就诱导SHE细胞周期阻滞在G_0/G_1期，S期时相缩短，表明DNA复制受抑制，进而抑制细胞增殖。CdSe QDs作用24h，可引起JB6细胞G_1期细胞明显增多，S期和G_2/M期细胞明显降低，并呈现一定的剂量依赖性。20nm纳米镍可诱导HepG2细胞周期检测点基因*p53*表达上调，导致HepG2细胞G_1期阻滞。另外，纳米羟基磷灰石对肿瘤细胞生长具有普遍的抑制性，对肿瘤细胞周期进程也会产生一定影响。研究结果显示：0.56mmol/L纳米羟基磷灰石作用于人肝癌细胞Bel-7402后，G_1期细胞明显增多，S期和G_2/M期细胞明显降低，且具有良好的时间-效应关系，表明纳米羟基磷灰石使得Bel-7402细胞生长阻滞于G_1期，阻断细胞周期的进展，导致细胞死亡。以人卵巢癌细胞SKOV3为细胞模型的体外实验研究也发现，纳米羟基磷灰石可使SKOV3细胞周期阻滞于G_0/G_1期。

（二）S期阻滞

对于纳米材料诱导细胞周期发生S期阻滞的研究也有不少报道。流式细胞术检测可见，经0.1g/L、0.2g/L ACNP作用24h后，S期细胞所占比例明显增高，G_0/G_1期细胞明显减少，表明ACNP可使细胞阻滞于S期，阻止DNA进行复制。同样，PI单染流式细胞术检测证实，粒径约为80nm的纳米三氧化二钕（Nd_2O_3）可诱导非小细胞肺癌NCI-H460细胞周期发生S期阻滞，表现为：当45μg/ml Nd_2O_3纳米颗粒作用NCI-H460细胞3d后，S期细胞比例从34.01%增至43.26%，而G_1和G_2/M期细胞比例均有所下降，前者从57.72%降至48.83%，后者从8.26%降至7.91%。10μmol/L纳米硒也诱导HeLa细胞周期阻滞于S期。还有研究发现，磷酸钙纳米颗粒可干扰与之共同孵育的人卵巢粒细胞的周期进程，从而促进细胞凋亡。当人卵巢粒细胞暴露于20～30nm的磷酸钙纳米颗粒后，磷酸钙纳米颗粒可进入细胞内，分布在溶酶体、线粒体和细胞内囊泡等。PI单染流式细胞术检测发现，磷酸钙纳米颗粒暴露48h可诱导S期细胞比例增加，由6.28%增至11.18%，表明磷酸钙纳米颗粒能使人卵巢粒细胞的周期发生阻滞，阻滞在S期到G_2/M期的细胞周期检验点上。同时，磷酸钙纳米颗粒处理后，细胞S/（G_2/M）比率增加，这意味着细胞DNA合成受到抑制和/或细胞周期在S期的进展受到损坏。

在进行SiO_2纳米颗粒肝脏毒性的体外实验研究中，Li等探讨了四种粒径的SiO_2纳米颗粒对HepG2细胞的毒性作用，研究发现：SiO_2纳米颗粒（Si498、nano-Si68、nano-Si43和nano-Si19，粒径分别为498nm、68nm、43nm和19nm）作用于HepG2细胞24h后，细胞周期进程发生了明显改变。Si498、nano-Si68及nano-Si43处理组与对照组相比，G_0/G_1、G_2/M期细胞比例下降，S期细胞比例升高。而nano-Si19处理组与对照组相比，G_0/G_1期细胞比例降低，S期及G_2/M期细胞比例均升高。这说明SiO_2颗粒作用于HepG2细胞24h后，可导致细胞周期分布的改变。但是，不同粒径的纳米颗粒所导致的细胞周期阻滞可发生在细胞周期的不同时期。一般来说，纳米颗粒粒径越小，产生的细胞毒效应越大。纳米颗粒的粒径越小，其表面能就越高，颗粒表面原子数迅速增加，表面积急剧增大，使得这些表面原子具有很高的反应活性，性质极不稳定，很容易与原子结合。纳米颗粒的反应活性越高，其在体内对生物体的组织、细胞等的损害就越大，毒性作用就越强。他们的研究还显示，在SiO_2纳米颗粒作用下，细胞ROS大量生成；而且，随着纳米颗粒粒径的减小，细胞DNA损伤率逐渐升高，拖尾程度逐渐增大，同时Ⅲ、Ⅳ级拖尾的细胞数不断增多。这提示，不同粒径的同一种纳米材料所造成的差异性细胞周期进程影响，可能与纳米材料所产生的氧化应激水平、损伤DNA程度等有关。

另外，何晓晓等采用流式细胞术检测不同功能化修饰的硅壳荧光纳米颗粒作用下HaCaT细胞周期各期所占比例，并通过计算细胞增殖指数[proliferative index，$PI=(G_2+S)/(G_1+S+G_2)$]来判定纳米颗粒对细胞周期的影响，结果发现：当纯硅壳荧光纳米颗粒（SiNPs）、磷酸化硅壳荧光纳米颗粒（PO_4NPs）和氨基化硅壳荧光纳米颗粒（NH_2NPs）的浓度均为0.2mg/ml时，三者对细胞周期的影响均非常小；当浓度上升为1.0mg/ml时，SiNPs和PO_4NPs处理对HaCaT细胞周期依然无很大影响，而NH_2NPs处理后的HaCaT细胞周期的PI值则上升到79.03，其中S期所占比例非常大，而G_2期几乎为零，这表明1.0mg/ml NH_2NPs使得HaCaT细胞周期发生了紊乱，细胞周期被阻滞于S期。也就是说，虽然1.0mg/ml NH_2NP加速了细胞

DNA 的合成，却阻滞了细胞进入分裂期，从而可抑制细胞的增殖。另外，对于 COS-7 细胞，SiNP 也具有类似作用，表现为：当浓度为 0.2mg/ml 时，SiNP 不会干扰 COS-7 细胞周期；当浓度上升为 0.4mg/ml 时，SiNP 处理使得 COS-7 的 S 期细胞增多，G_2 期细胞减少，PI 值降低，细胞周期阻滞于 S 期，干扰了细胞分裂。

（三）G_2/M 期阻滞

G_2/M 期是细胞周期的一个重要的调控点，是 S 期细胞完成了遗传物质的复制准备进入有丝分裂期的阶段，G_2/M 期的阻滞将使细胞进入 M 期减少，从而抑制细胞的增殖。G_2/M 期阻滞也为细胞的损伤修复提供足够的时间，防止细胞在未修复前就进入有丝分裂期。如果细胞损伤被修复，则继续进入 M 期，如果损伤严重细胞无法被修复，则走向凋亡，成为不可逆的 G_2/M 期阻滞。有研究指出，纳米材料也可诱导细胞周期发生 G_2/M 期阻滞。

碳纳米材料、纳米氧化物、纳米银、纳米金、量子点、纳米 SiO_2 等均可影响细胞周期进程，使细胞周期阻滞在 G_2/M 期。有研究显示，羧基化 SWCNTs 可诱导人肝癌细胞 HepG2、单核细胞发生 G_2 期阻滞；100μg/ml 的粒径约为 14nm 的炭黑颗粒暴露可诱导 A549 细胞周期发生 G_2 期阻滞。无论是 100μg/ml 或 200μg/ml 的锐钛矿型 TiO_2 纳米颗粒，还是 200μg/ml 的金红石型 TiO_2 纳米颗粒，均可诱导 PC12 细胞聚集于 G_2/M 期，与对照组相比，差异具有显著性，然而微米级 TiO_2 对细胞周期无影响。另有研究证实，TiO_2 纳米颗粒可诱导 HeLa 细胞、人羊膜上皮细胞、成纤维细胞的细胞周期出现 G_2/M 相延迟，细胞分裂速度变缓。Amalie 等研究证实 6nm CuO 颗粒处理 24h 后，可以加速 S 期 A6 细胞进入 G_2/M 期，进而引起 A6 细胞 G_2/M 期阻滞。同样，SiO_2 纳米颗粒也可使细胞周期阻滞于 G_2/M 期。Wang 等的体外研究发现，50μg/ml、100μg/ml 的 20nm 的 SiO_2 颗粒作用 24h 后，G_2/M 期细胞比例增加，由对照组的 8.9% 分别增至 13.9% 和 38.7%。这表明 20nm 的 SiO_2 纳米颗粒作用 24h 可诱导人胚肾 HEK293 细胞周期进程改变，由 G_0/G_1 期向 G_2/M 期转变，即发生 G_2/M 期阻滞，从而抑制细胞增殖。林本成等对 SiO_2 纳米颗粒进行的体内生殖毒性研究也发现，采用气管滴注方式对雄性 Wistar 大鼠进行不同剂量的 SiO_2 纳米颗粒（20～40nm）染毒后，与对照组相比，高剂量 SiO_2 纳米颗粒组 G_0/G_1 期细胞比例显著降低，G_2/M 期细胞比例显著增加。这提示 SiO_2 纳米颗粒能够使生精细胞周期被阻滞在 G_2/M 期，对细胞有丝分裂产生抑制作用。另外，磁性纳米材料 Fe_3O_4 纳米颗粒诱导 PC12 细胞发生 G_2/M 期阻滞，且细胞中 *p53* 基因 mRNA 水平升高，但其下游基因 *p21* 和 *GADD45*（growth arrest and DNA damage 45）则不受影响。Fe_3O_4 纳米颗粒可作为药物载体，当与 2-甲氧基乙醇形成共聚物，可导致处于 G_2/M 时相的细胞数量增加，比单纯 2- 甲氧基乙醇作用增加近 2 倍，这可能与 P21 的增加，以及 cyclin B1 和 cdc2 蛋白表达减少有关。

Zhang 等研究也发现：聚乙二醇表面修饰的硅包被的 CdSe/ZnS QDs（PEG-silane-QDs）作用于人皮肤成纤维细胞 HSF-42 24h，诱导产生了 G_2/M 期阻滞。同时，基因芯片研究结果，PEG-silane-QDs 可引起控制细胞分裂 M 期进程、纺锤体形成和胞质分裂的基因低表达。Liu 等对 7 种含镉的 QDs 毒性进行比较，结果表明 QDs 的细胞毒性与其组成成分和表面特性密切相关，且无论是带正电荷还是带负电荷的 ZnS 包被的 QDs 都可导致多极纺锤体形成、染色体易位和 G_2/M 期检验点失效，从而导致细胞周期阻滞。还有研究显示：葡萄糖包被的纳米金可通过引发 CDK 激酶活化而导致人前列腺癌细胞周期从 G_0/G_1 期加速进展到 G_2/M 期，造成细胞 G_2/M 期阻滞。类似地，纳米银诱导人肺上皮细胞、肾脏上皮细胞、HL-7702 等发生 G_2/M 期阻滞，且与 NRF2-GSH 信号通路有关。纳米银暴露可加重敲除 NRF2 的细胞发生 DNA 损伤和 G_2/M 期细胞周期阻滞。纳米银暴露下，与对照细胞相比，NRF2i 细胞中 cdc25C 和 cdc2 磷酸化水平明显升高，GSH 含量下降，ROS 水平升高。而且，纳米银可诱导 γ- 谷氨酸半胱氨酸连接酶表达升高，且呈现 NRF2 依赖性。此外，*N*- 乙酰半胱氨酸预处理可缓解纳米银诱导的 DNA 损伤和周期阻滞，而 GSH 缺失却加重上述效应。这些结果表明，NRF2 介导的 GSH 升高在纳米银诱导人肾小管上皮细胞发生 DNA 损伤和随后的 G_2/M 期阻滞方面起到一定的保护作用。

（四）双期阻滞

在某些情况下，纳米材料还可导致细胞周期发生双期阻滞，主要包括两种类型：

1. G_0/G_1、G_2/M 双期阻滞 有研究结果显示：0.312 5～5.000mg/ml 的纳米金作用 HL-7702 细胞 24h 后，随着作用浓度的升高，G_0/G_1 期细胞百分率有上升趋势，从 1.25mg/ml 剂量组开始明显高于对照组

($P<0.05$);S 期细胞百分率有下降的趋势,从 0.625mg/ml 剂量组开始明显低于对照组($P<0.05$),G_2/M 期细胞百分率也有增加的趋势,且从低剂量 0.312 5mg/ml 组就显著高于对照组($P<0.05$)。这表明,纳米金在低剂量(≤0.625mg/ml)时,可使细胞阻滞在 G_2/M 期,使得细胞分裂减少;在较高剂量(≥1.25mg/ml)时,可使细胞阻滞在 G_0/G_1 期和 G_2/M 期,不仅导致进入 S 期的细胞数减少,而且细胞进入 M 期减少,从而抑制细胞的增殖。这可能与纳米金诱导细胞 DNA 发生损伤、导致细胞微管和微丝的破裂有关。

2. S、G_2/M 双期阻滞 Ding 等研究发现,MWCNTs 或多壁碳纳米圈处理,可使人皮肤成纤维 HSF42 和人胚肺成纤维 IMR-90 细胞周期发生 G_2/M 期阻滞和 S 期延迟,还可激活细胞代谢、细胞增殖,导致细胞周期及其调控相关基因的表达发生改变。其中,与细胞周期有关基因包括:周期素依赖激酶 2、双特异性磷酸酶 1、热休克转录因子 1 等;周期调控基因有 S 期激酶相关蛋白 2、表皮生长因子受体和有丝分裂激活蛋白激酶 14 等;细胞周期阻滞基因有微丝微管交联因子 1 和肌动蛋白结合蛋白。这提示,多壁碳纳米圈和 MWCNTs 通过上调或下调细胞周期相关基因的表达,从而影响细胞周期进程。还有研究显示,不同浓度的 CdTe QDs 作用于 HL-7702 细胞 24h,随着剂量的增加,G_0/G_1 期细胞百分率显著下降,S 期和 G_2/M 期细胞百分率明显上升,提示:CdTe QDs 可以使 HL-7702 细胞发生 S 期和 G_2/M 期阻滞。这可能是由于 CdTe QDs 引起 HL-7702 细胞 DNA 损伤,激活了 S 期关卡,引起复制阻滞,但是逃离 S 期关卡的未修复的损伤可以激活 G_2/M 期关卡并阻止了有丝分裂的进行,使细胞停留在 G_2 期,从而抑制了细胞的分裂、增殖。

(五)其他

除了上述提及的纳米材料诱导细胞周期进程改变,发生周期阻滞外,还有研究发现,多壁碳纳米圈是富勒烯 C_{60} 的同素异形体,又称为嵌套的富勒烯。有研究发现,采用电弧法制备的直径在 30nm 左右的多壁碳纳米圈,当浓度分别为 0.2μg/ml、1μg/ml 和 5μg/ml 时作用 12h 后,HUVECs 细胞各期细胞百分比的无明显变化,与对照组相比,差异均无显著性,表明一定浓度范围内(0.2～5μg/ml)的多壁碳纳米圈不影响 HUVECs 细胞周期进程。另外,铁可改变细胞周期调控蛋白的表达,SPIO 可加速人 MSCs 的细胞周期进程,这可能是溶酶体降解所释放的自由铁离子所介导的。

第三节 纳米材料对细胞周期调控的影响

一、细胞周期调控概述

纳米材料暴露下,细胞周期可发生改变,出现细胞周期阻滞。细胞周期运转是在严格调控的前提下有条不紊地进行的,具有单向性,总是沿着 $G_0/G_1 \rightarrow S \rightarrow G_2 \rightarrow M$ 有序进行而不能逆行,并且四个时相具有一定的连续性。在这 4 个连续的时相中,细胞的形态与代谢特点有较明显的差异,细胞可因某种原因在某时相停滞下来,待生长条件好转后,细胞可重新活跃起来过渡到下一时相。近年来,对细胞周期的研究取得了突破性的进展,发现并确立了细胞周期素(cyclin)、细胞周期蛋白依赖激酶(cyclin dependent kinase,CDK)和细胞周期蛋白依赖性激酶抑制因子(cyclin dependent kinase inhibitor,CKI)在细胞周期调控中的重要作用。

随着对纳米材料毒效应分子机制研究的不断深入,cyclin、CDK 和 CKI 在纳米材料调控细胞周期进程中的作用逐渐被认识。已有研究显示,纳米材料诱导细胞周期发生阻滞与 cyclin、CDK 和 CKI 的表达密切相关。cyclin 的含量随细胞周期而变化,不同的 cyclin 在其相应周期时相达到含量和活性的高峰,激活 CDK,然后迅速降解、失活。cyclin 异常表达可破坏细胞周期的调控平衡,导致细胞失控性生长、恶性转化;反过来,cyclin 的表达状况也可以反映细胞周期的正常与否,细胞恶性生长的进展状态。CDK 是细胞周期运转必需的蛋白质。CDK 通过与 cyclin 结合而发生结构变化,使其催化中心暴露出来,形成了有活性的 CDK。cyclin 是 CDK 的正性调节剂,二者结合后,激活 CDK 的蛋白激酶活性,促进细胞周期向前运转;而 CKI 通过控制 cyclin-CDK 复合物的激活和失活,从而抑制细胞周期。CKI 又被看作细胞周期调控因子,可分为两类:一类是 Kip/Cip 家族,又称 P21 家族,包括 3 种结构相关的蛋白(P21、P27 和 P57),

能结合并抑制大多数 cyclin-CDK 复合物；另一类是 INK4（inhibitor of CDK4）蛋白家族，又称 P16 家族，由 4 种相似蛋白（P15、P16、P18 和 P19）构成，能够特异性抑制 CDK4-cyclin D、CDK6-cyclin D1 的活性。由此可见，cyclin、CDK 和 CKI 共同参与调控细胞周期进程，在纳米材料影响细胞周期进程中起重要的调控作用。

此外，在细胞周期中，存在着关键性的转折点，即细胞周期检验点，又称为细胞周期关卡。细胞周期检验点是控制细胞周期的限速位点，在控制细胞周期进展方面具有重要的调节作用，主要作用是在 DNA 复制和有丝分裂前确定 DNA 合成的完整性，精确调节细胞周期的进行，防止增殖周期中的错误。这些检验点主要包括：G_1/S 检验点、S 检验点和 G_2/M 检验点。G_1/S 检验点主要检查 DNA 是否损伤，对染色体中的突变基因进行修复并能防止受损的碱基向下复制，可控制细胞从 G_1 期进入 S 期。S 期检验点检查 DNA 复制是否完成。G_2/M 检验点是细胞一分为二的控制点，此时细胞内的 DNA 已完成复制，该检查能使细胞在进入分裂期之前，修复已复制 DNA 上出现的损伤，阻滞带有损伤 DNA 的细胞进入 M 期，确保细胞基因组的完整性和稳定性。只有前一时相的各个事件均已完成，细胞才能顺利通过这些检验点，继而进入细胞周期下一时相。大量研究发现，纳米材料可引发细胞 DNA 损伤。损伤的 DNA 可激活细胞周期检验点，阻滞带有损伤的 DNA 进入下一个细胞周期时相，为 DNA 修复提供足够的时间。若 DNA 修复，细胞周期顺利进入下一个时相；若不能修复，细胞则可能走向死亡。这也是机体的一种保护机制，以保证遗传的稳定。因此，细胞周期检验点在纳米材料诱导细胞周期发生阻滞过程中也发挥一定作用，尤其是 G_2/M 检验点。

二、纳米材料对细胞周期的影响

纳米材料可影响细胞周期进程，导致细胞周期阻滞，而 cyclin、CDK 和 CKI 参与纳米材料对细胞周期的调控过程。cyclin 是正向调控 CDK 活性的关键蛋白，其周期性积累与分解在细胞周期进程中起关键作用，其有规律的时相性表达是驱动细胞周期正常运行的必要条件。而 CKI 通过在细胞周期适当时间点上抑制 CDK 的活性来发挥重要的细胞周期调控作用。Cui 等在探讨 SWCNTs 对 HEK293 细胞的毒性作用机制过程中，发现：25μg/ml SWCNTs 可诱导 HEK293 细胞周期发生 G_1 期阻滞。同时生物芯片分析结果显示：SWCNTs 可诱导细胞周期相关基因的表达发生改变，包括上调 *p16*、*bax*、*p57*、*hrk*、*cdc42* 和 *cdc37* 等和下调 *CDK2*、*CDK4*、*CDK6* 和 *cyclin D3* 等基因的表达。其中，cyclin D3，在 $G_1 \rightarrow S$ 转变过程中起重要作用，是细胞周期运行的起始因子，又是生长因子的感受器；CDK2、CDK4 和 CDK6 参与控制多细胞真核生物细胞周期 G_1 期。cyclin D 与 CDK 的结合是启动细胞周期、使细胞从 G_1 末期进入 S 期的关键。这充分说明，SWCNTs 下调 *CDK2*、*CDK4*、*CDK6* 和 *cyclin D3* 基因的表达与其诱导细胞发生 G_1 期阻滞密切相关。也就是说，SWCNTs 通过下调 G_1 期相关的 cyclin 和 CDK，从而诱导 HEK293 细胞周期阻滞于 G_1 期。

P16 是 CKI 的一种，是细胞分裂周期的关键酶之一，是 CDK4、CDK6 的抑制因子，可抑制 CDK4/6 介导的 *Rb* 基因的磷酸化，阻止细胞从 G_1 期进入 S 期。P16 不仅可直接抑制 cyclin D-CDK4、cyclin D-CDK6 复合体的活性，而且可通过活化 Kip/Cip 家族蛋白，间接抑制 cyclin E、cyclin A-CDK2 复合体的活性。进一步研究发现，SWCNTs 处理后，HEK293 细胞中 P16 的表达上调，聚集的 P16 蛋白可结合并抑制周期素依赖激酶 CDK2、CDK4 和 CDK6 的活性，从而阻止细胞进入 S 期，最终使得细胞阻滞在 G_1 期。

P21、P27 也是 CKI 的一种，属于 Kip/Cip 家族，又称 P21 家族。P21 是野生型 *p53* 基因下游激活产物，能与 cyclin、CDK 和 PCNA 结合发挥功能作用。当 DNA 损伤和细胞衰老时，P53 增多并诱导 *p21* 转录，P21 与相应的 cyclin-CDK 复合物结合，抑制其蛋白激酶的激活，阻止细胞周期的运行。有研究报道，纳米金作用于多发性骨髓瘤后，可通过上调细胞周期素依赖激酶抑制蛋白 P21 和 P27，导致细胞周期发生改变，阻滞细胞在 G_1 期。但纳米金对正常外周血单核细胞无影响。

细胞周期调控对细胞存活至关重要，除可阻止细胞发生无控性细胞分裂外，还可发现和修复遗传学损害。纳米材料可诱导细胞 DNA 发生损伤，而细胞对 DNA 损伤作用的反应是激活细胞周期检验点。细胞周期检验点是维持细胞基因组稳定性的一个重要机制。检控点能检测细胞在生命活动过程中出现的 DNA 损伤并引发细胞周期阻滞，为修复 DNA 损伤提供足够的时间，保证细胞遗传的稳定性。Papageorgiou 等通过碱性单细胞凝胶电泳检测了纳米钴铬合金和微米钴铬合金对人纤维原细胞的影响，发现纳米钴铬合金能诱导产生较多的氧自由基，并且造成显著的DNA损伤。小鼠经静脉注射Fe_2O_3纳米颗粒后，发生氧化损伤的剂量组小鼠，其相应的组织细胞也观察到了DNA断裂的现象。超细晶体SiO_2作用于WIL2-NS细胞的时候也可造成DNA的损伤，高浓度SiO_2纳米颗粒可导致细胞DNA氧化损伤的代表性产物8-羟基脱氧鸟苷（8-OHdG）的增加，可诱导8-OHdG特异的切除修复酶hOGG1的基因表达，从而可导致细胞周期的异常。

DNA的损伤就有可能使细胞在G_2/M期发生阻滞，以获得时间进行修复。P53作为G_2/M期的DNA损伤检验点，在监测、维持细胞基因组稳定方面有着重要作用。P53对细胞周期的阻滞是通过其下游的靶基因表达产物与各种cyclin和CDK相互作用来实现的。P53可上调P21的表达，从而抑制DNA复制及细胞周期继续运转所需基因的表达，改变细胞周期进程。GADD45也是P53的下游蛋白，该蛋白可作用于CDK1，阻止cyclin B1-CDK1复合物的形成，同时造成cyclin B1的核外运和降解，导致纺锤体不能形成或不能移动，阻滞细胞从G_2期进入M期。研究发现，当TiO_2纳米颗粒作用24h后，PC12细胞中P53磷酸化水平升高。同时，Western blot检测发现，TiO_2纳米颗粒可诱导参与细胞周期和凋亡调控的P53的下游蛋白P21、GADD45、Bax和Bcl-2蛋白表达，并呈现剂量依赖性。这表明，TiO_2纳米颗粒可通过激活P53/P21途径导致神经细胞周期发生G_2/M期阻滞。另外，Fe_3O_4纳米颗粒可致细胞微管和微丝的破裂，并会直接影响细胞的有丝分裂，造成细胞周期的阻滞。Huang等进行的体外研究发现，TiO_2纳米颗粒短期暴露可增强成纤维细胞的增殖、存活，激活ERK信号途径，诱导ROS产生。TiO_2纳米颗粒长期暴露可增加细胞在软琼脂上的存活和生长，多核细胞和微核数量增多，细胞周期出现G_2/M相延迟，细胞分裂速度变缓。更重要的是，TiO_2纳米颗粒长期暴露可干扰细胞有丝分裂进程，显著影响有丝分裂的后期和末期的进程，从而导致异常的多极纺锤体和染色质对齐或解离。另外，PLK1作为一种丝氨酸/苏氨酸激酶，是哺乳动物细胞有丝分裂进程中的重要调控因子，包括双极纺锤体的形成、染色体分离、胞质分裂和中心体成熟。他们的研究还证实，TiO_2纳米颗粒可通过破坏PLK1在胞质分裂中的功能而干扰纺锤体组装和中心体成熟。有丝分裂检验点PLK1参与TiO_2纳米颗粒介导的有丝分裂失调控，也就是说，PLK1是TiO_2纳米颗粒调控有丝分裂进程的一个主要分子靶点。

另外，大量研究表明，ROS的产生与细胞增殖抑制、DNA损伤、细胞周期阻滞、细胞凋亡均有关。ROS是多种细胞发生氧化应激所产生氧的部分还原代谢产物。ROS的过量产生将会给机体造成不可逆转的氧化损伤。有学者提出，ROS的生成和氧化应激反应是纳米材料引起多种生物毒性效应的主要机制。研究发现，ROS可通过增强P21、CHK1、$CHK2^{Tyr15}$和cyclin B，从而诱发细胞发生G_2/M期阻滞。AshaRani等的研究显示，纳米颗粒造成的细胞周期的改变主要是由于ROS造成的。Wu等通过比较纳米级和微米级TiO_2颗粒的细胞毒性发现，TiO_2纳米颗粒可诱导ROS大量生成，细胞周期发生G_2/M期阻滞；而微米级TiO_2不诱导ROS大量生成，对细胞周期无影响。由此可看出，ROS在纳米材料诱导细胞周期阻滞中发挥重要作用。纳米材料进入细胞内，诱导ROS的大量产生，超过机体清除水平，造成细胞氧化损伤，损害细胞DNA，使得细胞周期阻滞于G_2/M期，从而为细胞提供足够的时间来进行损伤DNA的修复，若不能修复，细胞则走向死亡。

综上所述，纳米材料可诱导细胞周期发生阻滞，且对周期阻滞发生的时期、阻滞程度等与纳米材料本身、作用剂量和细胞类型等均有关。虽然对于细胞周期调控的研究比较深入，但是，目前对细胞周期调控在纳米材料诱导细胞周期阻滞方面的研究甚少，纳米材料对细胞周期影响的具体分子机制尚不清楚，还有待于进一步研究。

参考文献

[1] MARTINELLI V，CELLOT G，TOMA F M，et al. Carbon nanotubes promote growth and spontaneous electrical activity in cultured cardiac myocytes[J]. Nano Lett，2012，12（4）：1831-1838.

[2] KIM J S，SONG K S，YU I J. Multiwall carbon nanotube-induced DNA damage and cytotoxicity in male human peripheral blood lymphocytes[J]. Int J Toxicol，2016，35（1）：27-37.

[3] DELIGIANNI D D. Multiwall Carbon nanotube enhance human bone marrow mesenchymal stem cells' spreading but delay their proliferation in the direction of differentiation accelaration[J]. Cell Adh Migr，2014，8(6)：558-562.

[4] PARK E J，ZAHARI N E M，LEE E W，et al. SWCNTs induced autophagic cell death in human bronchial epithelial cells[J]. Toxicol In Vitro，2014，28(3)：442-450.

[5] TAN J M，KARTHIVASHAN G，ARULSELVAN P，et al. Characterization and in vitro studies of the anticancer effect of oxidized carbon nanotubes functionalized with betulinic acid[J]. Drug Des Devel Ther，2014，8：2333-2343.

[6] KHODAKOVSKAYA M V，SILVA K，BIRIS A S，et al. Carbon nanotubes induce growth enhancement of tobacco cells[J]. ACS Nano，2012，6(3)：2128-2135.

[7] CHEN B，LIU Y，SONG W M，et al. In vitro evaluation of cytotoxicity and oxidative stress induced by multiwalled carbon nanotubes in murine RAW 264.7 macrophages and human A549 lung cells[J]. Biomed Environ Sci，2011，24(6)：593-601.

[8] URSINI C L，CAVALLO D，FRESEGNA A M，et al. Differences in cytotoxic，genotoxic，and inflammatory response of bronchial and alveolar human lung epithelial cells to pristine and COOH-functionalized multiwalled carbon nanotubes[J]. Biomed Res Int，2014，2014：359506.

[9] 饶凯敏，信丽丽，景连东．不同浓度的多壁碳纳米管对 HEK293 细胞的影响 [J]．医学研究杂志，2008，37(3)：48-52.

[10] 刘颖，宋伟民，李卫华，等．多壁碳纳米管致 RAW264.7 巨噬细胞毒性与氧化损伤研究 [J]．卫生研究，2008，37(3)：281-284.

[11] GUO Y Y，ZHANG J，ZHENG Y F，et al. Cytotoxic and genotoxic effects of multi-wall carbon nanotubes on human umbilical vein endothelial cells in vitro[J]. Mutat Res，2011，721(2)：184-191.

[12] MENG J，YANG M，SONG L，et al. Concentration control of carbon nanotubes in aqueous solution and its influence on the growth behavior of fibroblasts[J]. Colloids Surf B Biointerfaces，2009，71(1)：148-153.

[13] YAKYMCHUK O M，PEREPELYTSINA O M，DOBRYDNEV A V，et al. Effect of single-walled carbon nanotubes on tumor cells viability and formation of multicellular tumor spheroids[J]. Nanoscale Res Lett，2015，10：150.

[14] SU Y，XU J Y，SHEN P，et al. Cellular up take and cytotoxic evaluation of fullerenol in different cell lines[J]. Toxicology，2010，269(2-3)：155-159.

[15] XIANG K，DOU Z，LI Y，et al. Cytotoxicity and TNF-alpha secretion in RAW264.7 macrophages exposed to different fullerene derivatives[J]. J Nanosci Nanotechnol，2012，12(3)：2169-2178.

[16] 曲秋莲，张英鸽．活性炭纳米粒子对人胃癌 BGC-823 细胞作用的体外实验研究 [J]．军事医学科学院院刊，2009，33(1)：29-32，80.

[17] 刘东京，张阳德，吴季霖，等．石墨碳纳米颗粒对体外培养细胞生长曲线及周期的影响 [J]．中国组织工程研究与临床康复，2009，13(29)：5669-5672.

[18] XUE C，LI X，LIU G，et al. Evaluation of mitochondrial respiratory chain on the generation of reactive oxygen spercies and cytotoxicity in HaCaT cells induced by nanosized titanium dioxide under UVA irradiation[J]. Int J Toxicol，2016，35(6)：644-653.

[19] URSINI C L，CAVALLO D，FRESEQNA A M，et al. Evaluation of cytotoxic，genotoxic and inflammatory response in human alveolar and bronchial epithelial cells exposed to titanium dioxide nanopartilces[J]. J Appl Toxicol，2014，34(11)：1209-1219.

[20] 刘燕飞，李向东，陈军，等．纳米氧化钛对大鼠神经胶质细胞的毒性作用 [J]．中国药理学与毒理学杂志，2010，24(2)：116-121.

[21] WANG J，MA J，DONG L，et al. Effect of anatase TiO_2 nanoparticles on the growth of RSC-364 rat synovial cell[J]. J Nanosci Nanotechnol，2013，13(6)：3874-3879.

[22] YIN Y，ZHU W W，GUO L P，et al. RGDC functionalized titanium dioxide nanoparticles induce less damage to plasmid DNA but higher cytotoxicity to HeLa cell[J]. J Phys Chem B，2013，117(1)：125-131.

[23] WU J，SUN J，XUE Y. Involvement of JNK and P53 activation in G2/M cell cycle arrest and apoptosis induced by titanium dioxide nanoparticles in neuron cells[J]. Toxicol Lett，2010，199(3)：269-276.

[24] ZHANG A P, SUN Y P. Photocatalytic killing effect of TiO_2 nanoparticles on Ls-174-t human colon carcinoma cells[J]. World J Gastroenterol，2004，10(21)：3191-3193.

[25] CHELLAPPA M，ANJANEYULU U，MANIVASAGAM G，et al. Prepareation and evaluation of the cytotoxic nature of TiO2 nanoparticles by direct contact method[J]. Int J Nanomedicine，2015，10(1)：31-41.

[26] TAN A W，LIAN L L，CHUA K H，et al. Enhanced in vitro angiogenic behaviour of human umbilical vein endothelial cells on thermally oxidized TiO_2 nanofibrous surfaces[J]. Sci Rep，2016，6：21828.

[27] BROWN D M，WILSON M R，MACNEE W，et al. Size-dependent proinflammatory effects of ultrafine polystyrene particles：a role for surface area and oxidative stress in the enhanced activity of ultrafines[J]. Toxicol Appl Pharmacol，2001，175(3)：191-199.

[28] 吴秋云，唐萌，谢彦昕，等. 不同粒径纳米二氧化硅的体外细胞膜毒性作用 [J]. 中国生物医学工程学报，2010，29(3)：437-445.

[29] YANG X，LIU J，HE H，et al. SiO_2 nanoparticles induce cytotoxicity and protein expression alteration in HaCaT cells[J]. Part Fibre Toxicol，2010，7：1.

[30] 李艾斯，黄永平，刘建文，等. 药用纳米 SiO_2 对人正常肺细胞的氧化损伤 [J]. 中国临床药理学与治疗学，2009，14(10)：1115-1120.

[31] NAPIERSKA D，THOMASSEN L C，RABOLLI V，et al. Size-dependent cytotoxicity of monodisperse silica nanoparticles in human endothelial cells[J]. Small，2009，5(7)：846-853.

[32] 杨红，吴秋云，唐萌，等. 纳米氧化硅刺激巨噬细胞介导的肺成纤维细胞增殖及对胶原合成的影响 [J]. 中华劳动卫生职业病杂志，2009，27(10)：629-631.

[33] WANG X，TU Q，ZHAO B，et al. Effects of poly(L-lysine)-modified Fe_3O_4 nanoparticles on endogenous reactive oxygen species in cancer stem cells[J]. Biomaterials，2013，34(4)：1155-1169.

[34] 夏婷，唐萌，殷海荣，等. Fe_2O_3 纳米粒子对 RAW264.7 细胞活力影响 [J]. 中国公共卫生，2008，24(9)：1074-1076.

[35] LIN X L，ZHAO S H，ZHANG L，et al. Dose-dependent cytotoxicity and oxidative stress induced by "naked" Fe_3O_4 nanoparticles in human hepatocyte[J]. Chem Res Chinese Universities，2012，28(1)：114-118.

[36] ZHANG X Q，YIN L H，TANG M，et al. ZnO，TiO_2，SiO_2 and Al_2O_3 nanoparticles-induced toxic effects on human fetal lung fibroblasts[J]. Biomed Environ Sci，2011，24(6)：661-669.

[37] 刘鹏鹏，关荣发，程歌，等. 纳米氧化锌对人正常肝细胞 HL-7702 的毒性作用研究 [J]. 安徽农业科学，2009，37(36)：18023-18024.

[38] FUKUI H，HORIE M，ENDOH S，et al. Association of zinc ion release and oxidative stress induced by intratracheal instillation of ZnO nanoparticles to rat lung[J]. Chem Biol Interact. 2012，198(1-3)：29-37.

[39] GUO D，BI H，WU Q，et al. Zinc oxide nanoparticles induce rat retinal ganglion cell damage through bcl-2，caspase-9 and caspase-12 pathways[J]. J Nanosci Nanotechnol，2013，13(6)：3769-3777.

[40] 张博，王洪波，龙刚，等. 氧化锌纳米材料对小鼠混合培养的脾淋巴细胞的影响 [J]. 当代医学，2009，15(15)：99-100.

[41] LI Y B，ZHANG H X，GUO C X，et al. Wensheng Yang. Cytotoxicity and DNA damage effect of TGA-capped CdTe quantum dots[J]. Chem Res Chinese Universities，2012，28(2)：276-281.

[42] CHEN L，QU G，ZHANG C，et al. Quantum dots(QDs)restrain human cervical carcinoma HeLa cell proliferationthrough inhibition of the ROCK-c-Myc signaling[J]. Integr Biol(Camb)，2013，5(3)：590-596.

[43] 宋方茗，郑红，娄子洋. 硒化镉量子点对人黑素瘤细胞和正常表皮细胞的毒性 [J]. 第二军医大学学报，2010，31(5)：465-467.

[44] CORAZZARI I，GILARDINO A，DALMAZZO S，et al. Localization of CdSe/ZnS quantum dots in the lysosomal acidic compartment of cultured neurons and its impact on viability：potential role of ion release[J]. Toxicol In Vitro，2013，27(2)：752-759.

[45] KIM K J，SUNG W S，SUH B K，et al. Antifungal activity and mode of action of silver nano-particles on Candida albicans[J]. Biometals，2009，22(2)：235-242.

[46] 苗迎秋，向冬喜，于舒，等. 纳米银对流感病毒 H3N2 的抑制作用 [J]. 山东医药，2010，50(8)：18-19，117.

[47] LI P W，KUO T H，CHANG J H，et al. Induction of cytotoxicity and apoptosis in mouse blastocysts by silver nanoparticles[J]. Toxicol Lett，2010，197(2)：82-87.

[48] RAOOF M，CURLEY S A. Non-invasive radiofrequency-induced targeted hyperthermia for the treatment of hepatocellular carcinoma[J]. Int J Hepatol，2011：676957.

[49] 潘云龙，覃莉，蔡继业，等. 纳米金抑制血管内皮细胞增殖的分子机制 [J]. 中华实验外科杂志，2008，25(11)：1421-1423.

[50] COULTER J A，JAIN S，BUTTERWORTH K T，et al. Cell type-dependent uptake，localization，and cytotoxicity of 1.9 nm gold nanoparticles[J]. Int J Nanomedicine，2012，7：2673-2685.

[51] BUTTERWORTH K T，MCMAHON S J，CURRELL F J，et al. Physical basis and biological mechanisms of gold nanoparticle radiosensitization[J]. Nanoscale，2012，4(16)：4830-4838.

[52] ROA W，ZHANG X，GUO L，et al. Gold nanoparticle sensitize radiotherapy of prostate cancer cells by regulation of the cell cycle[J]. Nanotechnology，2009，20(37)：375101.

[53] XU W，LUO T，LI P，et al. RGD-conjugated gold nanorods induce radiosensitization in melanoma cancer cells by downregulating $\alpha(v)\beta_3$ expression[J]. Int J Nanomedicine，2012，7：915-924.

[54] 张敏娟，崔严光，李昕，等. 纳米金对人体表皮细胞增殖作用的体外实验研究 [J]. 中国美容医学，2009，18(9)：1296-1299.

[55] LU S，XIA D，HUANG G，et al. Concentration effect of gold nanoparticles on proliferation of keratinocytes[J]. Colloids Surf B Biointerfaces，2010，81(2)：406-411.

[56] QING F，WANG Z，HONG Y，et al. Selective effects of hydroxyapatite nanoparticles on osteosarcoma cells and osteoblasts[J]. J Mater Sci Mater Med，2012，23(9)：2245-2251.

[57] HAN Y G，XU J，LI Z G，et al. In vitro toxicity of multi-walled carbon nanotubes in C6 rat glioma cells[J]. Neurotoxicology，2012，33(5)：1128-1134.

[58] ZHOU X，WANG B，CHEN Y，et al. Uptake of cerium oxide nanoparticles and their influences on functions of A549 cells[J]. J Nanosci Nanotechnol，2013，13(1)：204-215.

[59] LI X，XU L，SHAO A，et al. Cytotoxic and genotoxic effects of silver nanoparticles on primary Syrian hamster embryo (SHE) cells[J]. J Nanosci Nanotechnol，2013，13(1)：161-170.

[60] KONG L，ZHANG T，TANG M，et al. Apoptosis induced by cadmium selenide quantum dots in JB6 cells[J]，2012，12(11)：8258-8265.

[61] AHMAD J，ALHADLAQ H A，SIDDIQUI M A，et al. Concentration-dependent induction of reactive oxygen species，cell cycle arrest and apoptosis in human liver cells after nickel nanoparticles exposure[J]. Environ Toxicol，2015，30(2)：137-148.

[62] 付莉，冯卫，彭芝兰，等. 羟基磷灰石纳米粒子对卵巢癌作用的体外实验研究 [J]. 中国生物医学工程学报，2007，26(4)：584-587，609.

[63] LUO H，WANG F，BAI Y，et al. Selenium nanoparticles inhibit the growth of HeLa and MDA-MB-231 cells through induction of S phase arrest[J]. Colloids Surf B Biointerfaces，2012，94：304-308.

[64] LIU X，QIN D，CUI Y，et al. The effect of calcium phosphate nanoparticles on hormone production and apoptosis in human granulosa cells[J]. Reprod Biol Endocrinol，2010，8(1)：32.

[65] LI Y，SUN L，JIN M H，et al. Size-dependent cytotoxicity of amorphous silica nanoparticles in human hepatoma HepG2 cells[J]. Toxicol in vitro，2011，25(7)：1343-1352.

[66] YUAN J，GAO H，SUI J，et al. Cytotoxicity evaluation of oxidized single-walled carbon nanotubes and graphene oxide on human hepatoma HepG2 cells：an iTRAQ-coupled 2D LC-MS/MS proteome analysis[J]. Toxicol Sci，2012，126(1)：149-161.

[67] YE S，ZHANG H，WANG Y，et al. Carboxylated single-walled carbon nanotubes induce an inflammatory response in human primary monocytes through oxidative stress and NF-κB activation[J]. J Nanoparticle Res，2011，13(9)：4239-4252.

[68] RAMKUMAR K M，MANJULA C，GNANAKUMAR G，et al. Oxidative stress-mediated cytotoxicity and apoptosis induction by TiO_2 nanofibers in HeLa cells[J]. Eur J Pharm Biopharm，2012，81(2)：324-333.

[69] SAQUIB Q, AL-KHEDHAIRY A A, SIDDIQUI M A, et al. Titanium dioxide nanoparticles induced cytotoxicity, oxidative stress and DNA damage in human amnion epithelial (WISH) cells[J]. Toxicol In Vitro, 2012, 26 (2): 351-361.

[70] THIT A, SELCK H, BJERREGAARD H F. Toxicity of CuO nanoparticles and Cu ions to tight epithelial cells from Xenopus laevis (A6): Effects on proliferation, cell cycle progression and cell death[J]. Toxicology in Vitro, 2013, 27 (5): 1596-1601.

[71] WU J, SUN J. Investigation on mechanism of growth arrest induced by iron oxide nanoparticles in PC12 cells[J]. J Nanosci Nanotechnol, 2011, 11 (12): 11079-11083.

[72] XIA G, CHEN B, DING J, et al. Effect of magnetic Fe_3O_4 nanoparticles with 2-methoxyestradiol on the cell-cycle progression and apoptosis of myelodysplastic syndrome cells[J]. Int J Nanomedicine, 2011, 6: 1921-1927.

[73] LIU Y, WANG P, WANG Y, et al. The influence on cell cycle and cell division by various cadmium-containing quantum dots[J]. Small, 2013, 9 (14): 2440-2451.

[74] FOLDBJERG R, IRVING E S, HAYASHI Y, et al. Global gene expression profiling of human lung epithelial cells after exposure to nanosilver[J]. Toxicol Sci, 2012, 130 (1): 145-157.

[75] KANG S J, LEE Y J, LEE E K, et al. Silver nanoparticles-mediated G2/M cycle arrest of renal epithelial cells is associated with NRF2-GSH signaling[J]. Toxicol Lett, 2012, 211 (3): 334-341.

[76] SONG X L, LI B, XU K, et al. Cytotoxicity of water-soluble mPEG-SH-coated silver nanoparticles in HL-7702 cells[J]. Cell Biol Toxicol, 2012, 28 (4): 225-237.

[77] 李倩，唐萌，马明，等. 纳米 Fe_2O_3 对小鼠的氧化损伤作用 [J]. 毒理学杂志，2006，20 (6): 380-382.

第九章

纳米材料与细胞死亡

纳米材料是近年来开发出的新型材料，具有特殊的理化性质。由于纳米材料尺寸进入纳米级，显示出强烈的表面效应、小尺寸效应、量子尺寸效应和宏观量子隧道效应。随着纳米科技的飞速发展和纳米材料的广泛应用，越来越多的研究者致力于纳米材料的毒性研究和安全性评价。细胞死亡（cell death）是生物界普遍存在的现象，既是生物体正常或有益过程，如胚胎发育、生长分化、免疫反应以及细胞废物和癌前期细胞的清除等，又与多种疾病密切相关，如慢性炎症、神经退行性变、糖尿病、心血管疾病和肿瘤等。目前对于细胞死亡的定义，细胞死亡命名委员会（Nomenclature Committee on Cell Death，NCCD）认为：①质膜完整性丧失；②细胞（包括细胞核）破裂成为小体；③体内死亡细胞碎片被邻近细胞吞噬。符合以上任一情况即可认定为细胞死亡。目前已有较多的有关纳米材料体内外毒性研究的报道，证实目前生产的多种纳米材料，包括碳纳米材料（碳纳米管、富勒烯 C_{60}）、纳米氧化物（纳米二氧化钛、纳米二氧化硅、纳米氧化锌、纳米氧化铁等）等，均对细胞具有一定毒性作用，可引起细胞死亡。目前，纳米材料引发细胞死亡及其调控是医学研究的重要问题。明确纳米材料引发细胞死亡的方式和机制，将为纳米材料的毒理学研究和安全性评价提供科学的理论依据。

第一节 纳米材料与细胞凋亡

一、细胞凋亡的概述

细胞凋亡（apoptosis）是指机体为维持内环境稳定，由基因控制的细胞主动的程序性死亡，与组织发生、维持器官细胞量的稳定、免疫以及肿瘤、自身免疫性疾病和衰老等的发生密切相关。作为细胞死亡的方式之一，细胞凋亡及其机制一直以来都是医学研究的热点。而纳米颗粒是否对细胞凋亡过程产生特殊的影响，也是人们关心的重要问题之一。就目前的研究报道而言，有关纳米材料引发细胞凋亡的报道很多，包括正常细胞和肿瘤细胞。

早在 100 多年前，Carl Vogt 已发现这种死亡形式。1972 年，Kerr 等对细胞死亡方式进一步研究，首次提出细胞凋亡的概念。自此人类开始了对细胞凋亡的探索，在细胞凋亡的形态学和生化特征等领域有了新的发现。近来，伴随着各种生化及生物学技术应用到这一领域，揭示了细胞凋亡不仅是一种重要的生物学现象，而且对于疾病发生的机制及新的治疗研究都有重要意义。

（一）形态和生化特征

细胞凋亡最重要的特征是其形态学变化，尤其是细胞核的改变，具体表现为凋亡早期胞质浓缩、细胞体积变小；细胞核固缩，染色质凝聚成块，靠近核膜；核酸内切酶被活化，切割染色质 DNA 分子成大小为 18～200bp 的整数倍的核酸片段，凝胶电泳图谱呈特征性梯状，即核酸片段化；胞质膜突起形成质膜小包（即 blobbing 现象），继而胞核和细胞外形皱缩，核裂解形成凋亡小体被排出细胞外，内含结构完整的细胞器；随后死亡的细胞被周围具有吞噬能力的细胞清除。凋亡小体的形成及不引起炎症反应是其形态学的主要特征。各种细胞凋亡的形态学变化可能有所不同，但均具有一个共同的特征，即在凋亡过程中，细胞膜始终保持完整，无细胞内容物的泄漏，因而不引起任何炎症反应，这也是细胞凋亡区别于坏死的最主要特征。

随着细胞凋亡形态研究的进展，细胞生化特征的改变也逐步被阐明，表现为：①细胞内 Ca^{2+} 的堆积和重新分布，细胞核内 Ca^{2+} 的增多，通过内源性 Ca^{2+} 和 Mg^{2+} 依赖性途径激活核酸内切酶活性；②核酸内切酶的激活导致染色体 DNA 降解为 180～200bp 的不同倍数的寡核苷酸片段，在琼脂电泳图谱上呈现特征性梯状电泳现象；③组织谷氨酰胺酶活性增高；④细胞内骨架被破坏，细胞固缩；⑤细胞表面糖链、植物血凝素与玻连蛋白受体增加，磷脂酰丝氨酸（phosphatidylserine，PS）的外露改变细胞表面的生化特征。

（二）检测方法

细胞凋亡的检测方法主要包括形态学、生物化学、细胞学和分子生物学等。形态学观察是检测凋亡的基本方法，也是鉴定细胞凋亡的最可靠的方法，主要是借助光学显微镜、荧光显微镜、激光共聚焦扫描显微镜和电子显微镜来观察细胞凋亡的形态学改变。电子显微镜是观察细胞形态最好的方法，是迄今为止判断凋亡最经典、最可靠的方法，被认为是确定细胞凋亡的金标准。检测细胞凋亡的生物化学方法主要包括：琼脂糖凝胶电泳法、原位末端标记（又称 TUNEL，terminal deoxynucleotidyl transferase-mediated dUTP nick end labeling）和流式细胞术（flow cytometry，FCM）。其中，FCM 是一种能快速定量测量悬液中单个细胞所发出的散射光和荧光的技术，可进行多种检测，如 PI 单染检测 DNA 含量，Hoechst-PI 双染检测形态学和细胞膜的完整性，以及 Annexin Ⅴ/PI 双荧光染色检测早期凋亡细胞。

二、纳米材料诱导细胞凋亡

（一）碳纳米材料

1. 碳纳米管（CNTs） 是最常见的纳米材料之一，被认为是一种性能优异的新型功能材料和结构材料。碳纳米管是一种圆柱形大分子，直径最小可在 1nm 以下，长度则可达数微米，甚或数毫米，可分为 SWCNTs 和 MWCNTs，前者由一层石墨原子层组成，而后者可看作由多个直径不同的单层石墨原子层的空心圆柱套构而成。由于 CNTs 的粒径极小，可通过简单扩散或渗透方式经过肺 - 血屏障或经皮肤进入体内，对机体器官、组织和细胞产生损害。体外实验显示：无论是 SWCNTs，还是 MWCNTs，均可影响细胞活力，引起细胞发生凋亡。

Shen 等选用了 6 种具有不同官能团（原始、羧基和羟基）和长度（1～3μm 和 5～30μm）的 SWCNTs 进行研究，发现所有 SWCNTs 均以浓度依赖的方式降低了 HepG2 的细胞活力，增加了细胞内活性氧（ROS）水平，并破坏了质膜。在对 SWCNTs 的聚乙二醇表面电荷功能化对人乳腺癌细胞 MDA-MB-231 毒性的影响的研究中发现，与非功能化材料相比，聚乙二醇功能化的 SWCNTs 使细胞存活率显著降低，活性氧生成、线粒体膜电位、细胞凋亡、氧化应激生成和氧化 DNA 损伤增加。

Cui 等在体外研究 SWCNTs 对 HEK293 细胞毒性的过程中，提出了细胞 - 颗粒作用模型的毒性作用机制：SWCNTs 接触细胞表面时首先会激活细胞外基质蛋白信号，信号传至细胞质和细胞核后引发黏附相关基因表达下调，细胞黏附蛋白分泌减少，进而细胞黏附力下降，出现细胞脱壁、悬浮和皱缩等形态学改变。同时 SWCNTs 会引起凋亡相关基因如 *p16*、*Rb* 与 *p53* 等的表达上调，最终导致细胞凋亡。Manna 等的研究指出，当人角质细胞 HaCaT 暴露于 SWCNTs 后，可造成细胞内氧化压力升高、过氧化氢产物积累，同时消耗抗氧化剂，细胞活力明显下降。当 SWCNTs 浓度为 0.5μg/ml 时即可导致细胞死亡。值得一提的是，MTT 法检测细胞存活力的结果显示：同种 SWCNTs 分别暴露 HaCaT 细胞、人宫颈癌细胞 HeLa、人肺癌细胞 A549 和 H1299 后得到了基本相似的存活率曲线，提示 SWCNTs 对细胞存活力的损害作用可能有着共同的机制。SWCNTs 可能触发了某种特殊的信号转导通路，而这种通路的下游效应是导致细胞死亡。另外，体内实验研究发现，Wistar 大鼠经单次气管滴注 SWCNTs 后，肺脏组织出现氧化损伤，肺脏细胞发生 DNA 损伤和细胞凋亡。

有关 MWCNTs 引发细胞凋亡的体外研究报道较多。现有报道表明，MWCNTs 可诱导正常人皮肤成纤维细胞、脐静脉血管内皮细胞、肺脏细胞、T 淋巴细胞等发生凋亡。除可引起小鼠体内肝细胞和肺细胞的 DNA 断裂和交联，MWCNTs 还可在小鼠的胚胎干细胞中积聚，引起 DNA 损伤，诱发细胞凋亡，并且暴露 2h 就可以活化抑癌蛋白 P53。新近研究报道，水溶性 MWCNTs 与 3T3-L1 成纤维细胞共孵育后，进入细胞内并蓄积在胞质，除影响细胞增殖和周期外，还导致细胞发生凋亡。透射电子显微镜下可见典型的细胞凋亡形态学改变，具体表现为：当 0.03mg/ml 水溶性 MWCNTs 作用 2d 后，细胞染色质凝集，胞质出现空泡，但胞膜完整和细胞器未受到破坏，表明细胞处于凋亡早期。当浓度增至 0.3mg/ml 作用 2d 后，细胞核发生肿胀，出现凋亡小体。同时采用 PI 单染进行 FCM 检测，从而根据出现在二倍体 G_0/G_1 峰前的亚二倍体峰 sub-G_1（即 AP 峰）的高低来判定细胞凋亡的程度。结果显示：当 0.3mg/ml 水溶性 MWCNTs 作用 2d 后，71.9% 的细胞处于 sub-G_1 期，而当浓度下降至 0.03mg/ml 和 0.01mg/ml 后，sub-G_1 期细胞百分率分别降至 16% 和 2.98%。以上这些表明，高剂量水溶性 MWCNTs（0.3mg/ml）暴露可显著诱导 3T3-L1 成纤维细胞发生凋亡。

Ravichandran 等的研究发现，将 MWCNTs 暴露于大鼠肺上皮细胞后，自由基大量生成，过氧化物聚集，细胞失去活力，抗氧化物被消耗。24h 可见大量的 dUTP 掺入细胞核，琼脂糖凝胶电泳出现典型的“DNA Ladder”，细胞 ADP/ATP 值明显升高，证实细胞发生凋亡，不是坏死。而且，随着 MWCNTs 暴露时间和剂量的增加，细胞中 caspase-3 和 caspase-8 的活性逐渐升高，表明 MWCNTs 可诱导肺上皮细胞发生氧化应激，并通过 caspase 激活途径诱发细胞凋亡。同样，体内实验研究也发现，MWCNTs 可诱导组织细胞凋亡。如 Elgrabli 等采用气管内滴注的方式将 MWCNTs 暴露于雄性 Sprague-Dawley 大鼠，结果发现：MWCNTs 100μg 分别作用 30d、90d 和 180d，以及 10μg 分别作用 30d 和 90d，均可在光学显微镜下观察到支气管肺泡灌洗液中的肺泡巨噬细胞发生凋亡。同时，Annexin Ⅴ/PI 双染荧光显微镜观察也显示 100μg MWCNTs 可增强膜通透性，诱导细胞凋亡。而且，逆转录 - 实时定量 PCR 和 Western blot 法检测发现，100μg MWCNTs 暴露可显著增加 caspase-3 mRNA 和蛋白的表达。这表明 MWCNTs 进入体内后，通过增加 caspase-3 活性、诱导磷脂酰丝氨酸外翻和增强细胞膜通透性来诱导肺泡巨噬细胞凋亡。不过，1μg MWCNTs 作用后各时间点均未见凋亡细胞，说明 MWCNTs 诱导细胞凋亡的能力与剂量具有相关性。也有研究表明，100μg/ml MWCNTs 可抑制人肺癌上皮细胞 A549 和胸膜间皮细胞 MeT5A 的代谢活性，但对其细胞膜通透性和凋亡无影响。

大多数研究表明，纳米材料的生物学效应受诸多因素的影响，包括表面电荷、化学组成、团聚状态、形貌、表面修饰等。例如，为了改善 CNTs 的水溶性或化学活性，常将纳米材料进行修饰，修饰后作为一种复合材料使用。修饰可增加其溶解性和生物相容性，但会导致 CNTs 的结构发生改变，其性质、细胞毒性也会随之发生显著改变，从而产生潜在的副作用。新近研究指出，经羟基、氨基、羧基和聚乙二醇修饰后的 SWCNTs 对人乳腺癌细胞 MCF-7 表现出明显的细胞毒性，可引起细胞形态改变，造成细胞膜损伤，降低细胞黏附以及增加细胞凋亡，不过对细胞线粒体活性和 ROS 的产生影响不大。同样，纳米材料对细胞凋亡的影响也一定程度上受这些因素的影响。有研究显示氧化后的 MWCNTs 比未经氧化的 MWCNTs 具有更强的诱导细胞凋亡的能力。还有研究表明，长度也是影响 CNTs 细胞毒性的主要因素。有研究比较了 2 种不同长度的 MWCNTs，即长度分别为 0.5μm 和 50μm 的 MWCNTs 对血管内皮细胞的毒性作用。结果显示，50μm 的 MWCNTs 的细胞毒性远大于 0.5μm 的 MWCNTs。虽然二者均造成血管内皮细胞凋亡，但 50μm 的 MWCNTs 引起的细胞凋亡率达 18%，远大于 0.5μm 的 MWCNTs。而且，50μm 的 MWCNTs 导致细胞超微结构发生改变，细胞内发生细胞质溶解，细胞损伤严重。这表明长的 CNTs 与血管内皮细胞的相互作用造成的生物学效应及刺激应答高于短的 CNTs。

2. 富勒烯 富勒烯 C_{60} 是一种新型的由 60 个碳原子构成的直径只有 0.71nm 的球形纳米颗粒，也是最具代表性的纳米材料之一，已广泛应用于物理、化学、材料和生物医学等领域。目前，富勒烯及其衍生物的细胞毒性已有大量研究。有研究显示，富勒烯的毒性有着明显的剂量依赖性，低剂量时可显著增强体外培养的海马神经元的活力，高剂量作用则可诱导细胞发生凋亡。有研究发现，100μg/ml 水溶性富勒烯羟基化合物 $C_{60}(OH)_{24}$ 作用 24h，可诱导 HUVECs 膜表面的细胞间黏附因子（intercellular cell adhesion molecule-1，ICAM-1）、组织因子及磷脂酰丝氨酸的表达增加，细胞内 Ca^{2+} 水平升高，细胞发生凋亡。这提示 $C_{60}(OH)_{24}$ 对内皮细胞具有促炎症和促凋亡作用。但 Yamawaki 等的研究则认为，$C_{60}(OH)_{24}$ 不能诱导 HUVECs 细胞发生凋亡。他们的研究结果显示，$C_{60}(OH)_{24}$ 不引起 caspase-3 或 PARP 裂解、活化，且未见细胞核内染色质凝集。但发现，$C_{60}(OH)_{24}$ 引起 HUVECs 细胞发生自噬性细胞死亡。据此推测，在富勒烯诱导的内皮细胞死亡中，凋亡和自噬可能同时存在。

纳米材料表面的修饰不仅对其细胞毒性具有一定影响，也调控其引发细胞死亡的方式。Isakovic 等研究发现，未加修饰的富勒烯 C_{60} 与水溶性的聚羟基化富勒烯 $C_{60}(OH)_n$ 相比，对小鼠纤维肉瘤 L929 细胞、大鼠 C6 胶质瘤细胞和人 U251 胶质瘤细胞的毒性作用，前者毒性大，比后者高三个数量级。短时间 C_{60} 暴露即可造成与 ROS 密切相关的细胞坏死，表现为细胞膜受到破坏，但未见 DNA 片段化。相反的是，$C_{60}(OH)_n$ 造成迟发的不依赖 ROS 的细胞死亡，细胞表现为典型的凋亡改变，包括 DNA 断裂片段化、细胞膜不对称性丧失，但细胞膜通透性未增加。同时，*N*- 乙酰半胱氨酸可保护细胞免受 C_{60} 的毒性，但对 $C_{60}(OH)_n$ 无此作用；而 caspase 广谱抑制剂 Z-VAD-fmk 可遏制 $C_{60}(OH)_n$ 诱导的细胞凋亡，但对 C_{60} 诱导的细胞坏死不起作用。这说明，$C_{60}(OH)_n$ 通过 caspase 依赖途径诱导细胞凋亡，而 C_{60} 则是通过 caspase 非依赖途径诱导细胞坏死。另外，他们还发现，这些实验所观察到的细胞毒效应不仅局限于转化细胞系，除大鼠、小鼠腹腔巨噬细胞外，在原代培养的大鼠星形胶质细胞和成纤维细胞中也得到了类似结果。

（二）纳米氧化物

1. 纳米二氧化钛（TiO_2 纳米颗粒） 为直径小于 100nm 的微细颗粒，可通过皮肤接触、呼吸道吸入或食物链摄入等方式进入人体，进而作用于组织细胞，对细胞产生毒性作用，表现为：影响细胞超微结构，破坏细胞膜，诱导细胞凋亡等。

现有研究报道表明，TiO_2 纳米颗粒可诱导多种细胞发生凋亡，包括：红细胞、淋巴细胞、小鼠小胶质细胞 BV2、N9 细胞和神经元，以及人角质形成细胞 HaCaT、皮肤基底细胞癌 A431、胚胎皮肤成纤维细胞、支气管上皮细胞 BEAS-2B 和 Chago-K1 细胞等。

Kumar 等的研究发现相比于大体积的 TiO_2，TiO_2 纳米颗粒对人乳腺上皮细胞 MCF-7 的毒性更大，凋亡率增加。Xu 等的研究中发现，miR-29b-3p 在 T 细胞和 B 细胞受体信号转导途径中均起作用，miR-29b-3p 的上调增强了细胞的凋亡，其参与了 RAW264.7 细胞暴露于 TiO_2 纳米颗粒的反应。

汤莹等的研究显示：TiO_2 纳米颗粒作用于小鼠单核巨噬细胞 Raw 后，透射电镜下可见：随着作用浓度的升高，Raw 细胞的超微结构改变越加明显，表现为细胞表面伪足增多，细胞质内吞噬泡增多，被吞噬的纳米颗粒也越来越多，粗面内质网扩张程度加重，线粒体基质出现空亮区，嵴断裂或溶解，细胞核的染色质出现浓缩、边集，表明 TiO_2 纳米颗粒可诱导 Raw 细胞发生早期细胞凋亡形态学改变。体内实验研究也显示：将 6 周龄的雄性 ICR 小鼠隔日腹腔注射 TiO_2 纳米颗粒（200mg/kg 或 500mg/kg），给药 5 次后发现，较大剂量的 TiO_2 纳米颗粒对雄性小鼠肝、肾功能有轻度影响，对小鼠精子生成和精子功能有明显影响，表现为：附睾精子数、睾丸内精子数减少及精子存活率降低，精子畸形发生增加，并诱导睾丸生殖细胞凋亡。

TiO_2 纳米颗粒能诱导细胞核微核形成，引起成纤维细胞凋亡。Rahman 等比较 TiO_2 纳米颗粒（粒径 $\leqslant$20nm）和细 TiO_2 颗粒（粒径 $>$200nm）对原代大鼠胚胎成纤维细胞的影响时发现，TiO_2 纳米颗粒处理后，细胞微核数目显著升高，而细 TiO_2 颗粒却没有引起细胞内微核数目改变。TiO_2 纳米颗粒处理后，透射电子显微镜观察发现细胞核染色质边集，核仁消失，细胞膜起泡，可见凋亡小体，且凝胶电泳观察发现 DNA 呈现梯状的随机断裂，即 DNA Ladder，证实细胞发生了凋亡。由此可看出，TiO_2 颗粒发挥细胞毒性与粒径相关，推测可能是由于反应活性很大的纳米颗粒和细胞膜相互作用产生了 ROS 物质，产生的氧化应激引起细胞膜脂质层的破裂，细胞内钙稳态失衡，导致依赖于 Ca^{2+} 浓度的核酸内切酶的活化，进而发生细胞凋亡。另外，除与粒径有关外，TiO_2 纳米颗粒发挥细胞毒性、诱导细胞凋亡还与细胞类型密切相关。锐钛矿型 TiO_2 纳米颗粒对中国仓鼠卵巢肿瘤细胞 CHO 毒性较强，具有选择性凋亡诱导作用，可侵入细胞内部，生成凋亡小体，诱导细胞凋亡；而对人正常肾上皮细胞 293T，虽可抑制其增殖，但不能够进入细胞内，未见细胞凋亡现象的发生。

2. 纳米二氧化硅（SiO_2 纳米颗粒） 是纳米材料中的重要一员，是目前世界上和我国大规模工业化生产产量最高的一种纳米粉体材料。随着其生产产量和应用范围的不断增大，人群接触 SiO_2 纳米颗粒的机会不断增加。目前对于 SiO_2 纳米颗粒的生物学效应和安全性评价已进行了大量的研究，并取得了一定的进展。在细胞凋亡方面，SiO_2 纳米颗粒可诱导多种细胞发生凋亡。研究发现，粒径分别为 20nm 和 50nm 的 SiO_2 颗粒作用于人胚肾 HEK293 细胞 24h 后，相差显微镜下可见，细胞发生凋亡形态学改变，表现为：细胞皱缩、形状不规则和核浓缩等。除 HEK293 细胞外，SiO_2 纳米颗粒还可引发肺泡巨噬细胞、生精细胞、人肝癌细胞 HepG2 等发生凋亡。

Wu 等研究中发现 SiO_2 纳米颗粒通过内质网应激诱导人肺泡上皮细胞 HPAEpiC 凋亡。陈风雷等研究中发现 SiO_2 纳米颗粒以剂量和时间依赖性方式逐渐降低 RAW264.7 巨噬细胞中的细胞活力并增加细胞凋亡。

体内实验还研究发现，30μg 粒径为 14nm 的超细胶体硅颗粒（ultrafine colloidal silica particles，UFCSs）经支气管滴注进入小鼠体内后，可诱导肺实质细胞凋亡。

流行病学研究发现，室外空气污染物中可吸入颗粒物与心血管疾病的发生有关，而心血管疾病严重威胁着人类的健康与生命。有学者以 SiO_2 纳米颗粒为研究对象，探讨了纳米材料的心血管毒性。研究发现，21nm 和 48nm 的 SiO_2 颗粒对心肌细胞 H9C2 具有细胞毒性，可诱导细胞发生氧化损伤、细胞周期 G_1 期阻滞，并可上调 *p53* 和 *p21* 的表达水平。而且，SiO_2 纳米颗粒能显著促进 HUVECs 凋亡；以斑马鱼为模型进行的研究指出，SiO_2 纳米颗粒可引起斑马鱼胚胎死亡、畸形，引起心动过缓，能抑制血管生成和干扰心脏的形成和发展。体内实验研究也显示，大鼠支气管滴注 SiO_2 纳米颗粒后，纳米颗粒可通过肺泡 - 毛细血管屏障进入血液系统，进而到达心脏，损伤内皮细胞功能，诱导炎症反应，从而产生心血管毒性。另外，SiO_2 纳米颗粒产生的细胞毒性与其颗粒大小、表面修饰以及细胞种类有关。有研究发现，粒径大小为 15nm 和 30nm 的 SiO_2 颗粒均可引发 HaCaT 细胞凋亡，但粒径越小，细胞凋亡率越高。而且，不仅其细胞毒性与细胞类型有关，硅纳米颗粒所诱导的细胞死亡方式也与细胞类型有关。Petushkov 等的研究发现，30nm 的巯基化的纳米硅颗粒对巨噬细胞 RAW264.7 无细胞毒性，但可诱导人胚肾 293 细胞死亡，且以坏死为主；500nm 羧基化的纳米硅颗粒可诱导 RAW264.7 和 HEK293 细胞发生死亡，但死亡形式不同，前者以凋亡和坏死为主，后者以凋亡为主。同样，新近研究报道，SiO_2 纳米颗粒的细胞毒性作用与细胞类型密切相关。SiO_2 纳米颗粒可诱导 HUVECs 细胞死亡，但人宫颈癌细胞 HeLa 则存活。

3. 纳米铁氧合物 临床上常见的铁氧合物主要是三氧化二铁（Fe_2O_3；又称氧化铁）和四氧化三铁（Fe_3O_4）2 种。纳米铁氧合物因其良好的超顺磁性和靶向定位性，在生物学领域有着广泛的应用前景，包括作为磁共振诊断对比剂、恶性肿瘤磁靶向热疗、磁靶向给药和 DNA 基因载体等，已成为目前医用生物材料研究的热点之一。但是，纳米铁氧合物在生物应用的同时，存在着潜在的毒性危害。有研究发现，氧化铁纳米颗粒很容易被血管内皮细胞摄取，从而引发磁共振信号强度的变化，可用于疾病诊断。但是，较高浓度（$>$ 50μg/ml）和长时间（48h）作用可影响细胞活力、细胞增殖，引起线粒体损伤，诱导细胞凋亡和自噬。

在 Levada 等研究中发现暴露于氧化铁纳米立方体（IO 立方体）和纳米立方体簇（IO 簇）的 HepG2、Huh7 和 Alexander 癌细胞的存活率呈浓度依赖性降低，HepG2 中，这两种纳米颗粒都诱导了凋亡，在 Alexander 和 Huh7 癌细胞中纳米立方体簇（IO 簇）诱导的溶酶体膜透化（Lysosomal membrane permeabilization，LMP）水平更高，氧化铁纳米立方体（IO 立方体）诱导的 LMP 水平低且导致细胞自噬死亡。Goering 等在研究中观察到超小型超顺磁性氧化铁纳米（USPIO）颗粒对人冠状动脉内皮细胞具有浓度和时间依赖性的细胞毒性，暴露 4h 后片段 DNA 显著增加，这是凋亡的反应病理学，暴露 3h 后，进行琼脂糖凝胶电泳的细胞表现出降解的 DNA，caspase-3 和 caspase-7 活性增加。

氧化铁纳米材料可引起多种细胞 DNA 损伤、细胞凋亡。Metz 等报道，人单核细胞经 Fe_2O_3 纳米颗粒染毒 4h 后，即可产生明显的凋亡。Berry 等通过 Annexin Ⅴ染色法测定纳米颗粒作用于原代人成纤维细胞 48h 的凋亡情况，结果发现裸 Fe_3O_4 纳米颗粒组（8nm）细胞凋亡率为 14%，葡聚糖包被的 Fe_3O_4 纳米颗粒组（10～15nm）细胞凋亡率为 11%，这是由于细胞对大量颗粒的内摄取作用，导致细胞凋亡。还有研究指出，Fe_3O_4 纳米颗粒具有神经毒性，可降低神经元活力，引发氧化应激，激活 JNK 和 P53 信号通路，从而引发细胞周期改变和细胞凋亡。国内学者研究发现，二巯基丁二酸（dimercaptosuccinate，DMSA）包被的 Fe_2O_3 纳米颗粒可引起人主动脉血管细胞中促凋亡和抑凋亡基因表达发生改变，激活氧化应激相关基因和黏附分子表达，还可抑制血管生成。研究发现，Fe_3O_4 纳米颗粒可抑制人正常肝细胞 HL-7702 生长，造成细胞氧化损伤、DNA 损伤，细胞周期发生 G_0/G_1 期阻滞，诱导细胞凋亡，且随着作用浓度的升高，细胞凋亡率逐渐升高。还有学者制备了粒径为 40～50nm 的硒 -Fe_3O_4 纳米复合材料，并研究发现该纳米复合材料诱导类成骨细胞 MG-63 发生凋亡，且呈剂量依赖方式。

线粒体膜电位（mitochondrial membrane potential，MMP）的破坏是细胞凋亡级联反应过程中最早发生的事件之一。超顺磁性 Fe_2O_3 纳米颗粒可造成细胞线粒体膜电位下降，从而可引起线粒体膜内外一系列的生化改变，如泄漏细胞色素 c、线粒体膜通透性改变、Bcl-2 家族及 caspase 活化等，引起细胞凋亡的级联反应，最终导致细胞凋亡。国内学者夏婷等的研究也发现，粒径为 17.8nm 的 DMSA 包被的 Fe_2O_3 纳米颗粒仅 0.24mg/ml 作用 RAW264.7 细胞 6h 后就可造成细胞线粒体膜电位的下降，且下降程度呈现剂量依赖性。并且，Annexin Ⅴ/PI 双染 FCM 检测发现，Fe_2O_3 纳米颗粒作用 24h 后细胞凋亡率显著增加。另外，对于人肝癌细胞 HepG2，Fe_2O_3 纳米颗粒也可导致细胞线粒体膜电位下降，细胞凋亡增加。

4. 纳米氧化锌（ZnO 纳米颗粒） 是一种新型的高功能精细无机材料，具有许多特殊性能，如抗菌、防霉、除臭、护肤美容、导电、光催化等。目前，ZnO 纳米颗粒已在化妆品、纺织品、涂料、橡胶工业等多个领域展现出广阔的应用前景。基于 ZnO 纳米颗粒的抗菌性能，有关其对微生物影响的论文较多，证实 ZnO 纳米颗粒对大肠埃希菌、链球菌和葡萄球菌等有着很好的抑制作用，然而对其毒理学研究较少。

近年来，随着对纳米材料生物安全的广泛关注，不少研究报道了 ZnO 纳米颗粒可诱导细胞发生凋亡。Liu 等在研究中发现 ZnO 纳米颗粒以剂量依赖的方式诱导 SH-SY5Y 神经母细胞瘤细胞存活率的显著降低，ZnO 纳米颗粒激活了 TRPC6 通道，从而增加了 Ca^{2+} 流量并导致自噬增加。Liu 等报道了 ZnO 纳米颗粒在体内和体外实验诱导的神经毒性，在 PC12 细胞系上进行的体外研究表明，暴露于 ZnO 纳米颗粒 6h 会影响细胞形态，使细胞活力降低，乳酸脱氢酶活性升高和引起氧化应激，线粒体功能受损以及细胞周期受到干扰。

研究发现，浓度在 20μg/ml 以上时，ZnO 纳米颗粒能显著抑制人胚肺成纤维（human embryonic lung fibroblast，HELF）细胞存活，细胞存活率低于 10%，并诱导细胞发生凋亡；而且，扫描电镜下观察到 HELF 细胞表面与高浓度纳米颗粒作用后产生的纳米级孔，这揭示：ZnO 纳米颗粒通过其自身的小尺寸效应和 Zn^{2+} 的毒性作用，在高浓度时抑制细胞活性，致使细胞死亡。有研究指出，ZnO 纳米颗粒可诱导人肺腺癌 A549 细胞、人结肠癌 LoVo 细胞等发生凋亡；当作用浓度 > 100μg/ml 时，可诱导 Neuro-2A 细胞出现凋亡形态学改变，细胞皱缩、脱落，但随着作用浓度的增加，细胞趋于坏死。Zn^{2+} 的释放和氧化应激介导 ZnO 纳米颗粒的细胞毒性。还有研究表明 ZnO 纳米颗粒可诱导肿瘤细胞（人肺腺癌细胞 A549、肝癌细胞 HepGII）发生凋亡，但对正常细胞（原代培养大鼠胶质细胞和肝细胞）无作用。ZnO 纳米颗粒可诱导 HepG2 细胞内 P53、Bax 表达上调，Bcl-2 表达下降，活化 caspase-3，造成 DNA 片段化，产生活性氧引发氧化应激。

纳米材料除了比较容易进入人体外，还较易通过血 - 脑屏障，从而对中枢神经系统产生不良影响。越来越多的研究表明，纳米颗粒可进入大脑，有可能引发神经疾病。其中，嗅神经是吸入性纳米颗粒进入中枢神经系统的重要途径。基于神经干细胞（neural stem cells，NSCs）对与神经修复有着重要作用，有学者研究了粒径为 10nm 的 ZnO 纳米颗粒作用 24h 对小鼠 NSCs 的毒性。他们采用透射电子显微镜观察细胞超微结构改变，DAPI 染色后在激光共聚焦显微镜下观察细胞形态学改变，以及 Annexin Ⅴ/PI 双染 FCM 三种手段来检测 ZnO 纳米颗粒处理 24h 对小鼠 NSCs 凋亡的影响。结果显示：①透射电子显微镜下，对照组细胞状态良好，未见损伤发生；15ppm ZnO 纳米颗粒处理后细胞发生凋亡，早期表现为染色质边集、细胞质中出现空泡、线粒体肿胀、细胞器出现损伤甚至消失，进一步发展为晚期凋亡，表现为：细胞核与细胞器严重损伤、破裂，出现凋亡小体，核膜完全消失、核染色质完全破裂，细胞内有大量的胞吞泡、初级溶酶体及溶酶体与吞噬体结合的次级溶酶体，但胞膜依然完整。而且，在电镜下观察未发现坏死细胞。②激光共聚焦显微镜下，对照组细胞生长旺盛，细胞形态良好，具有完整的细胞核、核仁和核膜，核内容物均一；15ppm ZnO 纳米颗粒处理组细胞变圆，由梭形变成似球状，体积变大，黏附性降低，易脱落，出现核浓缩。③ Annexin Ⅴ/PI 双染 FCM 检测发现：ZnO 纳米颗粒处理后，细胞凋亡率显著增加，且随处理时间的延长，细胞凋亡率也随之增加，由 18.2%（3h）增至 55.6%（24h）。以上这些结果表明，ZnO 纳米颗粒可诱导 NSCs 发生凋亡。并且推测，ZnO 纳米颗粒的神经细胞毒性作用主要是由于溶解在培养液或进入细胞内的 Zn^{2+} 造成的，ROS 和 caspase 参与其诱导 NSCs 的凋亡过程。

5. 其他 除上述几种常见的纳米氧化物外，有研究发现，纳米二氧化铈颗粒（cerium dioxide nanoparticles，nano-CeO_2）暴露于人支气管上皮细胞 BEAS-2B 后，可进入胞质，定位于核周区，进而诱导大量 ROS 生成，造成细胞氧化应激，进而激发 caspase-3 的活化和染色质凝集，最终通过诱导凋亡而对细胞产生毒性作用。α- 二氧化锰（alpha-manganese dioxide，alpha-MnO_2）纳米线可通过诱导 HeLa 细胞内 ROS 聚集，使细胞处于氧化应激状态，造成 DNA 氧化损伤，进而诱导细胞凋亡。

（三）量子点

量子点（QDs）是一种直径在 1～100nm，能够接受激发光产生荧光的半导体纳米晶粒，一般是由半导体内核和有或无钝化的外壳组成。生物学研究领域中所用的量子点主要是 CdSe 或 CdTe QDs。QDs 可通过细胞胞吞、受体介导或诱导细胞膜损伤等方式进入细胞，影响细胞活性，产生细胞毒性。Choi 等对裸 CdTe QDs 作用于乳腺癌细胞后引起的表观基因组学和基因组毒理学改变进行了研究。他们发现，P53 蛋白能因 QDs 的暴露而改变位置，导致下游目标基因 *Puma* 和 *Noxa* 的上调，从而导致了 QDs 的细胞毒性。

现有较多研究报道了量子点引发细胞凋亡。有研究探讨了粒径 3～4nm 的 TGA 包被的 CdTe QDs 对 HL-7702 细胞增殖、周期、DNA 和凋亡的影响，结果发现，TGA-CdTe QDs 可抑制 HL-7702 细胞增殖，引起细胞 DNA 损伤，影响细胞周期进程，诱导细胞凋亡。当 6.25μg/ml TGA-CdTe QDs 作用 24h，细胞凋亡率即达到 24%。大量研究表明，未经修饰的 QDs 能损害细胞结构和功能，进而诱导细胞死亡。Lovric 等的研究发现：裸 CdTe QDs 可引起人乳腺癌 MCF-7 细胞线粒体、质膜和细胞核损伤，诱导线粒体膜间隙细胞色素 c 的释放，最终导致细胞凋亡，其中 ROS 在 QDs 介导的细胞损伤中发挥重要的作用。

在实际工作中，根据 QDs 在生物学中的具体应用，常对其进行表面修饰。同样，经修饰的 QDs 也表现出一定的细胞毒性，可诱导细胞凋亡。例如，CdS 包被的 CdTe QDs 可诱导 RAW264.7 细胞发生脂质过氧化，诱导细胞产生大量的 ROS，引起线粒体的损伤，导致线粒体的通透性发生变化，线粒体膜电位的下降，最终导致细胞凋亡。巯基乙胺（cysteamine，Cys）包被的 CdTe QDs 可诱发 SMMC-7721 细胞发生凋亡；在浓度 10μg/ml 下作用 24h，可引起 MCF-7 细胞核固缩。但是，与未修饰的裸 QDs 相比，经表面修饰的 QDs 的细胞毒性大小有所改变。研究发现，包被巯基丙酸（mercaptopropionic acid，MPA）和 Cys 的 CdTe QDs 对大鼠嗜铬细胞瘤 PC12 细胞在 10μg/ml 时存在细胞毒性，未经包被的在 1μg/ml 就有毒性，能引起染色体浓缩，膜起泡，从而诱导细胞凋亡或死亡。由此可见，表面修饰一定程度上可有效地降低 QDs 的细胞毒性。

（四）金属纳米材料

1. 银纳米颗粒 具有良好的长效广谱抗菌活性。在临床上，银纳米颗粒被广泛应用在医用导管、妇用凝胶以及创伤敷料等医疗器械上。已有研究显示，银纳米颗粒对细胞存在明显的毒性，且与 Ag^+ 的释放有关。有研究认为，银纳米颗粒细胞毒性作用的发挥类似于“特洛伊木马（Trojan-horse）”模式，即被细胞摄入后，银纳米颗粒通过细胞内释放 Ag^+ 来发挥作用。但也有研究指出，银纳米颗粒溶液中仅含有低水平的 Ag^+，其细胞毒性不能简单地解释为是释放的 Ag^+ 所为。

现有研究表明，银纳米颗粒可诱导多种细胞发生凋亡，包括 HeLa 细胞、HaCaT 细胞、RAW264.7 细胞、人纤维肉瘤 HT-1080 细胞和人表皮鳞状细胞癌 A431 细胞以及小鼠胚胎干细胞和成纤维细胞凋亡。

Jia 等的研究中银纳米颗粒浓度达到 30～60μg/ml 时，发现 NCM460 和 HCT116 两种结肠细胞中细胞凋亡标志物 P53、Bax 和 P21 显著上调表达，而 Bcl-2 下调表达。Bin-Jumah 等的研究表明银纳米颗粒诱导人肝正常细胞 CHANG 和癌细胞 HUH-7 中的凋亡是通过激活 caspase-3，HUH-7 露于银纳米颗粒（40μg/ml）24h 后诱导早期和晚期凋亡细胞的比是 24.42% 和 26.46%。

还可降低大鼠肝脏细胞 BRL-3A 的线粒体膜电位；诱导囊胚期内细胞团和滋养外胚层细胞发生凋亡，进而抑制胚胎细胞增殖。采用黑腹果蝇为模式生物的体内实验研究显示，3 龄期黑腹果蝇幼虫喂饲多糖包被的粒径为 10nm 的银纳米颗粒 50μg/ml 或 100μg/ml 24～48h 后，其热休克蛋白 70（heat shock protein 70，Hsp70）表达上调，发生氧化应激，细胞周期、DNA 损伤修复有关的 P53、P38 蛋白的表达上调，DNA

发生损伤，caspase-3 和 caspase-9 被活化，发生细胞凋亡。由此他们推测，银纳米颗粒暴露诱导果蝇幼虫体内氧自由基的大量生成，造成机体氧化应激，进而影响 Hsp70、P53 和 P38 蛋白表达，导致细胞膜、DNA 和线粒体损伤，最终诱导细胞凋亡。另外，Choi 等利用成年斑马鱼的肝脏来研究银纳米颗粒的肝脏毒性，研究发现，斑马鱼暴露于含银纳米颗粒、不含 Ag^+ 离子的溶液中，肝脏组织中凋亡相关基因 *p53*、*bax*、*Noxa* 和 *p21* 的表达明显增加，表明细胞凋亡参与银纳米颗粒对成年斑马鱼的肝脏毒性。

银颗粒对细胞凋亡的诱导作用与其粒径有关。有研究指出，相对于微米银，纳米银更具有诱发细胞凋亡的潜力。Cha 等将小鼠分别喂饲纳米银（13nm）或微米银（2～3.5μm）3d 后，提取肝脏 RNA 进行微阵列芯片检测，结果发现：与微米银相比，纳米银处理可引起一些与凋亡和炎症相关的基因表达发生改变。其中，与凋亡有关的基因中，细胞周期素依赖激酶抑制因子 1A、α 共核蛋白和 Bcl-2 修饰因子的表达上调 3.1～6.4 倍，而趋化因子配体 1、70kDa 热休克蛋白 2、白介素 7、ATP 结合盒 B 亚家族的表达则显著下调。同时，他们将体外培养的人肝癌细胞 HUH-7 经同等剂量的纳米银或微米银处理，结果发现：细胞线粒体活性和谷胱甘肽含量未发生变化，但 DNA 含量分别降低 15% 和 10%。

2. 金纳米颗粒（AuNPs） 在药物缓释、免疫分析、癌症治疗和成像以及生物传感等很多领域有着广泛的应用前景。近年来，金纳米颗粒的安全性问题受到人们的广泛关注，其毒理学研究逐渐增多。Cho 等将 13nm 的 PEG 包被的金纳米颗粒（PEG-AuNPs）经静脉注射到 BALB/c 小鼠体内，发现：PEG-AuNPs 主要蓄积在肝脏、脾脏，并诱导肝脏组织发生急性炎症和凋亡。他们又将粒径为 4nm 和 100nm 的 PEG-AuNPs 分别注入 BALB/c 小鼠体内，注射后 30min 进行肝脏组织病理学检查和微阵列分析。虽然肝脏未见任何病理学改变，但均有基因出现差异表达，分别占总检测基因数（45 000 个）的 0.38%（170 个，4nm）和 0.50%（224 个，100nm）。这些基因可分为凋亡、细胞周期、炎症和代谢相关基因四大类。其中，PEG-AuNPs 上调的促凋亡基因包括：*NR4A1*、*PMAIP1* 和 *RTN4*；下调的抑凋亡基因有：*DHCR24* 和 *RB1CC1*）。这表明，与 13nm 的 PEG-AuNPs 类似的是，4nm 和 100nm 的 PEG-AuNPs 也具有诱导细胞凋亡的潜力。另有研究发现，金纳米颗粒可造成 HL-7702 细胞脂质过氧化，使细胞发生氧化应激，降低线粒体膜电位，诱导细胞凋亡；也可因胞质分裂阻滞（细胞分裂障碍）而导致细胞发生凋亡。

对于金纳米颗粒而言，颗粒粒径也影响着其细胞效应。Pan 等将粒径在 0.8～15nm 的多种金纳米颗粒进行了细胞毒性研究，结果发现：结缔组织成纤维细胞、上皮细胞、巨噬细胞和黑素瘤细胞对 1.4nm 的金纳米颗粒最为敏感，IC_{50} 值为 30～56μmol/L，而 15nm 的即使是浓度达 60 倍仍对细胞无毒性作用。由此可见，金纳米颗粒的细胞效应与粒径密切相关。而且，他们还发现，1.4nm 的金纳米颗粒主要通过细胞坏死而诱导细胞快速死亡，而粒径非常相近的 1.2nm 的金纳米颗粒则主要通过诱导细胞凋亡而引起细胞程序性死亡，可见即使是同一种纳米颗粒，细微的粒径差异可能会影响颗粒所造成的细胞死亡方式。

（五）其他

除了上面介绍的纳米材料外，还有多种纳米材料对细胞凋亡存在着一定的影响。例如，聚酰胺胺聚合物可通过损害线粒体而诱导人肺细胞 WI-26 VA4 凋亡。纳米羟基磷灰石（hydroxyapatite，HAP）对人类多种肿瘤细胞具有毒性作用，包括人肝癌细胞 HepG2、胶质瘤细胞 U251 和 SHG44、结肠癌细胞 SW-480 以及慢性粒细胞性白血病细胞 K562 等，具有抑制细胞生长和诱导细胞凋亡的作用。有研究发现，当平均粒径为 65.9nm 的纳米羟基磷灰石与人肝癌细胞 BEL-7402 共同孵育后，纳米羟基磷灰石被 BEL-7402 细胞吞噬并滞留在细胞质中，引起周围细胞质的水肿和自行溶解，内质网过度肿胀，线粒体肿胀崩解、嵴紊乱，细胞核染色质凝聚，并在核周边集中，有的核有核出芽现象，核仁固缩，核周间隙扩大。这些变化均为细胞凋亡的早期表现，推测纳米羟基磷灰石的较高表面能可能是造成肿瘤细胞死亡的主要原因之一。纳米羟基磷灰石的细胞毒性作用与其形状、细胞类型等有关。有研究发现，纳米羟基磷灰石对三种人类肿瘤细胞的毒性依次为胃癌 MGC80-3 细胞 > 肝癌 HepG2 细胞 > 宫颈癌 HeLa 细胞，但对正常肝细胞 L02 无作用。针对不同形状纳米羟基磷灰石的细胞毒性作用进行比较，结果显示，与球状和杆状的相比，针状和板状纳米羟基磷灰石更能诱导 BEAS-2B 细胞死亡，但这四种不同形状粒子对 RAW264.7 细胞死亡的影响无明显变化。另外，不同的纳米材料对细胞凋亡的影响不一。有研究发现，250～500μg/ml 的 SWCNTs 与 A549 细胞共同孵育 72h 可诱导细胞显著凋亡，同等浓度下的纳米氧化铁和纳米硅则引发中度的细胞凋亡，而粒径 200nm 的层状金属羟化物纳米颗粒，当浓度为 500μg/ml 作用 A549 细胞 72h，细胞虽有凋亡发生，但凋亡率少于 15%，一旦将其作用时间缩至 48h，细胞未见凋亡发生。

三、纳米材料抑制细胞凋亡

纳米材料除可诱导细胞凋亡外，还表现出一定的凋亡的抑制作用。这主要体现在富勒烯 C_{60} 及其衍生物方面。随着对富勒烯物理、化学性质的研究不断深入，发现 C_{60} 具有强大的与自由基反应的能力，单个 C_{60} 分子可加成 34 个甲基自由基，因此，C_{60} 被喻为“自由基海绵”。大量研究表明，ROS 与细胞凋亡密切相关，ROS 可诱发细胞凋亡的发生。而 C_{60} 及其衍生物对 ROS 具有良好的捕获能力。它们通过清除自由基来保护多种细胞免受外来因素如紫外线 B、H_2O_2 等诱发的细胞凋亡，可作为防止细胞凋亡、老化的保护剂。

有研究报道，2- 脱氧 -*D*- 核糖或肿瘤坏死因子 α 联合环己酰亚胺可干扰细胞的氧化还原状态和线粒体膜电位，从而诱导细胞凋亡，而羧基修饰的 C_{60} 则可抑制它们，引发静止期的外周血单核细胞发生凋亡，并可阻断转化生长因子 -β（transforming growth factor-beta，TGF-β）对人肝癌细胞 Hep3B 的凋亡诱导作用。羧基修饰的 C_{60} 还可降低皮质神经元的动作电位，抑制羟自由基或血清剥夺引发的皮质神经元凋亡，抑制上皮细胞、肝癌细胞发生凋亡，还能保护人正常角质细胞免受紫外线 B 诱发的凋亡，保护 RAW264.7 细胞免受氧化应激损伤，这可能与促进抑凋亡蛋白 Bcl-2、Bcl-xL 的表达有关。体内外实验均显示，羧基修饰的 C_{60} 可保护细胞或小鼠免受辐射损伤，包括抑制辐射诱导的氧化应激和细胞凋亡，可有潜力作为辐射保护剂。还有研究发现，羧基修饰的 C_{60} 进入角质细胞后，定位于线粒体内，可抑制 caspase-9 的活化和细胞色素 c 的释放，遏制凋亡抑制蛋白（inhibitor of apoptosis proteins，IAPs）家族中的 Survivin、Livin、IAP-1 和 IAP-2 的表达下调，还能阻滞紫外线 B 所造成的 Bid 的裂解、Bad 的上调以及 Mcl-1 的下调。与羧基修饰的 C_{60} 相似的是，聚乙烯吡咯烷酮（polyvinyl pyrrolidone，PVP）助溶的 C_{60} 同样可以保护细胞免受紫外线的损伤，抑制凋亡的发生。而且，Hu 等合成的一种新型的水溶性的胱氨酸 C_{60} 衍生物也具有清除超氧化物和羟自由基的功能，能降低 H_2O_2，导致大鼠嗜铬细胞瘤 PC12 细胞中 ROS 的聚集和 DNA 损伤，并保护 PC12 免受 H_2O_2 诱导的细胞凋亡。另外，Lao 等的研究报道了 $C_{60}(C(COOH)_2)_2$ 纳米颗粒可选择性地进入遭受氧化损伤的脑微血管内皮细胞。虽然氧化应激损伤可诱发脑微血管内皮细胞凋亡，但 $C_{60}(C(COOH)_2)_2$ 纳米颗粒的摄入可抑制氧化应激诱发的脑微血管内皮细胞凋亡。

除了 C_{60} 及其衍生物外，纳米级的 CeO_2、TiO_2 和羟基磷灰石颗粒也有抑制细胞凋亡方面的相关报道。体外研究发现，纳米 CeO_2 颗粒也具有清除自由基的特性，可降低 H_2O_2 或紫外线对大鼠神经细胞造成的损害；可通过减弱心肌氧化应激而防止心肌功能失常；还可保护人乳腺细胞、胃肠上皮细胞免受辐射损害引发的细胞凋亡，这可能与其能清除细胞内自由基、诱导超氧化物歧化酶 2 的产生增加有关。还有研究发现，TiO_2 纳米颗粒进入中性粒细胞后，细胞不是发生坏死，而是被活化。当浓度≥20μg/ml 时，TiO_2 纳米颗粒作用 24h 可抑制中性粒细胞凋亡，且呈剂量依赖关系。对于纳米羟基磷灰石，Shi 等的研究表明，20nm 的羟基磷灰石颗粒可促进类成骨细胞 MG-6 增殖，抑制其凋亡，这为纳米羟基磷灰石作为理想的生物材料应用于临床治疗提供了线索。

第二节 纳米材料致细胞凋亡的可能途径

细胞凋亡是在基因控制下的细胞主动死亡过程，是维持内环境稳定的重要机制之一。细胞凋亡的发生、发展大致分为 3 个阶段——信号传递、中央调控和细胞结构改变、最后死亡阶段。当细胞暴露于各种生理、病理性刺激作用后能触发凋亡起始信号，通过信号转导系统将信号转导至效应器。细胞凋亡有两条主要途径：线粒体介导的内源性途径（intrinsic pathway）和死亡受体介导的外源性途径（extrinsic pathway）。随着对细胞凋亡相关基因改变及其凋亡信号转导途径的进一步研究，发现：内质网应激（endoplasmic reticulum stress，ERS）可启动细胞凋亡途径；除了 caspase 依赖途径外，还存在非 caspase 依赖性凋亡途径，其主要以核蛋白 P53 调控为主；而且，多种信号转导途径参与细胞凋亡的发生，在诱导凋亡方面也起着重要的作用，如丝裂原活化蛋白激酶（mitogen activated protein kinase，MAPK）信号转导通路、PI3K/Akt 信号转导通路等。

虽然对于纳米材料诱导细胞凋亡进行了较多的研究，但纳米材料引起细胞凋亡的原因，目前国内外都处于初级阶段，现有的研究仅涉及较少种类的纳米颗粒和细胞对象，尚没有完善的理论机制。而且，纳米材料可能是通过多种途径来诱导细胞凋亡，具体以哪种途径为主，也许会受到纳米材料的粒径、形状、表面性质、细胞类型等众多因素的影响。但是，对于纳米材料引发凋亡的机制研究，从分子水平上了解纳米材料的毒性机制，有利于更好地认识纳米材料的细胞毒性，为纳米材料的安全性生产、应用提供有力的理论保障。因此，纳米材料引起细胞凋亡的机制研究也是目前纳米毒理学和安全性评价研究中亟待解决的问题。

一、线粒体途径介导细胞凋亡

线粒体被视为细胞凋亡的关键元件，是多种促细胞凋亡信号转导分子的靶点，同时也是细胞死亡通路的整合元件。在各种凋亡信号如生长因子的缺乏、辐射、化学药物、氧化应激、离子稳态失衡和 DNA 损伤等的刺激下，线粒体会发生显著的结构与功能性的变化，包括线粒体膜通透性的改变，线粒体膜电位的丢失，各种促凋亡蛋白的释放，电子传递链的变化，以及细胞内氧化还原状态的变化等，其中线粒体跨膜电位和线粒体膜通透性改变在细胞凋亡过程中起重要作用。

在细胞凋亡早期，线粒体会发生两个主要变化：一方面，线粒体外膜对蛋白质具有较高的通透性，以便可溶性的膜间蛋白从线粒体释放；另一方面，线粒体内膜的跨膜电位降低。线粒体内膜在各种凋亡信号的刺激下，生成了动态的由多个蛋白质组成的通透性转变孔道（permeability transition pore，PTP），导致线粒体内膜的通透性转变为不可逆的过度开放，继而线粒体跨膜电位崩解，呼吸链偶联，基质渗透压升高，内膜肿胀，线粒体膜间隙的细胞色素 c 释放到细胞质。在 ATP/dATP 存在的情况下，细胞色素 c 与凋亡蛋白酶活化因子（apoptotic protease-activating factor，Apaf-1）形成多聚复合体，通过 Apaf-1 氨基端的 CARD 募集胞质中的 procaspase-9，进而通过自身剪切活化 caspase-9 并启动 caspase 级联反应，激活下游的 caspase-3 和 caspase-7，最终导致细胞凋亡。

细胞接受凋亡刺激信号后，不仅仅有细胞色素 c 从线粒体膜间隙释放到细胞质，还有 SMAC（second mitochondria-derived activator of caspase）/DIABLO（direct IAP binding protein with low PI）、Omi/HtrA2、凋亡促进因子（apoptosis-inducing factor，AIF）和 EndoG 等蛋白的释放。其中，SMAC/DIABLO 通过解除 IAPs 对 caspase-3、caspase-7 和 caspase-9 的抑制作用来介导 caspase 依赖的细胞凋亡；AIF 和 EndoG 激发 caspases 非依赖的细胞凋亡；Omi/HtrA2 通过其丝氨酸蛋白酶活性而穿梭于 caspase 依赖的和 caspase 非依赖的细胞凋亡之间。另外，Bcl-2 家族成员在细胞凋亡的线粒体途径中起着重要的调控作用。该家族包括抑凋亡蛋白 Bcl-2、Bcl-xL、Bcl-w 等和促凋亡蛋白 Bax、Bcl-xs、Bad、Bik 和 Bid 等，其中以 Bcl-2 和 Bax 最为重要，这二者的比例最终决定细胞存活与否。研究发现，Bcl-2∶Bax＞1∶2 时，细胞存活；反之，细胞则凋亡。Shen 等研究了纳米 Fe_3O_4 颗粒治疗慢性白血病的机制，发现 Fe_3O_4 纳米颗粒可引起 K562/A02 细胞的凋亡，同时 Bcl-2 蛋白的表达下调，Bax 蛋白的表达上调，揭示了这两种蛋白参与纳米材料诱导的细胞凋亡。另有研究发现，银纳米颗粒难以诱导人结肠癌 HCT116 细胞发生凋亡与其诱导细胞中 Bcl-2 的表达上调有关。增多的 Bcl-2 蛋白可保护 HCT116 细胞，抑制银纳米颗粒诱导其发生凋亡。

就目前研究报道而言，线粒体介导的内源性凋亡通路在纳米材料诱导细胞凋亡中发挥着重要作用，多种纳米材料诱导的细胞凋亡涉及线粒体凋亡途径的参与，包括：CNTs、QDs、SiO_2 纳米颗粒、TiO_2 纳米颗粒和纳米羟基磷灰石等。Wang 等研究显示，MWCNTs 作用于小鼠巨噬细胞 Raw264.7，可显著增加细胞凋亡，降低细胞吞噬能力；利用特异抑制剂进行试验研究发现，清道夫受体（scavenger receptor，SR）和 caspase-9 参与 MWCNTs 诱导的细胞凋亡。还有研究发现，MWCNTs 可通过线粒体途径介导。MWCNTs 可诱导 Raw264.7 细胞源性破骨细胞发生凋亡，引起细胞中 caspase-3 活化和多聚 ADP- 核糖聚合酶（PARP）裂解，通过调节 Bcl-2 家族蛋白表达诱导线粒体膜电位缺失，还可引起线粒体细胞色素 c 释放到细胞质；分别采用线粒体通透性转换孔阻断剂环孢素 A 和 caspase-3 的细胞渗透性抑制剂 DEVD-CHO 可显著抑制 MWCNTs 诱导的细胞凋亡。由此可看出，线粒体介导的细胞死亡通路在 MWCNTs 诱导细胞凋亡方面有着重要的作用。Chan 等研究发现，CdSe QDs 可降低细胞线粒体膜电位，促进细胞色素 c 释放到胞质和 caspase-9、caspase-3 的活化，从而通过线粒体依赖途径诱导人神经母细胞瘤 IMR-32 发生凋亡。SiO_2 纳米颗粒可通过线粒体途径介导细胞凋亡，表现为：SiO_2 纳米颗粒作用下，细胞发生氧化损伤，线粒体受到损伤，线粒体数量减少，MMP 降低，凋亡相关蛋白 Bax、Bcl-2 蛋白表达增加，但 Bcl-2/Bax 值降低，促进细胞色素 c 释放到胞质，caspase-3 被活化。类似的是，TiO_2 纳米颗粒也通过线粒体途径介导小鼠脾脏细胞、BEAS-2B 细胞发生凋亡。在 BEAS-2B 细胞中，TiO_2 纳米颗粒暴露导致细胞内 caspase-3、caspase-9 和 PARP 活性增加，细胞色素 c、Bax、Bcl-2 以及 P53 的表达发生改变，若抑制 caspase-9 可阻滞 TiO_2 纳米颗粒诱导的 caspase-3 活化。当小鼠腹腔注射 TiO_2 纳米颗粒连续 45d 后，TiO_2 纳米颗粒在脾脏有蓄积，导致脾脏充血、淋巴结肿大和脾细胞凋亡，而在分子水平上表现为：脾脏细胞 caspase-3 和 caspase-9 活化，Bcl-2 表达下降，Bax 表达上升，细胞色素 c 的表达也增加。另外，Chex 等研究发现，纳米羟基磷灰石可诱导人胃癌 SGC-7901 细胞凋亡，这与 Bax 表达上调、Bcl-2 表达下调、线粒体膜电位降低、线粒体内细胞色素 c 的释放以及诱导 caspases-3 和 caspase-9 活化有关。使用 caspase 抑制剂 Z-VAD-fmk 可显著抑制纳米羟基磷灰石诱导的细胞凋亡。这些揭示：纳米羟基磷灰石可通过线粒体、caspase 依赖途径诱导 SGC-7901 细胞发生凋亡。对于 HepG2 细胞而言，20～80nm 的羟基磷灰石也是通过内源性线粒体途径介导细胞凋亡。

二、死亡受体途径介导细胞凋亡

胞外的凋亡信号可通过死亡受体转入胞内。死亡受体是一类跨膜蛋白，属肿瘤坏死因子受体（tumor necrosis factor receptor，TNFR）超家族成员，其共同特征是具有富含半胱氨酸的胞外结构域和胞内由 60～80 个氨基酸组成的死亡结构域（death domain，DD）。死亡结构域赋予死亡受体诱导细胞凋亡的功能，但有时也介导其他生物学功能或对抗凋亡。目前已发现 6 种死亡受体，分别为 Fas（CD95、Apo1 或 DR2）、TNFR1（DR1、CD120a 或 p55）、DR3（Apo3、WSL-1、TRAMP 或 LARD）、DR4（TRAIL-R1）、DR5（Apo2、TRAIL-R2、TRAILCK2 或 KILLER）和 DR6，以前两者的研究最为深入，在细胞凋亡信号转导中发挥着重要作用。

Fas 凋亡通路最为经典，已被广泛研究并作为哺乳动物凋亡的模型系统。Fas 配体是一个同源三聚体，3 个 Fas 受体与 1 个 Fas 配体结合后，Fas 通过胞内段的 DD 和 Fas 相关死亡结构域蛋白（Fas-associated death domain，FADD）羧基端的 DD 相互作用，募集胞质中的衔接蛋白 FADD。FADD 氨基端含有死亡效应结构域（death effector domain，DED），此 DED 和 caspase-8 原域中的 DED 相互作用，募集 caspase-8 到 Fas 区域，从而 Fas、FADD 和 caspase-8 构成死亡信号诱导复合体（death-inducing signaling complex，DISC）。在 DISC 中 caspase-8 位于凋亡级联反应的顶点。DISC 中 caspase-8 酶原经自我剪切活化后释放到胞质中，启动 caspase 级联反应，激活下游的效应 caspase，最终导致细胞凋亡。

对于纳米材料通过死亡受体途径介导细胞凋亡的研究报道较少，仅有个别研究报道了纳米材料诱导细胞凋亡与死亡受体有关，Fas/FasL 途径可能参与纳米材料诱导细胞凋亡的发生过程。Ren 等研究发现 SiO_2 纳米颗粒可以通过 miRNA-2861 的抑制作用诱导精母细胞凋亡，从而上调 Fas/FasL/ RIPK1 的 mRNA 表达并激活精母细胞的死亡受体途径。Xue 等研究中发现纳米银可以剂量和时间依赖性降低肝癌细胞系 HepG2 和正常肝细胞系 L02 的细胞存活率并引起细胞膜泄漏和线粒体损伤，纳米银通过下调 NF-κB 和激活 caspase-8 和 caspase-3，进而激活 Fas 死亡受体途径诱导细胞凋亡。Choi 等研究发现 QDs 能够引起神经母细胞瘤 SH-SY5Y 细胞表面 Fas 的表达上调，增加了细胞膜的脂质过氧化，从而导致成神经细胞瘤细胞功能损伤。而且，在 SWCNTs 介导的肺细胞凋亡过程中，肺脏细胞中 Fas 蛋白的表达明显增加。但是，有研究发现，纳米炭黑颗粒（carbon black nanoparticle）和 TiO_2 纳米颗粒可诱导支气管上皮细胞发生凋亡，却未见 Fas 受体激活现象。

值得一提的是，细胞凋亡途径并非独立，而是交织在一起的，这有效地放大了凋亡信号。凋亡刺激信号可能通过其中一条通路转导，但多数情况下，通路之间存在串话（crosstalk）。例如，促凋亡蛋白 Bid 是死亡受体 Fas/FasL 信号转导途径中 caspase-8 的一个特定相邻底物，可被 caspase-8 切割成 tBid（truncated

Bid)，tBid 通过其羧基端转位并插入到线粒体外膜，引发 Bax 和 Bak 的激活和细胞色素 c 的释放，从而使细胞凋亡的死亡受体通路与线粒体通路相联系。有研究报道，TiO_2 纳米颗粒可诱导小鼠表皮细胞 JB6 发生凋亡，对其凋亡发生机制进行探讨发现：TiO_2 纳米颗粒作用下，JB6 细胞中 caspase-8、Bid、Bax 和 caspase-3 的表达均上调，Bcl-2 表达降低，PARP 发生裂解，细胞色素 c 从线粒体释放到胞质，线粒体膜通透性增加。这表明，caspase-8/Bid 和线粒体信号通路均在 TiO_2 纳米颗粒诱导细胞凋亡中发挥着重要作用。

三、活性氧介导细胞凋亡

活性氧（ROS）是由外源性氧化剂或细胞内有氧代谢过程产生的具有很高生物活性的氧分子，是多种细胞发生氧化应激所产生氧的部分还原代谢产物，包括 O^{2-}、NO 等自由基产物以及 H_2O_2、$ONOO^-$ 等非自由基产物。体内 ROS 产生与清除保持一个动态平衡状态，一旦机体内产生的 ROS 超过了机体的清除能力，有过量的 ROS 产生，就将造成机体处于氧化应激状态，引起脂质过氧化，从而导致机体损伤。ROS 很容易与大分子反应，可直接损伤或通过一系列反应引起广泛的生物结构破坏，其作用方式与浓度相关。一般来说，纳摩尔水平的 ROS 可以促进细胞增殖，微摩尔水平的 ROS 可导致细胞凋亡，毫摩尔水平的 ROS 则可引起细胞的损伤死亡。

近年来研究表明，ROS 能导致多种细胞发生凋亡。目前认为，ROS 可通过多种途径诱导细胞凋亡，包括：① ROS 直接损伤 DNA 而诱导细胞凋亡；② ROS 攻击多种蛋白质，尤其是具有酶活性的蛋白质（如抗氧化酶系）和核转录因子，使其功能丧失，从而诱导凋亡；③ ROS 损伤细胞膜，导致细胞膜脂质过氧化，从而影响细胞信号转导系统，最终导致细胞凋亡；④当线粒体内大量 ROS 产生，使线粒体膜通透性或离子通透性发生改变，导致线粒体膜电位改变，从而引发线粒体介导的细胞凋亡；⑤ ROS 的大量生成导致细胞内氧化还原状态失衡，诱导某些基因表达，从而引起凋亡。

从纳米材料本身特性来看，纳米材料粒径小，是处于微观和宏观的介观尺度，粒子表面效应明显，生物学性能活跃。纳米颗粒粒径越小，比表面积就越大，颗粒表面的电子接受和提供电子的活动位点就越多。这些活动位点与氧分子（O_2）发生反应，捕获电子后的氧分子成为超氧游离基（O^{2-}），后者通过歧化反应生成 ROS。一旦细胞内自由基的平衡状态被打破，就可通过自由基链反应产生大量的 ROS，从而对细胞产生毒效应。有研究表明，纳米颗粒的很多特性最终都可引起 ROS 的产生。ROS 的生成可能是纳米颗粒产生细胞毒性的主要原因之一。有研究发现，25nm 银颗粒可导致 ROS 生成，从而通过 ROS 诱导氧化应激而产生神经毒性；对于 A549 细胞，ZnO 纳米颗粒通过诱导细胞内 ROS 水平升高而诱导细胞脂质过氧化、细胞膜破裂和 DNA 氧化损伤；人角质形成细胞 HaCaT 暴露于 SWCNTs 8h 后，细胞内 ROS 生成、过氧化物积聚以及抗氧化物减少，引起细胞氧化应激，从而通过脂质过氧化反应对细胞产生损伤，表现为细胞活力降低、细胞形态和超微结构发生改变。Li 等研究中表明 ZnO 纳米颗粒在时间和剂量上显著诱导人类多发性骨髓瘤（MM）细胞中 ROS 的产生，并降低 ATP 水平，诱导人 MM 细胞死亡。Lee 等研究报道 SiO_2 纳米颗粒诱导 Neuro-2a 细胞 ROS 产生，激活下游内质网应激通路，导致细胞凋亡，添加抗氧剂后有效地抑制了由 SiO_2 纳米颗粒诱导的细胞内活性氧水平的增加，生存活力降低和 ER 的激活应激相关分子。

内源性或外源性 ROS 升高可能作为信号触发凋亡信号转导途径。当凋亡启动后，ROS 进一步升高可能加速凋亡过程。AshaRani 等研究银纳米颗粒作用于人正常肺成纤维细胞 IMR-90 和恶性胶质瘤细胞 U251 时，发现随着颗粒浓度的上升，ROS 的生成量也增多。而且，采用单细胞凝胶电泳法（single cell gel electrophoresis，SCGE）检测 DNA 损伤发现：DNA 损伤趋势与 ROS 相同，且在 U251 细胞中这些指标的改变量更明显，说明 ROS 在纳米颗粒引起细胞的损伤中起着初始信号的作用。

目前，ROS 大量生成而引发的氧化应激被认为是多种纳米材料诱导细胞发生凋亡的一大机制。Rhaman 等的研究表明，化学反应很高的纳米颗粒通过与细胞膜相互作用而产生大量的 ROS，进而通过脂质过氧化反应破坏细胞膜结构，引发细胞内钙稳态失衡，导致 Ca^{2+} 浓度依赖性核酸内切酶的活化，最终导致细胞凋亡。研究发现，硅纳米颗粒诱导包括巨噬细胞、胚胎肾细胞和上皮细胞在内的多种细胞发生的细胞凋亡，均是由于硅纳米颗粒诱导细胞内过量 ROS 产生、细胞处于氧化应激而致的。Carlson 等报道了银纳米颗粒与细胞的相互作用，在实验中他们发现：15nm 银颗粒在 50μg/ml 的剂量下，可使大鼠肺泡巨噬细胞中ROS增加10(15.16±5.77)倍，并使线粒体膜电位下降约60%，诱导细胞发生凋亡。由此推测，15nm银颗粒可通过ROS介导大鼠肺泡巨噬细胞凋亡。还有研究发现，随着作用浓度的升高，TiO_2纳米颗粒可诱导PC12细胞内ROS大量积聚，诱导细胞发生凋亡。若预先给予ROS清除剂巯丙酰甘氨酸，TiO_2纳米颗粒诱导的PC12细胞凋亡受到抑制。这揭示TiO_2纳米颗粒诱导PC12细胞凋亡与氧化应激密切相关。另外，纳米聚苯乙烯颗粒诱导人结肠腺癌Caco-2细胞发生凋亡后，可通过凋亡细胞释放其诱导生成的H_2O_2进入到细胞外坏境，从而导致周边细胞死亡，这就是所谓的“旁观者杀伤效应”(bystander killing effect)，而采用过氧化氢酶可使细胞凋亡水平大为降低，说明H_2O_2导致聚苯乙烯纳米颗粒的促细胞凋亡效应穿过细胞单层扩散开来。这也证实，ROS在纳米材料诱导细胞凋亡过程中发挥着极其重要的作用，即便较少量的纳米材料暴露，也可能通过这种细胞间的交互作用，并借助于产生的ROS发挥“旁观者杀伤效应”来诱导更多的细胞死亡。

四、MAPK途径诱导细胞凋亡

MAPK家族是将细胞表面信号转导至细胞核的重要传递者。该家族通过影响细胞内基因的转录和调控，介导细胞的生物学反应，如细胞增殖、分化、转化和凋亡等。它们所介导的信号转导通路存在于所有生物体内的大多数细胞内，是将细胞外丝裂原信号传递给细胞核并产生反应的重要通路，是多种膜受体传导的生长信号穿越核膜传递的交汇点或最后共同通路，是介导细胞反应的重要信号系统。随着对凋亡分子机制的研究深入，发现MAPK途径在诱导细胞凋亡过程中发挥了重要的作用。

MAPK是丝氨酸/苏氨酸蛋白激酶家族成员，只有当一个苏氨酸和一个酪氨酸残基磷酸化后才能被激活，进而通过三级酶促级联反应激活并调节特定的基因表达。MAPK信号转导通路在细胞内具有生物进化的高度保守性。在低等原核生物和高等哺乳动物细胞中，MAPK有3个主要家族：细胞外信号调节蛋白激酶(extracellular signal-regulated kinase，ERK)、c-Jun氨基末端激酶(c-Jun N-terminal kinase，JNK)和P38 MAPK家族。

(一) ERK1/2信号通路

ERK家族包括五个亚族，即ERK1、ERK2、ERK3、ERK4和ERK5。其中，ERK1和ERK2是两个高度同源的亚类，是MAPK家族中第一个被克隆的成员，也是该家族研究最为深入、透彻的成员，分别由MKK1和MKK2激活。ERK1/2信号通路是最早发现的Ras-Raf-MAPK途径，是经典的MAPK信号转导途径，也是迄今研究最为透彻的一条MAPK信号转导通路。酪氨酸激酶受体、G蛋白偶联受体和部分细胞因子受体均可激活ERK信号转导途径。ERK为脯氨酸导向的丝氨酸/苏氨酸激酶，可磷酸化与脯氨酸相邻的丝氨酸/苏氨酸。在丝裂原刺激后，ERK接受上游的级联反应信号，转位进入细胞核，调节转录因子如c-Fos、c-Jun、Elk-1、c-myc和ATF2等的活性，从而产生细胞效应。目前该通路在生长因子介导的细胞增殖过程中发挥重要作用已被人们所公认。此外，ERK通路还参与细胞分化。ERK活化后通过促进cyclin D1的表达及其与CDK4结合而促进细胞周期进展，导致细胞增殖或分化。ERK的短暂性激活导致细胞增殖，而持续性激活可介导生长抑制或分化信号，阻止细胞凋亡的发生。

(二) JNK信号通路

JNK是1993年Karin M研究小组发现的，能磷酸化c-Jun，其磷酸化位点位于c-Jun氨基酸末端活化区Ser63和Ser74。JNK最初也称为应激活化蛋白激酶(stress activated protein kinase，SAPK)，由JNK1、JNK2和JNK3组成，其中JNK3是神经细胞特异性表达形式，分别由JNK激酶1、2(也分别称为MKK4、MKK7)所激活，而后者又由不同的MAPK激酶的激酶(MAPK kinase kinase，MAPKKK)所激活。JNK信号通路可被应激刺激(如紫外线、热休克、高渗刺激及蛋白合成抑制剂等)、细胞因子、生长因子及某些G蛋白偶联的受体激活。JNK的激活作用具有细胞和刺激物的特异性，根据激活方式不同，细胞类型不同，JNK活化后可诱导凋亡，亦可以诱导细胞的存活和增殖。JNK激活使核内转录因子c-Jun的氨基酸末端活化区Ser63和Ser74磷酸化，激活c-Jun而增强其转录活性。c-Jun氨基末端的磷酸化还可促进c-Jun/c-Fos异二聚体及c-Jun同二聚体的形成。这些转录因子可结合到许多基因启动子区的AP-1位点，增加特定基因的转录活性。此外，JNK激活还可使转录因子E1K-1和ATF2发生磷酸化而增强其转录活性。

（三）P38 MAPK 信号通路

P38 是由 HAN 小组于 1994 年克隆鉴定的，与 JNK 同属应激激活的蛋白激酶，由 360 个氨基酸组成，分子质量为 38kDa。就目前已知该家族包括 P38α、P38β、P38γ 和 P38δ 四个亚家族成员，其上游激酶包括 MEK3、MEK4 和 MEK6。在各种细胞外刺激作用下，介导多种生物学效应，如诱导细胞因子产生、磷酸化转录因子、聚集血小板和调控凋亡等。目前认为，一方面，P38 MAPK 通过增强 c-myc 表达、磷酸化 P53、参与 Fas/FasL 介导的凋亡、激活 c-Jun 和 c-Fos、诱导 Bax 转位以及增强 TNF- 表达等多条途径诱导细胞凋亡。另一方面，P38 MAPK 还可抑制前凋亡信号的产生，参与介导细胞存活信号通路来抑制细胞凋亡。P38 MAPK 在细胞凋亡发生中的促进或抑制作用可能与 P38 MAPK 激活的性质有关。有研究认为，短暂的 P38 激活提供存活信号，而持续的激活则诱导凋亡。

不同的细胞外刺激可使用不同的 MAPK 信号通路，通过其相互调控而介导不同的细胞生物学反应。在细胞凋亡发生中，MAPK 通路发挥着重要作用，MAPK 家族成员 ERK、JNK 和 P38 均是细胞凋亡信号转导中的重要介质，尤其是 P38 和 JNK。MAPK 还参与 caspase 级联反应的激活。caspase 可激活 MAPK 通路中上游蛋白激酶，这些活化的蛋白激酶可以诱导 JNK 和 / 或 P38 磷酸化，表达 P53 和 Fas 配体等转录蛋白，诱导细胞凋亡。JNK 和 P38 一旦被激活可进一步刺激 caspase 活化，形成一个永久自我激活反馈环。

有研究显示，MAPK 通路参与纳米材料诱导的细胞凋亡过程。Wang 等发现纳米雄黄粉体（nanoparticle realgar powders，NRP）可抑制人组织细胞淋巴瘤 U937 细胞生长，诱导细胞凋亡。在 NRP 作用下，细胞出现典型的凋亡特征，包括形态学改变和 DNA 片段化。在进一步的凋亡分子机制中，他们发现，除了 caspase-3、线粒体外，MAPK 信号转导通路也参与了 NRP 诱导 U937 细胞发生凋亡，表现在：NRP 作用下，细胞 JNK 磷酸化水平上调；采用 P38 抑制剂 SB203580、ERK 抑制剂 PD98059 不能阻滞 NRP 引发的细胞死亡，而 JNK 抑制剂 SP600125 对 NRP 诱导的凋亡具有显著的抑制效应。类似的是，Kan 等的研究也发现，除 caspase-8 依赖的 Bid 途径外，TiO_2 纳米颗粒也通过 P38/JNK 途径诱导植物血凝素刺激的人淋巴细胞凋亡。当植物血凝素刺激后的淋巴细胞暴露于 TiO_2 纳米颗粒，TiO_2 纳米颗粒可诱导 P38 和 JNK 磷酸化水平升高，且具有时间依赖关系，但 ERK 未见激活现象。采用 P38 抑制剂 SB203580 和 JNK 抑制剂 SP600125 均可明显抑制 TiO_2 纳米颗粒诱导的细胞凋亡和 caspase-8 的活化；采用 RNA 干扰（RNA interference，RNAi）技术敲除 JNK1 和 P38 蛋白表达，也可抑制 caspase-8 活化；不过，ERK 抑制剂 PD98059 不能阻滞 TiO_2 纳米颗粒引发的细胞凋亡和 caspase-8 活化。以上这些揭示，纳米材料诱导细胞凋亡中存在 P38 和 JNK 途径的参与，但不涉及 ERK 途径，具体原因有待进一步探讨。不过，在诱导中性粒细胞活化中，TiO_2 纳米颗粒可显著、快速地诱导酪氨酸磷酸化事件，使得 P38 MAPK 和 ERK1/2 两大关键酶发生磷酸化。

MAPK 途径与 ROS 之间存在着一定的联系。研究发现，ROS 可作为第二信使，通过改变氧化还原状态调节与细胞凋亡相关的信号转导通路中多种靶分子的活性，如 ROS 可进一步通过影响 MAPK 信号分子而诱导细胞凋亡。在纳米材料诱导细胞凋亡的研究中，Lunov 等发现：羧基葡聚糖包被的超小型超顺磁性氧化铁（USPIO）通过 JNK 途径介导人巨噬细胞凋亡，其中 JNK 激活是由于显著增高的 ROS 水平造成的。采用 ROS 清除剂 Trolox 或 *N*- 乙酰半胱氨酸来抑制 ROS，可消除其所造成的 JNK 激活和相应的细胞毒性。研究证实，ROS 是 JNK 的上游分子，可激活 JNK，进而磷酸化其底物，如 c-Jun 和 P53。Liu 等发现 50～200mg/ml SiO_2 纳米颗粒可诱导 HUVECs 细胞凋亡，而且他们推测 SiO_2 纳米颗粒介导的细胞凋亡信号转导通路可能是：SiO_2 纳米颗粒暴露引起细胞内 ROS 大量生成，进而激活 JNK 磷酸化 c-Jun 和活化 P53，诱导 Bax 表达上调和 Bcl-2 表达下调，使线粒体膜电位降低或消失，激活 caspase 裂解、活化，最终导致细胞凋亡。而且，银纳米颗粒诱导小鼠成纤维细胞 NIH3T3 发生的凋亡也是 ROS 通过 JNK 和 P53 活化而介导的，抑制 ROS 或 JNK 可显著减弱细胞凋亡的发生。

五、P53 调控细胞凋亡

P53 蛋白的主要功能是维护细胞基因组的稳定，在参与细胞周期调控、诱导细胞凋亡的过程中发挥着关键性的作用。P53 可直接调控 DNA 损伤修复和细胞凋亡的发生。当 DNA 发生损伤，P53 首先诱导细

胞停滞于 G_1 期，以便有足够时间修复损伤。若损伤过重而无法修复，P53 则诱导细胞凋亡以清除损伤的细胞。另有研究表明，P53 可通过 Bax/Bcl-2、Fas/Apo1 和 IGF-Bp3 等蛋白来完成对细胞凋亡的调控，如 P53 可诱导促凋亡蛋白 Bax 表达，抑制抑凋亡蛋白 Bcl-2 表达，进而使得线粒体膜通透性增加、细胞色素 c 释放、caspase-3 活化，最终导致细胞凋亡。DNA 损伤后可通过 *p53* 基因依赖的方式诱导 Fas 及其配体 FasL 表达，促进 Fas 从高尔基体转运到细胞膜，激活 Fas 介导的细胞凋亡死亡受体调控途径。另外，ROS 可通过诱导 DNA 损伤而直接激活 P53。

P53 在纳米材料诱导细胞凋亡中也发挥着重要作用。21nm SiO_2 颗粒诱导肝脏细胞 L02 凋亡与 ROS 介导的氧化应激、P53 活化以及 Bax/Bcl-2 值上调有关。Sun 等在研究纳米羟基磷灰石诱导大鼠巨噬细胞凋亡中发现，随着细胞凋亡率的增加，P53 蛋白的表达量也明显上调；纳米羟基磷灰石能够通过蛋白磷酸化上调 P53 蛋白的表达，从而启动下游相关基因，最终导致细胞凋亡，提示 P53 活化参与纳米羟基磷灰石介导的细胞凋亡。同样，TiO_2 纳米颗粒通过 P53 诱导细胞毒性。在外周血淋巴细胞中，TiO_2 纳米颗粒诱导细胞内 ROS 生成，进而激活 P53 介导的 DNA 损伤检验点信号通路。另外，Gopinath 等发现银纳米颗粒通过 P53 介导细胞凋亡。他们推测银纳米颗粒诱导细胞凋亡的可能机制是：银纳米颗粒作用于细胞膜，损伤细胞膜完整性，激发 P53 蛋白活化，进而 P53 诱导促凋亡蛋白 Bax、Bad 和 Bak 激活。而这些促凋亡蛋白可损伤线粒体膜通透性，促进线粒体释放细胞色素 c 到胞质，激活 caspase 级联反应，最终导致细胞凋亡。同时银纳米颗粒上调 c-myc 表达，表达上调的 c-myc 可作为凋亡促进因子，进一步扩大凋亡信号，下调抑凋亡蛋白 Bcl-2 和 Bcl-xL，促进细胞凋亡发生。

六、其他

目前对于纳米材料诱导细胞凋亡的分子机制研究尚不全面，除上面介绍的以外，还有其他途径存在，如 PI3K/Akt 信号通路在细胞多种代谢活动中均具有关键作用，能介导细胞存活、细胞增殖、生长和分化。Kalishwaralal 等首次报道银纳米颗粒可通过 PI3K/Akt 依赖的途径抑制牛视网膜内皮细胞（BRECs）的存活，诱导细胞发生凋亡。银纳米颗粒通过阻断 Akt 磷酸化和活化 caspase-3 来诱导 BRECs 细胞凋亡。另外，Xi 等发现在 NRP 作用下，U937 细胞发生凋亡，细胞内 caspase、P53 活化，抑凋亡蛋白 Akt、P-Akt 及 SIRT1 的表达降低。采用相应的抑制剂分别抑制 PI3K 和 Akt 的表达，可增强 NRP 对 U937 细胞的凋亡诱导作用，提示 PI3K/Akt 信号途径在 NRP 诱导 U937 细胞凋亡中发挥重要的作用。NRP 抑制了 PI3K/Akt 途径的激活，从而抑制了 SIRT1 蛋白表达，使 P53 进一步激活，并引发了 U937 细胞通过 caspase 途径进行的凋亡。

综上所述，虽然目前对于纳米材料诱导细胞凋亡的分子机制有了一个初步的了解，也发现了纳米材料诱导细胞凋亡的途径具有多样性。也就是说，多种途径在纳米材料诱导细胞凋亡过程中发挥着重要作用，包括线粒体介导的内源性凋亡途径、死亡受体介导的外源性凋亡途径、ROS 介导的凋亡途径等。但是，在纳米材料诱导细胞凋亡的机制研究中还有很多尚待解决的问题。例如，纳米材料种类繁多，不同的纳米材料诱导细胞凋亡的机制可能不同。而且，即便是同一种纳米材料，其诱导细胞凋亡的途径可能还受粒径、表面修饰、细胞类型等的影响。另外，纳米材料诱导细胞凋亡可能是同时通过多个途径诱导细胞凋亡，不同的途径之间存在互相的交叉点，但究竟是各个途径间如何相互作用，如何互相协调地使得细胞走向凋亡，尚不清楚。因此，纳米材料诱导细胞凋亡的发生机制非常复杂，要想对其彻底了解，还需要更为深入、透彻的研究工作。

第三节 纳米材料与其他细胞死亡方式

细胞死亡及其调控一直广受医学研究的关注，是医学研究的重要问题。通过对细胞死亡的研究不仅可以明确细胞死亡的方式和机制，同时也为人们寻找和研究新的疾病治疗方法提供科学的理论依据。近来，随着生物技术、医学理论的不断发展，细胞生物学研究的不断深入，发现细胞死亡方式存在多样性，新的细胞死亡方式逐渐被揭示出来。细胞死亡方式已不仅仅限于凋亡，还包括坏死（necrosis）、自噬性细胞死亡（autophagic cell death）、胀亡（oncosis）、类凋亡（paraptosis）、有丝分裂灾变死亡（mitotic catastrophe）和衰老（senescence）等。在外源性或内源性死亡信号刺激下，细胞选择一种或多种途径发生死亡。而且，不同的细胞死亡方式并不是单独起作用的，而是互相交联的，有彼此重叠的机制出现，也就是存在“串话”。对于纳米材料而言，除了凋亡外，还可通过其他方式诱导细胞死亡，包括坏死、自噬性细胞死亡和胀亡等。

一、坏死

英文“necrosis”来源于希腊文“necros”，是死亡的意思。细胞坏死是细胞受到强烈刺激而发生的死亡现象。因细胞坏死过程不需要合成新蛋白、低耗能，且不受稳态机制调控，属于被动性死亡。一般认为，细胞坏死是病理性因素造成的，是一种无规则的细胞死亡方式。通常严重或急性损伤（如急性的缺氧、缺血、突然的营养供给不足等）以及强烈的物理（如高温、辐射）、化学（如强酸、强碱、有毒物质）或生物（如病原体感染）因素刺激都会引起细胞坏死。在生理和病理过程中均可有细胞坏死存在，而且细胞凋亡和坏死还常发生在同一生理或病理学过程中。

坏死细胞的形态改变主要是由蛋白酶降解和蛋白变性两种病理过程引起的，主要表现为：细胞胀大；溶酶体、线粒体、内质网等细胞器肿胀崩解；随着嗜碱性核蛋白的降解，细胞质呈现强嗜酸性，原有的微细结构消失；细胞核发生核固缩（pyknosis）、核碎裂（karyorrhexis）和核溶解（karyolysis），后期染色质 DNA 降解；细胞膜通透性增加，胞内水泡不断增大，细胞结构完全消失，细胞肿胀直至胞膜崩解破裂，使细胞内容物溢出，引起周围组织的炎症反应。

早期的科学界把细胞坏死定义为一种被动的、偶然性的细胞死亡，而且认为细胞坏死是不能被调控的、没有规律的死亡过程。后来越来越多的研究发现有些不依赖于 caspase 活性或细胞色素 c 释放的细胞死亡途径也受到了细胞内许多信号通路的影响和调节，如细胞内 ROS 的积聚就被认为是细胞坏死的一个直接原因。因此，现在很多科学工作者把不属于 caspase 依赖型和 / 或细胞色素 c 释放型的细胞死亡方式都归结为细胞坏死。在许多病理和生理情况下，坏死同凋亡一样，是一种被机体细胞某些内在机制所调控的、有规律的细胞死亡形式。

现有研究表明，多种纳米材料可诱导细胞发生坏死。例如，Pan 等也发现，金纳米颗粒可通过氧化应激和线粒体损害诱导细胞坏死而发生死亡。同样，单分散的非晶体球形硅纳米颗粒主要是通过坏死方式诱导内皮细胞 EAHY926 发生死亡。但是，目前对于细胞坏死信号通路的了解甚少。细胞内的 ATP 含量的降低、高浓度的 ROS、*bcl-2* 基因大量表达引起的 Bcl-2 家族蛋白表达的失衡、caspase 活性受到抑制等都可能会引发细胞坏死途径。对于纳米材料诱发细胞发生坏死的机制有待进一步探讨。另外，细胞凋亡与细胞坏死之间是相互联系的。细胞凋亡和坏死都与线粒体功能的改变息息相关，如细胞凋亡和坏死过程中均能检测到胞内线粒体膜通透性的变化，而细胞内的 ATP 水平可能也影响细胞死亡方式的选择，ATP 含量较低时，凋亡细胞将转化为坏死细胞。在某些细胞中，当 caspase 活性被抑制后，细胞能从凋亡转变为一种 caspase 非依赖的细胞死亡。

现有研究发现，纳米材料可同时诱导细胞发生凋亡和坏死，且常常表现为当纳米材料低浓度作用于细胞后，细胞发生凋亡；而在较高或高浓度作用下，细胞发生坏死。有研究发现，C_{60} 富勒烯暴露于大鼠和人脑胶质瘤细胞，因作用剂量不同，可诱导不同的细胞死亡方式；高剂量下可引起 ROS 介导的坏死，低剂量下则引发 ROS 非依赖的自噬性细胞死亡。有关银纳米颗粒对人纤维肉瘤、皮肤和睾丸胚胎癌细胞毒性作用的体外实验研究发现，银纳米颗粒诱导细胞发生凋亡所需浓度远低于诱导细胞产生坏死所需浓度。Foldbjerg 等的研究也发现，PVP 包被的银纳米颗粒不仅可诱导人单核细胞 THP-1 发生凋亡，还可导致细胞坏死，这取决于银纳米颗粒的暴露剂量和时间。随着银纳米颗粒作用剂量的增加和暴露时间的延长，凋亡细胞百分比有所升高，但坏死细胞百分比显著升高，尤其是当纳米银浓度达到 5 000μg/ml 以上时，细胞坏死率达 60%，而此时的细胞凋亡率仅约 25% 左右。这揭示，随着纳米材料作用剂量的增加和时间的延长，细胞死亡方式从凋亡逐渐转变为直接发生坏死。而且，该课题组还发现，银纳米颗粒诱导的 A549

细胞死亡主要是通过晚期凋亡或坏死的形式，仅有少于 20% 的细胞处于早期凋亡，这可能是 A549 细胞本身高表达的血红素氧化酶 -1（heme oxygenase-1，HO-1）使得该细胞对 ROS 诱导细胞发生早期凋亡不敏感导致的。Jin 等的研究也显示，30μg/ml 低浓度的 TiO_2 纳米颗粒诱导小鼠 L929 成纤维细胞发生凋亡，而 600μg/ml 高浓度的 TiO_2 纳米颗粒可直接诱导细胞发生坏死。同样，U937 细胞暴露于 TiO_2 纳米颗粒 24h，在较低浓度处理组（0.005～1.000mg/ml），细胞出现早期凋亡改变，细胞膜通透性不高，PI 染料不能穿透细胞膜；较高浓度处理组（2mg/ml 或 4mg/ml），细胞膜通透性增加，PI 阳性细胞显著增加，提示细胞发生坏死。另有研究发现，TiO_2 纳米颗粒可诱导星形细胞瘤细胞 U87 发生凋亡和坏死；20nm 的纳米聚苯乙烯颗粒可通过诱导细胞发生凋亡和坏死而导致细胞损伤；高浓度（1μg/ml）C_{60} 作用可引起人胶质瘤细胞 U251 通过 ROS 介导的坏死性细胞损伤，这与氧化应激诱导细胞外信号调节激酶 ERK 活化有关。而低浓度 C_{60}（0.25μg/ml）则不引起细胞凋亡或坏死，但可导致氧化应激 /ERK 非依赖的细胞周期 G_2/M 期阻滞，进而抑制细胞增殖。另外，除作用剂量、暴露时间外，纳米材料粒径、表面修饰、晶体结构等也影响其毒性，影响细胞死亡方式。例如，100% 锐钛矿型 TiO_2 纳米颗粒诱导细胞坏死，且与其粒径大小无关，而金红石型 TiO_2 纳米颗粒则引发细胞凋亡。同样，三苯基膦单磺酸包被的粒径为 1.4nm 金颗粒时，主要通过坏死导致细胞快速死亡，而粒径非常相近的 1.2nm 金颗粒的主要影响细胞凋亡。

二、自噬性细胞死亡

“autophagy”一词来源于希腊语，由“auto”= oneself 和“phagy”= eat 组成，所以 autophagy 意为自体吞噬，简称自噬。自噬现象最早是 Ashford 和 Porten 于 1962 年用电子显微镜在人肝细胞中观察到的。但直到近 10 年，随着酵母模型的建立和基因技术的发展，人们对自噬形态特点和分子机制的了解才逐渐深入，并认识到自噬性细胞死亡有别于凋亡（Ⅰ型程序性细胞死亡），是细胞在周围恶劣环境下自噬被过度激活不能再维持细胞存活而导致的细胞死亡，是一种在进化过程中保守的由溶酶体倡导的程序性死亡，也被称为Ⅱ型程序性细胞死亡。这种形式的细胞死亡以电镜下细胞内含大量含双层膜的自噬体和自噬溶酶体为特征，最后细胞由自身的溶酶体消化降解，既不激活 caspase，也不形成凋亡小体。

自噬是真核细胞中普遍存在的一种依赖溶酶体的物质降解和再循环过程，参与细胞器的代谢和再利用以及对细胞内生物能量的补充，整个过程受到严格调控。在自噬过程中，部分或整个细胞质、细胞器被包裹进双层膜的囊泡，形成自噬泡（autophagic vacuoles）或自噬体（autophagosome）。自噬体形成后很快变成单层膜，然后与溶酶体结合形成自噬溶酶体，在溶酶体酶的作用下，自噬体吞入的细胞成分被降解。该过程在清除损伤、衰老细胞器和异常蛋白质等方面发挥着重要作用。自噬除了参与细胞存活、分化、增殖和衰老，还可能参与多种疾病的发生，如肿瘤、心肌病和神经退行性疾病等。

自噬是细胞对内外界环境压力变化的一种反应，一旦被过分激活就会引发自噬性细胞死亡。自噬体形成之初，胞质与核质变暗，但胞核结构无明显变化，可见线粒体和内质网膨胀，高尔基体增大，胞膜特化结构如微绒毛、连接复合物等消失，胞膜发泡并出现内陷。自噬后期，自噬体的体积和数量都有所增加，其内常充满髓磷脂或液体，出现灰白色成分，少数可见核固缩，这些特征可作为形态学检查的依据。根据底物进入溶酶体途径的不同，哺乳动物细胞中存在的自噬现象可分为三类：巨自噬（macroautophagy）、微自噬（microautophagy）和分子伴侣介导的自噬（chaperone- mediated autophagy）。

细胞自噬的整个过程被进化上高度保守的一系列自噬相关基因（autophagy-related gene，ATG）所控制。目前，利用酵母为模式生物已研究发现三十多个自噬相关基因，其编码的蛋白为 Atg。目前认为，自噬的诱导主要包括 Beclin1/PI3K-Ⅲ信号转导通路、哺乳动物西罗莫司靶位点（mammalian target of rapamycin，mTOR）信号转导通路和 PI3K-Ⅰ/Akt 信号转导通路。而且，Ca^{2+}-CaMMKβ（calmodulin-dependent kinase kinase-β）-AMPK（AMP-activated protein kinase）信号转导通路及 ROS 等均促进自噬的发生。抑癌基因 *PTEN*（phosphatase and tensin homology deleted on chromosome ten）（10 号染色体上缺失的磷酸酶和张力蛋白同源物）、*p53*、*PI3K-Ⅲ*、*DAPK*、*DRP-1* 和肿瘤坏死因子相关的凋亡诱导配体（tumor necrosis factor-related apoptosis inducing ligand，TRAIL）等对细胞自噬起正向调控作用；而 *mTOR*、*PI3K-Ⅰ*、*Akt*、*bcl-2*、*Ras* 等则起负向调控作用。

近几年来，自噬受到人们的广泛关注。最近一些报道显示纳米材料可能具有诱导自噬发生的功能，是一种新型的颇具潜力的自噬引发剂。Seleverstov 等首次在人类间充质干细胞中发现了一种量子点大小依赖的自噬引发效应；Yamawaki 等发现在血管内皮细胞中，水溶性的羟基化富勒烯 $C_{60}(OH)_{24}$ 能引起多聚泛素化蛋白的聚集以及自噬体的形成，最终导致细胞自噬性死亡；Harhaji 等发现在神经胶质瘤细胞中，纳米 C_{60} 可引起细胞质内酸性小泡的出现，标志着自噬的发生，且采用巴弗洛霉素 A1 抑制纳米 C_{60} 诱导的自噬，可保护人胶质瘤细胞免受其毒性作用；Stern 等的研究也发现不同核心的量子点都能够诱导猪肾细胞发生自噬。Zabirnyk 等推测自噬可能是纳米材料的一个共同细胞性反应。SWCNTs 和 MWCNTs 也可导致肺泡巨噬细胞吞噬体的形成。水溶性富勒烯 $C_{60}(OH)_x$ 诱导的细胞死亡与细胞骨架破坏和自噬泡聚集有关，给予自噬抑制剂 3- 甲基腺嘌呤可部分缓解 $C_{60}(OH)_x$ 诱导的细胞线粒体膜电位丢失和 ATP 耗竭。目前已有的研究证实，CNTs、C_{60}、富勒烯、量子点、纳米二氧化硅、纳米二氧化钛、纳米金、纳米氧化铁、纳米锰、纳米氧化钕、纳米钇、钯纳米粒子等均能干扰细胞自噬。越来越多的研究显示纳米材料与细胞自噬之间存在着一种功能性的联系。纳米颗粒成为一种颇具潜力的用于研究和监视细胞自噬现象的有效手段。自噬在纳米材料引发的细胞死亡方面具有一定作用。

国内学者温龙平课题组在纳米材料与细胞自噬方面做了大量的工作。他们研究发现：①纳米 C_{60} 在光照条件下能够引起细胞自噬，且可通过自噬途径来增强化疗药物的敏感性，促进抗癌药物杀死肿瘤细胞。纳米 C_{60} 引起的自噬是光的、自由基依赖的晚期自噬体的异常聚集。它在自噬通路中起双重作用，一是促进自噬体的形成，二是减少自噬体的转化。除纳米 C_{60} 外，三种富勒烯衍生物 C_{70}、$C_{60}Cl_6$ 和 $C_{60}Ph_6$ 水溶液均能诱导 HeLa 细胞产生自噬现象，其中 C_{70} 的效果最明显，而 $C_{60}Cl_6$ 作用最弱。随着浓度和时间的增加，它们诱导细胞产生不同程度的自噬溶酶体的聚集，当超过一定浓度时，产生毒性导致细胞的死亡。②纳米稀土氧化物（rare earth oxide nanocrystals，REOs；R_2O_3，R = Sm、Eu、Gd、Tb）对细胞的自噬有促进作用，可引起 HeLa 细胞发生完整的自噬；REOs 处理可使细胞整体自噬水平提高，并呈现剂量和时间依赖关系，而自噬下游通路并没有被抑制；它还诱导了细胞产生大量空泡，且这种空泡化作用不依赖于自噬的必需基因 *Atg5*。③极低浓度（10μg/ml）的纳米氧化钕（平均直径 40nm）就能引起多种癌细胞，如人非小细胞肺癌细胞 NCI-H460、人卵巢癌细胞 SKOV-3 和 HeLa 细胞的胞质中出现大量空泡，并导致细胞死亡。氧化钕诱导细胞发生自噬的能力具有元素和复合物专一性。而且，粒径大小也是一大影响因素。纳米级的氧化钕导致癌细胞空泡化的能力大大强于非纳米级的氧化钕，显示纳米效应在该过程中起了重要作用。在纳米氧化钕诱导 NCI-1640 细胞发生死亡时，不涉及细胞凋亡和 caspase 的参与；采用巴弗洛霉素 A1 抑制纳米氧化钕诱导的自噬的同时可诱导细胞凋亡发生。这表明，自噬和凋亡是相互关联的，一个途径的抑制可能会促进另一途径的发生，也许是自噬抑制剂改变了促凋亡因子和抗凋亡因子间的平衡状态，从而促进细胞凋亡。

虽然纳米材料与细胞自噬相关，但具体机制尚不清楚。有研究发现，聚酰胺胺树枝状大分子纳米材料引起人肺腺癌细胞 A549 自噬性死亡的机制可能是通过作用于 Akt-TSC1/2-mTOR 通路，抑制 Akt 的磷酸化，从而减弱 TSC1/2 对 mTOR 作用，下调 mTOR 磷酸化水平，使 mTOR 对自噬的抑制作用下降，从而促使细胞发生自噬。同样，羧基修饰的 SWCNTs 也通过 Akt-TSC2-mTOR 信号通路诱导人肺脏细胞发生自噬性死亡。纳米材料也许是通过氧化应激、改变基因表达、干扰激酶介导的调节级联反应或直接与内涵体 / 溶酶体本身相关作用来影响自噬；也可能通过抑制溶酶体酶或损坏细胞骨架介导的囊泡运输来妨碍细胞自噬，从而导致自噬体 - 溶酶体融合减弱。但是，目前很难确定纳米材料诱导的自噬泡的产生是由于自噬增加，还是已有的自噬受到破坏，或者二者兼有。对于纳米材料与自噬的关系还有待于进一步探讨。

三、胀亡

英文“oncosis”（胀亡）一词源于希腊文“onkos”，含义为肿胀（swelling）。“胀亡”的概念最早由 Von Recklingnausen 等于 1910 年提出，用来形容骨细胞在缺血死亡前水分增多而呈现的肿胀。到 1995 年，美国病理学家 Majno 等对凋亡、胀亡和坏死进行了全面的文献回顾，重新提出胀亡的概念，认为凋亡和胀亡代表了两种不同的细胞死亡方式，坏死可继发于凋亡和胀亡，即坏死是细胞发生凋亡和胀亡后死亡细胞的形态学变化。

胀亡的形态学改变表现为细胞肿胀，体积增大；局部胞膜膨隆呈发泡状，其内不含亚细胞器，胞膜完整性破坏；胞质空泡化，内质网肿胀，早期颗粒脱落，晚期内质网崩解，颗粒消失；线粒体早期致密化，后期肿胀，嵴破坏消失；高尔基复合体肿胀或形成多个气球样囊泡；核膜发泡，染色质分散或在核仁、核膜周围凝集成团块；最终细胞和细胞核溶解，细胞内容物外溢并引起局部炎症反应。一般认为，胀亡多为缺血、缺氧及毒物刺激引起的一种被动性细胞死亡，低耗能或不耗能；而凋亡是一系列基因介导的主动性细胞死亡，可能是一种高耗能的代谢反应。另外，胀亡细胞的形态学改变主要表现为胞质肿胀、核溶解，且胀亡细胞周围有明显炎症反应；而凋亡主要出现为胞质和核固缩、核碎裂，不造成炎症反应。凋亡的DNA裂解为有规律的DNA片段（180～220bp），而胀亡细胞有无DNA分解，报道不一，倾向认为其完整，但有研究证实胀亡细胞内存在染色体凝聚。

有关胀亡的分子机制还没有完全被揭示出来。细胞膜通透性改变是细胞胀亡的早期事件，也是决定胀亡发生与否的关键。有学者提出膜损伤是胀亡的启动机制。缺氧、底物缺乏、ATP进行性减少等刺激因素均可引起细胞膜结构损伤。由于细胞膜的成分、结构和功能障碍，膜通透性严重缺陷及膜上离子泵功能衰竭、胞内ATP水平下降而导致胞内水钠潴留、Ca^{2+}大量内流，引起胞质及内容物肿胀，最终导致胞体崩解而发生胀亡。另外，细胞凋亡和胀亡之间可能存在某些共同的信号途径，如介导凋亡的死亡受体途径介导胀亡的发生，在同一刺激下，细胞内ATP充足时，细胞发生凋亡；ATP不足时，细胞则发生胀亡，且将要发生胀亡的细胞补充ATP后会发生凋亡。胀亡可能是凋亡在某些情况下不能完成其正常程序的结果。

近几年有国内学者研究发现，纳米磷灰石可致人肝癌细胞Bel-7402发生胀亡。他们应用均相共沉淀法室温下合成纳米磷灰石，透射电镜下可见其呈均匀分散的针状颗粒，粒径范围在67.5～88.3nm。1.4mg/ml纳米磷灰石作用于人肝癌细胞Bel-7402 72h后，可见肝癌细胞体积增大，胞质空泡化，线粒体肿胀；部分细胞核内染色质分散，凝集在核膜周围，呈团块状，核膜间隙不等，胞质溶解，呈现细胞胀亡的变化特点。而且，原位杂交细胞化学方法检测发现，纳米磷灰石可使Bel-7402细胞中原癌基因*c-myc*的表达降低，而抑癌基因*p53*的表达增强。这提示纳米磷灰石在体外可能通过下调*c-myc*和上调*p53*基因的表达导致肝癌细胞胀亡。他们推测这可能是由于纳米磷灰石的高表面能及表面存在大量缺陷，通过吸附癌细胞表面，并进入癌细胞内，使细胞呈现既不同于细胞凋亡，也不是细胞坏死的一种死亡方式——胀亡。

四、其他

除上述介绍之外，衰老（senescence）作为一种缓慢的、由一系列基因调控的细胞死亡过程，也是一种PCD。它是一种由DNA损伤、氧化应激、基因表达失衡和其他细胞有害刺激导致的不可逆的生长抑制状态，又称老化。新近研究首次发现，纳米材料可诱导人皮肤上皮细胞（human cutaneous epithelial cells，HEKs）发生早熟衰老（premature senescence）。不过，多种化学修饰的富勒烯衍生物中仅tris-C_{60}诱导细胞衰老，表明衰老的诱导与材料的修饰密切相关。而且发现，衰老细胞中HERC5的表达明显下降，推测HERC5表达的下降与衰老应答有关。

综上所述，纳米材料凭借其特殊的理化性质，表现出不同于常规材料的特殊毒理学效应。在造成细胞损伤、诱导细胞发生凋亡方面，不同纳米材料表现不一，具有多样性、复杂性。不过，相信随着纳米毒理学研究的不断深入，我们将更为深刻地认识纳米材料的各种生物学效应，从而使纳米材料安全地造福人类生产生活。

参考文献

[1] GALLUZZI L，VITALE I，ABRAMS J M，et al. Molecular definitions of cell death subroutines：recommendations of the Nomenclature Committee on Cell Death 2012[J]. Cell Death Differ，2012，19（1）：107-120.

[2] ROTOLI B M，GATTI R，MOVIA D，et al. Identifying contact-mediated，localized toxic effexts of MWCNT aggregates on epithelial monolayers：a single-cell monitoring toxicity assay[J]. Nanotoxicology，2015，9（2）：230-241.

[3] SHEN Z，WU J，YU Y，et al. Comparison of cytotoxicity and membrane efflux pump inhibition in HepG2 cells induced by single-walled carbon nanotubes with different length and functional groups[J]. Sci Rep，2019，9（1）：7557.

[4] SHAIK A S，SHAIK A P，BAMMIDI V K，et al. Effect of polyethylene glycol surface charge functionalization of SWCNT on the in vitro and in vivo nanotoxicity and biodistribution monitored noninvasively using MRI[J]. Toxicol Mech Methods，2019，29（4）：233-243.

[5] PATLOLLA A，PATLOLLA B，TCHOUNWOU P. Evaluation of cell viability，DNA damage，and cell death in normal human dermal fibroblast cells induced by functionalized multiwalled carbon nanotube[J]. Mol Cell Biochem，2010，338（1-2）：225-232.

[6] CAO Y，ROURSGAARD M，JACOBSEN N R，et al. Monocyte adhesion induced by multi-walled carbon nanotubes and palmitic acid in endothelial cells and alveolar-endothelial co-cultures[J]. Nanotoxicology，2016，10（2）：235-244.

[7] TSUKAHARA T，MATSUDA Y，HANIU H. The role of autophagy as a mechanism of toxicity induced by multi-walled carbon nanotubes in human lung cells[J]. Int J Mol Sci，2014，16（1）：40-48.

[8] 朱�. 纳米颗粒对血管内皮细胞的毒性作用研究[D]. 北京：北京协和医学院，2009.

[9] ZHA Y Y，YANG B，TANG M L，et al. Concentration-dependent effects of fullerenol on cultured hippocampal neuron viability[J]. Int J Nanomedicine，2012，7：3099-3109.

[10] ISAKOVIC A，MARKOVIC Z，TODOROVIC-MARKOVIC B，et al. Distinct cytotoxic mechanisms of pristine versus hydroxylated fullerene[J]. Toxicol Sci，2006，91（1）：173-183.

[11] CHANG X，XIE Y，WU J，et al. Toxicological characteristics of titanium dioxide nanoparticle in rats[J]. J Nanosci Nanotechnol，2015，15（2）：1135-1142.

[12] VALDIGLESIAS V，COSTA C，SHARMA V，et al. Comparative study on effects of two different types of titanium dioxide nanoparticles on human neuronal cells[J]. Food Chem Toxicol，2013，（57）：352-361.

[13] XUE C，LI X，LIU G，et al. Evaluation of mitochondrial respiratory chain on the generation of reactive oxygen species and cytotoxicity in HaCaT cells induced by nanosized titanium dioxide under UVA irradiation[J]. Int J Toxicol，2016，35（6）：644-653.

[14] VERGARO V，ALDIERI E，FENOGLIO I，et al. Surface reactivity and in vitro toxicity on human bronchial epithelial cells（Beas-2B）of nanomaterials intermediates of the production of titania-based composites[J]. Toxicol In Vitro，2016，34：171-178.

[15] CHEN E，RUVALCABA M，ARAUJO L，et al. Ultrafine titanium dioxide nanoparticles induce cell death in human bronchial epithelial cells[J]. Exp Nanosci，2008，3（3）：171-183.

[16] KUMAR S，HUSSAIN A，BHUSHAN B，et al. Comparative toxicity assessment of nano- and bulk-phase titanium dioxide particles on the human mammary gland in vitro[J]. Hum Exp Toxicol，2020，39（11）：1475-1486.

[17] XU S Y，SUI J，FU Y Y，et al. Titanium dioxide nanoparticles induced the apoptosis of RAW264.7 macrophages through miR-29b-3p/NFAT5 pathway[J]. Environ Sci Pollut Res Int，2020，27（21）：1-10.

[18] 汤莹，于洋，雷长海，等. 二氧化钛纳米颗粒对小鼠单核巨噬细胞超微结构影响的电镜研究[J]. 电子显微学报，2009，28（6）：539-542.

[19] 郭利利，刘晓慧，秦定霞，等. 纳米二氧化钛对雄性小鼠生殖系统的影响[J]. 中华男科学杂志，2009，15（6）：517-522.

[20] COCCINI T，BARNI S，VACCARONE R，et al. Pulmonary toxicity of instilled cadmium-doped silica nanoparticles during acute and subacute stages in rats[J]. Histol Histopathol，2013，28（2）：195-209.

[21] KIM IY，JOACHIM E，CHOI H，et al. Toxicity of silica nanoparticles depends on size，dose，and cell type[J]. Nanomedicine，2015，11（6）：1407-1416.

[22] WU T S，ZHANG S H，LIANG X，et al. The apoptosis induced by silica nanoparticle through endoplasmic reticulum stress response in human pulmonary alveolar epithelial cells[J]. Toxicol In Vitro，2019，（56）：126-132.

[23] CHEN F，JIN J，HU J，et al. Endoplasmic reticulum stress cooperates in silica nanoparticles-induced macrophage apoptosis via activation of CHOP-mediated apoptotic signaling pathway[J]. Int J Mol Sci，2019，20（23）：5846.

[24] DUAN J，YU Y，LI Y，et al. Cardiovascular toxicity evaluation of silica nanoparticles in endothelial cells and zebrafish model[J]. Biomaterials，2013，34(23)：5853-5862.

[25] DU Z，ZHAO D，JING L，et al. Cardiovascular toxicity of different sizes amorphous silica nanoparticles in rats after intratracheal instillation[J]. Cardiovasc Toxicol，2013，13(3)：194-207.

[26] BLECHINGER J，BAUER A T，TORRANO A A，et al. Uptake kinetics and nanotoxicity of silica nanoparticles are cell type dependent[J]. Small，2013，9(23)：3970-3980.

[27] YANG F Y，YU M X，ZHOU Q，et al. Effects of iron oxide nanoparticle labeling on human endothelial cells[J]. Cell Transplant，2012，21(9)：1805-1820.

[28] LEVADA K，PSHENICHNIKOV S，OMELYANCHIK A，et al. Progressive lysosomal membrane permeabilization induced by iron oxide nanoparticles drives hepatic cell autophagy and apoptosis[J]. Nano Converg，2020，7(1)：17.

[29] GOERING P L. Erratum：Cytotoxicity，cellular uptake and apoptotic responses in human coronary artery endothelial cells exposed to ultrasmall superparamagnetic iron oxide nanoparticles[J]. Appl Toxicol，2020，40(8)：1162-1162.

[30] WU J，DING T，SUN J. Neurotoxic potential of iron oxide nanoparticles in the rat brain striatum and hippocampus[J]. Neurotoxicology，2013，34：243-253.

[31] GE G，WU H，XIONG F，et al. The cytotoxicity evaluation of magnetic iron oxide nanoparticles on human aortic endothelial cells[J]. Nanoscale Res Lett，2013，8(1)：215.

[32] ZHOU Y，JIA X，TAN L，et al. Magnetically enhanced cytotoxicity of paramagnetic selenium-ferroferric oxide nanocomposites on human osteoblast-like MG-63 cells[J]. Biosens Bioelectron，2010，25(5)：1116-1121.

[33] LIU Z W，DU Z Q，LI K，et al. TRPC6-mediated Ca^{2+} entry essential for the regulation of Nano-ZnO induced autophagy in SH-SY5Y cells[J]. Neurochem Res，2020，45(7)：1602-1613.

[34] LIU H L，YANG H L，FANG Y J，et al. Neurotoxicity and biomarkers of zinc oxide nanoparticles in main functional brain regions and dopaminergic neurons[J]. Sci Total Environ，2020，705(6069)：135809.

[35] De BERARDIS B，CIVITELLI G，CONDELLO M，et al. Exposure to ZnO nanoparticles induces oxidative stress and cytotoxicity in human colon carcinoma cells[J]. Toxicol Appl Pharmacol，2010，246(3)：116-127.

[36] AKHTAR M J，AHAMED M，KUMAR S，et al. Zinc oxide nanoparticles selectively induce apoptosis in human cancer cells through reactive oxygen species[J]. Int J Nanomedicine，2012，7：845-857.

[37] 殷海荣，唐萌，夏婷，等. 量子点 CdTe 对 RAW264.7 细胞凋亡和脂质过氧化水平的影响 [J]. 中国现代医学杂志，2008，18(18)：2593-2596.

[38] WU C，SHI L，LI Q，et al. Probing the dynamic effect of cys-CdTe quantum dots toward cancer cells in vitro[J]. Chem Res Toxicol，2010，23(1)：82-88.

[39] BASTOS V，FERREIRA D E OLIVEIRA J M，BROWN D，et al. The influence of Citrate or PEG coating on silver nanoparticle toxicity to a human keratinocyte cell line[J]. Toxicol Lett，2016，249：29-41.

[40] PARK E J，YI J，KIM Y，et al. Silver nanoparticles induce cytotoxicity by a Trojan-horse type mechanism[J]. Toxicol In Vitro，2010，24(3)：872-878.

[41] NAYAK D，PRADHAN S，ASHE S，et al. Biologically synthesised silver nanoparticles from three diverse family of plant extracts and their anticancer activity against epidermoid A431 carcinoma[J]. J Colloid Interface Sci，2015，457：329-338.

[42] AHAMED M，POSGAI R，GOREY T J，et al. Silver nanoparticles induced heat shock protein 70，oxidative stress and apoptosis in Drosophila melanogaster[J]. Toxicol Appl Pharmacol，2010，242(3)：263-269.

[43] JIA M X，ZHANG W J，HE T J，et al. Evaluation of the genotoxic and oxidative damage potential of silver nanoparticles in human NCM460 and HCT116 cells[J]. Int J Mol Sci，2020，21(5)：1618.

[44] BIN-JUMAH M，AL-ABDAN M，ALBASHER G，et al. Effects of green silver nanoparticles on apoptosis and oxidative stress in normal and cancerous human hepatic cells in vitro[J]. Int J Nanomedicine，2020，15：1537-1548.

[45] ChOI J E，KIM S，AHN J H，et al. Induction of oxidative stress and apoptosis by silver nanoparticles in the liver of adult zebrafish[J]. Aquat Toxicol，2010，100(2)：151-159.

[46] GAO W, XU K, JI L, et al. Effect of gold nanoparticles on glutathione depletion-induced hydrogen peroxide generation and apoptosis inHL7702 cells[J]. Toxicol Lett, 2011, 205(1): 86-95.

[47] YUAN Y, LIU C S, QIAN J C, et al. Size-mediated cytotoxicity and apoptosis of hydroxyapatite nanoparticles in human hepatoma HepG2 cells[J]. Biomaterials, 2010, 31(4): 730-740.

[48] CHU S H, FENG D F, MA Y B, et al. Hydroxyapatite nanoparticles inhibit the growth of human glioma cells in vitro and in vivo[J]. Int J Nanomedicine, 2012, 7: 3659-3666.

[49] TANG W, YUAN Y, LIU C, et al. Differential cytotoxicity and particle action of hydroxyapatite nanoparticles in human cancer cells[J]. Nanomedicine(Lond), 2014, 9(3): 397-412.

[50] ZHAO X, NG S, HENG B C, et al. Cytotoxicity of hydroxyapatite nanoparticles is shape and cell dependent[J]. Arch Toxicol, 2013, 87(6): 1037-1052.

[51] CUI J, YANG Y, CHENG Y, et al. Protective effects of carboxyfullerene in irradiated cells and BALB/c mice[J]. Free Radic Res, 2013, 47(4): 301-308.

[52] COLON J, HSIEH N, FERGUSON A, et al. Cerium oxide nanoparticles protect gastrointestinal epithelium from radiation-induced damage by reduction of reactive oxygen species and upregulation of superoxide dismutase 2[J]. Nanomedicine, 2010, 6(5): 698-705.

[53] GONÇALVES D M, CHIASSON S, GIRARD D. Activation of human neutrophils by titanium dioxide(TiO2)nanoparticles[J]. Toxicol In Vitro, 2010, 24(3): 1002-1008.

[54] WANG X, GUO J, CHEN T, et al. Multi-walled carbon nanotubes induce apoptosis via mitochondrial pathway and scavenger receptor[J]. Toxicol In Vitro, 2012, 26(6): 799-806.

[55] YE S, JIANG Y, ZHANG H, et al. Multi-walled carbon nanotubes induce apoptosis in RAW 264.7 cell-derived osteoclasts through mitochondria-mediated death pathway[J]. J Nanosci Nanotechnol, 2012, 12(3): 2101-2112.

[56] SUN L, LI Y, LIU X, et al. Cytotoxicity and mitochondrial damage caused by silica nanoparticles[J]. Toxicol In Vitro, 2011, 25(8): 1619-1629.

[57] LI N, DUAN Y, HONG M, et al. Spleen injury and apoptotic pathway in mice caused by titanium dioxide nanoparticules[J]. Toxicol Lett, 2010, 195(2-3): 161-168.

[58] SHI Y, WANG F, HE J, et al. Titanium dioxide nanoparticles cause apoptosis in BEAS-2B cells through the caspase 8/t-Bid-independent mitochondrial pathway[J]. Toxicol Lett, 2010, 196(1): 21-27.

[59] REN L H, ZHANG J, WANG J, et al. Silica nanoparticles induce spermatocyte cell apoptosis through microRNA-2861 targeting death receptor pathway[J]. Chemosphere, 2019, 228: 709-720.

[60] XUE Y, WANG J, HUANG Y, et al. Comparative cytotoxicity and apoptotic pathways induced by nanosilver in human liver HepG2 and L02 cells[J]. Hum Exp Toxicol, 2018, 37(6): 1293-1309.

[61] HUSSAIN S, THOMASSEN L C, FERECATU I, et al. Carbon black and titanium dioxide nanoparticles elicit distinct apoptotic pathways in bronchial epithelial cells[J]. Part Fibre Toxicol, 2010, 7: 10.

[62] LI Z H, GUO D D, YIN X W, et al. Zinc oxide nanoparticles induce human multiple myeloma cell death via reactive oxygen species and Cyt-C/Apaf-1/Caspase-9/Caspase-3 signaling pathway in vitro[J]. Biomed Pharmacother, 2020, 122: 109712.

[63] LEE K I, LIN J W, SU C C, et al. Silica nanoparticles induce caspase-dependent apoptosis through reactive oxygen species-activated endoplasmic reticulum stress pathway in neuronal cells[J]. Toxicol In Vitro, 2020, 63: 104739.

[64] LIU S, XU L, ZHANG T, et al. Oxidative stress and apoptosis induced by nanosized titanium dioxide in PC12 cells[J]. Toxicology, 2010, 267(1-3): 172-177.

[65] THUBAGERE A, REINHARD B M. Nanoparticle-induced apoptosis propagates through hydrogen-peroxide-mediated bystander killing: insights from a human intestinal epithelium in vitromodel[J]. ACS Nano, 2010, 4(7): 3611-3622.

[66] LIU X, SUN J. Endothelial cells dysfunction induced by silica nanoparticles through oxidative stress via JNK/P53 and NF-κB pathways[J]. Biomaterials, 2010, 31(32): 8198-8209.

[67] 丁婷婷，孙皎. 纳米羟基磷灰石颗粒能够影响大鼠腹腔单核巨噬细胞的凋亡吗？[J]. 中国组织工程研究与临床康复，

2009，13（51）：10093-10096.

[68] TAY C Y，FANG W，SETYAWATI M I，et al. Nano-hydroxyapatite and nano-titanium dioxide exhibit different subcellular distribution and apoptotic profile in human oral epithelium[J]. ACS Appl Mater Interfaces，2014，6（9）：6248-6256.

[69] GOPINATH P，GOGOI S K，SANPUI P，et al. Signaling gene cascade in silver nanoparticle induced apoptosis[J]. Colloids Surf B Biointerfaces，2010，77（2）：240-245.

[70] MATEO D，MORALES P，AVALOS A，et al. Oxidative stress contributes to gold nanoparticle-induced cytotoxicity in human tumor cells[J]. Toxicol Mech Methods，2014，24（3）：161-172.

[71] ASARE N，INSTANES C，SANDBERG W J，et al. Cytotoxic and genotoxic effects of silver nanoparticles in testicular cells[J]. Toxicology，2012，291（1-3）：65-72.

[72] FOLDBJERG R，DANG D A，AUTRUP H. Cytotoxicity and genotoxicity of silver nanoparticles in the human lung cancer cell line，A549[J]. Arch Toxicol，2011，85（7）：743-750.

[73] DE STEFANO D，CARNUCCIO R，MAIURI M C. Nanomaterials toxicity and cell death modalities[J]. J Drug Deliv，2012：167896.

[74] KLIONSKY D J，ABDALLA F C，ABELIOVICH H，et al. Guidelines for the use and interpretation of assays for monitoring autophagy[J]. Autophagy，2012，8（4）：445-544.

[75] GLICK D，BARTH S，MACLEOD K F. Autophagy：cellular and molecular mechanisms[J]. J Pathol，2010，221（1）：3-12.

[76] JOHNSON-LYLES D N，PEIFLEY K，LOCKETT S，et al. Fullerenol cytotoxicity in kidney cells is associated with cytoskeleton disruption，autophagic vacuole accumulation，and mitochondrial dysfunction[J]. Toxicol Appl Pharmacol，2010，248（3）：249-258.

[77] STERN S T，ADISESHAIAH P P，CRIST R. Autophagy and lysosomal dysfunction as emerging mechanisms of nanomaterial toxicity[J]. Part Fibre Toxicol，2012，9（1）：20.

[78] ZHANG Q，YANG W，MAN N，et al. Autophagy-mediated chemosensitization in cancer cells by fullerene C60 nanocrystal[J]. Autophagy，2009，5（8）：1107-1117.

[79] MAN N，YU L，YU S H，et al. Rare earth oxide nanocrystals as a new class of autophagy inducers[J]. Autophagy，2010，6（2）：310-311.

[80] FILIPPI-CHIELA E C，VILLODRE E S，Zamin L L，et al. Autophagy interplay with apoptosis and cell cycle regulation in the growth inhibiting effect of resveratrol in glioma cells[J]. PLoS One，2011，6（6）：e20849.

[81] ZHOU F，YANG Y，XING D. Bcl-2 and Bcl-xL play important roles in the crosstalk between autophagy and apoptosis[J]. FEBS J，2011，278（3）：403-413.

[82] LIU H L，ZHANG Y L，YANG N，et al. A functionalized single-walled carbon nanotube-induced autophagic cell death in human lung cells through Akt-TSC2-mTOR signaling[J]. Cell Death Dis，2011，2：e159.

[83] LUO Y H，WU S B，WEI Y H，et al. Cadmium-based quantum dot induced autophagy formation for cell survival via oxidative stress[J]. Chem Res Toxicol，2013，26（5）：662-673.

[84] GAO J，WANG H L，SHREVE A，et al. Fullerene derivatives induce premature senescence：a new toxicity paradigm or novel biomedical applications[J]. Toxicol Appl Pharmacol，2010，244（2）：130-143.

第十章

纳米材料毒理学安全性评价

随着纳米技术及其应用的迅速发展，纳米材料已被广泛应用于人们生产生活的多个领域，人们接触纳米材料的机会也越来越多。纳米材料能够通过多种途径进入环境和生物体，会在细胞水平、亚细胞水平、基因、蛋白质水平以及动物整体水平对生物体产生潜在危害。现有研究结果表明，纳米物质的有害效应与相应常规物质相比存在一定差异，这种差异在很大程度上是尺寸依赖的因素所致，且存在尺寸特异性生物学效应。纳米物质由于尺寸小，易于透过生物膜上的孔隙进入细胞或细胞器内；由于比表面积增大，往往伴随着化学反应性增加，可能有更多不同的毒性作用方式。纳米颗粒往往比相同剂量、相同组分的微米颗粒更容易导致肺部炎症和氧化损伤。现有的细胞水平、动物实验研究结果显示，人造纳米材料可以引起氧化应激、炎症反应、DNA 损伤、细胞凋亡、细胞周期改变、基因表达异常，并可引起肺、心血管系统及其他组织器官的损害，且其有害生物学效应与粒径呈负相关。因而，对人工纳米材料的生物安全性评价及其对机体作用机制的探讨已成为目前的主要研究任务。纳米材料的安全性评价十分关键，它不仅是为了防止其对人类和环境产生损害，更是为了保护纳米技术和纳米工业的健康发展。正如化学家 Vicki Colvin 所强调的："当这一领域尚处于起步阶段，并且纳米材料对健康和环境造成的后果和影响比较有限时，一定要对纳米材料的生物毒性给予关注。我们必须现在就开始着手解决这个问题，而不是在纳米技术被广泛应用之后。"

第一节 概　　述

安全性（safety）即在规定条件下化学物质暴露对人体和人群不引起健康有害作用的实际确定性。在毒理学中，安全性评价（safety evaluation）是利用规定的毒理学程序和方法评价化学物质对机体产生的有害效应（损伤、疾病或死亡），并外推和评价在规定条件下化学物质暴露对人体和人群的健康是否安全。由于安全性难以确切定量，因此近年来危险度评价得到了迅速的发展。基于纳米材料的危害性及暴露人群的广泛性，其危险度评价已经受到了全世界的广泛关注。尽管，目前关于纳米颗粒和材料对环境和人类健康安全性评价的资料还比较缺乏，但是，首先，纳米材料的安全性评价是要遵循传统毒理学安全性评价的基本程序；其次，要充分考虑到纳米材料的特殊理化性质，但其机制还不是很清楚，需要进行更加深入、系统的研究。

一、毒理学安全性评价的基本内容

人类接触化学物质的暴露方式、暴露途径和暴露程度等的不同，对其进行安全性评价的程序与内容也有所侧重。各国政府部门通常根据化学物质的种类和用途发布毒理学安全性评价的规范、标准和指导原则。这些规范及指导原则作为外源化学物质安全性管理的技术支持，一般是原则性的，允许研究者或生产者有一定的灵活性。

毒理学安全性评价遵循分段试验的原则。一方面，在未完成某些试验之前，不能进行另一些试验。另一方面，为尽量减少人力、物力、财力的浪费和消耗，对于试验周期短、费用低、预测价值高的试验应予以优先安排。这样可以根据前一阶段的试验结果，判断是否需要进行下一阶段的试验。如某些待评物质，在进行了部分毒理学试验后，表现出的毒性轻微，即可对其做出评价；而另一些物质在某个阶段的试验中表现出很强的毒性，即可将其放弃，而不必进行以后阶段的试验。这样可以在最短的时间内，用最经济的办法取得最可靠的结果。

（一）外源化学物的危险度评价

在实际工作中，对外源化学物进行毒理学评价主要包括两部分内容。首先是在不同的接触条件下，确定外源化学物质对各种生物系统的毒性；然后是对人群在一定条件下接触该化学物质的安全性或危险度进行评定。

外源化学物质的毒性是指其自身具有的能导致机体损伤的能力。但如果接触的量低于一定水平，对机体可以不引起损害或不引起明显的损害作用。外源化学物质的安全性在理论上是指无危险或危险度极低，达到可以忽略的程度。但由于实验条件的限制和多种因素的影响，在毒理学安全性评定的实际工作中，不可能精确确定绝对安全的接触剂量。一般所指安全量是在一定接触剂量和接触方式下，不会造成损害的剂量。

危险度是指从事某项活动而造成机体损伤、产生疾病或死亡的概率。外源化学物质的危险度是指化学物质在一定接触条件下，对人体造成损害可能性的定量估计。此种可能性可以化学物质对机体或人群造成损害程度，即发病率或死亡率进行定量表示。

（二）外源化学物质毒理学安全性评价程序

外源化学物质毒理学安全性评价是通过动物实验和对人群的观察，阐明某种外源化学物质的毒性及其潜在危害，以便对人类使用这种外源化学物质的安全性作出评价，并为制订预防措施和卫生标准提供理论依据。毒理学评价程序：

第一阶段，包括急性毒性试验——主要是测定半数致死量（median lethal dose，LD_{50}）和半数致死浓度（medium lethal concentration，LC_{50}），对受试物的急性毒性进行分级，为进一步实验的剂量设计和毒性判断指标的选择提供依据。

第二阶段，包括蓄积试验和致突变试验。蓄积试验以死亡为指标，有一定局限性，有些程序对此已不再要求。致突变试验——估测其致癌危险性。

第三阶段，包括亚慢性毒性试验、生殖与发育毒性试验和代谢试验。

第四阶段，包括慢性毒性试验和致癌试验。慢性毒性试验——确定外源化学物质的毒性作用的无明显损害作用水平（no observed adverse effect level，NOAEL）和最低可见有害作用水平（lowest observed adverse effect level，LOAEL），并综合上述实验结果对受试物的安全性做出评价并加以一定的安全系数，提出人体接触的每日允许摄入量（acceptable daily intake，ADI）和最高允许浓度（maximal allowable concentration，MAC）。致癌试验——确定其对实验动物的致癌性。

二、纳米材料的来源

根据传统毒理学安全性评价的基本内容，外源化学物质的不同来源或暴露途径，安全性评价的方法和程序会有差别。因而对纳米材料的安全性评价，首先要考虑到纳米材料的来源及暴露途径。

（一）纳米材料的来源

纳米物质的来源十分广泛，主要有两种来源：一是自然界中本来就存在的纳米矿物，如大洋锰结核中的铁矿物、某些种类的黏土矿物和火山灰等。如表 10-1 所示，自然界中的纳米材料是指矿物显微颗粒达到纳米量级的所有矿物的统称，一般从晶体结构的角度来说，纳米矿物的颗粒界定在 1～100nm。例如，大洋锰结核中的含铁矿物，其颗粒粒径为 5～10nm；又如某些煤矸石中的硅质微粒，其颗粒粒径可达 15～20nm；我国南方一些地区的黄土中的硅质风化产物，是暴露在自然条件下的岩石及矿物长期风化的结果，粒径达到 50～100nm；还有一些地区的火山灰，是在极高的火山喷发后的残留物，其粒径也为十到几十纳米。矿物在形成过程中周围的温度、压力及流体成分千差万别，因此一些矿物在某些特定的环境中产生了纳米量级的结晶或非结晶的甚至是准晶态的具有不同化学成分、显微结构以及物理性质的固体颗粒，这就是自然界中的纳米矿物。二是用人工方法合成的纳米材料，如纳米碳管、纳米陶瓷、纳米涂料、纳米金属、纳米金属氧化物、纳米合金、烟灰等材料。20 世纪 70 年代美国康奈尔大学格兰维斯特和布赫曼利用气相凝集的手段制备纳米颗粒，开始了人工合成纳米材料。1989 年德国教授格雷特利用惰性气体凝集的方法制备出纳米颗粒，从理论及性能上全面研究了相关材料的式样，提出了纳米晶体材料的概念，成为纳米材料的创始人。

表 10-1 纳米物质的来源

自然存在	人工合成	
	有意识合成	无意识合成
气 - 颗粒转换	内燃机	按照功能设计
森林火灾	发电厂焚烧炉	金属，半导体
火山喷发	喷气发动机	金属氧化物
生源磁铁矿	金属烟尘	未经处理，包裹的纳米产品
铁蛋白（12.5nm）	聚合物烟雾 其他气体	化妆品，医药，纺织品
微粒（<100nm；激活细胞）	煎炸 / 烧烤等产生的纳米物质	电子，光学，显示器等

尤其是人工合成的工程纳米粒子已经广泛应用于人们生产生活的各个领域。纳米粒子可以通过多种途径进入自然环境而产生多种环境行为，可能引起生物体的毒性效应，其生态学影响也不可忽视。人类还可能在纳米粒子的整个生命周期中，通过呼吸道、皮肤、消化道和胎盘屏障等途径暴露于纳米材料。

（二）纳米材料的暴露途径

任何一种材料对生物体产生毒性的前提是它能够通过某种载体或某一途径与生物体发生直接或间接接触，途径不一样，作用的生物体组织也不一样。了解纳米材料在环境中的传播途径有助于更好地认识其生物学效应。纳米材料在自然界中可以通过生产、运输、储存、使用等途径暴露。纳米材料不仅通过接触直接进入人体，而且还可能以多种方式在环境中传播，进入大气、水体或土壤。考查纳米材料的环境效应时一个重要的研究内容就是调查纳米材料在水中的迁移。虽然一部分纳米材料可能会在水中发生化学反应而降解，但很多不溶于水的物质会随着水的流动在环境中传播，如果具有毒性的纳米材料进入地表水，那么后续的治理工作将很难开展。随着工业需求的增长，数以吨计的纳米材料被合成出来，在加工和运输的过程中极有可能造成水环境污染。

纳米材料要对人体或其他生物体造成物理伤害，首先人体或其他生物体要能够接触到这种材料，其后颗粒通过一定的途径进入体内，与细胞相互作用。纳米颗粒的小尺寸效应使得纳米材料更易于被人体吸收，已经有研究表明纳米材料能够通过多种途径进入人体。一般而言，纳米材料主要通过呼吸道、胃肠道、皮肤或胎盘屏障进入体内。在生产与使用过程中有意无意地接触纳米材料，很可能导致纳米材料进入并经过各种屏障扩散到全身各个部位。

皮肤、消化道和肺部通常与外部环境直接接触。肺部作为氧气和二氧化碳等气体的交换场所，越来越多的研究证实纳米颗粒可以经其进入体内。尽管皮肤作为一个生理屏障，能够防止一部分外源化学物质进入体内，但纳米颗粒可通过毛囊或伤口进入体内。而消化道是水、营养素等各种物质的运输通道，纳米颗粒通过肠道摄取已经被证实。由此可见，这三个部分是纳米材料进入人体的第一道“关口”。

三、纳米材料安全性评价的意义及存在的问题

目前，国际上尚未形成统一的、针对纳米材料的生物安全性评价标准。在纳米材料生物相容性的研究报道中，尽管使用的毒性评价方法和生物体系多种多样，但大多数使用的是短期评价方法（如毒性、细胞功能异化、炎症等）。然而，正是由于目前所用的评价方法均是短期评价，很难对纳米物质的生物学效应有彻底的认识，有时甚至对同样的纳米物质可能会得到不同生物学效应的结论。例如，Monteiro-Riviere 等研

究了碳纳米材料作用于人体皮肤角化细胞的毒性，分别利用透射电镜、中性红染色、MTT 细胞活力分析和白细胞介素 -8（Interleukine 8，IL-8）释放分析这 4 种评价方法进行研究，但是得到的结果却不一致。

用人群及环境的危害暴露评级指标来对纳米材料的危险性暴露进行评价，看似相同的化学组成，但是由于纳米材料其特殊的理化性质决定了传统的评价方法用于纳米材料的评价是勉为其难的。这就需要建立一个新的评价体系，该评价体系要充分考虑纳米材料的特殊理化性质，在该体系的指导下，能够使纳米材料的生产、运输、使用的各个环境的危险度达到安全水平，使得公民远离纳米材料的暴露危险。

正如转基因技术之所以引起广泛的争议，究其原因关键就在于人们对其安全性没有深入的了解，在发展转基因技术的同时，没有同步开展其对环境和人体健康的安全性研究。任何一项新的技术，都会带有“双刃剑”的两面性，这是 20 世纪科学技术发展使人类得到的经验和共识，纳米科学技术可能也不例外，因此，在纳米材料被广泛应用于食品工业的今天，在发展纳米科技的同时，要以科学发展观为指导，同步开展其安全性的研究，为其功能化和实际应用提供依据，使纳米技术成为第一个在其可能产生负面效应之前就已经认真研究过，引起广泛重视，并最终能安全造福人类的新技术。事实上，纳米生物毒理学研究及生物安全性评价，不仅是新出现的科学问题，而且与纳米药物的研发、生物体纳米检测技术、纳米产品的安全性以及纳米标准等直接相关，是纳米产业健康可持续发展的基础和保证。由于全球（包括我国）正在推动纳米技术的产业化，不久的将来，获得国际公认的鉴定各种纳米产品生物安全性的分析数据将涉及各个国家的巨大商业利益，因此，针对纳米物质开展以毒理学研究为基础的安全性评价方法和体系，建立和完善重要的纳米物质的安全数据单及毒理学数据库具有十分重要的社会意义。

值得指出的是，对纳米技术安全性的研究会更有效地促进纳米科技的健康发展。通过对这一领域的研究，不仅会为纳米技术产品的安全应用提供指导，消除由于不知道是否安全而导致的恐慌，而且在这个过程发展起来的新技术，还会用于更有效的监测、分析，乃至减少业已存在我们生活中的纳米物质、微米物质可能造成的污染，如空气污染或水污染的消除与防治，造福于人类。

第二节 纳米材料毒理学安全性评价

纳米材料的发展领域广泛，研究者、生产者和消费者今后将有许多机会接触纳米材料，因而，纳米材料的安全性格外引起了各方面的关注和争论，纳米材料的毒性研究引起了学术界的重视。2013 年 10 月 17 日，世界卫生组织（World Health Organization，WHO）下属国际癌症研究机构（International Agency for Research on Cancer，IARC）发布报告，首次明确大气污染对人类致癌，并视其为普遍和主要的环境致癌物。已有研究表明，大气污染物中的颗粒物直径越小，对人体的危害越大，大气中的可吸入颗粒物（inhalable particle，PM_{10}）、细颗粒物（fine particulate matter，$PM_{2.5}$）、超细颗粒物（ultrafine particles，PM_1，大气中的纳米尺度物质，空气动力学直径 $<100nm$，主要来源于工业排放的废气、交通污染、燃煤废气等）与人群呼吸系统疾病的发病率和死亡率存在显著相关性。大气污染颗粒物对人体的健康构成极大威胁。

一、纳米材料的生物相容性

纳米颗粒的小尺寸效应、表面效应、量子尺寸效应和宏观量子隧道效应使它们在磁、光、电敏感等方面呈现出常规材料不具备的特性，因而具备了特殊的生物学效应及生物相容性。纳米生物学效应还几乎是一个未知的领域，科学家们推测，纳米尺度物质对生命过程的影响有正面的也会有负面的。正面纳米生物学效应，将给疾病早期诊断和高效治疗带来新的机遇和新的方法；负面纳米生物学效应，就是我们现在着重讨论的——纳米毒理学，它研究纳米物质对人体健康、生存环境和社会安全等的潜在负面影响。

生物相容性（biocompatibility）是指材料与生物体之间相互作用后产生的各种生物、物理、化学等反应。一般地讲，就是材料植入人体后与人体的相容程度，即是否会对人体组织造成毒害作用。

纳米颗粒通过不同途径进入体内后能够扩散到多个脏器。这主要取决于颗粒的尺度、表面活性和进入的途径。这很有可能对人体产生伤害，已有流行病学研究报告，纳米颗粒与心血管不良反应联系密切，如空气污染物中的纳米颗粒与心肌梗死的发病率有关。近年来，有研究表明纳米颗粒可以通过内吞作用进入细胞，并产生一系列细胞毒性，引起细胞的结构损伤、存活率下降、胞内自由基含量升高等，导致细胞凋亡。

纳米颗粒还能聚集在肝、脾、肾、骨髓，且颗粒直径越小，转移数量越大。进入肠道的纳米颗粒吸收效率也比同种材料的微米级颗粒高，且吸收的颗粒可经淋巴管进入血液循环到肝：主要聚集在库普弗细胞及脾脏的脾小结。纳米颗粒还可以通过血 - 脑屏障，影响中枢神经系统。

纳米颗粒能经过肺脏、胃肠道及皮肤的吸收，或直接穿透血管壁进入血液，经由血液循环而到达生物体内的各个组织与器官。不同的纳米颗粒进入血液后，停留在血液中的时间或许不同，但一般在 1d 内纳米颗粒就会进入各个组织和器官。动物实验证实，小鼠被静脉注射量子点（一种纳米颗粒）24h 后，血液中量子点的量小于注射总量的 10%，同时发现量子点在尿液与粪便中的排泄量几乎是零。此外，也发现量子点在注射初期会累积在脾脏、肝脏与肾脏，观察小鼠 4 周后，脾脏与肝脏的累积量逐渐减少，在肾脏的累积量则稳定且持续地增加，同时排出体外的量仍然非常少。

目前关于纳米材料与生物体相互作用机制方面的研究主要是在分子层面，以期能解释纳米材料产生生物学效应的原理。Nel 等提出的纳米材料与生物组织相互作用的机制，表明生物组织相互作用与纳米材料的组成、电子结构、表面键合物质、表面覆盖（活性或惰性）和溶解性等性质有关，另外还与其他环境因素（如紫外线活化）有关。例如，尺寸减小会引起纳米材料产生不连续的晶面，使得结构缺陷增加，这些缺陷可能会提供新的生物作用点。大多数纳米材料表现出毒性是由于材料的电子活性点（给电子或受电子基团）能与氧分子发生作用，形成超氧阴离子，通过歧化反应产生额外的活性氧（ROS），导致细胞氧化损伤。

此外，纳米材料还可能会造成蛋白质变性、细胞膜破坏、DNA 损伤、免疫反应和异物肉芽瘤。蛋白质在纳米材料表面的变性或退化导致其结构和功能发生改变，包括对酶功能的调控改变。不仅如此，纳米材料与蛋白质结合后形成的络合物可能具有更高的机动性，进入通常难以到达的生物组织。

二、纳米材料安全性研究现状

美国和欧洲的科学家针对大气污染物中纳米颗粒成分进行了一项长达 20 年的流行病学研究，结果发现：人群发病率和死亡率与他们所处生活环境空气中大气颗粒物浓度和颗粒物大小密切相关，死亡率增加是由浓度非常低的相对较小的颗粒物的增加引起的。纳米材料染毒途径主要包括活体体内染毒和体外研究等手段。利用细胞株染毒试验，可进行不同纳米材料的暴露染毒，研究纳米材料对细胞活性的发育毒性的测试与机制研究。利用活体动物体内染毒试验，可研究纳米材料的一般毒性和特殊毒性，纳米颗粒的吸收、分布、代谢和排泄等特殊生物转运过程。目前为止，对纳米 TiO_2、纳米 SiO_2、碳纳米管、富勒烯、纳米银和纳米铁粉等纳米物质的生物学效应进行了比较广泛的研究。

2003 年 4 月 *Science* 杂志首先发表文章讨论纳米材料与生物环境相互作用可能产生的生物学效应问题，随后 *Nature*、*Science*、美国化学会以及欧洲许多学术杂志先后发表文章，美国、英国、法国、德国、中国相继召开学术会议，探讨纳米材料生物学效应，尤其是纳米材料对健康和环境方面存在的潜在影响。2004 年 12 月，欧共体在布鲁塞尔公布了欧洲纳米技术战略（European Strategy for Nanotechnology）和关于欧洲纳米技术战略的公开咨询（Open Consultation on the European Strategy for Nanotechnology）把研究纳米生物环境健康效应问题的重要性列在欧洲纳米发展战略的第三位。2006 年 12 月 18 日，欧盟通过了关于化学品注册、评估、许可和限制（Registration Evaluation and Authorization of Chemicals，REACH）化学品法规，也包括了纳米材料的监管，欧盟新兴及新鉴定健康风险科学委员会（SCENIHR）已分别于 2006 年 3 月 10 日和 2007 年 3 月 22 日提出了关于纳米材料风险评估的 2 个意见。

美国国家科学基金会的一个研究小组指出，对工业纳米颗粒物风险评价需要解决以下几个关键问题：①研究工业纳米颗粒物的毒理学；②建立工业纳米颗粒物的安全暴露评价体系；③研究使用现有的颗粒和纤维暴露毒理学数据库外推工业纳米颗粒物毒性的可能性；④工业纳米颗粒在环境和生物链中的迁移过程（transportation）、持续时间（persistence）及形态转化（transformation）；⑤工业纳米颗粒在生态环境系统中的再循环能力（recyclability）和总的持续性（overall sustainability）。

目前，国内纳米生物学效应的研究工作主要从整体动物水平、器官水平、细胞水平、分子水平等几个层面开展。其重点是研究纳米物质整体生物学效应及对生理功能的影响、纳米物质的细胞生物学效应及其机制，以及大气纳米颗粒对人体作用和影响等领域的研究。

（1）在纳米颗粒的整体生物学效应方面，目前已经取得了一些初步的研究结果。但是，大部分纳米材料的生物学效应以及它们和相应微米材料的差别等问题还没有进行研究。

（2）纳米颗粒在体内的吸收、分布、代谢和清除，各种纳米物质与生物靶器官相互作用的机制等，是另一个重要的研究方向。

（3）纳米颗粒与细胞的相互作用研究刚刚开始。纳米颗粒能够进入细胞并与细胞发生作用，主要是对跨膜过程和细胞分裂、增殖、凋亡等基本生命过程的影响和相关信号转导通路的调控，从而在细胞水平上产生的生物学效应。研究发现，材料的拓扑结构和化学特性是决定细胞与其相互作用的重要因素。某些纳米拓扑结构会促进细胞的黏附、铺展和细胞骨架的形成，但是在某些情况下，纳米拓扑结构会对细胞骨架分布和张力纤维的取向产生负面影响。纳米材料与细胞的作用机制目前尚不清楚，需要更进一步的系统研究。

（4）纳米颗粒与生物大分子的相互作用研究。重点在纳米材料与生物大分子（例如蛋白质、DNA）的相互作用及其对生物大分子结构和功能的影响等。

（5）大气中纳米颗粒的生物学效应。目前，临床实验研究已对大气中超细颗粒物的生物毒性得出了初步结论，发现尺寸在 7～100nm 的颗粒物在人体呼吸系统内有很高的沉积率；尺寸越小越难以被巨噬细胞清除，且容易向肺组织以外的组织器官转移，超细颗粒物可穿过血 - 脑屏障。2013 年 10 月 17 日，世界卫生组织下属国际癌症研究机构发布报告，首次明确大气污染对人类致癌，并视其为普遍和主要的环境致癌物。因此随着纳米毒理学的发展，这方面的研究和数据将更加丰富，分析测试方法将更加完善。

在纳米颗粒的整体生物学效应方面，目前已经取得了一些初步的研究结果。研究发现在生理盐水溶液中尺寸小于 100nm 的磁性纳米颗粒，进入生物体容易与心血管系统相互作用，可能有导致心血管疾病的潜在危险。对这种纳米颗粒表面进行化学修饰，可以极大地改变它的生物学效应。研究发现，纳米 CuO、微米 CuO 和 Cu^{2+} 均能对斑马鱼的各个脏器及胚胎造成严重伤害，微米 CuO 和 Cu^{2+} 依次比纳米 CuO 更具毒性，且尺寸较小的纳米 CuO 更具毒性。但纳米 ZnO 与普通的微米 ZnO 的生物毒性几乎没有差别。

无论国际还是国内，纳米生物安全性研究都刚刚开始，是一个新诞生的交叉学科领域。它既是国际科学前沿，也是与人类健康与生活密切相关的重要社会问题，充满了科学创新的机遇。

三、纳米材料安全性研究存在的问题

关于纳米材料的生物学效应研究才刚开展，由于生物体的多样性和复杂性，这给研究带来了很大的困难，因此有必要建立一套完善的体系，对纳米材料的生物作用机制、生物效益和安全性展开调查。同时也应该看到，这个新的交叉学科领域给广大科研工作者带来了新的研究机遇。对每年不断涌现的新型纳米材料进行生物安全性评价就显得尤为紧迫和必要，合适的研究模型和高通量筛选的方法以及系统的人群流行病学调查将成为纳米材料生物安全性评价体系建立的下一步研究重点。

例如，Cheng 等利用电喷雾的方法合成了含有纳米材料（铜、镍）的气溶胶，并精确控制气溶胶中纳米颗粒的含量，通过检测气溶胶中纳米材料作用于上皮细胞系而诱发的 IL-8 来衡量纳米材料的生物反应强度，并建立了一套纳米材料暴露于细胞的方法，这种方法提供了有效的评价手段。然而，正是由于目前所用的评价方法均是短期评价，因此很难对纳米材料的生物学效应有彻底的认识，有时甚至对同样的纳米材料可能会得到其不同生物学效应的结论。例如，Monteiro-Riviere 等研究了碳纳米材料作用于人体皮肤角化细胞的毒性，分别利用透射电镜、中性红染色、MTT 细胞活力分析和 IL-8 释放分析这 4 种评价方法进行研究，但是得到的结果却不一致。Hurt 等认为纳米材料可能会干扰内在的代谢过程或信号转导途径，导致细胞的生物化学作用发生轻微的紊乱，产生的结果在短期的毒性分析中可能表现并不明显，因此在对生物体系进行短期或亚慢性的纳米材料暴露试验中，应采取具有典型性的体内或体外环境，并且需对实验过程进行校准。同时，如何检测纳米材料在生物体系内的分布也是评价体系的一个重要组成部分。由于纳米材料的尺寸太小，以往用于生物微观分析的光学显微镜已不能胜任，虽然薄层透射电镜方法很有效，但操作复杂且很耗时。已有结果显示荧光检测法较为简便有效，目前的困难是寻找出可以通过共价键或吸附的方法与纳米材料关联的荧光物质，但同时又不能改变纳米材料的化学和物理性质。这方面的工作也为材料学和生物学的研究人员提供了新的研究方向。

在做纳米材料安全性评价时所面临的一个主要问题就是应用于普通化学物质的传统的评价标准已经不适用于纳米材料的安全性评价。因为纳米材料尺寸小，单位重量的纳米材料拥有更多的表面积，众所周知，物质表面的原子具有更高的能量，与其他分子反应之后才能稳定下来。因此，纳米材料能够吸附其表面的很多种的有机分子和大分子。一些实验已经证明在做纳米材料如碳纳米管和银纳米颗粒安全性评价时，这些材料会同染料相互作用，影响实验结果，这些实验包括 MTT 细胞活性分析、中性红染色，赫斯特、刃天青、阿玛尔兰、总 SOD 活性检测和考马斯亮蓝试验等。

四、关于建立纳米材料安全性评价体系的几点建议

纳米材料的化学组成及其结构是决定其性能和应用的关键因素。因此在原子尺度和纳米尺度对纳米材料进行表征是非常重要的。所以在对纳米材料进行安全性评价时，首先从材料的表征入手进行描述，这往往需要多种表征技术相结合才能得到可靠的信息，大大地推动了纳米材料科学的发展。

（一）纳米材料的表征方法

与传统材料不同，纳米材料的物理、化学性质主要取决于其纳米尺度内的粒径、形状及结构等特点，而材料所产生的生物学效应则与其理化性质密切相关。对纳米材料的详细表征是研究其生物学作用的基础，是对其性质和特征进行的客观表达，主要包括尺寸、形貌、结构和成分（表 10-2）。因此，在评价纳米材料可能产生的生物学作用时，需要考虑如何对材料进行详细的表征。目前，有一系列的检测技术可应用于纳米材料的表征：电子显微镜法，包括扫描电镜法（SEM）和透射电镜法（TEM）、光子相关谱（PCS）（或称动态光散射）、X 射线衍射法（XRD）、比表面积法以及 X 射线小角散射法（SAXS）等。

表 10-2 纳米材料的表征

特性	表征参数
尺寸	粒径、直径或宽度、长径比、膜厚等
形貌	粒子形貌、团聚度、表面形态、形状等
结构	晶体结构，表面结构，分子、原子的空间排列方式，缺陷，位错，孪晶界等
成分	主体化学组成、表面化学组成、原子种类、价态、官能团等
其他	应用特性，如分散性、流变性、表面电荷等

除上述常用的方法外，纳米材料的表征手段还有很多，如用氮吸附法（BET 法）测定纳米颗粒的比表面积，从而研究团聚颗粒的尺寸及团聚度等；用电位仪测定表面电荷，研究表面状态对团聚度的影响等。此外，高分辨率电子显微镜（HREM）、荧光光谱等也用于研究和表征纳米材料。一个纳米颗粒可能包含 1～10 个原子。如何合成和表征这样大小的分子和原子集团——纳米颗粒，是现代化学领域面临的重大挑战。随着纳米材料科学的迅猛发展，在如何表征、评价纳米粒子的粒径、形貌、分散状况，分析纳米材料表面、界面性质等方面，必将提出更多、更高的要求。因此，纳米材料表征技术的进步，必将推动纳米材料科学不断向前发展。

（二）分层评价体系

为了更加准确地认识到纳米材料的毒性，需要我们站在更高的高度来对待纳米材料安全性评价体系的建立，已有专家指出目前要重点解决的问题：一是建立多学科交流平台，只有通过跨学科研究人员之间

的密切合作，广泛交流才能对纳米材料的安全性有充分和深刻的理解；二是建立一个代表性纳米颗粒集合作为标准尺度；三是建立一整套的分层的评价方法。

考虑到纳米材料的特殊性质，在进行体内实验（动物实验）和体外实验（细胞生物学实验）之前必须先对其一系列理化性质进行考查，包括颗粒大小（表面面积、粒径分布、聚集状态）的测定，化学组成（纯度、结晶度、导电性）的确定，表面结构（表面连接、表面改性、有机 / 无机包衣），溶解行为的研究。获得这些参数，将能够更好地解释纳米材料引发细胞水平、亚细胞水平、蛋白质水平的生物学效应的机制。

在做安全性评价实验时，由于纳米材料与实验用的染料或试剂之间的相互作用，常常导致实验结果的不一致。由此可见，在所有的比色测定中都需要预实验来排除非实验因素的干扰。在某些实验中，需要使用一种以上的实验方法 / 体系来评估染色试剂对细胞的毒性。表 10-3 是 Balbus 等建议的分层纳米材料危险评估方案。

表 10-3　纳米材料分层影响人类健康危险评估的建议方案

分层	方案
第一层	■ 吸收 / 转移 ■ 体外机制研究 ■ 高通量筛查 ■ 活性氧产生 ■ 在生物环境中溶解
第二层	■ 扩展的亚慢性毒性试验 ■ 组织病理学 ■ 扩展的毒药物动力学（ADME）研究
第三层	■ 基于特定器官毒性 ADME 研究（如神经毒性、生殖毒性） ■ 以外的研究，以澄清早期发现的毒性机制

目前纳米材料的安全性研究主要是在第二层和第三层，缺乏体外毒性机制的研究以及高通量筛查方法的建立。在进行安全性评价时可以在体内通过急性毒性试验获得半数致死量（LD_{50}）和最大耐受剂量（maximum tolerated dose，MTD）等基本数据，对其毒性进行分级，初步了解受试物的毒性强度、性质和可能的靶器官，获得剂量 - 效应关系，为进一步的毒性试验研究提供依据。

表 10-4A，指出了在进行纳米材料安全性评价中，应该对材料的理化性质进行的必要描述。这是因为在不同的生产制备过程中和不同的生物环境中，纳米颗粒的物理和化学性质可能发生变化。

纳米结构（nanostructure）是以纳米尺度的物质单元为基础，按一定规律构筑或营造一种新的体系，它包括一维的、二维的、三维的体系。这些物质单元包括纳米颗粒、稳定的团簇或人造超原子、纳米管、纳米棒、纳米丝以及纳米尺寸的孔洞等。关于纳米结构组装体系的划分至今还未形成一个公认的看法，根据纳米结构体系构筑过程中驱动力是靠外因还是靠内因来划分，大致可分为：人工纳米结构组装体系、纳米结构自组装体系。人工纳米结构组装体系：是利用物理和化学的方法，人工地将纳米尺度的物质单元组装、排列构成一维、二维和三维的纳米结构体系，包括纳米有序阵列体系、介孔复合体系等。纳米结构的自组装体系：是指通过弱的和较小方向性的非共价键，如氢键、范德瓦尔斯力和弱的离子键协同作用把原子、离子或分子连接在一起构筑成一个纳米结构或纳米结构的花样。

纳米材料的表面特性是指纳米颗粒的表面原子数与总原子数之比随粒径的变小而急剧增大后所引起的性质上的变化。比表面积是指单位质量物料所具有的总面积，分为外表面积、内表面积两类，单位为 m^2/g。粉末的比表面积同其粒径、粒径分布、颗粒的形状和表面粗糙度等众多因素有关，它是粉末多分散性的综合反映。测定粉末比表面积的方法很多，如空气透过法、BET 吸附法、浸润热法、压汞法、X 射线小角散射法等，另外也可以根据所测粉末的粒径分布和观察的颗粒形状因子来进行计算。

表 10-4B 指出了在无细胞体系，体外实验（细胞）和体内实验时，对纳米材料进行代谢和 ADME 过程评价需要考虑的方法。表 10-4C，指出了在体外实验和体内实验中需要考虑的纳米颗粒的特殊化学性质。

表 10-4 多种实验方法用于确定纳米材料属性

属性分类	评价指标
A. 理化特性	结构
	表面特性
	比表面积
	化学组成
	活性氧的产生
	毒性测试的标准尺度
B. ADME/转运过程	有效示踪标记物
	聚集与转化
	溶解度
	跨膜运动
C. 特殊化学性质	生物相容性
	催化活性
	大分子干扰
	载体

因而，与传统化学物安全性评价相比，纳米颗粒的这些特殊的理化性质，尤其是潜在的特殊毒性机制，对纳米材料的安全性评价会面临新的挑战。这些困难还包括从细胞到动物的外推，从动物到人群的外推。具体评价研究过程包括：

（1）根据急性毒性试验获得的基本数据对纳米颗粒进行毒理学分级。

（2）通过动物体内实验研究纳米颗粒在体内的吸收、分布、代谢和排泄的生物转运过程，在此实验过程中应当注意要根据人群不同暴露途径，选择相应的不同的染毒方式。

（3）根据不同纳米颗粒的进入途径及聚集部位，选择合适的细胞系进行体外的安全性评价实验。目前主要采用的检测方法有细胞活性检测、氧化反应检测和遗传毒性检测等。主要采用的细胞类型包括吞噬细胞、神经细胞、肝细胞、上皮细胞、内皮细胞、红细胞和各种癌细胞。由于纳米材料的特殊理化性质可能会对实验带来不稳定性，所以要求在纳米材料毒性研究中，需要多种测定技术。研究者在对单个生物评价、个别细胞株或无蛋白质培养基条件下得出的结论要特别注意，应与多种测定方法得到的相关结果进行比较。

纳米材料的生物安全性评估是一个全球性的问题，纳米安全性涉及诸多学科，如电子、生物、物理、化学、社会学等。所以，对纳米技术生物安全性的评估研究需要临床医学、基础医学、毒理学、物理学、分子生物学、化学、环境科学和社会伦理学等多学科的融合，应该是由多个学科互相协作共同完成，并充分利用各种先进的分析技术，包括依托各种先进科学设施开展多学科的综合研究。

通过对于纳米颗粒安全性问题的阐述，得出以下关于纳米技术安全性问题的解决建议：

（1）客观宣传和使用纳米材料，使科技研发生产人员以及消费者充分认识到纳米颗粒的利弊，过分夸大危害和好处都是错误的。

（2）建立纳米安全性研究基金，完善整合研究资源。由国家设立专项研究资金，建议由国家纳米科学中心等国家公共研究机构对我国纳米科研院所以及企业研发机构进行登记备案，定期发布各学科最新研究成果，从而避免科研重复和资源浪费，同时最大限度地降低由科研造成的纳米颗粒排放。

（3）构建基本纳米安全数据库并向各研发机构开放。纳米安全数据库作为纳米颗粒生物安全性研究的基础项目，对于保障纳米产业的良性发展具有重要意义。

（4）设立纳米材料安全性标准和法规。由于纳米材料具有一些不寻常的特性，目前有关的生产使用安全标准评价体系都不适用于纳米材料，所以我国应考虑制定一些关于纳米技术的、有针对性的行业标准和法规，特别是长期处于高密度纳米颗粒环境中的劳动者职业安全标准，通过法律的手段来对相应的行为进行强制性约束，以最大限度地减小纳米材料带来的负面效应。

（5）应用纳米颗粒生物安全性的研究成果。进一步拓展纳米毒理学研究的思路，应用某些"毒理"，以产生有益的生物医学效益，如对病变细胞的控制和病变组织的修复，还可以考虑研究如何利用纳米物质的生物学效应来进行某些病变的早期预测诊断。

第三节 纳米材料的管理

一、管理毒理学基本内容

在管理毒理学中，有一个重要的概念与工作内容，即危险度评价。危险度评价是卫生决策的主要依据，可使卫生决策更为客观，从而减少工作中的失误。

在管理毒理学（regulatory toxicology）实际工作中，毒理学工作者的主要任务是提供有关化学品的毒理学资料以及危险度的评定。管理毒理学工作者则以此种资料以及化学品危险度的评定为依据，并结合其他有关因素和实际情况，制订有关毒理学的法规，对化学品进行卫生管理。我国自1982年以来，也陆续制定了一些暂行规定或程序。例如，我国卫生部曾在1983年公布《食品安全性毒理学评价程序（试行）》，1985年又经修订，并正式公布[（85）卫防字第78号文件]，1992年又对其进行修订。1982年农牧渔业部颁布《农药毒性试验方法暂行规定（试行）》。我国卫生部和农业部为了配合其他部门共同做好我国农药管理工作，于1991年6月颁布了新的《农药安全性毒理学评价程序》。该程序是在《农药毒性试验方法暂行规定（试行）》和《食品安全性毒理学评价程序（试行）》的基础上，收集并参考了国内外有关农药和化学物品的管理经验和安全性评价资料，较全面地考虑到农药安全性的各个方面，提出了符合农药特点的各项要求，协调了这些程序和国内现有法规的关系。

危险度（risk）是指在特定条件下，因接触某种水平的化学毒物而造成机体损伤、发生疾病甚至死亡的预期概率。外源化学物质的危险度，是指化学物质在一定接触条件下，对人体造成损害可能性的定量估计。此种可能性可以化学物质对机体或人群造成损害程度，即发病率或死亡率进行定量表示。

可接受的危险度（acceptable risk）：公众和社会在精神、心理等各方面均能承受的危险度。

实际安全剂量（virtual safe dose）：与可接受的危险度相对应的化学毒物的接触剂量。

危险度评价（risk assessment）：是在综合分析人群流行病学调查、毒理学试验、环境监测和健康监护等多方面研究资料的基础上，对化学毒物损害人类健康的潜在能力做定性和定量的评估，对评价过程中存在的不确定性进行描述与分析，进而判断损害可能发生的概率和严重程度。目的是确定可接受的危险度和实际安全剂量，为政府管理部门正确地做出卫生和环保政策、制定相应的管理法规和卫生标准提供科学依据。

危险度评价是对有毒化学品进行卫生管理的主要依据。在管理毒理学实际工作中，经常需要做出政策性的决定，而政策的决定主要根据危险度进行利弊权衡分析。

例如，一种农药的生产使用，其有利方面是可以杀灭某些病虫害，使农作物增产；其有弊的方面是由于某种原因农药的使用对环境造成污染，引起中毒或使有关人群发病率增加。

对某项政策的决定，必须权衡利弊，综合工农业生产需要、环境质量的保护和人民健康的保障等经济效益、社会效益以及卫生效益全面分析考虑，或利多弊少或利少弊多。如果使用一种农药使农作物大量增产，虽有一定危险度，但不过高，即可认为利大于弊；反之，一种农药虽有杀虫效果，但不甚明显，危险度又较高，又有其他农药可以代替，则为弊大于利。据此可以决定取舍，但实际中并非都是如此简单明确。

对某种外源化学物质进行安全性评定时，必须掌握该化学物质的成分、理化性质等基本资料，动物实验资料，以及对人群的直接观察资料，最后进行综合评定。所谓绝对的安全，实际上是不存在的。在掌握上述三方面资料的基础上，进行最终评价时，应全面权衡其利弊和实际的可能性，从确保发挥该物质的最大效益以及对人体健康和环境造成最小危害的前提下做出结论。

安全性毒理学评价程序的原则：在实际工作中，对一种外源化学物质进行毒性试验时，还须对各种毒性试验方法按一定顺序进行，即先进行何项试验，再进行何项试验，才能达到在最短的时间内，以最经济的方法，取得最可靠的结果。程序包括四个阶段，即急性毒性试验；蓄积性毒性、致突变和代谢试验；亚慢性毒性（包括繁殖、致畸）试验；慢性毒性（包括致癌）试验。

二、纳米材料的管理

纳米材料的管理主要包括以下三个方面，即纳米食品的安全性管理、纳米医药的安全性管理和化学品的安全性管理。

（一）纳米食品的安全性管理

纳米食品是指运用纳米技术对人类可食的天然物和合成物及生物生成物等原料进行加工制成的粒径小于 100nm 的食品。近年来，纳米技术的逐渐成熟以及纳米技术不断成为农业和食品领域发展的一个战略平台，纳米技术在这一领域的研究应用被称为农业食品纳米技术（agrifood nanotechnology），从长远目标来看，这一技术将成为推动经济发展的动力。美国、日本等发达国家在这一领域的研究和应用上进行了大量的投资，开展了大量纳米食品的技术研究与产品开发工作，部分制备技术已经较成熟，相关的生物活性研究也成为热门的研究领域。日本的纳米食品和营养物研究近年来发展较快，日本太阳化学株式会社 Nano-Function 事业部利用纳米水平的界面控制技术，开发了营养输送系统（nutrition delivery system，NDS），成功实现了多孔纳米材料的规模化大批量生产，目前，NDS 已被广泛应用于各种食品。目前全球有 200 多家公司活跃在与食品相关的纳米技术产品的研发上，投入市场的产品主要是食品和饮料用纳米包装材料、纳米营养物等。我国农业技术领域的纳米技术研究起步于 20 世纪 90 年代中期，基本上与国际发展同步，国家科学技术委员会于 1992 年 10 月将纳米材料科学研究列入了国家“攀登计划”，并列入了“863”计划，组织了一些科研单位进行攻关，现已取得了一批生产及应用的科研成果。在用于营养物以及功能性食品配料纳米载体方面的研究我国仍处于起步阶段，自 2003 年起，在原有微胶囊研究的基础上，开展了纳米脂质体、微乳等制备技术的研究，研究成果应用于多种产品。

纳米技术是一种全新的技术，使得纳米食品的功效性和安全性受到质疑，接受程度受到影响，大部分消费者都持保守的态度。纳米食品在活性、吸收利用率等增大的同时还应该考虑到有害物质的吸收、渗透等问题。目前，国际上尚未形成统一的针对纳米食品（材料）的生物安全性评价标准，尽管使用的评价方法和生物体系很多，但是大多数是短期评价方法，如毒性、细胞功能异化和炎症等，短期模型很难对纳米食品（材料）生物学效应有彻底的认识，甚至同样的样品会分析得出不同生物效用的结论，得到不同的结果。纳米技术在此领域的研究仍在起步阶段，对纳米食品的安全性，即其对人体和环境的影响等方面问题的认识还不够全面和深入，成为纳米食品研究和开发的制约因素。

（二）纳米医药的安全性管理

纳米医药由于在肿瘤、心血管疾病、传染病等重大疾病的诊治方面所显示出来的广阔的应用前景，在短短几年就受到各国政府的关注，相继加大了对纳米医药研究的资助力度，众多发达国家都已将纳米生物技术和纳米医药作为本国国家纳米发展战略的主要内容之一。因其特殊的物理、化学性质，在进入生命体和环境以后，它们之间相互作用所产生的化学特性等与化学成分相同的常规物质有很大不同。也许部分纳米材料对人体和自然环境无害，但是，由于其大小与 DNA、蛋白质、病毒以及生物分子的尺寸相当，甚至可能包含人类尚未充分了解的风险，错误地使用可能对人类健康以及生态环境等造成不利影响。纳米医学材料最终应用与否取决于它能否被消费者所接受，其本质是要使公众相信它是安全的。所以对其进行安全性评价是非常重要和必要的，对纳米医学材料，尽快建立健全相关的法律、法规、质量和安全标准（如中华人民共和国国家质量监督检验检疫总局和国家标准化管理委员会于 2005 年 2 月 28 日发布并于 4 月 1 日起实施的首批 7 项纳米材料标准），7 项标准均为推荐性国家标准，包括 1 项术语标准、2 项检测方法标准和 4 项产品标准，分别是《纳米材料术语》（GB/T 19619—2004）、《纳米粉末粒径分布的测定 X 射线小角散射法》（GB/T 13221—2004）、《气体吸附 BET 法测定固态物质比表面积》（GB/T 19587—2004）、《纳米镍粉》（GB/T 19588—2004）、《纳米氧化锌》（GB/T 19589—2004）、《超微细碳酸钙》（GB/T 19590—2004）和《纳米二氧化钛》（GB/T 19591—2004）。2012 年 12 月，由中国检验检疫科学研究院主导制定的两项国际标准新项目 ISO/TS 11931《纳米碳酸钙 第一部分 表征与测量》和 ISO/TS 11937《纳米二氧化钛 第一部分 表征与测量》，经国际标准化组织纳米技术委员会（ISO/TC 229）批准，也已正式发布。这标志着我国在纳米材料国际标准制定方面取得了重大突破。

（三）化学品的安全性管理

欧盟 REACH 制度中文全称为《关于化学品注册、评估、授权与限制制度》。该制度已于 2007 年 6 月 1 日正式生效。其中法规的第Ⅱ、Ⅲ、Ⅴ、Ⅵ、Ⅶ、Ⅺ和Ⅻ篇（分别涉及注册、数据共享和避免不必要的试验、下游用户、评估、许可、分类与标签目录、信息等主题）与第 128 条（涉及欧盟内部各成员国的规定）和 136 条（有关现有物质的过渡措施）自 2008 年 6 月 1 日起实施；第 135 条（涉及通告物质的过渡措施）自 2008 年 8 月 1 日起实施；法规第Ⅷ篇和附录ⅩⅦ（两项都涉及限制的规定）自 2009 年 6 月 1 日起实施。

按照其规定，凡未办理注册企业产品将从 2009 年 1 月 1 日起被分阶段禁止进入欧盟市场。REACH 制度是当前全世界最为严格的化学品监控管理体系，其宗旨与目的名为保护环境和消费者健康安全，实质依然是一项新的技术性贸易壁垒措施。欧盟特别成立了欧洲化学品管理局（European Chemicals Agency，ECA）保证 REACH 指令的实施。新成立的欧洲化学品管理局设在芬兰赫尔辛基。

“一种化学物质，在尚未证明其安全之前，它就是不安全的。”这是欧盟酝酿多年并将正式实施的 REACH 制度的重要理论依据。这一原则将推翻先前的假定原则：“一种化学物质，只要没有证据表明它是危险的，它就是安全的。”在 REACH 法规中，化学物质（substance）定义为自然存在的或人工制造的化学元素和它的化合物，包括加工过程中为保持其稳定性而使用的添加剂和生产过程中产生的杂质。

议会的环境委员会对于有时会用于防紫外线、防晒霜的纳米材料，曾有过激烈讨论。委员会的社会主义党派和绿党代表尝试建议禁用所有的纳米材料，除非得到特别审批，但遭到了否决。委员会采取了保守派和自由党的意见，认为纳米材料可以用于化妆品，除非欧盟消费品科学委员会（SCCP）断定某种用于特定产品中的纳米材料是不安全的。

大部分成员国以及委员会对纳米材料“准许进口的货单 / 肯定列表”（positive list）表示反对。（欧洲经济共同体）常驻代表委员会（Committee of Permanent Representatives，COREPER）反对“准许进口的货单 / 肯定列表”并不令人意外，但用于着色剂、防腐剂，或防紫外线材料的纳米材料在法规正式生效前 36～42 个月需要经过批准。根据化妆品标签的配料清单，COREPER 决定，清单中如果含有纳米材料，则必须在该配料名称中加入“纳米”字样。

三、纳米材料管理现状

（一）美国纳米计划管理预算及发展战略

纳米领域学术和工程研究人员坚信，纳米科学的研究将使医学、制造、材料、建筑、计算和通信领域取得革命性的突破。在较短的时间内，纳米技术从一个模糊不清的研究发展成世界范围的科学学科和工业性企业。据美国国家科学基金会的预测：2015 年前纳米技术将成长为万亿美元的企业，拥有 500 种以上纳米级或纳米工程材料的产品上市。纳米与生物技术相结合预计会创造出全新一代的药品、生物医疗设备以及有助于解决那些已经对人类形成严重挑战的疾病。2006 年 9 月，美国国家研究理事会（NRC）首次发布了其 3 年一次的国家纳米计划评估报告。该报告认为，联邦政府的研发项目旨在知识进步和技术开发，以满足国家经济发展的需要。国家研究理事会评估报告的结论：一是国家纳米计划的发展战略目标清晰；二是所建立的相关项目领域都具有战略性的重要内容；三是为实施纳米计划，联邦政府的资助对纳米技术相关领域和学科发展起到了不可或缺的引导作用。2004 年，布什政府把国家纳米计划指定为多联邦机构参与研发的计划，旨在通过各机构间的经费、研发以及基础设施等方面的协调，使联邦政府对纳米的研发投入回报最大化。美国联邦政府给国家纳米计划的投入，从 2001 财年的 4.53 亿美元增至 2008 财年 11.67 亿美元（以 2001 年美元值计算），增长了 158%。美国国家纳米计划的协调工作在联邦政府中分为两个不同的层面：第一个层面，随着 21 世纪纳米技术研究和发展法案的通过，美国国家科学和技术理事会（NSTC）下属的技术委员会（CT）负责确定参与国家纳米计划的各联邦机构的研究重点，并协调行动；国家科学和技术理事会要求总统科学技术顾问理事会（PCAST）定期对国家纳米计划的实施进行评估；国家科学和技术理事会的技术委员要求纳米科学、工程和技术（NSET）委员会（由参与国家纳米计划的联邦政府机构组成）协助总统科学技术顾问理事会对国家纳米计划进行的评估。此外，2003 财年国防授权法案授权国家科学和技术理事会负责国防部纳米技术研发的协调。第二个层面，2000 年 10 月，美国国家科学和技术理事会成立了国家纳米技术协调办公室（NNCO）。除了负责国家纳米计划实施的日常管理外，国家纳米技术协调办公室还协助技术委员会确定资助重点、制定预算以及评价目前国家纳米计划实施的情况。21 世纪纳米技术研究和发展法案所涉及 5 个联邦政府机构：国家科学基金会（NSF）、能源部（DOE）、国家航空和宇宙航行局（NASA）、商务部所属的国家标准和技术研究院（NIST）以及环境保护局（EPA）。此外，为了体现委员会的管辖范围，国家纳米计划授权法没有把其他 6 个资助纳米技术研究的联邦机构的研发项目纳入该计划之中。这 6 个联邦政府机构是：国防部、国土安全部、农业部、法务部、国立卫生研究院以及国立职业安全与健康研究所。

21 世纪纳米技术研究和发展法案通过之后，国家科学和技术理事会的技术委员会成为国家纳米计划的发展战略负责部门。国会要求国家科学和技术理事会每 3 年将战略计划更新一次。根据国家科学和技术理事会的报告，2007 财年国家纳米计划的战略是将对纳米学科的了解和控制能力提升至可以引发技术和工业革命。

21 世纪纳米技术研究和发展法案，要求美国国家科学和技术理事会，建立重点突出且技术目标明确的计划组成领域（PCAs），体现整个纳米计划的优先目标。国家纳米计划的目标包含了对研发的前景设想与计划组成领域的投资，这些对达到预期的目标极为重要。这些领域打破了参与项目的政府机构间的需求和利益，使纳米技术研发项目通过多政府部门间协调取得成效。计划组成领域提供联邦政府机构资助研发项目的结构有助于更为直接地协调机构间的研发活动。计划组成的 7 个领域是基础纳米、纳米材料、纳米设备和系统、仪器研究计量和标准、纳米制造、大型研究设施和仪器、纳米技术对社会影响；主要研究设施和仪器的采购、社会关注的问题。2006 年，所有计划组成领域的投资主要用于基础研究，占总资金量的 75%。

美国国家科学技术委员会于 2011 年发布了最新的国家纳米计划战略规划。国家纳米计划的宗旨是发展国家利益下的研发，美国国家纳米计划的主要领域横跨各参与机构的兴趣和活动区域，并且代表了国家纳米计划目标中可以通过机构间合作加快实现的领域。规划根据总体目标确定了八大主要领域。与之前的各年份规划报告相比，前七大领域不变，增加了第八大领域，为教育和社会维度，即支持针对纳米技术的社会影响的相关教育活动，包括如开发中学教育和研究生教育所需的材料、新的教学工具等。从社会、行为、法律和经济展望的角度，分析研究纳米技术对社会的影响，调查在纳米尺度下激励科学发现的影响因素，探索和开发确保纳米技术的安全性和可靠性的有效方法，研究会聚技术提升人类能力的潜力。

（二）欧盟纳米安全性计划管理现状

为进一步加强欧盟对纳米科技的研发，欧盟委员会决定在欧盟《第七个科研框架计划（2007—2013）》（简称 FP7）中双倍追加对纳米科研经费的投入，注重跨学科研发活动的开展，尤其是对“FP7”框架下以工业应用为导向的纳米电子研究予以特别支持，建立一条从创造、转移、产品化到使用较为完整的知识链。先后颁布了多部涉及人类健康、环保、危险工种安全的法律法规，就纳米产品的安全等问题也进行过多次研讨和论证。欧盟委员会决定在此基础上，采取下列措施，进一步完善纳米科技产品的风险评估和管理机制：

（1）在纳米科技应用研究的早期阶段弄清所担忧的安全问题，并责成欧盟新生健康风险科学委员会就现行的有关措施能否适用对纳米产品潜在风险的评估要求，提出意见和建议。

（2）制定安全、有效的措施，把工人、消费者以及环境对纳米物体的暴露危险降到最低程度。

（3）与各成员国、国际机构以及工业界等合作，制定纳米产品风险评估和管理模型、指南、标准以及术语词表。

欧盟发布的 2015—2025 纳米材料安全研究路线图——《欧盟纳米安全 2015—2025：向安全和可持续的纳米材料和纳米技术创新迈进》，对未来一段时间内纳米安全研究的优先领域和发展路线图做了阐述。

该报告指出，纳米技术是建设一个以精明、可持续和包容性增长为基础的创新欧盟的关键技术驱动之一，也是欧盟提出的关键使能技术之一。纳米技术快速地促进了新一代智能和创新产品与处理过程的发展，为众多工业部门创造了极大的增长潜能。保持这一增长势头非常重要，因为这样纳米工程材料的所有有用特性才可以在为数众多的纳米科技应用中得到全面的发挥。

欧盟2015—2025纳米材料安全研究路线图旨在提供对该时间段内欧盟纳米安全研究的理解。该报告还甄别了该阶段研究应该取得的主要成就。之所以选取这一时间段，主要是依据欧盟“地平线2020”的创新和研究科技框架项目的时间而设定。纳米材料安全路线图的阶段性目标以5年为一个区间，表明了在2015—2025年间不同阶段的预计成果。这些阶段性目标分为纳米材料的表征和分级、纳米材料的暴露和转移、纳米材料的危害、纳米材料的风险预测和管理工具等4个主题。

目前，随着纳米材料日益广泛的应用，大大增加了人们接触纳米材料的机会，对其进行安全性评价就成为迫切需要解决的问题。但是纳米颗粒生物学评价的研究目前还不是很多，所以应该尽快开展纳米颗粒在体内的分布及转运和转化、纳米材料的毒性和毒理学等方面的研究。同时，不能对纳米材料的毒性一概而论，指出它们之间的差别是一个很大的热点和挑战。为了避免出现严重的污染问题，在开发新纳米材料的同时必须对其毒性和健康效应进行评价。

总之，目前纳米材料的生物安全性已经引起了人们的广泛关注，但是有关纳米颗粒的生物安全性评价的研究还很缺乏，所以应投入更多的人力、物力对其进行研究，让纳米材料更好更安全地应用到更广阔的领域。

参 考 文 献

[1] ZORODDU M A，MEDICI S，LEDDA A，et al. Toxicity of nanoparticles[J]. Curr Med Chem，2014，21(33)：3837-3853.

[2] KHALILI F J，JAFARI S，EGHBAL M A. A review of molecular mechanisms involved in toxicity of nanoparticles[J]. Adv Pharm Bull，2015，5(4)：447-454.

[3] ELSAESSER A，HOWARD C V. Toxicology of nanoparticles[J]. Adv Drug Deliv Rev，2012，64(2)：129-137.

[4] HANDA T，HIRAI T，IZUMI N，et al. Identifying a size-specific hazard of silica nanoparticles after intravenous administration and its relationship to the other hazards that have negative correlations with the particle size in mice[J]. Nanotechnology，2017，28(13)：135101.

[5] ASWETO CO，WU J，HU H，et al. Combined effect of silica nanoparticles and benzo[a]pyrene on cell cycle arrest induction and apoptosis in human umbilical vein endothelial cells[J]. Int J Environ Res Public Health，2017，14(3)：289.

[6] DAS J，CHOI Y J，SONG H，et al. Potential toxicity of engineered nanoparticles in mammalian germ cells and developing embryos：treatment strategies and anticipated applications of nanoparticles in gene delivery[J]. Hum Reprod Update，2016，22(5)：588-619.

[7] BAKAND S，HAYES A，DECHSAKULTHORN F. Nanoparticles：a review of particle toxicology following inhalation exposure[J]. Inhal Toxicol，2012，24(2)：125-135.

[8] LIAO C，LI Y，TJONG S. C. Graphene nanomaterials：synthesis，biocompatibility，and cytotoxicity[J]. Int J Mol Sci，2018，19(11)：3564.

[9] SERVICE R F. American Chemical Society Meeting. Nanomaterials show signs of toxicity[J]. Science，2003，300(5617)：243.

[10] 王心如，庄志雄，孙志伟，等. 毒理学基础[M]. 北京：人民卫生出版社，2013.

[11] 郝卫东. 化学物的安全性评价[J]. 中国洗涤用品工业，2014，(10)：27-30.

[12] 王海涛，孟沛. 纳米材料的生态环境暴露与生态环境效应研究及其控制体系[J]. 化工新型材料，2014，42(11)：227-231.

[13] BATLEY G E，KIRBY J K，MCLAUGHLIN M J. Fate and risks of nanomaterials in aquatic and terrestrial environments[J]. Accounts of chemical research，2013，46(4)：854-862.

[14] BOUR A，MOUCHET F，SILVESTRE J，et al. Environmentally relevant approaches to assess nanoparticles ecotoxicity：a review[J]. J Hazard Mater，2015，283：764-777.

[15] BOROS B V, OSTAFE V. Evaluation of ecotoxicology assessment methods of nanomaterials and their effects[J]. Nanomaterials (Basel), 2020, 10 (4): 610.

[16] 赵宇亮. 纳米材料的生物安全性：预防医学的机遇及挑战 [J]. 中华预防医学杂志，2015，(9)：761-765.

[17] 马丽娟，张明兴，李斐，等. 石墨烯纳米材料的生物安全性研究进展 [J]. 鲁东大学学报：自然科学版，2020，36 (1)：60-70.

[18] WANG M, GAO B, TANG D. Review of key factors controlling engineered nanoparticle transport in porous media[J]. J Hazard Mater, 2016, 318: 233-246.

[19] SONI D, NAOGHARE P K, SARAVANADEVI S, et al. Release, transport and toxicity of engineered nanoparticles[J]. Rev Environ Contam Toxicol, 2015, 234: 1-47.

[20] WESTERHOFF P, ATKINSON A, FORTNER J, et al. Low risk posed by engineered and incidental nanoparticles in drinking water[J]. Nat Nanotechnol, 2018, 13 (8): 661-669.

[21] TROESTER M, BRAUCH H J, HOFMANN T. Vulnerability of drinking water supplies to engineered nanoparticles[J]. Water Res, 2016, 96: 255-279.

[22] DROR I, YARON B, BERKOWITZ B. Abiotic soil changes induced by engineered nanomaterials: A critical review[J]. J Contam Hydrol, 2015, 181: 3-16.

[23] VAN THRIEL C. Highlight report: Translocation of nanoparticles through barriers[J]. Arch Toxicol, 2015, 89 (12): 2469-2470.

[24] BRAAKHUIS H M, KLOET S K, KEZIC S, et al. Progress and future of in vitro models to study translocation of nanoparticles[J]. Arch Toxicol, 2015, 89 (9): 1469-1495.

[25] WANG H, DU L J, SONG Z M, et al. Progress in the characterization and safety evaluation of engineered inorganic nanomaterials in food[J]. Nanomedicine (London, England), 2013, 8 (12): 2007-2025.

[26] SOHAL I S, O'FALLON K S, GAINES P, et al. Ingested engineered nanomaterials: state of science in nanotoxicity testing and future research needs[J]. Part Fibre Toxicol, 2018, 15 (1): 29.

[27] 石坚. 纳米材料生物安全性研究 [J]. 化工管理，2016 (31)：120-120.

[28] IARC. Outdoor air pollution a leading environmental cause of cancer deaths. 2013.

[29] VIEGAS S, MATEUS V, ALMEIDA-SILVA M, et al. Occupational exposure to particulate matter and respiratory symptoms in Portuguese swine barn workers[J]. J Toxicol Environ Health A, 2013, 76 (17): 1007-1014.

[30] MENG X, MA Y, CHEN R, et al. Size-fractionated particle number concentrations and daily mortality in a Chinese city[J]. Environ Health Perspect, 2013, 121 (10): 1174-1178.

[31] 崔冠群，杜忠君，高静，等. 气管滴注纳米二氧化硅颗粒致大鼠肺炎症反应及脏器中硅浓度变化的研究 [J]. 中国实验诊断学，2013，17 (10)：1779-1782.

[32] ATKINSON R W, KANG S, ANDERSON H R, et al. Epidemiological time series studies of $PM_{2.5}$ and daily mortality and hospital admissions: a systematic review and meta-analysis[J]. Thorax, 2014, 69 (7): 660-665.

[33] SARWAR F, MALIK R N, CHOW C. W, et al. Occupational exposure and consequent health impairments due to potential incidental nanoparticles in leather tanneries: An evidential appraisal of south Asian developing countries[J]. Environ Int, 2018, 117: 164-174.

[34] REZVANI E, RAFFERTY A, MCGUINNESS C, et al. Adverse effects of nanosilver on human health and the environment[J]. Acta Biomater, 2019, 94: 145-159.

[35] DELOID G. M, WANG Y, KAPRONEZAI K, et al. An integrated methodology for assessing the impact of food matrix and gastrointestinal effects on the biokinetics and cellular toxicity of ingested engineered nanomaterials[J]. Part Fibre Toxicol, 2017, 14 (1): 40.

[36] GEBEL T, FOTH H, DAMM G, et al. Manufactured nanomaterials: categorization and approaches to hazard assessment[J]. Arch Toxicol, 2014, 88 (12): 2191-2211.

[37] MERLO A, MOKKAPATI V, PANDIT S, et al. Boron nitride nanomaterials: biocompatibility and bio-applications[J]. Biomater Sci, 2018, 6 (9): 2298-2311.

[38] CHENG L C，JIANG X，WANG J，et al. Nano-bio effects interaction of nanomaterials with cells[J]. Nanoscale，2013，5(9)：3547-3569.

[39] HARTIALA J，BRETON C V，TANG W H，et al. Ambient air pollution is associated with the severity of coronary atherosclerosis and incident myocardial infarction in patients undergoing elective cardiac evaluation[J]. J Am Heart Assoc，2016，5(8)：e003947.

[40] MILLS N L，MILLER M R，LUCKING A J，et al. Combustion-derived nanoparticulate induces the adverse vascular effects of diesel exhaust inhalation[J]. European Heart Journal，2011，32(21)：2660-2671.

[41] BEHZADI S，SERPOOSHAN V，TAO W，et al. Cellular uptake of nanoparticles：journey inside the cell[J]. Chem Soc Rev，2017，46(14)：4218-4244.

[42] AZHDARZADEH M，SAEI A A，SHARIFI S，et al. Nanotoxicology：advances and pitfalls in research methodology[J]. Nanomedicine (Lond)，2015，10(18)：2931-2952.

[43] WILLIAMS K M，GOKULAN K，GERNIGLIA C E，et al. Size and dose dependent effects of silver nanoparticle exposure on intestinal permeability in an in vitro model of the human gut epithelium[J]. J Nanobiotechnology，2016，14(1)：62.

[44] YAH C S，SIMATE G S，LYUKE S E. Nanoparticles toxicity and their routes of exposures[J]. Pak J Pharm Sci，2012，25(2)：477-491.

[45] MURUGADOSS S，LISON D，GODDERIS L，et al. Toxicology of silica nanoparticles：an update[J]. Archives of Toxicology，2017，91(9)：2967-3010.

[46] BAKAND S，HAYES A. Toxicological considerations，toxicity assessment，and risk management of inhaled nanoparticles[J]. Int J Mol Sci，2016，17(6)：929.

[47] SILVA L H，DA SILVA J R，FERREIRA G. A，et al. Labeling mesenchymal cells with DMSA-coated gold and iron oxide nanoparticles：assessment of biocompatibility and potential applications[J]. J Nanobiotechnology，2016，14(1)：59.

[48] HUANG X，TENG X，CHEN D，et al. The effect of the shape of mesoporous silica nanoparticles on cellular uptake and cell function[J]. Biomaterials，2010，31(3)：438-448.

[49] GUADARRAMA BELLO D，FOUILLEN A，BADIA A，et al. A nanoporous titanium surface promotes the maturation of focal adhesions and formation of filopodia with distinctive nanoscale protrusions by osteogenic cells[J]. Acta Biomater，2017，60：339-349.

[50] DU T，SHI G，LIU F，et al. Sulfidation of Ag and ZnO nanomaterials significantly affects protein corona composition：implications for human exposure to environmentally aged nanomaterials[J]. Environ Sci Technol，2019，53(24)：14296-14307.

[51] VENTRE M，NETTI P A. Engineering cell instructive materials to control cell fate and functions through material cues and surface patterning[J]. ACS Appl Mater Interfaces，2016，8(24)：14896-14908.

[52] WANG D，LIN LIN B，AI H. Theranostic nanoparticles for cancer and cardiovascular applications[J]. Pharm Res，2014，31(6)：1390-1406.

[53] CHEN R，HUO L，SHI X，et al. Endoplasmic reticulum stress induced by zinc oxide nanoparticles is an earlier biomarker for nanotoxicological evaluation[J]. ACS Nano，2014，8(3)：2562-2574.

[54] 白茹. 纳米材料生物安全性研究进展 [J]. 环境与健康杂志，2007，24(1)：59-61.

[55] THIT A，SKJOLDING L M，SELCK H，et al. Effects of copper oxide nanoparticles and copper ions to zebrafish (Danio rerio) cells，embryos and fry[J]. Toxicol In Vitro，2017，45(Pt1)：89-100.

[56] HUA J，VIJVER MG，AHMAD F，et al. Toxicity of different-sized copper nano- and submicron particles and their shed copper ions to zebrafish embryos[J]. Environ Toxicol Chem，2014，33(8)：1774-1782.

[57] MOOS P J，CHUNG K，WOESSNER D，et al. ZnO particulate matter requires cell contact for toxicity in human colon cancer cells[J]. Chem Res Toxicol，2010，23(4)：733-739.

[58] BREZNAN D，DAS D，MACKINNON-ROY C，et al. Non-specific interaction of carbon nanotubes with the resazurin assay reagent：impact on in vitro assessment of nanoparticle cytotoxicity[J]. Toxicol In Vitro，2015，29(1)：142-147.

[59] MELLO D F，TREVISAN R，RIVERA N，et al. Caveats to the use of MTT，neutral red，Hoechst and Resazurin to measure silver nanoparticle cytotoxicity[J]. Chem Biol Interact，2020，315（1）：108868.
[60] 谭和平，侯晓妮，孙登峰，等. 纳米材料的表征与测试方法 [J]. 中国测试，2013，39（1）：8-12.
[61] 陈兰，杨贝松，刘子莲，等. 纳米材料的表征与测试 [J]. 材料导报，2016，30（1）：100-103.
[62] ZHENG W，JIANG X. Integration of nanomaterials for colorimetric immunoassays with improved performance：a functional perspective[J]. Analyst，2016，141（4）：1196-1208.
[63] KIM S，HAOZHEN J，RONGXI H. Safety management system on nanomaterials with a regulatory scheme[J]. Journal of Environmental Policy，2013，12（3）：49-71.
[64] MAYNARD A D，AITKEN R J. 'Safe handling of nanotechnology' ten years on[J]. Nature Nanotechnology，2016，11（12）：998-1000.
[65] 梁春来，贾旭东. 纳米食品的毒理学研究及其风险评估与管理 [J]. 中华预防医学杂志，2014，48（5）：429-432.
[66] 马明辉，李鹏，萧博睿. 纳米技术在生物医学工程领域中的作用研究 [J]. 中国卫生标准管理，2017，8（27）：154-155.
[67] 汪江桦，冷伏海，王海燕. 美国科技规划管理特点及启示 [J]. 科技进步与对策，2013，30（7）：106-110.
[68] 梁慧刚. 欧盟纳米材料安全研究 2015—2025 路线图概述 [J]. 新材料产业，2013（12）：48-51.

第十一章

纳米材料靶器官毒理学

第一节 纳米材料的肺毒性

一、概述

纳米材料是指三维空间即高度、宽度或长度中至少有一维小于100nm（10^{-9}m）的材料。超细颗粒物是指粒径小于0.1μm的大气颗粒物。一项长期流行病学研究结果表明，人群心血管疾病和肺部疾病的发病率和死亡率与他们所生活的周围环境空气中大气颗粒物浓度和颗粒物尺寸密切相关，粒径越小关联越密切。世界卫生组织（WHO）专家对已有的试验数据进行分析发现：①周围空气中10μm的颗粒物每增加100μg/m^3，居民的死亡率增加6%～8%，然而，2.5μm的颗粒物每增加100μg/m^3，居民的死亡率增加12%～19%；②周围空气中10μm的颗粒物每增加50μg/m^3，住院病人增加了3%～6%，而2.5μm的颗粒物每增加50μg/m^3，住院病人增加25%，同时，10μm的颗粒物每增加25μg/m^3，哮喘病人病情恶化和使用支气管扩张器的百分比增加8%，咳嗽病人随之增加12%。推测这可能与大气颗粒物中的纳米颗粒的吸入所致有关。

随着纳米技术在生物医学和电子领域等多领域的应用，人们经呼吸道接触纳米材料的机会也越来越多，其后果可能是直接损伤呼吸道和肺，也可能经呼吸道吸收到达其他组织和器官。同时，经其他途径进入机体的纳米材料也可能到达肺，引起肺的损伤。肺不仅是气体交换的器官，它对内、外源化学物质的代谢以及对外源化学物质的防御起着非常重要的作用。多项研究指出，纳米颗粒可以在动物的呼吸道各段和肺泡内沉积。由于纳米材料粒径极小，达到纳米级，表面积大，可能与呼吸系统发生作用的机会更大，其潜在的呼吸系统毒性正逐步引起人们关注。

二、纳米材料对呼吸系统的毒性作用

（一）纳米材料在呼吸系统内的沉积

纳米颗粒与大尺寸的颗粒物在呼吸道内沉积和清除行为差异性非常显著。纳米颗粒吸入后与气道的空气分子发生碰撞而发生漂移，因此，其在呼吸道内沉积的主要机制是弥散。同时，不同粒径的纳米颗粒物在人体呼吸道各部位沉积的比例不同。粒径为1nm的颗粒物吸入后，90%沉积在鼻咽部，只有大约10%的颗粒物沉积在气管支气管区域，而肺泡区几乎没有任何沉积。粒径为5nm的颗粒物吸入后，在呼吸道三个区域的沉积量基本上都是30%左右；而粒径为20nm的颗粒物吸入后，主要沉积在肺泡区（沉积率超过50%），在气管和鼻咽部的沉积率约15%。这提示不同粒径的纳米颗粒吸入后可能引起机体不同的潜在危害。

肺泡巨噬细胞吞噬沉积的颗粒物是固体颗粒物从肺泡区域内被清除的最普遍机制。在肺泡巨噬细胞介导的颗粒物清除反应中，不同粒径的颗粒物存在着显著性差异。粒径为0.5μm、3μm和10μm的颗粒可有80%与巨噬细胞一起被灌洗出来，然而粒径为15～20nm和80nm的颗粒，只有20%能与巨噬细胞一起被灌洗出来，而大约80%超微颗粒被继续保留在肺组织中。这提示纳米颗粒可能存在于上皮细胞内，或

进一步迁移到间质组织中。

相对于大颗粒，纳米颗粒沉积于呼吸道之后易于转运到肺外组织，通过不同的途径和机制到达其他的靶器官内。纳米颗粒通过跨细胞转运，从呼吸道上皮转运到间质组织，之后直接或通过淋巴管进入到血液循环中，导致纳米颗粒分布全身。此外，纳米颗粒可被气道上皮内的感觉神经末梢所摄取，随后经轴突转运至神经节和中枢神经系统。例如，大鼠暴露于超微颗粒（粒径为36nm）1d后，在大鼠的大脑和小脑发现了超微颗粒，并在大脑嗅球内也发现了超微颗粒，推测可能是通过嗅神经通路进入中枢神经系统。

（二）纳米材料可致肺组织损伤

1. 纳米材料致肺组织炎症反应 纳米材料可在呼吸系统不同部位沉积，引发肺组织的炎症反应。不同的纳米颗粒引发的肺部炎症反应可能是不同的。

Wistar雄性大鼠暴露于SWCNTs和MWCNTs可引起肺部炎症，并且在气管内灌注后可能会运输至全身。SWCNTs和MWCNTs灌注后炎症变化程度呈时间依赖性，每只大鼠灌注0.2mg或0.4mg后90d，SWCNTs聚集部位周围观察到肺泡巨噬细胞肉芽肿的持续存在。Honda等发现SWCNTs灌注试验大鼠后52周和104周，几乎所有实验大鼠的肺部都出现炎症改变、实验物质沉积、巨噬细胞吞噬实验物质和肺泡壁纤维化。Nahle等发现SWCNTs和MWCNTs在大鼠肺泡巨噬细胞中诱导不同的毒性反应，通过水溶性四唑盐细胞增殖试验评估了SWCNTs和MWCNTs对NR8383细胞、大鼠肺泡巨噬细胞（NR8383）的影响。暴露24h后，MWCNTs表现出比SWCNTs更高的毒性。Poulsen等研究发现，将MWCNTs暴露于C57BL/6J小鼠后，肺部炎症反应持续到暴露后28d，而在暴露后3d时呈现出最严重的炎症反应。

Koike等在体外研究了炭黑纳米颗粒的化学和生物氧化效应，平均空气动力学直径分别为14nm、56nm和95nm。发现14nm大小的炭黑纳米颗粒与更大的尺寸（56nm和95nm）相比，具有更高的氧化能力，对肺泡上皮细胞的氧化损伤程度更显著。这些研究结果提示，颗粒粒径越小，对肺部的炎症反应越强。这可能是由于较小尺寸颗粒具有较强的生物学效应所致。Bermudez等将不同浓度的TiO_2纳米颗粒作用于三种不同动物（大鼠、小鼠和仓鼠），比较其对三种动物的肺部炎症反应。研究发现：三种动物TiO_2纳米颗粒的肺内沉积率均呈现剂量-效应关系，且高浓度的TiO_2纳米颗粒可致肺部明显的炎症反应。Ma等研究TiO_2纳米颗粒对5周（幼龄）和10周（成年）龄NIH小鼠的毒性比较，以每天20mg/kg体重的剂量鼻腔吸入30d的方式，测定肺整体DNA甲基化和羟甲基化，检测炎症基因（*IFN-γ*和*TNF-α*）和组织纤维化基因（*Thy-1*）的启动子甲基化。发现在幼鼠中诱发的肺部炎症和纤维化更为严重。

2. 纳米材料致肺纤维化 肺纤维化是由多种原因引起的肺脏损伤，病理过程早期以下呼吸道急性炎症反应为主，包括肺泡炎、间质性肺炎、肺泡上皮受损、成纤维细胞增生、巨噬细胞、中性粒细胞等炎症细胞浸润，由此导致细胞外基质代谢紊乱。某些细胞外基质成分在肺泡和间质内沉积及纤维组织过度修复造成肺外组织结构的紊乱、肺实质损伤、慢性肺纤维增生、肺间质纤维化、胶原沉积、肺泡结构改变，最终发生肺纤维化。

一些研究发现，纳米颗粒也可致肺纤维化，引发肺损伤。例如，Vietti等研究发现MWCNTs可以通过诱导氧化应激、炎性小体或NF-κB等方式，通过炎症细胞（巨噬细胞和上皮细胞）释放促炎因子和促纤维化因子间接激活成纤维细胞而引起间质纤维化，提示MWCNTs可引发肺纤维化，能加速已有肺炎症状病人的疾病演变过程。

Fujita等研究发现，C57CL/6小鼠咽部吸入纯化的SWCNTs，可导致小鼠进行性肺间质纤维化和间皮瘤的形成。而相同剂量的超微炭黑颗粒并不能引起间皮瘤的形成。其研究提示肺间质纤维化的形成可能与分散的SWCNTs相关。Wang等则将研究集中在分散性单碳纳米管（dispersed single-walled carbon nanotubes，DSWCNTs）可引起快速和进行性肺间质组织纤维化的机制方面。肺成纤维细胞是肺间皮组织中的主要细胞类型，同时其担当着产生胶原蛋白的功能。将DSWCNTs作用于肺成纤维细胞，可在不损伤细胞的基础上诱发胶原蛋白的产生。金属蛋白酶9（matrix metalloproteinase 9，MMP-9）被公认为可参与肺纤维化。在对DSWCNTs体内和体外毒性研究的过程中，均观察到MMP-9的表达增多，提示SWCNTs的分散性或尺寸在纳米颗粒引发纤维化的过程中发挥关键作用，同时MMP-9可能参与了肺纤维化过程。

3. 纳米材料致巨噬细胞损伤 呼吸道吸入是纳米颗粒进入机体的主要途径之一。肺泡巨噬细胞是一种多功能的间质细胞，广泛分布于肺泡内及呼吸道上皮表面，具有消除异物、吞噬和保护肺的功能，其是呼吸道的第一道防线。巨噬细胞在纳米颗粒的吞噬、清除方面发挥着作用。因此，研究纳米颗粒对巨噬细胞的作用，对预测纳米物质毒性十分重要。

目前，已经观察到动物在暴露于纳米颗粒后肺清除能力下降。进一步深入研究发现，纳米颗粒可致明显的肺泡巨噬细胞（alveolar macrophage，AM）损伤。Neacsu 等研究发现，TiO_2 纳米管可以通过抑制 MAPK 减弱巨噬细胞炎症反应。TiO_2 纳米颗粒（29nm）经支气管滴注进入大鼠 24h 后即可引起肺灌洗液中乳酸脱氢酶（LDH）、γ- 谷氨酰基转移酶含量明显增加，同时降低了巨噬细胞对颗粒的吞噬能力。Lanone 等将 24 种相同球径、不同组成的纳米颗粒作用于肺巨噬细胞 24h 后，以铜或以锌为基本组成的纳米颗粒毒性最强，而以钛或铝为基本组成的纳米颗粒呈现中等毒性。这提示不同组成的纳米颗粒对肺巨噬细胞有一定程度的损伤，同时损伤程度又受纳米颗粒组成成分的影响。Zhang 等将三种不同纳米颗粒（纳米 Ni、TiO_2 纳米和纳米 Co）作用于肺泡巨噬细胞，发现各个剂量组上清液中 LDH 和肿瘤坏死因子 -α（tumor necrosis factor-alpha，TNF-α）活性呈剂量 - 效应关系，这提示纳米颗粒已使巨噬细胞细胞膜发生损伤。Moller 等研究发现，纳米颗粒对肺泡巨噬细胞骨架产生毒性，进而引起细胞增殖或吞噬功能受损。进一步研究发现，纳米颗粒对细胞骨架产生毒性可能是由于细胞内钙发生改变而引起。Kim 等使用三种不同尺寸（10nm、50nm 和 100nm）银颗粒检测包括 MC3T3-E1 和 PC12 在内的几种细胞系的细胞毒性，发现最小尺寸的银颗粒（10nm）比其他尺寸的银颗粒（50nm 和 100nm）更能诱导 MC3T3-E1 细胞凋亡。

Lundborg 等将从健康志愿者肺泡灌洗液中收集的肺泡巨噬细胞暴露于浓度为 0.03～3μg/10^6 的炭黑纳米颗粒，发现肺泡巨噬细胞对 SiO_2 颗粒的贴附和吞噬功能都受到不同程度的抑制。Jia 等比较直径为 1.4nm 的 SWCNTs、直径为 10～20nm MWCNTs 和直径为 0.7nm 的富勒烯（C_{60}）三种碳纳米材料对豚鼠肺泡巨噬细胞的毒性。三种纳米颗粒对细胞的毒性表现为 SWCNTs＞MWCNTs＞SiO_2＞C_{60}，说明 SWCNTs 与等量的石英相比，对肺泡巨噬细胞具有更显著的细胞毒性。同时，碳纳米管可引起细胞结构的改变，在一定剂量下诱导了明显的细胞凋亡，而不是引发炎症发应。具体表现：阴性对照组，巨噬细胞呈圆形，结构完整，周围有吞噬体和线粒体；5mg/ml SWCNTs 组，巨噬细胞出现皱褶；5mg/ml MWCNTs 组，细胞核变性、核基质减少。当剂量升高到 20mg/ml 时，SWCNTs 组，巨噬细胞肿胀，并出现空泡和吞噬小体；而 MWCNTs 组染色质浓缩，出现月牙样边集。Yuan 等发现暴露于炭黑纳米颗粒的巨噬细胞呈现坏死特征，表现为溶酶体破裂、组织蛋白酶 B 释放、活性氧种类产生、细胞内 ATP 水平降低。

4. 纳米颗粒可能加剧或恶化哮喘发生 哮喘（asthma）是由于摄入某种哮喘源或其他不明因素所引起的大气道狭窄，临床表现为反复发作的气短。气道慢性炎症被认为是哮喘基本的病理改变和反复发作的主要病理生理机制。无论哪种类型的哮喘，都表现为以肥大细胞、嗜酸性粒细胞和 T 淋巴细胞为主的多种炎症细胞在气道浸润和聚集。这些细胞相互作用可以分泌出数十种炎症介质和细胞因子[如嗜酸性粒细胞趋化因子、中性粒细胞趋化因子、黏附因子（adhesion molecules，AMs）等]。总之，哮喘的气道慢性炎症是由多种炎症细胞、炎症介质和细胞因子参与的。

对细颗粒的研究发现，细颗粒可增强慢性阻塞性肺疾病病人的症状。吸入的超细颗粒物与大颗粒相比，在肺内有较高的沉积率。在哮喘病人中，其气道通气障碍，引起气流受阻，进而引起肺泡容积增加，导致超细颗粒物在肺内的沉积净含量增加。颗粒在哮喘病人体内的沉积量比健康者高出 74%。因此，颗粒物在肺内的大量沉积可能加速易感人群的呼吸道炎症。Rydman 等研究发现吸入棒状碳纳米管后，气道内嗜酸性粒细胞大量增加，诱发气道高反应发生。Hussain 等研究发现，TiO_2 纳米颗粒和纳米金可加剧肺炎症反应，同时可引起二异氰酸盐引发的哮喘鼠模型气道高反应性（airway hyperreactivity，AHR）增强。气道高反应性表现为气道对各种刺激因子出现过强或过早的收缩反应，是哮喘病人发生发展的另一重要因素。

三、纳米颗粒对呼吸系统毒性作用的可能机制

纳米颗粒对肺的损伤可能是通过诱导活性氧（ROS）的产生。有研究表明，ROS 的生成和氧化应激反应是大颗粒和纳米颗粒引起多种生物毒性效应的主要方式。Knaapen 等研究指出，纳米颗粒引起 ROS 的产生取决于三个因素：①纳米颗粒，尤其是金属元素为基本组成的纳米颗粒物，其表面的电子受体和供体活动位点能与分子氧（O_2）发生作用，形成超氧离子，并通过歧化反应产生过量 ROS；②纳米颗粒表面氧化基团的修饰；③颗粒与细胞发生相互反应，特别是在肺组织中富含 ROS 的生产者，如中性粒细胞和巨噬细胞。ROS 是多种细胞发生氧化应激所产生氧的部分还原代谢产物。过量的 ROS 可以使细胞或机体内的氧化压力增加，激发一系列细胞因子级联反应，包括上调白细胞介素（interleukin，IL）、激酶和 TNF-α 的表达，进而引发前炎症反应。例如，对 TiO_2 纳米颗粒和 C_{60} 的研究发现，纳米颗粒可使组织中前炎症因子（如 IL-1、IL-6、TNF-α、巨噬细胞抑制蛋白和单核细胞趋化蛋白）分泌量增加，并呈剂量 - 效应关系。最终，过量的 ROS 可以使细胞或机体内的氧化压力增加，产生氧化损伤，导致脂质过氧化物含量增加，与膜脂交联形成高聚物，可导致生物膜结构和功能的损伤；ROS 也可对核苷酸进行攻击，引起 DNA 断裂，使超螺旋结构解旋，DNA 降解。

目前，流行病学和动物实验研究仍不能表明纳米颗粒引起的遗传毒性与肺部癌症有决定性的相关。但是一些学者指出，在组织环境中长时间的炎症状态和氧化压力会诱发组织或细胞的 DNA 损伤。尤其是纳米颗粒长时间产生大量 ROS，可能会诱发基因突变或基因缺失，这可能引起大范围的基因突变或癌变，最终形成肿瘤。有研究表明，以金属为基础的纳米颗粒，如纳米金、纳米银和纳米 TiO_2 可引起 DNA 损伤。肿瘤的形成是一个多因素的疾病，纳米颗粒的暴露可能与其他因素并存，成为肿瘤发生的危险因素。

由上面可见，纳米颗粒以 ROS 机制损伤肺，但归根结底是对肺内各种细胞的损害以及由于细胞损害所致细胞因子产生的影响。下面分别予以讨论。

（一）肺血管内皮和肺泡上皮细胞损伤

肺泡上皮细胞主要包括Ⅰ型和Ⅱ型肺泡上皮细胞。Ⅰ型肺泡上皮细胞有大量的毒物靶部位，极易受到肺毒物的伤害，且不能修复。当Ⅰ型肺泡上皮细胞受损时，Ⅱ型肺泡上皮细胞可分化增殖，变为Ⅰ型肺泡上皮细胞，但这个过程一般在Ⅰ型肺泡上皮细胞受损后 48～96h 完成。

Ahamed 等研究发现，CuO 纳米颗粒作用于人肺上皮细胞（A549），可引起细胞存活率下降，并存在剂量 - 效应关系。同时，随着 CuO 纳米颗粒剂量的增加，细胞内氧化压力增加，进而引起脂质过氧化。这说明 CuO 纳米颗粒可通过 ROS 的产生对人肺上皮细胞产生损伤。Ruenraroengsak 等研究发现，聚苯乙烯纳米颗粒可通过 ROS 的产生对肺泡Ⅰ型肺泡上皮细胞产生氧化损伤，引起细胞死亡。Armand 等研究发现长期暴露纳米 TiO_2 不会影响细胞活力，但会导致 DNA 损伤，特别是对 DNA 的氧化损伤和 53BP1 病灶计数的增加，这与细胞内纳米颗粒物积累的增加有关。此外，超过 2 个月的暴露会引起适应性的细胞反应，其特征是增殖率降低、细胞内积累稳定及对 MMS 敏感。这些数据显示长期暴露于低水平纳米 TiO_2 会导致肺泡上皮细胞的基因毒性和致敏效应。

（二）巨噬细胞损伤

肺泡不存在分泌黏液的细胞和纤毛上皮细胞，因此，肺泡巨噬细胞在肺泡颗粒性外来化学物的清除中起着非常关键的作用，它可通过吞噬和运动将纳米颗粒运到终末细支气管，然后通过支气管或气管的黏液纤毛运动排出肺或转运到淋巴系统后进入间质。

有些纳米颗粒被肺泡巨噬细胞吞噬可能不完全，导致细胞膜的损伤，同时巨噬细胞分泌的溶酶体酶直接进入肺泡，引起肺泡的损伤。纳米颗粒可能通过破坏巨噬细胞的细胞骨架，进而引起细胞毒性。巨噬细胞不能有效地清除纳米颗粒的后果是可使肺出现“灰尘负载”现象，使得间质吸收纳米颗粒增多，进而由于大量摄取纳米颗粒的巨噬细胞肿胀，同时数目增多，慢性炎症、肺泡细胞的过度增生，进而导致肺泡炎、肉芽肿、肺纤维化和肿瘤。纳米颗粒还可能通过影响肺泡巨噬细胞的吞噬功能，而对机体产生损

伤。巨噬细胞吞噬功能下降，即使纳米颗粒不具备细胞毒性，也会使巨噬细胞的迁移性下降，导致其清除能力下降和释放一些生物活性物质，扩大炎症反应，导致肺组织的严重损害。

（三）肺表面活性物质破坏

肺表面活性物质位于肺泡内壁的气 - 液界面之间，具有降低肺表面张力、使回缩压下降、防止肺泡萎缩的作用；可减少肺间质和肺泡内的组织液生成，防止肺水肿的发生；同时对肺泡内的巨噬细胞也有一定的作用。肺表面活性物质由不饱和脂肪酸、脂蛋白和磷脂组成，主要成分是二棕榈酰卵磷脂（dipalmitoyl phosphatidyl choline，DPPC），厚度可达 200nm。DPL 由Ⅱ型肺泡上皮细胞合成并释放。纳米颗粒可对肺泡表面活性物质进行破坏，使肺泡内液体表面张力增加，肺泡壁的通透性增加，引起肺水肿。

纳米颗粒可能通过两种途径破坏肺表面活性物质。一是纳米颗粒可能通过直接破坏肺表面活性物质；二是纳米颗粒可能通过产生的 ROS 或合成表面活性物质的Ⅱ型肺泡上皮细胞受损，使肺表面活性物质合成较少而引起。纳米金可与肺表面活性物质的组成成分磷脂发生作用，抑制肺表面活性物质的功能。体外研究发现 TiO_2 纳米颗粒可引起肺泡表面活性物质的生理特性和结构发生改变。

（四）细胞因子在纳米颗粒致肺损伤中的作用

细胞因子是一些低分子量的蛋白质，通过与靶细胞膜受体的交互作用，来进行细胞间的通讯，在维持细胞内环境方面起着信使作用。一般情况下，低水平细胞因子在体内的正常表达，对细胞的增殖、分化以及组织的完整性繁忙起着重要作用。按细胞因子对肺内环境稳定的效应，Driscoll 等把细胞因子分成三类：第一类是启动细胞因子，如 IL-1 和 TNF-α；第二类是募集细胞因子，如趋化因子，可由肺泡巨噬细胞、肺上皮细胞分泌；第三类为溶解细胞因子，如生长因子 α、生长因子 β、IL-6 和 IL-10，其可缓解成纤维细胞的增殖和胶原蛋白的产生。

纳米颗粒可能通过影响细胞因子的表达，而对肺产生损伤。将 NiO 纳米颗粒（粒径为 26nm）暴露于大鼠，随着染毒天数增加，发现肺组织巨噬细胞炎症蛋白 -1α 表达持续增高，同时肺泡灌洗液中 IL-1α 和单核细胞趋化蛋白 -1（monocyte chemotactic protein，MCP-1）的表达瞬时增高。这提示 NiO 纳米颗粒可引起肺部持续的炎症反应。细胞因子的瞬间表达增加和趋化因子的持续表达增加可能是引发肺部持续炎症反应的原因。

四、问题与展望

纳米材料对呼吸系统的毒性研究过程，发现一些问题，此需要我们持续关注并予以解决。

首先，在进行纳米材料毒性时，应充分考虑影响纳米材料毒性的因素（如剂量、尺寸、比表面积）。同时，在确定剂量 - 效应关系时，不能确定使用哪种剂量参数（颗粒数量浓度、质量浓度或总表面积）来反映纳米材料的毒性更为合适，无统一的标准。这就需要我们建立统一的纳米材料呼吸毒理学研究方法，统一剂量参数，以便于获得具有可比性的研究资料。

其次，纳米材料安全性评价中最主要的难题是纳米材料理化特征的可控性以及状态的检测问题。纳米颗粒主要以吸入方式进入机体，在实验中常将纳米颗粒制备成混悬液滴注进入机体，由于纳米颗粒存在聚集特性，目前对准确测量在某一环境下纳米颗粒的尺寸变化，存在一定的困难。因此，需对纳米材料的制备和表征进行相应的要求，保证研究的科学性。

最后，传统的对呼吸系统毒性研究的方法是否适用于对纳米材料的研究。同时，深入研究纳米材料对呼吸系统毒性作用机制，可以从纳米材料在体内的吸收、分布、排泄和生物转运过程和代谢过程阐述纳米材料的毒性作用机制。这些都是需要我们关注的问题。

综上所述，纳米材料通过呼吸道进入机体，可以沉积在呼吸系统的不同部位，引发一系列的肺部改变，如肺部慢性炎症反应、纤维化以及肉芽肿的形成。但是纳米颗粒作用于机体的作用机制、评价方法等问题还有待研究。同时，仍需更多的研究来探索纳米颗粒的生物学效应以及作用机制。

第二节 纳米材料的心血管毒性

一、概述

心血管疾病是现代社会严重威胁人类健康与生命的疾病之一。随着人类社会的发展，医学模式的转变，传染病的发病率和死亡率正逐年下降，而心血管疾病的发病率与死亡率却呈上升趋势。在我国心血管疾病已居疾病死因顺位的前列。而环境因素也是导致心血管疾病的危险因素之一。

心血管系统包括心脏和由动脉、静脉及毛细血管组成的脉管系统。心血管系统重要的生理功能是维持机体血液循环，完成体内的物质（如氧气、营养物质和其他生物活性物质）运输，保证机体内环境的相对稳定和血液防卫功能。

血液在心血管系统中不断循环流动是内环境中最活跃的部分，为各部分组织液和外环境进行物质交换提供场所。血液由血浆和悬浮于其中的血细胞组成。其中，血细胞包括红细胞、白细胞和血小板三类细胞。红细胞的主要功能是运输 O_2 和 CO_2；白细胞无色，呈球形，直径为 7～20μm。经复合染料染色后，可根据其形态差异和细胞质内有无特有的颗粒可分为两大类五种细胞。白细胞的主要作用是防御作用，不同种类的白细胞以不同的方式参与机体的防御反应。血小板的主要功能是发挥止血功能，同时其在维护血管壁完整性的方面也有重要作用。

经呼吸道摄入的纳米材料，依据颗粒尺寸大小不同而沉积到呼吸系统的不同部位（如鼻咽部、支气管、肺泡或肺间质等）。但近年来研究发现，纳米颗粒一旦进入肺间质，就会穿过肺泡上皮细胞经间质组织到达血液循环，或进入淋巴循环后再转移到血液循环中，在体内重新分布。同时，纳米颗粒较易通过血 - 脑屏障、胎盘屏障等生物屏障，分布到全身各个部位。同时，通过其他途径（如皮肤接触、消化道摄入、医疗注射等）摄入的纳米材料最终也会进入血液循环而分布到全身。进入血液循环的纳米颗粒可能对心血管系统产生影响。有研究表明，暴露超细颗粒可增加心血管疾病的发病率和死亡率。颗粒尺寸越小，其表面积越大，对机体的危害可能更大。同时，纳米材料作为药物的载体或靶向物的组成部分，正逐渐应用于医学和药学领域中。这提示纳米颗粒与心脏、血管和血液有更多的接触机会。因此，纳米材料对心血管系统的潜在危害正逐步受到重视，相关的研究报道也逐步增多。

二、纳米材料对心脏和血管的毒性作用

目前关于纳米材料对心血管系统影响的研究仍非常有限。同时大多数资料来自暴露于空气颗粒污染物人群的研究中，相关的毒理学研究资料还非常有限。迄今为止，对纳米材料的研究表明，纳米材料的毒性取决于自身的物理、化学特性（粒径大小、表面电荷、表面修饰基团、合成过程、形状和浓度等）和所处的微环境（紫外线、氧化环境、pH 和培养暴露时间等）。因此，在评价纳米材料毒性时，不能简单定义其是否具有毒性，而应综合分析纳米材料的物理、化学性质及其与所处环境的相互作用等诸多因素。

（一）纳米材料对心脏的毒性作用

来自近 30 年流行病学的研究发现，空气中颗粒物与心血管疾病的发病率和死亡率明显相关，特别与直径≤2.5μm（$PM_{2.5}$）和≤10μm（PM_{10}）的颗粒物浓度相关。Cesaroni 等研究发现长期暴露于大气 $PM_{2.5}$ 会增加人群心血管疾病死亡率。Peters 等证实大气颗粒物的长期暴露与人群心脏病的死亡率明显相关，且 $PM_{2.5}$ 与心脏病死亡率的变化关系相关性较 PM_{10} 更密切。这提示颗粒粒径越小，对心脏的危害可能更大。颗粒物与血压升高、心律不齐、心脏缺血、心率变异性（heart rate variability，HRV）降低之间存在高度关联。Bai 等研究发现，长期接触超细颗粒可增加充血性心力衰竭和急性心肌梗死发生率。依据纳米颗粒可进入血液循环，以及大气颗粒物流行病学研究结果，可推断纳米颗粒也可能会对心血管系统产生毒性作用，而且其毒性作用可能更为严重。纳米颗粒的成分较为明确，远没有大气颗粒物复杂，但是其具有的强烈的体积效应（即小尺寸效应）、量子尺寸效应、表面效应和宏观量子隧道效应，使其毒性机制可能更复杂。

动物实验研究发现，健康年轻的 WKY 大鼠暴露于浓度为 180μg/m³ 碳纳米颗粒（平均粒径为 38nm）的空气中 24h 后，引起持久且轻微的心率加快，显著降低 HRV。HRV 指标反映了自主神经系统的活性，且 HRV 降低可用来预测心律不齐或心脏猝死等疾病。因此，推测吸入纳米颗粒引起心率加快，进而引发自主神经系统的改变，最终使心脏功能发生改变。Manjunatha 等发现石墨烯暴露会导致斑马鱼胚胎心脏毒性、心血管缺陷、心脏循环阻滞和珠蛋白表达、体细胞间血管（ISVs）不规则分支和双腔心脏结构的形成。Chen 等发现，SD 大鼠 TiO_2 纳米颗粒每日灌胃，30d 时观察到大鼠短暂的心率降低，灌胃 90d 时观察到乳酸脱氢酶和肌酸激酶的活性下降，这提示大鼠心脏功能发生损伤。

体外研究提示纳米材料可能会对心肌细胞产生损伤。Liu 等研究发现 MWCNTs 可引起心肌细胞损伤，引起 C57BL/6 小鼠的心脏毒性和细胞凋亡。Feng 等研究发现，SiNPs 可引起 SD 大鼠心脏收缩功能障碍，并伴有心肌结构不完整、肌节紊乱、间质水肿和心肌细胞凋亡。血清和心脏组织中心肌酶和炎症因子水平显著升高，大鼠心脏氧化损伤水平升高。

目前，提示人们是否有心血管疾病的征兆是以血液中氧甾酮（oxysterol），如 7- 酮基胆固醇（7-ketocholesterol）的水平升高来衡量。最新结果提示，氧甾酮作用于心肌细胞可引起细胞肿胀和坏死，其可能与氧甾酮可引起心肌细胞 Ca^{2+} 信号失调有关。Kahn 等对量子点（QDs）对心肌细胞（HL1-NB 细胞）影响的研究发现，QDs 单独作用于 HL1-NB 细胞时，未对细胞产生细胞毒性和炎症反应，但可激发 ROS 的产生。同时，7- 酮基胆固醇存在时，QDs 可引起 LDH 释放增加，IL-8 分泌增加。这可能是与 QDs 和 7- 酮基胆固醇发生反应有关。Kahn 等研究发现，纳米铁仅可引起心肌细胞（HL1-NB 细胞）轻微毒性效应，未激发 ROS 的产生。但是当有 7- 酮基胆固醇存在时，纳米铁引起细胞死亡、炎症和氧化损伤增加。

（二）纳米材料对血管的毒性作用

动脉粥样硬化诱发的心血管疾病已成为人类健康的主要杀手。内皮屏障功能的破坏是动脉粥样硬化发病的第一步，并具有关键作用。同时，研究也证实内皮损伤或内皮炎症与动脉粥样硬化的发生相关。内皮损伤或内皮炎症可激发白细胞对内皮新的黏附，促使细胞经内皮迁移，从而启动动脉粥样硬化。血管内皮功能性损伤在动脉粥样硬化发生中也起着重要作用。血管内皮功能失调不仅表现在 NO/ET 等活性物质失衡，而且还表现为一些炎性分子的表达失调。单核细胞穿过动脉内皮层进入内皮是动脉粥样硬化病变形成的早期事件，在此过程中黏附分子起着关键作用。血管内皮细胞分泌的血管细胞黏附因子 -1（vascular cell adhesive molecule-1，VCAM-1）和细胞间黏附分子 -1（intercellular adhesive molecule-1，ICAM-1）等黏附分子在介导白细胞与血管内皮的黏附与迁移中起着重要作用。

与微米级的颗粒物相比，纳米颗粒仅少量被巨噬细胞胞吞摄入，大量的纳米颗粒可与内皮细胞发生直接接触，进而引起内皮细胞的损伤和炎症，诱发血栓形成，并降低动脉粥样硬化斑块的稳定性，引起动脉粥样硬化。Duan 等研究发现 SiO_2 纳米颗粒可破坏血管内皮细胞的细胞骨架，促炎和促凝细胞因子 IL-6、IL-8、MCP-1、PECAM-1、TF 和 vWF 的释放呈剂量依赖性增加。在体内研究中，基于 NOAEL 进行剂量选择，使用 Tg（mpo：GFP）和 Tg（flip-1：EGFP）这两种转基因斑马鱼，SiO_2 纳米颗粒诱导中性粒细胞介导的炎症和受损的血管内皮细胞反应。当剂量高于 NOAEL 时，SiO_2 纳米颗粒显著降低了斑马鱼胚胎的血流量和流速，表现出血液高凝状态。动物实验研究表明，SiO_2 纳米颗粒暴露可引起循环系统的炎症反应，加速动脉粥样硬化的形成。同时，体外研究发现：纳米颗粒可引起血管内皮细胞发生炎症反应，并与纳米颗粒的化学组成和浓度相关。4 种不同成分的纳米颗粒（浓度为 0.001～50mg/ml）作用于人大动脉血管内皮细胞（human aortic endothelial cells，HAECs）1～8h，Fe_2O_3 纳米颗粒在检测的浓度下未观察到炎症反应；CeO_2 纳米颗粒在低浓度时未观察到炎症反应，而在浓度大于 10mg/ml 时观察到较弱的炎症反应；Y_2O_3 纳米颗粒和 ZnO 纳米颗粒在大于阈剂量 10mg/ml 时即观察显著的炎症反应。Gojova 等研究也发现，不同浓度的 CeO_2 纳米颗粒较 Y_2O_3 纳米颗粒和 ZnO 纳米颗粒作用于 HAECs 产生炎症反应较轻微。Li 等研究发现，SWCNTs 可引起 C57BL/6 小鼠大血管的线粒体 DNA 损伤，并增加了蛋白质羧基化形成，进而引起血管内皮细胞的损伤，促进动脉粥样硬化的形成。动物实验结果也证实碳纳米管暴露可致机体血液中可溶性 ICAM-1 和 VCAM-1 含量升高；同时细胞水平实验结果表明，6.25～200μg/ml 剂量范围内呈现剂量依赖性促进单个核细胞与血管内皮细胞黏附和黏附分子 ICAM-1 和 VCAM-1 的基因和蛋白表达上调，提示碳纳米管对血管内皮细胞的损伤具有剂量依赖性。

冠状动脉是供给心脏血液的动脉，同时供给心脏营养。冠状动脉若突然发生阻塞，不能很快建立侧支循环，常常导致心肌梗死。冠状动脉功能发生损伤也可能会引发心血管事件。LeBlanc 等研究表明，TiO_2 纳米颗粒可引起心外膜下动脉发生内皮依赖性血管收缩性损伤。这种冠状动脉微血管活性的损伤可能与心血管事件的发生相关。Kim 等研究发现，不同粒径的纳米银（10nm、50nm 和 100nm）对 MC3T3-E1 和 pc12 细胞系细胞毒性检测发现最小的纳米银（10nm）比其他大小的纳米银（50nm 和 100nm）更能诱导 MC3T3-E1 细胞凋亡。

（三）纳米材料对凝血及血栓形成的影响

血小板在生理性止血过程和血栓形成过程中起着非常重要的作用。血小板的止血功能和血栓形成与血小板的黏附、聚集、释放等生理特性有关。参与血小板黏附的主要成分包括血小板膜糖蛋白（glycoprotein，GP）、内皮下组织和血浆成分；其中，血小板膜糖蛋白主要有 GPⅠb/Ⅸ和 GPⅡb/Ⅲa。

纳米材料可通过与血小板发生作用，激活血小板，进而引发血小板聚集，引起血栓的形成。Deb 等分析不同粒径纳米铜的抗血小板作用，发现小尺寸的纳米铜可以激活血小板。Nemmar 等研究发现，超顺磁性氧化铁纳米颗粒经静脉方式注射于小鼠体内后，可引发小鼠小动脉和小静脉前血栓状态，发生血小板聚集，纤溶酶原激活抑制剂 -1（PAI-1）浓度升高。Radomski 等体外研究发现，一些工程碳纳米颗粒能激活血小板，引发血小板发生聚集；同时其动物实验研究发现，工程碳纳米颗粒可缩短动物模型中颈动脉血栓形成的时间，加快血栓的形成速度。Bihari 等体外研究也发现，SWCNTs 可激活血小板，同时诱发体内微循环前血栓状态。有研究表明，血液中的颗粒物质的存在与血栓形成相关，且与颗粒表面的特性有关。带负电荷的羧化聚氯乙烯（60nm）在剂量 100μg/kg 时，对血栓的形成具有抑制作用；而带正电荷的氨基酸聚氯乙烯（60nm）在剂量 50μg/kg 时，即能引发前血栓状态，活化血小板，在给仓鼠滴注或血管内注射 1h 后即发生前血栓状态。

纳米材料引起血小板发生聚集可能受纳米材料的理化性质（如尺寸、形状、组成、电荷特性、表面包被物等）的影响。具体分析而言，纳米颗粒引起血小板聚集的可能影响因素有以下几种。①颗粒尺寸：同种材料组成的纳米材料，颗粒尺寸（或粒径）越小，越易引起血小板的聚集，对机体的毒性较大，而粒径越大，不易引起血小板聚集。②颗粒形状：同种组成的纳米材料，形状不同，引起血小板发生聚集的能力也不同，如碳纳米管能活化血小板，而碳纳米球对血小板聚集则无显著影响。③纳米颗粒的组成：纳米颗粒的组成不同对血小板聚集的影响是不同，如混合碳纳米颗粒（非晶体碳与富勒烯的混合物）比单独纳米颗粒（如 SWCNTs 或 MWCNTs）对血小板的影响大。④电荷特性：纳米颗粒由于表面包被或包被物使其具有不同的电荷，然而所带电荷不同，对血小板聚集作用的发生情况可能是不同的。由于血小板表面带负电荷，由于静电相互作用，带负电荷的纳米颗粒对血栓形成有抑制作用，而带正电荷则能引发血小板的聚集。⑤纳米颗粒的表面包被物：纳米颗粒由于其应用的要求通常会对纳米颗粒进行表面包被或生物修饰，而表面包被物或包被的物质也直接影响纳米颗粒对血小板聚集的影响，如某些过渡金属能引起体内 ROS 增多，进而引起血小板聚集。

三、纳米材料对心血管系统毒性作用的可能机制

体内、体外研究表明 ROS 的产生是多种纳米颗粒产生生物活性的重要机制之一，也是引起多种生物毒性效应的主要方式。ROS 是多种细胞发生氧化应激所产生氧的部分还原代谢产物，包括$\cdot O_2^-$、$\cdot NO$ 等自由基产物以及 H_2O_2 等非自由基产物。细胞只要产生一种 ROS，就可通过自由基链反应产生其他 ROS。适量的 ROS 具有调节生理的功能，但过量的 ROS 可以使细胞或机体内的氧化压力增加，产生氧化损伤，导致脂质过氧化物含量增加，与膜脂交联形成高聚物，可导致生物膜结构和功能的损伤。目前认为 ROS 的产生是纳米材料引发心血管毒性效应的主要方式。颗粒物暴露可引发 ROS 的产生，引起血管斑块形成，血管功能损伤。例如，ZnO 纳米颗粒引起胚胎期斑马鱼血管异常，这种损伤可能是由 ROS 介导产生的。$Ni(OH)_2$ 纳米颗粒可通过 ROS 的产生，引起机体内氧化压力的增加，引发血管线粒体 DNA 损伤，最终诱发 $ApoE^{-/-}$ 小鼠显著的心血管效应，如动脉粥样硬化。

纳米颗粒对心血管的毒性作用是以 ROS 的产生为基础。但归根结底是纳米材料诱发 ROS 的产生，作用于心血管系统的不同器官、细胞或分子，而最终引发心血管系统的损伤。下面将分别予以讨论。

（1）纳米颗粒通过呼吸道吸入或其他方式暴露（皮肤接触、消化道摄入、医疗注射等）引起肺部或全身炎症反应，进而造成内皮功能损伤，进入前凝集状态，促进动脉粥样硬化的发生。已有研究发现，纳米颗粒可激活炎症细胞，释放多种炎症因子，引发肺部或全身的炎症反应，引起动脉粥样硬化。纳米颗粒也可能直接到达血液循环系统，继而引发血管内皮炎症反应，促进动脉粥样硬化的发生。

（2）纳米颗粒可通过改变血液黏度与血管状况，引发血栓形成。纳米颗粒暴露可增加纤维蛋白原生成，进而引发血小板凝集、血栓形成以及血液黏度增加。血液黏度增加可能会导致严重的心血管疾病。

（3）纳米颗粒可通过引起心肌细胞离子通道功能发生改变或心肌缺血，进而引发心脏衰竭。

Ca^{2+} 是细胞内重要的转导系统之一。细胞外 Ca^{2+} 对心肌收缩起着关键作用。心肌钙流（I_{Ca}）为“慢内向电流”，出现在去极化后 2～3ms 达其峰值。在正常心房肌、心室肌和浦肯野细胞，I_{Ca} 参与形成动作电位（AP）平台期，同时激活和调节细胞收缩。在心肌窦房结和房室结细胞，I_{Ca} 导致细胞的兴奋和传导。细胞内低钙是保证细胞发挥其正常功能的前提条件。吸入纳米颗粒可引起细胞钙稳态破坏。细胞内外 Ca^{2+} 浓度差的降低会引起细胞功能性损伤，甚至细胞死亡。炭黑超微颗粒（14nm）可增加人单核细胞系细胞内 Ca^{2+} 浓度增加，而粒径为 250nm 的炭黑颗粒则未观察到此现象。

（4）纳米颗粒可通过引发线粒体结构及功能改变，产生心血管损伤。

心脏属高耗能器官，有丰富线粒体。线粒体损伤是心血管疾病特别是动脉粥样硬化疾病的一个重要病理因素。纳米颗粒可以造成线粒体结构及功能改变，影响细胞呼吸链电子传递，使氧化磷酸化异常，细胞能量代谢障碍。另外，经线粒体途径也可以导致细胞凋亡及坏死。Wu 等研究发现，纳米材料可引起线粒体膜电位及呼吸功能改变，并促进细胞色素 c 的释放。Yu 等研究表明，线粒体 DNA 损伤促进动脉粥样硬化的发展。SWCNTs 以剂量为 40μg/ 小鼠，暴露于 C57BL/6 小鼠 7d 后，即可观察到心血管的线粒体 DNA 损伤，并没有引发炎症反应，进而引发血斑块形成，易诱发动脉粥样硬化。

四、问题与展望

随着纳米科技的迅速发展，越来越多的纳米材料被广泛应用到各个领域，如日用品、制药、化妆品、生物医疗产品和各种工业用品等，因此人们在生活中与纳米材料的接触也日益增多。纳米材料有着新颖独特的物理、化学性质，但其对心血管系统毒性的研究还比较有效，其作用机制尚不明确。为进一步完善关于纳米材料的毒理学数据，为纳米材料生物安全性评价体系的建立积累重要的数据资料，我们可以从以下几个方面继续开展研究工作：

（1）多数纳米材料合成工艺本身就是个多元化过程，其包括合成原料和路线，到化学修饰解决水溶性和稳定性问题，最后到基于在生物学中的具体应用与生物分子（如肽、抗体或药物等）连接。因此，如何适当控制反应，尽可能减少有机毒物的引入，以及各种修饰分子的自身毒性也是研究重点。

（2）在研究纳米材料时，其理化特征必须具有可控性。因此，应对纳米材料制备和表征进行相应的要求，保证毒理学效应的科学性。

（3）建立模型系统，采用多种染毒途径和检测指标，在对颗粒物的现有研究基础上，从纳米颗粒对心脏、血管、血小板毒性等多角度进行综合评价分析。

（4）目前，需运用各种动物实验、临床试验及流行病学多种方法，针对纳米颗粒对心血管系统的毒性作用进行研究，建立适合反映纳米颗粒对心血管系统损伤的生物学终点，明确其相关的作用机制。

综上所述，纳米颗粒作为生物学领域强有力的工具，其应用范围在不断扩大，与人体接触机会不断增加，势必有更多的机会与人体的心脏、血管、血液及其中的成分发生接触，需要对纳米颗粒心血管毒理学方面进行研究。正如，纳米技术是一个不断发展的研究开发过程一样，对纳米颗粒的心血管毒性效应的研究也是一个长久、持续的探索过程。

第三节 纳米材料的肝脏毒性

一、肝脏概述

肝脏是人体内最大的消化腺，是维持人的生命和内外环境稳定不可缺少的器官。从消化道吸收的营养物质大都要通过肝脏的加工合成，并输送到人体的各个部位以供身体的需要。血液中的血浆蛋白、葡萄糖、脂类、维生素等都要依赖于肝脏的直接供应。肝脏还可以将外来有害物质和身体的代谢废物通过转化和解毒，转变成无毒性或低毒性的、可溶于水的物质。通过有关途径排除体外，而一些有用的物质则可在肝脏内储存。此外，肝脏还和人体免疫、激素代谢、水和电解质代谢等有着密切的关系。因此，说肝脏是人体最大的“化工厂”和“仓库”一点也不过分。

肝脏不仅是人体最重要的物质与能量代谢的器官之一，而且作为许多外源化学物质的作用靶器官，一直为外来化学物质生物毒性的研究重点。毒理学上，肝脏毒理学是指利用毒理学的基本原理和方法，研究外源化学物质对肝脏的损害作用及其机制的学科。近年来，化学物质引起的肝损害统称为化学性肝损害（chemically induced liver injury），以区分病毒性肝炎。肝损伤的程度和类型的影响因素多样，一般说来，与化学物质的种类、暴露时间和个体差异等有关。不同的暴露途径、暴露剂量和个体体质的差异都是影响最终肝损伤生物终点的影响因素。

（一）肝脏的特点

1. 具有双重血液供应、血窦发达和供氧充足 肝脏的血流量极为丰富，约占心输出量的 1/4。其血液有门静脉和肝动脉双重来源，两种血液在窦状隙内混合。门静脉进入肝脏的血流量为 1 000～1 200ml/min，占进入肝的总血流量的 2/3 左右。门静脉收集来自腹腔内脏的血液，内含从胃肠道中吸收入血的丰富营养物质，它们将在肝内被加工、储存或转运；同时，门静脉血中的有害物质及微生物抗原性物质也将在肝内被解毒或清除。门静脉的终支在肝内扩大为静脉窦，它是肝小叶内血液流通的管道。正常时肝内静脉窦可储存一定量的血液，在机体失血时，可从窦内排出较多的血液，以补充周围循环血量的不足。由肝动脉流入肝脏的血液约 800ml/min，它含有丰富的氧，是供应肝细胞氧的主要来源。流经肝脏的血液最后由肝静脉进入下腔静脉而回心脏。在正常情况下，肝静脉入腔静脉处的压力几乎为零，而门静脉入肝脏时的压力为 7～12mmHg，故血液在肝脏内的流动阻力很小。

2. 具有十分丰富的酶类 肝脏内的各种代谢活动十分活跃，这与其中的酶类相当丰富有关。肝内酶蛋白含量约占肝内总蛋白量的 2/3，肝细胞内可见到几乎体内所有的酶类。肝内酶大体可分为两类：①同时在肝内和肝外组织存在的酶，如磷酸化酶、碱性磷酸酶、组织蛋白酶、转氨酶、核酸酶和胆碱酯酶等；②仅在肝内存在的酶，如组氨酸酶、山梨醇脱氢酶、精氨酸酶、鸟氨酸氨基甲酰转移酶等。

肝内各部位的代谢活性不同，故肝内不同区域酶的种类及活性存在一定的差异；在同一肝细胞内，各亚细胞结构中酶类的分布也有较大的差异。因此，可将肝细胞的亚细胞结构分成几部分：①在线粒体内多为细胞色素氧化还原酶类；②溶酶体中酸性磷酸酶、糖苷酶、酸性核酸酶、组织蛋白酶、尿激酶及酸性蛋白水解酶；③微粒体内有葡萄糖 -6- 磷酸酶、胆碱酯酶；④在上清液中有 LDH、谷胱甘肽还原酶己糖激酶、谷丙转氨酶、葡萄糖 -6- 磷酸脱氢酶、黄嘌呤氧化酶等；⑤位于细胞核内的酶有 NMN 腺嘌呤基转移酶等。

（二）肝脏的基本结构

肝脏是人体内最大的实质性器官，成人的肝脏重量约占体重的 3%。肝细胞由实质细胞（parenchyma cell）即肝细胞（hepatocyte）和非实质细胞（nonparenchyma cell）组成，前者约占 60%，后者约占 40%，非实质性细胞包括胆管上皮细胞、内皮细胞、库普弗细胞、贮脂细胞（I_{to} 细胞）、陷窝（pit 细胞）、星形细胞等。肝细胞是肝脏最主要的细胞，它是一种高分化细胞，功能复杂，在电镜下可观察到多种细胞器和包含物，由于肝细胞是肝脏的主要代谢细胞，因此毒理学试验中常用肝细胞作为研究材料。

肝的基本结构单位有两种划分方法：肝小叶（hepatic lobule）与肝腺泡（hepatic acinus）。肝小叶是以末端肝静脉（terminal hepatic venule）即中央静脉（central vein）为中心将肝划为六角形肝小叶单位，在肝小叶的角是门管区（portal space），由门静脉分支、肝动脉、胆管组成。通过门静脉和肝动脉进入门管区的血液在渗透管（penetrating vessel）中混合，再进入血窦，沿着肝细胞索渗透，最后流入末端肝静脉，通过肝静脉流出肝脏。肝小叶可分为三个区，即肝小叶中央区、中间带以及门静脉周边区。实际上能较好地表达肝组织功能性单位的概念是肝腺泡。肝腺泡是由门静脉的末端分支和门管区扩展来的肝动脉组成。肝腺泡有三个带，最接近血液进入的区域为Ⅰ带，接近末端肝静脉的区域为Ⅲ带，Ⅰ带和Ⅲ带之间的区域为Ⅱ带。虽然肝腺泡的概念有实用性，但肝小叶依然可用来描述肝实质细胞的病理学损伤。肝腺泡的三个带大体上与肝小叶的三个区一致。

肝腺泡区带化（acinar zonation）是关于血液与肝细胞中成分梯度的相对功能划分。进入肝腺泡的血液由来自门静脉氧含量耗尽的血液与来自肝动脉富含氧的血液组成。在达到末端肝静脉过程中，氧气很快离开血液以满足肝实质细胞高代谢的需要，在肝腺泡Ⅰ带氧浓度为6%～13%，而在Ⅲ带氧的浓度只有4%～5%。因此，与Ⅰ带肝细胞比较，在Ⅲ带的肝细胞处于低氧环境，与其他组织比较，Ⅲ带肝细胞是缺氧的。肝腺泡的另一个梯度成分是胆盐（bile salt），胆盐的胜利浓缩是由Ⅰ带肝细胞社区完成。肝腺泡不同部位肝细胞蛋白质水平的不均匀性引起代谢功能的梯度。Ⅰ带肝细胞富含线粒体，有利于脂肪氧化、糖异生、氨的解毒性作用。通过免疫组化试验发现在肝腺泡的不同部位，外源化学物质的生物活化与去毒性作用所涉及的酶系也具有梯度现象，在Ⅰ带谷胱甘肽含量较高，而在Ⅲ带细胞色素P450蛋白含量较高，特别是可由乙醇诱导的细胞色素P4502E1同工酶有较高的活性。

（三）肝脏的生理生化功能

1. 肝脏的分泌胆汁作用 肝细胞能够不断地分泌胆汁和生成胆汁酸。胆汁在消化过程中可促进脂肪在小肠内的消化和吸收。如果没有胆汁，食入的脂肪将有40%从粪便中丢失，而且还伴有脂溶性维生素的吸收不良。

肝脏合成的胆汁酸是一个具有反馈控制的连续过程，合成的量取决于胆汁酸在肠-肝循环中返回肝脏的量。如果绝大部分的分泌量又返回肝脏，则肝细胞只需合成少量（0.5g）的胆汁酸以补充它在粪便中的损失；反之，若返回量减少，则合成量将增加。

2. 肝脏在物质代谢中的作用 食物在消化、吸收后，经门静脉系统进入肝脏。肝脏参与几乎所有营养物质的代谢。

（1）对糖代谢的作用：单糖经小肠黏膜吸收后，由门静脉到达肝脏，在肝内转变为肝糖原而储存。一般成年人肝内约含100g肝糖原，仅够禁食24h之用，肝糖原在调节血糖浓度以维持其稳态中具有重要作用。当血糖浓度超过正常值时，葡萄糖合成糖原即增加；相反，当血糖浓度低于正常值时，储存的肝糖原立即分解成葡萄糖进入血液，以提高血糖水平。

此外，许多非糖物质如氨基酸、脂肪中的甘油成分等也可在肝内转变为糖，葡萄糖也可在肝内转变为脂肪酸和某些氨基酸。

（2）对蛋白质代谢的作用：由消化道吸收的氨基酸通过肝脏时，仅约20%不经过任何化学反应而进入体循环到达各组织，而大部分（80%）的氨基酸则在肝内进行蛋白质合成、脱氨、转氨等作用。

肝脏是合成血浆蛋白的主要场所，而血浆蛋白则是维持血浆胶体渗透压的主要成分。切除犬的肝脏后，血浆蛋白含量减少。由于血浆蛋白可作为体内各种组织蛋白的更新之用，所以，肝脏合成血浆蛋白的作用对维持机体蛋白质代谢具有重要意义。蛋白质氧化、脱氨作用也主要在肝内进行。脱氨后所生成的氨可转变为尿素由尿排出，这对于维持机体内环境的稳态具有重要作用。

肝脏是许多凝血因子（本身是蛋白质因子）的主要合成部位，重要的有纤维蛋白原、凝血酶原等，肝病时可引起凝血时间延长和发生出血倾向。

（3）对脂代谢的作用：肝脏是脂类代谢的主要场所和脂肪运输的枢纽，能够合成和储存各种脂类，一部分供应自身的需要，但主要是满足全身各脏器对脂类的需求。消化吸收后的一部分脂肪先进入肝脏，以后再转变为体脂而储存；饥饿时，储存的体脂也先被运送到肝脏，然后再进行分解。

在肝内，中性脂肪可水解为甘油和脂肪酸，此反应可被肝脂肪酶加速。甘油可通过糖代谢途径被利用，而脂肪酸可完全氧化为 CO_2 和水。肝脏还是体内脂肪酸、胆固醇和磷脂合成的主要部位之一。胆固醇可作为合成类固醇激素的中间物质，多余的由胆汁排出体外。肝脏还是脂酸 β- 氧化的产能器官和酮体生成的唯一部位，可通过血液向脑、肌肉与心脏提供酮体以补充能量，故与体内能量代谢密切相关。

3. 肝脏的解毒作用 肝脏是人体内主要的解毒器官，它可保护机体免受损伤。外来的或体内代谢产生的有毒物质都要经过肝脏处理，使毒物成为无毒的或溶解度大的物质，随胆汁或尿液排出体外。肝脏的解毒方式有以下几种。

（1）化学作用：可通过氧化、还原、分解、结合和脱氨等作用，其中结合作用是一个重要方式。在肝内，毒物与葡糖醛酸、硫酸、氨基酸等结合后可变为无害物质，随尿排出体外。体内氨基酸脱氨和肠道内细菌分解含氮物质时所产生的氨，是一种有害的代谢产物，氨的解毒也是在肝内合成尿素，随尿排出体外。当肝衰竭时血氨含量升高，可导致肝昏迷。

（2）分泌作用：一些重金属，如汞，以及来自肠道的细菌可经胆汁分泌排出。

（3）蓄积作用：某些生物碱，如番木鳖碱和吗啡，可蓄积于肝脏，然后逐渐小量释放，以减少中毒程度。

（4）吞噬作用：肝静脉窦的内皮层含有大量的库普弗细胞，具有很强的吞噬能力，能吞噬血液中的异物、细菌、染料及其他颗粒。据估计，门静脉血液中的细菌有 99% 在经过肝静脉窦时被吞噬。因此，肝脏对机体的保护作用是极为重要的。

肝脏是许多激素生物转化、灭活或排泄的重要场所。许多激素（如甲状腺激素、雌激素、雄激素、催乳素、胰岛素、生长激素、肾上腺皮质激素等）在肝脏内经以上类似方法处理后被灭活和降解，并使这些激素或降解产物随胆汁排泄。某些肝病病人体内雌激素可因灭活障碍而在体内积蓄。醛固酮和抗利尿激素灭活障碍可引起钠和水在体内潴留。

（四）肝脏功能的储备及肝脏的再生

肝脏具有巨大的功能储备能力。动物实验证明，当肝脏被切除 70%～80% 后，并不显示出明显的生理功能紊乱。而且，残余的肝脏可在 3 周（大鼠）至 8 周（犬）内生长至原有大小，这称为肝脏的再生。由此可见，肝脏的功能储备和再生能力相当惊人。

肝脏在部分切除后能迅速再生，并在达到原有大小时就停止再生，其机制目前尚不清楚。近年来发现，从肝脏内分离出两种与肝再生有关的物质：一种物质能够刺激肝脏再生，引起 DNA 和蛋白质合成增加；另一种则抑制肝细胞再生。可以推想，在正常动物，抑制性物质的作用可能较强，而在肝脏被部分切除的大鼠，促进再生的物质的作用较强。

有资料报道，某些激素对肝再生也有重要作用。摘除动物的垂体或肾上腺，均可降低肝细胞的再生能力；而给予生长激素或肾上腺皮质激素，则可恢复其再生能力；如在食料中加入甲状腺浸膏，也有促进肝细胞再生的作用。近年来还发现，胰岛素对肝再生也具有重要作用。

（五）肝脏在免疫反应中的作用

在肠黏膜因感染而受损伤等情况下，致病性抗原物质便可穿过肠黏膜（肠道免疫系统的第一道屏障）而进入肠壁内毛细血管和淋巴管，因此，肠系膜淋巴结和肝脏便构成了肠道免疫系统的第二道防线。实验证明，来自肠道的大分子抗原可经淋巴结至肠系膜淋巴结，而小分子抗原则主要经过门静脉微血管至肝脏。肝脏中的单核巨噬细胞可吞噬这些抗原物质，经过处理的抗原物质可刺激机体的免疫反应。因此，健康的肝脏可发挥其免疫调节作用。

二、纳米材料的肝毒性

纳米材料或已在药物传递、热治疗、肿瘤成像和生物传感中有重要应用，或为具有特殊性质的新型功能材料。因此，研究这些材料生物学效应以及相关联的分子机制对了解纳米材料与生物系统相互作用和更好地应用纳米技术意义重大。

（一）毒性作用

纳米材料具有良好的肝靶向性。近年来，纳米材料和纳米技术的研究已成为当今科学的前沿热点，纳米技术一旦深入生物学领域将改变医学的面貌，纳米物质具有与常规物质不同的毒性，在人类健康、社会伦理和生态环境等方面引发诸多问题，纳米材料对环境及人类安全性的影响已是一个现实问题。

从毒理学角度讲，物质的生物安全性与其粒径有关。当粒径减小到一定程度，原本无毒或毒性较小的材料也显示出毒性或者毒性增强。纳米材料可以穿越血 - 脑屏障、血 - 睾屏障和胎盘屏障等其他材料难以穿透的屏障，并可以对特定的器官产生特殊的毒性作用。在对比纳米和微米材料时，发现纳米组对肝脏氧化损伤大于微米组，微米组与对照组比较损伤差异不显著。这可能是由于纳米颗粒具有的超微性，可以直接进入细胞膜甚至细胞核，进而通过血液淋巴系统而进入肝脏，对肝脏产生氧化损伤。而微米组由于相对粒径大，未能通过血液循环和其他途径进入肝脏而发生氧化损伤。纳米颗粒可以在肝脏中积累并保存 84d。

动物实验表明肝脏是纳米材料的主要作用靶器官。大鼠纳米铜经口反复短期染毒 5d，50mg/(kg•d) 接近最低观察到有害效应水平；相同质量浓度下，纳米铜的毒性明显高于微米铜，小尺寸、大比表面积和高表面活性是纳米铜发挥生物学效应的重要基础，转化为铜离子是纳米铜诱导毒性的重要方式，铜离子螯合剂可用于纳米铜的中毒治疗；纳米铜诱导的肝损伤可能与细胞氧化应激损伤、脂类代谢紊乱、能量代谢紊乱、线粒体结构和功能受损有关；尿液中柠檬酸、α- 酮戊二酸降低、血清三酰甘油升高可作为纳米铜诱导肝损害的 NMR 标志物。Feng 等的研究发现，反复静脉染毒纳米二氧化硅（每 3d 一次，共 5 次，20mg/kg，64.43nm ± 10.50nm），纳米二氧化硅可分布于肝细胞、库普弗细胞和肝星状细胞中，提示氧化损伤和肝细胞凋亡活化了 TGF-β_1/Smad3 信号转导途径，并因此促进 ICR 小鼠肝纤维化。Zhuravskii 等的研究发现，单次静脉染毒纳米二氧化硅后第 7d（7mg/kg，13nm），引起 Wistar 大鼠广泛的肝脏重塑，肝脏出现多个异物型肉芽肿，随后发展为纤维化；肝脏组织病理学改变之前未观察到肝细胞坏死或凋亡；从第 30d 开始肝脏中肥大细胞（mast cell，MC）丰度增加，MC 募集先于纤维化，表明 MC 参与肝组织重塑。Nishimori 等的研究发现，反复静脉注射纳米二氧化硅（每周 2 次，连续 4 周，10mg/kg，70nm），可引起 BALB/c 小鼠肝纤维化。Li 等的研究发现，通过灌胃给药（10mg/kg），纳米二氧化硅可明显加重肝脏肿胀、炎性浸润和肝纤维化。Zande 等的研究发现，将纳米二氧化硅混入饲料经口暴露 84d 后（每天 1 000mg/kg，10～25nm），观察到 SD 大鼠肝纤维化发生率增加。

细胞实验证明纳米二氧化硅可引起人正常肝细胞形态改变，诱导凋亡，其诱导细胞凋亡的作用机制可能是通过线粒体途径。纳米二氧化硅还可以引起正常肝细胞线粒体膜电位下降，Bax 蛋白表达增加，Bcl-2 蛋白表达增加，Bcl-2/Bax 的比值降低，细胞色素 c、caspase-3 的表达增加。纳米二氧化硅可通过线粒体途径诱导细胞凋亡。纳米二氧化硅可引起人正常肝细胞内化并诱导线粒体空泡化，自噬体形成，线粒体嵴断裂和消失，以剂量依赖的方式触发了肝细胞的细胞毒性。实验证明纳米颗粒可抑制人正常肝细胞的增殖，具有细胞毒性作用，可引起细胞发生氧化损伤，使线粒体膜电位降低，诱导细胞凋亡以及影响细胞周期进程，细胞出现 G_0/G_1 期阻滞，导致进入 S 期的细胞数减少，从而影响 DNA 合成。Prasannaraj 等合成了新型纳米银材料并进一步验证了其细胞毒性，实验证实纳米银材料对人肝癌细胞系 HepG2 具有明显增强的细胞毒性。在纳米金的细胞毒性研究方面，当纳米金在应用浓度过大时，则会带来非常大的负面生物学效应，Catherine 等采用 MTT 试验，溶血试验和测定对细菌生长活力影响的试验等研究不同基团修饰的纳米金的毒性，结果发现，纳米金的毒性表现为浓度依赖关系，并与其表面修饰的基团有关，表面带负电荷的纳米金的毒性明显低于表面带正电荷的纳米金，这可能是因为纳米金表面所带的正电荷易与带负电荷的细胞膜相互作用而造成的。Shukl 等、Chithrani 等和 Connor 等近 2 年相继发表在重要杂志上的文章中论述了不同大小，不同形状和表面修饰的纳米金在体外与不同细胞的生物相容性，细胞吸收等生物学效应的研究。Peng 等的体外研究发现，用 20μg/ml 纳米二氧化硅（71nm）处理人 HSCs 细胞系 LX-2 24h，发现纳米二氧化硅内化，抑制胶原蛋白Ⅰ（collagen Ⅰ，Col-Ⅰ）和 α 平滑肌肌动蛋白（alpha smooth muscle actin，α-SMA）的表达，这是由转化生长因子（transforming growth factor β，TGFβ）以浓度依赖和时间依赖的方式激活的肝星状细胞启动的；还可以通过上调基质金属蛋白酶（matrix metalloproteinases，MMPs）和下调基质金属蛋白酶组织抑制剂（tissue inhibitors of MMPs，TIMPs）来促进胶原蛋白的降解；通过调控上皮 - 间充质转化（epithelial- mesenchymal transition，EMT）基因，如 E- 钙黏素（E-cadherin，E-Cad）

和N-钙黏素（N-cadherin，N-Cad），纳米二氧化硅抑制TGF-β激活的LX-2细胞的黏附和迁移能力，使其恢复到更静止的状态，以上共同作用抑制了纤维化。

纳米细菌对正常肝细胞的损伤是通过改变线粒体膜的通透性，继而使线粒体内跨膜电位消失，并进一步导致线粒体结构的改变，最终引起细胞死亡实现的；纳米细菌作用正常肝细胞会产生凋亡，随着浓度的升高及作用时间的延长，由于ATP的消耗和供给之间无法维持平衡，随着ATP的持续消耗，凋亡的进程会被阻断，而转为坏死。

代谢组学技术可作为纳米颗粒在体毒性研究的重要手段，快速评价机体生化成分变化，识别潜在的生物标志物；生物持久性不同是纳米铜在体内、外实验模型中的重要区别之一，应依据研究目的恰当选择体内、外实验方法。人造纳米材料经呼吸道、口、皮或者医用途径暴露于机体后，均有被吸收入血的可能性，随后可通过血液循环进一步到达远隔部位，如心、肝、脾、肺、肾和骨髓等。

（二）作用机制

从作用机制上，功能纳米材料主要通过与蛋白质结合、信号转导、基因表达和表型改变几个步骤影响生物系统。因而研究纳米材料的蛋白质结合性质与规律、细胞摄取、基因表达和信号转导对了解其生物学效应及机制、有效调控和预防纳米材料的毒性，并转化为疾病治疗武器是必不可少的手段。

1. 纳米颗粒进入细胞的途径 纳米颗粒进入细胞的主要机制是通过胞吞作用，有资料表明这种机制还要依赖于纳米颗粒的表面特点、亲脂性/亲水性、包被物及生物体内的表面修饰。纳米材料的小尺寸效应有利于纳米颗粒穿透生物膜进入细胞内，较大的比表面积和表面高活性的原子会产生自由基。纳米颗粒表面带有电荷会改变进入细胞的难易，表面修饰也会改变金属纳米颗粒的生物可给性和毒性。金属纳米颗粒的表面积及其表面原子活性在生物活性或毒性作用中扮演着重要角色，纳米颗粒的表面积与原子（分子）数的比值和粒径呈负指数关系，通过这种增加的表面活性可以预测单位质量的金属纳米颗粒是否会表现更强的生物活性或毒性作用。

2. 纳米材料的靶向和被动靶向 在体外细胞培养时，纳米给药可以观察到纳米颗粒具有靶向性，能直接向靶器官、靶细胞或细胞内靶结构输送药物，同时发现纳米颗粒的被动靶向性与其粒径大小非常有关，血管内注射纳米颗粒后，100～200nm的微粒系统很快被网状内皮系统的巨噬细胞从血液中清除，最终达到肝库普弗细胞溶酶体中，50～100nm的微粒系统能进入肝实质细胞中。因此利用纳米颗粒做药物载体能够使肝脏药物浓度增加，对其他脏器不良反应减少。

肝脏是人体网状内皮细胞富集的器官，纳米颗粒的被动靶向主要是依靠网状内皮系统（reticuloendothelial system，RES）的吞噬作用实现的。有研究表明，机体摄入纳米颗粒后，肝、脾药物浓度增加，这说明肝、脾药物含量的提高是纳米颗粒被动靶向的结果。肝脏药物浓度增加的同时，血液、子宫及卵巢的药物含量下降，表明纳米颗粒具有靶向药物的药代动力学特点。静脉给药和腹腔给药两种给药方式均显示出良好的肝脏靶向性，但是腹腔给药，药物是通过淋巴系统进入血液，然后聚集在肝脏。

3. 纳米材料的体内代谢动力学 在体内代谢动力学研究方面，体内吸收纳米颗粒后，纳米颗粒将通过循环系统在器官和组织中重新分布。Jong等在大鼠尾静脉注射粒径为10nm、50nm、100nm和200nm的金颗粒。在24h后，处死大鼠，收集血液和各种器官用电感耦合等离子体质谱分析仪（ICP-MS）检测纳米金分布情况，结果为大部分纳米金分布在肝脏和脾，其中只有粒径为10nm的纳米金分布在血液、肝脏、脾、肾、睾丸、胸腺、心脏、肺和脑，但较大粒径的纳米金却只分布在血液、肝脏和脾。结果表明，粒径为10nm的纳米金具有最广泛的器官分布。

对吸收入血的纳米材料，存在多种被机体清除的潜在途径。研究证实进入血液循环的富勒烯和单壁碳纳米管可被肾脏清除。研究发现富勒烯的尺寸及表面化学特性也可能影响排泄速率。给大鼠静脉注射聚苯乙烯纳米颗粒，发现这些纳米颗粒可被肝脏摄取并经胆汁排泄，其他可能的排泄途径如汗腺和乳汁，仍有待研究证实。总之，关于纳米颗粒吸收后的排泄途径仍不完全清楚，并且不是所有的纳米颗粒均能被机体清除，因此纳米颗粒在体内的蓄积是毒理学研究中需要考虑的危险因素之一。人造纳米材料的靶器官毒理学尚未深入展开，肝脏和肾脏是外源化学物质进行生物转化及排泄的重要器官，因此也成为外源化学物质或药物诱导毒性的主要靶器官。

将 FITC 标记的氨基多糖制备成纳米颗粒，从小鼠尾静脉给药后体内分布结果表明，给药 1h 后，在各组织中检测到的纳米颗粒含量分别为：肝脏 13%、肾脏 4%、脾脏 6%、肺 9%。这些组织都富含网状内皮系统，纳米颗粒在这些组织中聚集，可能与纳米颗粒容易被网状内皮系统吞噬有关。随着时间的延长，纳米颗粒在肝脏和脾脏中的含量继续增加。大颗粒载药系统可以实现高度的肺靶向，而小颗粒的药物载体可对肝、脾器官实现定向给药。粒径很显然是影响纳米颗粒自由转变位置的决定性因素。肝脾是小颗粒胶体的主要沉积部位，具有吞噬外来颗粒的固定巨噬细胞的功能。纳米颗粒经小鼠口服吸收后，能分布于全身组织，其中肝脏中分布量最高，其次是肾脏以及瘤组织。纳米材料均可导致大鼠肝功能异常，部分肝功能指标如谷草转氨酶（AST）、碱性磷酸酶（ALP）、谷丙转氨酶（ALT）等出现显著降低。

第四节 纳米材料的神经毒性

一、概述

在我们生活的环境中，充满了各种纳米颗粒，包括自然界本身存在的如通过风力传播的海盐、由海洋生物生成的化学物质以及燃烧产生的大量空气悬浮颗粒物和人工生产制造的大量纳米材料。一个普通的房间中，每立方厘米包含大约 2 万个纳米颗粒，而在城市的街道上，则达到每立方厘米 10 万个。由于工业生产而产生的大量人造纳米颗粒不断通过各种途径进入自然界，大大增加了人类和其他生物体暴露于纳米颗粒的可能性。随着纳米材料和技术在医学、药学和健康领域的广泛应用，其他与纳米材料有关的研究领域也在不断地拓宽和发展。目前各种人工纳米颗粒、纳米器械和纳米物质除了应用于治疗领域外，还被广泛地用于诊断和生物监测领域，这种应用前景将导致大量人工纳米物质与人体的接触。

纳米材料的粒径，是决定纳米材料其他一切特性的基础。纳米材料可能通过呼吸道、胃肠道、皮肤等途径进入人体，在治疗、诊断过程中，还可能通过各种注射途径进入人体。目前研究最为广泛的是通过呼吸道进入人体的纳米颗粒所产生的影响，其主要靶器官为肺组织，纳米颗粒通过呼吸途径进入人体，能够迅速在肺组织聚集，并引起炎症反应。纳米材料进入人体的另外一个重要途径是胃肠道，主要包括摄入含有纳米颗粒的食物、药物。经胃肠道摄入的纳米颗粒主要通过小肠和大肠的淋巴组织吸收，也能进入血液循环，最后主要被肝脏、脾脏等网状内皮系统丰富的器官所摄取。

2006 年起，美国投资约 4 亿美元，用于纳米物质潜在危害的研究，同时引发了全世界范围内对纳米材料毒性研究的热潮。如欧盟启动“纳米安全计划”来评估生产者和消费者可能遭受的风险。纳米干粉颗粒的危害评估，界面和尺寸相关的现象，包括对人体的安全性、健康和环境等成为研究的热点。

同时，通过消化道进入人体的纳米颗粒，主要通过小肠吸收，进入血液循环，富集于网状内皮系统丰富的组织中，如肝脏、脾脏。无论是蓄积于器官内的纳米颗粒，还是进入血液循环中的纳米颗粒，都有潜在的损害人体健康的可能。在正常情况下，只有亲脂性物质易于通过血 - 脑屏障，但是纳米颗粒由于其微小的尺寸和特殊的理化特性，有可能通过不同的途径通过血 - 脑屏障，进入脑实质组织中。因此，研究纳米颗粒对人体健康和功能的影响是十分必要的。而作为目前新兴发展的学科，纳米神经科学（nanoneuroscience），包括纳米神经毒理学（nanoneurotoxicity）和纳米神经保护（nanoneuroprotection）受到研究人员的广泛关注。目前发现纳米颗粒进入中枢神经系统可能的途径包括通过呼吸道直接到达嗅球，再转移至脑组织的其他部位，或者是进入血液循环的纳米颗粒对构成血 - 脑屏障的细胞产生毒性作用，破坏血 - 脑屏障的结构和功能，导致纳米颗粒的进入中枢神经系统。目前有越来越多的学者开始关注纳米材料进入中枢神经系统并引起其损伤的可能。由于中枢神经系统对其微环境的改变十分敏感，且缺乏有效的防御机制，即使是微量的外来化合物进入脑组织微环境，都有可能造成脑组织的损害。中枢神经系统由神经细胞和非神经细胞构成，其中非神经细胞的数目远远高于神经细胞，这些细胞对于维持中枢神经系统的稳态发挥着重要的作用，因此在研究外来化合物引起的神经毒性作用时，神经细胞和非神经细胞是同等重要的。

随着人们对于纳米材料毒性研究的深入，发现纳米材料有可能通过作用于血 - 脑屏障细胞和紧密连接，导致血 - 脑屏障功能障碍，并最终进入中枢神经系统，引起中枢神经系统的功能性改变。虽然通过人体血液循环并最终进入中枢神经系统的纳米颗粒数量非常有限，但是由于中枢神经系统内环境对于外来物质非常敏感，而且缺乏有效的防御保护措施等特点，极其微量的纳米颗粒进入脑组织就有可能引起中枢神经系统功能的巨大改变，且这种改变对于整个生物体的影响是十分巨大的。正是由于纳米颗粒对中枢神经系统存在潜在的、巨大的影响，越来越多的研究人员开始关注纳米颗粒所造成的神经毒性，并由此发展出新兴的学科——纳米神经毒理学。

二、纳米材料的神经毒性作用

某种物质被分散粉碎至纳米尺度后，其性质有可能发生改变，许多原本是安全无毒的材料，在被制造为纳米材料后，对人体表现出不同程度的毒性作用；或者是纳米尺度的材料与普通尺度的材料对人体具有不同机制及表现的毒性作用。鉴于目前越来越多的研究表明，多种纳米材料存在对中枢神经系统的毒性作用，且这些毒性作用可能引起严重的后果，因此，在新的纳米材料开始大规模使用之前，进行相应的毒理学评价是十分必要的，同时对于目前已经进入商品化生产规模的纳米材料，更需要迅速地补充完善有关的神经毒性评价资料。建议实行神经毒性分级制度，对于毒性较低，对神经系统没有明显毒性作用的纳米材料，暂不采取任何限制措施；而对于有可能产生中等神经毒性的纳米材料，则需要提出相应的防护措施，并适当限制该种材料的生产及使用范围；对于有可能产生严重的、不可逆的神经毒性的纳米材料，则应该严格限制其生产和使用，并不断开发和研究能够对其进行替代的产品，以确保作业环境下有关人员的健康安全，以及避免普通人群在环境中接触到此类纳米材料而引发的神经毒性作用。此外，不断发现敏感而准确的神经毒性评价指标，对于评价纳米颗粒的神经毒性也是十分必要的，神经元细胞的损伤通常是不可逆的，因此，一定要早于某些神经症状发现之前，或者神经元细胞受到损伤之前，发现其潜在的神经毒性，早期预防，早期诊断，使人们能够在安全、健康的前提下享受科学技术不断进步所带来的发展和便利。

（一）纳米材料对神经细胞的影响

纳米材料在计量学、电学、光学、通信以及生物、医药等方面有着广泛的应用，在医药方面的应用主要包括疾病诊断、药物靶向传输、分子成像、生物传感器等，但是同时，这种全新的微小尺度的人造材料大规模地进入生物体所生存的环境，也对生物体的健康产生了许多负面影响。纳米毒理学是随着纳米材料技术的广泛研究而发展起来的新兴研究领域，目前对纳米材料毒性的研究涉及分子水平、细胞水平、器官水平、整体水平和生态水平。几乎包括了各种新兴的纳米材料以及它们的各种衍生物、修饰物。因此，人们对于纳米材料的认识和评价也越来越趋于客观和全面。

金属纳米材料均可对神经细胞的活力产生影响，对染毒后细胞形态进行观察，发现非纳米颗粒对细胞形态的影响较小，而纳米颗粒染毒初期细胞形态比较规则，表现为胞体小、突起细长且数量较少，染毒后期细胞形态发生了明显的改变，主要为细胞体积变大、胞体变圆且饱满、突起粗大，并且可以观察到细胞内有黑色颗粒物质的聚集。但是细胞数量随纳米颗粒浓度的增加而明显下降，因此进一步对染毒后细胞的活力进行观察研究，观察到纳米颗粒可引起细胞凋亡，纳米材料对细胞的毒性作用与非纳米材料有明显不同。金属纳米材料在大鼠体内主要分布在脾、肝等网状内皮细胞和吞噬细胞丰富的脏器，在中枢神经系统中也有出现纳米金属元素的情况，并可引起大鼠脑组织氧化应激损伤以及炎症反应，可能对脑组织产生进一步损伤。

相同物质组成的纳米颗粒及非纳米颗粒，在体外对细胞的活性、凋亡发生产生不同的作用结果，在体内的分布受许多因素的影响，如颗粒的表面电荷、粒径大小、表面亲水和亲脂性等。纳米颗粒在组织中的分布依次顺序为脾 > 肝 > 肺 > 肾，主要是脾脏和肝脏等网状内皮细胞和吞噬细胞较多的脏器，在海马和皮层组织中，由于中枢神经系统对于其微环境的改变十分敏感，即使是极其微量的外来化学物质，都有可能导致中枢神经系统内环境的改变。血 - 脑屏障是指脑毛细血管阻止某些物质（多半是有害的）进入脑循环的结构。这种结构可使脑组织少受甚至不受循环血液中有害物质的损害，从而保持脑组织内环境的基本稳定，对维持中枢神经系统正常生理状态具有重要的生物学意义。物质可以通过扩散或载体转运的方式由血液进入脑组织，脂溶性物质及脂溶剂容易透过亲脂性的质膜，迅速扩散入脑。纳米颗粒可以通过血-脑屏障进入大脑，不同纳米材料进出血-脑屏障的机制尚未完全明了，可能与其脂溶性、理化性质及对组成血-脑屏障细胞的毒性作用有关。

（二）纳米材料对中枢神经系统的影响

尽管纳米颗粒对神经系统毒性作用的体内研究有限，但仍有数据表明，纳米颗粒能够影响药物进入脑组织的过程，并且有穿过血-脑屏障的可能。纳米颗粒作用于血-脑屏障并引起其功能障碍之后的生物学效应仍然有待进一步研究。大多数纳米颗粒由临界金属、银、铜、铝、硅、碳和金属氧化物构成。这些细小的颗粒存在于环境中，可以经过呼吸道进入生物体体液环境，通过细胞内吞作用进入各种非神经细胞中，并且在细胞中停留数周至数月，这些进入细胞内的纳米颗粒的毒性作用尚需要进一步的研究。然而，另外一些进入体循环的纳米颗粒，则能够对血-脑屏障的内皮细胞产生毒性作用，破坏紧密连接。

纳米颗粒能够促进药物进入中枢神经系统，或者能够通过血-脑屏障。通常，只有脂溶性物质能够顺利通过血-脑屏障进入脑组织，而非脂溶性物质则被排除在血-脑屏障之外，但大多数纳米材料并非脂溶性，其通过血-脑屏障的机制可能与纳米材料导致的血-脑屏障功能损伤有关。纳米材料引起血-脑屏障功能障碍的可能机制是其通过不同方式进入血液循环后，与内皮细胞相接触，产生自由基并引起氧化应激反应，导致内皮细胞的膜毒性，从而影响到紧密连接。此外，通过细胞内吞作用进入不同细胞内部的纳米颗粒，能够促进内吞囊泡的转移，从而进入中枢神经系统微环境。

与相同物质组成的非纳米颗粒相比，金属氧化物纳米颗粒在体外实验中对神经细胞表现出明显的细胞毒性作用，主要表现为细胞活性降低并引起细胞凋亡。纳米颗粒可能进入脑组织，非纳米颗粒较纳米颗粒更易于滞留在外周组织器官中。在中枢神经系统中，纳米颗粒能够降低大鼠的空间学习记忆能力，引起局部的炎症反应、氧化应激反应；而氧化铝非纳米颗粒对中枢神经系统无明显毒性作用。

三、纳米材料神经毒性作用机制

（一）纳米颗粒进入神经细胞的途径

1. 血-脑屏障功能概述 血-脑屏障是生物体内保护中枢神经系统免受外来化学物质损伤的重要保护屏障。血-脑屏障能够严格地调节脑组织所处的体液微环境的组成成分，即使是脑组织液体微环境的轻微改变，都可能引起组织中的胶质细胞、神经元细胞功能改变，并最终导致大脑功能改变。血-脑屏障的组成包括大脑微血管的内皮细胞和紧密连接，脂溶性物质易于通过血-脑屏障进入中枢神经系统，而大部分非脂溶性物质则被排除在血-脑屏障之外。正常情况下，血-脑屏障不允许蛋白质类物质进入脑室，以防止大脑水肿的形成。

2. 纳米颗粒对血-脑屏障的作用 目前正在进行研究及应用的大部分纳米颗粒，都属于非脂溶性，在一般情况下不能够通过血-脑屏障。有实验结果表明，纳米级的镧颗粒，作为一种电子密度示踪剂，只能停留在血-脑屏障体液一侧的紧密连接之外，而没有在脑组织中发现该种物质。纳米颗粒进入体内后，部分颗粒可以通过细胞内吞机制进入各种细胞，并在这些细胞中停留数周至数月，对于这些颗粒可能的生物学效应和毒性作用仍然缺乏详细的研究；其他没有进入细胞而是进入体液循环的纳米颗粒，通过氧化应激反应和自由基的产生，引起内皮细胞膜的损伤和细胞毒性作用，进一步破坏紧密连接，使得纳米颗粒能够穿过血-脑屏障。同时，由于血-脑屏障功能受损，使得其他物质，如各种血浆成分、蛋白质、毒物等，均能够进入脑脊液微环境，导致大脑水肿形成，以及其他病理反应。可见，血-脑屏障在中枢神经系统疾病发展过程中发挥着重要的作用，纳米颗粒对脑组织功能的影响，很大程度上取决于其对血-脑屏障功能的影响，这也是纳米颗粒引起神经毒性的可能机制之一。

3. 纳米材料作用于血-脑屏障的影响因素 在某些环境因素作用下，如热应激、服用精神兴奋性药物、长期处于高温环境，可能加剧纳米颗粒对血-脑屏障的损伤。Sharma等的研究表明：处于全身性发热（whole-body hyperthermia，WBH）状态的小鼠进行金属纳米颗粒染毒，能够表现出比处于正常状态的小鼠更为严重的认知缺陷、血-脑屏障功能紊乱、脑水肿及其他大脑病理性反应。由此可见，纳米颗粒对血-脑屏障引起的损伤反应，受到内因（发热等）和外因（环境因素）的共同影响。纳米颗粒进入中枢神经系统的另一条途径是经呼吸道进入，存在于空气中的各种纳米颗粒，可以经过呼吸系统，直接到达大脑中处理嗅觉的区域——嗅球，而且随着与纳米颗粒接触时间的延长，其在嗅球中的含量不断增加。

（二）神经毒性机制

血-脑屏障的存在阻碍了许多有效药物进入中枢神经系统发挥作用，以致许多中枢神经系统疾病都得不到良好的治疗。为了找到能够协助药物安全有效地透过血-脑屏障进入脑组织发挥作用的方法，科研人员进行了大量研究。目前提出的协助中枢神经系统药物进入脑组织的策略包括改变药物的物理、化学结构，提高血-脑屏障对药物的通透性，可直接大脑内注射或植入，经由嗅上皮和嗅神经通路；调节血-脑屏障上内皮细胞间的紧密连接，增加血-脑屏障对药物的通透性以及脑组织的渗透性等。其中寻找合适的药物载体，使药物能够高效、靶向运输至脑组织，也是研究的重点内容之一。目前已经有几种药物成功地通过纳米颗粒的运载进入脑内，包括6肽dalargin、2肽kyotorphin、咯派丁胺和多柔比星等。

作为药物载体的纳米颗粒应具有以下理想特性：①无毒，具有生物可降解性和生物相容性；②微粒直径 < 100nm；③在血液中的物理性质稳定，无聚集反应；④不被单核巨噬细胞系统（MPS）摄取（无调理作用），血液循环时间长；⑤靶向运载药物通过血-脑屏障入脑（通过受体介导的脑毛细血管内皮细胞的胞饮作用）；⑥适于运载小分子、多肽、蛋白或核苷酸；⑦纳米颗粒赋形剂所诱导的药物改变（化学降解、结构改变、蛋白质变性）最小；⑧药物控释体系的可调节性；⑨经济有效的制作过程。目前已开发了多种纳米颗粒，能运载中枢神经系统药物入脑并发挥作用的纳米颗粒主要有以下几种类型：聚氰丙烯酸丁酯（polybutylcyano-acrylate，PBCA）纳米颗粒、PEGylated聚乳酸（polylactide，PLA）或PLGA纳米颗粒、微乳胶纳米颗粒和脂质纳米颗粒等。PBCA纳米颗粒是目前研究最为广泛和深入的纳米颗粒，其生物降解率高，可运载不同的药物产生各种生物学效应。动物实验显示它被吐温-80包裹后，能成功运载dalargin、多柔比星、NMDA受体拮抗剂MRZ2/576等多种中枢神经系统药物入脑。mPEG-PLA/PLGA纳米颗粒由PLA/PLGA疏水中心和外面包绕的亲水性PEG冠或外壳组成。PLA/PLGA具有生物可降解性和很好的中枢神经系统生物相容性，但其毒性和纳米颗粒表面修饰剂的物理性质相关。

纳米颗粒进入机体后具有被动靶向性，能富集于肝、脾、骨髓等网状内皮系统丰富的组织和器官，减少了纳米颗粒透过血-脑屏障的可能。为了更好地实现脑组织靶向给药，可以通过或对纳米颗粒进行表面修饰以延长纳米颗粒在循环系统的保留时间，促进其透过血-脑屏障入脑。但长期或频繁使用抑制网状内皮系统功能的方法会影响网状内皮系统的正常功能，对机体会产生不良影响。因此表面修饰是目前改善纳米颗粒脑组织靶向最为常用的方法。一般选用亲水性非离子型表面活性剂来对纳米颗粒进行表面修饰，常用的有PEG、聚山梨酯、泊洛沙姆及其乙二胺衍生物等，修饰过程大多采用吸附包衣方法。如吐温-80修饰的PHCA纳米颗粒能显著提高透过血-脑屏障的量。此外，还可以通过合成嵌段共聚物或对高分子材料进行末端修饰，调节高分子材料的亲脂亲水性及表面特性，从而改善所制得纳米颗粒的趋脑性。通常是采用亲水性PEG与PLA、PLGA、间氯过氧苯甲酸（PCBA）、聚十六烷基氰基丙烯酸酯（PHDCA）等来构成嵌段共聚物。

纳米技术的迅猛发展引发了人们对其安全性的普遍担忧，虽然目前有价值的安全性评价资料很少，但可以明确的是，随着国际社会的不断关注，以及安全性研究的进步，最终将建立起一套完整有效的纳米材料安全性评估体系。作为安全性评价的重要部分，纳米材料的神经毒性已经引起许多研究人员的关注，但目前所获得的资料还远远不够，不足以对纳米材料的神经毒性进行完整、系统的评估。我们所需要做的事情，包括建立动物模型，评估新型纳米材料可能的神经毒性；寻找适合的标志物分子，能够早期检测到神经损伤的发生；深入探讨纳米材料引起神经毒性的机制；纳米材料在中枢神经系统的分布、迁移和转归；纳米材料的神经毒性是否受遗传、环境因素（污染、温度等）及内因（心血管、内分泌及代谢性疾病）的影响；以及如何更好地利用纳米材料的特殊性质，将其应用于预防、诊断、治疗等健康及医疗的相关领域。

第五节 纳米材料的免疫毒性

一、概述

免疫（immunity）是机体的一种内稳状态（homeostasis），是机体识别和清除外来物的一种生理反应。免疫系统的功能是保护宿主免受外来物质（如颗粒物）、外来生物（如病毒、细菌、真菌）以及外来细胞（如癌细胞）的损害。免疫毒理学作为毒理学与免疫学之间的边缘学科，也是毒理学的一个新的分支。它主要研究外源化学物质和物理因素对人或者动物免疫系统产生的不良影响和机制。

纳米技术正在世界范围内迅速发展，各种新型纳米材料正逐渐被广泛应用于多个领域，纳米材料的研究者、生产者、消费者和纳米废物处理者接触纳米材料以及纳米材料进入生态环境的机会也越来越多，其生物安全性还有待确定。纳米毒理学研究开始主要集中在纳米材料的肺部毒性，但近年来发现纳米颗粒一旦到达肺间质部位，就会通过不同途径和机制转运到肺外组织，或者通过其他途径进入血液循环后在体内重新分布，而且易通过血 - 脑屏障、血 - 睾屏障、胎盘屏障等普通微米颗粒不容易通过的生物屏障，到达全身各个部位。免疫系统具有高度的辨别力，能精确识别自己和非己物质，从而将外来物质消灭或者排除，以维持机体的相对稳定性。纳米材料作为外源化学物质进入机体后，机体免疫系统如何识别，并产生相应的免疫应答以达到清除异物和保护机体的作用，成为目前纳米材料生物安全性的研究重点。本章主要介绍纳米材料与机体免疫系统间的相互作用，并重点介绍纳米材料免疫毒性的研究进展。

二、机体免疫系统

（一）T 淋巴细胞和细胞免疫

1. T 淋巴细胞概述 T 淋巴细胞（T 细胞），即胸腺依赖淋巴细胞（thymus dependent lymphocyte）。T 细胞来源于骨髓的多能干细胞（胚胎期则来源于卵黄囊和肝）。目前认为，在人体胚胎期和初生期，骨髓中的一部分多能干细胞或前 T 细胞迁移到胸腺内，在胸腺激素的诱导下分化成熟，成为具有免疫活性的 T 细胞。成熟的 T 细胞经血流分布至外周免疫器官的胸腺依赖区定居，并可经淋巴管、外周血和组织液等进行再循环，发挥细胞免疫及免疫调节等功能。T 细胞的再循环有利于广泛接触进入体内的抗原物质，加强免疫应答，较长期保持免疫记忆。

2. T 淋巴细胞亚群 T 细胞是相当复杂的不均一体，并在体内不断更新，同一时间可以存在不同发育阶段或者功能的亚群。按免疫应答中的功能不同，可将 T 细胞分为若干亚群，目前一般公认的有：辅助性 T（Th）细胞，具有协助体液免疫和细胞免疫的功能；抑制性 T（Ts）细胞，具有抑制细胞免疫及体液免疫的功能；效应 T（Te）细胞，具有释放淋巴因子的功能；细胞毒性 T（Tc）细胞，具有杀伤靶细胞的功能；放大 T（Ta）细胞，可作用于 Th 细胞和 Ts 细胞，有扩大免疫效果的作用；记忆 T（Tm）细胞，有记忆特异性抗原刺激作用。T 细胞在体内存活的时间可长达数月至数年。其记忆细胞存活的时间更长。

3. T 淋巴细胞功能 T 细胞是淋巴细胞的主要组分，它具有多种生物学功能，如直接杀伤靶细胞，辅助或抑制 B 细胞产生抗体，对特异性抗原和促有丝分裂原的应答反应以及产生细胞因子等，是机体中抵御疾病感染、肿瘤形成的重要免疫细胞。T 细胞产生的免疫应答是细胞免疫，细胞免疫的效应形式主要有两种：与靶细胞特异性结合，破坏靶细胞膜，直接杀伤靶细胞；另一种是释放淋巴因子，最终使免疫效应扩大和增强。

（二）B 淋巴细胞和体液免疫

1. B 淋巴细胞（B 细胞） 来源于骨髓的多能干细胞。在禽类是在法氏囊内发育生成，故又称囊依赖淋巴细胞（bursa dependent lymphocyte）/ 骨髓依赖性淋巴细胞，是由骨髓中的造血干细胞分化发育而来。与 T 细胞相比，它的体积略大。这种淋巴细胞受抗原刺激后，会增殖分化成大量浆细胞。浆细胞可合成和分泌抗体，并在血液中循环。成熟的 B 细胞经外周血迁出，进入脾脏、淋巴结，主要分布于脾小结、脾索及淋巴小结、淋巴索及消化道黏膜下的淋巴小结中，受抗原刺激后，分化增殖为浆细胞，合成抗体，发挥体液免疫的功能。

哺乳类动物B细胞的分化过程主要可分为前B细胞、不成熟B细胞、成熟B细胞、活化B细胞和浆细胞五个阶段。其中前B细胞和不成熟B细胞的分化是抗原非依赖的，其分化过程在骨髓中进行。抗原依赖阶段是指成熟B细胞在抗原刺激后活化，并继续分化为合成和分泌抗体的浆细胞，这个阶段的分化主要是在外周免疫器官中进行的。

2. B淋巴细胞的膜表面分子 B细胞表面有多种膜表面分子，借以识别抗原、与免疫细胞和免疫分子相互作用，也是分离和鉴别B细胞的重要依据。B细胞表面分子主要有白细胞分化抗原、主要组织兼容性复合体抗原以及多种膜表面受体。

（1）白细胞分化抗原（CD）：是B细胞表面重要的CD抗原，与B细胞识别、黏附、活化有关的CD分子的结构和功能密切相关。应用某些B细胞CD抗原相应的单克隆抗体可鉴定和检测B细胞的数量、比例、不同的分化阶段和功能状态。

（2）主要组织兼容性复合体抗原（MHC）：B细胞不仅表达MHC-Ⅰ类抗原，而且表达较高比例和密度的MHC-Ⅱ类抗原。除了浆细胞外，从前B细胞至活化B细胞均表达MHC-Ⅱ类抗原。B细胞表面的MHC-Ⅱ类抗原在B细胞与T细胞相互协作时起重要作用，此外，还参与B细胞作为辅助细胞的抗原提呈作用。

（3）膜表面受体：B细胞膜表面具有多种类型的受体。

1）膜表面免疫球蛋白（surface membrane immunoglobulin，mIg）：是B细胞特异性识别抗原的受体，也是B细胞重要的特征性标志。不成熟B细胞表达mIgM，成熟B细胞又表达了mIgD，即同时表达mIgM和mIgD，有的成熟B细胞表面还表达mIgG、mIgA或mIgE。

2）补体受体（complement receptor，CR）：B细胞膜表面具有CR1和CD2。CR1（CD35）可与补体C3b和C4b结合，从而促进B细胞的活化。CD2（CD21）的配体是C3d，C3d与B细胞表面CR2结合亦可调节B细胞的生长和分化。

3）EB病毒受体：CR2（CD21）也是EB病毒受体，这与EB病毒选择性感染B细胞有关。在体外可用EB病毒感染B细胞，可使B细胞永生化（immortlaized）而建成B细胞母细胞样细胞株，在人单克隆抗体技术和免疫学中有重要应用价值。在体内，EB病毒感染与传染性单核细胞增多症、Burkitt淋巴瘤以及鼻咽癌等的发病有关。

4）致有丝分裂原受体：美洲商陆丝分裂原（pokeweed mitogen，PWM）对T细胞和B细胞均有致有丝分裂作用。在小鼠，脂多糖（LPS）是常用的致有丝分裂原。

5）细胞因子受体：多种细胞因子调节B细胞的活化、增殖和分化是通过与B细胞表面相应的细胞因子受体结合而发挥调节作用的。B细胞的细胞因子受体主要有IL-1R、IL-2R、IL-4R、IL-5R、IL-6R、IL-7R、IL-11R、IL-12R、IL-13R、IL-14R、IL-γR、IL-αR和TGF-βR等。

3. 免疫球蛋白（immunoglobulin，Ig） 指具有抗体活性的动物蛋白。主要存在于血浆中，也见于其他体液、组织和一些分泌液中。免疫球蛋白分子的基本结构是由四肽链组成的，即由2条相同的分子量较小的轻链（L链）和2条相同的分子量较大的重链（H链）组成的。人血浆内的免疫球蛋白大多数存在于丙种球蛋白（γ-球蛋白）中。免疫球蛋白可以分为IgG、IgA、IgM、IgD、IgE五类。

三、纳米材料的免疫毒性

纳米材料进入机体后首先面对的是机体的免疫系统。一方面，免疫系统如内皮网状组织的吞噬细胞，会清除进入体内的纳米材料。另一方面，这些被免疫细胞捕获的纳米材料可能也会对免疫细胞产生影响，从而对机体的免疫能力产生影响。免疫系统是对外源化学物质刺激较为敏感的系统，纳米材料对机体免疫系统的不良影响主要从免疫器官可以识别并清除进入机体的纳米材料，在进行免疫应答的过程当中，纳米材料也会对机体免疫系统造成一定的损伤；另外可以改变免疫器官的细胞形态和功能。研究发现，暴露于纳米材料可导致脾脏、胸腺、淋巴结等免疫器官的结构功能的改变，并影响免疫细胞

(T 细胞、B 细胞、巨噬细胞)的正常功能和血清中免疫球蛋白 IgG、IgM 的含量,从而导致生物体的免疫毒性。

(一)机体免疫系统识别并清除纳米材料

研究表明,生物体对 SiO_2 纳米颗粒的免疫应答主要通过吞噬细胞对 SiO_2 纳米颗粒的内化清除作用实现的。SiO_2 纳米颗粒主要通过呼吸道暴露进入机体,被吸入的 SiO_2 纳米颗粒沉积于肺泡组织中,可被肺泡巨噬细胞吞噬,随黏液纤毛运动从呼吸道排出体外,或者转运至淋巴结而被清除。当暴露于过高浓度的纳米颗粒时,黏液纤毛运动受到损伤,则大量吞噬有纳米颗粒的巨噬细胞聚积在淋巴结和肺间质,并与其他的免疫细胞相互作用,从而导致机体免疫系统功能异常。也有研究发现,长期暴露于 TiO_2 纳米颗粒,TiO_2 纳米颗粒可在胸腺累积以及减少胸腺中的淋巴细胞亚群(包括 $CD3^+$,$CD4^+$,$CD8^+$,B 细胞和自然杀伤细胞),同时,TiO_2 纳米颗粒对小鼠的淋巴器官、T 细胞及先天免疫细胞稳态具有毒性作用,而这些潜在的免疫毒性作用可能是由 NF-κB 介导的有丝分裂原激活的蛋白激酶(MAPK)途径引起。

(二)纳米材料对免疫器官的损伤作用

动物和人类研究表明,全身暴露于纳米颗粒时,免疫系统的细胞和器官是沉积的主要目标,对该系统的损害可能导致发病甚至死亡;许多研究人员发现,纳米颗粒可以逃避免疫系统,并且可以损害脾脏组织。田靖琳等通过尾静脉注射硒化镉 / 硫化锌(CdSe/ZnS)量子点发现可导致量子点在 BALB/c 小鼠主要的免疫器官(脾脏、胸腺)蓄积,而 CdSe/ZnS 量子点长期蓄积在脾脏中会导致脾脏淋巴细胞的亚群比例发生改变,抑制脾脏淋巴细胞活力,使脾脏淋巴细胞的免疫功能出现障碍。Wang 等将 CdSe/ZnS 量子点经静脉注入小鼠体内来评估量子点在体内的免疫毒性,结果显示注射后 42d,在胸腺、脾脏和肝脏中也观察到了强烈的荧光信号,但在肺、心脏、肾脏或大脑中几乎检测不到荧光信号,说明大多数 CdSe/ZnS 量子点可被免疫器官吸收并保持完整,且具有可持续的荧光发射能力。由于胸腺是 T 细胞分化、成熟的场所,胸腺的微环境影响细胞的分化、增殖和选择性发育,因此,受试物对胸腺的毒性作用在一定程度上可反映出其对实验动物 T 细胞功能的影响。Zhou 等探索纳米铜暴露后对大鼠脾脏的潜在免疫毒性,通过血液学参数、淋巴细胞亚群、免疫球蛋白和组织病理学的结果,显示纳米铜明显改变了脾脏的免疫功能,同时纳米铜强烈诱导抗氧化剂(SOD、CAT、GSH-Px)、氧化剂(iNOS、NO、MDA)、抗氧化信号通路 Nrf2(Nrf2 和 HO-1)水平变化,增加促炎 / 抗炎(IFN-γ、TNF-α、MIP-1α、MCP-1、MIF、IL-1、IL-2、IL-4、IL-6)细胞因子的 mRNA 和蛋白质表达,激活 MAPK 和 PI3K/Akt 调节信号通路,表明纳米铜抑制脾脏免疫功能可能与诱导的氧化应激及炎症相关。Pujalté 等让雄性 Sprague-Dawley 大鼠在 6h 内吸入 TiO_2 纳米颗粒,吸入开始后 14d 内的不同时间点处死大鼠,结果发现 Ti 在肺部组织水平最高,在 48h 达到峰值,然后在 14d 内逐渐降低,表明 TiO_2 纳米颗粒在进入位点持续存在;而在血液、淋巴结和其他内部器官(包括肝脏、肾脏、脾脏、嗅球和大脑)也检测出 Ti,表明 TiO_2 纳米颗粒一定程度地转移至全身循环,而吸入的纳米颗粒主要通过黏膜纤毛清除和摄取消除。

(三)纳米材料对细胞免疫和体液免疫的影响

T 细胞是执行免疫功能的主要细胞,其在非特异性有丝分裂原 ConA(刀豆蛋白)的作用下,发生转化和增殖,反映机体的细胞免疫功能,任何化学物质都会由于影响免疫细胞的增殖而影响免疫反应。有研究报道,小鼠暴露于 SiO_2 纳米颗粒后,调节性 T(Treg)细胞逐渐地、特异性地积累在肺组织中,可能通过产生免疫调节细胞因子 IL-10 和 TGF-β 介导肺免疫抑制和纤维化的发生。淋巴细胞暴露于 Co_3O_4、Fe_2O_3、SiO_2 和 Al_2O_3 纳米颗粒 24h 后呈剂量依赖性细胞活力下降和细胞膜损伤,并可能通过诱导活性氧、脂质过氧化增加以及过氧化氢酶、还原型谷胱甘肽、超氧化物歧化酶消耗导致淋巴细胞的 DNA 损伤和染色体畸变。

Pescatori 等研究了碳纳米管与人 T 细胞的相互作用,比较了未修饰的疏水性多壁碳纳米管与硝酸氧化的功能化多壁碳纳米管,发现氧化后的碳纳米管具有更高的毒性,在 400μg/ml 的作用剂量下,通过诱导细胞的程序化死亡而使细胞丧失生存力,氧化的多壁碳纳米管能更好地分散在水溶液里,这更有利于其与细胞的作用。实验中所采用的碳纳米管的形态、制备方法和实验手段的不同均可导致毒性结果的差异。研究发现,静脉内给予 SiNPs 后主要分布在脾脏中并诱导巨噬细胞增殖,导致脾脏中巨核细胞增生，被巨噬细胞捕获的SiNPs可停留4周；雌性C57BL/6小鼠持续2周口服给予不同大小和电荷的胶体SiNPs，结果显示SiNPs暴露组脾脏中免疫细胞（如B细胞和T细胞）的增殖以及NK细胞的活性均低于对照组。细胞因子网络的平衡在维持机体免疫和炎性反应方面发挥着重要作用，在免疫系统中的中心地位已得到公认，外周血血清中细胞因子及炎症因子的含量反映机体整体免疫功能。有研究发现，SiO_2纳米颗粒可以通过抑制T细胞呼吸影响T细胞发挥正常生物学功能。有研究报道，给予昆明大鼠暴露高剂量、低剂量的SiO_2纳米颗粒，结果表明，与对照组相比，SiO_2纳米颗粒各剂量组T细胞增殖功能均下降，并随着染毒剂量的增加，纳米高剂量组T细胞增殖功能呈下降趋势。这可能是由于纳米颗粒能逃脱免疫监视而引起，或者是血液中作为异物抗原刺激T细胞的SiO_2纳米颗粒浓度尚未达到影响生长所引起。Jia等研究了纯化单壁碳纳米管（直径114nm，长度1μm）和多壁碳纳米管（直径10～20nm，长度0.5～40μm）对小泡巨噬细胞的相对毒性，发现导致巨噬细胞毒性的浓度不同，多壁碳纳米管为3.06μg/cm^2，而单壁碳纳米管仅为0.38μg/cm^2。这说明吸入颗粒的毒性效应主要依赖于其几何形状。人类和动物实验发现暴露于二氧化硅可导致B细胞免疫抑制亚群的额外募集。调节性B细胞是释放IL-10和TGF-β的免疫抑制细胞，它们引起免疫耐受并通过限制炎症性T细胞的扩增抑制免疫反应，产生IL-10的调节性B细胞将效应T细胞转化为Treg细胞，从而增加了颗粒暴露后的免疫耐受性；免疫抑制性T细胞和B细胞持续存在于受损组织中，可以解释在缺乏实质性炎症的情况下，颗粒引起的纤维化和致癌反应。研究显示，机体在外源物的刺激下，首先启动免疫调节机制，表现出免疫刺激，随着暴露时间的延长和暴露剂量的增加，机体的免疫调节网络受损，继而表现出免疫抑制。金属对细胞免疫功能的影响呈双向性，当低剂量时呈刺激作用，而高剂量时则呈明显的抑制作用，具体效应机制有待进一步研究。SiNPs对巨噬RAW264.7细胞的细胞毒性是剂量依赖性的，浓度大于200μg/ml足以在RAW264.7细胞中诱导细胞毒性和遗传毒性作用；还根据细胞毒性/细胞活力和炎性反应分析了RAW264.7细胞暴露于硅纳米颗粒（直径3nm）和硅微粒（直径100～3 000nm）后的生物反应，结果显示浓度≤20mg/ml的SiNPs没有细胞毒性或炎症反应，然而浓度分别大于20mg/ml和200mg/ml的硅纳米颗粒和硅微粒比对照组引起更大的细胞毒性；高剂量（≥500μg/ml）带正电荷的大介孔SiNPs（MSN，直径≥100nm）处理的巨噬细胞可观察到细胞内化MSN的积累，足以诱导ROS的大量释放和氧化应激，引起炎症基因上调，且MSN的细胞毒性与颗粒大小、剂量和细胞摄取的MSN数量相关。

SiNPs暴露也改变了巨噬细胞的表型，巨噬细胞极化状态影响免疫系统的稳定状态，并在许多疾病的过程中发挥重要作用。静止的巨噬细胞（M0）在不同的生理或病理条件下会极化为不同的表型[促炎（M1）或抗炎（M2）]，从而在局部微环境中发挥不同的作用。此外，极化的巨噬细胞在暴露于变化的环境后还可以逆转它们的表型。纳米颗粒可通过物理、化学特征差异（如化学成分，大小和表面修饰）调节巨噬细胞极化和重编程，改变机体免疫功能并进一步影响疾病的病理过程；纳米颗粒还可以通过暴露时间或剂量不同向不同方向驱动巨噬细胞极化，如α-石英在暴露早期将M0巨噬细胞激活为M2表型，而随着持续暴露，M2巨噬细胞不能容纳更多的颗粒，导致颗粒与M1表型巨噬细胞相互作用，表达各种炎症细胞因子（如IL-1和TNF-α），引起肉芽肿形成。Kumar等用支气管注入法研究纳米TiO_2对大鼠的毒性作用机制时，发现纳米TiO_2可诱导Th1和Th2细胞应答，从而引发巨噬细胞M1和M2的应答。高剂量的纳米TiO_2导致巨噬细胞M1的应答强于M2的应答，从而引发严重的组织损伤。越来越多的证据表明，纳米颗粒还显示出强大的免疫抑制作用，诱导免疫抑制的颗粒主要包括金属（如金、银、氧化铁、氧化铈和氧化锌）和碳（CNTs、富勒烯）纳米颗粒。Ryan等在2007年率先报道了富勒烯纳米颗粒可预防与肥大细胞有关的疾病，如哮喘、关节炎和硬化症；另一个说明纳米颗粒免疫抑制特性的例子是Rajan等的研究，他们发现脂质体纳米颗粒具有引发免疫抑制细胞环境的能力，该环境随后可抑制抗肿瘤免疫力并促进肿瘤进展。

综上所述，纳米材料引起免疫毒性的机制研究虽然还处于初期阶段，但却是十分重要和有意义的研究。目前，纳米材料的毒性研究中有时会出现相冲突的结果。很多因素参与影响纳米材料的毒性，包括化学修饰、杂质含量和暴露途径。所以今后在全面评价“纳米材料-机体”相互作用的研究中，需要考虑实验材料的物理、化学性质和暴露途径等多个因素。纳米材料的免疫毒性研究方面也存在类似的问题。

对于纳米材料及其衍生物进行包括免疫学毒性在内的生物学效应的系统评价，对深入全面了解纳米材料毒性的作用机制和科学评价其危害后果具有重要意义，也将为其广泛应用，尤其是在生物医学领域的应用奠定基础。

第六节 纳米材料的皮肤毒性

一、概述

皮肤是外源化学物质侵入机体的天然屏障，由表皮、真皮和皮下组织三部分组成。表皮在皮肤的最外层，由形状不同的上皮细胞所构成，从外侧到内侧又可分为角质层、透明层、粒层、棘层及基层等五层，其中，角质层是防止水分蒸发及抵御外部物质入侵的第一道屏障；真皮主要是结缔组织，内有毛细血管、淋巴管、神经、皮脂腺及汗腺等，该部分的血液、淋巴液可以将外来化学物质运走，故外来化学物质在真皮中会很快被吸收；皮下组织在真皮下面，是由较疏松的结缔组织所构成，因含有大量脂肪故亦称皮下脂肪组织，其中有许多血管、淋巴管与汗腺，汗腺导管贯穿于真皮中，开口至表皮。

机体接触外源化学物质时，其被吸收的过程必须经过释放、穿透及吸收三个阶段进入血液循环。在释放阶段，化合物先从基质中释放出来，并扩展到皮肤或者黏膜表面上，直接与角质层表面接触。在穿透阶段，化合物透过表皮各层进入真皮、皮下组织，对局部起作用。但值得注意的是，角质层是由15～20层排列如层板状的角质形成细胞组成，因此表皮的角质层是透皮吸收的主要屏障，它使外源化学物质的吸收受到最大的阻力。当外源化学物质通过角质层达到其下方的颗粒层和棘层时，通过速率则明显加快。最后阶段是吸收，当外源化学物质达到真皮后，容易被丰富的微循环吸收，进入血液循环。另外，毛囊、皮脂腺、汗腺是药物经皮吸收的另一通道。此通路开始吸收较快，但很快便能到达平衡状态。因此，化合物的皮肤吸收仍以穿透皮肤角质层为主要途径。

二、纳米材料的皮肤毒性

（一）纳米材料皮肤接触的机会

纳米材料的广泛应用使得研究者、生产者和消费者将有更多的机会接触纳米材料。毒理学的观点认为，几乎所有的物质对人体都有潜在毒性，关键在其剂量的大小和接触途径。在解释现有的毒理学资料之前，首要的任务就是确定空气、水、土壤等媒介中存在的人体可能接触到的纳米材料的浓度（剂量），即暴露程度，以及人们是如何接触到纳米材料的。目前世界各国都没有制定出针对纳米材料特性的劳动保护条例，从事纳米材料生产加工的工人几乎是在没有安全防护措施的情况下工作，以及化妆品中纳米材料的直接使用，他们接触纳米材料的暴露是显而易见的。纳米材料具有特殊的理化特性，它与人们所熟悉的总悬浮颗粒物、PM_{10}和超细颗粒物等在粒径、组成和媒介中的分布情况有着很大的不同，故不能将从前的研究结果简单地外推到纳米材料上。在生产纳米材料的环境中纳米颗粒主要通过呼吸道、消化道以及皮肤接触而进入机体。

（二）纳米材料皮肤毒性的研究现状

有研究表明，纳米材料在皮肤上的吸附能力很强。皮肤是人类有效阻止宏观颗粒进入体内的重要屏障系统，对于纳米颗粒，即使宏观状态时脂水分配系数小，也完全可以通过简单扩散或梯度渗透形式经皮肤进入体内。碳纳米管在手套上沉积和在空气中较长时间存在，意味着进行皮肤接触评价及使用个人保护装备都是很必要的。有研究显示，根据成年人手的平均表面积（$414.4cm^2$）和制造过程中碳纳米管沉积量（每只手0.2～6mg），估计潜在的皮肤暴露量为$0.5～14.5\mu g/cm^2$；使用了个人防护设备，很可能只有一小部分沉积的碳纳米管接触皮肤，因此低剂量的碳纳米管皮肤暴露研究更为重要，即使使用个人防护设备，仍有证据表明工人手和腕部皮肤会接触碳纳米管。近年来的体外实验包括碳纳米管对人表皮角化细胞的研究表明碳纳米管对人类及环境的影响还需要进一步深入探讨，归纳如表11-1所述。

表 11-1 碳纳米管的体外皮肤毒性研究进展

染毒材料	实验对象	研究方法	研究结果
SWCNTs	人角质细胞	MTT	引起氧化胁迫，抑制细胞的繁殖
SWCNTs	人皮肤纤维原细胞	MTT	未修饰的 SWCNTs 毒性大，修饰越充分的毒性越小
SWCNTs	角质形成细胞	CellTiter-Glo 发光细胞活力检测	抑制角质形成细胞的增殖而不诱导细胞死亡
MWCNTs	角质形成细胞	微孔板读数器	核转录因子 NF-κB，并有剂量依赖关系体外诱导细胞死亡
MWCNTs	角质形成细胞	基因表达分析	诱导氧化应激和炎症反应引起细胞凋亡

Ong 等研究发现，暴露于 SWCNTs 可以减少人角质形成细胞（HaCaT）的增殖，而没有明显的凋亡或坏死现象；而 HaCaT 细胞暴露于 SWCNTs 后导致 HSP90 客户蛋白（AKT、CDK4 和 BCL2）的剂量依赖性下降以及显著抑制 HSP90 依赖性蛋白的折叠，表明 SWCNTs 可能通过抑制 HSP90 活性而诱导对角质形成细胞的细胞毒性。另外，Lademann 等在毛囊角质层和毛乳头处发现了防晒霜中的 TiO_2 纳米颗粒的沉淀，但是这并不能认为颗粒可以穿透活皮肤组织。Pflucker 和 Schulz 等发现 TiO_2 晶体（20～200nm）只会沉积在角质层的最外边，角质层的深面和真皮层并没有检测到它的存在。但是，市面上销售的防晒霜中所含有的 TiO_2 纳米颗粒是经过化学修饰的，可以导致羟基自由基的产生并且能够使 DNA 发生氧化损伤。而且 TiO_2 纳米颗粒在经阳光照射后可以催化损伤人细胞中的 DNA。这就使得一般消费者也有接触纳米材料的风险，并且可能受到伤害。有研究报道显示，SiO_2 纳米颗粒可破坏皮肤细胞膜的完整性并影响细胞功能，如果皮肤发生破损，使屏障缺失，纳米颗粒经破损处皮肤可能更容易进入机体。此外，皮肤表面覆盖大量的毛发，纳米颗粒可经毛囊穿透皮肤，同时纳米颗粒可在毛发中蓄积，且含量与其吸收量成一定比例。因而可用毛发中纳米颗粒浓度作为吸收或接触指标。

在 ZnO 纳米材料的毒性研究中，令研究者感到非常意外的是 ZnO 纳米材料的细胞毒性比许多纳米材料毒性都要大。这一结果与通常认为的“ZnO 毒性很小，是安全的材料”相矛盾。实际上，ZnO 的低毒性主要是针对皮肤毒性而言的。例如，ZnO 就常被用作防晒霜、化妆品等的添加剂，也可用作杀菌剂在临床上使用。最新的两个研究证实了 ZnO 纳米颗粒不能穿越真皮层与体内的细胞产生真正的接触。Zvyagin 和 Holmes 等认为 ZnO 纳米颗粒不能穿透有活力的皮肤表皮和真皮层。利用多光子激发成像，以志愿者和整形手术中切除的皮肤为模型，他们发现 ZnO 纳米颗粒（直径为 26～30nm）主要集中在褶皱和皮纹处。在 30μm 深处已检测不到，说明 ZnO 纳米颗粒不能进入细胞和细胞间隙。ZnO 纳米颗粒主要集中在角质层，并富集在毛囊，并利用 EDX 技术证明了 ZnO 纳米颗粒滞留在毛孔而不是真皮层。有研究报道，以 SD 大鼠为模型，就 ZnO 纳米颗粒的皮肤毒性进行过初步的测定。连续暴露在高浓度（1g/kg）ZnO 纳米颗粒下 90d 后，大鼠没有发生明显的病变，没有出现红斑和水肿等症状。病理切片的结果显示，ZnO 纳米颗粒仅仅引起角质层的增厚，没有引起真皮层的病理变化。

ZnO 纳米颗粒不能穿越真皮层，这在一定程度上解释了 ZnO 纳米颗粒较低的皮肤毒性与 ZnO 纳米颗粒（包括常规 ZnO）很高的细胞毒性之间的矛盾。ZnO 纳米颗粒不能穿越真皮层，说明用细胞培养的模型来研究 ZnO 纳米颗粒对真皮层以下的细胞造成的毒性并不合适。需要注意的是，以上的结果都是针对完好的皮肤而言的，对于受损皮肤，ZnO 纳米颗粒的渗透性和毒性还没有被研究过。临床上 ZnO 常被用作皮肤消毒剂，因此研究 ZnO 纳米颗粒对受损皮肤的毒性还是有很重要的现实意义。

大气中 SiO_2 纳米颗粒沉降，环境作业中的直接接触以及 SiO_2 纳米颗粒在化妆品中的广泛应用，都使皮肤直接暴露于 SiO_2 纳米颗粒的机会明显增加，并且表面修饰的 SiO_2 纳米颗粒具有一定的脂溶性和水溶性，易于经皮肤吸收。纳米颗粒由于尺寸小、表面活性高等特殊的物理、化学性质，可相对容易地穿越皮肤屏障，通过淋巴系统进入血液循环系统，进而发挥损伤作用。有报道显示，SiO_2 纳米颗粒可以破坏皮肤细胞的完整性并且能影响细胞功能。如果皮肤破损，即使屏障结构缺失，纳米颗粒经破损处皮肤可更容易进入机体。此外，皮肤表面覆盖大量的毛发，纳米颗粒可经毛囊穿透皮肤，同时纳米颗粒可在毛发中蓄积，且含量与其吸收量成一定比例。

综上所述，纳米材料已经显示出一些对人体和环境健康潜在的特殊生物学效应，但目前对纳米材料的生物学效应，尤其是毒理学与安全性问题的研究，也仅限于众多纳米材料中的少数几种，且研究数据也很不全面。更重要的是，当我们讨论纳米材料的生物学效应或毒性时，不能泛泛而言，必须明确材料的种类、形态、尺寸（粒径）以及剂量等参数的影响。因此，今后我们对其的研究重点具体应包括以下几点：

（1）从纳米材料本身的性质和包被出发，可以发现在不同的外部条件下，如改变纳米材料表面的电荷性质，相同的纳米材料可能会出现不同的毒性，因此纳米材料在不同的外部条件下发生怎样的毒性改变，如何通过改变外在条件来改变纳米材料的毒性是一项很具应用价值的研究。

（2）纳米材料毒性机制目前仍不清楚。如很多实验将纳米材料的生物和生态效应归因于氧化胁迫或自由基的产生，但是一些纳米材料如碳纳米管和富勒烯本身又是很好的自由基清除剂和抗氧化剂。因此，纳米材料的毒性效应机制仍是今后研究的重点。

（3）纳米材料对生物及其器官、组织、细胞和分子等会有不同层面的影响，在哪个层面上的影响最值得注意，以及它们相互之间的联系都是重要的问题。目前纳米材料的研究多集中在整体水平和细胞水平上，在分子水平上研究纳米物质与生物分子相互作用及其对生物分子结构和功能的影响的相关报道很少，而生物分子水平上的研究将更能揭示其本质，应加强分子水平上纳米材料毒性效应的研究，从分子水平阐释纳米材料的毒性机制。因此，纳米技术生物安全性评价关键技术的研发十分重要。

（4）构建预测纳米材料潜在影响的理论模型。系统评价成分复杂、多功能纳米材料的安全性，预测纳米材料的潜在影响，必须建立有效表征纳米材料在环境中释放、运输、转化、累集、吸收过程的数据模型。此模型能正确揭示生命体内纳米材料的剂量、运输、清除、蓄积转化与反应行为，并必须充分与标准纳米材料物理、化学特性的粒径、表面区域、表面化学性质、可溶性和可能形状等因素密切相关。目前，世界各国都已加强纳米材料在健康和环境方面影响的研究工作，正如纳米科学技术是一个长久、持续的研究开发过程一样，纳米材料的毒性和安全性研究也将是一个长久、持续的过程，充满了科学创新的机遇与挑战，需要大家共同付出辛勤的努力。

第七节 纳米材料的血液毒性

进入机体的各种外源化学物质在吸收、分布、交换和排泄等过程中都依靠血液来运输，与全身各个组织器官密切联系。因此，血液中的各种成分与外源化学物质接触的机会较多，容易受到损伤。另外，外周血中的各种血细胞均由骨髓中造血干细胞分化而来，而处于不同发育、分化阶段的各种血细胞敏感程度和表现不同，因此，对血液和造血系统的毒性主要表现在对外周血、骨髓造血功能及凝血功能等的影响。

一、造血系统概述

造血系统（hematopoietic system）包括血液、骨髓、脾、淋巴结以及分散在全身各处的淋巴和单核巨噬细胞组织，约占体重的 8%。造血器官生成各种血细胞，人胚胎时期的卵黄囊、肝脏、脾脏、胸腺和骨髓均能造血；出生后，红骨髓是主要的造血器官。骨髓造血期一般指人胚第 8 周到第 4 个月，随着长骨的骨化，造血干细胞迁入骨髓，开始了骨髓造血期。骨髓不仅产生红细胞、粒细胞、巨噬细胞、血小板、单核巨噬细胞和淋巴细胞，还保存有一定数量的造血干细胞。与人不同，小鼠出生后脾脏仍然是一个造血器官。

造血作用即血细胞的生成，是指为了满足如运送氧气、宿主防御反应、损伤修复、止血和其他机体重要功能，血细胞前体增殖分化为血细胞的过程。各种血细胞都起源于由间充质发生的多能干细胞，逐步分化成各种血细胞，其发生可划分为三个阶段：造血干细胞（hematopoietic stem cell，HSC）、定向祖细胞（committed progenitors）和形态可辨认的前体细胞（precursors）。

造血干细胞是新生血细胞的起源，能够大量增殖分化产生所有类型的血细胞，而且具有很强的自我更新和多向分化能力。造血干细胞通过多种内外因素的共同作用，分别发育为髓系干细胞和淋巴系干细胞。髓系干细胞最后发育成红细胞、血小板、巨噬细胞、中性粒细胞、嗜碱性粒细胞和嗜酸性粒细胞。淋巴细胞系干细胞最终发育为T细胞和B细胞。

二、纳米材料的造血系统毒性

1. 纳米材料血液毒性的概述 血液由血浆和血细胞组成，通过循环系统与全身各个组织器官密切联系，易受到毒物损害，其原因主要有：①进入机体的毒物通过血液运输，完成吸收、分布、代谢和排泄等过程。因此，外周血液中的各种成分与毒物或其代谢产物接触机会较多。②血液系统的成分复杂，具有携带氧、维持血管完整性及参与机体免疫等重要的生理功能，并具有高速增殖分化的特性，因此易受毒物影响，是毒物毒性作用的重要靶器官。③外周血中各种血细胞均由骨髓造血干细胞发育分化而来，而不同分化阶段的血细胞对外源性毒物的敏感性不同。

2. 红细胞毒性 红细胞约占血细胞总数的99%，在血细胞中数量最多，其主要功能是运输O_2和CO_2，是脊椎动物体内通过血液运送O_2最主要的媒介，同时还具有免疫功能。血液中98.5%的O_2与血红蛋白结合，以氧合血红蛋白形式存在，氧合血红蛋白是从肺向外周组织运输O_2和从组织向肺运输CO_2的主要工具，以此维持血液中pH稳态。纳米材料对红细胞的直接毒性作用包括运输氧功能损伤和红细胞破坏，基本上可分为两个类型：①血红蛋白氧结合的竞争性抑制；②红细胞被破坏造成循环红细胞数降低的贫血。前者较为常见。

红骨髓内的造血干细胞首先分化成为红系定向祖细胞，再经过红系前体细胞（包括原红细胞，早、中、晚幼红细胞及网织红细胞）发育成为成熟的红细胞，历时6～7d。人体每小时要制造5亿新红细胞。红细胞主要在人体的骨髓（bone marrow）内生成（特别是红骨髓），其依赖于细胞频繁的分化和血红蛋白的高速合成。正常红细胞在外周血中的寿命约为120d，在此期间，红细胞可能受各种因素影响而改变存活时间。外源化学物质（包括纳米材料）所致的任何一种对红细胞的损伤，如氧化损伤、代谢功能障碍以及细胞膜通透性改变等，都可能导致红细胞减少，引发贫血，其特征是导致外周血中网织红细胞增多和骨髓红系细胞增生活跃，这主要是因为血液携氧能力降低、总血容量改变。

在纳米药物领域，人们更关注如何将药物通过静脉注射的方式进入体内，并使其到达特定部位以达到特定的治疗效果。有研究报道，生物降解纳米微球可通过导管系统实现动脉内局部给药。将纳米材料作为载体用于运载药物注入体内之前，首先需要对其进行一系列的生物安全性评价，生物相容性是研究生物材料贯穿始终的关键，是指机体组织对非活性材料产生反应的一种性能，包括组织相容性和血液相容性，尤其在血液相容性方面。溶血试验（hemolysis test）是对人体内的红细胞进行红细胞破裂溶解检测，主要用于溶血性贫血的病因诊断。溶血是指红细胞破裂溶解的现象。很多理化因素都可以引起溶血，可检测载体材料与红细胞的相互作用，是一项极为重要的血液相容性评价实验，也是一项重要的体外粗筛实验。目前国内外主要采用氧和血红蛋白直接测定法（即溶血率测定法）来评价纳米药物载体材料的溶血性能；已有研究证明，溶血活动与组织培养反应、体内急性毒性试验都具有高度相关性，都与材料的形状尤其是纳米材料尺度相关。

溶血试验是对纳米材料或微球与红细胞在体外接触的过程中，导致红细胞溶解和对血红蛋白游离程度的测定，是血液相容性评价方法中唯一的国家标准方法，溶血率超过标准值，则说明这种医用材料在体内使用可能会引起溶血。该试验能准确敏感地反映材料对红细胞的影响，是特别有意义的医用材料初步筛选试验。孙蛟等针对生物材料试样形状对溶血率的影响进行了系统的分析，研究表明物理形状与溶血率具有高度相关性，近似圆形或无明显锐角的试样不存在溶血反应，而带有锐角的试样出现明显的溶血反应，其溶血率均大于5%。凝血则是指材料在体内与血液接触时，血浆中的可溶性纤维蛋白原变成不可溶性纤维蛋白，材料被生物体作为异物而识别，二者界面在发生了一系列复杂的相互作用后所产生的现象。魏雨等提出嵌段共聚物的亲疏水性结合的微相分离结构表面对于血液相容性起到一定的促进作用，多聚物聚乳酸-聚乙二醇两亲性嵌段共聚物（PPLA）作为一种PEG改性两亲性聚合物，同样具有此特征。纳米材料是一种研究较热门且具有研究前景的纳米材料，纳米技术基础理论研究和新材料开发等应用研究都得到了快速的发展，并且在传统材料、医疗器材、电子设备、涂料等行业得到了广泛的应用。

纳米颗粒的粒径（10～100nm），相当于 10～1 000 个原子紧密排列在一起的尺度，其具有独特的小尺寸效应和表面效应，极大的比表面积使得纳米材料吸附能力很强。研究发现，在稀土纳米抗菌材料的作用下，红细胞的生物膜结构发生了变化，其抵抗低渗盐水的能力降低，提示过量使用稀土纳米材料可引起遗传性球形红细胞增多症或自身免疫性溶血性贫血等疾病，会对机体产生不良的影响。引起红细胞破坏的原因很多，可分为免疫性溶血和非免疫性溶血，后者包括氧化损伤性溶血和非氧化损伤性溶血。大量研究表明，纳米材料溶血可能与氧化损伤有关。例如，SiO_2 纳米颗粒及纳米铁，SiO_2 纳米颗粒表面含有大量羟基，对细胞膜具有一定毒性，能与细胞膜结合从而改变其通透性和渗透性，引起细胞发生脂质过氧化作用，通过氧化损伤引起细胞损伤、坏死，诱发氧化性并发症。且脂质过氧化所产生的 MDA 可以与蛋白质氨基发生交联，蛋白质的构象和活性位点改变，使红细胞的结构和成分发生改变，进而引起溶血反应。纳米铁导致红细胞 MDA 升高，也可能与纳米级铁离子进入细胞，通过 Haber-Weiss 反应产生大量•OH 有关，其能使细胞膜通透性增大，溶血率增加。

纳米材料的种类和粒径不同，其对红细胞的作用也不同，随着粒径减小，溶血现象加重，可导致机体出现一系列溶血性疾病。因此，纳米材料应用于医药卫生领域必须首先评价其溶血性以及对红细胞的毒性作用，以确定其毒性作用及毒性作用机制，从而为其更广泛应用提供依据。

3. 白细胞毒性 白细胞（white blood cell，WBC）是无色、球形、有核的血细胞。白细胞不是一个均一的细胞群，根据其形态、功能和来源部位可以分为三大类：粒细胞、单核细胞和淋巴细胞，其中粒细胞又可根据胞质中颗粒的染色性质不同，分为中性粒细胞、嗜酸性粒细胞和嗜碱性粒细胞三种。正常成人总数为（4.0～10.0）$\times 10^9$/L，可因每日不同时间、机体的功能状态而在一定范围内变化。白细胞一般有活跃的移动能力，它们可以从血管内迁移到血管外，或从血管外组织迁移到血管内。因此，白细胞除存在于血液和淋巴中外，也广泛存在于血管、淋巴管以外的组织中。在某些化学物质吸引下，可迁移到炎症区发挥其生理作用。纳米材料应用于医药领域时，通过各种途径进入机体，均可视为机体的一种异物，引发机体炎症反应，引起以中性粒细胞为主的白细胞数增多，而纳米级的尺度使之易透过细胞膜，产生异物进入体内的炎性反应征象，极易引起中性粒细胞聚集、数目增加。如 Fe_2O_3 纳米颗粒可引起中性粒细胞增多等白细胞变化。

4. 血小板及凝血功能毒性

（1）纳米材料生物相容性：纳米生物材料，具有生物相容性、可生物降解、药物缓释和药物靶向传递等良好特性，已在药物治疗方面取得了很大成功。其与机体的相容性（即生物相容性）是在医学领域应用程度与广泛度的关键。所谓生物相容性是指材料在机体的特定部位引起恰当的反应，对机体无毒性，不激活凝血系统，不引起血液或机体、组织炎症反应，不吸附、损伤、激活白细胞、血小板和补体系统，即要求与机体组织血液系统无反应性。生物相容性是指机体组织对非活性材料产生反应的一种性能，一般是指材料与宿主之间的相容性。生物材料植入人体后，对特定的生物组织环境产生影响和作用，生物组织对生物材料也会产生影响和作用，两者的循环作用一直持续，直至达到平衡或者植入物被去除。血液相容性指生物材料表面抑制血管内血液形成血栓的能力和生物材料对血液的溶血现象（红细胞破坏）、血小板功能降低、白细胞暂时性减少、功能下降以及补体激活等血液生理功能的影响。此外，血液相容性的主要研究内容包括：①生物材料与血浆蛋白的相互作用；②生物材料与血细胞的相互作用；③生物材料对血管内皮细胞的影响。组织相容性指材料与生物活体组织及体液接触后，不引起细胞、组织的功能下降，组织不发生炎症、癌变以及排异反应等，因此它还必须具有良好的组织相容性，如良好的内皮细胞化行为。在心血管系统的血液接触环境下，理想的生物材料应该满足以下几方面的要求：①在生理环境中保持其物理、化学、力学性能；②不引起凝血、非正常内皮生长或干扰正常的凝血过程；③不会改变血液中细胞的形态、可溶性成分的稳定性而导致细胞死亡，不产生过敏或毒性反应；④不激活补体反应；⑤长期处于连续流变应力下具有抗氧化和钙化的能力。

（2）血栓形成及凝血机制

1）血液凝固体系：止血系统的功能是防止血液因血管受损流出并使循环中的血液保持流动状态。止血系统主要成分包括循环中的血小板、多种血浆蛋白和血管内皮细胞，这些成分的变化或系统活性变化都会导致止血功能紊乱的临床现象，包括流血过多和血栓形成。血液从流动的液体状态变成不能流动的胶冻状凝块的过程，即为血液凝固（blood coagulation）。这是由凝血因子参与的一系列蛋白质有限水解的过程。血液凝固的关键过程是血浆中的纤维蛋白原转变为不溶的纤维蛋白。因此，凝血过程可分为凝血酶原酶复合物（也称为凝血酶原激活复合物）的形成、凝血酶原的激活和纤维蛋白的生成三个步骤。

人体的血液凝固体系中存在两个对立的系统。一个是凝血系统，主要包括血小板以及把纤维蛋白原转变为纤维蛋白的所有凝血因子，促使血小板和凝血因子生成。另一个是抗凝血系统，主要由肝素、抗凝血酶以及使纤维蛋白降解的溶纤系统组成。当血液与外来异物接触时，凝血系统就通过下列两种不同的过程发挥作用：①凝血因子活化，导致纤维蛋白凝胶形成；②血小板的黏附、释放和聚集，结果导致血小板血栓的形成。如何抑制导致凝血的两个过程、得到良好血液相容性的生物材料，这一问题至今没有得到很好的解决。

2）凝血因子与抗凝成分：血液和组织中直接参与凝血的物质统称为凝血因子。它的生理作用是，在血管出血时被激活，和血小板粘连在一起并且补塞血管上的漏口。这个过程被称为凝血。目前已知的凝血因子有 14 种，公认的凝血因子共有 12 种，国际命名法用罗马数字编号，即凝血因子Ⅰ～ⅩⅢ（简称 FⅠ～FⅩⅢ，其中 FⅥ是血清中活化的 FⅤa，已不再视为一个独立的凝血因子）。此外，前激肽释放酶、激肽原以及来自血小板的磷脂等也都直接参与凝血过程。在这些凝血因子中，除 FⅣ（Ca^{2+}）是离子，其余的凝血因子均为蛋白质，而且 FⅡ、FⅦ、FⅨ、FⅩ、FⅪ、FⅫ、FⅩⅢ和前激肽释放酶均为蛋白质内切酶，能对特定的肽链进行有限水解；但正常情况下这些蛋白酶是以无活性的酶原形式存在的，必须经过激活才具有活性，被激活的酶称为这些因子的活性型，这一过程称为凝血因子的激活。FⅢ、FⅣ、FⅤ、FⅧ和高分子激肽原在凝血反应中起辅因子作用。FⅢ以活性形式存在于血液中。FⅢ正常时只存在于血管外的组织中。FⅡ、FⅦ、FⅨ、FⅩ都是在肝脏合成的，合成时需维生素 K 参与，故又称它们为依赖维生素 K 的凝血因子。依赖维生素 K 的凝血因子的成分均含有 γ- 羧基谷氨酸，和 Ca^{2+} 结合后发生变构，暴露出与磷脂结合的部位而参与凝血。它们部分由肝生成。可为香豆素所抑制。当肝脏病变时，可出现凝血功能障碍。

正常人在日常生活中常会发生轻微的血管损伤，体内常有低水平的凝血系统激活，但体内循环的血液并不凝固。这表明体内的生理性凝血过程在时间上和空间上都受到严格的控制。这是多因素综合作用的结果，其中血管内皮细胞在此抗凝过程中起着重要作用。正常的血管内皮作为一个屏障，可防止凝血因子、血小板与内皮下的成分接触，从而避免凝血系统的激活和血小板的活化。另外，血管内皮还具有抗血小板和抗凝血功能。血管内皮细胞可以合成、释放前列环素（PGI_2）和一氧化氮（NO），从而抑制血小板的聚集。同时，内皮细胞也能合成并在胞膜表达凝血酶调节蛋白（TM），通过蛋白质 C 系统参与对 FⅤa、FⅧa 的灭活。内皮细胞还能合成分泌组织因子途径抑制物（TFPI）和抗凝血酶Ⅱ等抗凝物质。另外，血管内皮细胞能合成硫酸乙酰肝素蛋白多糖，使之覆盖在内皮细胞表面，血液中的抗凝血酶Ⅲ与之结合后，可灭活凝血酶、Ma 等多种活化的凝血因子。此外，血管内皮细胞还能合成并分泌组织型纤溶酶原激活物（t-PA），后者可激活纤维蛋白溶解酶而降解已形成的纤维蛋白，保证血管的通畅，达到凝血过程与抗凝作用的平衡。

3）血栓形成及凝血发生机制：凝血酶原复合物可通过内源性凝血途径（intrinsic pathway）和外源性凝血途径（extrinsic pathway）生成。两条参与途径的启动方式和参与的凝血因子不同，且外源性凝血途径比内源性凝血途径的反应步骤少，速度快。内源性凝血途径是指参与凝血的因子全部来自血液，通常因血液与带负电荷的异物表面（如玻璃、白陶土、硫酸酯、胶原等）接触而启动。当血液与带负电荷的异物表面接触时，首先是 FⅫ结合到异物表面，然后被激活为 FⅫa。FⅫa 的主要功能是激活 FⅪ成为 FⅪa，从而启动内源性凝血途径。此外，FⅫa 还能通过激活前激肽释放酶而正反馈促进 FⅫa 的形成。从 FⅫ结合于异物表面到 FⅫa 的形成过程称为表面激活。表面激活还需要高分子量激肽原的参与，它作为辅因子可加速表面激活过程。外源性凝血途径是指参加的凝血因子并非全部存在于血液中，还有外来的凝血因子参与止血。这是从组织因子暴露于血液而启动到因子Ⅹ被激活的过程。受损组织产生的组织因子在凝血因子和 Ca^{2+} 的作用下激活生成组织凝血酶原激活物从而造成凝血。凝血酶原酶复合物在 Ca^{2+} 存在的情况下可激活凝血酶原，而凝血酶原又进一步使纤维蛋白原生成纤维蛋白，与网络血细胞形成血凝块。

纳米材料植入体内与血液接触发生的凝血以内源性凝血为主。各种蛋白质及脂类物质吸附在材料表面，形成吸附层，同时血小板受到凝血酶、胶原、免疫复合物、ADP 等的激活，产生形成复合体的倾向。如果材料表面吸附的是纤维蛋白原和球蛋白，则可以促进血小板在材料表面黏附，发生变形、伸出伪足，在凝聚的同时释放出大量促凝物质，诱发血栓的形成。如果材料表面吸附的是白蛋白（albumin），其能起到隔离血液成分和材料反应的作用，则不容易发生血小板的黏附，抑制凝血的发生。在形成血栓的整个过程中，蛋白质的吸附和血小板的黏附聚集及释放反应协同作用、相互促进，不断加速血栓的形成。

4）血浆蛋白吸附：血浆蛋白广泛存在于生物体体液之中，是构成生物体的主要物质，也是构成生物识别系统的主要信息载体之一。当血液与外源物接触时，血浆蛋白在外源物表面沉积，包括纤维蛋白原（fibrinogen）、白蛋白和免疫球蛋白 G（IgG）等高含量血清蛋白质会大量吸附于材料表面。按照 Vroman 效应，在多种蛋白质的系统中会发生蛋白质分子的交换吸附，较高浓度的蛋白质首先到达并吸附在材料表面，但是它们最终会被高亲和力的蛋白质所取代。各种蛋白质因其相对于材料表面的生化亲和性、电荷亲和性及其剂量、尺寸等不同而表现不同的效应。而血小板沉积的激活可受蛋白质吸附的影响，其他血浆蛋白包括补体成分，也可通过另一凝血途径被外源物表面不同程度地激活。因此，血浆蛋白在生物材料表面的吸附行为对材料生物相容性至关重要。

5）血小板的黏附、聚集与激活：血液与材料相互作用中最重要的就是血小板的黏附、聚集、激活后所引起的一系列凝血和纤溶系统的反应，形成血栓。当血小板与生物材料接触时，受到刺激，激活血小板内效应酶，释放出一系列生物活性物质，包括血清素、肾上腺皮质激素、ADP 和血栓素 A_2（TXA_2）。材料表面将会迅速地吸附上蛋白质，紧接着将发生血小板的黏附和凝血途径的活化，血小板会被激活，外形发生改变，出现黏附、聚集和释放反应，黏附在材料表面的血小板能激活其附近的血小板，在材料表面发生聚集，形成聚集体并进一步形成血栓。

纳米颗粒引起血小板聚集的可能机制：①碳纳米管可能模拟分子桥参与血小板的相互作用，从而促进其聚集，而纳米球不能参与细胞与细胞之间的信息传递，因此对血栓形成没有影响；②激活了糖蛋白结合受体（GPⅡb/Ⅲa），GPⅡb/Ⅲa 在血小板凝聚过程中具有重要的作用；③带正电荷的纳米颗粒会与血小板上负电荷成分发生中和反应，更利于血小板聚集。

（3）补体系统的激活：补体是血液中的一群蛋白质，是存在于正常人和动物血清与组织液中的一组经活化后具有酶活性的蛋白质。一般认为补体在机体抵御感染中起重要作用。人体补体系统是由 20 余种理化性状和免疫特性不同的血清蛋白组成，通常以非活化状态的前体分子形式存在于血清中，当进入体内的生物材料激活补体时，补体各成分便按一定顺序呈链锁的酶促反应，即补体活化，而补体系统激活后，黏附的白细胞会释放血小板激活因子，引起血小板聚集从而导致血栓生成。

凝血过程是一个级联放大的瀑布效应，加之正反馈作用，可把最初生成的酶活性极大增强，所有步骤加起来可增强 106 倍。如此高的激活速度会对机体构成危险，此过程一旦启动，全身血液就会凝固。因此，对于一种抗凝血高分子生物材料来说，其表面应该既能抑制凝血因子的活化，又能防止血小板的黏附、释放和聚集，缺一不可。如何控制和修饰高分子生物材料的表面化学组成、微观结构，搞清材料组成和微观结构与血浆蛋白、血小板之间的相互作用就成为抗凝血高分子材料研究与开发中的一个关键问题。

（4）纳米颗粒或纳米表面对凝血过程的影响：各种生物材料的血液相容性与材料性能有关，如表面粗糙度、表面电荷、异质不均匀性、表面化学基团分布、多孔性、表面自由能等。对于生物材料和血液相互作用的机制，分别涉及表面微晶结构、亲疏水性、表面自由能、表面活性、表面电荷等多个方面。

从 20 世纪 60 年代起，为了解释材料表面性能与血液相容性的关系，研究者提出了许多假说，如将临界表面张力的大小作为划分血液相容性的区域、表面能极性分量对血液相容性起关键作用的观点，基于表面能极性分量观点的氢键补充。目前，其与纳米材料生物相容性之间的关系尚无定论，仍需要研究者的进一步研究阐述。

1）表面形貌和粗糙度：表面形貌是影响材料的血液相容性的一个重要因素。材料表面粗糙度越高，暴露在血液上的面积越大，发生凝血作用的可能性也随之增大；但相反的是，表面光洁的玻璃，凝血现象也很严重。材料表面微观形貌对细胞的位向与生物相容性、蛋白质的合成与分泌、基因表达与识别等都有很重要的影响。对于与血液接触的医用生物材料，一般要求材料的表面尽可能光滑。因为光滑的表面产生的激肽释放酶少，从而使凝血因子转变较小。近年来，随着纳米技术在生物工程领域的应用，组织工程学的研究表明，生物材料的表面形貌有一定特殊的细胞效应性，并能改变细胞的功能。王旸昊等研究表明在细胞增殖分化过程中，除非是同一种材料、不同的比率、间距大小、材料的亲疏水性、表面能 / 转化性、表面粗糙程度、基底刚度、扭曲结构、几何形状、弹性模量等都可能影响骨髓间充质干细胞的生长及成骨作用。

2）表面亲疏水性：表面的亲水性及自由能：与血液成分的吸附、变性等有密切联系。增加表面亲水性，降低表面与血液成分的相互作用，可以提高血液相容性的表面改性技术。表面的亲水性及自由能与血液成分的吸附、变性等有密切联系。提高材料表面的亲水性，使表面自由能降低到接近血管内膜的表面自由能值可取得抗血栓性能。

表面亲疏水性：是影响材料生物相容性的重要因素之一。一般来说，亲水性表面对细胞黏附有促进作用，疏水性表面对蛋白质的吸附功能较强。蛋白质与生物材料表面接触和吸附过程中，常伴随水 / 蛋白质的吸附交换，而异种蛋白质间的吸附交换常有 Vroman 效应产生。细胞与材料间的黏附是以蛋白质为介导而发生的，过于良好的亲水性表面不利于蛋白质的吸附，因此适宜细胞黏附、生长的表面有一最佳的亲水 / 疏水平衡值，此值因不同种类细胞而异。

3）表面能及界面张力：血液相容性涉及医用材料与血液直接或间接接触时，材料表面与血液各种成分相互作用的问题。一般情况下，金属具有较大的表面张力，当金属表面与血液接触时，血液中的蛋白质将在金属与血液界面上沉积，并引起蛋白质变性。金属的表面张力越大，吸附的纤维蛋白数量越多，变性越严重，越容易形成血栓。金属表面的氧化膜可以降低其表面张力，改善血液相容性；另外，一些表面带负电荷的生物医用材料也有良好的抗凝血性能。总之，生物材料的表面能量影响细胞的黏附，一般表面能较高的表面比表面能较低的表面有利于细胞的黏附。

（5）纳米材料的特性对凝血过程的影响：物质微粒进入纳米尺度范围时，它们固有的性质会由于其特有的表面效应而得到明显的加强，因此其生物学性质和物理、化学性质会发生相应改变；另外，也有可能出现新的物理、化学或生物学性质。因此，目前还不确定纳米尺度物质的生物学效应。其可能带来更强的生物学效应，带来更大的生物危害性。决定微粒可能引起危害的三个普遍公认的因素：①微粒的表面积和质量比。大的表面积可以为微粒提供更多与细胞膜接触的区域，更有利于有毒物质的吸收和转运。②微粒持续存在的时间。微粒与细胞膜接触的时间越长，造成损害的可能性就越大。这个因素也结合了微粒移动的观点，不是被清除，就是被转移到周围组织。③包裹在微粒中的化学制品的反应性或自身毒性。虽然纳米材料的成分远没有大气颗粒物复杂，但其具有的纳米效应，特别是小尺寸效应、表面效应和量子效应所产生的生物活性、特殊结构和超高强度而引起的机械损伤和氧化应激，导致生物毒性作用更强、作用机制更复杂。虽然毒理学实验研究证据有限，但最近发表的一些研究报告也对此进行了探讨：如研究发现纳米颗粒通过铜离子介导的血管内皮细胞中的 P38 MAPK 活化而诱导氧化性 DNA 损伤和细胞死亡。暴露于 ZnO 纳米颗粒会破坏内皮细胞的紧密性并黏附结点，诱导肺炎性细胞浸润。健康人群和哮喘病人吸入超微碳颗粒后，血液白细胞的分布和表面的黏附分子表达都发生改变。

由于纳米颗粒的特殊效应，组织工程中利用各种方法合成复合材料，用于各种临床疾病的治疗和诊断。纳米复合材料表现出较好的血液相溶性，也可作为抗凝剂应用于临床。例如，氯吡格雷 - 聚氨酯 - 聚乙二醇复合物中以制造具有适当抗血栓性质、血液相容性和细胞增殖能力的支架，可以成功地用作生物医学应用的抗血栓材料。有研究表明，单壁碳纳米管无纺膜的纳米拓扑结构和完全的碳原子组成，使其与血浆蛋白分子之间存在着某些特殊的相互作用，这些相互作用改变了吸附的血浆蛋白分子的空间结构以及血浆中不同蛋白分子之间的协同作用，从而抑制了吸附的血浆蛋白分子引起后续血小板活化和聚集的功能。纳米晶体钛可显著提高及改善自身和其表面 TiO_2 的抗凝血性能，但抗凝作用具体机制有待研究。

（6）纳米材料相容性评价方法：纳米材料作为一种抗凝血材料，快速、准确地评价材料的血液相容性对于新抗凝材料的筛选和加快研究周期有着至关重要的意义。但由于血凝机制和体内环境的复杂性及多变性，到目前为止还没有建立一套标准化评价方法。国际标准化组织（ISO）于1992年公布的10993-4标准和我国国家标准《医疗器械生物学评价第1部分试验选择指南》（GB/T 16886.1—1997—ISO 10993—1：1992）是目前有关医疗器械生物学评价实验的指导性文件，上述标准对生物材料血液相容性评价实验给出了一个评价方向的基本要求，并对实验的要求、条件以及各种注意事项做出了规定和建议，推荐了应评价的实验项目，但具体评价方法和指标都未统一，也没有标准化。现有评价方法基本上有三大类，即体外法（in vitro）、半体内法（ex vivo）和体内法（in vivo），这三种方法各有其优势和不足，见表11-2。

表11-2　血液相容性的评价方法分类

名称	优点	缺点
体外实验	方便、经济、快捷，为初筛实验	较易受环境影响，准确性较差
半体内实验	较接近真实环境，方便、快捷	实验方法使实验结果有所偏差
体内实验	真实环境测量，可信度高	操作复杂，周期长，费用高

体外实验是用人或动物离体血液与受检的生物材料以某种方式接触一定时间后，观察血液成分变化或测定材料表面血液成分及数量，达到初筛目的的方法。其中，溶血试验已被大量研究证实为敏感度很高的体外实验项目，我国标准已将其列为血液相容性评价诸多推荐方法中必须进行的实验。同时，动态凝血试验作为评价材料抗凝血性能的重要实验，已形成规范的标准方法，在标准中给出了具体详尽的实验步骤。

相比较而言，半体内实验因兼顾了体外实验的方便、快捷及体内法较为接近真实环境的优点，而被许多研究者采用。因此，建立简单而有效的半体内评价模型是血液相容性评价中的一个重要问题。而纳米材料作为一种新型复合材料应用于实验研究，也面临着血液相容性的重要问题，如何提高材料的生物相容性是解决纳米材料实际应用前景的至关重要的问题。

三、纳米材料引发血液毒性的可能机制

研究者对于纳米材料的研究多致力于其作为医学载体材料的前景，对造血系统的毒性自然越低越好。目前，纳米材料毒性作用的可能机制主要体现在两个方面。

一方面是，纳米材料或者经过改良的各种纳米材料对血液系统某些细胞可能造成机械性损伤作用。首先，纳米材料本身作为一种异物进入机体，吸入是暴露于纳米颗粒的主要途径之一，一般认为肺部炎症是常见的损伤，在暴露于纳米材料后，会引发持续性炎症并导致不可逆的肺损伤。研究表明，SiNPs可诱导小鼠多器官损伤：心脏损伤包括冠状动脉内皮损伤，红细胞黏附于冠状动脉内膜和冠状动脉凝血；腹主动脉损伤表现出内膜肿瘤形成；肺损伤为较小的肺静脉凝血，细支气管上皮水肿和管腔渗血和变窄；肝损伤包括多灶性坏死和较小的肝静脉充血和凝血；肾损伤涉及肾小球充血和肿胀。SiNPs暴露后，所有观察到的器官组织均发生巨噬细胞浸润。其次，纳米材料作为异物进入机体可激活机体的凝血系统，激活血液凝血系统。李晨曦等报道了贻贝启发性表面涂层在制备肝素模拟生物大分子修饰的磁性Fe_3O_4纳米颗粒作为可循环使用的抗凝剂中的应用。首先合成了与肝素具有相似化学结构和生物活性的海藻酸钠硫酸钠（SAS），然后将多巴胺（DA）嫁接到以贻贝为灵感的黏合剂大分子（DA-g-SAS）的SAS骨架上，然后将其涂覆到Fe_3O_4纳米颗粒上。SAS涂层的Fe_3O_4纳米颗粒兼具磁响应性和血液相容性的优点。测量结果表明，改性的纳米颗粒表现出改善的抗凝性以及良好的可回收性。

另一方面是，纳米材料可以在水溶液中产生ROS，如H_2O_2等，从而诱导脂质过氧化产生MDA，而这些氧化应激产物可与蛋白质交联，进而影响其功能。抗氧化酶GSH-Px和SOD等的活性是反映机体抗氧化能力的重要指标，抗氧化酶系作为防止外源化学物质对细胞内积聚反应性代谢产物及其毒性产物的第一道防线，在体内发挥着不可或缺的重要作用。GSH-Px是广泛存在于生物体内的一种抗氧化酶，它能催化GSH氧化和H_2O_2还原反应的进行，清除组织中的过氧化物，保护细胞免受材料的损伤，尤其是线粒体

的功能和结构；当组织中氧化还原产物及自由基增加时，就会出现线粒体肿胀，MDA 水平增高，产生氧化损伤。有研究表明，金属纳米颗粒导致大鼠 GSH 降低和 MDA 水平升高，可诱导肾毒性、脂质过氧化和炎性肾脏损害。

综上所述，纳米材料的血液相溶性是其作为医药载体的前提，因此致力于降低材料对机体血液系统的毒性是纳米材料毒性研究的重点及热点。

第八节 纳米材料的肾脏毒性

纳米材料的毒性效应与其自身的物理、化学性质紧密联系，这些性质包括尺寸、形状、表面电荷、化学组成、表面修饰、金属杂质和团聚与分散性等。因其理化性质表现出各种特殊性，其对机体其他系统的毒性也逐渐受到重视。目前对纳米颗粒的效应研究仍处于初步阶段。国内外学者针对纳米颗粒物的毒性效应是基于动物组织和细胞毒性进行的研究，纳米颗粒物不仅可对神经系统、再生系统以及肺部等造成不同程度的损伤，而且能蓄积于肝肾及消化系统等各个器官，引起各个系统器官的损伤，但其具体损伤机制仍不清楚。本节将简要介绍纳米材料对肾脏的损伤效应。

一、概述

肾脏是人体的重要器官，它的基本功能是生成尿液，借以清除体内代谢产物及某些废物、毒物，同时经重吸收功能保留水分及其他有用物质，以调节水、电解质平衡及维护酸碱平衡。肾脏同时还有内分泌功能，生成肾素、促红细胞生成素等，又为机体部分内分泌激素的降解场所和肾外激素的靶器官。肾脏的这些功能，保证了机体内环境的稳定，使新陈代谢得以正常进行。纳米材料可直接影响肾脏的功能，同时，肾脏有较强的代偿能力和多种解毒能力。

肾脏可以分为两个主要的解剖区域，外层为皮质，内层为髓质。肾皮质形成了肾脏的主要部分并接受了大部分的血供；而髓质由肾锥体组成，开口于肾小盏，肾小盏合成肾盂，肾盂向下逐渐缩小，连续于输尿管。每个肾脏由 100 多万个肾单位（nephron）组成。每个肾单位包括肾小球、肾小囊和肾小管三个部分，肾小球和肾小囊组成肾小体，存在于肾脏皮质部，肾小球滤过是形成尿液的第一个环节。肾脏的血液供应十分丰富，它的基本生理功能包括排泄废物、调节体液以及酸碱平衡、分泌激素，以维持机体的内环境稳定，保证新陈代谢正常进行。

肾脏结构复杂，各部分均有特定的功能。肾脏血管将氧和代谢底物运送到肾单位，以维持肾脏功能。肾小管和集合管的转运包括重吸收和分泌，能将代谢终产物运送到肾小管排出，也能将髓质和肾脏合成和重吸收的物质运送到体循环中。肾小球可选择性地滤过血浆中的部分物质，而肾小管能重吸收几乎全部的盐和水（98%），另外，葡萄糖和氨基酸经肾小球滤过后，可完全被肾小管重吸收并将代谢产物选择性地排出，而近曲小管能主动地分泌一些物质。

肾脏的解剖和生理特性决定了它对毒物的易感性。尽管肾脏的重量不足体重的 1%，但为了维持肾脏的功能，需要大量的氧和营养物质，20%～25% 的心脏静息搏出量进入肾脏，1/3 的血浆经肾脏滤过。因此，各种毒物较易在肾脏蓄积，引起肾脏损伤。当外来化学物质呈慢性接触，即连续、反复进入机体，而且进入的速度（或总量）超过代谢转化与排出的速度（或总量）时，物质就可能在机体内逐渐增加并潴留，这种现象称为化学物质的蓄积作用。毒物的这种累加最终造成组织或器官的损害，它的大小取决于染毒量（接触量）、染毒（接触染毒）频数及机体的对其的清除能力等因素。

近年来，各种纳米材料在肾脏的分布以及其肾脏毒性已有报道。硒化铅纳米颗粒可导致大鼠肾脏组织发生氧化损伤，并且其肾脏毒性呈剂量依赖趋势。大量的研究结果表明，高剂量的 CuO 纳米颗粒可以在小鼠肾脏内蓄积，并导致肾脏损伤。人体通过各种方式接触环境物质，包括吸入、皮肤接触等，系统给药也是另一种潜在接触途径。Wang 等研究证实了 SiO_2 纳米颗粒诱导小鼠多器官损伤，包括内皮损伤、血管内凝血和继发性炎症。所有观察到的器官组织均发生巨噬细胞浸润。有研究报道，暴露于 AgCl 和纳米银后，雄性和雌性之间的差异基因表达有显著性差异。与雌性相比，雄性呈现的差异表达基因数量是雌性的 2 倍，并且在暴露于纳米银之后观察到差异表达的基因数量高于雄性。Gan 等研究了小鼠口服纳米银后的生物分布和器官氧化损伤，发现这种颗粒被转运、代谢并最终分布至其靶器官，其中包括肾脏。

二、纳米材料对肾脏的毒性及可能机制

许多纳米材料通过各种途径进入机体，对肾脏产生直接或间接的损伤，其对肾脏的损伤机制仍不十分清楚。

（一）体外研究

不同纳米颗粒对体外肾脏细胞的损伤作用研究报道仍不十分清楚，Cowie 等研究了 SiO_2 纳米颗粒对人胚胎肾细胞的细胞毒性，为了研究 SiO_2 纳米颗粒对细胞的毒性及其机制，采用粒径 10nm 和 50nm 的颗粒处理细胞，研究结果表明，SiO_2 纳米颗粒对 HEK293 细胞的细胞毒性具有剂量 - 效应关系，且该损伤作用可能与氧化应激有关。Enea 等研究发现纳米金诱导人肾脏细胞的氧化应激和凋亡。研究结果表明，纳米金能通过正常人胚肾 HK-2 细胞膜进入细胞内，一定程度地影响细胞的活性。达到一定剂量时，细胞增生能力显著降低，这说明纳米金对正常细胞生长作用有一定的安全剂量范围。超过安全剂量时，对细胞具有一定的毒性作用，其具体机制尚不清楚。Li 等研究也表明 SiO_2 纳米颗粒对 HK-2 细胞有细胞毒性作用，可引起细胞凋亡，抑制细胞增殖，降低细胞活性。上述研究结果表明，纳米材料对肾脏具有一定的损伤作用，存在一定的细胞毒性，纳米材料作为一种特殊的生物材料具有广泛的应用前景，但其安全剂量范围、毒性作用及毒性作用机制应引起科研工作者的关注。

（二）体内研究

纳米材料对机体肾脏的损害作用已有所报道，纳米材料不仅可引起肾脏组织结构改变，也可能导致肾功能改变。Eman 等给大鼠注射 CuO 纳米颗粒，从而观察 CuO 纳米颗粒在体内的分布情况。结果发现，其主要分布于肝脏、肾、肺以及脾脏。张裕庆等通过尾静脉注射钙化性纳米颗粒，建立大鼠肾上皮细胞损伤模型，结果发现钙化性纳米颗粒可以诱导大鼠肾上皮细胞损伤。Rao 等对羟基磷灰石纳米颗粒的细胞毒性进行了研究，发现染毒组肾脏出现病理学改变，肾功能受损，排出尿素能力下降，血中尿素堆积，血尿素氮水平升高，此结果与 Mosa 等以往的研究报道一致。大鼠纳米铜（30nm、50nm、80nm 和 1μm）经口毒性研究结果显示，80nm 的纳米铜毒性最大。肝脏和肾脏是受纳米铜影响最大的主要器官。纳米铜产生的急性毒性作用与粒径大小高度相关，而且重复给药产生的毒性作用与单剂量产生的毒性作用不同。Wang、Peters、刘伟等分别用单壁纳米碳管（SWCNTs）、纳米 SiO_2、纳米 Fe_3O_4 及纳米 TiO_2 进行体内实验研究，分别发现了不同纳米颗粒对肾脏组织和功能的改变。Genchi 等报道 TiO_2 纳米颗粒染毒 5d 后可导致小鼠肝、肾细胞显著的 DNA 损伤，且损伤程度与 TiO_2 纳米颗粒染毒浓度之间具有一定的剂量 - 效应关系，但其损伤机制目前尚未见报道。近年来的研究结果表明不同纳米颗粒可能会在肾脏蓄积并导致肾脏结构和功能的改变。

尽管研究表明纳米材料可以导致肾脏结构和功能的改变，但其作用机制尚不十分清楚。大量研究表明，纳米材料对肾脏的损伤作用可能与氧化损伤有关。Yu 等发表的综述文章提出 ROS 的生成和氧化应激反应是纳米材料引起多种生物毒性效应的主要方式。有研究表明，纳米颗粒诱导肾脏损伤与氧化应激反应密切相关。纳米颗粒诱导产生的过量 ROS 可能导致生物分子和细胞器结构的破坏，并导致蛋白质氧化羰基化、脂质过氧化、DNA/RNA 断裂和膜结构破坏，进而导致细胞坏死、凋亡甚至癌变。在对纳米氧化锌和纳米二氧化钛的毒性研究中，发现肾脏 MDA、SOD、CAT 和 GSH 与对照组比较有显著性差异，提示其对肾脏的损伤作用可能与氧化应激有关。

纳米材料工业用途广泛，如今在生物医药领域也显示出良好的应用前景。因此一旦长期使用，对人和环境的负面效应值得关注。随着对纳米材料研究的深入，其对肾脏的损伤作用已经多有报道，但其作用机制至今仍尚不清楚。

三、纳米材料与肾脏疾病

肾结石是泌尿外科的常见病和多发病，目前关于肾结石的确切发病机制尚未明了。近年研究发现，肾结石中最常见的草酸钙结石起源于肾钙化斑（Randall 斑）的形成，羟基磷灰石是 Randall 斑的核心成分，经过进一步的晶体化过程而最终形成结石，这种微粒被称为钙化性纳米颗粒（Calcifying nanoparticles）。Wu 等从肾结石病人的中游尿中分离并培养钙化性纳米颗粒，通过电子显微镜和电泳分析检查钙化性纳米颗粒的形态和特征，证实了钙化性纳米颗粒的存在。ANSARI 等检测 30 名伊朗病人肾结石中的纳米细菌，发现其中 27 例磷灰石肾结石病人被纳米细菌感染。结果表明，纳米细菌可能在磷灰石基肾结石的形成中起基本作用。最近，Coe 等证实 Randall 斑内有球形的磷酸钙沉淀成分存在。由于 Randall 斑的成分与钙化性纳米颗粒钙化外壳的羟基磷灰石成分相同，因此，Rao 等认为钙化性纳米颗粒可能是 Randall 斑形成的始动因素：即钙化性纳米颗粒造成肾乳头和集合管的损害，加上其生物矿化作用所形成的磷酸钙结石核心的影响，介导异质成核过程，最终导致肾结石的形成。

目前的资料还不足以说明钙化性纳米颗粒就是生物体内肾 Randall 斑的起源，因为到目前为止仍不能确定钙化性纳米颗粒的确具有生命活性，而只有具备生命活性的微生物体才有可能自我复制并导致疾病的发生。因此，需要深入探讨这种颗粒的本质及特性，进一步了解其致病过程，以确定其与肾结石发生之间的复杂关系。

四、纳米材料与其他系统疾病

（一）纳米颗粒与病理性钙化疾病

迄今为止，已经在血液、尿液、肾囊肿液、关节囊液等多种生物体液中检测出钙化性纳米颗粒，它的标志性特征是能引起细胞内外特异病理性钙化现象。目前，已有大量研究表明它与体内的多种病理性钙化疾病相关。这些病理性钙化包括动脉粥样硬化、牙斑、心瓣膜钙化、冠状动脉粥样硬化等。Wu 等通过电子显微镜和光谱分析发现，2 型糖尿病受试者的下肢动脉有微小的纳米颗粒沉积，主要是在中膜介质内。Zhang 等在患有终末期慢性肾脏病（CKD）的病人肾脏中检测到钙化性纳米颗粒，它引起肾小管上皮细胞的慢性损伤和细胞凋亡，从而导致肾小管钙化。近来，Li 等发现了钙化性纳米颗粒导致恶性胆总管狭窄，这说明钙化性纳米颗粒与病理性钙化疾病存在一定关系，但其是否为引起钙化性疾病的根本原因以及其引起病理性钙化的过程有待进一步研究证实。

（二）纳米颗粒与肿瘤

20 世纪 80 年代后期，芬兰科学家 Kajander 等进行哺乳动物细胞培养时，偶然用透射电子显微镜检测发现细胞内存在着一种超微结构，并于 1990 年正式将这种原核微生物命名为“纳米细菌”（nanobacteria，NB），后来这种微粒被称为钙化性纳米颗粒。早期有研究者发现肿瘤细胞表面有 NB 结合的受体，可能会介导 NB 进入肿瘤组织内产生病理性钙化。已有研究者从卵巢腺癌的沙粒体和腹水中分别检测到 NB 抗原，因此可以推测 NB 对卵巢癌中微钙化灶的形成起一定作用。近年来，Lin 等在睾丸微石症病（TM）病人的精液样本中检测到钙化性纳米颗粒，证实了钙化性纳米颗粒在精曲小管内钙化发展中具有潜在的致病作用，且源自人类的钙化性纳米颗粒可以侵入精曲小管并诱导 TM 表型。

纳米颗粒不仅在肿瘤形成过程中起到一定作用，随着纳米科学的不断发展，纳米颗粒在肿瘤诊断等领域的研究也逐步深入。相比于传统的荧光基团成像，利用纳米颗粒进行癌症成像具有更大的优势，纳米颗粒发光稳定，不会产生淬灭效应；而且纳米材料表面易于修饰，能够实现不同肿瘤的特异性成像；纳米颗粒成像更易于实现多功能的集成。美国 Emory 大学的聂书明教授制备了 CdSe-ZnS 核壳结构，然后用具有疏水 / 亲水基团的高聚物包裹核壳，最后通过修饰性聚乙二醇（PEG）进行颗粒表面改性，从而使抗体分子实现特异性识别作用。颗粒结构的改进提高了纳米颗粒的生物相容性，避免了纳米颗粒在生理条件下被酶降解或被水解，从而使活体内成像的可能性和准确性更高；另外，颗粒表面的抗体分子能够特异性地识别并结合到癌细胞表面相应位点上，实现了肿瘤组织的主动成像，成像效率得到了有效的提高。

由于纳米颗粒粒径小且能透过人体几乎所有血 - 脑屏障，因此靶向纳米药物的研究是目前纳米颗粒研究的热点。纳米靶向药物是以纳米颗粒作为药物的载体，主要通过改变药物在体内的分布和药物动力学特性，确保药物对肿瘤等病变部位的靶向性。目前，纳米材料的发展大大改善了肿瘤的诊断和治疗，由于其众多的理化特性，包括多重有效载荷能力，靶向药物的功能和光热效应，被广泛地用作潜在的化学治疗载体和治疗手段，从而提高药物疗效，减少药物毒副作用，达到了抗肿瘤药物低毒高效的理想效果。目前研究应用较多的靶向给药和缓释药物的载体是水溶性单分散的聚合物纳米材料，由于纳米颗粒可以进入到几乎所有人体器官组织，它能越过许多生物屏障（血 - 脑屏障、血 - 睾屏障、胎盘屏障等）到达病灶部位，多功能水溶性聚合物修饰的纳米颗粒材料有以下优点：①具有一定的靶向作用；②水溶性聚合物作为载体比其他载体在病灶部位停留时间更长；③药物通过聚合物纳米颗粒载体的自身降解和扩散可以达到缓释作用的效果；④生物可降解的聚合物纳米材料，能被水解或酶解成很小的分子，通过生理途径代谢排出机体外，并且可以避免药物释放后载体材料在机体内聚集，对机体产生毒副作用，这种材料具有更安全可靠的生物相容性。

（三）纳米颗粒与皮肤

皮肤是人体表面积最大的器官，表面积总共达 18 000cm^2，面向外界环境。皮肤真皮层有大量的淋巴管、树突状细胞、巨噬细胞和多种不同类型的感觉神经末梢，具有丰富的血液供应。纳米材料可以通过细胞旁路渗透角质层，而光学机械波能增加角质层的渗透性，形成一个使纳米材料转运到表皮的通路。Montanari 等证实在角质层完整的皮肤中未检测到纳米材料的渗透。然而在被破坏屏障的人类皮肤中（角质层被部分去除或松弛），纳米材料渗透到活化的表皮，并被角质形成细胞吸收。在机械产生的伤口（无表皮的皮肤）中，它们积聚在伤口组织中，并被真皮细胞（如成纤维细胞和吞噬细胞）吸收。Fernandes 等证实与非胶体制剂相比，具有良好理化稳定性的纳米颗粒增加了环孢素 A 皮肤渗透 / 毛囊的积累。Li 等运用离子型外凝胶法配制了阿仑膦酸盐 - 壳聚糖纳米颗粒，他们发现所制备的纳米颗粒是光滑且自由流动的，可以渗透大鼠皮肤，在 12h 内显示出相对受控的皮肤渗透率（为 69.44%）；而 Tang 等将银纳米颗粒集成并结合到明胶上来制备皮肤黏合剂，使黏合剂具有持续的广谱抗菌活性，从而有助于伤口的初步愈合，并提供微生物屏障保护。目前，纳米材料通过皮肤引起免疫反应的具体机制尚不清楚，其对于皮肤表面各细胞生长的影响也不能定论。因此，纳米材料与皮肤的关系仍需广大研究者深入探讨，为纳米材料的有效应用提供依据。

参考文献

[1] OSTRO B，HU J，GOLDBERG D，et al. Associations of mortality with long-term exposures to fine and ultrafine particles，species and sources：results from the California Teachers Study Cohort[J]. Environ. Health Perspect，2015，123（6）：549-556.

[2] FUJITA K，FUKUDA M，ENDOH S，et al. Pulmonary and pleural inflammation after intratracheal instillation of short single-walled and multi-walled carbon nanotubes[J]. Toxicol Lett，2016，257：23-37.

[3] HONDA K，NAYA M，TAKEHARA H，et al. A 104-week pulmonary toxicity assessment of long and short single-wall carbon nanotubes after a single intratracheal instillation in rats[J]. Inhal Toxicol，2017，29（11）：471-482.

[4] NAHLE S，SAFAR R，GRANDEMANGE S，et al. Single wall and multiwall carbon nanotubes induce different toxicological responses in rat alveolar macrophages[J]. J Appl Toxicol，2019，39（5）：764-772.

[5] POULSEN S S，SABER A T，WILLIAMS A，et al. MWCNTs of different physicochemical properties cause similar inflammatory responses，but differences in transcriptional and histological markers of fibrosis in mouse lungs[J]. Toxicol Appl Pharmacol，2015，284（1）：16-32.

[6] MA Y，GUO Y，YE H，et al. Different effects of titanium dioxide nanoparticles instillation in young and adult mice on DNA methylation related with lung inflammation and fibrosis. Ecotoxicol Environ Saf，2019，176：1-10.

[7] VIETTI G，LISON D，VAN DEN BRULE S. Mechanisms of lung fibrosis induced by carbon nanotubes：towards an Adverse Outcome Pathway（AOP）. Part Fibre Toxicol，2016，13：11.

[8] NEACSU P，MAZARE A，SCHMUKI P，et al. Attenuation of the macrophage inflammatory activity by TiO_2 nanotubes via inhibition of MAPK and NF-κB pathways[J]. Int J Nanomedicine，2015，10：6455-6467.

[9] YUAN X，NIE W，HE Z，et al. Carbon black nanoparticles induce cell necrosis through lysosomal membrane permeabilization and cause subsequent inflammatory response[J]. Theranostics，2020，10（10）：4589-4605.

[10] RYDMAN E M，ILVES M，KOIVISTO A J，et al. Inhalation of rod-like carbon nanotubes causes unconventional allergic airway inflammation[J]. Part Fibre Toxicol，2014，11：48-58.

[11] HUSSAIN S，VANOIRBEEK J A，LUYTS K，et al. Lung exposure to nanoparticles modulates an asthmatic response in a mouse model of asthma[J]. Eur Respir J，2011，37（2）：299-309.

[12] ASHARANI P V，LOW KAH MUN G，HANDE M P，et al. Cytotoxicity and genotoxicity of silver nanoparticles in human cells[J]. ACS Nano，2009，3（2）：279-290.

[13] MURUGADOSS S，BRASSINNE F，SEBAIHI N，et al. Agglomeration of titanium dioxide nanoparticles increases toxicological responses in vitro and in vivo[J]. Part Fibre Toxicol，2020，17（1）：10.

[14] NEMMAR A，YUVARAJU P，BEEGAM S，et al. Oxidative stress，inflammation and DNA damage in multiple organs of mice acutely exposed to amorphous silica nanoparticles[J]. Int J Nanomedicine，2016，11：919-928.

[15] RUENRAROENGSAK P，TETLEY T D. Differential bioreactivity of neutral，cationic and anionic polystyrene nanoparticles with cells from the human alveolar compartment：robust response of aveolar type 1 epithelial cells[J]. Part Fibre Toxicol，2015，12：19.

[16] ARMAND L，TARANTINI A，BEAL D，et al. Long-term exposure of A549 cells to titanium dioxide nanoparticles induces DNA damage and sensitizes cells towards genotoxic agents[J]. Nanotoxicology，2016，10（7）：913-923.

[17] LI Y，LANE KJ，CORLIN L，et al. Association of long-term near-highway exposure to ultrafine particles with cardiovascular diseases，diabetes and hypertension[J]. Int J Environ Res Public Health，2017，14（5）：E461.

[18] TSUJI J S，MAYNARD A D，HOWARD P C，et al. Forum series：research strategies for safety evaluation of nanomaterials，Part Ⅳ：risk assessment of nanoparticles[J]. Toxicological Sciences，2006，89（1）：42-50.

[19] LIU X，LIU X，WANG C，et al. Multi-walled carbon nanotubes exacerbate doxorubicin-induced cardiotoxicity by altering gut microbiota and pulmonary and colonic macrophage phenotype in mice[J]. Toxicology，2020，435：152410.

[20] BAI L，WEICHENTHAL S，KWONG J C，et al. Associations of long-term exposure to ultrafine particles and nitrogen dioxide with increased incidence of congestive heart failure and acute myocardial infarction[J]. Am J Epidemiol，2019，188（1）：151-159.

[21] MANJUNATHA，PARK S H，KIM K，et al. Pristine graphene induces cardiovascular defects in zebrafish（Danio rerio）embryogenesis[J]. Environ. Pollut，2018，243：246-254.

[22] CHEN Z，WANG Y，ZHUO L，et al. Effect of titanium dioxide nanoparticles on the cardiovascular system after oral administration[J]. Nanomedicine Nanotechnology Biology and Medicine，2018，14（5）：1825.

[23] FENG L，NING R，LIU J，et al. Silica nanoparticles induce JNK-mediated inflammation and myocardial contractile dysfunction[J]. J Hazard Mater，2020，391：122206.

[24] WANG X，CHEN J，TAO Q，et al. Effect of ox-LDL on number and activity of circulating endothelial progenitor cells[J]. Drug Chem Toxicol，2004，27（3）：243-255.

[25] DUAN J，LIANG S，YU Y，et al. Inflammation-coagulation response and thrombotic effects induced by silica nanoparticles in zebrafish embryos[J]. Nanotoxicology，2018，12（5）：470-484.

[26] NEMMAR A，BEEGAM S，YUVARAJU P，et al. Ultrasmall superparamagetic iron oxide nanoparticles acutely promote thrombosis and cardiac oxidative stress and DNA damage in mice[J]. Part Fibre Toxicol，2016，13（1）：22.

[27] LUO C，LI Y，YANG L，et al. Superparamagnetic iron oxide nanoparticles exacerbate the risks of reactive oxygen species-mediated external stresses[J]. Arch Toxicol，2015，89（3）：357-369.

[28] KAUFMAN J D，ADAR S D，BARR R G，et al. Association between air pollution and coronary artery calcification within six metropolitan areas in the USA（the multi-ethnic study of atherosclerosis and air pollution）：a longitudinal cohort studys[J]. Lancet，2016，388（10045）：696-704.

[29] GIORDO R，NASRALLAH G K，AL-JAMAL O，et al. Resveratrol inhibits oxidative stress and prevents mitochondrial

damage induced by zinc oxide nanoparticles in zebrafish (Danio rerio) [J]. Int J Mol Sci, 2020, 21 (11): 3838.

[30] NEMMAR A, YUVARAJU P, BEEGAM S, et al. In vitro platelet aggregation and oxidative stress caused by amorphous silica nanoparticles[J]. Int J Physiol Pathophysiol Pharmacol, 2015, 7 (1): 27-33.

[31] LEBLANC A J, MOSELEY A M, CHEN B T, et al. Nanoparticle inhalation impairs coronary microvascular reactivity via a local reactive oxygen species-dependent mechanism[J]. Cardiovasc Toxicol, 2010, 10 (1): 27-36.

[32] WU D, MA Y, CAO Y, et al. Mitochondrial toxicity of nanomaterials.[J]. The Science of the total environment, 2020, 702: 134994.

[33] YU E P K, BENNETT M R. The role of mitochondrial DNA damage in the development of atherosclerosis[J]. Free Radic Biol Med, 2016, 100: 223-230.

[34] WANG J, LI Y, DUAN J, et al. Silica nanoparticles induce autophagosome accumulation via activation of the EIF2AK3 and ATF6 UPR pathways in hepatocytes[J]. Autophagy, 2018, 14 (17): 1185-1200.

[35] SMULDERS S, KETKAR-ATRE A, LUYTS K, et al. Body distribution of SiO_2-Fe_3O_4core-shell nanoparticles after intravenous injection and intratracheal instillation[J]. Nanotoxicology, 2016, 10 (5): 567-574.

[36] KAMBLE S, UTAGE B, MOGLE P, et al. Evaluation of curcumin capped copper nanoparticles as possible inhibitors of human breast cancer cells and angiogenesis: a comparative study with native curcumin[J]. AAPS PharmSciTech, 2016, 17: 1030-1041.

[37] FENG L, YANG X, LIANG S, et al. Silica nanoparticles trigger the vascular endothelial dysfunction and prethrombotic state via miR-451 directly regulating the IL6R signaling pathway[J]. Part Fibre Toxicol, 2019, 16 (1): 16.

[38] LI J, HE X, YANG Y, et al. Risk assessment of silica nanoparticles on liver injury in metabolic syndrome mice induced by fructose[J]. Sci Total Environ, 2018, 628-629: 366-374.

[39] VAN DER ZANDE M, VANDEBRIEL R J, GROOT M J, et al. Sub-chronic toxicity study in rats orally exposed to nanostructured silica[J]. Part Fibre Toxicol, 2014, 11: 8.

[40] PENG F, TEE J K, SETYAWATI M I, et al. Inorganic nanomaterials as highly efficient inhibitors of cellular hepatic fibrosis[J]. ACS Appl Mater Interfaces, 2018, 10 (38): 31938-31946.

[41] 吴源. 纳米银的生物效应及毒性作用机制 [D]. 合肥: 中国科学技术大学, 2010.

[42] AGOSTINELLI E, VIANELLO F, MAGLIULO G, et al. Nanoparticle strategies for cancer therapeutics: Nucleic acids, polyamines, bovine serum amine oxidase and iron oxide nanoparticles (Review) [J]. Int J Oncol, 2015, 46 (1): 5-16.

[43] XIA Q, LI H, XIAO K. Factors affecting the pharmacokinetics, biodistribution and toxicity of gold nanoparticles in drug delivery[J]. Current drug metabolism, 2016, 17 (9): 849-861.

[44] 吕昌龙, 李殿俊, 李一. 医学免疫学 [M]. 6 版. 北京: 高等教育出版社, 2008.

[45] 陈成章. 免疫毒理学 [M]. 郑州: 郑州大学出版社, 2008.

[46] 常元勋. 金属毒理学 [M]. 北京: 北京大学出版社, 2008.

[47] 王心如. 毒理学基础 [M]. 北京: 人民卫生出版社, 2006.

[48] BORASCHI D, ITALIANI P, PALOMBA R, et al. Nanoparticles and innate immunity: new perspectives on host defencep[J]. Semin Immunol, 2017, 34: 33-51.

[49] DE JONG W H, DE RIJK E, BONETTO A, et al. Toxicity of copper oxide and basic copper carbonate nanoparticles after short-term oral exposure in rats[J]. Nanotoxicology, 2019, 13 (1): 50-72.

[50] LIU H, FANG S, WANG W, et al. Macrophage-derived MCPIP1 mediates silica-induced pulmonary fibrosis via autophagy[J]. Part Fibre Toxicol, 2016, 13 (1): 55.

[51] PIETROIUSTI A, STOCKMANN-JUVALA H, LUCARONI F, et al. Nanomaterial exposure, toxicity, and impact on human health[J]. Wiley Interdiscip Rev Nanomed Nanobiotechnol, 2018, 10 (5): 1002.

[52] CRONIN J, JONES N, THORNTON C A, et al. Nanomaterials and innate immunity: a perspective of the current status in nanosafety[J]. Chem Res Toxicol, 2020, 33 (5): 1061-1073.

[53] FERREIRA R C, NEVES H, PINTO J F, et al. Overview on inhalable nanocarriers for respiratory immunization[J]. Curr

Pharm Des，2017，23（40）：6160-6181.

[54] HONG F，ZHOU Y，ZHOU Y，et al. Immunotoxic effects of thymus in mice following exposure to nanoparticulate TiO_2[J]. Environ Toxicol，2017，32（10）：2234-2243.

[55] WU T，TANG M. Review of the effects of manufactured nanoparticles on mammalian target organs[J]. J Appl Toxicol，2018，38（1）：25-40.

[56] HUAUX F. Emerging role of immunosuppression in diseases induced by micro-and nano-particles：time to revisit the exclusive inflammatory scenario[J]. Front Immunol，2018，9：2364.

[57] CHEN L，LIU J，ZHANG Y，et al. The toxicity of silica nanoparticles to the immune system[J]. Nanomedicine（Lond），2018，13（15）：1939-1962.

[58] 刘焕亮，杨丹凤，张华山，等. 3种典型纳米材料致大鼠免疫毒性的作用[J]. 解放军预防医学杂志，2010，28（3）：163-166.

[59] HIRAI T，YOSHIOKA Y，TAKAHASHI H，et al. Cutaneous exposure to agglomerates of silica nanoparticles and allergen results in IgE-biased immune response and increased sensitivity to anaphylaxis in mice[J]. Particle&Fibre Toxicology，2015，12：16.

[60] 王素华，白钢，吴玲. 纳米二氧化硅粉尘对小鼠免疫功能的影响[J]. 毒理学杂志，2010，24（3）：219-221.

[61] CHEN Y，LI C，LU Y，et al. IL-10-producing CD1dhiCD5$^+$ regulatory B cells may play a critical role in modulating immune homeostasis in silicosis patients[J]. Front Immunol，2017，8：110.

[62] SARVARIA A，MADRIGAL JA，SAUDEMONT A. B cell regulation in cancer and anti-tumor immunity[J]. Cell Mol Immunol，2017，14（8）：662-674.

[63] CHOU C C，CHEN W，HUNG Y，et al. Molecular elucidation of biological response to mesoporous silica nanoparticles in vitro and in vivo[J]. ACS Appl Mater Interfaces，2017，9（27）：22235-22251.

[64] KAWASAKI H. A mechanistic review of silica-induced inhalation toxicity[J]. Inhal Toxicol，2015，27（8）：363-377.

[65] KUMAR S，MEENA R，PAULRAJ R. Role of macrophage（M1 and M2）in titanium-dioxide nanoparticle-induced oxidative stress and inflammatory response in rat[J]. Applied Biochemistry & Biotechnology，2016，180（7）：1257-1275.

[66] NGOBILI T A，DANIELE M A. Nanoparticles and direct immunosuppression[J]. Exp Biol Med（Maywood），2016，241（10）：1064-1073.

[67] RAJAN R，SABNANI M K，MAVINKURVE V，et al. Liposome-induced immunosuppression and tumor growth is mediated by macrophages and mitigated by liposome-encapsulated alendronate[J]. J Control Release，2018，271：139-148.

[68] ONG L C，TAN Y F，TAN B S，et al. Single-walled carbon nanotubes（SWCNTs）inhibit heat shock protein 90（HSP90）signaling in human lung fibroblasts and keratinocytes[J]. Toxicol Appl Pharmacol，2017，329：347-357.

[69] PALMER B C，PHELAN-DICKENSON S J，DELOUISE L A. Multi-walled carbon nanotube oxidation dependent keratinocyte cytotoxicity and skin inflammation[J]. Part Fibre Toxicol，2019，16（1）：3.

[70] VITKINA T I，YANKOVA V I，GVOZDENKO T A，et al. The impact of multi-walled carbon nanotubes with different amount of metallic impurities on immunometabolic parameters in healthy volunteers[J]. Food Chem Toxicol，2016，87：138-147.

[71] HOLMES A M，ZHEN S，MOGHIMI H R，et al. Relative penetration of zinc oxide and zinc ions into human skin after application of different zinc oxide formulations[J]. ACS Nano，2016，10（2）：1810-1819.

[72] WANG Y H，ZHAO H W，WANG T，et al. Polycyclic aromatic hydrocarbons exposure and hematotoxicity in occupational population：a two-year follow-up study[J]. Toxicology and Applied Pharmacology，2019，378（6）：114622.

[73] 贾欢欢，曾业文，罗挺，等. 不同浓度含铬垫料对小鼠血液学及脏器的毒性观察[J]. 实验动物与比较医学，2019，39（6）：454-461.

[74] 栾庆玲，隋馨，高雅松，等. 溶血试验方法在医疗器械领域的应用[J]. 国际感染病学（电子版），2020，9（2）：20.

[75] 赵增琳，屈秋锦，侯丽，等. 两种试验方法对一种阳性溶血材料的溶血性能的研究[J]. 中国医疗器械信息，2018，24（3）：5-7，21.

[76] 廖天，王燕，姜建春，等. 氨基化二氧化硅微球的体外血液相容性研究[J]. 中国卫生检验杂志，2016，26（10）：1406-1408.

[77] 魏雨，张景迅，张玉忠，等. 玻璃表面可控聚乙二醇生物活性涂层构建及其血液相容性研究[J]. 生物医学工程学杂志，

2019，36(2)：260-266.

[78] XU X，NIU X，LI X，et al. Nanomaterial-based sensors and biosensors for enhanced inorganic arsenic detection：a functional perspective[J]. Sensors and Actuators B Chemical，2020，315：128100.

[79] 陶功华，肖萍，孙静秋，等. 纳米二氧化硅致 Nrf-2 基因缺陷人永生化表皮细胞氧化损伤的研究 [J]. 环境与职业医学，2017，34(6)：483-489.

[80] 王荣，杨宽，陈春妮，等. 亚麻木酚素对 AAPH 诱导的红细胞和肝组织氧化应激的保护作用 [J]. 中国油脂，2019，44(07)：98-102.

[81] 贺萍，王倩，张猛猛，等. 东革阿里多糖对红细胞氧化溶血的保护作用 [J]. 现代食品科技，2019，35(6)：30-38.

[82] KRISHNA P G A，SIVAKUMAR T R，JIN C，et al. Antioxidant and hemolysis protective effects of polyphenol-rich extract from mulberry fruits[J]. Pharmacognosy Magazine，2018，14(53)：103-109.

[83] 王树林，王晓茹，曹欣欣. 菾草苷和木犀草素对人红细胞自然老化的保护作用 [J]. 中国老年学杂志，2017，37(23)：5779-5782.

[84] SUTUNKOVA M P，KATSNELSON B A，PRIVALOVA L I，et al. On the contribution of the phagocytosis and the solubilization to the iron oxide nanoparticles retention in and elimination from lungs under long-term inhalation exposure[J]. Toxicology，2016，363-364：19-28.

[85] 文凤，宋晨，熊伟荣. 橙汁提取物生物制备银纳米颗粒及其生物相容性研究 [J]. 中国临床解剖学杂志，2020，38(3)：270-276.

[86] YIHAN L，QICHENG Z，NINGLIN Z，et al. Study on a novel poly(vinyl alcohol)/graphene oxide-citicoline sodium-lanthanum wound dressing：biocompatibility，bioactivity，antimicrobial activity，and wound healing effect[J]. Chemical Engineering Journal，2020，395：125059.

[87] 张宗辉，曹海虹，许崇波. 主要组织相容性复合体 I 类分子交叉递呈研究进展 [J]. 生命科学，2020，32(5)：485-493.

[88] LAURENS L，SEVERIEN M，THOMAS V，et al. Coagulation：at the heart of infective endocarditis[J]. Journal of Thrombosis and Haemostasis，2020，18(5)：995-1008.

[89] 杜妙嫣，韩阳. 人凝血酶原复合物联合生长抑素治疗肝硬化并发上消化道出血患者的临床研究 [J]. 中国临床药理学杂志，2020，36(9)：1066-1069.

[90] YONEMOTO Y，KUNUGI T. Estimating critical surface tension from droplet spreading area[J]. Physics Letters A，2020，384(10)：126218.

[91] GUAN L，HU H，LI L，et al. Intrinsic defect-rich hierarchically porous carbon architectures enabling enhanced capture and catalytic conversion of polysulfides[J]. ACS Nano，2020，14(5)：6222-6231.

[92] ZHANG P，ZHANG S，WAN D，et al. Multilevel polarization-fields enhanced capture and photocatalytic conversion of particulate matter over flexible schottky-junction nanofiber membranes[J]. J Hazard Mater，2020，395：122639.

[93] 王旸昊，王伟舟，段浩，等. 不同材料因素影响骨髓间充质干细胞的增殖及成骨分化 [J]. 中国组织工程研究，2020，24(28)：4429-4436.

[94] SHAHRIYARI F，JANMALEKI M，SHARIFI S，et al. Effect of cell imprinting on viability and drug susceptibility of breast cancer cells to doxorubicin[J]. Acta Biomater.2020：113：119-129.

[95] 王琦，武秀权，戴舒惠，等. α7nAChR 调控 STAT3 磷酸化在星形胶质细胞机械性损伤后炎症反应中的作用 [J]. 现代生物医学进展，2019，19(15)：2845-2849.

[96] WANG D P，WANG Z J，ZHAO R，et al. Silica nanomaterials induce organ injuries by Ca^{2+}-ROS-initiated disruption of the endothelial barrier and triggering intravascular coagulation[J]. Part Fibre Toxicol，2020，17(1)：12.

[97] HE H，XIAO S，XU G，et al. The NADPH oxidase 4 protects vascular endothelial cells from copper oxide nanoparticles-induced oxidative stress and cell death[J]. Life Sci，2020，252：117571.

[98] ABDELHALIM M A K，QAID H A，AL-MOHY Y H，et al. The protective roles of vitamin e and α-lipoic acid against nephrotoxicity，lipid peroxidation，and inflammatory damage induced by gold nanoparticles[J]. Int J Nanomedicine，2020，15：729-734.

[99] 胡莉娟，沈沁浩，陈章悦，等．磁性纳米颗粒对不同模式生物的毒性研究 [J]．生态毒理学报，2019，14（5）：97-107.

[100] 曾繁华，王易，何俊燃，等．纳米颗粒物毒性效应研究进展 [J]．广东化工，2019，46（13）：79-80，84.

[101] BARTUCCI R，PARAMANANDANA A，BOERSMA Y L，et al. Comparative study of nanoparticle uptake and impact in murine lung，liver and kidney tissue slices. Nanotoxicology，2020，14（6）：847-865.

[102] 杨澜，沈雷，马雷．纳米氧化铜的生物毒性作用 [J]．中国科技信息，2020（2）：95+97.

[103] IBRAHIM E，TOHAMY A F，ISSA M，et al. Pomegranate juice diminishes the mitochondria-dependent cell death and NF-κB signaling pathway induced by copper oxide nanoparticles on liver and kidneys of rats[J]. Int J Nanomedicine，2019，14：8905-8922.

[104] LI Y，CUMMINS E. Hazard characterization of silver nanoparticles for human exposure routes[J]. J Environ Sci Health A Tox Hazard Subst Environ Eng，2020，55（6）：704-725.

[105] ARTAL M C，PEREIRA K D，LUCHESSI A D，et al. Transcriptome analysis in Parhyale hawaiensis reveal sex-specific responses to AgNP and AgCl exposure[J]. Environ Pollut，2020，260：113963.

[106] GAN J，SUN J，CHANG X，et al. Biodistribution and organ oxidative damage following 28 days oral administration of nanosilver with/without coating in mice[J]. J Appl Toxicol，2020，40（6）：815-831.

[107] LI X，WANG Q，DENG G，et al. Porous Se@SiO_2 nanospheres attenuate cisplatin-induced acute kidney injury via activation of Sirt1[J]. Toxicol Appl Pharmacol，2019，380：114704.

[108] RAO C Y，SUN X Y，OUYANG J M. Effects of physical properties of nano-sized hydroxyapatite crystals on cellular toxicity in renal epithelial cells[J]. Mater Sci Eng C Mater Biol Appl，2019，103：109807.

[109] MOSA I F，YOUSSEF M，KAMEL M，et al. Synergistic antioxidant capacity of CsNPs and CurNPs against cytotoxicity，genotoxicity and pro-inflammatory mediators induced by hydroxyapatite nanoparticles in male rats[J]. Toxicol Res（Camb），2019，8（6）：939-952.

[110] MOSA I F，YOUSEF M I，KAMEL M，et al. The protective role of CsNPs and CurNPs against DNA damage，oxidative stress，and histopathological and immunohistochemical alterations induced by hydroxyapatite nanoparticles in male rat kidney[J]. Toxicol Res（Camb），2019，8（5）：741-753.

[111] TANG H，XU M，ZHOU X，et al. Acute toxicity and biodistribution of different sized copper nano-particles in rats after oral administration[J]. Mater Sci Eng C Mater Biol Appl，2018，93：649-663.

[112] WANG D，MENG L，FEI Z，et al. Multi-layered tumor-targeting photothermal-doxorubicin releasing nanotubes eradicate tumors in vivo with negligible systemic toxicity[J]. Nanoscale，2018，10（18）：8536-8546.

[113] PETERS R J B，OOMEN A G，VAN BEMMEL G，et al. Silicon dioxide and titanium dioxide particles found in human tissues[J]. Nanotoxicology，2020，14（3）：420-432.

[114] LIU W，DENG G，WANG D，et al. Renal-clearable zwitterionic conjugated hollow ultrasmall Fe_3O_4 nanoparticles for T_1-weighted MR imaging in vivo[J]. J Mater Chem B，2020，8（15）：3087-3091.

[115] GENCHI G，SINICROPI M S，LAURIA G，et al. The effects of cadmium toxicity[J]. Int J Environ Res Public Health，2020，17（11）：3782.

[116] YU Z J，LI Q，WANG J，et al. Reactive oxygen species-related nanoparticle toxicity in the biomedical field[J]. Nanoscale Res Lett，2020，15（1）：115.

[117] SONG B，ZHOU T，YANG W，et al. Contribution of oxidative stress to TiO_2 nanoparticle-induced toxicity[J]. Environ Toxicol Pharmacol，2016，48：130-140.

[118] TEE J K，ONG C N，BAY B H，et al. Oxidative stress by inorganic nanoparticles[J]. Wiley Interdiscip Rev Nanomed Nanobiotechnol，2016，8（3）：414-438.

[119] WANG R，SONG B，WU J，et al. Potential adverse effects of nanoparticles on the reproductive system[J]. Int J Nanomedicine，2018，13：8487-8506.

[120] FADOJU O，OGUNSUYI O，AKANNI O，et al. Evaluation of cytogenotoxicity and oxidative stress parameters in male Swiss mice co-exposed to titanium dioxide and zinc oxide nanoparticles[J]. Environ Toxicol Pharmacol，2019，70：10.

[121] 余骏川，邓耀良，黎承杨. 羟基磷灰石对人肾小管上皮细胞骨桥蛋白表达的影响及机制探讨 [J]. 山东医药，2017，57（14）：6-9.

[122] 吴基华，刘权，邓耀良. 肾结石中晶体细胞反应的新贵：钙化性纳米微粒 [J]. 中华实验外科杂志，2018，35（11）：2178-2181.

[123] WU J，TAO Z，DENG Y，et al. Calcifying nanoparticles induce cytotoxicity mediated by ROS-JNK signaling pathways[J]. Urolithiasis，2019，47（2）：125-135.

[124] ANSARI H，AKHAVAN SEPAHI A，AKHAVAN SEPAHI M. Different approaches to detect "nanobacteria" in patients with kidney stones：an infectious cause or a subset of life[J]. Urol J，2017，14（5）：5001-5007.

[125] COE F L，WORCESTER E M，EVAN A P. Idiopathic hypercalciuria and formation of calcium renal stones[J]. Nat Rev Nephrol，2016，12（9）：519-533.

[126] 刘鑫，陈洁，朱永生，等. 自噬对钙化性纳米微粒致肾结石形成的作用机制 [J]. 医学研究生学报，2020，33（1）：44-49.

[127] WANG X，YAN L，YE T，et al. Osteogenic and antiseptic nanocoating by in situ chitosan regulated electrochemical deposition for promoting osseointegration[J]. Mater Sci Eng C Mater Biol Appl，2019，102：415-426.

[128] LYER S，JANKO C，FRIEDRICH R P，et al. Treat or track：nanoagents in the service of health[J]. Nanomedicine（Lond），2017，12（24）：2715-2719.

[129] OVES M，RAUF M A，ANSARI M O，et al. Graphene decorated zinc oxide and curcumin to disinfect the methicillin-rresistant staphylococcus aureus[J]. Nanomaterials（Basel），2020，10（5）：1004.

[130] RICHARDS J M，KUNITAKE J，HUNT H B，et al. Crystallinity of hydroxyapatite drives myofibroblastic activation and calcification in aortic valves[J]. Acta Biomater，2018，71：24-36.

[131] WANG S，GUO X，REN L，et al. Targeting and deep-penetrating delivery strategy for stented coronary artery by magnetic guidance and ultrasound stimulation[J]. Ultrason Sonochem，2020，67：105188.

[132] WU C Y，MARTEL J，YOUNG J D. Ectopic calcification and formation of mineralo-organic particles in arteries of diabetic subjects[J]. Sci Rep，2020，10（1）：8545.

[133] ZHANG Y，ZHU R，LIU D，et al. Tetracycline attenuates calcifying nanoparticles-induced renal epithelial injury through suppression of inflammation，oxidative stress，and apoptosis in rat models[J]. Transl Androl Urol，2019，8（6）：619-630.

[134] SEVERINO V，DUMONCEAU J M，DELHAYE M，et al. Extracellular vesicles in bile as markers of malignant biliary stenoses[J]. Gastroenterology，2017，153（2）：495-504.

[135] LIN X C，GAO X，LU G S，et al. Role of calcifying nanoparticles in the development of testicular microlithiasis in vivo[J]. BMC Urol，2017，17（1）：99.

[136] GAO X，CUI Y，LEVENSON R M，et al. In vivo cancer targeting and imaging with semiconductor quantum dots. Nat Biotechnol，2004，22（8）：969-976.

[137] PENG S，SUN Y，LUO Y，et al. MFP-FePt-GO nanocomposites promote radiosensitivity of non-small cell lung cancer via activating mitochondrial-mediated apoptosis and impairing DNA damage repair[J]. Int J Biol Sci，2020，16（12）：2145-2158.

[138] MONTANARI E，MANCINI P，GALLI F，et al. Biodistribution and intracellular localization of hyaluronan and its nanogels. A strategy to target intracellular S. aureus in persistent skin infections[J]. J Control Release，2020，326：1-12.

[139] FERNANDES B，MATAMÁ T，CAVACO-PAULO A. Cyclosporin A-loaded poly（d，l-lactide）nanoparticles：a promising tool for treating alopecia[J]. Nanomedicine（Lond），2020，15（2）：1459-1469.

[140] LI B，HUANG G，MA Z，et al. Ultrasound-assisted transdermal delivery of alendronate for the treatment of osteoporosis[J]. Acta Biochim Pol，2020，67（2）：173-179.

[141] TANG Q，CHEN C，JIANG Y，et al. Engineering an adhesive based on photosensitive polymer hydrogels and silver nanoparticles for wound healing[J]. J Mater Chem B，2020，8（26）：5759-5764.

第十二章

纳米材料环境毒理学研究

正如微米技术是20世纪科学技术领域的象征，纳米技术是21世纪科学技术领域的象征。纳米材料在磁学、光学、生物医学、药学、化妆品、传感器以及材料学等各个领域均有十分广泛的应用。随着越来越多新型纳米材料的研制成功以及纳米产品的上市，人们接触纳米材料或纳米产品的机会逐渐增加，纳米技术的安全性问题已引起世界范围的广泛关注。纳米技术在给人类带来巨大利益的同时，也存在潜在危害。研究证实，纳米材料可在细胞水平、亚细胞水平、基因水平、蛋白质水平及整体动物水平对生物体产生有害效应。2003年*Science*和*Nature*相继发表编者文章，开始讨论纳米材料的生物学效应及其对生态环境和人群健康的影响等问题。2006年2月、2015年10月*Science*杂志再次载文强调，加强对纳米材料的安全性问题的深入研究，并于2019年3月，就纳米材料对地球生态环境的影响展开讨论。本章将从纳米材料环境领域概述、纳米材料对环境及生态的影响、纳米材料环境安全及管理三部分内容进行系统介绍。

第一节 概 述

一、纳米材料在环境领域的应用

近年来，随着纳米材料相关技术快速发展，各种不同形式纳米材料广泛应用于环境领域，在水、大气与土壤环境治理、能源有效利用等方面发挥重要作用。

（一）纳米材料在环境保护中的应用

1. 废水处理

（1）无机污染物处理：环境中的无机污染物主要分为以下两大类。①有毒阴离子，如CN^-、SCN^-、I^-、F^-等；②有毒阳离子，如Cr^{6+}、Hg^{2+}、Pb^{2+}、Cu^{2+}、Ag^+等。近年来，国内外研究发现，碳纳米管可吸附并去除水体中的重金属。

碳纳米管表面缺陷和无定形碳给氟离子（F^-）的吸附提供了活性位点，而碳纳米管内部有很多微孔结构，也可有效吸附半径较小的F^-，因而，碳纳米管具有广泛的pH适应范围，能够有效吸附F^-。定向碳纳米管吸附F^-试验表明：定向碳纳米管在液相溶液pH为3～9的范围内对F^-都能很好地吸附。在液相溶液中浓度是10mg/L时，活性炭、土壤及γ-氧化铝对F^-的吸附量分别为0.32mg/L、0.58mg/L和3.7mg/L，而ACNT对F^-的的吸附量为4.1mg/L。更有研究者通过原位溶胶-凝胶法制备合成了羟基磷灰石-多壁碳纳米管复合材料（HA-MWCNTs），并用来去除水中的F^-。用羟基磷灰石纳米颗粒均匀地包裹在MWCNTs表面，发现该法制备的HA具有较大的比表面积和较高的除氟容量，将该材料应用在吸附核工业含氟废水试验中，发现当HA-MWCNTs（MH6）的吸附剂量为2.0g/L时，能够高效地将废水的F^-浓度从8.79mg/L降低到约0.25mg/L（去除率为97.15%）。

（2）有机污染物处理：国内目前常用的有机物废水处理技术难以达到快速高效治理，如物理吸附法、混凝法等非破坏性的处理技术，只是将有机物从液相转移到固相，但无法解决有机物二次污染、吸附剂及混凝剂再生问题；生化处理法虽然能够去除污水中的有机物及营养物质，但如果污水中含大量重金属，则生化法不再适用，这主要是因为重金属可导致生化系统产生毒性作用。采用带纳米孔径的处理膜和筛子，则可将水中的胶体及微生物（包括细菌、病毒、浮游生物）完全滤除，仅保留水分子以及小于水分子直径的矿物质。TiO_2 纳米颗粒具有很强的光催化降解能力和紫外线吸收能力，可将吸附在表面的有机物迅速分解。因而，应用 TiO_2 纳米颗粒光催化处理废水中的有机污染物被认为是最有前途、最有效的处理手段之一。

在燃料的生产和应用过程中，排放出大量含芳烃、氨基、偶氮基团等致癌物的废水，用生物法对其进行降解效果并不理想。若以对甲基橙光催化降解脱色，反应仅需 10min，脱色率高达 97.4%。应用 TiO_2 纳米颗粒技术进行酸性蓝染料的光催化降解、活性绿染料废水的处理以及活性艳红 X-3B 的氧化脱色等都取得了良好的效果。

用空心玻璃球负载 TiO_2 或用浸涂法制备的纳米 TiO_2 可对水面上的辛烷、油层等具有良好的光催化降解作用，从而为清除海洋石油污染提供了一种可实施的有效方法。目前，应用该方法可处理 80 余种有毒化合物，并能够将水中的卤代脂肪烃、卤代芳烃、有机酸类、取代苯胺、硝基芳烃、多环芳烃、酚类、烃类、表面活性剂、农药、燃料油以及木材防腐剂等有效地进行光催化反应，除毒、脱色、矿化，分解为二氧化碳和水，从而消除对环境产生的污染。

2. 废气处理 大气污染是全球面临的重大环境问题和公共卫生问题，纳米材料和纳米技术的应用将是解决这一问题的新途径。汽车使用和工业生产的柴油、汽油等在燃烧时放出大量的 SO_2 气体，从而造成环境污染。纳米 $CoTiO_3$ 是一种非常有效的石油脱硫催化剂，以 55～70nm $CoTiO_3$ 负载于多孔硅胶或 Al_2O_3 上，所获得的催化剂活性极高，应用负载型 $CoTiO_3$ 对石油脱硫处理，所得到的石油硫含量小于 0.01%，达到国家标准。在煤燃烧过程中也会产生 SO_2 气体，在燃煤中添加纳米级助燃剂，促进煤燃烧更充分，不仅可提高能源的利用率，而且能把硫转化为固体硫化物，从而有效地防止了有毒气体的产生。

复合稀土化合物的纳米级粉体有极强的氧化还原性能，是其他汽车尾气净化催化剂所无法比拟的。它的应用将会彻底解决汽车尾气中 NO_x 和 CO 的污染问题。以纳米 $Zr_{0.5}Ce_{0.5}O_2$ 粉体为催化活性组分、活性炭作为载体的汽车尾气催化剂，由于其表面存在 Zr^{4+}/Zr^{3+} 及 Ce^{4+}/Ce^{3+}，电子可在其三价和四价离子间进行传递，因而具有极强的氧化还原能力。由于纳米材料的比表面积大、吸附能力强、空间键多，它在氧化 CO 的同时可还原 NO_x，使之转化为无毒无害的 CO_2 和 N_2。新一代的纳米催化剂在汽车发动机气缸中同样发挥着作用，使汽油在燃烧时不产生 CO 和 NO_x，把环境污染消灭在源头，无须净化处理。

预计到 2024 年，纳米技术对世界经济的贡献将超过 1 250 亿美元。近年来，随着室内装潢涂料油漆用量的增加，室内空气污染受到人们广泛关注。大量研究表明，新装修的房间内空气中有机物浓度远高于室外，甚至高于工业区。目前室内装修可检测出甲醛、甲苯等数百种有机物，其中不乏致畸、致癌物，这些有毒有害气体成为人类的新杀手。研究表明，光催化剂降解这些有毒有害物质的效果较好，其中 TiO_2 的降解效率最好，接近 100%。TiO_2 纳米颗粒光催化剂也可应用于石油、化工等工业废气物处理中，改善工厂区周围的空气质量。另外，利用 TiO_2 纳米颗粒的光催化性能，不但能杀死环境中的细菌，也可同时降解由细菌释放出的有毒复合物。TiO_2 纳米颗粒光催化剂具有除毒作用，因而可安放于医院的手术室、病房以及生活空间中。

3. 固体垃圾处理 将纳米材料和纳米技术在城市固体垃圾处理中的应用，主要体现在：①应用 TiO_2 纳米颗粒等纳米催化剂加速城市生活垃圾降解，其降解速度是微米级材料的 10 倍以上，因而可缓解大量垃圾给城市环境带来的巨大压力；②将塑料制品、橡胶制品、废旧印刷电路板等制成纳米级粉末，转化成再生原料回收，如把废橡胶轮胎制成粉末应用于铺设道路、田径运动场和新干线的路基等。

4. 纳米材料的吸附和光催化作用 吸附作用是指气体吸附质在固体吸附剂表面发生的行为，其发生过程与吸附剂固体表面特征密切相关。目前普遍认为，纳米颗粒的吸附机制主要是由于颗粒物表面羟基作用形成的。表面所存在的羟基可与某些阳离子键合，从而达到对金属离子或有机物的吸附作用。另外，纳米颗粒比表面积大也是纳米颗粒吸附作用的重要原因。一种良好的吸附剂必须满足比表面积大、吸附容量大、内部具有网络结构的微孔通道等条件，而纳米颗粒的比表面积与粒径成反比。粒子直径减小到纳米级时，可引起比表面积迅速增加，如纳米氧化锡粒径为10nm时比表面积为$90.3m^2/g$，粒径为5nm时，比表面积增加到$181m^2/g$，而当纳米氧化锡粒径小于2nm时，比表面积会突增到$450m^2/g$。由于纳米级材料比微米级材料比表面积大，使其具有优越的吸附性能，在制备高性能吸附剂方面表现出优越的潜力，从而在环境治理方面提供了应用的可能性。

目前利用光催化作用广泛应用的纳米材料主要是纳米级TiO_2。微米级TiO_2的光催化能力较弱，而纳米级TiO_2晶体具有很强的光催化能力，这与纳米颗粒的粒径密切相关。纳米TiO_2粒径从30nm减小到10nm时，其光催化降解苯酚的活性上升了45%。纳米TiO_2作为光催化剂用于环境治理，比传统的生物法处理工艺更为优越，主要体现在：①反应条件温和，耗能低，在阳光或紫外线辐射下即可发挥作用；②反应速度快，可在几分钟到数小时内降解有机物；③降解具有广泛性，能够降解任何有机物，多氯联苯和多环芳烃类化合物也能被正常降解；④消除对环境的二次污染，把有机物彻底降解成二氧化碳和水。因此，TiO_2等半导体纳米颗粒的光催化反应在环境保护和废水处理方面具有良好的应用前景。

5. 环境监测 在目前的环境监测中，常规仪器只能分离或富集待测污染物，需经人工来检测待测物，不仅造成耗时长、成本高，而且不便于移动和进行大样本量检测，在实验中常涉及有毒有害化学药品的使用，如大气中SO_2含量的测定，耗时约1h，还要使用有毒的四氯汞钾药品，对人体危险性大，因此，急需快速便携的自动环境监测探测器。

有研究发现，在纤维素纸上集成多壁碳纳米管和纳米层过渡金属二卤化物（TMDC），并在多孔纤维素上吸收并干燥，用于传感器制造，该工艺有简单、可扩展、快速且廉价等优点，并且可以用于制造高度敏感和易变形的气敏元件。这种元件可用于检测其他有害气体，并可应用于需要可变形能力的低成本便携式设备。同时，此气敏元件具有尺寸小、表面积大、能在室温条件下或高温条件下操作等优点。探测结束后，将此传感器放置在周围环境中或加热后，可重复使用。

纳米材料在环境保护中的应用受到了国内外学者的广泛关注。虽然此项技术还处于由实验室向应用转化阶段，纳米技术在微观理论上尚需完善，反应机制和理论方面的研究有待进一步深入，在大气污染物降解反应中，作为粉末的光催化剂的固着问题有待解决，但可以预见，通过深入研究纳米材料的性能，人们将制备出高吸附、高选择性的纳米材料，找到低成本、无污染、高产量的纳米材料可控生产工艺，从而实现纳米技术应用的规模化，使其产品进入环境保护市场。纳米吸附技术作为一门全新学科，必定会对环境保护产生重大影响，具有良好的应用前景。

（二）纳米材料在环境检测领域的应用

1. 分离富集 应用纳米材料固相萃取过渡金属、贵金属及稀土元素，具有操作简便、分离速度快、吸附效率高、富集比大、热稳定性好、无乳化现象和无污染等特点。如150℃条件下制备的钛酸盐纳米材料，对铅离子的去除能力达到90%以上，成本低、吸附效率高、稳定性好、易于和重金属分离。氨基化SiO_2纳米颗粒吸附剂主要基于氨基聚合物链段的配位作用和SiO_2纳米颗粒的重力沉降作用，通过吸附离心的手段，可有效去除Cu^{2+}。聚偏氟乙烯和磷酸化SiO_2纳米颗粒可以螯合金属锆。锰砂滤料负载纳米零价铁去除水与废水中Sb（V）。铁酸盐纳米材料的重金属离子吸附性能很强，对Cu^{2+}、Sb^{3+}、As^{3+}、Sn^{2+}、Bi^{3+}的提取率均可达到90%以上。三聚硫氰酸-多壁碳纳米管对水体中的Hg^{2+}具有优异的吸附性能，对环境水体中重金属离子的去除效率高。用Cd、Te量子点荧光增强法和纳米金紫外可见分光光度法可检测链霉素。四氧化三锰纳米颗粒还能固相萃取蔬菜中的重金属。纳米活性炭材料广泛用于贵金属、稀有金属、稀土元素、有色金属、黑色金属及部分非金属等数十种离子的分离富集。纳米纤维活性炭被用于对氯苯酚吸附。活性炭负载金纳米颗粒复合材料可以对苯酚进行吸附处理。铂（Pt）纳米颗粒改性活性炭可以有效吸附二手烟中总挥发性有机物（TVOC）。纳米活性炭可以对中药或植物活性成分进行吸附与缓释。纳米活性炭吸附多烯紫杉醇（ACNP-DOC）可对人肺腺癌细胞A549增殖及凋亡产生影响。在农业中，施用森美思纳米材料对降低糙米铜含量也有一定作用，对水稻有小幅增产效果。纳米SiO_2活性炭复合材料能有效吸附2,4-二硝基苯酚，且酸性条件有利于吸附的进行。这些研究表明纳米碳在室温亦具有较高的化学活性。

2. 有机物料检测 纳米技术是开展生物科学技术研究的新起点。可广泛应用于无机物质、生物物质以及小分子的分离、药物、生物分子的检测。采用化学沉积法在聚碳酸脂膜上沉积金纳米颗粒制得金纳米通道膜，用探针 DNA 对金纳米通道进行修饰，是一种低耗无须标记的 DNA 新型检测方法。在第 56 届匹茨堡分析化学暨应用光谱学会议上，以纳米技术为基础的新型检测报告有：①拉曼光谱活化的发光高荧光的贵金属量子点；②应用配位子共轭的纳米晶体瞄准细胞表面的神经末梢；③应用以纳米颗粒为基础的生物条形码作超灵敏的蛋白质复式检测；④新发光材料——半导体纳米晶体作为镧系元素阳离子的敏化剂；⑤具生物相容性的超灵敏彩色量子点在活细胞及整体动物方面的应用；⑥纳米级神经传递囊性能的分析方法。以上报告大多集中在生物样品的检测研究领域中。

纳米金的颜色随其直径大小和周围化学环境的不同而呈现不同颜色（红色至紫色）。纳米金在 DNA、蛋白质、免疫、酶、糖等各类生物传感器后发挥了广泛的作用。显著提高了检测的灵敏度，缩短了生化反应时间，提高了检测通量。纳米金是一种性能优越的标记物，可进行电分析、光分析，在核酸、蛋白质、生物分子等生化检测中具有广泛应用。血清中的甲胎蛋白含量不仅可作为畸胎瘤和原发性肝癌的早期诊断指标，并可作为愈后判断及疗效观察的指标。基于纳米金技术能够有效地可视化检测邻苯二胺。磁性纳米材料可以检测农药残留。纳米金标记技术可以检测常见食源性传染病。双纳米金标记的侧流免疫层析法可以检测人血液中骨转换标志物。多壁碳纳米管 - 纳米铜复合材料的电化学传感器可以测定槐米中芦丁。线状纳米金修饰碳纤维超微电极可以检测芦荟大黄素。多壁碳纳米管与 *N*- 丙基乙二胺可以测定普洱茶中 3 种手性杀菌剂农药残留。多壁碳纳米管净化 - 超高效液相色谱串联质谱法可以测定香蕉中 8 种新烟碱类杀虫剂。应用弓形虫截短型 SAG1 纳米金免疫传感器可以检测弓形虫抗体。纳米 Sm_2O_3 催化发光制造传感器可以检测异丁醇气体。基于氢键作用的金纳米颗粒比色法可以检测尿酸。纳米磁珠分选联合 TRFIA 可以检测血清半乳糖凝集素 -3，用于对胰腺癌进行诊断。

3. 无机物料检测 无机物料经过纳米材料的富集分离后，可针对性地选用酸、碱、有机溶剂、有机溶剂与酸或碱的混合溶剂进行解脱，或者灰化灼烧后制成试样或试液，用光度法、原子吸收光谱法、原子发射光谱法、X 射线荧光光谱法、气相色谱法、质谱法、滴定法等进行检测。

地质样品中稀土离子经纳米 Al_2O_3 富集分离后，用等离子体原子发射光谱法进行测量。地质样品中金、铂、钯离子经负载双硫腙的纳米 Al_2O_3 富集分离后，用原子吸收光谱法进行测量。环境水样中痕量锑离子经纳米 TiO_2 富集分离后，用石墨炉原子吸收光谱法进行测量。水中 Cd^{2+} 吸附在纳米 TiO_2 膜上，在紫外线照射下加入 NO_3^- 和 HCO_2^-，Cd^{2+} 在电极表面发生光化学反应，分别生成 $Cd(OH)_2$ 和 CdO，用 QCM（石英晶体微天平质量传感器）进行检测。环境试样中痕量铅、镉经纳米 Al_2O_3 微柱分离富集后，用石墨炉原子吸收法测定。污染水中 Cr（Ⅵ）、Cr（Ⅲ）经过纳米钛酸锶钡分离后，用光度法或原子吸收光谱法测定。岩石、矿石、矿物、水、金属、合金、化工产品、化学试剂等试样中痕量组分经纳米活性炭分离富集后，用光度法、原子吸收光谱法、发射光谱法、X 射线荧光光谱法、气相色谱法、质谱法、中子活化法、极谱法、滴定法等进行测量。

化学需氧量（COD）是评价水体污染程度的重要指标之一。用水热法合成的纳米 TiO_2 锥阵列作为光电极，应用计时电量法，设计了一套快速测定 COD 的光电化学传感器，该传感器对实际环境水样的测定结果与国标法进行对比，结果相关性良好，耗时仅为 1min，操作简单、无二次污染，具有良好的便携性。采用乳液聚合法制备聚丙烯腈纳米颗粒（Ru-PAN），尺寸分布均匀且在水中的分散性较好，pH 对其荧光性质的影响以及其荧光稳定性好。以异硫氰根荧光素为 pH 荧光指示剂、Ru-PAN 为参比信号，初步建立了一种比率荧光 pH 检测的方法。

二、纳米材料进入环境的途径

纳米材料可通过多种途径进入环境而成为纳米污染物。在生产、研究、运输、使用及废物处理等过程中，直接或间接释放纳米材料是环境暴露的主要途径，但目前尚不清楚这些过程的纳米材料释放程度。其具体途径大致包括三个方面。

（一）纳米产品的生产过程

近年来随着纳米材料研究的广泛兴起以及生产纳米材料的工厂在全球范围内迅速增加，实验室和工厂的废物排放是当前纳米材料进入环境的重要途径。

（二）纳米材料的直接释放

如纳米监测系统（如传感器）、污染物控制和清除系统以及对土壤和水体的脱盐处理等。目前已有多种新型纳米材料用于环境治理，如果处理不当很可能对生态环境造成二次污染。但纳米材料的此类应用是否会对环境造成小规模影响，以及影响的程度如何，还有待进行深入研究。

（三）与人们生活密切相关的纳米产品的使用

个人防护用品（如遮光剂、化妆品）、纳米纤维以及纳米运动器材等在使用与处理过程都可能被释放，从而进入环境中。纳米药物或基因载体系统，尽管它们并不直接应用于环境，但是可以通过废弃物排放而污染土壤和水体。

三、纳米材料的环境行为

（一）纳米材料环境行为概述

纳米材料进入环境后，可在大气圈、水圈、土壤圈和生命系统中进行复杂的迁移和转化过程。纳米材料通过人类活动向大气环境排放和大气干 / 湿沉降等在地表与大气之间进行交换；大气中纳米材料还能够随着大气环流等进行长距离的迁移扩散；进入土壤的纳米材料可发生迁移或转化行为，如渗滤到地下水层，通过地表或地下径流等进入水体，或被陆生生物吸收积累而迁出土壤；进入水体的纳米材料会发生复杂的水环境行为，可能团聚而沉降到底泥中，也可能在水中分散并稳定悬浮；底泥中的纳米材料会因扰动等原因再次悬浮到水中；水体中的纳米材料会因物理、化学、生物等作用而发生转化或降解；转化前后的纳米材料都有可能被水生生物吸收并积累；环境中的纳米材料还可通过呼吸、饮食、皮肤接触等途径对人体造成危害。但与其他环境污染物不同，纳米材料之间的团聚与分散可显著影响其在环境中的转归和效应。综上所述，纳米材料的团聚与分散行为是当前研究的一个热点问题。

（二）纳米材料与环境中共存物质的复合行为

1. 纳米材料对共存污染物的吸附 纳米材料特别是碳纳米材料由于其巨大的比表面积和表面疏水性，对共存污染物尤其是有机污染物具有极强的吸附能力。纳米材料对污染物的吸附不但会改变污染物的环境行为，而且能够影响自身的环境行为。碳纳米材料对有机污染物的吸附，包括烷烃、二氧（杂）芑、苯系物、酚类、多环芳烃、激素类药物、蛋白酶等。碳纳米材料对绝大多数有机污染物都有很强的吸附能力，是一类有效的潜在吸附去除剂。静电作用、憎水效应、氢键、电子供体受体机制等可影响有机污染物在碳纳米材料上的吸附，碳纳米材料属性（如长度、直径、比表面积、表面基团等）、污染物性质（如分子大小、极性、构型等）和环境条件（如温度、pH、离子强度等）等会影响吸附性能。但目前的研究尚缺乏对各种机制具体的定量评价方法。建立化合物理化结构参数与它们吸附系数间的多元线性自由能经验关系，可能是一种定量评价各种机制对表观吸附具体贡献的有效方法。与碳纳米材料相比，其他纳米材料吸附有机污染物的研究相对较少。金属氧化物由于表面亲水性，对疏水性有机污染物的吸附通常较弱，但对亲水或两性的有机分子则有很强的吸附，静电吸附和配体交换是主要作用机制。

2. 有机质对纳米材料吸附污染物的影响 与纳米材料结合的有机质能吸附有机污染物，而溶解有机质则会增溶有机物。有机质在碳纳米材料上有很强的吸附性，能够与有机污染物竞争位点，若这种竞争所削减的有机污染物吸附量大于结合态有机质对有机污染物的吸附量时，则会降低有机污染物在纳米材料上的吸附量。有机质在金属及氧化物纳米材料上的吸附较弱，与有机污染物间位点竞争弱，因而吸附在纳米材料表面的有机质会促进对有机污染物的吸附。有机质也可能通过提高纳米材料的分散性能，增加纳米材料表面的吸附位点而提高对有机污染物的吸附。有机质在纳米材料上的吸附可以发生组分分级，使被吸附的有机质及残留在溶液中的有机质在化学组成上产生明显差别。纳米材料结合态有机质的结构会比非结合态有机质更加致密，其对有机污染物的吸附更具非线性特征。有机质也能影响纳米材料对重金属离子的吸附作用，有效消除水体中腐殖酸是控制水体微生物污染的关键环节，MnO_2 纳米线因对其具有良好的吸附效果，可强化去除水中腐殖酸而受到关注，但天然有机质对纳米材料与污染物之间相互作用的影响仍有待更进一步的研究。

3. 水中纳米材料的转化与净化 有关水中纳米材料的转归问题已有报道。研究表明，太阳光照射下，C_{60}能在水中进行光化学转化，被逐渐降解，并产生$^1O_2$，但光化学转化产物尚未完全探明。部分金属（如银）及氧化物（如ZnO）纳米材料会在水中溶解，并可能产生毒性更大的金属离子。常规的水处理工艺，如活性污泥、混凝沉淀等不能非常有效地去除水中悬浮的纳米材料。水中纳米材料的转化与转归仍将是纳米材料水环境行为研究的热点。

第二节 纳米材料对环境及生态的影响

人类早已暴露于空气中纳米尺度的颗粒物中，只是近些年来人们才开始关注纳米颗粒对大气环境质量与人体健康的影响。交通来源的细粒子释放、建筑扬尘、沙尘暴颗粒物的跨界输送，不仅造成了城市上空“棕色云”的笼罩、灰霾天气的增加，也使得人群的环境暴露大幅度增加，对健康造成危害。对粒径在2.5～100μm大气颗粒物的污染表征以及对人体健康的影响已有很多报道，颗粒物浓度和尺寸与健康存在密切关系也已得到证实。例如，在美国进行的一项长达20多年的流行病学研究结果显示，空气中PM_{10}每增加100μg/m^3，人群肺癌和心血管疾病死亡率增加6%～8%；而空气中$PM_{2.5}$每增加100μg/m^3，人群肺癌和心血管疾病死亡率增加12%～19%；空气中PM_{10}每增加50μg/m^3，住院病人增加3%～6%；而空气中$PM_{2.5}$每增加50μg/m^3，住院病人增加25%；空气中PM_{10}每增加25μg/m^3，哮喘病人病情恶化和使用支气管扩张器的百分率增加8%。但是由于当时技术条件和认识程度的限制，纳米级大气颗粒物对人体健康的影响在该项流行病学研究中没有开展。近年来，大量针对燃烧来源的超细颗粒物、纳米炭黑、城市大气超细尘埃开展了整体实验动物以及肺上皮细胞染毒的宏观生物学效应研究和评述，探讨了大气中纳米颗粒物对实验动物心肺功能的影响和组织病理损伤，进一步证实了实际环境中纳米颗粒物的潜在危害。大气中不同尺度颗粒物的数量浓度与表面积具有明显差异。单位质量的纳米颗粒物含有超高的数量浓度；同样，对于表面化学特性一致的不同粒径颗粒物，单位质量浓度的纳米颗粒物具有更高的比表面积。较大的比表面积和较高的数量浓度，均可使纳米颗粒物在与细胞和亚细胞成分相互作用时较微米颗粒物具有更为显著的毒理特性。因此，尽管纳米颗粒物在大气中的质量浓度很低，其毒理效应不容忽视，且在高污染事件中纳米颗粒物会成倍增长。

一、概述

自20世纪以来，纳米技术取得了飞速的发展，给世界经济带来了巨大的变化。然而，纳米技术的发展也可能给环境和生态系统带来一些负面影响。在大力发展纳米技术的同时，还需研究纳米材料在空气、土壤和水中的存在状态、输运和沉降规律，防止在利用纳米技术为人类造福的同时发生对环境的二次污染。纳米传感技术具有高灵敏度、高选择性、低功耗、微型化等优点，可通过形成纳米传感网对环境进行实时准确的监控，为环境的保护和治理提供科学依据。

纳米材料通常是指尺度在1～100nm之间的粒子所组成的粉体、薄膜和块材等，是处于原子簇和宏观物体交界的过渡区域，有着独特的化学性质和物理性质，如小尺寸效应、表面效应、量子尺寸效应和宏观量子隧道效应等，使材料具有许多新奇的电学性质、光学性质、热学性质、力学性质、磁学性质、化学和催化性质。近几年来，纳米材料在高科技领域的应用日益增多，实验成果充分说明纳米材料和纳米结构是常规材料无法替代的，显示了十分广阔的应用前景，在电子学、生物医药、纳米医学等领域的研究方兴未艾。纳米技术在环境监测及治理领域中的应用研究也引起人们广泛的关注，纳米技术在检测纳米尺度物质方面具有独特理化性质的优势，可以发展纳米检测技术有效地检测环境中的纳米污染物。

纳米材料的形状、尺寸、溶解性、比表面积、表面化学基团等都是影响其生物环境安全性的重要因素。纳米材料的多样性决定了对纳米材料生物环境安全性评估方法必须具有多样性，因此需要多种指标参数进行评价。现在对纳米材料各参数的测量主要以离线手段为主，很多近代发展的形态、结构、界面观测仪器都已应用在纳米材料的分析中，如扫描电镜、透射电镜、扫描隧道显微镜、原子力显微镜、颗粒电泳仪、流动电位仪、X射线吸收光谱等。近年来，研究人员也发展了一些用来在线检测和控制纳米颗粒的技术，如静电低压撞击分离器（ELPI）、扫描电迁移颗粒谱仪（SMPS）和激光诱导白炽光光谱（LII）等，但这些仪器只是测量单一的指标，且彼此的测量结果存在差异。总之，纳米检测技术有望突破现有技术的障碍，产生出新的检测原理、方法和技术，为环境中纳米材料的在线检测提供有力的工具。

纳米材料并不是纳米技术兴起之后才出现的，在大自然中早已存在大量纳米级别的天然材料，包括纳米级别的环境污染物，如大气中烟囱和柴油车的排放物、垃圾燃烧的烟雾、道路的灰尘以及森林大火、火山喷发、海水飞沫等，水体中的各种农药、聚硫化物、聚磷酸、聚硅酸、病毒、生物毒素、藻毒素等。人工制备的纳米材料也可通过工业生产、纳米产品分解、纳米材料自组装等途径释放到环境中去。纳米材料不可避免地会进入大气层、水圈和生物圈，这些纳米材料会对人体的健康造成很大影响。纳米材料往往具有显著的配位、极性、亲脂特性，有与生物大分子结合进入体内的趋势，有很强的吸附能力和很高的化学活性。大气中的纳米颗粒物在人体呼吸系统内有很高的沉积率，并且尺寸越小，越难以被巨噬细胞清除，且容易向肺组织以外的组织器官转移。虽然纳米颗粒物在环境中存在的浓度一般较低，但它们一旦被摄入后即可长期结合潜伏，在特定器官内不断积累增大浓度，终致产生显著毒性效应。另外，通过食物链逐级高位富集，也可导致高级生物的毒性效应。纳米污染物会与大的物质复合产生新的污染物，这种污染物对环境和生物的危害不容忽视。

人工合成的纳米材料进入环境主要有以下几种途径：①纳米材料的大规模工业生产、运输和处理过程中产生纳米颗粒物进入环境；②个人用品，如化妆品、防晒品、纺织品等掺杂纳米尺度物质，在洗脱过程中进入环境；③广泛应用于微电子机械、轮胎、燃料、纤维、化工染料和涂料等许多产品中的纳米尺度物质，可能随产品的使用、分解而释放或流入、渗入到大气、水体和土壤中。研究表明，纳米材料可以通过土壤以极快的速度转移至水相中，一旦进入水体，由于食物链的原因，纳米颗粒物会对水体生态环境、动植物造成很大的影响。迄今为止，环境中纳米材料对相关物种的毒理安全试验检测报道较少。

纳米材料生物安全性的研究是近年的研究热点，国内外的学者都在纳米材料对生物安全性的评价上取得了一定的进展，国家纳米科学中心的任红轩博士综述了国内外对人造纳米材料生物安全性的研究进展，在此不再赘述。

纳米材料对环境及生态影响的研究刚刚起步，纳米级物质在环境中存在状态、传输、转化和与其他物质相互作用的规律等基本科学问题还没有得到解决，主要因为对纳米材料的在线检测手段并不是十分有力。大气中的超细颗粒（小于100nm的颗粒物）的在线检测是目前对环境纳米颗粒检测进展较大的研究领域，主要有静电低压撞击分离器（ELPI）、扫描电迁移颗粒谱仪（SMPS）和激光诱导白炽光光谱等三种技术，可以分别在线诊断纳米颗粒物的数量浓度及质量浓度，但是三种技术在检测同种污染源时的测试结果却是不同的，说明这三种基于不同测试原理的检测技术并不能完全反映大气中纳米颗粒物的真实状态。为把握纳米材料环境安全研究的发展方向，国内专家召开了314次香山科学会议，对当前存在的研究误区和将来的发展方向进行了研讨。专家们认为，纳米技术为环境安全领域提供了新的研究机遇，推动了环境研究向更深层次发展，它可以使人们认识到以前不能认识的污染现象，检测、察觉到以前不能察觉的污染物，治理以前无法治理的环境污染问题；环境安全为纳米技术的发展提出了新的研究课题，提供了新的创新空间，对纳米技术应用潜在的环境风险的研究必将丰富人们对纳米技术科学内涵的全面认识，促进纳米技术新原理、新规律和新方法在更深层面上进行研究，为发展绿色纳米技术、提高纳米技术应用的有效性奠定基础。

经过近几年的研究与探索，科学家们对纳米材料的环境行为与生态效应已取得一些共识，但还存在很多争论和有待深入研究的问题。迄今为止，对于纳米材料的排放源、排放规律等缺乏足够的案例研究，因此难以制定科学有效的防治措施。在今后的研究中，要加强对纳米材料或产品的生产过程、使用过程及废弃处置等过程中纳米材料排放特征的研究，加快制定典型纳米材料或产品的行业标准、排放标准等，以促进纳米科技的持续健康发展。总之，当前对纳米材料环境转归的了解还十分匮乏，急需深化环境和生物样品中纳米材料的快速准确筛选与表征测定等方法，推进对纳米材料在大气、水体、土壤等环境介质中的化学转化、溶解生物、降解、表面钝化等转化与归趋行为，以及环境中纳米材料随食物链的迁移积累及生物可利用性等多方面的科学研究探索。

迄今为止，研究人员对纳米材料的生物毒性数据已有一定的积累，对其致毒机制的讨论也达成了一些共识，如一些纳米材料会产生活性氧（ROS）和氧化应激，造成氧化损伤，从而对生物体产生毒性。但是由于毒理学实验所选取的实验设计、实验条件、材料规格等不尽相同，因而获得的实验结果亦不相同，对毒理学机制的解释也有争议。金属及氧化物纳米材料溶解产生的金属离子对毒性的影响等尚缺乏足够说明。为了解纳米材料对生态环境的毒性及其效应，建立安全使用的指导使用方法等，必须建立一套相对完整、科学的纳米材料毒性测试的标准方法，包括纳米材料理化特性及表征、模型生物选取、毒性效应指标、暴露方法等。此外，在关注纳米材料的高剂量急性效应的同时，更需要关注纳米材料的长期低剂量暴露及其毒性效应、在生物体内的归趋和遗传性等，使得研究结果更加贴近真实环境的情况；也需要加强研究纳米材料在环境中与其他污染物可能产生的复合污染及生态效应。

二、纳米材料环境危害

纳米技术是通过利用纳米材料分子、原子运动规律及特性，制造出具有独特性质和功能的新设备或新系统的技术。近年来，纳米技术的迅速发展，使纳米材料被广泛地应用到生物医药、化工、机械、微电子、环保、化妆品、食品等诸多领域。据估计，全球纳米材料市场总产值到 2022 年将达到 550 亿美元；发展纳米技术也已被美国、日本、欧盟等 50 多个国家和地区列为国家高新技术产业发展的优先战略。从 20 世纪 80 年代纳米材料首次被合成至今，纳米技术已有 30 余年历史。根据研究的内容与特点可将纳米材料的发展划分为三个阶段。第一阶段为 1990 年以前，主要是在实验室内研究各种纳米颗粒粉体、合成纳米材料块体的制备方法，探索纳米材料不同于常规材料的特殊性能，同时研究对纳米材料进行表征的方法。第二阶段为 1990—1994 年，人们关注的重点转为利用纳米材料独特的物理、化学和力学等性能设计纳米复合材料。通常采用复合不同纳米颗粒或复合纳米颗粒与常规块体材料来探索纳米复合材料的合成及性质。第三阶段就是从 1994 年到现在，高韧性纳米陶瓷、超强纳米金属等人工组装合成的纳米结构材料体系成为了纳米材料领域重要的研究课题；不同种类、形状和性质的纳米单元（零维、一维纳米材料）的组合、纳米颗粒表面修饰改性、纳米结构设计等也是当今纳米材料研究的新热点。

随着越来越多新纳米材料及纳米产品的上市，纳米材料或产品的接触对象及接触机会大量增加，纳米技术的安全性问题已引起世界范围的广泛关注。一些纳米材料如单壁纳米碳管对水生生物具有不同程度的毒性，可以达到动物的多种器官组织，如心、肝、脾、肺、肾、胃、脑、骨骼、肌肉、小肠、皮肤及血液，纳米铜和纳米银同样对所研究的斑马鱼和一些藻类有很强的毒性。Fe_2O_3 纳米颗粒甚至还能到达眼睛和性腺组织，说明纳米材料可以穿透血 - 眼屏障、血 - 脑屏障及血 - 睾屏障，从而产生潜在毒性。

生态环境作为生命活动的基础，其重要性显而易见，纳米材料是否会对生态环境产生影响以及影响的程度是非常重要的纳米技术安全性问题。纳米材料可通过多种途径进入生态环境中而成为纳米污染物。目前，纳米材料的生态危害性评价依赖于材料的物理化学特性、行为暴露情况、在环境中存在的时间、环境转归、毒性（急性和长期毒性）、生物体内稳定性、生物蓄积及生物放大作用等。研究、生产、运输、使用以及废物处理等过程中的间接和直接释放是纳米材料进入环境的主要途径，但目前还不清楚这些材料的释放程度。已有研究表明进入生态环境的纳米材料可以在大气、土壤及水体环境中迁移，与环境因素相互作用，通过食物链可以对低级生物到高级生物产生不同程度的影响和危害。

三、纳米材料对环境生态的影响

综上可知，纳米技术和纳米材料在水、土壤、大气的环境治理等很多方面都有着广泛的用途，但与此同时纳米材料不可避免地会进入大气层、水圈和生物圈，而目前关于纳米材料进入大气、水和土壤后的迁徙及转归报道甚少，由于纳米表现出不同于微米颗粒的特征，其对环境可能存在的负面影响也是一个不容忽视的问题。

（一）对大气可能存在的负面效应

Esquivel 等在研究 1 万年前的格陵兰岛冰块标本时发现，其内含有直径小于 1μm 的团聚物，其中许多成分直径小于 10nm，包括硅及硅酸盐尘、含碳物质或简单聚合物、由金属及矿物颗粒混合形成的复杂纳米颗粒及现在空气中不太常见的纳米硅晶体和碳纳米管。这些物质有可能存在于当时的大气中，吸附于雪的表面，逐渐形成冰块。有趣的是，他们还在 5 300 年前石器时代猎人尸体的肺里发现了纳米颗粒，主要是有机物的燃烧产物、TiO_2 纳米晶体以及硅和硅酸盐，都与当今大气中的成分相似。这些都提示大气中纳米颗粒成分的存在由来已久，并且与人类密切相关。

目前，生产和研发纳米材料的工作人员最有可能接触碳纳米管及纳米晶体，世界各国尚未制定出针对纳米材料的劳动保护条例，从事纳米材料生产加工的工人几乎是在没有安全防护措施的情况下工作。由于纳米材料大多是在液态相或封闭反应器中产生的，并且一旦从液态相或封闭反应器中排放出来，颗粒物之间相互作用就会使纳米颗粒很快聚集成团块，因此认为很难从干燥的粉尘颗粒中产生分散独立的纳米材料，在生产纳米材料的工厂环境中纳米颗粒的可吸入水平可能很低。人们一般认为空气中粒径 $>10\mu m$ 或 $<0.4\mu m$ 的颗粒物对呼吸系统的危害作用小，只有粒径 0.4～10μm 的颗粒物对深部呼吸系统才产生危害作用。这种结论是以吸入气体中的颗粒物能否在肺泡内沉积为根据。皮肤是人体阻挡外源性物质进入机体的重要屏障系统，它能有效地阻止宏观颗粒物进入体内。但是现在人们已经能够生产粒径只有头发丝直径的 1/7 000 的金属纳米材料和粒径为 0.5nm 的纳米碳。粒径如此之小的纳米颗粒，完全有可能通过简单扩散或渗透形式经气 - 血屏障和皮肤进入体内，从而会对人体健康产生一系列不利影响，包括可能引发呼吸系统肿瘤、免疫及生殖系统损害等。

生活中人们接触的纳米颗粒主要是指空气动力学直径≤100nm 的超细颗粒，其来源主要是有机物的不完全燃烧、金属冶炼铸造和矿山开采，车辆交通对城市地区的 $PM_{2.5}$ 水平有重大影响，其次是燃烧活动（生物质、工业和废物燃烧）和道路扬尘，其中多环芳烃（polycyclic aromatic hydrocarbons，PAH）占主要部分。大气有机物中的多环芳烃有致癌、致畸、致突变性。Qian 等于巴黎、瑞士、东京和墨西哥城的机动车道上测得的多环芳烃平均浓度分别为 $659ng/m^3$、$255ng/m^3$、$926ng/m^3$ 和 $492ng/m^3$；以巴黎为例，一个人在 PAH 浓度为 $659ng/m^3$ 的环境中呼吸一天相当于吸了 2.3 支标准香烟。Kaur 等发现行人主要暴露于细颗粒，暴露于炭黑、CO 和超细颗粒仅占少部分，而根据 Rodriguez 等测定超细颗粒虽然在气溶胶总体积中的占比还不到 1.5%，但它的颗粒数却占总数的 25%～60%。目前在工业型城市各种滤网主要去除的是微米颗粒，而且空气质量监测也是以气溶胶体积为主要参数，这显然是不够的，如何减少和控制大气环境中的纳米颗粒也同样应该受到关注。

（二）对水和土壤可能存在的负面效应

以往认为在实验室中很难产生溶于水的纳米颗粒，因此人类可以不必担心它会进入环境地下水中，但有研究发现 C_{60} 是一种亲水的纳米材料，可以在没有任何表面处理的情况下于水中形成胶体样物质。虽然这种胶体样物质的溶解度很低，但却是 PAH 在水中溶解度的 100 多倍。PAH 即使在水中的浓度很低，也会对环境产生影响，而 C_{60} 也可能有相似的属性。那么水中的 C_{60} 对水中生物及其生态有没有影响？最近 Sumi 等研究发现，用 C_{60} 染毒攀鲈后，组织病理学分析显示，与对照组相比，处理过的鱼的睾丸和卵巢明显发生改变。富勒烯暴露 60d 后，将鱼留在无毒的水中 60d，其中性腺抗氧化酶活性的变化和组织学改变并未完全恢复。因此，从本研究中可以看出，C_{60} 会导致性腺中的氧化失衡，这可能会影响攀鲈的繁殖潜能。

进入水体的纳米材料可渗入土壤，干扰固氮菌与植物宿主之间的信号转导，对作物生产产生经济及生态双方面的不利影响。纳米材料可以经水或植物吸收进入食物链，从而实现其在生物之间的转运及对动物和人的影响。纳米 TiO_2 表面原子周围缺少相邻原子，且具有不饱和性，易与其他原子相结合而稳定下来，因此具有很强的化学活性。Yang 等用纳米 TiO_2 研究发现，纳米颗粒进入水中的前 5 个小时，杂质很快地吸附在颗粒上，由于吸附大量杂质活泼的纳米 TiO_2 有效半径增大，颗粒聚集沉降，但随着吸附能力的降低，致使粒子聚集减慢，杂质悬浮在水体中反而不易沉降；他们还发现纳米 TiO_2 能影响水体的沉降性能并改变水体的流动特性。

第三节 纳米材料环境安全及管理

一、纳米材料环境安全研究

结构与性质不同的纳米材料，其潜在的环境安全效应也具有不同特点。甚至同一种材料在不同粒径或外部条件下，也会产生不同的环境安全效应，因此不能一概而论，本节简要介绍常见的几种纳米材料在有关环境安全效应方面取得的研究进展。

（一）富勒烯

富勒烯是一种只含有碳原子的笼状化合物，具有独特的空间立体结构和化学性质，主要的富勒烯有：C_{60}、C_{70}、C_{32}、C_{58}、C_{84}、C_{240}、C_{960} 等，其中最常用的是 C_{60}——巴基球，全名巴克敏斯特富勒烯。它可以用来制造廉价的太阳能电池，也经常应用在医药行业。对于许多旨在研究巴克敏斯特富勒烯的独特化学性质以及物理结构的生物医学技术而言，富勒烯衍生物的研究至关重要。随着富勒烯表面结构的微小改变，其致死剂量在 7 个数量级之间发生变化。有关富勒烯导致细胞死亡的研究中，研究人员发现细胞膜发生氧化损伤，由于富勒烯在水环境下会产生超氧化阴离子，这可能是导致细胞死亡的原因。

（二）碳纳米管

碳纳米管应用于制作强度较高的合成物、储氢体、传感器以及纳米尺寸的半导体元件、探针。但未被处理过的纳米管非常轻，有可能经空气到达人的肺部。因此，碳纳米管对于环境和生物的安全性也最先被人们注意。在单壁碳纳米管肺部毒性研究方面，美国 NASA Johnson 空间中心的 Lam 等已经做出了相关的研究。

Dong 等研究了暴露于 MWCNTs 小鼠肺中巨噬细胞的极化和激活。雄性 C57BL/6J 小鼠通过口滴注 MWCNTs，剂量按每只小鼠 40μg（约 1.86mg/kg 体重）进行处理，实验表明 MWCNTs 刺激了强烈的急性炎症和纤维化反应。研究表明，如果碳纳米管在肺部产生较强的毒性，长期吸入碳纳米管会危害健康。

（三）纳米 TiO_2

纳米 TiO_2 在涂料、抗老化、污水净化、化妆品、抗静电等方面具有广泛应用，可以作为添加剂用来制作疏水涂料，也是一种很好的光催化剂。在传统观点中，TiO_2 是低毒粉尘，在许多粉尘的毒理学研究中，TiO_2 往往被用作无毒的对照粉尘。但是 Sager 等研究发现超微 TiO_2（平均直径为 20nm）引起的大鼠肺部炎症比相同空气质量浓度的微米级 TiO_2（平均直径为 250nm）更为严重。即使是无毒或低毒的细颗粒材料，其超微颗粒的吸入也可能会变得有毒。因此，曾被认为无毒或极低毒物质的纳米颗粒，目前已逐渐成为毒理学研究热点。

（四）纳米铜

纳米铜作为添加剂加入润滑油，对发动机润滑性能有改善作用，并可降低发动机的摩擦损失。根据 Hodge 和 Sterner Scale 的毒性分类法，纳米铜为中等毒性，而微米铜基本无毒。病理学检查发现纳米铜能够对小鼠的肾、脾、肝产生明显的损伤，同时引起与肝、肾功能相关的血生化指标异常。纳米铜的高毒性很可能是其高化学反应活性经体内代谢产生的次级代谢产物铜离子引起的。

（五）纳米 MgO

目前关于纳米 MgO 的一般毒性资料尚属空白。在当前的研究中，以洋葱曲霉为指标，评估了一系列暴露浓度下纳米 MgO 的毒理学效应。通过对洋葱头孢菌根尖细胞使用各种生物测定法（如彗星测定法，氧化应激及其摄取 / 内在化特性）来评估毒性。结果表明，与对照细胞相比，染色体畸变的剂量依赖性增加和有丝分裂指数（MI）的降低，并且影响比微粒更为显著。彗星分析显示，脱氧核糖核酸（DNA）遭受了损伤，并且观察到过氧化氢和超氧化物自由基的产生显著增加。但造成以上生化指标变化的生物学意义尚不明了，有待进一步深入分析研究。

（六）研究展望

大量使用工业纳米粉体，如纳米金属粉、纳米氧化物等，其环境安全效应更应予以重视。可以选取免疫细胞如巨噬细胞、淋巴细胞、粒细胞等进行体外研究；同时在体内可以通过急性毒性试验获得半数致死量（LD_{50}）和最大耐受剂量（MTD）等基本数据，对其进行毒性分级，初步了解受试物的毒性强度、性质和可能的靶器官，获得剂量-效应关系，为进一步研究提供依据。具体包括：

（1）根据急性毒性试验获得的基本数据对纳米颗粒进行吸入毒理学方面研究。

（2）研究纳米颗粒在体内的吸收、分布和排泄的生物转运过程和代谢过程。

（3）研究混合纳米颗粒及纳米颗粒与大气污染物的混合毒性。

（4）从分子水平阐释纳米颗粒和纳米材料毒性机制。

（5）研究通过不同途径进入体内的纳米材料，如何进行生物转运和生物转化。

（6）发展建立评价纳米环境安全效应预测模型。

在评价纳米材料的环境影响时，不能只考虑生产过程，也必须考查纳米材料的整个生命周期。生命周期分析（LCA）在计算某一产品生产、使用、回收及最终处置整个过程所需要的原料和能源时非常有效。为了使纳米材料对环境造成的影响最小化，材料的循环周期必须封闭，同时对纳米材料进行准确评估。

释放到空气中的纳米颗粒物，其表面吸附物质与尺寸大小都随时间在不断动态改变，因此，从结构成分和剂量已知的人工合成纳米颗粒入手，建立具有普遍适用性的生物模型体系，用来分析评价纳米颗粒在生物体内的行为及其协同效应产生的生物安全性问题。

目前有两种方法可以限制纳米颗粒物向空气中释放，进而减小纳米材料相关环境问题：一是将纳米材料固定在惰性屏障内（如用硅包裹量子点）；另一种是在表面构建稳定纳米结构，使其具有类似于游离纳米颗粒性质，却不会传播到环境中。对于纳米尺度物质的生物学效应，尤其是环境安全效应问题，目前研究数据还很不全面，尚无相对明确结论。同一种类纳米材料，当其尺寸（粒径）大小发生变化时，产生的生物学效应相差很大。正如纳米科学技术是一个长久的、持续的研究过程一样，纳米尺度物质的环境安全效应（包括生物毒性）研究，也将是一个系统复杂过程。

二、纳米材料管理

纳米材料作为一种新型的材料，在今后将会得到更大的发展。但由于其结构的特殊性，我们就必须对其环境效应进行研究与评估。目前虽然对纳米材料的环境毒理学进行了研究，但还存在很多问题，针对这些问题我们必须寻求相应对策。

1. 存在的问题

（1）目前已经研究出了多种纳米材料，但只对少数几种进行了分析，大部分纳米材料的毒理学效应还没有研究。因为没有充足的实验数据，无法建立相应的理论体系，所以没有一个可以依循的标准。

（2）随着纳米材料的品种越来越多，人们也开始热衷于这些新鲜物质，但大部分人对纳米材料的知识很缺乏，即使科学家对其很多性质也还不清楚。这样大规模地使用会产生很大的潜在风险，但很多人并没有意识到这一点。

（3）缺乏相应的管理标准与技术指标。纳米材料使用之后没有进行后续评估就直接进入环境，也没有对其生命周期进行评估，增大了环境风险。没有与之相关的法规与技术指标。

2. 采取的对策

（1）建立纳米材料的研究策略与评价方法。纳米材料的特殊物理、化学性质决定了其危害性评价方法与一般物质的评价方法不一样。所以纳米材料生态危害性评价的研究策略及评价方法的建立非常重要，应引起研究者的重点关注。

（2）纳米颗粒的毒理学研究。获取各类纳米材料的毒理效应数据，通过对已经研究的纳米材料的毒理学对未知的纳米物质毒理学进行推理。

（3）建立纳米材料的生命周期评估系统。对纳米材料整个环境转归过程进行评估，研究其在环境中的行为，包括它进入环境的途径、在环境中的转化以及它的毒害机制，以减小环境风险。

（4）把纳米生物学效应的研究结果与化学领域相结合。对具有不良生物学效应的纳米分子进行化学修饰，在保持其功能特性的同时消除其毒性。

(5) 纳米材料的安全性评价和绿色化生产。虽然许多国家对职业和环境接触粉尘制定了相应的卫生标准以保障人们的健康安全，这种卫生标准大多是根据微米颗粒的空气质量浓度制定的。但是随着纳米技术迅速发展，新纳米材料不断涌现，人们以各种方式接触纳米颗粒的机会将大大增加。而纳米材料的尺寸大小、形状、比表面积、化学组成等不同则毒性也相异，这些均对当前的卫生标准提出了挑战：制定卫生标准时考查某几种特定粒径的纳米颗粒的毒性还是每种粒径颗粒的毒性。

纳米材料在生产过程中应该是高效率、少排放，以充分利用原料为目标；使用的原料应该对环境无害；产品具有合理使用功能和寿命，在使用过程中和使用后对环境的危害最小，完成使用功能的产品可回收或再生；报废于环境中的相关产品易于自然降解等。

三、纳米材料环境安全及展望

纳米材料潜在的环境、健康与安全风险一直是人们关注的焦点。环境保护部环境保护对外合作中心的《全球纳米环境风险研究现状和思考》一文对纳米材料的环境安全及展望作了深入探讨。

（一）英国发布世界首份调查报告

鉴于对纳米技术在环境和人类健康、安全方面的担忧，英国于2008年开展了一项全球范围的调查，并于2009年3月正式发布了一份《关于纳米材料与纳米技术的环境、健康与安全研究的完整或接近完整的回顾》的调查报告（以下简称报告）。据悉，该报告是全球首份关于世界各国在纳米材料和纳米技术对人类环境、健康与安全的影响问题上所开展的研究项目及其进展的总结报告。

1. 报告的结论 全球关于纳米的环境、健康与安全风险的研究项目分布很不均衡。报告将所有项目分为五大领域的19类研究目标，对全世界各国从2004年之后才开展的纳米研究项目进行了识别，共识别出关于纳米的环境、健康与安全风险的研究项目293个。从这293个项目的分布情况看，无论是从类别角度还是从地理角度都很不均衡。例如，在类别上属于第14类目标（纳米颗粒在空气和肺里的沉淀、扩散、毒性、致病性、迁移可能与途径以及对心血管系统与大脑的影响）的研究项目，全球共有44个，而针对第9类目标（关于在土壤和水中的纳米颗粒暴露测量技术的应用、发展和最优方法）的研究项目，全球只有1个；在地理分布上，美国的研究项目占到了165个，占总数目的56%，居第一位；英国紧随其后，达到44个，占15%；瑞士是20个，占7%，居第三位。以上三者的项目合计，占项目总数的78%。

各国相关研究的进展总体不理想，但有3项研究结果值得充分关注。① TiO_2 纳米颗粒可能对环境有害。TiO_2 纳米颗粒是一种使用范围广、数量大的涂层材料。从功能毒性研究结果看，接触 TiO_2 纳米颗粒后，人体肺部将可能出现炎症，并进而导致外围血管的功能失调；从环境毒性研究结果看，TiO_2 容易在饮用水中聚集，因而污染环境、影响健康的可能性大，需要进一步研究分析。②银纳米颗粒可能对环境有害。银纳米颗粒目前已被工业大量使用。研究表明，即便它在环境中的聚集量很低，也会对水生无脊椎动物造成伤害。③碳纳米管可能对人体健康有不利影响。碳纳米管是工业和实验所需的材料，注射了碳纳米管的老鼠会产生动脉粥状硬化、线粒体DNA损伤、主动脉氧化压力加大等反应。当摄入量较大时，对肌肉细胞也有毒性。

2. 报告的建议 报告强调，必须对上述3种纳米材料进行进一步的调查研究。报告提出，虽然目前对所有纳米材料的环境、健康与安全风险研究还没有提供足够多的证据以做出可行的风险评估，但研究结果已经表明，碳纳米管对人体健康可能存在不利影响，银纳米颗粒和 TiO_2 纳米颗粒对环境存在可能的危害。因此，针对以上3种纳米材料必须进行进一步研究，以提供能够采用预防原则的足够证据。同时，报告也指出，应加强国际交流与合作，协同开展关于纳米的环境、健康与安全风险的进一步研究。

（二）纳米技术环境、健康及安全风险的背景综述

1. 理论和动物实验表明纳米技术可能存在环境风险 关于纳米技术的环境与安全风险，2003年4月，著名的*Science*杂志最早发表文章，提出必须开展纳米尺度物质的毒理学研究。随后*Nature*杂志在同年7月也发表了文章，提出如果不及时开展纳米尺度物质和纳米技术的生物学效应研究，将危及政府和公众对纳米技术的信任和支持。认识到纳米技术可能带来的危害后，美国、日本、欧盟等发达国家和地区于2003年以后相继制订国家研究计划，资助纳米技术的生物安全性研究。理论分析认为，纳米颗粒能够

进入人体，并对人体造成危害。例如，纳米颗粒完全可能直接穿透人体皮肤引发多种炎症；或穿透细胞膜，将异物带入细胞内部，对人体脑组织、免疫与生殖系统等方面造成损害；甚至进入细胞核，影响细胞中DNA的合成变化，提高恶性肿瘤发病率，并导致遗传基因突变、胎儿发育不正常等。而动物实验结果也表明，纳米物质的确可以对动物造成危害。例如，鱼类摄取少量碳纳米物质后会患上脑癌；实验鼠在吸入碳纳米管后出现了肺病的症状，就好像吸入了石棉颗粒一样。尽管目前还无法直接证实纳米技术对环境和人体健康的危害，但以上分析结论都不得不引起我们的高度重视。

2. 纳米技术的广泛应用造成潜在环境风险迅速扩散 目前，全球已经实际商用的纳米技术产品超过600种，其中，包括了许多存在环境和人体暴露风险的常见用品。例如，防晒油、网球拍、食品抗菌保鲜包装材料、iPod随身听以及加入纳米颗粒的妇女用抗菌卫生巾等。我国奥运场馆鸟巢的外膜结构也采用了基于纳米技术的特种防火涂层。然而，很多人在接触和购买这些产品时甚至都没有意识到其中可能还存在着环境、健康与安全风险，国际国内对于纳米产品的生产、销售进行监管缺乏严格的标准或法律政策。纳米技术潜在的环境、健康与安全风险问题也必将日益突出。

3. 纳米产业前景广阔，纳米技术研发受到政府重视 纳米科技是21世纪的主流技术和未来科技发展最显著的领域之一。然而纳米技术也可能是一把双刃剑，破坏环境，威胁人类健康。为了消除环境方面的顾虑，尽快抢占新技术、新产业的最高点，各主要发达国家在纳米技术研发方面投入都很大，其中，又以美国最为突出。在纳米技术研发方面，美国最早于2000年成立了国家纳米技术促进会用于协调和推进美国联邦政府的纳米技术研发工作。我国的情况是：自2001年成立全国纳米科技指导协调委员会并发布《国家纳米科技发展纲要》以来，目前已有50多所大学和中国科学院的20多个研究所及300多个企业，包括来自研究所、大学和企业的3 000多人的研究队伍，由中国研究人员撰写的与纳米科技有关的论文数以年均30%左右的速度增长，在纳米材料、纳米结构的检测与表征、纳米器件与加工技术、纳米生物学效应等方面取得了重大进展，同时，我国也在积极参与纳米材料国际标准的制定。

4. 不同国家纳米技术研发差异较大，需加强国际合作 相对于发达国家，我国虽然是纳米研究的论文发表大户（目前在数量上已经仅次于美国，位居世界第2位），但在纳米科技的专利数量和实际应用方面，我国与国外还有很大差距。调查显示，在我国，与纳米科技相关或者挂着纳米字样的公司有600多家，但在这600多家“纳米企业”当中，90%都是人数在50人以下的中小企业，研发能力相对薄弱。而国外进行纳米技术应用研究的，不少是大企业，研发力量强；即便是小企业，也是开发从大学或科研机构转移出来的创新技术，并具有知识产权。因此，加大纳米技术，特别是纳米环境与健康风险方面的研究和国际交流合作，对于确保我国环境保护的长远发展和我国人民的健康安全，营造新兴产业发展的绿色空间，以及缩小我国在高新技术领域与国外先进水平的差距等方面都有着非常重要的意义。从国际的角度看，各国也不同程度地存在就纳米技术与环境、健康及安全问题研究上加强国际交流与合作的需求。以美国为例，美国国会研究服务部（CRS）向美国国会提交的《纳米技术与环境、健康与安全问题》报告中就提出：鉴于纳米技术与环境、健康及安全问题是全世界共同面临的问题，而目前全球在该问题研究上却相对分散甚至重复，缺乏统筹，建议美国加强这方面的国际合作。当然，报告中也提到了一些人对此的担心，如担心这种合作会导致核心技术泄露，削弱美国的技术领先地位。但不论如何，加强这方面的国际合作已成为许多人的共识。继续加强国际交流，特别是关于纳米环境与健康风险研究的交流与合作，可以为我国纳米产业绿色发展、我国经济的绿色崛起赢得先机。

5. 国际社会开始对纳米环境风险实行法制化管理 鉴于纳米材料存在潜在的环境和健康风险，加拿大和美国加利福尼亚州还纷纷针对纳米材料的使用和毒性评估颁布了法规。加拿大法律规定每年制造或购买超过1 000g纳米材料的本国公司和研究所必须申报纳米材料的使用数量、途径和已知毒性。美国加利福尼亚州则颁布法令限制碳纳米管的使用范围，这些碳管应用在电子、光学、生物医学等领域，并要求所有制作、进口或出口纳米碳管的企业必须公布他们产品的毒性和环境影响。另外，美国国会研究服务部也在向国会提交的《纳米技术与环境、健康与安全问题》报告中，建议进一步加强对纳米技术的相关立法。

（三）纳米技术与环境、健康及安全问题的启示

1. 在认识上提高对纳米技术环境和安全问题的意识 尽管人类目前对纳米技术的环境风险问题还缺少足够的科学证据，但其所能产生的环境和安全后果却可能非常严重。因此，无论政府、企业或科研机构，甚至个人都有必要提高对纳米技术环境和安全问题的意识，关注国际、国内相关研究动态，尽量避免或尽早发现可能出现的各种环境和安全问题，将问题处理在萌芽状态，将可能发生的危害程度降到最低。

2. 在管理上研究国际相关法规政策并出台我国相关环保标准 建议政府借鉴英美等发达国家的经验并结合我国的具体情况，提高公众对纳米技术潜在环境和健康风险的意识，适时出台我国纳米产品安全生产和消费的相关标准，督促国际、国内企业自觉查找和消除其产品中可能存在的环境和健康危害。

3. 在技术上关注国际相关研究动态，同时积极参与国际合作 在国际上，各国均就纳米技术与环境、健康及安全问题开展了大量研究，值得我们充分学习和借鉴。因此，建议各相关科研机构积极地与在纳米环境与健康风险研究方面领先的国家如美国、英国等，开展双边交流与合作，缩短国际差距，为前瞻性科学决策提供支持，协力维护国家环境安全。

纳米科学是20世纪80年代末发展起来的新兴学科，与信息科学、生命科学并列为21世纪最有前途的三大新技术科学领域。纳米材料因其纳米尺度和纳米结构而具有优越的磁性、导电性、反应活性、光学性质等特性，它们的开发应用正在促使几乎所有工业领域发生革命性的变化。在纳米材料及其纳米产品的生产、使用、处理过程中，纳米材料不可避免地通过各种途径进入环境，其独特的理化性质将可能给生态环境带来难以预料的影响。因此，社会各界在肯定纳米材料正面效益的同时，也应对其可能的负面影响及生态效应给予越来越多的关注。越来越多的研究证实，纳米材料具有一定的生物毒性，已开始逐渐被认为是一类潜在的新型污染物。但从总体上看，对纳米材料环境行为和生物毒性尚处于初步研究阶段，研究内容与深度需要进一步拓展与加强。

参 考 文 献

[1] LAROCHELLEL S. Nanotechnology. Lock-and-key PORE-igami[J]. Nat Methods，2016，13（3）：198.

[2] JACKMAN J A，CHO D J，LEE J，el al. Nanotechnology education for the global world：training the leaders of tomorrow[J]. ACS Nano，2016，10（6）：5595-5599.

[3] GRZYBOWSKI B A，HUCK W T. The nanotechnology of life-inspired systems[J]. Nat Nanotechnol，2016，11（7）：585-592.

[4] JAIN K，MEHRA N K，JAIN N K. Nanotechnology in drug delivery：safety and toxicity issues[J]. Curr Pharm Des，2015，21（29）：4252-4261.

[5] PIPERIGKOU Z，KARAMANOU K，ENGIN A B，et al. Emerging aspects of nanotoxicology in health and disease：from agriculture and food sector to cancer therapeutics[J]. Food Chem Toxicol，2016，91：42-57.

[6] LANDSIEDEL R，MA-HOCK L，HOFMANN T，et al. Application of short-term inhalation studies to assess the inhalation toxicity of nanomaterials[J]. Part Fibre Toxicol，2014，4；11：16.

[7] BRUMFREL G. A little knowledge[J]. Nature，2011，472：135.

[8] VALSAMI-JONES E，LYNCH I. How safe are nanomaterials[J]. Science，2015，350（6259）：388-389.

[9] HOCHELLA M F，MOGK D，RANVILLE J F，et al. Natural，incidentaland engineered nanomaterials and their impacts on the Earth system[J]. Science，2019，363（6434）：eaau8299.

[10] 章萍，杨陈凯，马若男，等. 碳纳米管/羟基磷灰石复合材料对水体F-的去除研究[J]. 中国环境科学，2019，39（1）：179-187.

[11] 陈杰，丁国生，岳春月，等. 纳米粒子毛细管电泳/微流控芯片新技术及其在手性分离中的应用[J]. 色谱，2012，30（1）：3-7.

[12] ESMAIELZADEH KANDJANI A，FARZALIPOUR TABRIZ M，Arefian N A，et al. Photocatalytic decoloration of Acid Red 27 in presence of SnO_2 nanoparticles[J]. Water Sci Technol，2010，62（6）：1256-12564.

[13] Lee W S，Choi J. Hybrid integration of carbon nanotubes and transition metal dichalcogenides on cellulose paper for highly sensitive and extremely deformable chemical sensors[J]. ACS Appl Mater Interfaces，2019，11（21）：19363-19371.

[14] 刘珂，李朝政，黄娇娇，等. 钛酸盐纳米材料对水中 Pb（Ⅱ）的吸附性能研究 [J]. 广东化工，2020，47（10）：4-6.

[15] 屈佳，龚伟，任有良，等. 氨基化纳米 SiO_2 吸附剂的制备及其对重金属离子的吸附性能研究 [J]. 工业用水与废水，2020，51（2）：27-31.

[16] 李丛宇，方月英，薛璐璐，等. 锰砂滤料负载纳米零价铁去除水与废水中 Sb（V）的试验 [J]. 净水技术，2020，39（3）：64-70.

[17] 周岩，王瑞勇. 量子点荧光增强和纳米金光度法测定链霉素 [J]. 河南科学，2017，35（1）：37-42.

[18] 王露，徐瑞，王芹，等. 自制四氧化三锰纳米粒子固相萃取 - 电感耦合等离子体质谱法测定蔬菜中铅和铜 [J]. 理化检验（化学分册），2018，54（8）：892-895.

[19] 张志刚，李冰，吴晓航，等. 纳米羟基铁改性活性炭制备及其对 Cd（Ⅱ）的去除 [J]. 水处理技术，2020，46（4）：56-60.

[20] 何桂春，陈健，丁军，等. 活性炭负载纳米零价铁去除矿山废水中的 Cu^{2+} [J]. 有色金属科学与工程，2016，7（5）：119-124.

[21] 高雨，王将. 纳米纤维活性炭用于对氯苯酚吸附 [J]. 云南化工，2020，47（3）：43-44＋49.

[22] 郑婵，李巍，李玉冰. 活性炭负载金纳米颗粒复合材料的制备及吸附性能研究 [J]. 福建工程学院学报，2018，16（3）：205-209.

[23] 罗丹，季凯，张建朋，等. Pt 纳米颗粒改性活性炭的制备及其应用研究 [J]. 环境工程技术学报，2018，8（1）：23-27.

[24] 曾朝彦，李湘洲，张胜，等. 纳米活性炭对中药或植物活性成分的吸附与缓释研究进展 [J]. 食品与机械，2016，32（9）：225-228.

[25] 蔡要欣，张韧铮，孙岚，等. 纳米活性炭吸附多烯紫杉醇对 A549 细胞增殖及凋亡的影响 [J]. 郑州大学学报（医学版），2012，47（6）：759-761.

[26] 方克明，肖欣，叶医群，等. 森美思纳米材料在 Cd、Cu 复合污染稻田施用效果研究 [J]. 农学学报，2020，10（6）：46-51.

[27] 李媛媛，陈桐，杨丹，等. 纳米氧化硅 / 活性炭复合材料的制备及吸附性能研究 [J]. 化工新型材料，2015，43（2）：138-140.

[28] HUTTANUS H M，GRAUGNARD E，YURKE B，et al. Enhanced DNA sensing via catalytic aggregation of gold nanoparticles[J]. Biosens Bioelectron，2013，50：382-386.

[29] ULUBAY S，DURSUN Z. Cu nanoparticles incorporated polypyrrole modified GCE for sensitive simultaneous determination of dopamine and uric acid[J]. Talanta，2010，80（3）：1461-1466.

[30] 陈思锐，侯建军，刘细霞，等. 基于核酸适配体的微囊藻毒素 LR 纳米金生物传感检测方法的建立及其识别机制研究 [J]. 食品安全质量检测学报，2019，10（17）：5748-5753.

[31] 梁宇，许朗晴，杨迎军，等. 纳米碳 / 纳米金葡萄糖生物传感器的制备及其影响机制 [J]. 化学试剂，2019，41（11）：1139-1144.

[32] 苏丽婷，刘盼，彭花萍，等. 基于纳米金 - 聚多巴胺 - 硫堇 - 石墨烯 / 壳聚糖 / 葡萄糖氧化酶纳米复合物膜修饰电极构建的葡萄糖生物传感研究 [J]. 海峡药学，2015，27（12）：52-55.

[33] 李佳馨，胡云云，廖芸芸，等. 壳聚糖—纳米金自组装葡萄糖生物传感器的研究 [J]. 西昌学院学报（自然科学版），2017，31（3）：15-17.

[34] 何芳，覃晓丽，傅迎春，等. 酶法合成的葡萄糖氧化酶 - 纳米金复合物的直接电化学与生物传感 [J]. 电化学，2014，20（6）：515-520.

[35] 黄毅，覃晓丽，李奏，等. 壳聚糖 / 葡萄糖氧化酶 - 聚氨基苯硼酸 - 纳米金 / 镀金金电极用于生物传感和生物燃料电池研究 [J]. 化学传感器，2012，32（1）：39.

[36] 匡红，曾琳，刘书蓉，等. 纳米金信号放大的 SPR 适配体生物传感器快速检测血小板源性生长因子的研究 [J]. 检验医学与临床，2015，12（1）：16-18.

[37] 梁杨琳，司露露，李福，等. 基于纳米金可视化检测邻苯二胺 [J]. 分析试验室，2020，39（5）：537-540.

[38] 万梦飞，刘钟栋，戚燕，等. 磁性纳米材料的功能化及其在农药残留检测中的应用 [J]. 分析试验室，2020，39（5）：605-612.

[39] 廉晓丽，杨毅梅. 纳米金标记技术在常见食源性传染病检测中的研究现状 [J]. 中国病原生物学杂志，2018，13（7）：800-803.

[40] 薛雅瑜，陈滢雪，吕炜锋，等. 双纳米金标记的侧流免疫层析法检测人血液中骨转换标志物 [J]. 药物生物技术，2020，27(1)：22-28.

[41] 李小蓉，郭惠，闫浩，等. 基于多壁碳纳米管 / 纳米铜复合材料的电化学传感器测定槐米中芦丁 [J]. 分析测试学报，2020，39(3)：377-382，388.

[42] 杨莉莉，王婷婷，鲍昌昊，等. 线状纳米金修饰碳纤维超微电极检测芦荟大黄素 [J]. 分析测试学报，2020，39(3)：401-405.

[43] 蒋明明，曾小娟，宋红坤，等. 多壁碳纳米管 /N- 丙基乙二胺混合吸附 - 超高效液相色谱 - 串联质谱法测定普洱茶中 3 种手性杀菌剂农药残留 [J]. 食品安全质量检测学报，2020，11(6)：1702-1708.

[44] 乐渊，邓正敏，刘春华，等. 多壁碳纳米管净化 - 超高效液相色谱串联质谱法测定香蕉中 8 种新烟碱类杀虫剂 [J]. 江苏农业科学，2020，48(4)：181-186.

[45] 张玉娟，刘苗，刘培，等. 应用弓形虫截短型 SAG1 纳米金免疫传感器检测弓形虫抗体的研究 [J]. 中国病原生物学杂志，2019，14(06)：661-664.

[46] 姜丽，赵雨娴，林柏宇，等. 纳米 Sm_2O_3 催化发光检测异丁醇气体传感器的研究 [J]. 贵州师范大学学报(自然科学版)，2020，38(3)：59-64.

[47] 鲁立强，王晗，曹怀元，等. 基于氢键作用的金纳米粒子比色法检测尿酸 [J]. 大学化学，2020，35(4)：173-177.

[48] 邵楠，李小彦，肖明兵，等. 纳米磁珠分选联合 TRFIA 检测血清半乳糖凝集素 -3 对胰腺癌诊断的价值 [J]. 中华胰腺病杂志，2013，13(5)：303-306.

[49] 董超平，张嘉凌，李金花，等. 二氧化钛纳米管阵列光电催化测定地表水化学需氧量 [J]. 分析化学，2010，38(8)：1227-1230.

[50] 莫国莉，康军，杨文慧，等. 基于二氧化钛纳米锥阵列的光电化学传感器检测水中的化学耗氧量 [J]. 内蒙古石油化工，2019，45(5)：7-12.

[51] 叶廷秀，王旭东，陈小霞，等. $Ru(dpp)_3(ClO_4)_2$ 掺杂的聚丙烯腈纳米颗粒的制备及其在比率荧光 pH 检测中的应用 [J]. 福州大学学报(自然科学版)，2011，39(5)：765-768.

[52] AHMED B，KHAN M S，MUSARRAT J. Toxicity assessment of metal oxide nano-pollutants on tomato (Solanum lycopersicon)：a study on growth dynamics and plant cell death[J]. Environmental Pollution，2018，240：802-816.

[53] 罗静. 钛酸盐纳米材料去除水中污染物的研究进展 [J]. 资源节约与环保，2020(2)：136-138.

[54] 鲁海军，李元帅，李晓丽. 磁性碳纳米管复合材料的制备及其吸附性能研究 [J]. 环境科学与技术，2019，42(4)：119-125.

[55] 姚夏妍，鲁兴武，程亮，等. 磁场对氨基和巯基修饰多壁碳纳米管复合材料吸附苯酚的影响 [J]. 化工新型材料，2019，47(1)：189-193.

[56] 柴宗龙，袁彩霞，钱滢文，等. 磁性纳米粒子修饰碳纳米管复合材料对菠菜中 9 种有机磷农药吸附性能研究 [J]. 食品与发酵科技，2018，54(3)：70-75.

[57] 邓渭贤，朱润良，陈情泽，等. 废弃膨润土制备碳纳米材料及其吸附性能 [J]. 环境化学，2014，33(11)：1936-1940.

[58] 冷鼎鑫，孙凌玉，林逸. 单壁碳纳米管冲击吸能特性分析 [J]. 北京航空航天大学学报，2011，37(1)：95-100.

[59] 廖紫琦，王明静，朱诗韵，等. MnO_2 纳米线合成及吸附腐殖酸的研究现状与进展 [J]. 广州化工，2018，46(6)：10-11，20.

[60] 罗天烈，邵建平，谢晴，等. C_{60} 在模拟气溶胶中的光降解实验与理论计算 [J]. 环境化学，2016，35(11)：2253-2260.

[61] COLL C，NOTTER D，GOTTSCHALK F，et al. Probabilistic environmental risk assessment of five nanomaterials (nano-TiO_2，nano-Ag，nano-ZnO，CNT，and fullerenes) [J]. Nanotoxicology，2016，10(4)：436-444.

[62] WU T，LIU Z，ZHU D，et al. Effect of the particle size and surface area on escherichia coli attachment to mineral particles in fresh water[J]. J Environ Sci Health A Tox Hazard Subst Environ Eng，2019，54(12)：1219-1226.

[63] BROOK R D，RAJAGOPALAN S，POPE C A. Particulate matter air pollution and cardiovascular disease：An update to the scientific statement from the American Heart Association[J]. Circulation，2010，121(21)：2331-2378.

[64] KECK C M，MÜLLER R H. Nanotoxicological classification system (NCS) - a guide for the risk-benefit assessment of nanoparticulate drug delivery systems[J]. Eur J Pharm Biopharm，2013，84(3)：445-448.

[65] SHI H，MAGAYE R，CASTRANOVA V，et al. Titanium dioxide nanoparticles：a review of current toxicological data[J].

Part Fibre Toxicol，2013，10：15.
[66] HAGHANI A，DALTON H M，SAFI N，et al. Air pollution alters caenorhabditis elegans development and lifespan：responses to traffic-related nanoparticulate matter[J]. J Gerontol A Biol Sci Med Sci，2019，74（8）：1189-1197.
[67] ADIGUZEL D，BASCETIN A. The investigation of effect of particle size distribution on flow behavior of paste tailings[J]. J Environ Manage，2019，243：393-401.
[68] 温作赢，唐小锋，王涛，等. 真空紫外光电离成核气溶胶质谱仪测量超细纳米颗粒物的化学成分 [J]. 分析化学，2020，48（4）：491-497.
[69] 谭凌艳，杨柳燕，缪爱军. 人工纳米颗粒对重金属在水生生物中的富集与毒性研究进展 [J]. 南京大学学报（自然科学），2016，52（4）：582-589.
[70] 刘元方，王艳丽，陈欣欣. 人造纳米材料生物安全性研究进展 [J]. 上海大学学报（自然科学版），2011，17（4）：541-548.
[71] KERO I，NAESS M K，TRANELL G. Particle size distributions of particulate emissions from the ferroalloy industry evaluated by electrical low pressure impactor（ELPI）[J]. J Occup Environ Hyg，2015，12（1）：37-44.
[72] YANG J Y，KIM J Y，JANG J Y，et al. Exposure and toxicity assessment of ultrafine particles from nearby traffic in urban air in seoul，Korea[J]. Environ Health Toxicol，2013，28：e2013007.
[73] LIGGIO J，GORDON M，SMALLWOOD G，et al. Are emissions of black carbon from gasoline vehicles underestimated? Insights from near and on-road measurements[J]. Environ Sci Technol，2012，46（9）：4819-4828.
[74] 侯瑞锋，尹双，代燕辉，等. 人工合成纳米颗粒在水生食物链中的分布、传递及其影响因素 [J]. 科学通报，2018，63（9）：790-800.
[75] CHIO C P，CHEN W Y，CHOU W C，et al. Assessing the potential risks to zebrafish posed by environmentally relevant copper and silver nanoparticles[J]. Sci Total Environ，2012，15；420：111-118.
[76] WOLFRAM J，ZHU M，YANG Y，et al. Safety of nanoparticles in medicine[J]. Curr Drug Targets，2015，16（14）：1671-1681.
[77] ZHANG K，CHAI F，ZHENG Z，et al. Size distribution and source of heavy metals in particulate matter on the lead and zinc smelting affected area[J]. J Environ Sci（China），2018，71：188-196.
[78] WANG M，PISTENMAA C L，MADRIGANO J，et al. Association between long-term exposure to ambient air pollution and change in quantitatively assessed emphysema and lung function[J]. JAMA The Journal of the American Medical Association，2019，322（6）：546-556.
[79] TERZANO C，DI STEFANO F，CONTI V. Air pollution ultrafine particles：toxicity beyond the lung[J]. Eur Rev Med Pharmacol Sci，2010，14（10）：809-821.
[80] MUKHERJEE A，AGRAWAL M. A global perspective of fine particulate matter pollution and its health effects[J]. Rev Environ Contam Toxicol，2018，244：5-51.
[81] DOMÍNGUEZ-RODRÍGUEZ A，ABREU-AFONSO J，RODRÍGUEZ S. Comparative study of ambient air particles in patients hospitalized for heart failure and acute coronary syndrome[J]. Rev Esp Cardiol，2011，64（8）：661-666.
[82] DE OLIVERIRA A A F，DE OLIVEIRA T F，DIAS M F，et al. Genotoxic and epigenotoxic effects in mice exposed to concentrated ambient fine particulate matter（$PM_{2.5}$）from São Paulo city，Brazil[J]. Part Fibre Toxicol，2018，15（1）：40.
[83] SUMI N，CHITRA K C. Fullerene C_{60} nanomaterial induced oxidative imbalance in gonads of the freshwater fish，Anabas testudineus（Bloch，1792）[J]. Aquat Toxicol，2019，210：196-206.
[84] 张杰，钱新明，赵鹏，等. 纳米材料毒理学和安全性研究进展 [J]. 中国安全生产科学技术，2013，9（1）：17-23.
[85] ZHUU X，SOLLOGOUB M，ZHANG Y. Biological applications of hydrophilic C_{60} derivatives（hC_{60s}）- a structural perspective[J]. Eur J Med Chem，2016，115：438-452.
[86] FRANCIS A P，DEVASENA T. Toxicity of carbon nanotubes：A review[J]. Toxicol Ind Health，2018，34（3）：200-210.
[87] DONG J，MA Q. Macrophage polarization and activation at the interface of multi-walled carbon nanotube-induced pulmonary inflammation and fibrosis[J]. Nanotoxicology，2018，12（2）：153-168.
[88] MANGALAMPALLI B，DUMALA N，GROVER P. Allium cepa root tip assay in assessment of toxicity of magnesium oxide

nanoparticles and microparticles[J]. J Environ Sci (China), 2017, 66: 125-137.
[89] 刘颖，陈春英. 纳米生物效应与安全性研究展望 [J]. 科学通报，2018，63(35): 3825-3842.
[90] 周莉芳，张美辨，张敏. 钛及其化合物粉尘职业暴露及肺部健康效应研究进展 [J]. 预防医学，2016，28(7): 690-694.
[91] 邵桂芳，朱梦，上官亚力，等. Pt-Pd 合金纳米粒子在不同势能下的稳定结构分析 [J]. 厦门理工学院学报，2016，24(1): 30-36.
[92] 董芳，李芳芳，祁晓霞，等. 环境毒理学研究进展 [J]. 生态毒理学报，2011，6(1): 9-17.
[93] 温武瑞，郭敬，温源远. 全球纳米环境风险研究现状和思考 [J]. 环境保护与循环经济，2009，29(11): 4-6.

第十三章

纳米材料人群毒理学和职业毒理学研究

第一节 纳米材料的人群暴露与职业暴露

一、纳米材料人群及环境暴露的来源

在一维空间上≤100nm 的材料称为纳米材料。与传统粗晶材料相比，纳米材料具有高韧性、高硬度、高塑性、高扩散性、高强度、高电阻、低弹性模量、强软磁、高热膨胀系数、低热导率、低密度及高比热性能。这些特性使纳米科学与信息科学、生命科学并列成为21世纪的三大支柱性科学。随着纳米技术的完善和应用规模的扩大，纳米材料被广泛应用于医药卫生、机械、家电、化工、半导体、化妆品、光学、环境保护、石油、汽车、计算机等领域。随着纳米产品的普及和规模化生产，人群的职业接触和环境暴露的机会将大大增高。

（一）纳米物质的种类和来源

纳米物质的来源广泛，可分为天然生成和人工合成两大类，森林火灾 / 火山喷发等产生的纳米颗粒、气 - 颗粒转换以及生命物质如病毒 / 生物毒素 / 生物磁铁 / 铁蛋白等属于环境自然存在和产生；人工合成的纳米物质又可分为无意识生成和有意识合成两种。内燃机 / 发电厂 / 焚烧炉 / 烟雾（如金属烟雾 / 聚合物烟雾）/ 煎炸 / 烧烤等产生的纳米颗粒属无意识生成。通常将有意识合成的、有特殊理化性质的纳米物质称为人造纳米材料（manufactured nanomaterial）或工程纳米材料（engineered nanomaterial），它是纳米技术的核心，也是科学研究的主要对象。

（二）纳米材料在人群中的暴露状况

部分纳米材料其实已被使用几十年（如窗户玻璃、太阳眼镜、汽车保险杠、油漆等），部分是新兴的（如遮光剂、化妆品、纺织品、涂料、体育用品、炸药、推进剂和烟火等），还有的目前正在开发中（如电池、太阳能电池、燃料电池、光源、电子存储介质、显示技术、生物分析和生物监测、药物输送系统、医疗植入物和人造器官等）。总之，纳米产品和它们的应用持续增加，人们不可避免地会越来越多地与之接触，工人在生产过程（实验室、工厂）、产品运输、储存或废弃物处理利用时均可造成暴露，另外，纳米材料的产品生命周期可能会影响消费者的健康。由于环境的吸收，纳米材料也可能影响环境（土壤、水、空气、植物和动物）。其对环境的污染，反过来还会影响人们的健康。对于工作场所和大气中通过呼吸道吸入的超细颗粒物情况，人们已经有一些了解，但是，对于通过不同途径（无论是直接接触或环境污染的间接接触）接触到的纳米颗粒暴露水平，人们却知之甚少。人体接触纳米颗粒的途径主要包括：呼吸道、皮肤、胃肠道、注射、神经元的摄取等。

1. 呼吸暴露及肺部沉积 随着科技的迅速发展，纳米材料已经可以规模化生产，弥散在空气中的纳米颗粒会形成纳米气溶胶（nanoaerosol），有关纳米气溶胶的毒性问题引起了人们的巨大关注。美国国家职业安全与健康研究所给纳米气溶胶的定义是：悬浮在气体中的纳米颗粒或纳米颗粒的聚合物所形成的气溶胶，纳米颗粒聚合物的直径可以大于100nm，但其所包含的纳米颗粒仍可表现出自己的物理、化学和生物性质，如果纳米颗粒聚合物所包含的纳米颗粒未表现出自己的性质，则不能称其为纳米气溶胶。事

实上，纳米气溶胶早已在大自然界存在，如机动车尾气、电焊产生的气体、工业烟囱排出的浓烟，以及垃圾燃烧、大雾、沙尘暴、空气光化学、森林火灾、大规模研究和工业生产纳米材料等。纳米气溶胶颗粒进入人体的主要途径是呼吸道吸收，吸入将是职业暴露、普通人群环境暴露的主要暴露途径。

通过空气动力学研究可知，等效直径（AD）不大于 10μm 的颗粒物可长期飘浮在空气中，因其可以进入人体呼吸道，故称为可吸入颗粒物（PM_{10}）。现在国际上将可吸入性颗粒物分为三类：一类为粗颗粒（coarse particulate），其动力学直径在 2.5～10μm，即 PM_{10}；一类为细颗粒物（fine particulate），其动力学直径在 0.1～2.5μm，即 $PM_{2.5}$；最后一类为极细颗粒物（ultrafine particulate），其动力学直径小于 0.1μm，即 $PM_{0.1}$。超细颗粒物粒径尺度等同于纳米颗粒。研究发现，可吸入颗粒物随着粒径的不同而滞留在呼吸道的部位也不同，颗粒粒径越小，进入呼吸道的部位越深。大于 10μm 的颗粒物多滞留在上部气道，很少能进入到肺组织，是因为随着气流到鼻腔或咽喉部形成的湍流被呼吸道拦截，最终被呼吸道内皮的纤毛运动所清除；受呼吸气流的作用，0.1～10μm 的颗粒物可到达肺组织（肺泡），当气流速度减慢时形成沉积，由于肺泡中没有纤毛，也不能为巨噬细胞的吞噬提供合适的表面，因此这些颗粒物易形成长期的蓄积，而且在肺泡中沉积后较难被清除。粒径为 100nm 颗粒物的沉积原理与大颗粒的沉积原理不同，大颗粒通过撞击和重力沉积而形成沉降，而纳米颗粒通过弥散作用方式沉积于呼吸道内，在鼻、咽喉、气管、支气管和肺泡组织内都可见到超细颗粒物沉积。纳米颗粒物有可能凭借着自身超小的尺寸穿过呼吸道中的各层保护屏障，随着气流直接到达肺泡，其中一部分未经停留随着气流被呼出，另一部分可能在肺泡中扩散，并在吞噬作用的介导下进入淋巴液，之后被转移到淋巴结中，也有可能通过肺泡毛细血管直接进入血液循环。

根据国际放射线防护委员会（ICRP）1994 年报告证实，纳米颗粒可以在人类呼吸道及肺泡中沉积。对粒径为 1nm 左右的颗粒而言，90% 左右的颗粒沉积在鼻咽部，10% 的颗粒沉积在气管及支气管，肺泡中几乎没有颗粒沉积；对于粒径为 5～10nm 的颗粒而言，颗粒在鼻咽部、气管及支气管、肺泡三个部位分布各为 20%～30%；对于粒径为 20nm 左右的颗粒，50% 左右沉积于肺泡内，鼻咽部、气管及支气管内各沉积 10% 左右。研究表明，纳米颗粒在人呼吸道内的沉积部位与粒径有关。虽然纳米材料被人体吸入的质量浓度不高，但由于粒径极小，组织中含有颗粒物的数量却是极大的。并且，纳米尺度颗粒物一旦在呼吸道沉积下来，就可能通过不同的转移路线和机制转移至呼吸道外，到达机体的其他组织器官。研究表明，与常规颗粒相比，纳米颗粒可更为深入地渗透到肺间隙处并躲避肺部的各种清除机制，这种躲避清除的能力使得纳米颗粒可以在肺间隙滞留更长的时间，增加了纳米颗粒损伤肺脏的机会和转运到肺以外器官的可能性。

2. 皮肤暴露与沉积 皮肤是人体最大的器官，总共约有 18 000cm^2 表面积面向外界环境，是人类阻挡外源性物质的重要天然屏障，主要分为表皮、真皮和皮下组织三层结构，其中表皮最外层由死亡细胞组成的角质层所覆盖，对于水与水溶性物质的扩散具有很大的阻力。由于部位不同，表皮层的厚度有很大差异，一般为 0.15mm（眼睑）～0.8mm（手掌），因此，外源化学物质的浸入速度也各不相同。纳米颗粒由于其超微性，表面能的提高和隧道效应使其能穿越宏观物质所不能穿越的屏障，人体生物膜允许通过的分子和离子中蛋白质等大分子的直径为 10nm，而现在已经能够生产粒径只有头发丝直径的 1/7 000 的金属纳米材料——粒径为 0.5nm 的纳米碳，纳米颗粒由于其粒径如此之小，即使宏观状态时脂 / 水分配系数小，也完全有可能通过简单扩散或渗透等形式通过皮肤进入人体。

大气中纳米材料的沉降、生产作业环境中的直接接触以及纳米材料在化妆品中的广泛应用，都使得皮肤直接暴露于纳米材料，尤其是皮肤发生破损，使得屏障结构缺失，纳米颗粒可经破损处皮肤更为容易地进入机体。此外，皮肤表面覆盖大量的毛发，纳米颗粒可经毛囊穿透皮肤，同时纳米颗粒可在毛发中蓄积，其含量与其吸收量呈一定比例关系，因此可用毛发中纳米颗粒浓度作为吸收或接触的指标。

美国食品药品监督管理局在 1999 年就开始进行防晒品、化妆品中纳米颗粒毒性评价。研究表明，二氧化钛的颗粒尺寸大于 40nm 时，皮肤对二氧化钛的吸收是可以忽略的。但在日光中紫外线的照射下，由于纳米级尺寸的二氧化钛颗粒具有较强的光催化作用，使得防晒品中的有机成分发生降解、产生毒害皮肤的物质，在这种情况下，纳米物质对机体的毒性效应是通过间接的途径起作用的。

3. 消化道吸收 人体通过消化道吸收摄入纳米材料的途径有许多，如直接摄入纳米材料污染的食物（或通过食物链间接摄入）；纳米材料在生产、运输、储存等环节中有可能进入外界环境特别是水体，人体通过饮水也可以摄入纳米材料。吸收进入消化道黏膜下层组织的纳米颗粒可以进入毛细淋巴管，从而引起淋巴细胞的免疫应答反应，通过黏膜下层进入毛细血管的纳米颗粒可到达全身各组织器官。

研究表明，纳米颗粒经消化道吸收取决于颗粒的大小和表面化学特性。纳米颗粒粒径较小，并具有较高的脂溶性及表面带正电荷的特性，可较容易地跨越胃肠道黏膜，进入黏膜下层组织，经淋巴和血液循环装运并发挥损伤作用。

4. 皮下注射 纳米颗粒在生物医学领域的应用增加，如纳米颗粒可用于医学影像技术、药物的缓释控释、肿瘤的靶向性治疗等，医源性暴露是纳米颗粒进入人体的又一途径。尽管这方面的应用尚未普及，且应用的只是少量、可以降解的纳米颗粒，但考虑到纳米颗粒的尺寸和它们自身的化学性质，这种暴露途径可直接把纳米颗粒注入血液循环，并与血液成分发生作用，其危险性不容忽视，如果它进入体内并参与细胞反应，就可能引起组织器官损伤。

5. 神经元转移 嗅神经通路是吸入性纳米颗粒进入中枢神经系统的主要通路，嗅神经和三叉神经的神经末段分布在鼻腔和支气管区域，如果纳米颗粒进入中枢神经系统，就有可能沿着轴突和树突进入更深的脑部组织。Garcia 等观察到吸入的纳米颗粒能转移到嗅觉神经。

纳米材料可经以上多种途径迅速进入机体内部，并易通过血、脑、睾丸、胚胎等生物屏障分布到全身各组织之中。例如，单壁纳米碳管（SWCNTs）经灌胃、腹腔注射和静脉等不同途径给药后，可以到达动物的多种组织器官，如肝、脾、肺、肾、胃、脑、骨骼、肌肉、小肠、皮肤及血液。Takenaka 等给大鼠吸入银纳米颗粒后发现颗粒未被肺泡吞噬细胞吞噬，而是直接进入肺泡壁，然后进入血液循环。纳米颗粒进入血液循环后，可与血管内皮细胞直接接触诱导炎症或损伤，同时纳米颗粒还会随血液到达全身各个器官，并重新分布到心、肝、肾和免疫器官（脾、骨髓）等。

二、我国纳米材料的职业暴露现况

随着纳米产品的不断增加，与纳米产品使用者相比，从事纳米技术职业的人群更有机会接触纳米材料，接触水平也会更高。例如，开放环境下生产和使用纳米材料；无适当个人防护措施（如合适的手套）的情况下，接触液体中的纳米材料；在混合或大幅度的搅拌纳米材料过程中，吸入产生的纳米颗粒气溶胶；纳米材料生产设备的维护以及废弃材料清理过程中吸入；在纳米材料粉尘收集系统的清扫过程中吸取。最近，人工混合碳纳米纤维、树脂颗粒和聚丙烯酸酯的相关研究证实了上述过程潜在的职业暴露。

随着我国对高新技术产业支持力度的加大，纳米产业在我国得到迅猛发展，提供了大量的就业机会。然而，由于纳米材料的特殊性，许多材料的毒性尚未被全面认识，其潜在威胁易被忽视。一旦某种材料或者产品存在较强毒性效应，首当其冲受到危害的就是直接接触纳米材料的研究和生产人员，相应的保护措施急需加强。当务之急是加强纳米材料及其产品毒性研究和纳米材料及其产品接触者的健康效应研究，建立纳米材料及其产品的职业安全与卫生标准体系。

（一）我国纳米产业发展现况

我国纳米产业是在 20 世纪 90 年代逐渐发展起来的，据不完全统计，到目前为止，我国纳米产业已达到 1 000 多家。在近 1 000 多家纳米材料技术应用产业中，应用纳米材料技术、提升传统产业约占 72%，环境和水处理产业占 6%，纳米药物产业占 6%，纳米能源产业占 4%，纳米电子产业占 3%，交通和农业各占 1%，高技术制造业占 3%，其他行业占 5%。从产业发展的势头来看，纳米产业将逐步壮大起来，吸纳更多的劳动力。目前我国的纳米产品主要有如下几类。

1. 纳米 TiO_2 20 世纪 80 年代以前，纳米 TiO_2 的研发目的主要是用于精细陶瓷原料、催化剂、传感器等，由于需求量不大，没有形成大的生产规模。80 年代以后，纳米 TiO_2 用作透明效应和紫外线屏蔽剂，为纳米 TiO_2 打开了市场，使纳米 TiO_2 的生产和需求大大增加，成为钛白工业和涂料工业的一个新的增长点。由于纳米 TiO_2 在催化及环境保护等方面具有广阔的应用前景，并可用于日用产品、涂料、电子、电力等工业部门，因此，纳米 TiO_2 展现出巨大的市场前景。日本、美国、英国、德国和意大利等国深入研发纳

米 TiO_2，并已实现纳米 TiO_2 的工业化生产。目前国外已有十几家公司生产纳米 TiO_2，总生产能力估计在6 000～10 000t/ 年，单线生产能力一般为400～500t/ 年。

目前，我国生产纳米 TiO_2 的公司约 10 家，总生产能力 1 000 多吨，纳米 TiO_2 生产能力已能满足现有市场的需求，但随着纳米产品的普及程度和人们消费观念的改变及整体经济稳步发展的态势，纳米 TiO_2 必将迎来广阔的市场发展空间。

2. 纳米纺织品 纳米技术在纺织领域表现出多种优异性能，如在屏蔽紫外线、抗老化、高强耐磨、抗静电、优良导电性、强杀菌等方面，使其发展空间不断拓宽。

韩国纤维产业联合会最近对国际纳米纺织品的市场需求和贸易状况进行的调查结果显示，国际市场对纳米纺织品的需求将迅速扩大。

近几年，我国的纳米纺织品产业发展很快。2005 年，香港某公司在南昌兴建服装生产加工及运用纳米高新技术进行服装成衣及面料处理的染整基地。该公司投资额达 1.8 亿港元，于 2006 年 6 月建成投产，计划实现年销售收入 9 亿元；该公司除生产纳米面料外，还将生产纳米处理服装 600 万件。

3. 纳米碳酸钙 碳酸钙是一种重要的无机化工产品，是目前用途最广的无机填料之一，在橡胶、塑料、造纸、涂料、纺织、油墨等行业有着广泛的应用。近年来，随着我国经济的快速发展，尤其是涂料、塑料等行业产品的升级换代，对纳米级碳酸钙的需求量不断增加，同时，造纸工业生产工艺的不断进步，也将促进我国纳米碳酸钙的发展。纳米碳酸钙作为碳酸钙系列产品中的高端产品，将逐渐替代普通碳酸钙，有较好的市场前景。随着中国对橡胶、塑料、造纸、涂料、油墨等行业产品质量的要求不断提高，普通碳酸钙的市场将逐步萎缩，超细碳酸钙消费市场将会快速增长。

（二）纳米材料职业安全

由于纳米产品的大量生产和应用，增加了人们暴露于纳米材料及其产品的机会。除了与普通人群相同的接触机会外，职业人群在工作期间与纳米材料接触的机会更多，受到的威胁更大。有些产品可能在应用中不存在毒性威胁，但在生产过程中则可能具有一定的危险性。由于我国纳米产业发展较快，职业接触人数众多，多为常规防护，且条件不一，一旦出现问题，则涉及人员较多，影响较大。职业安全与卫生标准体系建设着眼于职业人群的健康保护，需要解决一系列问题。

1. 纳米材料安全性评价标准 各国的科学家们正在努力进行纳米材料安全性评价方面的研究，*Toxicological Sciences* 杂志对此予以充分重视，并于 2005 年开辟纳米材料安全性评价研究战略系列论坛，致力于：①近期有关纳米材料安全性评价的会议和讨论总结；②政府、学术界和产业界建立强有力的纳米材料鉴定和安全标准方面最好的研究和检验战略的展望；③国际科学家在纳米材料安全性全球管理方面的思考等。刊出系列文章讨论有关纳米材料安全性评价研究战略：一是评价暴露于纳米尺度颗粒的人体健康问题；二是纳米材料的毒理学和安全性评价，当前挑战和数据需求；三是纳米尺度技术风险评估和公共卫生改善；四是纳米颗粒的危险度评价；五是研究分解在纳米颗粒生物学结局和效应中的作用；六是毒理学评价中纳米尺度颗粒的特征；七是评估消费者的纳米尺度颗粒的暴露；八是开展基于危险度的纳米材料毒理学安全性评价的国际努力。

2. 纳米材料工作环境检测标准 职业人群的健康保护需要从多方面来进行。工作场所的环境状况是一个重要方面。目前的检测手段仅限于微米尺度的材料，而纳米尺度材料的检测尚需研究合适的检测设备并且制定相关的检测标准。

3. 纳米产业职业危害控制管理 需要根据不同纳米材料的特性，逐步建立并完善相应管理和工程控制措施。主要根据纳米材料的特性、毒性、用量和工作要求，提出相关的有针对性的控制指南卡，包括工作场所出入口管理、设计和设备、维护、检查和测试、清洁和整理、个人防护用品、培训、监督以及劳动者检查清单等内容。

4. 纳米产业职业卫生标准体系建设 纳米产业职业安全与卫生标准体系的建设，将对应用于纳米产业的个人防护用品、作业环境快速检测设备、应急救援设备以及救援机构的资质认可提出更规范的要求，从而推动我国防护用品、检测设备和应急救援设备等相关产业和技术的发展。我国于 2005 年 2 月 28 日发布并于当年 4 月 1 日起实施的首批 7 项纳米材料标准，包括 1 项术语标准、2 项检测方法标准和 4 项产品标准。这表明我国纳米产业的发展已逐步规范，然而，相应的职业安全与卫生标准体系尚未建立起来，需要加快该方面建设的步伐。关于纳米材料对环境和人类安全性的问题，有关专家已认识到纳米材料的安全隐患问题，相应的工作已经逐步开展。

第二节 纳米材料与肺毒性

一、纳米材料肺毒性的流行病学研究

（一）大气细颗粒物人群流行病学研究

人们开始逐渐认识到纳米科学技术的优点和巨大的潜在市场，美国和欧洲的科学家一直在进行一项针对大气污染物中纳米颗粒成分的长达 20 年的流行病学研究，结果发现：人群发病率和死亡率与其所处环境空气中大气颗粒浓度和颗粒物大小密切相关，死亡率的增加与浓度非常低的相对较小颗粒物增加有关。世界卫生组织（WHO）对已有的实验数据进行分析发现：①周围空气 10μm 的颗粒每增加 100μg/m^3，死亡率增加 6%～8%，周围空气 2.5μm 的颗粒每增加 100μg/m^3，死亡率增加 12%～19%；②周围空气 10μm 的颗粒每增加 50μg/m^3，住院病人增加 3%～6%，周围空气 2.5μm 的颗粒每增加 50μg/m^3，住院病人增加 25%；③周围空气 10μm 的颗粒每增加 50μg/m^3，哮喘病人病情恶化和使用支气管扩张器增加 8%，咳嗽病人增加 12%。1952 年伦敦大雾事件之后的 2 周内有 400 多人突然死亡，推测死亡原因可能与污染空气中纳米颗粒的吸入有关。金银龙提示烟煤型大气污染中每增加一个单位的 $PM_{2.5}$，成人呼吸道症状发病率增加 1.79 倍，慢性阻塞性肺疾病的发病率增加 1.68 倍。Koenig 的一项关于 $PM_{2.5}$ 对西雅图儿童在冬季肺功能改变的研究中指出，$PM_{2.5}$ 会导致哮喘儿童肺功能的下降。$PM_{2.5}$ 每增加 20μg/m^3，其肺第 1s 用力呼气量（FEV_1）和最大肺活量（FVC）平均下降 34～37ml。Pope 等在研究长期暴露于颗粒物中的健康效应中指出，$PM_{2.5}$ 的浓度与肺癌、肺源性心脏病的死亡率有关，每增加 10μg/m^3 的 $PM_{2.5}$，就会提高 8% 的肺癌死亡率，而且测定粗颗粒物部分和总悬浮颗粒物与死亡率不是持续有关，所以长期暴露在 $PM_{2.5}$ 是影响肺癌的死亡率的一个重要环境因素。Abbery 等在对加利福尼亚州关于慢性呼吸性症状与 $PM_{2.5}$ 和其他污染物的关系调查中指出，1977—1987 年的研究发现 $PM_{2.5}$ 浓度长时间超过 20μg/m^3 与慢性支气管炎的发病有关。目前，细小颗粒物为何会增加疾病发病率和死亡率还不清楚，据科学家们推测，大气颗粒物中小于 100nm 超细颗粒物具有特殊的生物机制，并对增加发病率起关键作用。流行病学研究显示大气超细颗粒物与呼吸系统的不良影响有关，导致敏感人群的发病率和死亡率增加。临床对照研究评估了实验用超细颗粒物的沉积和影响。在健康个体的整个呼吸道内发现超细颗粒物的沉积率高，在患有哮喘或慢性阻塞性肺疾病的个体中，超细颗粒物的沉积更为严重。此外，还观察到超细颗粒物对全身炎症以及肺扩散功能的影响。流行病学研究中发现超细颗粒物与儿童及哮喘病人的呼吸系统健康明显相关，使患病人群症状加重，且超细颗粒物对肺功能的影响比 $PM_{2.5}$ 大。

（二）职业暴露人群流行病学研究

2009 年在 8 月 20 日出版的《欧洲呼吸病杂志》上，首都医科大学附属北京朝阳医院职业病与临床毒理病理科医生宋玉果发表了一篇研究报告——《纳米粒子的接触与胸腔积液、肺间质纤维化、肉芽肿相关性》，对 7 名女工的临床症状、工作环境及致病原因作了详细分析。2007 年 1 月到 2008 年 4 月间，一家印刷厂制版车间的 7 名女工因呼吸困难，陆续被送进朝阳医院治疗。经检查，病人心脏和肺部有严重的胸腔变色积液和胸膜异物肉芽肿。其中 2 人后因胸腔积液恶化，经抢救无效死于呼吸衰竭。经过治疗，另 5 名女工病情趋稳，但肺纤维化的过程无法逆转，尽管她们已停止工作。经过询问，这些病人具备以下共性：她们都曾在同一间印刷厂工作，同样在没有保护措施的情况下，接触含有纳米颗粒的聚丙烯酸酯达 5～13 个月；她们在接触后同样的时间范围内出现了相似的症状——气短、胸腔积液和心包积液；病理检查结果同样为非特异性肺炎、炎症浸润、肺纤维化和胸腔外源性肉芽肿。研究者因此假设，她们可能接触了同一类型的毒性物质。为查明病因，医生用电子显微镜对死者的肺部积液和组织切片进行观察，在肺部上皮细胞中发现了直径约为30nm的微小颗粒。

随后的现场调查发现，制版车间内的粉尘和聚丙烯酸酯涂料中含有类似颗粒物。尽管纳米颗粒对于人体的致病机制尚未有明确报道，但已有动物实验提示，纳米颗粒能直接对生物体造成损伤。因此，女工罹患的更像是纳米物质相关疾病。女工描述最初面部、脖子和手臂出现剧烈的瘙痒，像无数只虫子在爬动。同时感觉窒息，像是被湿纸巾糊住了鼻孔，胸闷得透不过气来。检查结果发现，她们都有或多或少的胸腔积液，同时患有非特异性间质性肺炎。这个诊断意味着女工的肺部有发炎症状。在胸部X线和CT的扫描下，这些长期发炎的肺部像是浸水的饼干，肿胀严重。更为严重的是，肺部出现严重纤维化，而正常的肺表面密布健康的肺泡细胞，时刻进行着新陈代谢。除此之外，病人的肺部外部组织还产生了胸膜肉芽肿，一些血管纠结在一起，发酵成了肉芽组织。用显微镜看，这些细胞都发炎成了“发糕状”。过了大约半年的时间，最初症状发生了变化，胸片显示的结果更为可怕：那些肺部弥漫着或黑或灰的杂质，有的看起来像磨了一半的毛玻璃，有的黑乎乎的，什么都看不见，这意味着极为快速的肺间质纤维化。在接下来的4个月里，肺部出现了更为清晰的纳米颗粒。这些黑点数量庞大，不规则地分布在她们的肺部。看起来像是蝌蚪状的精子，或者天空里一闪而过的彗星；从这些纳米颗粒中提取出了变异的细胞质和肺上皮细胞，这些肺上皮细胞的染色质发生了严重浓缩，边缘呈现萎靡状态，细胞的形态特征基本上呈现新月状，这些都是细胞死亡的前兆。此外，研究组还对病人进行了面部、手臂皮疹的治疗。同样，他们在病人的皮肤细胞里也发现了纳米颗粒，直径同样为30nm左右。

二、纳米材料在呼吸系统的沉降、清除和转运

（一）呼吸系统的沉降

弥散是纳米颗粒被吸入后在呼吸道内沉积的主要机制。惯性碰撞、重力沉降和拦截等其他沉积机制，对于粒径较大的颗粒物来讲是很重要的，但对纳米颗粒却不起什么作用，只有当纳米颗粒带有电荷时，才会发生电除尘的现象。研究表明，纳米颗粒在人呼吸道内的沉积部位、沉积的量与颗粒的粒径有关。例如，粒径为1nm的颗粒物吸入后，90%沉积在鼻咽部，只有大约10%沉积于气管支气管区域，而肺泡区几乎没有任何沉积。然而，粒径为5nm的颗粒物吸入后，在这三个区域的沉积量基本上都是30%；粒径为20nm的颗粒物则主要沉积在肺泡区（沉积率超过50%），而在气管和鼻咽部的沉积率只有约15%。这些沉积效率的不同应该可以用于解释不同粒径纳米颗粒吸入后所引起的潜在影响，以及他们在肺外器官的沉积情况。

相对于其他较大粒径的颗粒物来说，纳米颗粒沉积于呼吸道以后更易于转运到肺外组织，并通过不同的途径和机制到达其他的靶器官。其中一条途径是，纳米颗粒通过跨细胞转运，从呼吸道上皮转运到间质组织，然后直接或通过淋巴管进入血液循环，遍布全身。另一条途径还没有被普遍认可，是纳米颗粒独有的机制，指纳米颗粒被气道上皮内的感觉神经末梢所摄取，随后经轴突转运至神经节和中枢神经系统。

（二）呼吸道对纳米颗粒的清除途径

研究发现，不同尺寸的纳米颗粒对呼吸道内不同区域具有靶向作用，呼吸系统同时也启动了清除呼吸道黏膜表面细胞碎片及吸入颗粒沉积物的防御机制。呼吸道清除沉积颗粒的主要途径：①不同机制的物理转运；②化学溶解或过滤。普遍认为，肺部固体颗粒的清除是由巨噬细胞介导的。巨噬细胞对颗粒的吞噬是通过颗粒聚集区域对巨噬细胞的趋向化吸引来实现的。趋化信号的产生可能是由于巨噬细胞表面存在的白蛋白级联补体被激活。巨噬细胞吞噬颗粒后逐渐向呼吸道黏膜纤毛区移动，随着纤毛的不断运动被清除出体外。固体颗粒在肺泡区域滞留的半衰期就取决于这种清除机制。该清除机制的效率高低主要取决于巨噬细胞对沉积颗粒的感知、移动至颗粒沉积区域的速度和吞噬颗粒的速率。研究表明，巨噬细胞对沉积颗粒的吞噬过程需要几小时来完成，所有沉积6～12h后的颗粒绝大部分被巨噬细胞吞噬。然而，在肺泡巨噬细胞介导的颗粒物清除级联反应中，颗粒物粒径的不同也会影响吞噬效果。有研究报道，给大鼠吸入几种不同粒径的颗粒，在24h后，0.5μm、3.0μm和10.0μm的颗粒约有80%可由巨噬细胞回收，而15～20nm和80nm的颗粒仅有20%可通过巨噬细胞回收。说明约有80%的纳米颗粒仍滞留在

反复灌洗的肺中，而滞留的较大颗粒（> 0.5μm）仅占20%。该结果表明吸入的纳米颗粒存在于上皮细胞中，或已经扩散至肺间隙中。

动物实验研究证实沉积在呼吸道内的纳米颗粒容易进入上皮细胞及间质组织中。由于细颗粒物跨越肺泡上皮细胞进入间质组织的这种易位作用在大型动物（犬、非人灵长类动物）个体上比在啮齿动物上更为显著，因此可以假定，在大鼠体内发现的这种纳米颗粒高迁移率同样也会发生在人类当中。

颗粒物在到达肺间质的同时就会被吸收进入血液循环，而不是淋巴通路；这条途径与颗粒物的粒径有关，以纳米颗粒的粒径更容易进入血液循环。Berry等将30nm金颗粒灌注大鼠气管内，暴露30min后，研究者发现大鼠肺毛细血管的血小板上存有大量的金颗粒；研究人员认为，这是颗粒物吸入后被机体清除的一种方法，这种方法对于将最小的空气污染物微粒（特别是烟草烟雾粒子）转运到远处器官是很有意义的。许多针对不同类型颗粒物的研究也证实了这种迁移途径的存在。但吸入的纳米颗粒进入血液循环的人类学证据并不明确。一项研究显示，在人类吸入^{99m}Tc标记的22nm碳颗粒后，碳颗粒很快出现在血液循环中，并富集在人体肝脏中，而在另一项研究中，虽然使用了相同的标记颗粒，却没有发现这种碳颗粒在肝脏中富集。考虑到从动物实验和人类研究中收集到的关于纳米颗粒在肺泡内外迁移的信息，我们认为人体很可能也存在这一途径。

三、纳米材料对肺组织的毒性作用机制

（一）纳米颗粒致肺部炎症反应

纳米颗粒粒径非常小，可通过各种暴露途径进入体内，并可在呼吸系统沉积，引发肺组织的炎症反应。Oberdörster等研究发现，吸入纳米颗粒和超微颗粒后，纳米颗粒在肺部滞留时间越长，肺泡巨噬细胞（AM）清除颗粒的能力越差。纳米颗粒向肺间质组织和周围淋巴结侵袭的程度也越高。结果显示，纳米颗粒在对引发肺部炎症的反应上要强于超微颗粒。研究者认为，纳米颗粒不仅有很强的生物学效应，还有不同的毒代动力学表现，使肺在低于颗粒容积负荷的情况下清除能力显著下降，并导致炎症发生。Bermudez等比较了不同动物（大鼠、小鼠和仓鼠）暴露于不同浓度纳米颗粒的环境下的肺部炎症反应。研究发现，三种动物肺内颗粒沉积率随暴露时间延长呈剂量-效应关系，暴露在高浓度纳米颗粒下可导致明显的肺部炎症反应。Nel等的研究表明，纳米颗粒引起的ROS的生成量与其对肺部的促炎症效应有直接关系，因此ROS的生成和氧化应激反应是纳米颗粒造成肺部炎症的主要原因。

（二）纳米材料致免疫损伤

肺是环境有害物质进入机体的主要途径之一。肺泡巨噬细胞是一种多功能的间质细胞，广泛分布于肺泡内及呼吸道上皮表面，它们具有清除、吞噬异物功能，被称作呼吸道的第一道防线。要想预测并掌握纳米物质的毒性，深入研究巨噬细胞对纳米颗粒的清除功能是十分必要的。目前已经发现，动物处在暴露纳米材料的环境中时，其肺的清除能力下降。研究者同时也进一步发现，纳米材料能够导致明显的免疫损伤。例如，其吞噬能力受到了明显的抑制，对其细胞膜造成了损伤以及对其细胞骨架的影响等。

（三）肺部的氧化损伤

呼吸道上皮细胞暴露于含铁的大气颗粒物后，细胞中铁蛋白的表达量升高，提示随着暴露剂量的升高，纳米铁粉已经表现出了轻微的毒副作用。Zhou等研究了大鼠急性吸入浓度为57mg/m^{3}和90mg/m^{3}的超细铁粉颗粒物（72nm，3d）对健康的影响发现，吸入纳米铁后导致剂量依赖性的炎症反应、氧化应激及NF-κB的活化。Dick等通过研究发现，自由基产生和氧化损伤引发对TiO_2纳米颗粒导致肺部损伤的程度有直接关系。研究认为纳米材料的表面能够与组织发生反应，并且产生自由基。

（四）肺组织病理学评价

根据美国国家宇航局报道，通过气管内滴注法给小鼠灌注石英颗粒（阳性对照）、炭黑颗粒（阴性对照）和纳米碳管三种材料，染尘后的第7d和第90d分别对肺组织病理学改变进行观察。研究结果表明，受试颗粒物均进到了肺泡或呼吸性细支气管内，甚至染尘后第90d仍可观察到有部分颗粒残留。纳米碳管染尘90d后，小鼠肺部的间质性炎症反应更为明显，部分动物还出现了支气管周围炎症和肺泡间隔坏死。吕源明等采用体外培养CHO细胞微核试验，对柴油机排出颗拉物的不同有机组分进行研究，结果发

现各组分引起 CHO 细胞微核率明显升高，表明颗粒提取物可导致 CHO 细胞染色体损伤，且在一定浓度范围内存在剂量 - 反应关系。李俊纲等通过对关于粒径小于 3nm 的 TiO_2 对于肺部损伤的研究发现，在低剂量和中剂量组肺泡腔没有 TiO_2 团聚物，然而在高剂量组肺泡腔甚至是支气管均出现 TiO_2 团聚物。中剂量组内负载 TiO_2 的巨噬细胞比低剂量组内的体积有所增大，而高剂量组内负载 TiO_2 的巨噬细胞则聚集在一起。随着滴注剂量的增加，中低剂量组可观测到肺泡Ⅱ型上皮细胞增殖，并取代肺泡Ⅰ型上皮细胞使肺泡壁增厚，在高剂量组肺泡Ⅱ型上皮细胞过度增殖，使肺泡结构遭到严重破坏，在病灶区几乎看不到肺泡结构。他们认为粒径小于 3nm 的 TiO_2，更容易在肺部造成超载，从而导致肺部出现严重的病理损伤，如气 - 血屏障对较小蛋白分子渗透性的改变、肺泡结构的严重破坏等。

第三节 纳米材料与心血管疾病

一、纳米材料与心血管疾病的流行病学研究

（一）大气颗粒物致心血管疾病流行病学研究

流行病学研究表明，大气空气污染物中可吸入颗粒物与心血管疾病的发病率和死亡率有关，与直径 $\leqslant 2.5\mu m$ 颗粒物（$PM_{2.5}$）尤为密切。大气超细颗粒物会导致肺部炎症以及全身性炎症，加速动脉粥样硬化进程，并改变心脏自主神经功能。城市中的可吸入颗粒物中含有少量纳米级的颗粒，这些颗粒主要来自汽车尾气中的不完全燃烧产物、其他来源的有机颗粒以及金属和金属氧化物。研究发现，相对于可吸入颗粒物总浓度与心血管系统疾病的关系来说，可吸入颗粒物中所含纳米颗粒的比例与其关系更为密切。由此可以推断，纳米颗粒可能是引起慢性心血管疾病的重要因素。

1. 慢性影响研究 Dockery 等在对美国哈佛大学建立的 6 个城市队列研究中首次提出大气污染物的长期暴露会导致不良的健康效应，并发现大气中的颗粒物与心血管疾病死亡率有关。Pope 等利用死因别死亡率来研究大气污染的长期健康效应，对美国 50 个州中暴露于大气污染 16 年的近 50 万成年人的死亡数据进行研究，发现在控制饮食、污染物联合作用等混杂因素后，$PM_{2.5}$ 的年平均浓度每增加 $10\mu g/m^3$，心血管死亡率分别上升 6%，且未发现 $PM_{2.5}$ 健康效应的阈值。数据显示，$PM_{2.5}$ 平均浓度每增加 $10\mu g/m^3$，缺血性心脏病死亡率增加 16%，中风死亡率增加 14%。Hock 等对 5 000 名未成年人进行了 8 年的随访，发现居住在交通干道附近的居民心血管疾病死亡率高于那些居住在远离交通要道的居民，相对危险度（RR）为 1.95，95% 可信区间（confidence interval，CI）为 1.09～3.52，且各个城市之间存在差异。据美国癌症协会（ACS）最近的研究表明，$PM_{2.5}$ 的浓度每增加 $10\mu g/m^3$，总死亡率升高的 RR 为 1.12（95%CI：1.08～1.15），心血管疾病死亡率升高的 RR 为 1.18（95%CI：1.14～1.23），其中以缺血性心脏病最为明显。同时，心律不齐、心衰、心搏骤停的 RR 也升高（RR＝1.13，95%CI：1.0～1.21）。有研究者采用生态学研究方法进行了一项调查，对我国辽宁省沈阳市暴露大气污染 10 年后的每日死亡情况进行分析，结果表明，大气颗粒物的浓度增加将导致心血管疾病死亡率增加。在对我国辽宁省本溪市的调查中也表明，大气总悬浮颗粒物浓度每增加 $100\mu g/m^3$，心血管疾病死亡率增加 24%。研究者对沈阳市大气中总悬浮颗粒物的浓度与心血管疾病死亡率的相关性研究中发现，在调整了时间、气象因素后，大气中总悬浮颗粒物的浓度每增 $50\mu g/m^3$，心血管疾病死亡率比值比（OR）为 1.01（95%CI：1.00～1.02）。

2. 急性影响研究 Peters 等也报道了生物体在高浓度的超细颗粒物暴露几小时后，心肌梗死的概率会提高。此外，大气中的超细颗粒物会导致肺部炎症以及全身性炎症，加速动脉粥样硬化进程，并改变心脏自主神经功能。大量研究证实，$PM_{1.0}$ 浓度增加可使急性心肌梗死危险度增加，并会造成心血管手术病人植入体内的复率器和除颤器异常放电等。欧洲、韩国首尔以及我国台湾的研究表明，大气颗粒物浓度增加可引起缺血性心脏病、脑卒中的发病率升高。一项对住院率的研究发现，$PM_{1.0}$ 浓度每增高 $10\mu g/m^3$，心力衰竭和缺血性心脏病住院率分别增加 0.8% 和 0.7%。此外，一份美国关于国家空气污染与死亡率和发病率关系的研究（NMMAPS）及欧洲环境污染与健康研究计划（APHEA-2）通过时间序列分析同样得出

大气污染可对心血管系统产生急性影响的结论。对美国20个城市中近5 000万人的研究显示，PM_{10}每升高10μg/m^3，总死亡率和心肺疾病死亡率分别上升0.21%和0.31%。对欧洲29个城市中的4 300万人调查显示，PM_{10}每升高10μg/m^3，滞后2d的每日总死亡率与心血管疾病死亡率分别增加0.6%（95%CI：0.4%～0.8%）和0.69%（95%CI：0.31%～1.08%），而滞后40d的心血管疾病死亡率升高1.97%（95%CI：1.38%～2.55%）。针对北京市1998—2000年每日大气污染与居民每日病因别死亡率（以ICD-9作为疾病分类标准）的相关性，研究者运用时间序列方法进行定量分析，得出结论PM_{10}每增加100μg/m^3，心脑血管疾病的死亡率增加4.98%。对太原市中心医院的日门诊量资料进行分析后，研究者发现颗粒物浓度的增加与心血管科日门诊量的增加明显相关。对2000—2002年上海市闸北区大气污染与居民死亡率之间的相关性进行研究后，结果表明大气颗粒物浓度的增加与循环系统疾病的死亡率增加有相关性。Pekkanen等的流行病学研究也表明，颗粒物$PM_{0.01\sim0.1}$、$PM_{0.1\sim1.0}$、$PM_{2.5}$浓度与冠心病病人心电图ST段降低的危险度明显相关，其OR值分别为3.29、3.14和2.84，这就为毒理学研究中所见的颗粒物越小对机体产生的毒性越大的现象提供了流行病学证据。

（二）纳米材料职业暴露流行病学研究

纳米SiO_2是我国目前生产和使用量最大的纳米材料，研究者选定5家纳米SiO_2厂家作为研究对象，选择厂家标准：生产工艺或流程中可能有纳米SiO_2释放至工作环境中（如粉碎、包装）。研究对象为在生产过程中经常接触纳米SiO_2者且在参加纳米SiO_2生产工作前无心血管疾病病史或吸烟量少的工人。最后选择纳米接触人员和非纳米SiO_2接触人员各9人，抽血进行相关指标的检验。检验项目主要包括血小板相关指标，凝血、抗凝和纤溶功能，血脂、脂蛋白、黏附分子、血栓调节蛋白和炎症因子测定。结果表明纳米SiO_2可以在一定程度上影响心血管系统，而血浆*D*-二聚体、TG及sICAM-1则有显著改变。*D*-二聚体的含量变化标志着体内高凝状态和纤溶亢进。而*D*-二聚体升高通常发生在体内出现血栓或者纤溶亢进的情况下。sICAM-1是一种重要的表面黏附分子，属免疫球蛋白超家族。sICAM-1的刺激分泌可以诱导细胞增殖和迁移，激活T淋巴细胞继而影响斑块的稳定性，导致斑块破裂，直接影响心血管事件的发生率。sICAM-1水平升高与日后发生冠心病事件的危险相关联。纳米SiO_2是否存在远期心血管毒性效应，能否增加未来心血管事件的发生率还有待加大样本量及进行随访研究。潜在暴露在纳米颗粒下的职业还有很多，应该引起人们的重视。例如，焊接工和许多其他技术工人都暴露在高浓度的纳米颗粒烟气中，然而他们并不知道这种环境可以增加他们患心脏病的概率。另外有一些情况很少被提及，如厨房中的粉尘颗粒（和二氧化氮）。虽然现在对纳米颗粒的暴露已经有所了解，但是我们必须提醒，微小颗粒具有不同活性，并且通常要比同等材料中大颗粒的毒性强。

二、纳米颗粒对心血管系统的毒性作用机制

（一）纳米颗粒的肺外转移对心血管系统的潜在危害

颗粒物进入肺间质，有可能穿越肺泡-毛细血管屏障，进入血液和淋巴循环。这种途径也取决于颗粒物尺寸。与常规尺度物质相比，纳米颗粒的粒径使其更易于进入循环系统。研究表明，发生肺外迁移的颗粒物主要是超细颗粒物，这些细小的颗粒物迁移至循环系统可引起血管炎症和凝血，增加发生心肌梗死的危险。Nemmar等的研究表明这种超细颗粒物从肺部迁移至循环系统的现象在仓鼠和人类体内均有发现。此外，在患有外周血栓症的仓鼠模型中，观察到机动车尾气颗粒物的暴露使支气管肺泡灌洗液中的中性粒细胞和血小板活性增加。Berry等对大鼠气管灌注30nm的金颗粒，发现金纳米颗粒可以穿越肺泡上皮细胞，在30min时有大量的颗粒物出现在肺部毛细血管的血小板中。纳米颗粒进入血液循化后，可以在全身组织器官中再分布，可能对心血管系统产生急性毒性。也就意味着，吸入的纳米颗粒通过循环系统的再分布可能会对人体全身各组织器官产生影响，尤其是肺外靶器官。

（二）大气超细颗粒物对心血管功能的影响机制

吸入的大气超细颗粒物会对心血管功能产生影响。目前认为可能引起的心血管疾病的生物学作用途径主要包括以下几条：①引起肺部及系统炎症；②肺外转移的超细颗粒物激活血管；③由颗粒产生的活性氧（ROS）导致心血管功能障碍；④由颗粒中的可溶性和/或颗粒型组分引起的内皮功能障碍；⑤颗粒暴露

后中枢神经系统对心血管功能的调控。

到目前为止，超细颗粒物暴露引起的心血管系统的生物学效应研究还处在起步阶段，生物学效应机制仍不明确。由于纳米颗粒的小尺寸效应，吸入纳米颗粒后肺外转运的概率和数量大大增加，这种肺外转运再分布带来的多器官多系统的综合效应错综复杂，产生的生物学效应也可能是由多重生物机制协同作用的结果。纳米颗粒吸入后如何转运、分布以及纳米颗粒和靶器官/靶系统有何相互作用是解决吸入超细颗粒物引起的心血管毒性机制的关键问题。

第四节 纳米材料作为载体引发的毒性

大气超细颗粒物是一种重要的空气污染物，由于其粒径小、比表面积大，因而其吸附性很强，容易成为空气中各种有毒物质的载体，特别容易吸附多环芳烃、多环苯类和重金属及微量元素等，这些组分大多数是有毒的，其中一些可以引起肺部炎症和哮喘，另一些具有遗传毒性的物质可能是潜在的致癌物。

一、大气颗粒物的分布特征

（一）大气颗粒物的组成成分

大气颗粒物不是单一成分的空气污染物，而是一种复杂而可变的大气污染物，由不同污染源产生的大量不同化学组分组成。除了自身的成分，表面还吸附着许多其他的有毒物质，包括无机物 C、S 及 Fe、Mn、Ni 等各种稀有金属，有机物如各种微生物和碳氢化合物多环芳烃（PAH）类致癌物质等。空气颗粒物的成分取决于其污染源。地壳元素和亲石元素如 Ca、Al、Mg、Na、Fe、Si 和 Ti 等主要来自土壤、建筑、风沙、道路和工业飞灰，而易挥发的亲气元素如 Sn、Cu、Zn、Pb 等多由人为排放，Mn、Ni、Se、Br、S、Cl、K 等元素既是土壤成分，也可来自燃料燃烧等人为污染，元素碳主要来自交通排放和燃烧过程。在严重危害人体健康的 5 种金属元素（Pb、Cr、Ni、Po、Ti）中，Ni 主要来源于柴油机动车废气，Pb 主要来自汽车尾气和燃煤。有机成分多来源于交通排放物和燃煤以及工业排放。有学者在很多气体中都检出了硝基多环芳烃，如沥青和燃煤的烟气、熏烤油脂类食物的烟气、摩托车的尾气、吸烟者吐出的烟气以及火力发电厂的飞灰。2004 年对我国 6 个城市在沙尘暴季节 $PM_{2.5}$ 中 10 种 PAH 和 7 种脂肪酸的浓度进行的调查，发现燃煤和交通排放物是城市地区 PAH 的主要来源，烹饪排放物是油酸和亚油酸的主要来源。

（二）大气颗粒物粒径与其组成成分关系

美国国家环境空气质量标准颗粒物 $PM_{2.5}$ 颗粒浓度是 35μg/m^3，但这个相对较低浓度对于超细颗粒物（～20nm）将是一个巨大数量的浓度，数量浓度远远超过 1×10^6/cm^3，而且颗粒物的表面特性通常为：颗粒物直径越小，其比表面积越大，可以吸附的毒性物质越多。超细颗粒物（纳米尺度颗粒物）数量及比表面积远大于 $PM_{2.5}$ 和 PM_{10} 等颗粒物，因此纳米尺度颗粒物将吸附更多的毒性物质，也将对人体健康造成更严重的潜在危害。

据美国、英国、加拿大、日本等不同城市不同粒径颗粒物的成分分析认为，60%～90% 的有机物质存在于 <10μm 的可吸入颗粒物中，其中潜在有毒的元素有 Pb、Cd、Ni、Mn、Zn、B（a）P 等，PAH 主要吸附在 <2μm 的颗粒物上。大气颗粒物的粒径越小，PAH 含量也越多，其中在 <1.1μm 的颗粒物中 PAH 所占的质量百分比为 45%～67.8%，而有 68.4%～84.7% 的 PAH 吸附在 <2.0μm 颗粒上，可直接随呼吸进入人体并沉积于肺部，对人体健康造成极大的危害。赵毓梅等对太原市某点的粗细颗粒物的成分研究表明，细颗粒物的毒性较大，对人体有害的 53% 的物质以及 60% 的 PAH 都分布于细颗粒物上。李大秋等采用色谱质谱联用技术（GC-MS），系统分析了 1 000 多个不同颗粒物样品中的有机污染物，结果表明环境中有机污染物集中分布在细颗粒物上，几乎所有的 PAH 和一半以上的苯并芘[B（a）P]吸附在粒径 <0.38μm 的极细颗粒物中。这些极细颗粒物的降速为 0，能长期飘浮在大气中，具有极大的危害。可吸入颗粒物（PM_{10}）中含有更高含量的重金属，据报道，75%～90% 的重金属分布在 PM_{10} 中，且颗粒物越小，重金属含量越高。原福胜等在对太原市的研究中发现，居民区大气颗粒物污染严重，且颗粒物越小，所含金属元素

量越多，< 1.1μm 的颗粒物含金属元素量最多。并且颗粒物的化学成分，特别是吸附在颗粒物表层的有害化学成分在很大程度上会影响人体健康和环境，如多环芳烃、重金属等，它们的浓度高低也决定了其毒性的大小。

二、大气颗粒物作为载体引发的毒性

（一）细胞毒效应机制

细颗粒物主要通过自由基产生细胞急性致毒效应。研究表明，颗粒物中含多种无机物和有机物，它们在空气中经紫外线辐射，会形成自由基，并引发自由基链反应，形成更多的自由基，进而形成更多的过氧化物。过氧化物在一定条件下，会在体内氧化分解，并且通过脂质过氧化的作用损伤 DNA 和破坏细胞膜，从而导致很高的细胞毒性。自由基和过氧化物必须被过氧化物歧化酶、过氧化氢酶、谷胱甘肽过氧化物酶等物质进行分解，否则会引起急性中毒甚至导致死亡。尽管具有较大毒性的多环芳烃类物质能够在紫外线辐射下降解，但多环芳烃类物质经过光辐射后可诱导产生自由基，并且具有更高的细胞毒性。急性细胞毒性往往可表现为活性氧的暴发，而水溶性过渡金属元素又可诱导过氧化物产生自由基、活性氧。所以，细胞毒性大小与其中水溶性过渡金属元素含量多少密切相关。童永彭等通过研究发现，在酸性较强的市区中，大气颗粒物粒子中含有的 Fe、Cr、Mn 化合物要比郊区中的这些化合物易溶于水，并且辐射后的颗粒物要比未辐射的颗粒物含有较多的自由基和过氧化物，并且表现出更高的细胞毒性。可见大气颗粒物中的可溶性过渡金属盐和过氧化物是诱导细胞自由基毒性的两个因素。

（二）血液系统毒性作用

苯类化合物及其代谢物酚可以在体内产生原浆毒性，能够直接抑制细胞核分裂，而且会损害骨髓造血细胞，又能够常与血红蛋白结合，从而导致造血系统和血液内的有形成分发生改变。当铅在人体内的积累达到一定程度时，就会影响人体的生理功能和造血功能，尤其对青少年和幼儿的中枢神经系统和造血系统产生更大的影响。北京儿科研究所对北京市 246 名 1～6 岁儿童进行的一项研究表明，68.7% 儿童血液中的 Pb 浓度都超过了 WHO 标准，并认为儿童高血铅与空气中铅的含量密切相关。

（三）生殖系统毒性作用

通常情况下，大气颗粒物的污染与人类生殖功能的改变有显著的关系。许多研究都发现大气颗粒物的浓度会与早产儿和新生儿死亡率的上升，低出生体重、宫内发育迟缓（IURG）及其先天功能缺陷等具有显著的统计学相关性。大气颗粒物对生殖系统的影响不仅表现为会造成胎儿出生时形态的畸形，而且还会导致一些细微的功能缺陷，从而影响其一生。Pb、Cd、Ni、Mn、V、Br、Zn 和 B（a）P 等多环芳烃具有潜在毒性的元素，主要都吸附在直径小于 2.5μm 的颗粒物上，而且这些小颗粒易沉积于肺泡区内，最容易被吸收入血液，所以细颗粒物的吸入会对生殖系统产生不容忽视的影响。Dejmek 等通过对波希米亚北部的一组孕妇进行研究发现，孕妇暴露在高浓度的 $PM_{2.5}$（$> 37\mu g/m^3$）下，出现 IURG 的概率为 2.11（1.20～3.70），这表明胚胎的发育可能会受到高浓度细颗粒物污染的影响。通过对致病机制的研究发现，颗粒物中的活性成分由母体呼吸道吸入，进而吸收入血液。高浓度的生物活性化合物多环芳烃和其含氮衍生物等毒性物质会干扰母体的一些正常的生理代谢过程，从而影响胎儿的营养与发育；除此之外，毒性物质还有可能直接通过胎盘对胎儿产生影响，毒物的作用时期很可能是在妊娠早期，尤其是怀孕的第一个月。但细颗粒物是否仅作为载体，亦或与所携带的毒性物质存在交互作用还尚无定论，仍有待于进行深入研究。

（四）神经系统的影响

城市中的可吸入颗粒物，大部分都是由机动车尾气产生的。含铅汽油燃烧后生成的铅化物微粒（含氧化铅、碳酸铅）会扩散到大气中，随着呼吸道进入人体，进而影响人们的身体健康。研究表明，铅会明显损害人体神经系统，对儿童智力的正常发育产生影响。母体被铅污染后，其后代会出现神经系统发育异常。< 1μm 的含铅颗粒物在肺内沉积后，极易进入血液系统，大部分都会与红细胞结合，而小部分形成铅的甘油磷酸盐和磷酸盐，然后进入肝、肾、肺和脑，几周之后进入骨内，从而导致高级神经系统紊乱和器官调解失能，通常表现为头痛、头晕、嗜睡和狂躁严重的中毒性脑病。

（五）致癌、致突变作用

人群流行病学经过调查显示细颗粒物可以导致肺癌，实验研究表明颗粒物吸附着很多复杂组分，如有机多环芳烃类及重金属Ni、Cd、Cr等。这些物质会直接或间接作用于DNA，从而引起DNA损伤、断裂或DNA加合物形成。此外，细颗粒物会与细胞作用产生活性自由基，间接作用于DNA，诱导DNA链断裂。与此同时，国外研究认为，接触颗粒物可增加巨噬细胞和上皮细胞内的细胞因子。污染物作用于细胞产生的一些细胞因子，如生长因子，可能导致细胞周期失去正常调节，从而加速细胞分裂，进一步形成肿瘤。颗粒物也可通过改变细胞间隙的通讯功能，从而导致细胞进一步恶化。

国外已经针对不同来源和不同粒径颗粒物的遗传毒性进行了研究，结果表明$PM_{2.5}$的遗传毒性大于PM_{10}的毒性。我国吕源明等通过微核实验证明，汽车和柴油车尾气颗粒物有机组分的遗传毒性；原福胜等同时指出不同粒径颗粒物中的重金属，如Pb、Ni、Cd、Cr和多环芳烃，均具有导致突变的作用，而且粒径越小，导致突变的作用就会越强。

参考文献

[1] MASUNAGA T. Nanomaterials in cosmetics—present situation and future[J]. Yakugaku Zasshi，2014，134（1）：39-43.

[2] SIMON L O，HARBAK H，BENNEKOU P. Cobalt metabolism and toxicology—a brief update[J]. Sci Total Environ，2012，432：210-215.

[3] HANNAH W，THOMPSON P B. Nanotechnology，risk and the environment：a review[J]. J Environ Monit，2008，10（3）：291-300.

[4] 李俊纲，徐晶莹，李晴暖，等. 纳米气溶胶的呼吸毒性研究 [J]. 毒理学杂志，2006，20（6）：411-413.

[5] 孙晓宁，孙康宁，朱广楠. 纳米颗粒材料的毒性研究与安全性展望 [J]. 材料导报，2006，20（5）：5-7.

[6] GRYSHCHUK V，GALAGAN N. Silica Nanoparticles effects on blood coagulation proteins and platelets[J]. Biochem Res Int.，2016：2959414.

[7] ADERIBIGBE B A，Naki T. Design and efficacy of nanogels formulations for intranasal administration. molecules，2018，23（6）：1241.

[8] GARCIA G J，Kimbell J S. Deposition of inhaled nanoparticles in the rat nasal passages：dose to the olfactory region. Inhal Toxicol，2009，21（14）：1165-1175.

[9] YAMAWAKI H，IWAL N. Mechanisms underlying nano-sized air-pollution-mediated progression of atherosclerosis：carbon black causes cytotoxic injury/inflammation and inhibits cell growth in vascular endothelial cells[J]. Circulation，2006，70（1）：129-140.

[10] SONG Y，LI X，DU X. Exposure to nanoparticles is related to pleural effusion，pulmonary fibrosis and granuloma[J]. Eur Respir J，2009，34（3）：559-567.

[11] TOYAMA T，MATSUDA H，ISHIDA I，et al. A case of toxic epidermal necrolysis-like dermatitis evolving from contact dermatitis of the hands associated with exposure to dendrimers[J]. Contact Dermatitis，2008，59（2）：122-123.

[12] 孙镇镇. 纳米碳酸钙的制备与应用 [J]. 中国粉体工业，2020（1）：18-21.

[13] THOMAS K，SAYRE P. Research strategies for safety evaluation of nanomaterials，part I：evaluating the human health implications of exposure to nanoscale materials[J]. Toxicol Sci，2005，87（2）：316-321.

[14] TSUJI J S，MAYNARD A D，HOWARD P C，et al. Research strategies for safety evaluation of nanomaterials，part Ⅳ：risk assessment of nanoparticles[J]. Toxicol Sci，2006，89（1）：42-50.

[15] PROFFITT F. Nanotechnology. Yellow light for nanotech[J]. Science，2004，305（5685）：762.

[16] SONG S，LEE K，LEE Y M，et al. Acute health effects of urban fine and ultrafine particles on children with atopic dermatitis[J]. Environ Res，2011，111（3）：394-399.

[17] LÖNDAHL J，SWIETLICKI E，RISSLER J，et al. Experimental determination of the respiratory tract deposition of diesel combustion particles in patients with chronic obstructive pulmonary disease[J]. Part Fibre Toxicol，2012，9：30.

[18] GEHRING U，WIJGA A H，KOPPELMAN G H，et al. Air pollution and the development of asthma from birth until young

adulthood[J]. ISEE Conference Abstracts，2020，56（1）：2000147.

[19] CLIFFORD S，MAZAHERI M，SALIMI F，et al. Effects of exposure to ambient ultrafine particles on respiratory health and systemic inflammation in children[J]. Environment international，2018，114：167-180.

[20] LAVIGNE E，DONELLE J，HATZOPOULOU M，et al. Spatiotemporal variations in ambient ultrafine particles and the incidence of childhood asthma[J]. Am J Respir Crit Care Med，2019，199（12）：1487-1495.

[21] NEL A，XIA T，MAEDLER L，et al. Toxic Potential of Materials at the Nanolevel[J]. Science，2006，311：622-627.

[22] KATSNELSON B A，PRIVALOVA LI，SUTUNKOVA M P，et al. Interaction of iron oxide Fe_3O_4 nanoparticles and alveolar macrophages in vivo[J]. Bull Exp Biol Med，2012，152（5）：627-629.

[23] 李俊纲，李晴暖，李文新. 粒径小于 3 纳米的 TiO_2 对小鼠的肺部损伤 [J]. 纳米科技，2006，3（6）：17-21.

[24] PUN V C，KAZEMIPARKOUHI F，MANJOURIDES J，et al. Long-term $PM_{2.5}$ exposure and respiratory，cancer，and cardiovascular mortality in older US adults[J]. Am J Epidemiol，2017，186（8）：961-996.

[25] HAYES R B，LIM C，ZHANG Y，et al. $PM_{2.5}$ air pollution and cause-specific cardiovascular disease mortality[J]. Int J Epidemiol，2019，49（1）：25-35.

[26] KAUFMAN J D，ADAR S D，BARR R G，et al. Association between air pollution and coronary artery calcification within six metropolitan areas in the USA（the Multi-Ethnic Study of Atherosclerosis and Air Pollution）：a longitudinal cohort study[J]. Lancet，2016，388（10045）：696-704.

[27] AMSALU E，GUO X. Acute effects of fine particulate matter（PM2.5）on hospital admissions for cardiovascular disease in Beijing，China：a time-series study. Environ Health，2019，18（1）：70.

[28] HE F，SHAFFER M L，RODRIGUEZ-COLON S，et al. Acute effects of fine particulate air pollution on cardiac arrhythmia：the APACR study[J]. Environ Health Perspect，2011，119（7）：927-932.

[29] NUVOLONE D，BALZI D，CHINI M，et al. Short-term association between ambient air pollution and risk of hospitalization for acute myocardial infarction：results of the cardiovascular risk and air pollution in Tuscany（RISCAT）study[J]. Am J Epidemiol，2011，174（1）：63-71.

[30] YUE W，TONG L. Short term Pm2.5 exposure caused a robust lung inflammation，vascular remodeling，and exacerbated transition from left ventricular failure to right ventricular hypertrophy. Redox Biol，2019，22：101161.

[31] JACOBS L，BUCZYNSKA A，WALGRAEVE C，et al. Acute changes in pulse pressure in relation to constituents of particulate air pollution in elderly persons[J]. Environ Res，2012，117：60-67.

[32] BAI N，KHAZAEI M，VAN EEDEN S F，et al. The pharmacology of particulate matter air pollution-induced cardiovascular dysfunction[J]. Pharmacol Ther，2006，113（1）：16-29.

[33] DELFINO R J，SIOUTAS C，MALIK S，et al. Potential role of ultrafine particles in associations between airborne particle mass and cardiovascularhealth [J]. Environ Health Perspect，2005，113（8）：934-946.

[34] KIM JB，KIM C，CHOI E，et al. Particulate air pollution induces arrhythmia via oxidative stress and calcium calmodulin kinase Ⅱ activation[J]. Toxicol Appl Pharmacol，2012，259（1）：66-73.

[35] HOU X M，ZHUANG G S，SUN Y，et al. Characteristics and sources of polycyclic aromatic hydrocarbons and fatty acids in $PM_{2.5}$ aerosols in dust season in China[J]. Atmospheric Environment，2006，40（18）：3251-3262.

[36] ACHTEN C，HOFMANN T. Native polycyclic aromatic hydrocarbons（PAH）in coals-a hardly recognized source of environmental contamination. Sci Total Environ，2009，407（8）：2461-2473.

[37] 周家斌，王铁冠，黄云碧，等. 不同粒径大气颗粒物中多环芳烃的含量及分布特征 [J]. 环境科学，2005，26（2）：40-44.

第十四章

纳米材料临床毒理学研究

第一节 概 述

一、医用纳米材料的分类

（一）概述

生物医用材料（biomedical materials）是用于和生物系统结合、治疗或置换生物机体中损坏的组织、器官或增进其功能的材料，又称为生物材料（biomaterials）。它是材料科学技术中一个正在发展的新领域，独特的结构特征使其显示出优异的性能，使纳米材料在生物医用领域有更广泛的应用前景。纳米颗粒的粒径比毛细血管通路小1～2个数量级，而且比血红细胞小很多，可以在血液中自由运行，因而在疾病的诊断和治疗中能发挥独特作用。磁性纳米材料可以用作定向载体，将磁性纳米颗粒表面涂覆高分子，其外部再与蛋白质相结合，这种载有高分子和蛋白质的磁性纳米颗粒作为药物的载体，经过静脉注射到动物体内（小鼠、白兔等），在外加磁场下，通过磁性导航系统将药物输送到病变部位释放，增强疗效，被称为纳米生物导弹；纳米颗粒还可以用作药物控释和基因转染的载体，能直接将基因或药物输送到癌细胞和器官进行治疗，特殊的纳米颗粒进入细胞内部结构，从而达到基因治疗的目的；利用纳米生物传感器可对疾病进行早期检测，纳米微机械可以修复人体细胞和组织，使纳米人工器官的排斥率大大降低；纳米材料不仅应用在生物医学领域，在临床诊断及放射性治疗等方面也得到了广泛应用。如在人体器官成像研究中，纳米颗粒可以作为增强材料进入磁共振生物成像领域；在铁纳米颗粒表面覆一层高分子后，可以固定蛋白质或酶以控制生物反应；国外用纳米陶瓷颗粒作载体的病毒诱导物也取得成功。另外，纳米颗粒与其他材料制成的复合材料也可以表现出许多新奇的优良特性。简而言之，纳米生物医用材料就是纳米材料与生物医用材料的交叉，开展纳米生物医用材料的研究无疑将会为人类社会的进步做出巨大的贡献。生物医用纳米材料主要包括医用纳米无机材料、医用纳米高分子材料、医用纳米金属材料和医用纳米复合材料等。

（二）医用纳米无机材料

医用纳米无机材料是生物医用材料的重要组成部分，在人体硬组织的缺损修复及重建方面起着重要的作用。迄今为止，被详细研究过的生物材料已有一千多种，临床上广泛使用的也有几十种，涉及材料学的各个领域。医用纳米无机材料是生物材料和纳米科技的一个重要研究领域，它不仅大大改进了传统医用纳米无机材料的原有性能，并赋予其新的特殊生物学效应，比传统生物无机材料具有更广泛的应用前景。纳米生物无机材料的研究主要包括三个方面：一是系统地研究纳米生物无机材料的性能、微结构和生物学效应，通过与常规材料对比，找出其特殊的规律；二是发展新型的纳米生物无机材料；三是进行应用研究，开创新的产业。以下主要就纳米陶瓷材料、纳米碳材料、纳米磷灰石晶体、纳米微孔玻璃等予以介绍。

1. 纳米陶瓷材料 所谓纳米陶瓷材料，是指显微结构中的物相具有纳米级尺度，它的晶粒尺寸、第二相分布、气孔尺寸等都只限于100nm量级的水平。纳米粒所具有的小尺寸效应、表面与界面效应使纳米陶瓷呈现出与传统陶瓷显著不同的独特性能，使陶瓷材料中的内在气孔或缺陷尺寸大大减少，不易造成穿晶断裂；同时，晶粒的细化又使晶界数量增加，有助于晶粒间的滑移，从而使纳米陶瓷的强度、硬度、韧性、超塑性等大为提高，并对材料的力学、电学、热学、磁学、光学等性能产生重要影响。纳米陶瓷克服了传统陶瓷材料的诸多不足，相比传统陶瓷材料有更广泛的应用前景。许多纳米陶瓷在室温下或较低温度下就可以发生塑性变形，即在应力作用下产生异常大的拉伸变形而不发生破坏，这一特征被称为超塑性。例如，TiO_2 纳米陶瓷和 CaF_2 纳米陶瓷能在 180℃下呈正弦形塑性弯曲，即使是带裂纹的 TiO_2 纳米陶瓷也能经受一定程度的弯曲而裂纹不发生扩散；但在同样条件下，粗晶材料呈现出脆性断裂。纳米陶瓷的超塑性是其最引人注目的特点。一般认为，陶瓷具有超塑性应该具有两个条件：①较小的粒径；②快速的扩散途径（增强的晶格、晶界扩散能力）。纳米陶瓷具有较小的晶粒及快速的扩散途径，可能具有室温超塑性。最近研究发现，随着粒径的减少，TiO_2 和 ZnO 纳米陶瓷的形变率敏感度明显提高。由于这些试样气孔很少，可以认为这种趋势是细晶陶瓷所固有的。最细晶粒处的形变率敏感度大约为 0.04，几乎是室温下铅的 1/4，表明这些陶瓷具有延展性，尽管没有表现出室温超塑性，但随着晶粒的进一步减小，这种可能也是存在的。

纳米陶瓷作为一种新型高性能陶瓷，它在组织工程化人工器官、人工植入物等方面广泛的应用前景越来越受到世界各国科学家的关注。它在生物和医学中已成功用于细胞分离、细胞染色、疾病诊断等。TiO_2 纳米微粒能从怀孕 8 周左右妇女血样中分离出胎儿细胞，并能准确地判断是否有遗传缺陷；利用纳米颗粒进行细胞分离技术也能在肿瘤早期的血液中检查出癌细胞，实现癌症的早期诊断和治疗；采用纳米颗粒去检查血液中的心肌蛋白，可帮助心脏疾病的诊断。光照条件下，利用 TiO_2 纳米颗粒高氧化还原能力，能够分解组成微生物的蛋白质，从而杀死微生物。因此，WEBSTER 等将其用于癌细胞治疗，实验结果表明：紫外线照射 10min 后，TiO_2 微粒能杀灭全部癌细胞，颗粒尺寸分别为 23nm 和 32nm 的 Al_2O_3 和 TiO_2 对成骨细胞的吸附力大大高于尺寸为 62nm 的 Al_2O_3 和 2μm 的 TiO_2，说明纳米材料与或细胞有较好的相互结合性能，可以成为矫形科和牙科手术的良好材料。

2. 纳米碳材料 由碳元素组成的材料统称为纳米碳材料。纳米碳材料是以过渡金属 Fe、Co、Ni 及其合金为载体，在 599.85～1 199.85℃的温度下生成的。在纳米碳材料群中主要包括纳米碳管和气相生长碳纤维（也称为纳米碳纤维）。其中，超微型气相生长碳纤维又称为碳晶须，具有超常的物化特性，被认为是超碳纤维，由它作为增强剂所制成的碳纤维增强复合材料，可以显著改善材料的力学、热学及光电学性能，在医药学、生物材料学和组织工程学等许多领域有广阔的应用前景。

纳米碳纤维除了具有微米级碳纤维的低密度、高比模量、高比强度、高导电性外，还具有缺陷数量极少、比表面积大、结构致密等优越特点。利用纳米碳纤维的这些超常特性和良好的生物相容性，使其在医药学领域得到了广泛的应用，碳质人工器官、人工骨、人工齿、人工肌腱、人工韧带等的硬度、强度、韧性、生物相容性等多方面的性能得到显著的提高；利用纳米碳材料的高效吸附特性，可以更好地应用于血液的净化系统，清除某些特定的病毒或成分。纳米碳材料作为一种崭新的高性能材料，具有重要的应用潜能，是目前的研究热点。

3. 纳米磷灰石晶体 Lyubao 等采用水热合成工艺在 140℃、0.3MPa 下得到了人工合成的纳米磷灰石晶体，此种晶体在形态、尺寸、组成和结构上与人骨中磷灰石晶体很相似，进而又在常压下制备出纳米针状磷灰石晶体。魏杰等采用一种新的方法在不同条件下合成了纳米磷灰石晶体，即用硝酸钙的二甲基乙酰胺溶液和磷酸钠水溶液反应，用二甲基乙酰胺作为纳米磷灰石晶体合成的分散剂。这些纳米级类骨磷灰石晶体已成为制备纳米复合生物活性材料的基础。

4. 纳米微孔玻璃 纳米微孔 SiO_2 玻璃粉也是一种新型的无机纳米材料，近年来被广泛用作功能性基体材料。在生物化学和生物医药学领域，纳米微孔玻璃可以用作微孔反应器、微晶储存器、功能性分子吸附剂、生物细胞分离基质、生物酶催化剂载体、药物控制释放体系的载体等。生物细胞分离关系到细胞标本能不能快速获得，是生物细胞学研究中一种十分重要的技术，细胞分离技术在医学临床诊断和组织工程学中干细胞的分离纯化技术上有广阔的应用前景，而 SiO_2 纳米颗粒的应用可实现细胞的分离。尺寸在 15～20nm 的 SiO_2 纳米颗粒，结构一般为非晶态，选择与所要分离细胞有亲和作用的物质作为包被层。

这种 SiO_2 纳米颗粒包被后所形成复合体的尺寸约为 30nm。利用含有多种细胞的聚乙烯吡咯烷酮胶体溶液，将纳米 SiO_2 包被颗粒均匀分散到含有多种细胞的聚乙烯吡咯烷酮胶体溶液中，再通过离心技术，利用密度梯度原理，使所需要的细胞很快分离出来。此方法的优点是易形成密度梯度，易实现 SiO_2 纳米颗粒与细胞的分离。这是因为 SiO_2 纳米颗粒是属于无机玻璃的范畴，性能稳定，一般不与胶体溶液和生物溶液反应，既不会污染生物细胞，也容易把它们分开。

例如，在妇女怀孕 8 周左右，其血液中就开始出现非常少量的胎儿细胞，为判断胎儿是否有遗传缺陷，过去常常采用对人身危害的技术，如羊水诊断等。用纳米颗粒很容易将血样中极少量胎儿细胞分离出来，方法简便，价格便宜，并能准确地判断胎儿细胞是否有遗传缺陷。美国等先进国家已采用这种技术用于临床诊断。癌症的早期诊断一直是医学界难题。另外，利用纳米颗粒进行细胞分离技术可在肿瘤早期的血液中检查出癌细胞，实现癌症的早期诊断和治疗。

（三）医用纳米高分子材料

1. 概述 纳米高分子材料也称为高分子纳米粒（或称为聚合物纳米粒），粒径尺度在 <10nm 范围内，它主要通过微乳状液聚合的方法得到。这种超微纳米粒具有巨大的比表面积，表现出了一些普通微米材料所不具有的新性质和新功能。对于微乳状液聚合制备的纳米高分子材料的应用研究，近年来刚刚开始，预期不久以后将有更大的发展。

高分子材料的纳米化依赖于高分子的纳米合成。高分子的纳米化学，就是要按照精确的分子设计，在纳米尺度上操纵原子、分子或分子链，完成精确操作，调控所得到的高分子材料的性质和功能。高分子微粒尺寸减小到纳米量级后能使高分子的特性发生很大的变化，主要表现在表面效应和体积效应两方面。比表面积激增，粒子上的官能团密度和选择性吸附能力变大，达到吸附平衡的时间就大大缩短，粒子的胶体稳定性显著提高。这些特性为它在医药学领域中的应用创造了有利条件。已开发出的用于制备纳米胶囊和纳米粒的一些常见的聚合物主要有：聚 D、L- 丙交酯、聚乳酸（PLA）、聚 D、L- 乙交酯（PLG）、丙交酯 - 乙交酯共聚物（PLGA）以及聚氰基丙烯酸酯（PCA）、聚氰基丙烯酸烷基酯（PACA）、聚 ε- 羟基己酸内酸（PCL）。较早以前的还有壳聚糖、明胶、海藻酯钠等亲水性、可生物降解天然聚合物等。

2. 医用纳米高分子材料的应用 目前，纳米高分子材料的应用已涉及医药学领域的各个方面，如药物控制释放及转基因载体、免疫分析、介入性诊疗等许多方面。在药物控制释放及转基因载体方面，高分子纳米粒也有重要的应用价值。纳米高分子材料作为药物、基因传递和控释的载体，是一种新型的控释体系。纳米粒具有超微小体积，能穿过组织间隙并被细胞吸收，可通过人体最小的毛细血管，还可通过血 - 脑屏障。这些特有的性质，使其在药物和基因输送方面具有许多优越性：可缓释药物，从而延长药物作用时间；可达到靶向输送的目的；可在保证药物作用的前提下，减少给药剂量，从而减轻或避免毒副作用；可提高药物的稳定性，有利于储存；可保护核苷酸，防止其被核酸酶降解；可帮助核苷酸转染细胞，并起到定位作用；可以建立一些新的给药途径。这都是其他输送体系无法比拟的。所以，纳米控释系统研究具有重要现实意义。

纳米控释系统最有发展前景的应用之一是用作抗肿瘤药物的输送系统。细胞活性的加强和肿瘤内脉管系统的衰弱导致静脉内纳米粒的聚集。一些研究已经报道，纳米粒缓释抗肿瘤药物延长了药物在肿瘤内的存留时间，减慢了肿瘤的生长，与游离药物相比，延长了患肿瘤动物的存活时间。由于肿瘤细胞有较强的吞噬能力，肿瘤组织血管的通透性也较大，所以，静脉途径给予的纳米粒可在肿瘤内输送，从而提高疗效、减少给药剂量和毒性反应。体内和体外实验均已证实，亲脂性免疫调节剂胞壁酰二肽（muramyl dipeptide）或胞壁酰二肽胆固醇（muramyl dipeptide cholesterol）包裹到纳米胶囊中，其抗转移瘤作用比游离态药物更有效。多柔比星 A 的聚氰基丙烯酸异丁酯纳米粒的体内外抗肝细胞瘤效果均明显优于游离的多柔比星 A。

高分子纳米粒由于很小的粒径，并具有大量的自由表面，使其具有较高的胶体稳定性和优异的吸附性能，并能较快地达到吸附平衡，可以直接用于生物物质的吸附分离。由于纳米粒比红细胞（6～9μm）小得多，可以在血液中自由运动，因此可以注入各种对机体无害的纳米粒到人体的各部位，实现检查病变和治疗的目的。微生物、动植物细胞的表面通常带有负电荷，当高分子纳米粒表面带有正电荷时，就可以作为絮凝剂吸附细胞或细胞碎片，把它们从体系中清除出去。通过对纳米粒的修饰，可以增强其对肿瘤组织的靶向特异性。例如，Allemannd 等把抗肿瘤药 ZnPcF16 包裹到聚乳酸（PLA）纳米粒和聚乙二醇（PEG）修饰的 PLA 纳米粒中，给小鼠静脉注射后，发现前者的血药浓度较低，这是因为 PEG 修饰的纳米粒能减少网状内皮系统的摄取，同时增加肿瘤组织的摄取。

（四）医用纳米金属材料

纳米科学与技术的发展，赋予生物医用金属材料崭新的特殊效用从而显示出更广泛的应用前景。纳米金属材料的发展历史较长，早在 20 世纪 80 年代初德国的科学家 H. Gleiter 教授便提出了纳米晶体材料的概念并首次获得了纳米银、纳米铜、纳米铝等块体材料，引起国际上的广泛关注。

纳米铜多层结构，能在室温下表现出较高的延展性。纳米晶体金属材料的力学性质与传统的金属材料不同，具有新的特性和新的规律，晶粒尺度越小，强度和韧性越高。这种异常的特性，是传统金属材料所不具备的。纳米晶铜与纳米晶铌叠层结构在极低温下也表现出超延展性，研究者们对这一现象正在进行深入的研究。由于纳米晶体材料中含有大量的内界面，因而可能表现出许多与常规多晶体不同的理化性能。这些特性使其在医药领域具有广泛的应用前景，开始得到应用是在细胞染色、细胞分离等方面，纳米粒为建立新的染色技术提供了新的途径，可以提高光学显微镜和电子显微镜观察细胞组织的衬度。比利时的德梅博士等采用乙醚的黄磷饱和溶液、维生素 C 或者柠檬酸钠把金从氯金酸水溶液中还原出来形成纳米金，粒径的尺寸范围是 3～40nm。接着制备纳米金 - 抗体的复合体，可以根据不同的抗体对细胞内各种细胞器和骨架组织敏感程度和亲和力的差别制备多种纳米金 - 抗体的复合体，而这些复合体特异性的与细胞内各种细胞器和骨架系统相结合，就相当于给各种组织贴上了标签。由于它们在光学显微镜和电子显微镜下衬度差别很大，就很容易分辨各种组织。细胞染色的原理与纳米金光学特性有关。一般来说，纳米粒的光吸收和光散射很可能在显微镜下呈现自己的特征颜色，纳米金的 - 抗体复合体在白光或单色光照射下就会呈现某种特定的颜色。实验已经证实，10nm 直径以上的纳米金在光学显微镜的明场下可观察到它的颜色为红色。

（五）有机 - 无机纳米复合材料

随着纳米科技的发展，纳米复合材料应运而生。纳米复合材料是由两种或两种以上的固相至少在一维以纳米级大小（1～100nm）复合而成的复合材料。这些固相可以是非晶质、半晶质、晶质或者兼而有之，而且可以是无机物、有机物或二者兼有。纳米复合材料也可以是指分散相尺寸有一维小于 100nm 的复合材料，分散相的组成可以是无机化合物，也可以是有机化合物，无机化合物通常是指陶瓷、金属等，有机化合物通常是指有机高分子材料。当纳米材料为分散相、有机聚合物为连续相时，就是聚合物基纳米复合材料。这些复合材料由于存在独特的纳米尺寸效应，有望明显改善复合材料的韧性和耐温性，使材料的应用领域更为广泛，尤其是在纳米尺度上形成的无机 - 有机和无机 - 无机复合材料有可能形成性能优异的新一代功能复合材料。

有机 - 无机纳米复合材料是指有机和无机材料在纳米级上的复合，包括在有机基质上分散无机纳米颗粒和在无机材料（常为纳米材料）中添加纳米级的有机物。文献中报道的有机 - 无机纳米复合材料大都指有机物高分子，有机 - 无机纳米复合材料既可以作为结构材料，又可作为功能材料，是纳米科技领域内一项很有基础研究及应用研究价值的重要课题。这种材料并不是无机相与有机相的简单加合，而是由无机相和有机相在纳米范围内结合形成，两相界面间存在着较强或较弱化学键，它们的复合将实现集无机、有机、纳米粒的诸多特异性质于一身的新材料，特别是无机与有机的界面特性将使其具有更广阔的应用前景。有机材料优异的光学性质、高弹性和韧性以及易加工性，可改善无机材料的脆性。更重要的是，有机物的存在可以提供一个优良的载体环境，提高纳米级无机相的稳定性，从而实现其特殊性能的微观控制，在生物相容性、力学强度、生物可降解性、生物活性等方面得到更好运用，甚至可能产生具备许多特异性能的新型材料。控制形成复合体系的反应条件、有机与无机组分的配比等，可以实现无机改性有机材料和少量有机成分改性无机材料。

自纳米材料问世以来，仿生材料研究的热点已开始向纳米复合材料转移。这是因为自然界生物的某些组织或器官实际上就是一种天然纳米复合材料，如动物的牙齿是羟基磷灰石纳米纤维与胶质基体复合而成，动物的筋、软骨、皮、骨骼等都是纳米复合材料。随着人的健康科学及环保等对仿生材料的迫切需求，使其的研究越来越受到重视。世界上发达国家如美国、日本、德国等已制订了人类健康服务的仿生材料研究计划，目前已有少量仿生材料应用于医疗领域。

预计未来对于材料需求包括：①人体修补材料；②源于生物的材料，包括人造蜘蛛等；③受生物启发的过程（生物传感器、生物芯片、复合结构等）。并且我们有理由相信仿生材料将在21世纪有巨大发展，并为人类健康及环境起着越来越大的作用。

二、医用诊断示踪纳米材料

生物学及生物医学的发展对传统的检测及诊断方法提出了新的挑战，要求建立活体（in vivo）、原位（in situ）、动态（dynamic）的检测及诊断新方法。传统的光、电生物化学传感器已不能适应这些新要求，使用这些传感器经常会导致生物学损伤及相关的生化恶果。开发能够在血液中输送并且可以到达特定目标的纳米颗粒及纳米器件一直是引人注目的，并且值得为此做出更大的努力。发展新型、无创、实时、动态检测及诊断探针已经成为人们的一个研究热点。近年来，随着纳米技术的迅速发展，以纳米颗粒为基础的新型生物传感技术不断涌现，这些新型生物传感器，不仅可以解决一些生命活动中的重大问题，还将在疾病的早期诊断及治疗中发挥巨大的作用。例如，它可以在检测和治疗病理异常疾病的时候为临床医生提供一种强有力的方法。适用于诊断和治疗用途的理想化纳米诊断示踪材料应该体现出良好的物理稳定性，良好的生物相容性，以及对靶标的高度亲和性及选择性。用于疾病早期诊断的纳米示踪试剂很多，如半导体量子点、纳米金及磁性纳米粒纳米诊断试剂等。

（一）磁性纳米粒

磁性纳米粒（magnetic nanoparticles，MNP）是一种新型的纳米磁性材料，具有核 - 壳式结构，有纳米材料所特有的性质，通常由铁、镍、钴等金属的氧化物组成磁性核，高分子材料组成壳。MNP粒径在10～1 000nm，它具有以下特点：①可被动靶向于肝、脾、肺、骨髓等网状内皮系统丰富的器官；②可透过靶组织内皮细胞，将所载药物在细胞或亚细胞水平释放；③由于渗透和滞留增强（EPR）效应，使MNP易在肿瘤部位富集；④能较好地分散在体系中不易沉降；⑤可偶联的分子较多。利用MNP的这些特点，MNP在生物医学、药学等方面具有广泛的用途。

超顺磁性氧化铁（SPIO）是一种网状内皮系统对比剂，可用于肝、脾、淋巴结、骨髓等富含网状皮状内皮细胞的组织和器官的成像显影。SPIO作为磁共振成像（MRI）对比剂，具有组织特异性、安全性好、放射线不透过性等优点，人们将其用于临床，对肿瘤进行诊断根据SPIO颗粒大小分为两大类：一类为普通的SPIO（直径一般在40～400nm）；另一类为超微型SPIO（最大直径不超过30nm），可用作肝脏、脾脏等部位的MRI，而超微型SPIO可用作血管成像及磁共振淋巴成像。

肝癌是危害人类健康与生命的恶性疾病之一，病人早期没有明显的症状，而发现时可能已到晚期，死亡率很高。根据肝肿瘤与正常肝组织所表现的MRI信号差异，以SPIO作MRI的对比剂，可用来诊断良性肝肿瘤、恶性肝肿瘤及肝硬化、肝炎等肝脏疾病。而超微型SPIO更有助于肝血管瘤的检出和定性诊断，这种对比剂在国外已经用于临床诊断，但由于它的制作工艺复杂、价格昂贵，在我国并未广泛使用。为此，中国医科大学的陈丽英教授与中国科学院金属研究所合作，研究超微型SPIO脂质体，该物质可用于发现直径小于3mm的肝肿瘤，对于肝癌的早期诊断与治疗具有十分重要的意义。SPIO的MRI技术除用于肝病的诊断外，还可用于心肌缺血、脑血流灌注等心脑梗阻疾病的定位和诊断。另外，纳米免疫磁性颗粒也是以磁性材料（主要为Fe_3O_4、γ-Fe_2O_3）为固相载体，在其表面引入活性基团（氨基、羧基、羟基、醛基等），通过偶联反应将抗体、酶等物质结合在载体上，既保留了大分子的生物学活性，在外加磁场作用下又可定向移动，因其具有高特异性、高分离性和高独立性等优点，使其在细胞、蛋白质、核酸的分离，微生物检测，肿瘤诊断，药物靶向治疗中发挥重要作用。

超顺磁性氧化铁已成功用于临床医学的MRI，对肿瘤的诊断具有十分重要的意义。但是，如何提高超顺磁性氧化铁在恶性肿瘤中累积的高效性和专一性，获得靶向性释放的能力，还需要在超顺磁性氧化铁的表面功能化方面进行探索，成像序列的研究还需深入和完善。而普通磁性纳米粒的应用范围还可以进一步拓展。总之，超顺磁性氧化铁在MRI中的应用使人们看到了一步诊断（检出和定性）最终取代多目测诊断（CT、CTAP常规MRI和活检）的希望。

（二）纳米金

纳米金是指直径在1～100nm的微小金颗粒。一般为分散在水中的胶体溶液，故又称胶体金，受能级跃迁和表面等离子体共振的影响，纳米金的颜色随其粒径的逐渐增大而依次呈现出淡橙黄色（<5nm）、酒红色、深红色及蓝紫色的变化，由于胶体溶液中的纳米金由于相互间诱导偶极的影响，容易发生凝聚并引起溶液颜色的变化。

胶体金的性质主要取决于金颗粒的直径及其表面特性。由于其直径与大多数重要的生物大分子（如蛋白质、核酸等）尺寸相近，因此，可利用纳米金作为探针探测组织、细胞内生物大分子的生理功能。而纳米金独特的颜色变化则是其应用于生物化学检测的重要基础。利用待测物能诱导纳米金凝聚的特性，可将纳米金用于DNA、蛋白质、糖类等生物大分子的检测及相关疾病的诊断。

1. DNA功能化的纳米金 DNA靶序列检测技术在致病基因的研究以及疾病诊断等领域有着较为广泛的应用前景。目前，已建立了多种以酶标记、荧光标记、放射性同位素标记技术为基础的DNA序列检测方法。然而，由于以上方法存在灵敏度低、重现性差及环境污染等不足，在应用方面受到了很大的限制。Mirkin等则使用纳米金标记烷巯基化寡核苷酸探针。DNA靶序列检测新方法的优点：①杂交体系的溶解温度的范围窄，选择性很高；②检测的灵敏度大大提高；③检测过程简便、快速，无需特殊仪器。在510～550nm可见光谱范围内有一吸收峰，而其最大吸收波长依赖于颗粒之间的距离和凝聚体的大小。单分散纳米金和标记寡核苷酸探针的纳米金呈红色，而DNA靶序列与纳米金标寡核苷酸探针杂交后，由于DNA片段的相互连接，纳米金会形成三维的网状聚集体，于是体系的吸收峰发生红移，溶液颜色变为紫红色，从而指示靶分子的存在。随着凝聚体的不断增大，这种红移最终将使体系的颜色变为蓝紫色，利用纳米金标记寡核苷酸探针与待测DNA杂交可用于特定DNA靶序列的检测。除光学方法外，电化学方法也可对DNA靶序列的进行检测。例如，将纳米金标记寡核苷酸探针与固定在特定的电极上的DNA靶序杂交，杂交后通过溶出伏安法测定溶解的金属离子的浓度，即可实现对DNA靶序列的定量检测。

2. 蛋白质功能化的纳米金 纳米金由于其在免疫化学中的应用，又被称为免疫金。纳米金对蛋白质的吸附能力较强，这也使蛋白质的标记过程更为简便，并且标记后的蛋白质不易失活。同时，标记后的纳米金不易凝聚，处于更稳定的状态，有利于复合物的长期保存。另外，标记后的纳米金具有良好的生物相容性，因此，可作为探针进行细胞表面及细胞内部核酸、蛋白质、多肽、多糖、等生物大分子的精确定位，也可用于日常的免疫诊断，进行免疫组织化学定位等。

（1）应用于免疫电镜标记物：免疫金电镜技术现已在免疫组织化学中得到了广泛应用。纳米金之所以能够成为电镜技术中理想的免疫标记物主要因其具有如下特性：①纳米金在电镜下具有很高的电子密度，颗粒大小清晰可辨；②通过对纳米金的计量，可实现对被检抗原或抗体的免疫定量研究；③使用不同粒径的纳米金对抗体进行免疫双重或多重标记，可在一张电镜图片中同时显示出两种或多种被检测物质的组织或细胞的超微结构。

（2）应用于流式细胞术：采用荧光素标记的抗体，通过流式细胞仪计数分析细胞表面的特异性抗原，是免疫学研究中的重要技术方法之一。但由于不同荧光素的光谱相互重叠，进行多重标记时区分较为困难。有研究者发现，纳米金可明显改变红色激光的散射角，且与荧光素共同标记，彼此互不干扰。因此，纳米金可作为多参数细胞分析和分选的有效标记物，分析各类细胞表面标志和细胞内含物。

（3）应用于斑点免疫技术：斑点免疫金银染色法是将斑点ELISA与免疫纳米金结合起来的一种方法。首先，将待测蛋白质抗原直接点样在硝酸纤维膜上，与特异性一抗结合后，再滴加纳米金标记的第二抗体，最终则会在抗原抗体反应处发生金颗粒聚集，从而形成肉眼可见的红色斑点，称为斑点免疫金染色法。这一反应可通过银显影液增强，即斑点金银染色法。

（4）应用于免疫印记技术：免疫印迹技术其原理是根据各种抗原分子量大小不同，在电泳过程中泳动的速度不同，因而在硝酸纤维素膜上所占据的位置也不同；在膜上滴加特异性抗体，经抗原-抗体反应后待检抗原即被显色。而纳米金免疫印迹技术与酶标记免疫印迹技术相比，具有简单、快速、灵敏度高等特点。而且，用纳米金对硝酸纤维素膜上未反应抗体染色，还可评估转膜效率，并校正抗原 - 抗体反应的光密度曲线，即可进行定量免疫印迹测定。

(5) 应用于免疫层析技术：免疫层析法是将各种反应试剂以条带状固定在同一试纸条上，待检标本加在试纸条的一端，将一种试剂溶解后，通过毛细作用在层析条上渗滤、移行并与膜上另一种试剂接触，样品中的待测物同层析材料上针对待测物的受体（如抗原或抗体）发生特异性免疫反应。层析过程中免疫复合物被截留、聚集在层析材料的一定区域（检测带），通过可目测的纳米金标记物得到直观的显色结果。而游离标记物则越过检测带，达到与结合标记物自动分离的目的。免疫层析的特点是单一试剂，一步操作，全部试剂可在室温长期保存。这种新的方法将纳米金免疫检测推到了一个崭新的阶段。

(6) 应用于生物传感器：生物传感器是指能感应生物、化学量，并按一定规律将其转换成可用信号（包括电信号、光信号等）输出的器件或装置。在生物传感器方面，纳米金主要设计为免疫传感器，是利用生物体内抗原与抗体的专一性结合而导致电化学变化设计而成。另外，由于纳米金的氧化还原电位为 + 1.68V，具有极强的夺电子能力，可大大提高作为测定血糖的生物传感器葡萄糖氧化酶膜的活性，并且金颗粒越细，其活性越大。

3. 糖功能化的纳米金 糖尿病容易引起各种并发症，且长期影响人体健康，其危害程度仅次于癌症。但目前还没有一种连续、非介入性的方法可对体内的血糖浓度进行监测。因此，如何快速、有效地检测血糖浓度是治疗糖尿病诊断及治疗的关键性问题。Aslan 等则用纳米金的光学特性建立了一种有效的检测血糖浓度的方法。未经修饰的纳米金在溶液中容易形成凝聚体，而经葡聚糖修饰的纳米金可以良好地分散于液溶胶中。利用葡萄糖与刀豆蛋白（Con A）之间的相互作用会引起纳米金吸光特性的变化原理，则可实现葡萄糖浓度的检测。首先，在葡聚糖修饰的纳米金体系中加入 Con A，使葡聚糖与 Con A 结合，从而引起纳米金的凝聚，导致 650nm 吸收峰的吸光度增加；随后，加入含葡萄糖的待测液体，葡萄糖与纳米金结合后可使凝聚的纳米金发生离解，从而使 650nm 吸收峰的吸光度降低。因此，通过吸收光谱即可检测出体液（如尿液、血液、眼泪等）中的葡萄糖浓度，为相关疾病的诊断和治疗提供重要依据。

（三）量子点

量子点因其独特的发光性质而备受关注。量子点是三维受限的、近似球状的无机半导体纳米晶体，表面粗糙，尺寸通常介于 1～12nm，由 200～10 000 个原子组成。量子点又称荧光半导体纳米颗粒，是一类新的荧光探针。它是将半导体量子点与生物识别分子结合，用于成像或作为生物反应过程的标记。与传统的有机荧光染料相比，荧光量子点具有极其优良的光谱特性：①改变量子点的大小和组成可获得从蓝色到红色范围内的发射波谱，大小均匀的量子点谱峰为对称高斯分布，谱峰的半峰宽在 30nm 左右，且斯托克斯位移较大，因而几种不同发射波长的量子点用于不同靶点的同时监测时，可避免光谱干扰；②激发光谱范围宽，当采用单个激发波长便可同时激发不同发射波长的荧光量子点，而激发不同荧光染料，通常需不同的激发波长；③具有荧光量子产率高、光稳定性好等优点，适合于对标记对象进行高灵敏、长时间和实时动态观测；④具有空间兼容性，一个量子点可以偶联两种或两种以上的生物分子或配体，用于标记生物大分子的半导体纳米材料有单核量子点和核壳结构的量子点。单核量子点容易受到杂质和晶格缺陷的影响，荧光量子点产率很低。但是当以其为核心时，用半导体材料包被而形成核壳结构量子点后，就可将量子点产率提高到 50% 左右，甚至更高。量子点作为一种新型荧光诊断试剂，在生物、药物以及生物医学等领域显示出巨大的优势，并且得到了越来越广泛的应用。

1. 量子点用于活体成像及疾病诊断 动物活体中量子点作为光学对比剂结合荧光成像系统可进行肿瘤的定位，实时监测肿瘤细胞的生长和转移，对肿瘤动力学的研究及指导癌症手术提供了帮助。聂书明等首次实现了用量子点同时在活体内定位和成像。Hoshion 等利用量子点通过内吞作用进入小鼠的淋巴瘤细胞。结果显示：量子点标记物在细胞中很稳定，不会影响细胞的活动和功能；被量子点标记的淋巴瘤细胞经尾静脉注入小鼠体内 5d 后，用荧光显微镜和流式细胞仪结合组织切片观察，量子点标记物在外周血中的浓度约为 10%。Nie 等以此为基础，发展了一种多功能的纳米探针，用于活体肿瘤的靶向定位及成像诊断。从细胞以及活体水平上研究了这种多功能纳米探针在生物体内的分布、非特异性吸附、细胞毒性以及药代动力学。如果这一探针表面不偶联肿瘤抗原识别试剂，而偶联一些用于癌症诊断和治疗的药物试剂，如合成有机分子、寡聚核苷酸或多肽，就可以进行早期的诊断及靶向治疗。

2. 量子点用于荧光免疫分析 免疫分析是目前疾病诊断的一项重要手段，在现有的免疫诊断方法中，固相免疫法以放射免疫检测法（RIA）和酶免疫检测法（EIA）应用最为广泛。Goldman 等将量子点与抗体结合用于荧光免疫分析。他们利用重组蛋白通过静电作用结合到量子点上，成功将抗体标记的量子点诊断试剂用于葡萄球菌肠毒素 B（SEB）的检测，SEB 的检测限为 2ng/ml。然而，固相免疫法操作复杂，存在误检；相比较而言，液相法免疫反应和信号测定在溶液中进一步完成，反应速度较快，操作也相对简单。2004 年，Goldman 等在溶液中成功实现了志贺样毒素（SLT）、SEB、霍乱毒素（CT）、蓖麻毒素（ricin）四中蛋白质毒素在同一个微孔板上的同时测定，使量子点探针用于实际样品中多种毒素及其相关疾病的同时检测成为可能。

量子点作为荧光共振能量转移（FRET）的供体有很大优势，量子点具有宽的激发光谱、窄而对称的发射光谱、大的吸收截面积，这样就可以通过选择合适的激发波长尽可能减少对受体分子的直接激发，从而提高荧光共振能量转移效率。MURRAY 等将生物素化的牛血清白蛋白（BSA）偶联到水溶性的 CdSe/ZnS 核 - 壳量子点表面，与四甲基罗丹明（TMR）标记的亲和素作用，通过生物素 - 亲和素之间的特异性相互作用，观察到量子点与四甲基罗丹明之间发生了荧光共振能量转移。

3. 量子点编码和细胞成像分析诊断 量子点是由相同物质构成的颗粒，随着粒径大小的变化，其发出的颜色也会发生改变，不同大小的量子点发光的光谱范围不同，利用量子点的这一特性可以识别 DNA 序列或抗体的特别编码方式。2001 年，Nie 等提出用量子点进行多元光学编码及高通量分析诊断。他们制作了直径为 112μm 的高分子小球，将不同数量、不同尺寸的量子点包埋到微球中，然后将单链 DNA 偶联到微球表面，进行高通量核酸杂交分析。最近，Nie 等将这种编码微球用于检测小鼠前列腺的癌细胞，取得了很好的效果。这种技术与 DNA 芯片相结合，可大大简化分析过程，并提高分析的灵敏度。这些编码微珠可望用于基因组学、蛋白组学、高通量药物筛选及医学诊断等领域。Bruchez 课题组通过将量子点连接到免疫球蛋白 G 和链霉胍上，合成了特异性免疫荧光探针。探针在亚细胞水平有较高的标记效率，能在不同的亚细胞位置标记不同类型的目标。此外，该小组还利用不同颜色的量子点在同一细胞中同时检测了两种待测目标。这些结果都说明了量子点作为荧光标记物在生物和生物医学细胞成像中的优势。

三、纳米材料毒理学研究概况

纳米科技和纳米材料的研究虽然处于起步阶段，但发展迅猛，纳米材料的应用领域不断增加。尽管纳米技术带给我们许多好处，但一些研究表明，纳米颗粒因其小粒径和独特的表面修饰也带来了许多不利影响。纳米颗粒较其他级别颗粒更容易进入机体，对体液、细胞、组织、分子甚至核苷酸片段产生毒性反应，因此从接触途径到体内的分布、靶器官及靶组织等都应引起我们的足够关注。

（一）纳米材料不同暴露途径的毒性研究

1. 吸入毒性研究 在纳米颗粒对生物体产生的众多影响中，吸入纳米颗粒所产生的毒性尤其值得关注，并受形状、粒径、密度等因素的影响沉积在呼吸道的不同区域。粒径为 1nm 的颗粒，90% 左右沉积在鼻咽部，其余 10% 沉积在气管支气管区，肺泡中几乎无沉积；粒径为 5～10nm 的颗粒，上述 3 个区域的沉积均为 20%～30%，粒径为 10～100nm 的颗粒在肺泡中沉积量最大，气管、支气管次之，鼻咽部最少，粒径为 20nm 的颗粒，有 50% 左右沉积在肺泡内。虽然被吸入体内的纳米颗粒质量浓度并不高，但由于粒径极小，数量是极大的。呼吸道沉积的纳米颗粒可以向肺外组织和器官转移。通过呼吸道上皮细胞的转运作用进入组织间质，直接或经淋巴系统进入血液循环到达其他器官。被呼吸道上皮下的感觉神经末梢（如嗅球、嗅神经）摄取并经轴突向神经节和中枢神经系统转移，有可能引起嗅神经、嗅球以至脑皮质及皮质下结构的异常改变或退行性神经疾病的发生。

Zhou 等比较了大鼠吸入浓度为 $57mg/m^3$ 和 $90mg/m^3$ 的超细铁粉颗粒物（Fe_2O_3，72nm，3d，6h/d）对健康的影响，结果表明，吸入低浓度的铁粉颗粒没有引起大鼠明显的生物学效应，而吸入 $90mg/m^3$ 的铁粉颗粒引起了轻度的呼吸道反应，抗氧化物质减少，谷胱甘肽 S- 转移酶活性、白介素 -1β、肺灌洗液蛋白含量和铁蛋白明显升高，细胞 NF-κB 与 DNA 结合能力升高，但乳酸脱氢酶、还原型谷胱甘肽和氧化型谷胱甘肽水平无明显变化。因此，推断是由于超细颗粒沉积于肺部末梢，与支气管和肺泡内膜接触，继而穿过细胞膜进入细胞，转化为具有生物活性的铁。另有报道表明，呼吸道上皮细胞暴露于含铁的大气颗粒物后，细胞中铁蛋白的表达量升高。随着暴露剂量的升高，超细铁粉表现出轻微的毒副作用。

碳纳米管作为一种新型的一维纳米材料，可用于疾病诊断、辅助成像和药物传输，具有良好发展前景。但碳纳米管质量轻，可在空气中传播，尤其可以在肺部沉积，由此引起人们对于其生物安全性的关注。对碳纳米管进行吸入毒性评价时，一般用分散剂（如小鼠血清、吐温 -80、PBS 缓冲液等）将其制成混悬液进行动物气管滴入染毒，实验中难以通过常规实验技术对其分散状态进行精确测定。碳纳米管吸入后可能在呼吸道聚集并阻塞气道，到达肺区深部的碳纳米管可以引发肺组织炎症反应、肉芽肿等毒性损伤。与同等剂量的普通粉尘（炭黑、石英）相比，碳纳米管所造成的肺损伤程度更为严重，并具有特异的毒性特点。Lam 等和 Shvedova 等在研究中均采用 14.3nm 超细炭黑和普通石英（1～3μm，传统的致纤维性颗粒）作为阳性对照，采用支气管注入的方式对三种单壁碳纳米管（SWCNTs）的毒性进行了研究。发现所有的 SWCNTs 都可引起肺中心小叶上皮样肉芽肿，且呈剂量 - 效应关系，而阳性对照的损伤作用明显低于碳纳米管，认为碳纳米管的毒性作用并不只是由纳米尺度因素造成的。碳纳米管的物理和化学性质，如纤维状结构、表面化学特性、电输运特性等，可能引发电子转移、氧化反应，导致细胞结构损伤、功能紊乱甚至细胞坏死。

2. 消化道吸收和皮肤毒性研究 人体通过消化道吸收的途径摄入纳米材料可以造成消化系统器官损伤，但金属细颗粒的粒径与消化道吸收毒性之间没有明显的对应关系，纳米材料本身的化学性质可能是其毒性的主要影响因素。金属纳米颗粒可以与动物体内特定的化学基团、酶或细胞结构等发生不同的生化反应，因此不同种类的纳米材料表现出不同的毒性特点。

皮肤是人类阻挡外源性物质的重要屏障系统，它能有效阻止宏观颗粒物经皮肤进入体内，但纳米颗粒由于其超微性，表面能的提高和隧道效应使其能穿越宏观物质所不能穿越的屏障，对人体产生影响。人体生物膜允许通过的分子和离子或蛋白质等大分子的直径约为 10nm，而现在已经能够生产粒径只有头发丝直径 1/7 000 的金属纳米材料和粒径为 0.5nm 的纳米碳，粒径如此小的纳米颗粒，即使宏观状态时脂 / 水分配系数小，也完全有可能像分子和离子等通过简单扩散或渗透形式经过肺 - 血屏障和皮肤进入体内。因此，皮肤在接触纳米颗粒以及颗粒在穿透过程中是否会产生毒性引起了关注。Shvedova 等在人体角化细胞中研究了 SWCNTs 对与不良反应现象密切相关的基本细胞生长的影响。暴露于 SWCNTs 环境中 18h 后，观察到氧化剂及细胞毒性产生自由原子团的形成、过氧化物堆积、抗氧化剂减少和细胞生存能力降低。实验后发现 SWCNTs 同样也导致培育的人体细胞结构和形态上的变化。研究人员推断工人皮肤接触到未精炼的 SWCNTs 时受到加速氧化产生的压力，会在皮肤中产生毒性。

皮肤暴露也是量子点吸收的一种重要途径。皮肤对量子点的吸收主要是通过直接接触。Kim 等通过给小鼠皮内注射量子点材料，发现量子点一旦进入真皮即可聚集在淋巴结附近，而且很容易被吸收。Ryman 等检测了猪的皮肤对不同粒径、形貌和不同表面修饰基团的量子点的渗透性，发现 24h 内量子点均可透过完整的皮肤，有些能够穿过角质层并在真皮中聚集。Chu 等研究了小鼠皮肤对碲化镉量子点的渗透性，发现量子点能够迅速透过皮肤，并聚集在皮下肌肉细胞中。这说明皮肤对量子点具有很强的渗透性，是量子点进入体内的一个重要入口。

3. 静脉注射毒性研究 通过静脉注射途径进入血液的纳米颗粒广泛分布于肝、脾、淋巴结等处的网状内皮系统，如肝脏内的库普弗细胞。丁永梅等利用化学共沉淀一步法制备超小型超顺磁性氧化铁（USPIO）纳米颗粒，采用化学交联法将含有 RGD 序列的环形短肽（cRGD）与 USPIO 共价结合制备具有肿瘤新生血管靶向的超顺磁性氧化铁纳米颗粒。采用最大给药量的方法，观察受试小鼠的急性毒性，结果未见有小鼠死亡，实验制备的新生血管靶向超顺磁性氧化铁对比剂经小鼠尾静脉注射时，LD_{50} > 570mg Fe/kg，远高于临床所需用量（0.56～0.84mg Fe/kg）。高剂量组在给药后有暂时的少动现象；血清主要生化指标、脏器指数同对照组比较没有统计学意义；各组小鼠脏器标本的病理切片 HE 染色各个脏器未发现明显的病理学改变。通过建立A549裸鼠移植瘤模型，利用尾静脉注射USPIO和cRGD-USPIO，24h后进行MRI检测并收集信号强度，动物体内MRI诊断结果显示，USPIO组信号强度降低值为315.76±69.85，cRGD-USPIO组的信号强度降低值为792.17±116.51，约是USPIO组信号强度降低值的2.5倍，肿瘤信号强度明显降低（$P<0.01$）。

Hussain等研究了不同粒径的多种金属或金属氧化物颗粒对BRL-3A大鼠肝细胞的毒性作用，包括Ag（15nm、100nm）、MoO_3（150nm）、Al（103nm）、Fe_3O_4（30nm、47nm）、TiO_2（40nm）、CdO（1μm）、MnO_2（1～2μm）、W（27μm）。结果显示，高浓度样品使肝细胞萎缩或其他形态异常改变，而低浓度时并无毒性表现；浓度相同时不同种类的金属纳米颗粒毒性不同，其中Ag纳米颗粒的毒性作用最强；而两种粒径的Fe_3O_4无毒性差异。

（二）纳米材料在医学领域应用的安全性

目前，虽然纳米材料在医学领域的应用越来越广泛，但是纳米材料的特异性能使原本无毒或毒性不强的物质或材料，在生物体内开始出现毒性或毒性明显加强，纳米材料的安全风险限制了其在医学领域的应用范围。

1. 在生物体整体水平上的毒性 当纳米材料进入生物体后首先是通过体液流动渗透进入血液循环系统，通过体内循环进入组织液、淋巴等。随着体液的流动，纳米材料将进入其他的器官或在组织中蓄积，而纳米颗粒十分微小，可以穿过血-脑屏障、血-眼屏障，极有可能在这些地方蓄积并起破坏作用。

（1）对肺部的损伤：纳米颗粒在肺部吸收、转移、分布，可能引起严重的肺部炎症、上皮细胞增生、肺部纤维化及肺部肿瘤，以及死亡。目前被广泛接受的“肺部超负荷”理论认为，颗粒长期高浓度存在可损伤巨噬细胞的清除功能，产生慢性纤维化而致癌；也可能由于氧化作用直接造成DNA损伤。Shvedova等使用含少量杂质的SWCNTs在10～40g/kg剂量时，观察到随着小鼠肺功能降低，肺纤维化产生，出现急性炎症反应。病理学观察表明，纳米TiO_2可以引起炎症、肺细胞增生等病理改变。

（2）对脑部的损伤：研究者对谷氨酸修饰的磁性Fe_2O_3纳米颗粒在小鼠体内的代谢情况进行了研究，发现尾静脉注射5 112mg/kg的Fe_2O_3-Glu纳米颗粒后，在小鼠脑组织、性腺、眼球中能检测到，表明该纳米颗粒可以穿过血-脑屏障、血-睾屏障和血-眼屏障。王江雪等用50mg/kg的剂量给CD雌性小鼠隔天鼻腔滴注TiO_2水悬浮液，测量TiO_2在小脑中的蓄积和对小脑单胺类神经递质的影响，结果表明TiO_2颗粒可以经鼻黏膜吸收入脑并蓄积于脑组织，影响脑中单胺类神经递质的代谢。

（3）对肝、肾的损伤：郑国颖等选取硫化镉纳米颗粒和硫化镉纳米棒染毒小鼠，观察其对小鼠肝脏和肾脏的毒性作用。实验结果显示，粒径较小的硫化镉纳米颗粒对肝肾的毒性大于直径较大的硫化镉纳米棒，可能原因是粒径小的纳米颗粒容易通过机体屏障，更容易蓄积在肝、肾等组织中，因而对肝、肾等组织造成比粒径大的材料更严重的损伤。

2. 在细胞水平上的毒性 纳米材料在体液中游动时，有可能会与细胞表面的载体通道、各种受体等结合，使蛋白质结构构象发生转变，活性体等变性，在分子水平上引起细胞功能的受阻，这种情况下进入细胞内的纳米颗粒的破坏作用则更加强烈。研究发现，材料的拓扑结构和化学特性是决定细胞与其相互作用的重要因素，某些纳米拓扑结构会促进细胞的黏附、铺展和细胞骨架的形成，但是在某些情况下，纳米拓扑结构会对细胞骨架分布和张力纤维的取向产生负面影响。纳米材料对细胞的影响是多方面的，能诱导细胞凋亡，扰乱细胞周期（G1期阻滞、G2/M期阻滞），诱导炎性因子（TNF-2、IL-28）的释放，诱导氧化应激，降低细胞黏附力等。

高宁宁等研究发现碳纳米管能进入细胞，并影响细胞结构，在低剂量下可以刺激肺巨噬细胞的吞噬能力，但在高剂量下，则严重降低肺巨噬细胞对外源性毒物的吞噬功能。庞小峰等用MTT比色分析技术研究了纳米氧化钛（100nm和1 000nm）对人肝细胞（L02细胞株）的影响，发现纳米TiO_2游离于细胞之间，阻碍胞间通信，降低细胞的生长速度。Hussain等的体外研究表明，银纳米颗粒（15nm）和$AgNO_3$溶液均可使PC12细胞体积减小、细胞膜边界模糊，而且可以使反映细胞线粒体功能的指标多巴胺[4-(2-氨基乙基)-1,2-苯二酚，DA]及DA代谢产物DOPAC（二羟苯乙酸）和HVA（3-甲氧-4-羟基苯乙酸）浓度下降。陈月月利用人正常肝细胞HL-7702为研究对象，研究GNPs的毒性作用，结果表明：GNPs可导致

HL-7702 细胞的存活率下降；使细胞的 ROS 增多，导致细胞线粒体膜电位降低，诱导细胞发生凋亡，影响细胞周期进程。

第二节 纳米载药系统与纳米药物

一、概述

纳米科技（nanotechnology）是以 1～100nm 尺度的物质或结构为研究对象的学科，即指通过一定的微细加工方式直接操纵原子、分子或原子团、分子团，使其重新排列组合，形成新的具有纳米尺度的物质或结构，进而研究其特性及其实际应用的一门新兴科学与技术。纳米科技自 20 世纪被提出之后，在材料、冶金、化学化工、医学、环境、食品等各领域均表现出巨大的应用前景。在药物研究领域，由于纳米技术的不断渗透和影响，引发了药物领域一场深远的革命，从而出现了“纳米药物”这一新名词。纳米药物是指运用纳米技术（特别是纳米化制备技术）研究开发的一类新的药物制剂，以高分子纳米粒、纳米球、纳米胶囊等为载体，与药物以一定方式结合在一起后制成的药物。纳米药物制剂中活性成分或其载体粒子的尺寸是纳米药物的首要特征，也是纳米药物所呈现纳米效应的重要基础。在材料学领域，一般将纳米材料的尺寸界定为 0.1～100nm，因为在此范围内，纳米粒子由于量子尺寸效应、小尺寸效应、表面效应以及宏观量子隧道效应等，呈现出与宏观块体材料不同的奇异的物理、化学性质。目前关于纳米药物尺寸范围存在不同看法，其粒径可能超过 100nm，但通常应小于 500nm。

纳米科技与现代制剂技术交叉、融合产生的纳米制剂技术，其核心是药物的纳米化技术，包括药物的直接纳米化和纳米载药系统。药物直接纳米化是直接将原料药物加工制成纳米粒，通过纳米沉淀技术或超细粉碎技术得到 1 000nm 以下的药物纳米混悬液；后者则通过高分子纳米球、纳米胶囊、固体脂质纳米粒、微乳 / 亚微乳、纳米脂质体、纳米磁球、聚合物胶束、树状大分子，以及无机纳米载体等，使药物以溶解、分散、包裹、吸附、偶联等方式成为纳米分散体。用于靶向给药的纳米磁球通常是将纳米级磁颗粒分散在高分子纳米粒、脂质体、聚合物胶束等载体中制备而得。

二、纳米载药系统

近年来，人们发现一些原本在体外实验中筛选出的很有希望的药物，大部分在Ⅰ期临床试验，甚至是临床前的研究中被弃用。其主要原因是：吸收差、代谢或清除迅速而导致难以达到有效血药浓度（如肽类、蛋白质等）；副作用较大的药物在非作用组织中广泛分布；药物水溶性差而无法用于静脉给药；药物在血浆中的浓度范围波动较大。因此，开发新的药物输送系统在新药的研发和应用过程中，占有越来越重要的地位，而纳米载药系统的出现，也正为解决这些问题提供了可能。纳米载药系统包括脂质纳米粒、聚合物纳米粒、微乳、分子凝胶等，可以作为多种药物的有效输送载体，如抗癌药、抗生素、抗病毒药、多肽和蛋白质、核酸、疫苗以及诊断用药等，并且可制成口服制剂、注射剂、滴眼剂等多种剂型。

纳米载药系统可以使药物的药效增强，减弱不良反应；可以使药物溶解度增加，黏附性提高，表面积增大，从而改善吸收，提高生物利用度；可以将药物被动靶向输送到肝、脾、肺、骨髓、淋巴等部位，或经修饰后达到主动靶向输送的目的，从而改变药物的体内分布，提高靶部位的药物浓度；可以调节药物的体内循环时间和控制药物分子的释放速度，达到缓释或控释效果，延长药物作用时间；可以防止生物技术药品、疫苗、核苷酸等在体内酶解失活，提高药物稳定性；此外，还可以提高蛋白质和多肽类药物在消化道内的稳定性，用以建立一些新的给药途径。载体或其生物学降解产物应能被体内清除。现有研究成果已充分显示纳米载药系统对新药的研发有重要意义。

1. 纳米混悬液（nanosuspension） 是在表面活性剂和水等存在的情况下，采用特殊工艺技术和设备直接将药物粉碎制成的纳米悬浮制剂。与传统剂型相比，纳米混悬剂除增加黏附性和晶体结构中无定形粒子外，提高了难溶性药物的饱和溶解度和溶出速度，以提高生物利用度、减少用药量、降低不良反应，适合于多种途径给药。如将抗艾滋病药物 bupravaquone 制成具有黏膜黏附性的纳米混悬液后，其生物利用度提高到 40%，疗效提高 215 倍，剂量显著降低。

2. 高分子纳米粒(polymer nanoparticle, PNP) 是由高分子纳米球和高分子纳米胶囊组成的，是直径为 10～1 000nm 的一类聚合物胶体系统，前者属于基质骨架型，药物吸附或分散其中。后者由高分子材料形成的外壳和液状（水或油状）内核构成，药物通常被聚合物膜包封在内层，属于药库膜壳型。随着超临界流体沉淀技术（supercritical fluid precipitation，SFP）的应用，已出现了包裹固体药物纳米颗粒的纳米胶囊。PNP 可以改变药物的体内分布特征，具有缓释和靶向给药特性，可以增加药物的稳定性，提高药物的生物利用度。制备 PNP 的高分子材料包括天然的和合成的两大类，前者如明胶、白蛋白、壳聚糖等，后者如聚乳酸（PLA）、丙交酯 - 乙交酯共聚物（PLGA）、聚氰基丙烯酸酯（PCA）等。制备纳米粒的方法主要有乳化聚合法、天然高分子聚合法、液中干燥法、自动乳化 / 溶剂扩散法、超临界流体法、复乳法、溶剂挥发法等。分子自组装法由于在制备过程中不需要添加乳化剂、表面活性剂等有机溶剂，可减少载体的毒性；另外，该方法工艺简单、成本低，具有很好的产品开发前景。由于制备过程的不同，纳米粒可用于包裹亲水性药物或疏水性药物，适用于不同的给药途径，如静脉注射的靶向作用，肌内皮下注射的缓释作用。有研究表明，聚乳酸纳米粒能明显延长冬凌草素甲在血液循环中的滞留时间，给小鼠静脉注射该纳米粒后，起初 4h 冬凌草素甲释放 30.78%，后来的 72h 释放 89.98%，所以冬凌草素甲从乳酸纳米粒的释放呈现双相性，即早期的迅速释放接着缓慢持续的释放。口服给药的高分子纳米粒也可用于非降解性材料制备，如乙基纤维素、丙烯酸树脂等。

3. 纳米脂质体(nanoliposome, NL) 按照脂质体的结构所包含类脂质双分子层的层数及粒径可以分为粒径在 20～80nm 的小单室脂质体（single unilamellar vesicles，SUV）、粒径在 100～1 000nm 的大单室脂质体（large unilamellar vesicles，LUV）和粒径在 1～5μm 的多室脂质体（multilamellar vesicles，MUV），目前的脂质体以小单室脂质体居多。纳米脂质体作为一种新型定向药物控释载体越来越受到重视。脂质体通常由卵磷脂和胆固醇构成，是由磷脂依靠疏水缔合作用在水中自发形成的一种分子有序组合体，为多层囊泡结构，每层均为类脂双分子膜，层间和脂质体内核为水相，双分子膜间为油相。脂质体是治疗肝寄生虫病、利什曼病等网状内皮系统疾病理想的药物载体。另外，因为脂质体的主要辅料为磷脂，而磷脂在血液中消除极为缓慢，药物包埋在脂质体中缓慢释放，延长了药物的作用时间，起到长效作用，使病灶部位充分得到治疗。同时，脂质体具有结构可修饰性，如单克隆抗体修饰的免疫脂质体借助于抗原与抗体的特异反应，将载药脂质体定向输入，使靶器官或组织的药物浓度提高，而另外的器官和组织的药物浓度降低，从而减小了药物对这些器官或组织的不良反应。近年来，阳离子脂质体用作基因转移的有效载体较病毒类载体有更大的优势，受到了广泛关注。脂质体制备方法包括溶剂注入法、薄膜分散法、反相蒸发法、冷冻干燥法、表面活性剂处理法等。

4. 固体脂质纳米粒(solid lipid nanoparticles, SLN) 是近年来很受重视的一种纳米颗粒类给药系统，是实心脂质纳米粒的粒径为 50～1 000nm 的固体胶粒给药系统。与以磷脂为主要成分的脂质体分子层结构不同，SLN 是以多种固态的、天然的或合成的类脂材料如脂肪酸、脂肪醇及磷脂等形成的固体颗粒。SLN 具有靶向控释、增强药物稳定性、载药量高、毒性小并可灭菌等优点。主要用于难溶性药物的包裹，如多柔比星和环孢素等，用作静脉注射或局部给药，还可以作为靶向定位和控释作用的载体。Petri 等研究发现，泊洛沙姆 -188 包被的 PBCA 纳米颗粒与吐温 -80 包被的 PBCA 纳米颗粒均能显著提高多柔比星的抗脑肿瘤活性。它可用作静脉注射或局部用药，也可作为靶向定位和控释作用的载体，能避免药物的降解和泄漏。与脂质体相比，SLN 具有毒性低、载药量高、生物稳定性好等特点。既可以装载亲水性药物，又能用于装载疏水性药物，适合大规模生产。SLN 的制备方法主要有超声分散法、高压均化法、溶剂乳化法 / 挥发法及微乳法等。有研究采用改良的高剪切乳化超声法制备实心脂质纳米粒，平均粒径为 106nm，稳定性较好，可制成冷冻干燥剂，用以包封，临床用于米非司酮，包封率为 87.89%。利用生物聚合物和非生物聚合物制得的纳米粒，可将治疗糖尿病的药物胰岛素包裹在纳米粒的内核，对胰岛素的包封率可达 96%，并且实验证明有很好的缓控释效果。SLN 的突出优点是材料安全、制备过程快速有效、能大量生产、可避免使用有机溶剂制备高浓度脂类的分散体，缺点是载药量低、多种胶体粒共存、物理状态复杂、储藏和给药过程的稳定性差（凝胶化、粒径增大、药物渗漏）。SLN 在经皮给药方面的成就令人鼓舞，将成为其主要应用领域。

5. 微乳（microemulsion，ME） 由油、水、表面活性剂和辅助表面活性剂四部分组成，它是粒径为10～100nm 的乳滴分散在另一种液体中形成的胶体分散系统，其乳滴多为球形，大小比较均匀，透明或半透明，经热压灭菌或离心也不能使之分层，通常属热力学稳定系统。微乳能解决许多水不溶性药物存在的低口服生物利用度的缺点，能增加难溶性药物的溶解度，增强水溶性药物的稳定性，提高药物的生物利用度，同时具有药物的缓控释和靶向性，而且适合于工业化的制备。另外，它还有见效快、受食物影响小和个体差异小的优点。微乳所具有的高扩散性和皮肤渗透性，使其在透皮吸收制剂的研究方面受到极大关注。

6. 聚合物胶束（polymeric micelle） 是近几年来迅速发展的一类两亲性共聚物形成的新型纳米载药系统。因其具有亲水性外壳及疏水性内核，适合携带不同性质的药物，可以逃避单核巨噬细胞的吞噬，使药物具有隐形性。聚合物胶束具有载药量大、稳定性好、可修饰性强、难溶性药物的增溶作用和生物相容性好等特点。常用的合成聚合物胶束亲水链段为聚乙二醇、聚氧乙烯、聚氧丙烯等，疏水嵌段包括 L- 赖氨酸、聚乳酸、聚天冬氨酸、聚丙交酯 - 乙交酯、壳聚糖等。由于亲水端可通过修饰（偶联配体或抗体），使聚合物胶束具有细胞靶向作用，聚合物胶束可通过结构设计解决肿瘤靶向治疗过程中多个屏障作用，实现长循环、通透性增强与滞留效应（enhanced permeability and retention effect，EPR）、受体 - 配体或抗原 - 抗体介导、pH 敏感性或温度敏感性及多药耐药性（multi drug resistance，MDR）抑制功能，从而提高药物的靶向性。

7. 纳米磁性颗粒（nanometer-sized magnetic particles） 当前药物载体的研究热点是磁性纳米颗粒，由药物磁铁颗粒载体及骨架材料组成。该药物在外磁场作用下，通过纳米颗粒的磁性导航，使药物移向病变部位，达到定向治疗目的。磁性纳米颗粒，特别是顺磁性或超顺磁性的铁氧体纳米颗粒在外加磁场的作用下，温度升高至 40～45℃时，可达到杀死肿瘤细胞的目的。张阳德等开展了高性能磁性纳米颗粒 DNA 多柔比星治疗肝癌的研究，结果表明磁性多柔比星白蛋白纳米颗粒具有高效磁靶向性，在大鼠移植肝肿瘤中的聚集明显增加，而且对移植性肝肿瘤有很好的疗效。白蛋白纳米颗粒与白蛋白受体结合后，使紫杉醇易于从血管渗透到肿瘤组织，能增加局部肿瘤药物浓度，治疗转移性乳腺癌的效果是游离紫杉醇的 2 倍。

8. 树状大分子（dendrimer） 是一种新型的三维、高度支化的并且可以从分子水平对其大小、形状、结构和功能基团进行设计的新型纳米载药系统。为放射状对称的球形多聚物，表现出了树枝状的几何外观。因为其形状及表面功能基团的设置精细，故又有人工球状蛋白之称。树状大分子的合成方法有收敛法和发散法两种。分子表面有极高的官能团密度，分子有球状外形，分子内部有广阔的空腔特性，与传统的药物载体相比，具有生物相容性好、无免疫原性、易溶于水、末端氨基可进一步修饰等特点。

三、纳米药物的临床毒理学研究

（一）纳米药物在临床医学中的应用

1. 纳米抗肿瘤药物 化学治疗是目前癌症治疗的主要手段之一，但现有的抗肿瘤药物大多特异性差，往往在杀伤肿瘤细胞的同时也损伤正常细胞，不良反应较为严重，甚至不得不因此中断治疗而延误治疗时机。提高癌症化疗效果的重要措施之一是提高抗癌药物对癌组织的分布靶向性以降低药物的毒副作用，而纳米载药系统有利于达到这一目的。脂质体或微胶囊作为药物载体可增加药物的水溶性，使药物获得靶向性，缓释抗肿瘤药物，延长药物在肿瘤内的存留时间，减少给药次数，克服肿瘤组织耐药性，提高疗效，降低毒副作用，延长患肿瘤动物的存活时间，因此纳米载药系统用于制备抗肿瘤药物新剂型具有广阔的前景。

多柔比星（adriamycin，Adr）亦称多柔比星（doxorubicin），是临床常用的蒽环类抗恶性肿瘤药，抑制肿瘤细胞内的核苷酸合成。其具有抗癌谱广、活性强、疗效确切等优点，但由于它对心脏及骨髓有较强的毒性作用，其临床应用受到限制。因此，人们尝试采用纳米颗粒载带多柔比星，以期达到疗效增强、剂量减小而毒性作用降低的目的。将多柔比星与葡聚糖共轭结合物包裹于壳聚糖得到的纳米颗粒粒径在100nm左右。经静脉注射葡聚糖-多柔比星共聚物和这种共聚物包裹在壳聚糖的纳米颗粒的两种方案中，4周之后经纳米颗粒注射组鼠体内的肿瘤体积是单纯注射共聚物组肿瘤体积的60%。而单独给予多柔比星肿瘤体积不减小。

从紫杉树皮中分离得到的天然产物紫杉醇（taxol），是一种微管稳定因子，可以促进小管聚合，进而阻断细胞分裂所需动力学条件而造成细胞死亡。临床对多种癌症，如卵巢癌、乳腺癌等有效，尤其对耐常规药物的肿瘤也能取得较好疗效。紫杉醇的水溶性差，但易溶于许多有机溶剂（如乙醇）中。因而使之易于应用于更先进的合成方案中，其合成方案包括替溶剂系统、乳化作用、胶束化、脂质体和包埋于环糊精。将紫杉醇包封于粒径为50～60nm的聚乙烯吡咯烷酮纳米粒中，给移植有B16F10鼠黑素瘤的C57B16小鼠后静脉注射，肿瘤体积明显减小，动物存活时间延长，紫杉醇纳米粒的抗肿瘤活性明显强于等剂量的游离型紫杉醇，提示紫杉醇包封于聚合物纳米粒可以有效提高其对实体瘤的临床疗效。对紫杉醇药质体的毒性研究表明，无论是腹腔还是静脉注射，其毒性均为紫杉醇注射剂的1/10左右。用丙酮和PLGA纳米凝集法可获得很高的紫杉醇载药率，接近100%。粒径在369～1 764nm的纳米颗粒包封率在43%～83%。这种纳米载药系统可以在体外释放1个月，第1d的突释率为15%，随后持续以较稳定的释放率缓慢释放，1个月后60%的紫杉醇完全释放。

最近有研究者开发了一种新型的对温度、pH感应并且可生物降解的纳米载体PLA-g-P（NIPAmco-MAA），即将聚*D*，*L*-乳酸连接于聚N-异丙基丙烯酰胺和异丁烯酸获得的复合物。该研究中将这种新型纳米载体用于负载5-氟尿嘧啶（5-FU）进行体外释放实验，结果显示5-FU的释放明显受介质的pH控制，通过调节聚合物的分子结构可改变其对不同pH的敏感程度，因此可选择性将药物输送到具有特定pH的靶器官。

此外，纳米药物还有助于克服肿瘤组织耐药性问题。多药耐药是导致肿瘤化疗失败的重要原因，它的产生与P-糖蛋白（P-glycoprotein，Pgp）的表达增加密切相关，因为Pgp能够将细胞内的药物泵至胞外，使细胞内药物浓度降低而无法有效杀伤肿瘤细胞。Cuvier等研究表明，多柔比星纳米粒对5种多柔比星耐药细胞株的半数致死量（LD_{50}）较游离多柔比星明显下降，表明多柔比星纳米粒能够逆转细胞耐药性。李云春等关于免疫纳米粒抗癌作用机制的研究也显示，以抗人肝癌单克隆抗体HAb18为导向载体的多柔比星人体白蛋白（HSA）免疫纳米粒HAb18-多柔比星-HSA-NP，能够结合在人肝癌细胞SMMC-7721多药耐药株表面并内化，增强癌细胞对多柔比星的敏感性，使细胞耐药倍数比对游离多柔比星明显降低，说明HAb18-多柔比星-HSA-NP在一定程度上逆转多药耐药。

2. 纳米抗菌药 细胞内细菌感染应用抗菌药物治疗疗效较低，是抗菌药物治疗中的一个特殊问题。有效的治疗必须在细菌寄居部位，抗菌药物具有相当高的浓度和抗菌活性。当前使用的抗菌药物大多数是沿用传统剂型给药，药物进入人体后自由地分布，而不是定向分布于其药物学受体。这主要是由于体内对药物存在巨大屏障，药物仅有少部分到达靶位，浓度达不到应有的疗效。另外，细菌可在宿主的组织细胞内生长和繁殖，并不断释放，造成感染的复发。抗生素进入细胞的能力较弱，因此大多数细胞内细菌感染的治疗十分困难。以纳米载药系统输送药物则有利于治疗细胞内感染。

氨苄西林（ampicillin）的聚氰基丙烯酸异己酯（polyisohexylcyanoacrylate，PIHCA）纳米粒，平均粒径187nm，给感染沙门菌的C57BL/6J小鼠注射用药后，氨苄西林纳米粒0.8mg药物与原药32mg的抗菌活性相当，并且该组小鼠全部存活，而对照组和非纳米粒治疗组小鼠在感染后10d内全部死亡，表明氨苄西林纳米粒用于抗细胞内细菌感染作用显著。体内分布实验进一步表明，氨苄西林纳米粒治疗指数显著提高是因为纳米粒注射进入体内后，药物主要浓集于肝脏和脾脏，而这些脏器正是该实验感染模型的主要感染部位。

采用乳化聚合法制备得到庆大霉素（gentamicin，GM）PBCA纳米粒，平均粒径为63.39nm，载药量42.79%。以鼠伤寒沙门杆菌感染的C57BL/6J小鼠为细胞内感染的动物模型，对GM纳米粒的体内抗菌活性进行评价。研究发现，GM纳米粒组的剂量为2mg/kg时，其存活率与GM溶液组20mg/kg时接近，也就是治疗指数提高了10倍。肝、脾、肾中活菌计数最低可降至GM溶液组的1/426、1/426、1/141、1/30，说明GM纳米球与原药相比明显提高了对伤寒沙门杆菌感染小鼠的治疗效果。

两性霉素B(amphotericin B，AMPH-B)是一种广谱抗真菌药，但其毒副作用强，尤其是中毒性肾损害较严重而使临床应用受到限制。包裹AMPH-B的脂质纳米球有利于提高疗效和降低毒性。以新型隐球菌为实验菌株，体外实验表明AMPH-B脂质纳米球的抑菌作用比AMPH-B强16倍。肺隐球菌疾病模型鼠体内实验发现，低剂量(0.8mg/kg)治疗时，AMPH-B纳米球与AMPH-B作用相当；高剂量(2mg/kg)用药时，AMPH-B纳米球组有30%小鼠存活期超过60d，而AMPH-B治疗组小鼠在接种隐球菌后6d内全部死亡，可见AMPH-B纳米球相比AMPH-B毒性明显降低。另有研究表明，AMPH-B脂质纳米球抗烟曲霉菌、白色念菌的活性比AMPH-B更强。体外细胞培养结果表明，AMPH-B纳米球对肾小管上皮细胞的损伤明显低于AMPH-B。鼠静脉输注AMPH-B 3mg/kg时，血清血液尿素和肌酐浓度明显升高，肾小管组织大量坏死，而给予同样剂量的AMPH-B纳米球则未观察到上述变化。由此可见AMPH-B脂质纳米球显著降低AMPH-B的中毒性肾损害作用。

3. 纳米抗病毒药 采用纳米给药系统，可增强抗病毒药物的药效，降低其副作用。对于难溶性抗病毒药物，可增大表面积，增加溶解度，提高黏附性，提高口服生物利用度；增加眼内局部给药的药物浓度，延长药物作用时间；增强外用制剂的透皮吸收作用，提高治疗效果；可将抗病毒药物输送到特定的靶器官，实现靶向病毒感染肝脏、脑部及中枢神经系统的治疗；调解药物的体内循环时间，控制药物的释放速度，达到缓释或控释效果，延长药物作用时间。这种给药系统还可提高核苷酸、多肽类的抗病毒药物在体内的稳定性等。

利巴韦林(ribavirin)为白色结晶粉末，无臭、无味。在水中易溶，在乙醇中微溶，在乙醚或氯仿中不溶，其2%水溶的pH为4.0～6.5。利巴韦林有光谱抗病毒作用。动物实验对小鼠流感病毒肺炎、家兔疱疹及痘苗病毒角膜炎、猴感染拉萨热病毒均有治疗作用。利巴韦林难以越过血-脑屏障，对小鼠乙型脑炎病毒感染无效，口服生物利用度约5%。采用离心造粉末层析法制备利巴韦林含药素丸，再用丙烯酸树脂水分散体包衣，得到利巴韦林缓释微丸，粒径为650～750μm，收得率90.1%，载药量72.5%，而释药动力学受渗透压驱动。另有学者以大豆磷脂为原料，加入胆固醇和维生素E，混匀后得乳白色脂质体微囊泡乳状液，经薄膜蒸发得到利巴韦林前体脂质体，其形态为不规则的乳白色球体，水化后得脂质体乳液，其平均粒径为300.8nm，粒径分布较均匀，包封率约22%。脂质体乳液对肝脏有较强的靶向性，而鼻腔给药，能提高药物在肺部的分布，但对于药物穿透血-脑屏障无促进作用。大鼠灌胃利巴韦林脂质体口服乳900mg/kg，与市售的利巴韦林口服液相比，脂质体乳液释药更平缓，在体内滞留时间长于市售的口服液。

齐多夫定(zidovudine，AZT)是美国FDA批准上市的第1个抗艾滋病药物，是治疗HIV感染的一线药物，但其半衰期短(0.8～1h)，需频繁给药以维持有效浓度。长期使用会造成剂量依赖性，增加剂量又会导致骨髓毒性。AZT只有进入细胞内转化成三磷酸化物才能发挥抗病毒的作用。Dembri等用乳化聚合法制备标记的AZT聚氰基丙烯酸异己酯纳米粒(AZT-PIHCA-NPs)，并研究了其对大鼠胃肠道和相关淋巴组织的靶向作用，AZT-PIHCA-NPs平均粒径25nm，载药量8%，包封率50%。大鼠分别给予胶体状纳米混悬液和AZT水溶液0.25mg/100kg，30min及90min后，AZT水溶液被迅速吸收并从尿液排泄，而纳米混悬液在胃肠道中有较长的滞留时间，其AZT的含量分别为给药量的67%及64%，比AZT水溶液高出4.4～5.9倍，两组药物在血液和肝、脾、肺、肾等其他器官的AZT含量不足5%。

4. 纳米激素药物 目前，激素及相关药物在临床应用受到很大限制，如多肽蛋白质类激素药物存在相对分子质量大、亲水性强、稳定性差，口服易受胃肠道酶降解和肝脏的首关效应影响，注射给药生物半衰期短，需长期频繁注射，导致给药顺应性差；性激素类药物须长期低剂量给药，要求药物具有缓释性；还有部分难溶性激素药物口服生物利用度低，更有甚者部分激素类药物具有全身性毒副作用。而纳米药物制剂技术为解决上述问题提供了可行性途径，纳米载药系统在改变激素及相关药物性质方面具有很多优势：提高药物的生物利用度，改善药物的药代动力学性质，建立新的给药途径，增强药物的靶向作用。

曲普瑞林(triptorelin)微球制剂为粉针剂，皮下给药能迅速吸收，15min后血药浓度达到峰值，1h达最大效应，但使用时需要每日皮下注射1次，给病人带来极大不便。1986年，法国Ipsen公司生产了曲普瑞林缓释微球，含有曲普瑞林茶酸盐 3.75mg，为微球混悬液。每个月注射 1 次，血药浓度可维持 4 周，使血清睾酮水平在短暂的 4d 上升期后持续 4 周维持在去势水平。

5. 基因药物载体 反义寡核苷酸技术是基因治疗的常用方法之一，它是根据核酸杂交原理设计的针对特定靶序列的反义核酸，从而抑制特定基因的表达。反义寡核苷酸药物可与特定的靶基因杂交，在基因水平上干扰致病蛋白质的产生过程。由于体内无处不在的核酸内切酶和外切酶的降解作用，使寡核苷酸利用度减少。纳米载体与 DNA 结合后，可以避免 DNA 的过多降解，并提高其被细胞捕获的能力。目前用于基因治疗的载体主要是以病毒载体为主，但病毒载体可引起强烈的宿主免疫排斥反应，这也成为病毒载体用于基因治疗的最主要障碍。非病毒纳米基因载体的研究越来越受到人们的重视。到目前，研究者们设计了多种类型且各有特点的非病毒纳米基因载体，包括脂质体和阳离子聚合物，如壳聚糖、多聚赖氨酸、树状大分子等。利用纳米技术输送基因可以克服 DNA 分子空间体积大、不能有效主动进入细胞的缺点，使 DNA 分子在加入诸多价阳离子、脂质体、阳离子聚合物、乙醇或碱性蛋白后通过压缩过程可以组装成高度有序的结构，使体积缩小为原来的 1% 以下，从而可以有效地进入细胞病进行转染。纳米药物具有很多其他载体无法比拟的优势，具有非常好的临床应用前景。

6. 纳米中药 纳米技术为我们研究现代中药给药系统提供了新的思路和方法，为中药制剂中的传统难题带来了新的解决方案。纳米中药是采用纳米技术将中药有效成分、有效部位、原药及其复方多种中药制成小于 100nm 的微粒复方制剂。而不是简单地将中药材进行粉碎至纳米级，是要针对组成中药方剂的某味中药的有效部位、有效成分进行纳米技术加工处理，赋予传统中药以新的功能，提高生物利用度，增强靶向性，降低毒性及不良反应，呈现新的药效，拓宽原药的适应证，丰富中药的剂型选择，减少用药量，节省中药资源等。在 As_2O_3 对急性早幼粒细胞白血病（APL）临床良好作用的启示下，徐辉碧等以人脐静脉内皮细胞系 ECV-304 作为研究对象，开展了另一无机砷化物 - 雄黄对其增殖作用影响的尺寸效应（即随着微粒的粒径变化，微粒的生物学性质随之发生变化，如表面积增大使微粒的吸收能力增强）的研究。结果显示，随着雄黄粒径的减小，ECV-304 细胞的凋亡率明显升高。“石决明血清微量元素药效学”的研究结果表明，纳米状态与纳米粒径的石决明的性质相比有显著性差异。

纳米技术应用于中药是我国的优势，虽然纳米技术的发展仍处于初始阶段，但是我们应该重视纳米中药基础问题的研究，如对纳米中药的制备与纳米颗粒的稳定性、药效、毒性等进行全面系统研究。将纳米技术早日应用于中药，使中药具有先进的生产工艺和现代剂型，做到安全、有效、稳定、可控，使中药产业成为我国国民经济中的一个新的增长点。

（二）纳米药物的安全性及毒理学研究

1. 纳米药物的毒性

（1）纳米载药系统：目前对纳米药物载体的研究集中开发、制备及功能方面，而较少涉及对这种新型药物载体的毒理学评价。碳纳米管是一种开发较早、应用广泛且毒性研究较多的纳米材料，其空腔管体可容纳药物，并具备优良的细胞穿透性，因此可作为药物载体载送药物进入细胞或组织。由于其质量较轻，易在空气中传播，可能会通过呼吸道进入呼吸系统引起毒性。Shvedova 等研究发现，小鼠经口咽抽吸和吸入途径给予单壁碳纳米管，能导致肺部的炎症、肉芽肿形成和纤维化，但未见胸膜反应。Smart 等认为，碳纳米管药物载体可产生的毒副作用包括肺部毒性、皮肤刺激性和细胞毒性。化学修饰、引入生物活性分子可改善碳纳米管的生物相容性和安全性。生物体内细胞对碳纳米管的摄取量也是碳纳米管毒副作用的影响因素之一，而细胞对碳纳米管的摄取量又与碳纳米管的尺寸和浓度有一定关系。Liu 等则认为，水溶性好、血清中稳定的碳纳米管是生物相容的、无毒的、在生物医药领域有应用价值的；碳纳米管在体内的生物分布随着功能和尺寸有所不同，静脉注射给药后有在网状内皮系统（包括肝脏、脾脏）蓄积的趋势；碳纳米管用作药物载体体系在体内、体外实验中呈现出很好的前景，如用作 siRNA、紫杉醇、多柔比星的药物载体。碳纳米管作为药物载体应用到医药领域中所引起的安全性方面的顾虑是值得仔细探究的，许多问题有待长期持续的深入研究并进行针对性地改造减毒。

韩国首尔汉阳大学 Kim 等研究了可用作某些药物载体的 MePEG/PCL（甲氧基聚乙二醇 / 聚 ε- 己内酯）纳米球的急性毒性。将雄性 ICR 小鼠分成 6 组，腹腔注射不同剂量的 MePEG/PCL 纳米球，用

Litchfield-Wilcoxon 方法测得半数致死剂量是 1 147g/kg。给小鼠腹腔注射半数致死剂量的 MePEG/PCL 纳米球，染毒 7d 后用电子显微镜观察各个器官，如心、肺、肝和肾，与正常小鼠相比，未观察到有意义的组织病理学改变。

（2）纳米药物：美国最先研制的新型白蛋白溶剂型纳米紫杉醇（capxol，ABI-007），应用人血白蛋白作为载体，形成 130nm 大小的紫杉醇颗粒，避免了传统制剂中有机溶剂的污染，相对增加了安全性，同时也增加了药物的靶向性。目前在全球不同国家或地区开展的各期临床研究已表明，该药在乳腺癌的治疗中较传统紫杉醇类药物具有疗效高、毒性低的优势。纳米紫杉醇出现的主要临床毒性：①骨髓抑制仍是主要剂量限制性毒性，尤以粒细胞减少为主，但与传统制剂相比，粒细胞减少发生率明显降低；②感觉神经病变是另一剂量限制性毒性，纳米紫杉醇的神经毒性发生率比传统紫杉醇高，但恢复所需的时间显著缩短；③过敏反应发生率、反应程度比传统紫杉醇类药物显著降低。

表柔比星是一种细胞周期非特异性药物，具有广谱的抗肿瘤作用，但具有一定的心脏毒性，影响肝肾功能和骨髓抑制等不良反应。由中南大学卫生部肝胆肠外科研究中心以表柔比星为基础研制的聚氰基丙烯酸正丁酯表柔比星纳米粒，是一种既有主动靶向给药功能，同时又具有被动靶向和缓释特性的新型纳米型的抗肿瘤药物。肖志刚等利用大鼠研究聚氰基丙烯酸正丁酯表柔比星纳米粒经外周静脉用药后大鼠的急性毒性反应，探索其半数致死量。结果表明：表柔比星半数致死量为 11.75mg/kg，聚氰基丙烯酸正丁酯表柔比星纳米粒的动物半数致死量为 565.95mg/kg（相当于表柔比星 94.90mg/kg）。聚氰基丙烯酸正丁酯表柔比星纳米粒对肝、肾功能有一定损害，但损害明显小于表柔比星对其的损伤；光学显微镜下的病理损害表现也明显减轻；个别动物有过敏现象。吕琳等利用荷瘤小鼠（人肝癌细胞）进行试验，通过尾静脉注射表柔比星聚氰基丙烯酸正丁酯磁性纳米粒（EPI-PBCA-MNPs），并在肿瘤部位外加磁场，以观察 EPI-PBCA-MNPs 在磁场作用下的靶向聚集情况。研究发现：不施加磁场的 EPI-PBCA-MNPs 组与非磁性的 EPI-PBCA-MNPs 组的瘤重相近，二者平均瘤重低于表柔比星生理盐水组和单纯生理盐水组，表柔比星生理盐水组低于单纯生理盐水组。说明 EPI-PBCA-MNPs 可明显抑制肿瘤生长，同时在肿瘤部位施加磁场更有利于抑制肿瘤的生长。表明：EPI-PBCA-MNPs 有抑制肝脏肿瘤的作用。利用 SD 大鼠进行急性毒性试验，显示：给予 SD 大鼠一定剂量的 EPI-PBCA-MNPs，中等剂量给药组可以出现厌食、嗜睡、竖毛和易惊厥，腹泻，小便量增多，并且随剂量的增大上述症状加重；高剂量组大鼠用药后一段时间会出现躁动，异常运动增多，伴阵挛性抽搐，约 12h 起出现呼吸困难，呼吸频率明显减慢，并出现死亡。小剂量组未见死亡。计算表明：EPI-PBCA-MNPs 的半数致死量是 578.75mg/kg，半数致死量的 95% 可信区间是 516.30～645.35mg/kg。

神经胶质瘤亦称神经外胚层肿瘤或神经上皮肿瘤，是人中枢神经系统最常见的肿瘤，复发率高，治愈难度很大。马淑燕等研究表明：硫酸长春碱聚氰基丙烯酸正丁酯纳米粒（VBL-PBCA-NPs）对大鼠 C6 脑神经胶质瘤细胞增殖有抑制作用。利用 MTT 法检测 VBL-PBCA-NPs 对大鼠 C6 脑神经胶质瘤细胞增殖的抑制作用，表明：一定剂量的 VBL-PBCA-NPs 可以抑制细胞增殖；扫描电子显微镜分别观察 VBL-PBCA-NPs 对细胞形态及细胞表面超微结构的影响，结果可见：细胞缩小变圆，微绒毛消失，胞膜皱缩并向内凹陷，表面空泡化；利用流式细胞仪检测 VBL-PBCA-NPs 对细胞周期及凋亡的影响，VBL-PBCA-NPs 可以阻碍细胞在 G2/M 期，并可引起细胞凋亡。溶血试验表明：VBL-PBCA-NPs 无红细胞凝集反应。利用昆明中小鼠静脉注射给药的方式观察 VBL-PBCA-NPs 的毒性，结果可见：小鼠生命能力降低、毛色枯黄，出现抽搐、饮食不佳、视觉受限等现象。计算得出的 VBL-PBCA-NPs 的半数致死量为 26.377mg/kg，95% 的可信区间是 21.868～33.249mg/kg。Cegnar 等研究也发现半胱氨酸蛋白酶抑制剂 -PLGA-NPs（Cystatin-PLGA-NPs）在肿瘤细胞 MCF-10AneoT 内对组织蛋白酶 B 的抑制明显比游离 Cystatin 强而持久。4- 羟色胺（4-HT）和 RU58668（RU）均能阻断细胞 G1 期到 S 期的转变，使 G0/G1 期细胞比例增高而 S 期细胞减少。

中药的纳米粒起步较晚，对其全面系统深入的毒性研究开展较少。钱宇等对平均粒径小于 35nm 的银杏叶纳米液体制剂（NEGB）的降血脂作用和安全性进行了探索。实验结果表明，NEGB 对小鼠的急性经口给予 450mg/kg 剂量，无任何毒副作用；Ames 试验、小鼠骨髓细胞微核试验和小鼠精子畸形试验 3 项遗传毒性试验均为阴性结果，无致突变作用；大鼠30d喂养试验中，未引起大鼠整体健康状况、生理生化功能和器官组织形态学各重要指标的异常变化，初步估计最大无毒剂量 >500mg/kg（人体推荐剂量的10倍）。曹有军等检测了半佛纳米微丸（采用纳米技术研制而成的中药新药）的急性毒性和长期毒性。结果显示，小鼠灌胃最大耐受量为40g/kg（相当于临床拟人用量的112.05倍）；大鼠90d长期毒性试验中半佛纳米微丸各剂量组的一般状况、体重、血液学和生化学指标、脏器系数以及病理检查均未见明显毒副作用或病变，说明半佛纳米微丸毒性小、安全范围较大。

2. 纳米药物的安全性

（1）纳米药物一般毒理学评价：下面以几个纳米药物为例，讨论纳米药物的一般毒理学问题。

厉保秋等对紫杉醇纳米制剂与市售紫杉醇注射液进行了系统比较，结果显示紫杉醇制成纳米制剂后，荷瘤小鼠体内药动学发生明显变化，药物组织分布快，有靶向趋势，以小剂量注射液给药即可达到相同的肿瘤治疗效果，但是所引起的不良反应明显轻于同剂量的注射液。沈泽天等研究发现，紫杉醇（Pac）和多希紫杉醇（Doc）温敏纳米胶束的急性毒性和对外周血白细胞及血小板的影响小于传统制剂，且热疗时的毒性更小。

袁建辉等将受试动物分为8种剂量组，观察半乳糖化白蛋白磁性多柔比星纳米粒经外周静脉用药的药物毒性。结果显示：半乳糖化白蛋白磁性多柔比星纳米粒明显减轻了药物对心脏、肾脏的毒性作用。刘明星等研究了雷公藤甲素聚乳酸纳米粒对大鼠睾丸的毒性，发现在0.6mg/kg剂量下，非纳米粒组睾丸酸性磷酸酶活性和果糖的含量均明显低于纳米粒组。光镜观察显示，非纳米粒组引起的大鼠睾丸损伤病变程度明显重于纳米粒组，主要表现为睾丸萎缩，各级生精细胞变性、坏死、数量减少或消失，出现了多核巨细胞。即以聚乳酸作为药物载体的纳米体系，可明显减轻雷公藤甲素对睾丸的毒性。杨凯等用不同剂量的顺铂聚乳酸聚乙二醇纳米粒和顺铂进行小鼠皮下和尾静脉注射，观察小鼠用药后的不良反应。结果显示：无论皮下或静脉注射顺铂聚乳酸聚乙二醇纳米粒对机体的毒副作用均小于顺铂。

刘岚等由静脉途径给予实验动物 Fe_2O_3-Glu 纳米颗粒，对其在机体内的安全性及分布情况进行了研究，根据国家药品监督管理局2002年1月制定的《化学药品和治疗用生物制品研究指导原则》（试行），用急性毒性试验（单次给药试验）、长期毒性试验（重复给药试验）研究 Fe_2O_3-Glu 纳米颗粒对机体的一般毒性情况；通过对 Fe_2O_3-Glu 纳米颗粒急性毒性、长期毒性研究发现，Fe_2O_3-Glu 纳米颗粒静脉给药的昆明种小鼠半数致死量为247.66mg/kg。结果表明：各染毒组大鼠的白细胞数均显著升高，高剂量组雌鼠的血小板增多（$P<0.05$）。高剂量组大鼠、中剂量组雌鼠谷丙转氨酶（ALT）下降，高剂量组雌鼠的肌酐（Cre）显著升高，但脏 / 体比及血生化指标的改变仍在正常范围内。光镜检查未见组织病理学改变。Ames试验、小鼠骨髓嗜多染红细胞微核试验及小鼠精子畸形试验结果未发现 Fe_2O_3-Glu 纳米颗粒具有致突变性。进一步采用同位素示踪法，在合成 Fe_2O_3-Glu 纳米颗粒的同时加入 ^{59}Fe 作为示踪剂，通过小鼠尾静脉给药，取脏器测量放射性计数率值。结果显示：^{59}Fe-Fe_2O_3-Glu 纳米颗粒在肝脏、脾脏中含量较多，脂肪、肌肉、脑组织、性腺、眼球中含量较少，能通过血 - 脑屏障、血 - 睾屏障、血 - 眼屏障。静脉给药的 ^{59}Fe-Fe_2O_3-Glu 纳米颗粒符合静脉注射双室模型，方程为 $c=29.09e^{-4.29t}+1.13e^{-0.009\,673t}$。$T_{1/2(\alpha)}=0.16h$，$T_{1/2(\beta)}=71.65h$。小鼠经口急性毒性试验，$Fe_3O_4$ 纳米颗粒及 Fe_3O_4-Glu 纳米颗粒的最大耐受量均大于600mg/kg，且两种纳米颗粒对小鼠体细胞均无致突变性，唯 Fe_3O_4 纳米颗粒对雄性小鼠生殖细胞有致突变性；在体外实验中，两种纳米颗粒均无致突变性。

周立新等研究提示钙纳米颗粒作为载体制备的7-OH-DPAT（一种多巴胺 D：受体拮杭剂，具有降眼压作用）滴眼液比没有载体的7-OH-DPAT滴眼液降眼压作用显著。进一步进行钙纳米醋甲唑胺滴眼剂急性毒性、眼刺激、过敏等及其他副作用试验表明钙纳米醋甲唑胺滴眼剂是一种比较安全的制剂。急性毒性试验表明：小鼠最大耐受量大于0.21g/kg。依据眼刺激反应分值标准，眼局部急性毒性试验最大醋甲唑胺给药量 >2.625mg/kg，无动物死亡，裂隙灯检查未见角膜、虹膜等炎性反应。小鼠全身急性毒性试验最大给药量 >210mg/kg，无动物死亡。皮肤过敏试验提示钙纳米醋甲唑胺滴眼液无皮肤过敏反应。李玉华等研究钙纳米颗粒在小鼠的急性毒性试验和大鼠的长期毒性试验。其中钙纳米颗粒小鼠灌胃最大给药量为2.76g/kg，腹腔注射最大给药量为1.15g/kg。小鼠未出现明显毒性反应症状，未出现死亡。大鼠的长期毒性试验中，对照组和给药组在一般情况观察、血常规、血生化指标、病理学检查、电镜观察、细胞凋亡检测等无显著性差异，提示钙纳米颗粒用于小鼠和大鼠是安全的。

（2）纳米药物的细胞毒理学评价：用结肠癌细胞株 HT-29 评价载有胆脂醇基丁酸盐、多柔比星和紫杉醇的抗癌固体脂质纳米粒与传统药物制剂对细胞增殖的影响，采用 MTT 法测定细胞的增长曲线，内推 IC_{50} 值。胆脂醇基丁酸盐和多柔比星的 IC_{50} 值高于传统制剂。暴露 24h 后，纳米制剂的细胞内多柔比星为传统制剂的 2 倍。紫杉醇的固体脂质纳米粒与传统药物制剂相比，体外细胞毒性相近。然而，联合低浓度的胆脂醇基丁酸盐、多柔比星和紫杉醇的固体脂质纳米粒在暴露 24h 后发挥协同的抗增殖作用。结果说明，固体脂质纳米粒具有改变药物释放的作用。

Kim 等使用 L-929 正常细胞和 KB 癌细胞进行体外实验，在外加交变磁场的情况下，发现使用壳聚糖涂层的磁性颗粒的结合率显著增加，生物相容性增强，潜在毒性降低。杨西晓等对药用载体聚氰基丙烯酸正丁酯纳米粒的生物相容性进行系统性评价，体外采用 MMT 法进行细胞增殖测定、溶血试验，体内采用皮下和肌内埋植载体的炎症反应试验。结果显示，该载体对细胞属无毒级、无溶血性，在动物体内埋植后载体降解周围组织无明显炎症反应，表明所制备的聚氰基丙烯酸正丁酯纳米粒载体具有良好的生物相容性。金鸿莱等选取体外培养的小鼠成纤维细胞 L-929，采用琼脂覆盖试验，评价自制多西环素纳米脂质体缓释凝胶的生物相容性，以及对体外培养小鼠成纤维细胞的毒性。结果表明，多西环素纳米脂质体缓释凝胶无潜在细胞毒性及致敏作用，是一种生物相容性良好的牙周缓释制剂。

为避免不良反应，选择合适的给药剂量范围，与相同药物的常用剂量相比，由于纳米载药系统局部用药滞留性增加，生物利用度提高，可达最小中毒量范围。佘文珺等用不同浓度比例的纳米载银无机抗菌剂 FUMAT T200-4 添加在加热固化型义齿基托树脂中，采用 MTT 法检测小鼠成纤维细胞 L-929 的细胞毒性。结果表明添加低浓度 FUMAT T200-4 无明显细胞毒性，具有较好的生物安全性。

张海玲等研究精氨酸或十六烷基修饰壳聚糖对细胞摄入和细胞毒性的影响，用 MTT 法对壳聚糖 -DNA 纳米复合物的细胞毒性进行评价，结果表明，两种修饰对血管平滑肌细胞的壳聚糖 -DNA 纳米复合物摄入有明显促进作用，其细胞毒性远小于商品化的细胞转染试剂。

纳米铜已经被制成治疗骨质疏松和抗衰老的纳米药物用于临床。杨保华等利用人肝癌细胞（HepG2）和人肾小管上皮细胞（HK2）观察纳米铜的细胞毒性作用。结果可见：随着染毒剂量的增加，纳米铜能显著抑制细胞的增殖，使细胞形态发生皱缩和变形，诱导 HepG2 细胞发生凋亡，使细胞线粒体膜电位发生改变。氧化应激在纳米铜的细胞毒性中也起到了一定作用。

Maillard 等以人乳腺癌细胞 MCF-7 为研究对象，比较了这两种抗雌激素药的游离药物、纳米球（NS）和纳米囊（NC）的作用。在给药 48h 和 72h 后观察发现，在减少 S 期细胞数量方面，3 种剂型中仅有 4-HT-NS 显示了效应，而 RU-NS 在 48h 时效应与游离药相似，但在 72h 时则显示出了更强的药理作用。另外，在引起细胞凋亡方面，这两种抗雌激素药被制成 NS 或 NC 后该效应都得到明显增强。

（3）纳米药物对血 - 脑屏障的毒性评价：纳米材料如一把双刃剑，既给人们带来很多可利用的空间，同时也可能存在着毒性。纳米材料可以通过机体的一些屏障，起到治疗、缓解疾病作用，但同时也可能对机体存在潜在的危害。纳米粒表面电荷可改变血 - 脑屏障的完整性和通透性。血 - 脑屏障由于物理和静电屏障而限制治疗药物渗入脑内。制备蜂蜡微乳，使其表面负荷中性、阴性或阳性表面活性剂，采用大鼠脑灌流方法测定血 - 脑屏障的完整性和纳米粒的脑渗透能力。结果为中性和低浓度阴性纳米粒对血 - 脑屏障的完整性无影响，高浓度阴离子纳米粒和阳离子纳米粒则破坏血 - 脑屏障的完整性。低浓度阴性纳米粒的摄入大于同浓度的中性和阳性纳米粒。研究结果显示，中性和低浓度阴性纳米粒可作为脑部给药的药物载体，阳性纳米粒对血 - 脑屏障有中等程度的毒性，纳米表面电荷对大脑的毒性和脑分布特性应加以考虑。

Alyaudtin 等将六肽 dalargin（一种亮啡肽类似物）吸附于土温 -80 包被的聚氰基丙烯酸丁酯纳米粒，给小鼠静脉注射后，能够产生止痛作用。而 dalargin 是一种在脑部发挥作用的止痛剂，直接脑室注射能够止痛，外周注射则不会，这说明纳米粒能够携带药物进入脑部。

Fenart 等进一步比较了不同理化性质的 60nm 多糖纳米粒通过由牛脑血管内皮细胞和大鼠星形细胞

组成的跨血 - 脑屏障细胞转运模型的能力。结果发现，脂双层包被的中性通透性没有变化，脂双层包被的带电纳米粒的通透性比未包被的要高 3～4 倍；脂包被的离子纳米粒能够使 BSA（66kDa）的通透性增加 27 倍，用纳米粒携带药物通过跨血 - 脑屏障细胞转运效果并不是很好，但是经过表面修饰（如脂包带电荷等）的纳米粒能够通过跨血 - 脑屏障细胞转运模型。

纳米材料在中枢神经系统疾病的治疗中也发挥着作用。用适当材料制备的纳米粒，或用适当的表面活性剂包衣后，可跨越血 - 脑屏障；Kreuter 等发现将聚山梨酯 -80 包裹在纳米粒内可提高药物通过血 - 脑屏障；Lockman 等研究表明用维生素 B_1 包被纳米粒有助于纳米粒与血 - 脑屏障中的硫胺载体结合，使纳米粒透过血 - 脑屏障成为可能。表面修饰的纳米粒还可携带抗炎药物用于中枢神经系统疾病的治疗。

（4）纳米药物的其他毒理学评价：环磷酰胺纳米球为眼用免疫抑制剂，体内眼耐受性试验具有良好的耐受性。王淼等将醋甲唑胺载入可生物降解的钙纳米药物传递系统，制备成钙纳米醋甲唑胺复合物滴眼液，观察其对家兔降眼压作用和房水药物动力学，并通过急性毒性、眼刺激等毒理试验评价其临床应用的安全性。钙纳米醋甲唑胺滴眼液青紫蓝兔降眼压药效试验：1% 派立明滴眼液与钙纳米醋甲唑胺滴眼液在点药后 2h 为眼压下降峰值，1% 派立明滴眼液的降眼压峰值是（2.30＋1.24）mmHg，钙纳米醋甲唑胺滴眼液为（4.20＋1.38）mmHg，两者比较具有显著性差异；钙纳米醋甲唑胺滴眼液的急性毒性、眼刺激、过敏等毒理学试验，经全身或局部用药观察，均未发现钙纳米醋甲唑胺滴眼液的毒性和其他副作用。实验结果符合国家食品药品监督管理总局发布的新药指导原则。

参考文献

[1] 曹献英，刘静霆，尹美珍，等. 抗肿瘤药物载体的研究进展 [J]. 生物骨科材料与临床研究，2006，3（5）：32-34.

[2] 邹东娜，张典瑞，杨海峰. 白蛋白作为靶向给药载体的研究 [J]. 食品与药品，2007，9（1）：54-56.

[3] 周国强，谷广其，王文颖，等. 纳米材料在生物医学中的应用 [J]. 河北师范大学学报（自然科学版），2012，32（2）：218-224.

[4] GAO Y，GU S，ZHANG Y，et al. The architecture and function of monoclonal antibody-functionalized mesoporous silica nanoparticles loaded with mifepristone：repurposing abortifacient for cancer metastatic chemoprevention[J]. Small，2016，12（19）：2595-608.

[5] BATALU D，STANCIUC A M，MOLDOVAN L，et al. Evaluation of pristine and Eu_2O_3-added MgB_2 ceramics for medical applications：hardness，corrosion resistance，cytotoxicity and antibacterial activity[J]. Mater Sci Eng C Mater Biol Appl，2014，42：350-361.

[6] YANG H. Nanoparticle-mediated brain-specific drug delivery，imaging，and diagnosis[J]. Pharm Res，2010，27（9）：1759-1771.

[7] CAO L，LIANG Y，ZHAO F，et al. Chelerythrine and Fe_3O_4 loaded multi-walled carbon nanotubes for targeted cancer therapy[J]. J Biomed Nanotechnol，2016，12（6）：1312-1322.

[8] SINGH RP，SHARMA G，SONAL I，et al. Effects of transferrin conjugated multi-walled carbon nanotubes in lung cancer delivery[J]. Mater Sci Eng C Mater Biol Appl，2016，67：313-325.

[9] DE VOLDER M F，TAWFICK S H，BAUGHMAN R H，et al. Carbon nanotubes：present and future commercial applications[J]. Science，2013，339（6119）：535-539.

[10] LI X，ZOU Q，CHEN H，LI W. In vivo changes of nanoapatite crystals during bone reconstruction and the differences with native bone apatite[J]. Sci Adv，2019，5（11）：eaay6484.

[11] IAFISCO M，DEGLI ESPOSTI L，RAMÍREZ-RODRÍGUEZ G B，et al. Fluoride-doped amorphous calcium phosphate nanoparticles as a promising biomimetic material for dental remineralization[J]. Scientific reports，2018，8（1）：17016.

[12] CHEN Y，CHEN H，SHI J. Drug delivery/imaging multifunctionality of mesoporous silica-based composite nanostructures[J]. Expert Opin Drug Deliv，2014，11（6）：917-930.

[13] ASEFA T，TAO Z. Biocompatibility of mesoporous silica nanoparticles[J]. Chem Res Toxicol，2012，25（11）：2265-2284.

[14] MAZUMDAR S. Prospects for the polymer namoengineer. Science，2000，288（5466）：630-631.

[15] JIN H J, CHEN J S, Vassilis K, et al. Human bone marrow stromal cell reponses on electrospun silk fibroin mats[J]. Biomaterials, 2004, 25(6): 1039-1047.

[16] LEE S Y, CHO H J. Dopamine-conjugated poly(lactic-co-glycolic acid) nanoparticles for protein delivery to macrophages[J]. J Colloid Interface Sci, 2017, 490: 391-400.

[17] CHEN J, RONG L, LIN H, et al. Radiation synthesis of pH-sensitive hydrogels from-cyclodextrin-grafted PEG and acrylic acid for drug delivery[J]. Mater. Chem Phys, 2009, 116: 148-152.

[18] CONDE J, DIAS J T, GRAZÚ V, et al. Revisiting 30 years of biofunctionalization and surface chemistry of inorganicnano-particles for nanomedicine[J]. Front Chem, 2014, 2: 48.

[19] 张皓，侯欣欣，张东生. 磁性纳米材料在肿瘤热化疗中的研究进展 [J]. 东南大学学报(医学版)，2012(04): 483-488.

[20] WANG X, NIU X, SHA W, et al. An oxidation responsive nano-radiosensitizer increases radiotherapy efficacy by remolding tumor vasculature. Biomater Sci, 2021, 9(18): 6308-6324.

[21] STANISAVLJEVIC M, KRIZKOVA S, VACULOVICOVA M, et al. Quantum dots-fluorescence resonance energy transfer-based nanosensors and their application[J]. Biosens Bioelectron, 2015, 74: 562-574.

[22] MA Y, BAI Y, MAO H, et al. A panel of promoter methylation markers for invasive and noninvasive early detection of NSCLC using a quantum dots-based FRET approach[J]. Biosens Bioelectron, 2016, 85: 641-648.

[23] AFSARI H S, CARDOSO DOS SANTOS M, LINDÉN S, et al. Time-gated FRET nanoassemblies for rapid and sensitive intra- and extracellular fluorescence imaging. Sci Adv, 2016, 2(6): e1600265.

[24] MAYNARD A D. Nanotechnology: assessing the risk [J]. Nanotoday, 2006, 1(2): 22-33.

[25] OBERDÊRSTER G, SHARP Z, ATUDOREI V, et al. Translocation of inhaled ultrafine particles to the brain[J]. Inhal Toxicol, 2004, 16(6/7): 437-445.

[26] 唐萌，王晓娜，李倩，等. 纳米氧化铁、纳米 TiO_2、碳纳米管的毒理学研究进展 [J]. 国际生物医学工程杂志，2006，29(6): 340-345.

[27] 田志环. 纳米材料的毒理学研究进展 [J]. 现代预防医学，2008，35(18): 3608-3609，3612.

[28] LOVE S A, MAURER-JONES M A, THOMPSON J W, et al. Assessing nanoparticle toxicity[J]. Annu Rev Anal Chem (Palo Alto Calif), 2012, 5: 181-205.

[29] KIM S, LIM Y T, SOLTESZ E G, et al. Near-infrared fluorescent type Ⅱ quantum dots for sentinel lymph node mapping[J]. Nat Biotechnol, 2004, 22(1): 93-97.

[30] CHU M Q, WU Q, WANG J. In vitro and in vivo transdermal delivery capacity of quantum dots through mouse skin[J]. Nanotechnology, 2007, 18(45): 455103.

[31] 刘岚，唐萌，刘璐，等. Fe_2O_3-Glu 纳米颗粒在小鼠体内的代谢动力学研究 [J]. 环境与职业医学，2006，23(1): 1231.

[32] 王江雪，李玉锋，周国强，等. 不同暴露时间 TiO_2 纳米粒子对雌性小鼠脑单胺类神经递质的影响 [J]. 中华预防医学杂志，2007，41(2): 91-95.

[33] 郑国颖，李茂静，郝玉兰，等. 不同粒径和形貌的纳米硫化镉对小鼠肝肾毒性的研究 [J]. 环境与健康杂志，2010，27(6): 542-543.

[34] IVASK A, MITCHELL A J, MALYSHEVA A, et al. Methodologies and approaches for the analysis of cell-nanoparticle interactions[J]. Wiley Interdiscip Rev Nanomed Nanobiotechnol 2017, 10(3): e1486.

[35] KIM S, RYU D Y. Silver nanoparticle-induced oxidative stress, genotoxicity and apoptosis in cultured cells and animal tissues[J]. J Appl Toxicol, 2012, 33(2): 78-89.

[36] MAHMOUDI M, AZADMANESH K, SHOKRGOZAR M A, et al. Effect of nanoparticles on the cell life cycle[J]. Chem Rev, 2011, 111(5): 3407-3432.

[37] AHMAD J, ALHADLAQ H A, SIDDIQUI M A, et al. Concentration-dependent induction of reactive oxygen species, cell cycle arrest and apoptosis in human liver cells after nickel nanoparticles exposure[J]. Environ Toxicol, 2015, 30(2): 137-148.

[38] KONGSENG S, YOOVATHAWORN K, WONGPRASERT K, et al. Cytotoxic and inflammatory responses of TiO_2

nanoparticles on human peripheral blood mononuclear cells[J]. J Appl Toxicol，2016，36(10)：1364-1373.

[39] ANSAR S，ABUDAWOOD M，HAMED S S，et al. Exposure to Zinc Oxide Nanoparticles Induces Neurotoxicity and Proinflammatory Response：Amelioration by Hesperidin[J]. Biol Trace Elem Res，2016，175(2)：360-366.

[40] HUSSAIN S M，JAVORINA A，SCHRAND A M，et al. The interaction of manganese nanoparticles with PC212 cells induces dopamine depletion[J]. Toxicol Sci，2006，92(2)：456-463.

[41] 高志贤，李小强. 纳米生物医药 [M]. 北京：化学工业出版社，2007.

[42] WILCZEWSKA A Z，NIEMIROWICZ K，MARKIEWICZ K H，et al. Nanoparticles as drug delivery systems[J]. Pharmacol Rep，2012，64(5)：1020-1037.

[43] LIU Y，SUN J，ZHANG P，et al. Amphiphilic polysaccharide-hydrophobicized graft polymeric micelles for drug delivery nanosystems[J]. Curr Med Chem，2011，18(17)：2638-2648.

[44] OISHI M，KATAOKA K，NAGASAK Y. pH-responsive three-layered pegylated polyplex micelle based on a lactosylated ABC triblock copolymer as a targetable and endosome-disruptive nonviral cene vector [J]. Bioconjugate Chem，2006，17(3)：677-688.

[45] XING J，ZHANG D，Tan T. Studies on the oridonin-loaded poly(D，L-lactic acid) nanoparticles in vitro and in vivo[J]. Int J Biol Macromol，2007，40(2)：153-158.

[46] PETRI B，BOOTZ A，KHALANSKY A，et al. Chemotherapy of brain tumor using doxorubicin bound to surfactantcoated poly(butyl cyanoacrylate) nanoparticles：Revisiting the role of surfactants[J]. J controlled Release，2007，117(1)：51-58.

[47] DAMGÉ C，MAINCENT P，UBRICH N. Oral delivery of insulin associated to polymeric nanoparticlesin diabetic rats[J]. J controlled Release，2007，117(2)：163-170.

[48] COIMBRA M，RIJCKEN C J，STIGTER M，et al. Antitumor efficacy of dexamethasone-loaded core-crosslinked polymeric micelles[J]. J Control Release，2012，163(3)：361-367.

[49] GONÇALVES A S，MACEDO A S，SOUTO E B. Therapeutic nanosystems for oncology nanomedicine[J]. Clin Transl Oncol，2012，14(12)：883-890.

[50] KIM J O，KABANOV A V，BRONICH T K. Polymer micelles with cross-linked polyanion core for delivery of a cationic drug doxorubicin[J]. Journal of Controlled Release，2009，138(3)：197-204.

[51] 张迎红，胡豫. 纳米药物递呈系统与肿瘤的研究进展 [J]. 国际肿瘤学杂志，2007，34(11)：809-812.

[52] ZHANG G，ZENG X，LI P. Nanomaterials in cancer-therapy drug delivery system. J Biomed Nanotechnol，2013，9(5)：741-750.

[53] 杨祥良. 纳米药物 [M]. 北京：清华大学出版社，2007.

[54] 林曼，洪敏，王庆利，等. 纳米药物免疫毒性研究进展 [J]. 中国药理学与毒理学杂志，2013，27(2)：299-302.

[55] 高洁，李博华. 靶向抗肿瘤纳米药物研究进展 [J]. 中国医药生物技术，2008，3(2)：143-145.

[56] SHARMA P，MEHRA N K，JAIN K，et al. Biomedical applications of carbon nanotubes：a critical review[J]. Curr Drug Deliv，2016，13(6)：796-817.

[57] SHVEDOVA A A，KISIN E，MURRAY A R，et al. Inhalation vs. aspiration of single-walled carbon nanotubes in C57BL/6 mice：inflammation，fibrosis，oxidative stress，and mutagenesis[J]. Am J Physiol Lung Cell Mol Physiol，2008，295(4)：L552-L565.

[58] LIU Z，TABAKMAN S，WELSHER K，et al. Carbon nanotubes in biology and medicine：in vitro and in vivo detection，imaging and drug delivery[J]. Nano Res，2009，2(2)：85-120.

[59] 张立将，宋翼升，由振强，等. 纳米中药的安全性及毒理学研究 [J]. 中国药房，2010，21(35)：3354-3357.

[60] 钱宇，朱斌，田景美，等. 银杏叶纳米制剂的降血脂与安全性研究 [J]. 中药药理与临床，2007，23(6)：37-42.

[61] 钟安，卜平，孔桂美，等. 半佛纳米微丸对大鼠长期毒性的实验研究 [J]. 中国实验方剂学杂志，2010，16(3)：82-85.

[62] 沈泽天，杨觅，禹立霞，等. 紫杉类药物温敏纳米胶束的小鼠 LD50 及其毒性差异 [J]. 江苏医药，2008，34(1)：56-58.

[63] 袁建辉，张洪，潘一峰，等. 半乳糖化白蛋白磁性阿霉素纳米粒的急性毒理实验研究 [J]. 中国现代医学杂志，2007，17(14)：1689-1692.

[64] 金鸿莱，黄哲玮，陆华，等. 多西环素纳米脂质体缓释凝胶生物相容性及细胞毒性 [J]. 上海交通大学学报医学版，2007，27（6）：649-651.

[65] 杨保华，雷荣辉，吴纯启，等. 纳米铜体外的细胞毒性 [J]. 毒理学杂志，2007，21（4）：323-324.

[66] WOHLFART S，GELPERINA S，KREUTER J. Transport of drugs across the blood-brain barrier by nanoparticles[J]. J Control Release，2012，161（2）：264-273.